Journal
für
die Baukunst.

In zwanglosen Heften.

Herausgegeben

von

Dr. A. L. Crelle,

Königlich-Preufsischem Geheimen-Ober-Baurathe, Mitgliede der Königlichen Akademie der Wissenschaften zu Berlin, Correspondenten der Kaiserlichen Akademie der Wissenschaften zu St. Petersburg und der Königlichen Akademieen der Wissenschaften zu Neapel und Brüssel, Ehrenmitgliede der Hamburger Gesellschaft zur Verbreitung der mathematischen Wissenschaften.

Dreizehnter Band.

In vier Heften.

Mit elf Figurentafeln.

Berlin.

Bei G. Reimer.

1839.

Inhalt des dreizehnten Bandes.

Erstes Heft.

Zweites Heft.

Drittes Heft.

Viertes Heft.

Journal für die Baukunst.

In zwanglosen Heften.

Herausgegeben

von

Dr. A. L. Crelle,

Königlich-Preufsischem Geheimen-Ober-Baurathe, Mitgliede der Königlichen Akademie der Wissenschaften zu Berlin, Correspondenten der Kaiserlichen Akademie der Wissenschaften zu St. Petersburg und der Königlichen Akademieen der Wissenschaften zu Neapel und Brüssel, Ehrenmitgliede der Hamburger Gesellschaft zur Verbreitung der mathematischen Wissenschaften.

Dreizehnter Band.

Erstes Heft.

Berlin.

Bei G. Reimer.

1838.

1.
Zum überschläglichen Entwurf einer Eisenbahn zwischen Frankfurt a. d. O. und Breslau.

(Vom Herausgeber.)

Nachdem nunmehr einestheils die Nachrichten, welche über die gegenwärtige Frequenz in der Richtung dieser Eisenbahn zu erlangen waren, eingegangen sind, anderntheils die Linie der Eisenbahn wenigstens im Allgemeinen ausgemittelt, gemessen und in eine Special-Carte gezeichnet worden ist, läſst sich vorläufig schon mit näherer Begründung nachweisen, daſs die Eisenbahn zwischen Frankfurt a. d. O. und Breslau ohne besondere Schwierigkeiten ausführbar sein, daſs sie sich angemessen verzinsen und dem Lande wesentlich nützlich sein wird.

Es wird solches durch die folgenden vorläufigen Bemerkungen geschehen.

I. Allgemeine Uebersicht der Zwecke der Bahn.

1.

Die projectirte Eisenbahn zwischen Frankfurt a. d. O. und Breslau ist die directe Fortsetzung der schon früher projectirten Bahn zwischen Berlin und Frankfurt a. d. O. Die eine wird den Nutzen und den Ertrag der andern, wechselseitig, bedeutend erhöhen. Die beiden Bahnen sind zusammen gleichsam als ein Ganzes zu betrachten.

Die weitere directe Fortsetzung der Bahn von Berlin über Frankfurt a. d. O. nach Breslau ist die ebenfalls schon projectirte und vorbereitete Eisenbahn von Breslau aufwärts durch Oberschlesien bis zum Anschluſs an die Kaiser-Ferdinands-Nordbahn im Marchthale nach Wien, die bekanntlich *schon gebaut* wird.

Schon die Eisenbahn zwischen Berlin und Breslau allein wird aber den gröſsern Theil von Schlesien und die Hauptstadt dieser Provinz mit der Hauptstadt der Preufsischen Monarchie und entweder vermittelst der Oderschiffahrt von Frankfurt a. d. O. abwärts, oder vermittelst der künftigen Eisenbahn zwischen Berlin und Stettin, mit der Ostsee in Verbindung bringen, und zwar in eine Verbindung, gegen welche die Oderschiffahrt oberhalb Frankfurt a. d. O. nie aufkommen kann und sie durchaus nicht ersetzt, indem der Flufs hier nur einen kleinen Theil des Jahres hindurch und bekanntlich immer nur sehr unvollkommen schiffbar ist. In weiterer Ausdehnung durch Oberschlesien aber, wo die Oderschiffahrt noch viel unpracticabler ist und die Wasserverbindung mit der March und der Donau ganz fehlt, wird die Eisenbahnstrafse in der Folge die Ostsee mit der Donau und folglich, vermöge der Donauschiffahrt, weiter mit der Levante in Verbindung bringen und so dem Levante-Handel quer durch Europa einen Weg öffnen, der beinahe in keiner andern Richtung so bequem und passend möglich ist. Denn man kann, fast nur dem Oderthale folgend, ohne Schwierigkeit in das Donau-Thal gelangen; selbst der Uebergang in dieses Thal aus dem des Mains und Rheins ist schwieriger. Nirgend ist die Abdachung, wie ein Blick auf eine Gebirgs-Carte zeigt, so flach und das Gebirge so niedrig, als in der Richtung des Oderthals. Da nun diese Richtung die grofse Strafse für den Welthandel zugleich über 100 Meilen lang durch den Preufsischen Staat lenkt und dieser es ganz in seiner Gewalt hat, den Handel im Grofsen auf diesem Wege an sich zu ziehen, so ist die Eisenbahnlinie durch Schlesien insbesondere *auch für den Preufsischen Staat* von der höchsten Wichtigkeit.

Für die Zukunft also, die inzwischen gar nicht so sehr fern liegt, da die Bahn im Oestreichischen schon in der Ausführung begriffen *ist*, eröffnen sich für eine Eisenbahn durch Schlesien, die Oder entlang, fast unabsehliche Aussichten auf Frequenz und Ergiebigkeit. Aber auch noch näher und unmittelbar, blofs durch die Strafse bis Breslau, ist schon der grofse Nutzen zu erreichen, den ein stets fahrbarer, die Transportkraft so sehr vermindernder Weg wie eine Eisenbahn, durch die Verbindung der an Erzeugnissen so reichen, aber wegen Mangel an Communication noch so wenig ausgebeuteten Provinz Schlesien und ihrer Hauptstadt mit Berlin und der Ostsee gewähren mufs.

Schon für diesen Theil der Eisenbahn, blofs bis Breslau, giebt die jetzige Frequenz auf den bisherigen Strafsen in dieser Richtung eigentlich keinen Maafsstab. Die jetzige Frequenz ist offenbar nur *unbedeutend* gegen das, was sie auf der Eisenbahn sein wird; denn es läfst sich vermöge des Erfahrungssatzes, den in neuerer Zeit die Eisenbahnen und seit lange die Chausséen, nachdem dieselben an die Stelle gewöhnlicher Wege getreten waren, gewährten: dafs nemlich das, was an Transportkraft *gespart* wird, nicht etwa müfsig bleibt, sondern dafs ungefähr in demselben Verhältnifs *mehr* gereiset und *mehr* transportirt wird, als mit der *vorigen* Transportkraft *mehr* fortgebracht werden kann, nicht ohne Grund schliefsen, dafs auf der Eisenbahn, wo mit der gleichen Transportkraft *zehn mal* mehr fortgebracht werden kann als selbst auf Chausséen und, was die Oderschiffahrt betrifft, in *zehn mal* geringerer Zeit als auf dieser so unvollkommenen Wasserstrafse, auch die Frequenz auf das Vielfache steigen werde. Es soll indessen hier weiter unten keinesweges darauf, sondern immer nur auf die *bisherige* Frequenz gerechnet werden, um *sicher* zu gehen.

II. Richtung, Länge etc. der Eisenbahn.

2.

Es könnten für diese Richtung insbesondere drei verschiedene Linien in Betracht kommen, nemlich: nahe an der Oder, diesen Strom entlang: oder die Richtung der *Chaussée* von Frankfurt nach Breslau: oder irgend eine Richtung, weiter entfernt von der Oder, durch das Land.

Die Richtung *unmittelbar längs der Oder* würde weder angemessen, noch auch füglich practicabel sein. Denn ganz nahe am Flusse, wo man allerdings am meisten die Anhöhen vermeiden würde, ist theils das Terrain der Ueberschwemmung ausgesetzt, theils ist das Thal so eng, dafs man dennoch auf das hohe Ufer hinaufgehen müfste; und dann sind die Krümmungen des Flusses so sehr grofs, dafs die Länge der Bahn ohne besonderen Zweck allzusehr vergröfsert werden würde. Von dem linken Ufer kann man nicht, gleich der Chaussée, bei Frankfurt auf das rechte Ufer über- und bei Crossen wieder auf das linke Ufer zurückgehen, wegen der ungeheuren Kosten der Uebergänge. Die Eisenbahn müfste immer *ganz* auf dem linken Ufer bleiben; und unter dieser Bedingung wäre der Umweg gar zu grofs.

In der Richtung der Chaussée, und zwar eben sowohl von Frankfurt bis Crossen, als von Crossen bis Breslau, ist ferner das Terrain wegen seiner grofsen Unebenheit für eine Eisenbahn beinahe unpracticabel. Theils um die nöthigen Anhaltspuncte für das künftige Nivellement der Eisenbahn zu haben, theils um die Ungünstigkeit des Terrains für eine Eisenbahn in der Richtung der Chaussée anschaulich zu machen, ist die Chaussée im Allgemeinen nivellirt worden und das Nivellements-Profil zeigt die unzähligen An- und Absteigungen des Terrains in dieser Richtung. Es würden zum Theil Höhen von 5 bis 600 Fuſs hoch über der Oder bei Frankfurt, zwischen den Thälern der Seitenflüsse, überstiegen werden müssen.

Es bleibt also nur *die dritte Richtung: entfernter von der Oder, mehr durch das Innere des Landes.* Diese Richtung ist nicht allein leicht ausführbar, sondern sie ist auch aus mehreren Gründen entschieden die bessere. Man hat sie nach der Oertlichkeit und den Bedürfnissen des Landes vorläufig und zwar schon etwas mehr im Detail ausgemittelt und auf der Carte durch eine rothe Linie angezeigt. Sie geht von *Frankfurt* aus über *Fürstenberg, Guben, Sorau, Sagan, Sprottau, Primkenau, Hainau, Liegnitz* und *Neumarkt* nach *Breslau,* mit einem Seitenarme von *Primkenau* nach *Grofs-Glogau* und einem zweiten Seiten-Arme von *Neumarkt* über *Striegau* und *Freiburg* nach den Kohlengruben bei *Waldenburg.* Die Linie ist zwar noch nicht speciell nivellirt worden: denn dies wird erst zu thun sein, nachdem sie bis ins kleinste Detaill völlig festgestellt sein wird; allein der Augenschein des Terrains lehrt, daſs in der ganzen Richtung wenigstens nirgend Tunnels oder stehende Maschinen nothwendig sein werden und daſs auch sonst keine ganz ungewöhnlichen Schwierigkeiten vorkommen, so daſs also die Bahn in dieser Linie auf eine für die bedeutende Länge in der That seltene Weise *leicht ausführbar* sein wird.

Dabei hat diese Linie folgende wesentlichen Vorzüge vor den andern. Sie schlieſst einen weiten und schon jetzt durch seine Production und seinen Erwerbfleiſs bedeutenden Landstrich gleichsam erst auf; denn die Gegend von Frankfurt über Guben, Sorau, Sagan etc. bis Liegnitz hat bis jetzt noch fast gar keine gebaute Straſse; und doch verdient und bedarf diese Gegend einer solchen gar sehr. Die Eisenbahn wird also hier zugleich eine Straſse bilden, die bis jetzt noch ganz fehlt, während die

Gegend an der Oder immer schon die Wasserstrafse, und die Gegend an der Chaussée die Chaussée hat und behält und also auch einer neuen Verbindung bei weitem weniger *bedarf.*

Sodann kommt die Eisenbahn in dieser Richtung bei weitem mehr als in den andern, nemlich von Breslau aus auf 23 Meilen lang und von Glogau aus auf 11½ Meilen lang, zugleich ganz in die Richtung der *zweiten Hauptstrafse* von Schlesien, nemlich in diejenige nach *Leipzig* zu liegen und kann, hinter Sorau abgehend, über Muskau und Spremberg, entweder über Elsterwerda nach Riesa, welches nur noch 18 Meilen entfernt ist, und wo sie die Eisenbahn zwischen Leipzig und Dresden erreichen würde, oder auch über Spremberg oder Cottbus und Luckau nach dem 25 Meilen entfernten Wittenberg, nach der Eisenbahn zwischen Berlin und Leipzig hin, fortgesetzt werden; welche Strafse dann die directe Verbindung von Breslau und Schlesien mit Leipzig und Sachsen, den Preufsischen Rheinlanden und dem übrigen Deutschland gewähren würde.

Endlich berührt die Eisenbahn in dieser Richtung zugleich den Regierungs-Hauptort Liegnitz und die Festung Glogau, welches erstere administrativ, das letztere, nebst ihrer Lage *ganz* auf dem linken Ufer der Oder, strategisch nicht unwichtig sein dürfte.

Die beschriebene Linie hat also vor den andern entschiedene Vorzüge und dürfte als die bessere zu betrachten sein.

3.

Die *Länge der Linie,* so genau sie bis jetzt ausgemittelt worden, ist folgende:

Von Frankfurt a. d. O. bis zum Friedrich-Wilhelms-Canal	3070	Ruthen.
Von da bis Fürstenberg	3510	- -
Von Fürstenberg bis Guben	5870	- -
Von da bis in die Gegend von Dolzig	7340	- -
Von da bis Sorau	6430	- -
Von Sorau bis Sagan	3080	- -
Von Sagan bis Sprottau	4640	- -
Von da bis Primkenau	5040	- -
Von Primkenau bis Kotzenau	3830	- -
Von da bis Hainau	4330	- -
Bis hieher	47 140	Ruthen.

	Bis hieher	47 140 Ruthen.
Von Hainau bis Liegnitz		4 410 - -
Von Liegnitz bis Neumarkt		8 150 - -
Von Neumarkt bis Breslau		7 970 - -
	Zusammen	67 670 Ruthen,
		oder nahe an $33\frac{7}{8}$ Meilen.

Da die Eisenbahn zwischen Berlin und Frankfurt a. d. O. 20931 Ruthen oder gegen $10\frac{1}{2}$ Meilen lang werden wird, so würde die Entfernung zwischen Berlin und Breslau auf der Eisenbahn 88601 Ruthen oder etwas über $44\frac{1}{4}$ Meilen betragen und folglich nur etwa $\frac{3}{4}$ Meilen mehr als auf der Chaussée.

Die Länge des Seitenarms nach Glogau beträgt:

Von Primkenau bis Klopschen		3240 Ruthen.
Von Klopschen nach Glogau		3520 - -
	Zusammen	6760 Ruthen,
		oder etwa $3\frac{3}{8}$ Meilen.

Die Länge von Neumarkt in das Gebirge beträgt:

Von Neumarkt bis Striegau		7220 Ruthen.
Von Striegau bis Freiburg		2910 - -
Von Freiburg bis Waldenburg		2980 - -
Von Waldenburg nach den Kohlengruben		1000 - -
	Zusammen	14 110 Ruthen,
		oder etwas über 7 Meilen.

In allem also würden zu bauen sein:

Von Frankfurt bis Breslau		67 670 Ruthen.
Von Primkenau bis Glogau		6 760 - -
	Thut	74 430 Ruthen,

oder etwa $37\frac{1}{4}$ Meilen Hauptstrafse
und von Neumarkt bis an die Kohlengruben 7 Meilen Kohlenstrafse.

Im Ganzen $44\frac{1}{4}$ Meilen Eisenbahn.

4.

Ganz ungewöhnliche *Schwierigkeiten* findet die Bahn in der ganzen Linie, wie schon bemerkt, nicht. Auf dem bei weitem gröfsern Theil der Länge ist das Terrain vielmehr günstig. Zwar hat sie mehrere Gebirgsflüsse zu passiren, z. B. die Neisse, den Queis, den Bober, die Schnelle-Deichsel, den Katzbach und die Weistritz; allein sie passirt diese Flüsse (die übrigens auch in keiner andern Richtung zu umgehen sind), insbesondere den Bober, die Neisse, den Queis etc., schon weit oberhalb, wo diese Gewässer noch erst weniger bedeutend sind. Aufserdem finden sich gröfsere Schwierigkeiten nur im Gebirge bei Waldenburg und dann beim Anschlufs an Frankfurt, die aber doch auch nicht unverhältnifsmäfsig grofs sind. Der Anschlufs an Frankfurt und die Strecke vom Friedrich-Wilhelms-Canal an, dicht an der Oder entlang, wird bedeutende Arbeiten erfordern, besonders wenn der Bahnhof bei Frankfurt, für die directe Linie von da nach Berlin, oben auf die Höhe zu liegen kommt. Aber die directe Verbindung zwischen Breslau und Frankfurt mufs einmal nothwendig vorhanden sein. Ob und in wie fern es zweckmäfsig sein wird, für die Schlesische Strafse einen zweiten Anschlufs über Müllrose an die Frankfurter Eisenbahn zu bauen, etwa nach dem Dorfe Birkenbrück, oder auch, noch kürzer, nach dem Dorfe Biegen hin, in welchen Richtungen das Terrain ganz eben ist, werden noch nähere Erwägungen ergeben.

III. Art des Verkehrs auf der Bahn.

5.

Abgesehen von dem grofsen Handelsverkehr, der sich in der Folge, wie oben angedeutet, auf diese Linie ziehen dürfte, wenn sie dereinst durch Oberschlesien bis an die Donau verlängert sein wird, und selbst abgesehen von der nächsten Verlängerung der Bahn durch Oberschlesien, dürfte der Verkehr, blofs auf der Bahn zwischen Breslau und Frankfurt a. d. O. oder Berlin, von folgender Art sein.

Die Städte Berlin, Frankfurt und Breslau haben, zusammen mit den übrigen Städten, die die Eisenbahn unmittelbar berühren wird, über 400 Tausend Einwohner, und wenn man annimmt, dafs die Strafse auch nur 3 Meilen breit an jeder Seite auf die Gegend unmittelbar wirkt, so sind es mehr als 1 Million Menschen, denen sie unmittelbar dient. Die Bewegung von *Personen* auf einer solchen Strafse, die aufserdem in der Richtung eines grofsen Handelszuges, wie der von Breslau nach Berlin, und zum Theil eines zweiten von Berlin und Glogau nach Leipzig liegt und vier Regierungs-Hauptorte, Berlin, Breslau, Liegnitz und Frankfurt verbindet, von welchen die beiden, Berlin und Breslau, die gröfsten der Preufsischen Monarchie sind, wird also jedenfalls sehr bedeutend sein.

Weit stärker wird aber hier unstreitig die Bewegung von *Frachten* sein. Die Colonial- und Manufactur-Waaren, welche Schlesien über Frankfurt, Berlin und Leipzig erhält, bewegen sich in der Richtung der Eisenbahn; die Fabricate und rohen Producte, welche Schlesien zu versenden hat, ebenfalls. Das Land versendet Eisen und andere Metalle stromabwärts; das Gebirge insbesondere sendet Steinkohlen, Getraide und behauene Granite; über Glogau kommen Getraide, Mehl, Butter etc.; die Gegend zwischen Liegnitz und Frankfurt versendet Eisen-Fabricate, Getraide und Holz; Guben Obst, Wein, Tuch u. s. w.

Man darf nicht fürchten, dafs die rohen Producte, deren innerer Werth im Verhältnifs zu ihrem Gewichte geringe ist, zum Transport auf der Eisenbahn nicht geeignet sein, sondern nach wie vor die Wasserstrafse vorziehen werden. Vermag nur die Eisenbahn wenigstens *eben so wohlfeil* zu transportiren als die Wasserstrafse, so wird diese unfehlbar der Eisenbahn weichen; denn auf der Eisenbahn dauert der Transport von Breslau bis Berlin mit Dampfkraft ½ Tag, mit Pferdekraft höchstens 3 Tage (nemlich, wie es der Fall sein würde, durch Tag und Nacht und mit Relais): auf der Oder dagegen 3, 4, 6 bis 8 Wochen und ist dabei unsicher, ungewifs und *nur einen kleinen Theil des Jahres hindurch practicabel,* während es die Eisenbahn *immer* ist. Es ist Thatsache, dafs in Schlesien eine Masse von Producten, z. B. Kohlen, blofs deshalb gar nicht verfahren werden und unbenutzt bleiben, weil es geradezu an Transportmitteln durch das Land bis zur Oder und der Oder in der Regel an Wasser fehlt. Man fürchte auch nicht, dafs die Kohlen, auch wenn die Eisenbahn da sein wird, um sie schnell und leicht fortzuschaffen, dennoch nicht *bis Berlin* werden verfahren werden können, weil dort die Englischen Steinkohlen wohlfeiler, oder doch immer eben so wohlfeil zu haben sein werden. Die Kohlen werden, wenn sie nur wenigstens nicht bedeutend theurer zu stehen kommen als die Englischen, selbst bis dahin gelangen; denn sie werden ohne grofse Auflagerung zu *jeder Zeit* zu haben sein, was mit den fremden Kohlen nicht der Fall ist; und wenigstens als Heizungs-Material sind sie eben so gut als die Englischen. Es werden jetzt schon eine Menge Schlesischer Cokes sogar nach der Grafschaft Mansfeld verschickt, und früher, ehe die Berliner Gas-Fabrik existirte, ist dieser Absatz noch stärker gewesen. Gelangten aber die Kohlen auch wirklich nicht bis Berlin, so ist diese Stadt keineswegs der einzige Consument, sondern das ganze zwischenliegende Land, was die Englischen Steinkohlen nicht mehr so wohlfeil erlangen *kann*, ist es schon. Von den 300 Tausend Tonnen, die jetzt die Kohlengruben bei Waldenburg versenden, gehen nur etwa 120 Tausend Tonnen nach der Oder zur Verschiffung und nach Breslau; der Rest wird schon in dieser Nähe im Lande verbraucht, und diesem, sowohl bis Breslau und bis zur Oder, als auch noch viel weiter hin, wird die Eisenbahn die Kohlen jedenfalls bei weitem wohlfeiler zuführen können als die jetzigen Strafsen es vermögen, auf welchen der Transport jetzt so theuer ist, dafs die Kohlen für das entfernter liegende Land nicht mehr benutzbar sind.

Dafs die Eisenbahn in jedem Fall, noch mehr als der Wasserstrafse, auch *der Chaussée* wird vorgezogen werden, ist aufser Zweifel; denn sie transportirt jedenfalls *wohlfeiler* und *schneller* als diese: Personen in dem vierten und einem noch geringeren Theile der Zeit, und Frachten in dem achten, zehnten und zwanzigsten Theile der Zeit.

Für welche Preise und dafs die Eisenbahn wohlfeiler zu transportiren *im Stande ist* als die Wasserstrafse und die Chaussée, wird sich weiter unten ergeben. Die Transportkosten sind um so geringer, je gröfser die Transportmasse ist.

IV. Anordnung des Verkehrs auf der Eisenbahn.

6.

Der bedeutendste, den Eisenbahnen bis jetzt völlig *ausschliefslich* eigene Vorzug vor andern Strafsen ist, dafs man darauf, vermittelst der Dampfkraft, mit einer Geschwindigkeit sich fortbewegen kann, die durch Pferde oder sonst übliche Mittel bis jetzt unerreichbar ist. Dieser Vorzug befriedigt aber nicht etwa blofs eine Liebhaberei, sondern er gewährt unmittelbare, wesentliche Vortheile und Geld-Ersparnifs. Da nemlich z. B. eine Reise von Berlin nach Breslau, die jetzt mindestens 2 Tage und 1 Nacht oder 2 Nächte und 1 Tag erfordert, auf der Eisenbahn in 10 bis 12 Tagesstunden wird zurückgelegt werden können, so ist sie auf der letztern offenbar bequemer und für die Gesundheit und das Wohlsein der

Reisenden zuträglicher. Die Ersparung an Zeit ist häufig aber schon auch directe Geld-Ersparung, und wenn ferner auch wirklich *eben so viel Fuhrkosten* für die Reise bezahlt werden müfsten, so ist die schnelle Reise dennoch bedeutend wohlfeiler als die langsame, weil *Zehrungskosten* gespart werden.

Jedenfalls werden also auch *Personen* auf dieser Strafse mit *Dampfkraft* transportirt werden *müssen*, und das um so mehr, da auch für viele *Waaren* die grofse Schnelligkeit ebenfalls wesentlich nützlich ist. Von *allen* Waaren läfst sich dies freilich nicht sagen; denn es ist im Allgemeinen offenbar völlig gleichgültig, ob Kohlen, Granitsteine, Getraide etc. aus Schlesien 1 bis 2 Tage schneller nach Berlin gelangen oder nicht. Wenn also sonst nur die Pferdekraft wohlfeiler ist als die Dampfkraft, was im Allgemeinen der Fall sein dürfte, so wäre es nicht wohlgethan, auch das, was ohne allen sonstigen Verlust durch Pferdekraft fortgeschafft werden kann, ebenfalls durch Dampfkraft fortzuschaffen; denn das Fahren mit Pferden ist sicherer, unabhängiger von Zufällen aller Art und schont die Eisenbahn bei weitem mehr als die Dampfkraft.

Da nun die Breslauer Strafse insbesondere eine *Frachtstrafse* sein wird, so scheint es beim ersten Anblick in der That, als müsse, um richtig zu speculiren, nothwendig jedenfalls *neben* der Fahrt mit Dampfkraft auch mit Pferden gefahren werden. Allein dieser scheinbare Umstand modificirt sich aus einem andern Grunde.

Weniger oft nemlich als *einmal* hin und *einmal* her darf man einen Dampfwagen, der Personen wegen, nicht senden; denn wenigstens einmal täglich mufs die Gelegenheit zu der Reise vorhanden sein. Nun wird auf dieser nirgend sehr steilen Bahn ein Dampfwagen, von der bis jetzt durch Erfahrung als der besten erkannten Gröfse und Kraft, gegen 2000 Ctr. Bruttogewicht auf einmal fortzuschaffen vermögen. Etwa an der Rampe bei Frankfurt darf nur ein zweiter Dampfwagen zur Hülfe kommen. Für die Fahrzeuge ist abzurechnen: da der gröfste Theil der Transportmasse in Frachten besteht, etwa 30 Procent des Bruttogewichts. Also werden fortgeschafft werden 1400 Ctr. Nettolast, und folglich durch die eine tägliche Sendung hin und her täglich 2800 Ctr. und jährlich 1 022 000 Ctr. oder in runder Zahl 1 Million Ctr. Nettogewicht. Die Kosten der Transportkraft für nicht volle Ladungen sind wenig von denen für volle Ladungen verschieden, und es ist nur vortheilhaft, dem Dampfwagen so viel zu ziehen zu geben, als er mit der bestimmten Geschwindigkeit (von etwa

4 Meilen in der Stunde) fortzuschaffen vermag. Die 1 Million Ctr. Nettolast sind nun das Gewicht von wenigstens 500 Tausend Personen mit Gepäck. So viele *Personen* möchten aber, wenigstens wenn man nach der gegenwärtigen Frequenz rechnet, für den Anfang *nicht* fortzuschaffen sein. Also entsteht von selbst gleichsam die *Nothwendigkeit*, auch *Waaren* mit Dampfkraft zu transportiren, weil die Kraft und die Transportmittel einmal da sind, bezahlt werden müssen und die Kosten zum Theil verloren gehen würden, wenn man nicht dem Dampfwagen seine volle Ladung gäbe.

Betrüge also das Gewicht der gesammten Transportmasse nur etwa 1 Million Ctr. jährlich, so würde es durchaus noch nicht rathsam sein, außer mit Dampfkraft auch noch mit Pferden zu fahren. Es würde *nur* mit Dampfkraft zu fahren sein; wenigstens auf der Bahn von Breslau nach Berlin und Glogau. Auf dem Seiten-Arme nach den Kohlengruben verhält es sich freilich anders.

Aber auch wenn das Gewicht der Transportmasse mehr betrüge, und bis auf das *Doppelte* des Obigen stiege, würde die Fahrt mit Pferden, neben der mit Dampf, auf der Hauptstraſse noch immer nicht *entschieden* rathsam sein. Denn auf den meisten Stationen kann ein- und derselbe Dampfwagen die Hin- und Rückfahrt von einem Stations-Orte bis zum nächsten auch *zweimal* täglich machen. Es wären also immer noch erst wenig Transport*mittel* mehr nöthig, wenn zweimal täglich gefahren wird, und die Transport*mittel* kosten das meiste, und verhältniſsmäſsig mehr, als sich etwa an den Kosten der Transport*kraft* auf andre Weise sparen läſst. Also auch, wenn bis zu etwa 2 Millionen Ctr. zu transportiren wären, würde es immer noch nicht entschieden besser sein, Pferdekraft *neben* der Dampfkraft zu gebrauchen.

Erst wenn die Transportmasse mehr als 2 Millionen Ctr. beträgt, kommt die Pferdekraft in Betracht; und dann kommt es auf einen Vergleich an, ob diese oder jene Transportart die wohlfeilere und bessere ist.

Auf der Kohlenstraſse von Waldenburg bis Neumarkt dürfte dagegen die Pferdekraft vor der Dampfkraft entschieden den Vorzug haben. Denn einerseits gewinnen auf die kurze Strecke von 7 Meilen auch die zu transportirenden Personen durch die Dampfkraft doch immer nur 2 bis 3 Stunden an *Zeit*, was nicht erheblich ist; auch dürfte der Personen-Verkehr selbst dort nicht so bedeutend sein, daſs seinetwegen die Dampfkraft weniger nothwendig wäre: andrerseits führt die Straſse fast ganz bergab, und das unvermeidlich mit einem Gefälle, welches für die Dampfkraft *zu grofs* und gefährlich ist. Auch gehen bei weitem die meisten Lasten bergab, und die beladenen Wagen erfordern bergab kaum so viel Zugkraft als die leeren Wagen bergauf. Endlich besteht hier der gröfste Theil der Transportmasse in rohen Producten, nemlich in Kohlen, Steinen, Getraide etc., die durchaus keine grofse Eil haben. Hier also ist die Pferdekraft ganz an ihrem Orte. Die Bahn kann für sie leichter gebaut werden und wird viel weniger Erhaltungskosten erfordern als für Fahrten mit Dampfkraft. Auch kommt der Nutzen der Dampfkraft dennoch auch der Transportmasse auf *dieser* Strafse zu gut. Denn es ist nicht sowohl der Gewinn, den die Kohlenstrafse *an sich selbst* abwirft, sondern der vorzüglichste Gewinn ist, dafs sie eine grofse Transportmasse der Hauptstrafse nach Berlin und Breslau *zuführt;* und dies ist auch für die Unternehmer der Hauptzweck dieser Zweigbahn.

Es ist übrigens für die ganze Bahn auf Bahnhöfe an allen namhaften Orten und an den Stellen, wo die Strafse Seitenwege aufnimmt, so wie aufserdem auf noch mehrere Anhaltpuncte gerechnet. Durch letzteres wird der Einwand gehoben werden, der unter andern gegen Eisenbahnen sich machen läfst, dafs man nicht, wie auf Chausséen, überall auf dieselben gelangen könne.

V. Construction der Strafse.

7.

Dafs am besten massive *Schienen* auch zu dieser Bahn zu nehmen sein werden, nicht längsaus laufende Hölzer, mit dünnem Eisen belegt, ist hier um so mehr aufser Zweifel, da die Quer-Unterlagen, die in jedem Fall zur Erhaltung des Parallelismus der Schienen vorhanden sein müssen, hier in Schlesien, wenigstens allmälig, sehr füglich aus *Steinen,* nemlich aus sogenannten Stufensteinen von Granit gemacht werden können; denn eben bei *Striegau,* welche Stadt die Kohlenstrafse berührt, werden vorzüglich diese Steine gebrochen. Sie sind zur Stelle sehr wohlfeil und können in der Folge auf der Eisenbahn selbst transportirt werden. Da aber diese Stufensteine in so grofser Anzahl, wie sie nöthig sein würden, nicht schnell zu schaffen sind, werden immer Anfangs erst *hölzerne,* halbrunde, 9 F. lange Quer-Unterlagen, aus wenigstens 13 Zoll im Durchmesser haltendem Kiehnen-Holze geschnitten, zu legen sein; welche Hölzer dann allmälig durch Striegauer Stufensteine ersetzt werden können, die, erst einmal gelegt, fast keiner Erneuerung mehr bedürfen werden.

Die Quer-Unterlagen werden auf der Hauptbahn wie gewöhnlich 3 Fuſs von Mitte zu Mitte von einander entfernt zu legen sein, und die Schienen sind dann schwer genug, wenn der laufende Fuſs, wie bei der Potsdamer Eisenbahn, 13¾ Pfund wiegt, so daſs zu der laufenden Ruthe Bahn gerade 3 Ctr. Schienen gehören. Auf der nur mit Pferdekraft zu befahrenden Kohlenstraſse werden auf 2½ F. von einander entfernt gelegten Hölzern, Schienen von 9⅙ Pfund der laufende Fuſs schwer, so daſs zur Ruthe Bahn gerade 2 Ctr. Schienen gehören, hinreichend sein. Die Schienenstühle werden auf die Querträger in der Hauptstraſse durch Schraubenbolzen, auf der Kohlenstraſse durch Holzschrauben zu befestigen sein. Die Querträger werden auf eine Sand-Unterlage zu legen sein. Wollte man die Construction der Bahn noch *vorzüglich* verstärken, so dürfte man nur *unter* die Querhölzer, und gerade unter die Schienen, 3 bis 4 Zoll dicke, 12 Zoll breite, für 15 F. lange Schienen 15 oder 30 F. lange, an den Enden mit einander verbundene Bohlen so legen, daſs ihre Stöſse *zwischen* die Stöſse der Schienen treffen; oder auch in der Folge unter die *Stöſse* der Schienen entweder *sehr* breite Steine, oder unter diejenigen Quersteine, die die Stöſse der Schienen tragen, gerade unter den letzteren, noch andere Steine nach der Länge der Schienen. Dadurch würden die schwachen Stellen der Bahn, die sich bei den Stöſsen der Schienen befinden, vollständig verstärkt werden. Doch dürfte eine solche Verstärkung, wenn sonst nur die Querhölzer oder Quersteine gut fundamentirt werden, nicht gerade *unumgänglich* nothwendig sein.

Der *Damm* zu der Eisenbahn wird überall gleich von Anfang so breit zu schütten sein, daſs in der Folge *zwei* Schienenpaare gelegt werden können, also 24 F. in der Krone breit, weil *in der Folge* eine Verbreitung des Dammes zu schwierig und kostbar sein würde; auch für die Fälle von Ausbesserungen überall Raum zur *Verlegung* der Bahn vorhanden sein muſs. Für den Anfang ist allerdings *nur ein* Schienenpaar nöthig; auch werden zwischen den Stationen beinahe keine Ausweichungen nöthig sein, da die hin- und zurückfahrenden Wagenzüge sehr füglich auf irgend einem *Bahn*hofe einander begegnen können.

Sämmtliche weniger beträchtliche *Brücken* werden von Steinen aufzumauern und diejenigen über 4 F. weit mit Ziegeln zu überwölben, die ganz kleinen Durchlässe unter 4 F. weit aber mit Granitplatten zu bedecken sein. Sämmtlichen gröfsern Brücken dagegen wird zur Ersparung von Anlagekosten nur eine starke hölzerne Decke zu geben sein, so eingerichtet, dafs bei den Ausbesserungen und Erneuerungen der Decken, der Breite nach, blofs die eine Hälfte aufgenommen und wieder gelegt werden darf, während die Fahrt auf der andern Hälfte ohne Unterbrechung ihren Fortgang hat. Wo es ohne zu grofse Schwierigkeit möglich ist, werden aber die Joche der Brücken, und besonders die Stirnen von Mauerwerk zu machen sein, und nur in den sehr tiefen Flüssen und auf sehr unfestem Boden aus Pfahlwerk.

Die *Gebäude auf den Bahnhöfen* müssen die nöthigen Räume zum Empfange der Passagiere, so eingerichtet, dafs die Reisenden, etwa wie auf den Poststationen, zugleich die nothwendigste Bewirthung finden; ferner die nöthigen Räume und Einrichtungen zur Versorgung der Dampfwagen mit Kohlen und Wasser enthalten; sodann die nöthigsten Beamtenwohnungen, mit Bureaux; die nöthigen Wagenschuppen, Waaren-Magazine und Pferdeställe. Die Bahnhöfe müssen umschlossen und die Räume zum Manövriren der Dampfwagen und zum Auf- und Abladen der Waaren von den Vorhöfen zum Auffahren der Reisenden und der Frachten abgesondert sein.

Wohnungen für die Bahnwärter werden nur da zu erbauen sein, wo keine Städte, Dörfer u. s. w. in der Nähe sind. Um so wenige Gebäude als möglich zu erhalten zu haben, werden die Bahnwärter möglichst einzumiethen sein.

VI. Ueberschlägliche Berechnung der Anlagekosten der Bahn.

8.

Da die Linie der Bahn bis jetzt noch nicht im Detail ausgemittelt und folglich auch noch nicht nivellirt werden konnte, so lassen sich die Kosten des Bahndammes und des Grund- und Bodens zur Bahn auch noch nicht einmal annähernd *berechnen.* Inzwischen lassen sich nach dem Augenschein des Terrains die Kosten *schätzen*, und zwar, wenigstens in Rücksicht der Preissätze mit ziemlicher Sicherheit, weil jetzt die *Erfahrung* bei der fast ganz ausgeführten Bahn zwischen Berlin und Potsdam, die schon ihrer Lage nach wohl zu einer der theuersten unter denen in gleichen Terrain-Verhältnissen gehören dürfte, einen festen Anhalt dazu liefert.

1. *Terrain zur Bahn.*

Bei der Eisenbahn zwischen Berlin und Potsdam hat das Terrain, welches von den vielen verschiedenen Eigenthümern, mit Ausnahme eines einzigen, ohne Zwangsmittel, durch freien Kauf erworben worden ist, auf die Meile berechnet, die ungeheure Summe von beinahe 30 Tausend Thalern gekostet; das Terrain zu den Bahnhöfen aufserdem noch beinahe eben so viel wie das übrige Terrain. Dergleichen Verhältnisse, wie unmittelbar bei und zwischen den beiden Residenzen Berlin und Potsdam, kommen aber hier in Schlesien auf der ganzen Linie nicht vor. Die Linie der Hauptstrafse durchzieht hier, wenn man etwa die Strecke von Breslau bis Liegnitz und diejenige in der Nähe von Frankfurt und Glogau ausnimmt, einen sandigen, abgelegenen, bis jetzt noch fast aller Communications-Mittel entbehrenden, folglich nur wenig werthen Boden, und zum Theil selbst ganz dürren Sandboden, wie z. B. bei Fürstenberg, Guben etc.; und weite, dichte Wälder.

Man wird also wohl das Aeufserste thun, wenn man die Kosten des Terrains in der Nähe von Breslau, Liegnitz, Frankfurt und Glogau, bei jeder Stadt auf 1 Meile lang, also zusammen auf 4 Meilen lang, *eben so hoch* anschlägt als bei Berlin und Potsdam, also zu 30 Tausend Thalern die Meile; ferner die Strecken in dem bessern Boden zwischen Breslau und Hainau, zwischen Glogau und Klopschen; ferner bei Sprottau, Sagan und Sorau, zusammen 7 Meilen lang, zu 20 Tausend Thalern die Meile, und den Rest der Länge von 26¼ Meilen zu 10 Tausend Thalern. Das letztere beträgt immer noch 5 Thaler auf die laufende Ruthe Damm, und da im Durchschnitt höchstens 7½ Ruthen breit Terrain nöthig ist, nemlich in freiem Felde, je nachdem die Aufschüttungen oder Einschnitte hoch oder tief sind, 4, 5 bis 6 Ruthen, in Wäldern 10, 12 bis 14 Ruthen, 20 Sgr. auf die Quadratruthe, also 120 Thaler auf den Morgen Land; und es ist kaum möglich, dafs, tief im Lande, abgelegener, sandiger Boden und Waldgrund, am Ende im Wege der Expropriation, höher taxirt werden kann.

Von den ungeheuren Kosten des Terrains zu den Bahnhöfen bei Berlin und Potsdam kommt der bei weitem gröfsere Theil auf den Berliner Hof, und zwar deshalb, weil derselbe gleichsam noch in der Stadt liegt und *mehrere* Häuser dazu gekauft werden mufsten. *Dieser* Bahnhof kann also *gar nicht* zum Anhalt dienen, sondern nur allenfalls der bei Potsdam. Es mögen daher zu dem Terrain der 4 Bahnhöfe bei Breslau, Neumarkt, Liegnitz und Glogau (der Frankfurter Bahnhof gehört zur Frankfurter Eisenbahn) zusammen 60 Tausend Thaler; zu den 7 Bahnhöfen bei Hainau, Primkenau, Sprottau, Sagan, Sorau, Guben und am Friedrich-Wilhelms-Canal zusammen 56 Tausend Thaler und zu den übrigen 2 Bahnhöfen bei Dolzig und Fürstenberg noch 10 Tausend Thaler angesetzt werden.

Auf der Kohlenstrafse, in deren Richtung der Boden fast durchweg besser, aber auch weniger breites Terrain nöthig ist, da wenig Wälder vorkommen, mag auf die Meile 20 Tausend Thaler angeschlagen werden, und zu den 3 Bahnhöfen bei Striegau, Waldenburg und an den Kohlengruben noch 30 Tausend Thaler.

2. *Damm-Arbeiten.*

Der Erddamm zwischen Berlin und Potsdam wird etwa 30 Tausend Thaler die Meile kosten. Das Terrain ist auf der ganzen Schlesischen Linie, mit Ausnahme einiger Stellen: bei Frankfurt, zwischen Fürstenberg und Guben, bei Dolzig, zwischen Klopschen und Glogau und zum Theil bei Sorau, Sagan und Liegnitz, im Allgemeinen nirgends schwieriger und zum grofsen Theil nicht einmal so hügelig als bei Berlin: die Arbeits-Preise aber sind in Schlesien viel niedriger als hier. Der Berliner Damm wird fast ganz von *Schlesischen* Arbeitern, die sogar mit ihren Pferdegespannen hierher kommen, geschüttet. In der Heimath sind diese Leute fast mit der Hälfte des Lohns zufrieden. Man wird also wohl das Aeufserste thun, wenn man für die Meile Damm im Durchschnitt 20 Tausend Thaler und aufserdem noch, an *Zulage*, für die Rampe bei Frankfurt 80 Tausend Thaler, für die Schüttung durch das Oderthal zwischen Fürstenberg und Guben 50 Tausend Thaler und auf das etwa 8 Meilen lang schwierigere

Terrain an den vorhin benannten Stellen für jede Meile noch 12 Tausend Thaler ansetzt.

Auf der Kohlenstrafse dürften im Durchschnitt 18 Tausend Thaler für die Meile und an Zulage für den Damm nach den Kohlengruben zu, noch 60 Tausend Thaler zu arbitriren sein. Diese Kosten werden hier um so mehr ausreichen, da man dieser, nur mit *Pferdekraft* zu befahrenden Strafse stärkere Gefälle geben und dem Terrain mehr folgen darf; was einen *sehr grofsen* Unterschied für die Kosten des Dammes macht und eben ein grofser Vortheil beim Bau für Pferde- statt für Dampfkraft ist.

3. *Brücken.*

Die 3 Brücken über die verschiedenen Arme der Nuthe bei Potsdam, zusammen etwa 380 F. lang, haben, ganz von Holz, aber sehr stark und fest und mit sehr langen eichenen Pfählen gebaut, etwa 18 Tausend Thaler gekostet, also der laufende Fufs gegen 50 Thaler. In Schlesien sind Holz und Arbeitslohn, eben so wie Steine, bei weitem wohlfeiler als hier: indessen mag für die dortigen Brücken über die meistens reifsenden Gewässer, und da sie möglichst steinerne Decken bekommen sollen, das *Doppelte* angesetzt werden.

Für die kleinern Brücken von 10 bis 12 F. weit, möglichst ganz von Steinen, mag im Durchschnitt für jede 1000 Rthlr. angesetzt werden, und für kleine Durchlässe, so wie für Brücken über den Damm hinweg, noch auf die Meile 2000 Rthlr. im Durchschnitt.

4. *Gebäude.*

Die Gebäude auf dem Bahnhofe bei Berlin kosten, mit allen Remisen, mit der Befriedigung, Pflasterung und sonstigen Einrichtung des Hofes, über 80 Tausend Thaler, der Potsdamer Hof über 50 Tausend Thaler. So grofse Kosten und so ausgedehnte Gebäude, wie auf diesen Bahnhöfen, sind auf der Schlesischen Bahn nirgend nöthig. Die Höfe, aufser etwa bei Breslau, Glogau und Liegnitz, werden auch hölzerne Befriedigungen und selbst hölzerne Gebäude erhalten können. Man wird reichlich rechnen, wenn man zu dem Breslauer Hofe, *ohne* die Remisen, die weiter unten zum Ansatz kommen, 40 Tausend Thaler; zu jedem der Höfe bei Liegnitz und Glogau 35 Tausend Thaler, bei Neumarkt 30 Tausend Thaler, zu jedem der Höfe bei Hainau, Primkenau, Sprottau, Sagan, Sorau, Guben, am Friedrich-Wilhelms-Canal, so wie bei Striegau, Waldenburg und an den Kohlengruben 20 Tausend Thaler und zu jedem der Neben-Bahnhöfe bei Dolzig und Fürstenberg 15 Tausend Thaler ansetzt.

An Bahnwärter-Wohnungen würden, wenn *alle* gebaut werden sollten, 2 auf die Meile, jedes für 4 Wärter, nöthig sein, und es können diese 2 Häuser mit Zubehör etwa 4000 Rthlr. kosten. Da nun aber die Wärter möglichst einzumiethen sind, so wird die Hälfte des Betrags anzusetzen sein.

Zu Barrieren, Wächterhäuschen etc. kann auf die Meile Strafse etwa 400 Rthlr. berechnet werden.

5. *Die Eisenbahn selbst.*

Es dürfte, nach Maafsgabe der Erfahrungen bei der Potsdamer Eisenbahn, hier, auf dem mit Dampfkraft zu befahrenden Theile der Strafse, die laufende Ruthe Bahn verhältnifsmäfsig kosten:

	Rthlr.	Sgr.
Für 3 Ctr. Englische gewalzte Schienen, zu 6 Rthlr.,	18 Rthlr.	— Sgr.
Für 8 Schienenstühle, von welchen die auf den Stöfsen etwas breiter sind, im Durchschnitt zu 15 Sgr.,	4 -	— -
Für 16 Schraubenbolzen, zu 6 Sgr., ...	3 -	6 -
Für 8 Keile, zu 1½ Sgr., ...	— -	12 -
Für 4 Querhölzer zu Unterlagen, zu 22½ Sgr., . .	3 -	— -
Für den Transport zur Vertheilung der verschiedenen Gegenstände auf die Bahn	— -	15 -
Für das Legen der Bahn	2 -	— -
Zusammen	31 Rthlr.	3 Sgr.

Die Ruthe Bahn, für Pferdekraft gebaut, würde kosten:

	Rthlr.	Sgr.
Für 2 Ctr. Schienen, zu 6 Rthlr., ...	12 Rthlr.	— Sgr.
Für 12 leichtere Schienenstühle auf 15 F. Bahn, zu 12½ Sgr., thut auf die Ruthe	4 -	— -
Für 24 Holzschrauben auf 15 F. Bahn, zu 3¾ Sgr., thut auf die Ruthe Bahn	2 -	12 -
Für 12 Keile auf 15 F. Bahn, zu 1¼ Sgr., thut . .	— -	12 -
Für 6 Querhölzer auf 15 F. Bahn, zu 21 Sgr., thut	3 -	11 -
Bis hieher	22 Rthlr.	5 Sgr.

	Bis hieher	22 Rthlr.	5 Sgr.
Für den Transport zur Vertheilung der verschiedenen Gegenstände		— -	12 -
Für das Legen der Bahn		1 -	25 -
Für den Pfad für die Pferde		1 -	— -
	Zusammen	25 Rthlr.	12 Sgr.

Zu Drehstühlen ist im Durchschnitt für jeden Bahnhof zu rechnen . . . . 3000 Rthlr.

Zu Wendungen und Ausweichen im Durchschnitt für jeden Bahnhof . . . . 1000 Rthlr.

6. *Kosten des Projects und der Leitung und Besorgung der Ausführung.*

Für Messungen und Nivellements des Terrains im Allgemeinen und im Einzelnen, so wie während des Baues und zur Ausmittelung des Betrages der Terrainkosten sind zu rechnen, auf die Meile . . 500 Rthlr.

Für die Verfertigung des Bau-Projects sind dem Unterzeichneten zugestanden und anzusetzen: ½ pro mille des Actien-Capitals von 7 Millionen Thalern für das vorläufige überschlägliche Project, ¾ pro mille für den speciellen Entwurf, ¼ pro mille zu Bureau-Kosten und andern Auslagen und ½ pro mille zu Reisekosten im In- und Auslande, zusammen 2 pro mille.

Eben so viel einem technischen Dirigenten für die Direction der Ausführung an Honorar, Bureau- und Reisekosten.

An Gehalt vier technischer Inspectoren sind zu rechnen, auf 3 Jahre jedem 1800 Rthlr. jährlich, mit Reisekosten.

An Diäten: 16 Bau-Conducteurs auf 3 Jahre, zu 730 Rthlr. jedem.

Die Kosten der gewöhnlichen Aufseher sind unter den obigen Ansätzen der Baukosten als mitbegriffen zu betrachten.

An Reisekosten der nicht technischen Directoren, an Diäten und Reisekosten der Oekonomie-Commissarien bei Ausmittelung der Terrainkosten und des Syndicus, sind zu rechnen 1½ pro mille des Actien-Capitals.

An Kosten der Rendantur und Buchführung 1 pro mille.

9.

Hiernach gerechnet, würden die Anlagekosten der Bahn überschläglich folgende sein:

A. Zu der mit Dampfkraft zu befahrenden Hauptstrafse.

1. *An Kosten des Grund- und Bodens zur Bahn*, nach §. 8. 1.

Für 4 Meilen lang, zu 30 000 Rthlr., . .	120 000 Rthlr.	
Für 7 Meilen lang, zu 20 000 Rthlr., . .	140 000 -	
Für 26¼ Meilen lang, zu 10 000 Rthlr., .	262 500 -	
Für Terrain zu den 4 Bahnhöfen bei Breslau, Neumarkt, Liegnitz und Glogau .	60 000 -	
Desgleichen zu den 7 Bahnhöfen bei Hainau, Primkenau, Sprottau, Sagan, Sorau, Guben und am Friedrich-Wilhelms-Canal	56 000 -	
Desgleichen zu den 2 Bahnhöfen bei Dolzig und Fürstenberg	10 000 -	
		648 500 Rthlr.

2. *Für Damm-Arbeiten*, nach §. 8. 2.

Für 37¼ Meilen Strafse, im Durchschnitt zu 20 000 Rthlr., ...	745 000 -	
Zulage für die Rampe bei Frankfurt . .	80 000 -	
Für die Schüttung durch das Oderthal zwischen Fürstenberg und Guben . . .	50 000 -	
Für 8 Meilen schwierigeres Terrain, noch zu 12 000 Rthlr., ...	96 000 -	
		971 000 -

3. *Kosten der Brücken*, nach §. 8. 3.

Für 13 gröfsere Brücken über den Friedrich-Wilhelms-Canal, über die Neisse, Lupse, Tamnitz, die Tschirna, den Queis, den Bober, die Schwarze, die schnelle Deichsel, den Katzbach, die Lohe, die Weistritz und den Landgraben, zusammen etwa 1100 F. lang, nach §. 8. 3. zu 100 Rthlr., ...	110 000 Rthlr.	
Bis hieher	110 000 Rthlr.	1 619 500 Rthlr.

Bis hieher	110 000 Rthlr.	1 619 500 Rthlr.
Für 136 kleinere Brücken von 10 bis 12 F. weit, zu 1000 Rthlr., ...	136 000 -	
Für Durchlässe und Brücken über den Damm hinweg, auf 37¼ Meilen Strafse, zu 2000 Rthlr., ...	74 500 -	
		320 500 -

4. *Kosten der Gebäude*, nach §. 8. 4.

Für die Gebäude auf dem Breslauer Bahnhofe und Einrichtung des Hofes . .	40 000 Rthlr.	
Für die beiden Höfe bei Liegnitz und Glogau, zu 35 000 Rthlr., ...	70 000 -	
Für den Hof bei Neumarkt	30 000 -	
Für die 7 Höfe bei Hainau, Primkenau, Sprottau, Sagan, Sorau, Guben und am Friedrich-Wilhelms-Canal, zu 2000 Rthlr.,	140 000 -	
Für die beiden Höfe bei Dolzig und Fürstenberg, zu 15 000 Rthlr., ...	30 000 -	
Für Bahnwärterwohnungen, auf 37¼ Meilen, zu 4000 Rthlr., die Hälfte davon	74 500 -	
Für Barrieren, Wächterhäuschen etc., auf 37¼ Meilen, zu 400 Rthlr., ...	14 900 -	
		399 400 -

5. *Kosten der Eisenbahn selbst*, nach §. 8. 5.

Für 74 430 Ruthen Bahn (§. 3.), zu 31 Rthlr. 3 Sgr., ...	2 314 773 Rthlr.	
Für Drehstühle, Wendungen und Ausweichungen auf 13 Bahnhöfen, im Durchschnitt zu 4000 Rthlr., ...	52 000 -	
		2 366 773 -

6. *Insgemein.*

Zu unvorhergesehenen Ausgaben	200 000 -
Summe bis hieher für die mit Dampfkraft zu befahrende Bahn	4 906 173 Rthlr.

B. Zu der mit Pferdekraft zu befahrenden Kohlenstraſse.

1. *An Kosten des Grund- und Bodens*, nach §. 8. 1.

Für 7 Meilen lang, zu 20 000 Rthlr., .	140 000 Rthlr.	
Zu den 3 Bahnhöfen bei Striegau, Waldenburg und an den Kohlengruben .	30 000 -	
		170 000 Rthlr.

2. *Für Damm-Arbeiten*, nach §. 8. 2.

Für 7 Meilen lang, zu 18 000 Rthlr., .	126 000 Rthlr.	
Zulage für den Damm nach den Kohlengruben	60 000 -	
		186 000 -

3. *Für Brücken*, nach §. 8. 3.

Für die Brücke über das Striegauer Wasser	6 000 Rthlr.	
Für 21 kleinere Brücken, zu 1000 Rthlr.,	21 000 -	
Für Durchlässe und Brücken über die Bahn, auf 7 Meilen Straſse, zu 2000 Rthlr.,	14 000 -	
		41 000 -

4. *Kosten der Gebäude*, nach §. 8. 4.

Für die Gebäude auf den 3 Bahnhöfen bei Striegau, Waldenburg und an den Kohlengruben und Einrichtung der Höfe, zu 20 000 Rthlr., ...	60 000 Rthlr.	
Für Bahnwärter-Wohnungen, auf 7 Meilen, zu 4000 Rthlr., die Hälfte davon	14 000 -	
Für Barrieren, Wächterhäuschen etc. auf 7 Meilen Bahn, zu 400 Rthlr., . . .	2 800 -	
		76 800 -

5. *Kosten der Eisenbahn selbst*, nach §. 8. 5.

Für 14 110 Ruthen Bahn, zu 25 Rthlr. 12 Sgr., ...	358 394 Rthlr.	
Für Drehstühle, Wendungen etc. auf 3 Bahnhöfen, zu 4000 Rthlr., ...	12 000 -	
		370 394 -
	Bis hieher	844 194 Rthlr.

Bis hieher	844 194 Rthlr.

6. *Insgemein.*

Zu unvorhergesehenen Ausgaben	40 000 -
Summe bis hieher zu der mit Pferdekraft zu befahrenden Bahn	884 194 Rthlr.

An Kosten des Projects und der Leitung der Ausführung.

Für Messungen und Nivellements, auf 37¼ Meilen, zu 500 Rthlr., ...	18 625 Rthlr.
Für die Verfertigung des Projects, 2 pro mille von 7 Millionen Thalern	14 000 -
Für die Direction der Ausführung, einem technischen Dirigenten	14 000 -
An Gehalt vier technischer Inspectoren auf 3 Jahre, zu 1800 Rthlr., ...	21 600 -
16 Bau-Conducteurs auf 3 Jahre, zu 730 Rthlr., . . .	35 040 -
An Reisekosten der nicht technischen Directoren, an Kosten der Oekonomie-Commissariate und der Syndicats-Geschäfte 1½ *pro mille*	10 500 -
An Rendantur- und Buchführungskosten 1 pro mille . .	7 000 -
Zusammen . .	120 765 Rthlr.

Von diesen Kosten sind, nach Verhältnifs der Länge der Bahnen, auf die Hauptbahn 101 520 Rthlr. und auf die Kohlenstrafse 19 245 Rthlr. zu rechnen. Es betragen also die gesammten Anlagekosten der Hauptbahn die obigen . . . . 4 906 173 Rthlr.

und	101 520 -
Zusammen . .	5 007 693 Rthlr.

und die gesammten Kosten der Kohlenstrafse die obigen	884 194 Rthlr.
und	19 245 -
Zusammen . . .	903 439 Rthlr.

VII. Ueberschlägliche Berechnung der Anschaffungskosten der Transportmittel.

10.

Da die Transportmittel sich nach der fortzuschaffenden Transportmasse richten, so sind die Anschaffungskosten derselben für irgend eine *vorausgesetzte* Transportmasse zu berechnen und dann nach diesem Maafsstabe im Verhältnifs der *wirklichen* Masse anzusetzen.

Zur Fahrt mit Dampfkraft können, wie oben angedeutet, nicht weniger Transportmittel vorhanden sein, als zu *einer* Fahrt täglich hin und her nothwendig ist; bei der Fahrt mit Pferdekraft dagegen kann man den Vorrath an Transportmitteln beinahe ganz nach der Transportmasse einrichten.

Transportmittel zur Fahrt mit Dampfkraft.

11.

Wenn täglich einmal hin und einmal her gefahren wird, so können, wie oben in §. 6. bemerkt, jährlich etwa 1 Million Ctr. fortgeschafft werden. Nun kann zwar ein Dampfwagen den Weg von einer Station bis zur andern nicht allein sehr bequem täglich hin und her durchlaufen, sondern sogar allenfalls zweimal hin und zurück; allein es ist doch sicherer, einen zweiten Dampfwagen auf jeder Station zu haben, um den ersten abzulösen, und aufserdem ist auf einen dritten zur Reserve zu rechnen. Also sind für jede der 13 Stationen auf der Hauptstrafse 3 Dampfwagen anzusetzen. Alsdann aber reichen diese Dampfwagen auch noch für eine zweite Transportmasse von 1 Million Ctr. aus. Für eine dritte, gleiche Masse dürfte erst die Hälfte und für eine vierte das Doppelte nöthig sein. Ein Dampfwagen mit zugehörigem Munitionswagen kostet, der Erfahrung nach, bis zur Stelle etwa 15 Tausend Thaler.

Angenommen nun, es wären unter der 1 Million Ctr. Transportmasse 30 Tausend Personen, was, zu 2 Ctr., 60 Tausend Ctr. Last ausmacht, so dafs noch 940 Tausend Ctr. Frachtgüter übrig bleiben, was dem Verhältnifs der Personenzahl zu der Frachtmasse auf dieser Strafse ungefähr gemäfs sein dürfte, so sind im Durchschnitt täglich 82 Personen und 2575 Ctr. Fracht fortzuschaffen, nemlich 41 Personen und 1287½ Ctr. hin und eben so viel zurück. Die 41 Personen finden reichlich auf 2 Wagen Platz, und da dieselben Wagen sogar die ganze Strecke zu durchlaufen haben können, so würden eigentlich 2 Wagen für die Hinfahrt und 2 für die Rückfahrt sämmtliche Personen fortschaffen. Allein da auch unterweges Personen abzusetzen und aufzunehmen sind und die Frequenz nicht täglich gleich, sondern vielmehr ungemein ungleich sein kann, so muſs man, um sicher zu gehen, wenigstens auf *jede Station* 2 Wagen und noch 1 zur Reserve, also auf jede der 13 Stationen 3 Personenwagen rechnen, die dann nach dem Bedürfniſs auf die Stationen *ungleich* vertheilt werden können. Für eine zweite Transportmasse von 30 Tausend Personen dürfte erst die Hälfte, für eine dritte das Doppelte und für eine vierte wieder die Hälfte mehr nöthig sein. Im Durchschnitt kostet ein Personenwagen, der Erfahrung nach, 1500 Rthlr.

Ein Frachtwagen ladet an Collis, oder an rohen Waaren, oder an Schlachtvieh, 66 bis 70 Ctr. Also erfordern die 1287½ Ctr. Fracht 19 Wagen. Da die Frachten an demselben Tage die ganze Linie durchlaufen, so könnten schon 19 Wagen zur Hinfahrt und eben so viele zur Rückfahrt hinreichend sein. Da indessen wiederum die Frequenz sehr ungleich ist und Waaren auch unterweges abzusetzen und aufzunehmen sind, so muſs man wenigstens für *jede* der 5 Haupt-Abgangs-Stationen Breslau, Neumarkt, Glogau, Sorau und Frankfurt 19 Wagen und, um sicher zu gehen, noch die Hälfte zur Reserve, in allem also wenigstens 140 Wagen rechnen. Dann dürfte aber, wie bei den Personenwagen, zu einer zweiten gleichen Transportmasse erst die Hälfte mehr, zu einer dritten erst das Doppelte und zu einer vierten wieder die Hälfte mehr nöthig sein. Die Kosten eines Fracht- oder Viehwagens sind auf 800 Rthlr. zu rechnen.

Die Kosten der Remisen sind für jeden Dampfwagen nebst Schmiede auf 800 Rthlr. und für jeden Personenwagen, Frachtwagen oder Dampfmunitionswagen auf 150 Rthlr. anzuschlagen.

12.

Hiernach gerechnet, würden folgende Anschaffungskosten der Transportmittel nöthig sein.

Für 39 Dampfwagen, zu 15 000 Rthlr., .	585 000 Rthlr.	
Für die Remisen zu 39 Bahnwagen nebst Tender, zu 950 Rthlr., ...	37 050 -	
		622 050 Rthlr.
Für 39 Personenwagen, im Durchschnitt zu 1500 Rthlr., ...	58 500 Rthlr.	
Für 140 Frachtwagen, zu 800 Rthlr., .	112 000 -	
Für die Remisen zu 179 Personen- und Frachtwagen, zu 150 Rthlr., . . .	26 850 -	
		197 350 -
Zusammen für eine Transportmasse von 1 Million Ctr.		819 400 Rthlr.
Für eine zweite gleiche Transportmasse würde dem Obigen zufolge hinzukommen die Hälfte der Kosten der Personen- und Frachtwagen nebst Remisen, mit . .		98 675 -
Thut für eine Transportmasse bis zu 2 Mill. Ctr. . . .		918 075 Rthlr.
Für eine dritte gleiche Transportmasse kommen ferner hinzu:		
Die Hälfte der Kosten der Dampfwagen nebst Remisen mit . . .	311 025 Rthlr.	
Die Hälfte der Kosten der übrigen Wagen mit	98 675 -	
		409 700 -
Thut für eine Transportmasse bis zu 3 Mill. Ctr. .		1 327 775 Rthlr.
Für eine vierte gleiche Transportmasse kommen wieder hinzu		409 700 -
Thut für eine Transportmasse bis zu 4 Millionen Ctr.		1 737 475 Rthlr.

13.

Ein Pferd wird auf der Kohlenstrafse im Frachtschritte bequem 3 Fahrzeuge, jedes mit 60 Ctr. Fracht beladen, täglich 4½ Meilen weit, also 810 Ctr. 1 Meile weit fortschaffen, zumal da die Ladungen hier fast alle bergab gehen. Nun kann man jährlich, nach Abzug der nöthigen Ruhetage, 300 Arbeitstage rechnen, wovon noch der 6te Theil, wegen nothwendiger Reserve an Pferden, zurückzurechnen ist. Also transportirt ein Pferd jährlich 202 500 Ctr. 1 Meile weit. Da aber die Frachtwagen hier häufig bergan werden leer wieder zurückgeschafft werden müssen, so mögen der Sicherheit wegen auf ein Pferd jährlich nur 150 Tausend Ctr. Transportmasse auf 1 Meile weit gerechnet werden. Die Anschaffungskosten eines Pferdes mit Zubehör sind zu rechnen:

Für das Pferd, mit Geschirr, Stallgeräth und Livrée des Kutschers	200 Rthlr.
Für die Stallung	160 -
Für die zugehörigen 3 Frachtwagen, wegen der langsamern Bewegung von leichterer Bauart, zu 500 Rthlr.,	1 500 -
Für die Remise derselben	360 -
Thut zusammen für jede 150 000 Ctr. jährliche Fracht auf 1 Meile weit	2 220 Rthlr.
oder für jede Million Ctr. 7 Meilen weit .	103 600 Rthlr.

Vor Personenwagen im stärksten Trab oder Galopp laufend, kann ein Pferd nur etwa den dritten Theil an Zugkraft ausüben und folglich nur *einen* Wagen, mit 30 Personen besetzt, fortschaffen. Es sind hier nöthig:

Für das Pferd und dessen Stallung, wie oben, ...	400 Rthlr.
Für den Personenwagen nebst Remise	1650 -
Im Ganzen zu 50 000 Ctr. Ladung . . .	2050 Rthlr.

Dieses thut auf 1 Million Ctr. 7 Meilen weit 257 000 Rthlr. und steht zu dem obigen 103 600 Rthlr. etwa im Verhältniſs von 2 zu 5.

Man kann daher die Anschaffungskosten der Transportmittel für Personen füglich auf die Weise in Rechnung bringen, daſs man bei der Schätzung der Frachtmasse für eine Person 5 Ctr. Gewicht statt 2 Ctr. ansetzt.

VIII. Erhaltungskosten der Bahn.

14.

Diese Kosten sind theils von der Frequenz beinahe unabhängig, theils von derselben abhängig. Der erste Theil der Kosten bezieht sich auf die Erhaltung des Dammes, der Brücken, der Gebäude, der Unterlagehölzer, der Schienen mit Zubehör, in so weit der Abgang nicht aus der Abnutzung entsteht, und auf die Kosten der Wegewärter; der zweite Theil bezieht sich auf die Abnutzung der Bahn nebst Zubehör, durch den Gebrauch.

Der *erste* Theil ist wie folgt zu berechnen.

A. Zu den mit Dampfkraft zu befahrenden $37\frac{1}{4}$ Meilen Strafse jährlich.

1.	Erhaltungskosten des Dammes, zu 100 Rthlr. für die Meile	3 725 Rthlr.		
2.	Erhaltungskosten der Brücken, zu $2\frac{1}{2}$ Procent der Baukosten von 320 500 Rthlr. §. 9. A. 3., weil sie meistens von Holz sind, ...	8 012	-	15 Sgr.
3.	Erhaltungskosten der Gebäude, zu 2 Procent der Anlagekosten von 399 400 Rthlr. §. 9. A. 4., ...	7 988	-	— -
4.	Erhaltungskosten der Querträger in der Bahn, wofür zugleich, wenn sie Anfangs von Holz sind, allmälig Steine gelegt werden können, zu 1500 Rthlr. die Meile, ...	55 875	-	— -
5.	Kosten des allmäligen Umlegens der Bahn, zu 400 Rthlr. auf die Meile, ...	14 900	-	— -
6.	Für Abgang von Schienenstühlen, Bolzen und Keilen, zu 150 Rthlr. auf die Meile, .	5 587	-	15 -
7.	Kosten von 8 Wegewärtern auf die Meile, zu 125 Rthlr., ...	37 250	-	— -
8.	Zu zufälligen Ausgaben	10 000	-	— -
	Zusammen	143 338 Rthlr.		

B. Zu den mit Pferdekraft zu befahrenden 7 Meilen Kohlenstrafse.

1.	Zur Erhaltung des Dammes, zu 100 Rthlr. auf die Meile	700 Rthlr.	
2.	Zur Erhaltung der Brücken, $2\frac{1}{2}$ Procent der Baukosten von 41 000 Rthlr., §. 9. B. 3., ...	1 025	-
3.	Zur Erhaltung der Gebäude, 2 Procent der Anlagekosten von 76 800 Rthlr., §. 9. B. 4., ...	1 536	-
	Bis hieher	3 261 Rthlr.	

	Bis hieher	3 261 Rthlr.
4.	Erhaltungskosten der Querträger, zu 1500 Rthlr. auf die Meile, ...	10 500 Rthlr.
5.	Kosten des allmäligen Umlegens der Bahn, zu 400 Rthlr. auf die Meile, ...	2 800 -
6.	Für Abgang an Schienenstühlen etc., zu 150 Rthlr. auf die Meile, ...	1 050 -
7.	Kosten der Wegewärter	7 000 -
8.	Zu zufälligen Ausgaben	2 000 -
	Zusammen	26 611 Rthlr.

Den *zweiten*, von der Frequenz abhängigen, also mit derselben steigenden Theil der Erhaltungskosten kann man, den Erfahrungen auf den Englischen und andern Eisenbahnen gemäfs, im Durchschnitt zu 500 Rthlr. für jede Million Centner Transportmasse auf die Meile Bahn anschlagen.

IX. Erhaltungskosten der Transportmittel.

15.

Wenn ein Dampfwagen seine vollen Dienste leistet, so ist, Erfahrungen zufolge, jährlich etwa der 6te Theil der Anschaffungskosten zur Erhaltung nöthig. Dieses würde also der Fall sein, wenn jährlich 2 Millionen Ctr. Last mit zweimaliger täglicher Fahrt zu transportiren wären. Ist aber nur 1 Million zu transportiren, so wird man nur den 10ten Theil der Anschaffungskosten zur Erhaltung rechnen dürfen.

Zur Erhaltung von Bahnfuhrwerken ist der 10te Theil der Anschaffungskosten zur jährlichen Erhaltung anzuschlagen.

Zur Erhaltung der Bahnwagenschuppen, Pferdeställe etc. 2 Procent der Erbauungskosten jährlich.

Zur Erhaltung von Pferden, nemlich zur Aufsammlung der Wieder-Anschaffungskosten (nicht zu Futter), desgleichen zur Erhaltung des Stallgeräths, der Kutscher-Livréen etc. ist im Durchschnitt jährlich etwa der 8te Theil der Anschaffungskosten anzusetzen.

Hiernach in §. 12. und 13. gerechnet, ergeben sich folgende Erhaltungskosten der Transportmittel.

A. Für die Fahrt mit Dampfkraft auf der Hauptstrafse.

Zuerst für 1 Million Ctr. Transportmasse.

10 Procent der Kosten der Dampfwagen von 585 000 Rthlr.	58 500 Rthlr.
2 Procent der Kosten der Remisen von zusammen 63 900 Rthlr.	1 278 -
10 Procent der Kosten der Personen- und Frachtwagen von zusammen 170 500 Rthlr.	17 050 -
Thut zusammen für eine Frachtmasse von 1 Million Ctr.	76 828 Rthlr.

Auf gleiche Weise für eine stärkere Transportmasse, nur dem Obigen zufolge dann $16\frac{2}{3}$ Procent zur Erhaltung der Dampfwagen gerechnet, ergiebt sich:

Für eine Transportmasse von 2 Millionen Ctr. . . .	124 992 Rthlr.
- - - - - - 3 - - - -	187 488 -
- - - - - - 4 - - - -	249 984 -

B. Für die Fahrt mit Pferdekraft auf der Kohlenstrafse.

Erhaltungskosten eines Pferdes, $\frac{1}{8}$ von 200 Rthlr.,	25 Rthlr.	— Sgr.
Erhaltungskosten der Stallung, 2 Procent von 160 Rthlr.,	3 -	6 -
Erhaltungskosten von 3 Wagen, 10 Procent von 1500 Rthlr., ...	150 -	— -
Erhaltungskosten der Wagenremisen, 2 Procent von 360 Rthlr., ...	7 -	6 -
Zusammen für 150 000 Ctr. Fracht auf 1 Meile weit	185 Rthlr.	12 Sgr.

Also für jede Million Ctr. auf 7 Meilen weit . . . 8652 Rthlr.

X. Verwaltungskosten.

16.

Für die getrennte Verwaltung der mit Dampfkraft zu befahrenden Hauptstrafse und der für Pferdekraft zu benutzenden Kohlenstrafse dürfte zu berechnen sein.

A. Für die Hauptstrafse.

Einem Betriebs-Director jährlich	3 000	Rthlr.
Drei Betriebs-Inspectoren, zu 1200 Rthlr., ...	3 600	-
Einem Haupt-Controlleur	1 500	-
Drei Unter-Controlleuren, zu 800 Rthlr., ...	2 400	-
Einem Ober-Buchhalter	1 200	-
5 Unter-Buchhaltern, zu 600 Rthlr., ...	3 000	-
Einem Haupt-Rendanten	1 600	-
5 Unter-Rendanten, zu 800 Rthlr., ...	4 000	-
Einem technischen Director an Honorar und Reisekosten	2 000	-
Drei Ingenieurs an Gehalt und Reisekosten, zu 1400 Rthlr.,	4 200	-
Dem Syndicus an Gehalt und Reisekosten	1 800	-
18 Einnehmern auf den Bahnhöfen, zu 400 Rthlr., . .	7 200	-
30 Portiers auf den Bahnhöfen, Lohn und Livrée, zu 200 Rthlr., ...	6 000	-
Den nöthigen Boten	750	-
Reisekosten der nicht technischen Directoren	3 000	-
Zu Beleuchtung der Bureaux, zu Druckkosten, Schreibmaterialien etc.	1 500	-
Zu Grundsteuern, städtischen Steuern etc.	3 000	-
An zufälligen Ausgaben	4 000	-
Zusammen	53 750	Rthlr.

B. Für die Kohlenstrafse.

Einem Betriebs-Director	1 400	Rthlr.
Einem Controlleur	900	-
Einem Ober-Buchhalter	800	-
2 Unter-Buchhaltern, zu 600 Rthlr., ...	1 200	-
Einem Haupt-Rendanten	1 000	-
Zwei Unter-Rendanten, zu 700 Rthlr., ...	1 400	-
Einem Ingenieur	1 400	-
Dem Syndicus	600	-
5 Einnehmern auf den Bahnhöfen, zu 400 Rthlr., . .	2 000	-
8 Portiers, zu 200 Rthlr., ...	1 600	-
Bis hieher	12 300	Rthlr.

Bis hieher	12 000	Rthlr.
Dem Boten	250	-
Reisekosten der nicht technischen Directoren	1 000	-
Zu Beleuchtung der Bureaux, zu Druckkosten und Schreibmaterialien	500	-
Grundsteuern und städtische Steuern	1 000	-
An zufälligen Ausgaben	1 500	-
Zusammen	16 500	Rthlr.

Die Verwaltungskosten steigen eigentlich bei Zunahme der Frequenz ebenfalls; doch wird die Zunahme, die sich auch im Voraus nicht wohl näher schätzen läfst, nicht bedeutend sein und kann daher bei den gegenwärtigen überschläglichen Berechnungen aufser Acht bleiben.

XI. Kosten der Transportkraft.

17.

Wenn ein Dampfwagen seine volle Ladung zieht, so verbraucht er, wie z. B. der *Atlas*, einer der besten Dampfwagen auf der Liverpooler Bahn, auf die Meile 175 Pfunde Cokes. Also sind zu einer Fahrt von 37¼ Meilen Bahn 6518¾ Pfd. und täglich zu einer Fahrt hin und einer Fahrt her, womit 1 Million Ctr. Fracht fortgeschafft wird, 13 037½ Pfd., folglich jährlich 43260 Ctr. Cokes nöthig. Der Centner Cokes dürfte im Durchschnitt 20 Sgr. kosten.

Hiernach gerechnet, und die übrigen zugehörigen Ausgaben hinzugethan, sind die Kosten der Dampfkraft folgende.

1.	Für 43 260 Ctr. Cokes, zu 20 Sgr., ...	28 840	Rthlr.
2.	Für Schmier, Oel, Hanf etc.	2 000	-
3.	Lohn und Livrée von 15 Maschinisten, zu 750 Rthlr.,	11 250	-
4.	Desgleichen von 15 Feuerschürern, zu 180 Rthlr., .	2 700	-
5.	Desgleichen von 16 Wagenmeistern, zu 380 Rthlr., .	6 080	-
6.	An Beleuchtungskosten der Bahnwagenhallen . . .	1 000	-
7.	Zu zufälligen Ausgaben	4 000	-
	Zusammen für 1 Million Ctr. Fracht	55 870	Rthlr.

Für 2 Millionen Ctr. sind nur zu rechnen:

Von Art. 1. und 2. das Doppelte, thut	61 680	Rthlr.
Von Art. 6. und 7. die Hälfte mehr, also	7 500	-
Art. 3., 4., 5. wie oben	20 030	-
Thut für 2 Millionen Ctr. Fracht	89 210	Rthlr.

Für 3 Millionen Ctr. sind zu rechnen:

Von Art. 1. und 2. das Dreifache, thut	92 520	Rthlr.
Von Art. 3., 4., 5. die Hälfte mehr, thut	30 045	-
Von dem Uebrigen das Doppelte, thut	10 000	-
Thut für 3 Millionen Ctr. Fracht	132 565	Rthlr.

Für 4 Millionen Ctr. sind zu rechnen:

Von Art. 1. und 2. das Vierfache, thut	123 360	Rthlr.
Von Art. 3., 4., 5. das Doppelte, thut	40 060	-
Art. 6. und 7. $2\frac{1}{2}$ mal, thut	12 500	-
Thut für 4 Millionen Ctr. Fracht	175 920	Rthlr.

18.

Die Kosten der Pferdekraft auf der Kohlenstraſse sind wie folgt zu berechnen.

Nach §. 13. bringt ein Pferd jährlich 150 Tausend Ctr. Fracht 1 Meile weit fort. Also sind z. B. zu 1 Million Ctr. Fracht auf der 7 Meilen langen Kohlenstraſse 47 Pferde und eben so viele Führer derselben nöthig.

Für 47 Pferde, Futter und Beschlag, zu 200 Rthlr., .	9 400	Rthlr.
47 Kutschern Lohn und Livrée, zu 132 Rthlr., . .	6 204	-
Zusammen für *jede* Million Ctr. Fracht an jährlichen Kosten der Transportkraft	15 604	Rthlr.

XII. Zusammenstellung der Anlagekosten und der jährlichen Ausgaben.

19.

A. Die mit Dampfkraft zu befahrende 37¼ Meilen lange Hauptstrafse von Breslau bis Frankfurt a. d. O. und Glogau.

a. Anlagekosten.

	Für eine jährliche Transportmasse von			
	1 Mill. Ctr. Rthlr.	2 Mill. Ctr. Rthlr.	3 Mill. Ctr. Rthlr.	4 Mill. Ctr. Rthlr.
1. Zu dem Bauwerke selbst, nach §. 9., ...	5 007 693	5 007 693	5 007 693	5 007 693
2. Zur Anschaffung der Transportmittel, nach §. 12., .	819 400	918 075	1 327 775	1 737 475
Zusammen	5 827 093	5 925 768	6 335 468	6 745 168

b. Jährliche Ausgaben.

	Für eine jährliche Transportmasse von			
	1 Mill. Ctr. Rthlr.	2 Mill. Ctr. Rthlr.	3 Mill. Ctr. Rthlr.	4 Mill. Ctr. Rthlr.
1. Erhaltungskosten des Bauwerks, und zwar:				
a. In so weit sie von der Frequenz nicht direct abhängig sind, nach §. 14.,	143 338	143 338	143 338	143 338
b. In so weit sie in etwa gleichem Verhältnifs mit der Frequenz zunehmen, nach §. 14., ...	18 625	37 250	55 875	74 500
2. Erhaltungskosten der Transportmittel, nach §. 15., .	76 828	124 992	187 488	249 984
3. Verwaltungskosten, nach §. 16., ...	53 750	53 750	53 750	53 750
4. Kosten der Transportkraft, nach §. 17., ...	55 870	89 210	132 565	175 920
Zusammen	348 411	448 540	573 016	697 492

B. Die mit Pferdekraft zu befahrende 7 Meilen lange Kohlenstrafse von Neumarkt in das Gebirge.

a. Anlagekosten.

	Für eine jährliche Transportmasse von			
	1 Mill. Ctr. Rthlr.	2 Mill. Ctr. Rthlr.	3 Mill. Ctr. Rthlr.	4 Mill. Ctr. Rthlr.
1. Zu dem Bauwerke selbst, nach §. 9., ...	903 439	903 439	903 439	903 439
2. Zur Anschaffung der Transportmittel, nach §. 12., ...	103 600	207 200	310 800	414 400
Zusammen	1 007 039	1 110 639	1 214 239	1 317 839

b. Jährliche Ausgaben.

	Für eine jährliche Transportmasse von			
	1. Mill. Ctr. Rthlr.	2 Mill. Ctr. Rthlr.	3 Mill. Ctr. Rthlr.	4. Mill. Ctr. Rthlr.
1. Erhaltungskosten des Bauwerks, und zwar:				
a. In so weit sie von der Frequenz nicht direct abhängig sind, nach §. 14., ...	26 611	26 611	26 611	26 611
b. In so weit sie in etwa gleichem Verhältnifs mit der Frequenz zunehmen, nach §. 14., . . .	3 500	7 000	10 500	14 000
2. Erhaltungskosten der Transportmittel, nach §. 15., ...	8 652	17 304	25 956	34 608
3. Verwaltungskosten, nach §. 16.,	16 550	16 550	16 550	16 550
4. Kosten der Transportkraft, nach §. 17., ...	15 604	31 208	46 812	62 416
Zusammen	70 917	98 673	126 429	154 185

Zu beiden Strafsen zusammen.

a. Anlagekosten.

	Für eine jährliche Transportmasse von			
	1 Mill. Ctr. Rthlr.	2 Mill. Ctr. Rthlr.	3 Mill. Ctr. Rthlr.	4 Mill. Ctr. Rthlr.
A. Zu der 37¼ Meilen langen Hauptstrafse. . .	5 827 093	5 925 768	6 335 468	6 745 168
B. Zu der 7 Meilen langen Kohlenstrafse . .	1 007 039	1 110 639	1 214 239	1 317 839
Summe der Anlagekosten	6 834 132	7 036 407	7 549 707	8 063 007

b. Jährliche Ausgaben.

	Für eine Transportmasse von			
	1 Mill. Ctr Rthlr.	2 Mill. Ctr. Rthlr.	3 Mill. Ctr. Rthlr.	4 Mill. Ctr. Rthlr.
A. Auf der 37¼ Meilen langen Hauptstrafse	348 411	448 540	573 016	697 492
B. Auf der 7 Meilen langen Kohlenstrafse	70 917	98 673	126 429	154 185
Summe der jährlichen Ausgaben	419 328	547 213	699 445	851 677

Für eine Transportmasse die zwischen 1 und 2 Mill., 2 und 3 Mill. Ctr. u. s. w. fällt, wird man bei diesen überschläglichen Berechnungen, sowohl bei den Anlagekosten als bei den jährlichen Ausgaben, eine zu den beiden Grenzzahlen im *Verhältnifs* stehende Zahl ansetzen können; z. B. wenn die Transportmasse 2⅓ Mill. Ctr. betrüge, so würde man zu den Zahlen für 2 Mill. den dritten Theil der Differenz der Zahlen für 2 und 3 Mill. Ctr. hinzusetzen können.

XIII. Schätzung der für den Anfang zu erwartenden Transportmasse, nach den vorhandenen Angaben; und der Transportpreise.

Wenn die Eisenbahn über Guben, Sorau etc. gebaut sein wird, und sie vermag auch nur *eben so wohlfeil* zu transportiren, wie jetzt die Chaussée und die Oder, so ist, wie oben bemerkt, kein Zweifel, dafs *Alles*, was sich jetzt auf der Chaussée über Crossen, Grüneberg etc. und auf der Oder-wasserstrafse, so wie über Guben, Sorau und Sagan etc. bewegt, der Eisenbahn, weil sie sicherer und schneller als die jetzigen Land- und Wasserstrafsen und zu jeder Jahreszeit transportirt, sich bedienen werde; denn die Anfangs- und Endpuncte der drei Strafsen sind die nemlichen, und die zwischenliegenden Orte Crossen, Grüneberg etc., auf der Chaussée, haben nur einen geringen Antheil an der Transportmasse, der aber von den zwischen liegenden wichtigeren Orten Liegnitz und Glogau, welche die Eisenbahn, nicht aber die Chaussée und die Wasserstrafse berührt, gewifs reichlich ersetzt wird. Es kommt also, um einen Anhalt für die Schätzung der Frequenz auf der mit Dampfkraft zu befahrenden Eisenbahn zu haben, nur auf die Ausmittelung Dessen an, was sich jetzt auf der Chaussée, so wie über Guben etc. und auf der Oder bewegt.

Für die Kohlenstrafse müssen örtliche Angaben und der Betrag des Chausséegeldes einen Anhalt geben.

A. Für die mit Dampfkraft zu befahrende Eisenbahn.

20.

Für das, was auf der Breslauer Chaussée sich bewegt, giebt der Betrag des Chausséegeldes zwischen Frankfurt a. d. O. über Crossen bis zur Liegnitzschen Regierungs-Grenze den sichersten und besten Anhalt. Die Frequenz auf dieser Strecke ist gewifs für die Eisenbahn anzunehmen, und von Glogau her, so wie von Liegnitz, kommt sogar noch mehr hinzu. Dafs dem so sei, beweisen weiter die Chausséezoll-Beträge in Schlesien. Zwischen Frankfurt und der Liegnitzschen Regierungs-Grenze beträgt nemlich der Chausséezoll auf die Meile im Durchschnitt etwa 1360 Rthlr. jährlich. Von der Liegnitzschen Regierungs-Grenze dagegen bis Brieg beträgt das Chausséegeld auf die Meile 1215 Rthlr.; durch den Liegnitzschen Regierungs-Bezirk zwar nur 852 Rthlr., dagegen aber auf der jetzigen Seitenstrafse über Liegnitz, auf Leipzig zu, die der Eisenbahn zufällt, 962 Rthlr.; also mit den vorigen 852 Rthlr. zusammen sogar noch mehr. Das Chausséegeld von Glogau her, nach der Breslauer Chaussée hin, wo nicht einmal der volle Chaussée-Tarif Statt findet, beträgt 962 Rthlr. auf die Meile.

Man kann daher wohl *mit Sicherheit* annehmen, dafs die Frequenz auf der Chaussée zwischen Frankfurt und der Liegnitzschen Regierungsbezirks-Grenze einen sichern Maafsstab für diejenige Landpassage auf der ganzen Breslauer Strafse abgiebt, auf welche die Eisenbahn rechnen darf.

21.

Diese Frequenz ist im Jahre 1835 folgende gewesen:

1. *An beladenen Extraposten.*

1061½ 2spännige Extraposten, 2 Meilen weit, thut	2123 Meilen.	
4177 dergleichen, 1½ Meilen weit, thut	6265½ M.	
Zusammen	8388½ M. zu 2 Pf., thut	16777 Pferde.
130 3spännige Extraposten, 2 Meilen weit, thut	260 Meilen.	
305 3spännige Extraposten, 1½ Meilen weit, thut	457½ M.	
	717½ M. zu 3 Pf., thut	2152½ Pferde.
190 4spännige Extraposten, 2 Meilen weit, thut	380 Meilen.	
599 4spännige Extraposten, 1½ Meilen weit, thut	898½ M.	
	1278½ M. zu 4 Pf., thut	5114 Pferde.
6 5spännige Extraposten, 2 Meilen weit, thut	12 Meilen.	
6 5spännige Extraposten, 1½ Meilen weit, thut	9 M.	
	21 M. zu 5 Pf., thut	105 Pferde.
2 6spännige Extraposten, 2 Meilen weit, thut	4 Meilen.	
88 6spännige Extraposten, 1½ Meilen weit, thut	132 M.	
	136 M. zu 6 Pf., thut	816 Pferde.
Zusammen an Pferden auf 1 Meile weit		24964 Pferde.
Also im Durchschnitt auf jede der 8 Meilen		3121 Pferde.

2. *An beladenen Schnellposten.*

264½ 2spännige Posten, 2 Meilen weit, thut	529 Meilen.	
906 2spännige Posten, 1½ Meilen weit, thut	1359 M.	
Zusammen	1888 M. zu 2 Pf., thut	3776 Pferde.
386 3spännige Posten, 2 Meilen weit, thut	772 Meilen.	
1141 3spännige Posten, 1½ Meilen weit, thut.	1711½ M.	
	2483½ M. zu 3 Pf., thut	7450½ Pferde.
715 4spännige Posten, 2 Meilen weit, thut	1430 Meilen.	
3125 4spännige Posten, 1½ Meilen weit, thut	4687½ M.	
	6117½ M. zu 4 Pf., thut	24470 Pferde.
11 5spännige Posten, 2 Meilen weit, thut	22 Meilen.	
87 5spännige Posten, 1½ Meilen weit, thut	130½ M.	
	152½ M. zu 5 Pf., thut	762½ Pferde.
3 6spännige Posten, 1½ Meile weit, thut		27 Pferde.
Zusammen an Pferden, auf 1 Meile weit .		36486 Pferde.
Also im Durchschnitt auf jede der 8 Meilen		4561 Pferde.

3. *An beladenen Personen-Fuhrwerken.*

2111 1spännige Fuhrwerke, 2 Meilen weit, thut	4222 Meilen.	
12910 1spännige Fuhrwerke, 1½ Meilen weit, thut	19365 M.	
	23587 M. zu 1 Pf., thut	23587 Pferde.
	Bis hieher	23587 Pferde.

Bis hieher 23587 Pferde.

4360 2spännige Fuhrwerke, 2 Meilen weit, thut . . . . 8720 Meilen.
18104 2spännige Fuhrwerke, $1\frac{1}{2}$ Meilen weit, thut . . . . 27156 M.

35876 M. zu 2 Pf., thut 71752 Pferde.

121 3spännige Fuhrwerke, 2 Meilen weit, thut . . . . 242 Meilen.
378 3spännige Fuhrwerke, $1\frac{1}{2}$ Meilen weit, thut . . . . 567 M.

809 M. zu 3 Pf., thut 2427 Pferde.

40 4spännige Fuhrwerke, 2 Meilen weit, thut . . . . 80 Meilen.
221 4spännige Fuhrwerke, $1\frac{1}{2}$ Meilen weit, thut . . . . $331\frac{1}{2}$ M.

$411\frac{1}{2}$ M. zu 4 Pf., thut 1646 Pferde.

Zusammen an Pferden, auf 1 Meile weit . 99412 Pferde.
Also im Durchschnitt für jede der 8 Meilen 12427 Pferde.

4. *An beladenen Frachtfuhrwerken.*

$5451\frac{1}{2}$ 2spännige Fuhren, 2 Meilen weit, thut . . . . 10903 Meilen.
19068 2spännige Fuhren, $1\frac{1}{2}$ Meilen weit, thut . . . . 28602 M.

39505 M. zu 2 Pf., thut 79010 Pferde.

1757 3spännige Fuhren, 2 Meilen weit, thut . . . . 3514 Meilen.
7426 3spännige Fuhren, $1\frac{1}{2}$ Meilen weit, thut . . . . 11139 M.

14653 M. zu 3 Pf., thut 43959 Pferde.

Bis hieher 122969 Pferde.

Bis hieher 122969 Pferde.

1092 4spännige Fuhren, 2 Meilen weit, thut . . . . 2184 Meilen.

5011 4spännige Fuhren, $1\frac{1}{2}$ Meilen weit, thut . . . . $7516\frac{1}{2}$ M.

$9700\frac{1}{2}$ M. zu 4 Pf., thut 38802 Pferde.

9 5spännige Fuhren, 2 Meilen weit, thut . . . . 18 Meilen.

41 5spännige Fuhren, $1\frac{1}{2}$ Meilen weit, thut . . . . $61\frac{1}{2}$ M.

$79\frac{1}{2}$ M. zu 5 Pf., thut $397\frac{1}{2}$ Pferde.

10 6spännige Fuhren, 2 Meilen weit, thut . . . . 20 Meilen.

45 6spännige Fuhren, $1\frac{1}{2}$ Meilen weit, thut . . . . $67\frac{1}{2}$ M.

$87\frac{1}{2}$ M. zu 6 Pf., thut 525 Pferde.

Zusammen an Pferden auf 1 Meile weit . $162693\frac{1}{2}$ Pferde.

Also im Durchschnitt für jede der 8 Meilen 20337 Pferde.

Es passiren also die Chaussée jährlich mit *beladenen* Wagen:

3 121 Pferde vor Extraposten;
4 561 Pferde vor Schnell- und Fahrposten;
12 427 Pferde vor Personen-Fuhrwerken;
20 337 Pferde vor Frachtwagen.

Die sämmtlichen unbeladenen Wagen und auch das ländliche Fuhrwerk ist hier nicht mit angesetzt.

Nun kann man rechnen:

1 Person auf 1 Extrapostpferd;
2 Personen auf 1 Schnell- und Fahrpostpferd;
3 Personen auf 1 Pferd vor Personenwagen;
20 Ctr. auf ein Frachtpferd.

Dies giebt an jetziger jährlicher Frequenz auf der Chaussée:

3 121 Extrapost-Reisende;
9 122 Schnell- und Fahrpost-Passagiere;
37 281 Reisende mit Personen-Fuhrwerk.

Zusammen 49 524 Passagiere und
406 740 Ctr. Landfracht.

22.

Hierzu kommt, was über Guben, Sorau etc. sich bewegt. Nach sehr sorgfältig ausgearbeiteten Angaben und Berechnungen sind solches

35 879 Passagiere und
122 406 Ctr. Fracht.

23.

Zieht man die Passage auf der Chaussée mit der über Guben zusammen, so ergeben sich:

85 403 Passagiere und
529 146 Ctr. Landfracht.

Obgleich es nun wohl ganz gewifs ist, dafs die Passage durch die Eisenbahn nicht *abnehmen*, sondern vielmehr in hohem Grade *zunehmen* wird, und obgleich sie, wie oben öfter bemerkt, auch noch die bedeutende Strafse von Breslau nach Leipzig aufnimmt, so mögen dennoch, um ganz sicher zu gehen, für die Eisenbahn, für den Anfang ihres Bestehens nur auf das Jahr

50 000 Passagiere und
400 000 Ctr. bisherige Landfracht

gerechnet werden, und zwar *im Durchschnitt* für die ganze Länge; denn die Frequenz wird, wie auf jeder Strafse, wegen des innern Verkehrs ungleich sein: in der Nähe der Endpuncte und der gröfsern Städte stärker, an andern Stellen geringer.

24.

Für *diejenige Frequenz auf der Oder-Wasserstrafse,* die die Eisenbahn an sich zu ziehen vermag, giebt das, was jetzt durch die Schleuse von *Neuhaus* geht, die zwischen Müllrose und Fürstenwalde liegt, einen Anhalt. Dieses ist freilich zugleich der Verkehr zwischen Berlin und Frankfurt und nach der Gegend von Cottbus hin. Dagegen passirt aber auch wieder diese Schleuse *nicht* das, was von Breslau nach Frankfurt selbst und weiter nach Stettin geht, und umgekehrt; und das Letztere möchte das Erstere wohl heben.

Die Passage durch die Schleuse von Neuhaus, welche in den beiden Jahren 1835 und 1836 Statt gefunden hat, ist folgende:

1. *An Schiffsgefässen zum vollen Tarif-Satz.*

279 Schiffe von 1200 Ctr. Tragfähigkeit, thut	334 800 Ctr.		
2958 - - 900 - - - -	2 662 200 -		
2527 - - 600 - - - -	1 516 200 -		
710 - - 200 - - - -	142 000 -		
908 kl. Kähne zu 80 - - - -	72 640 -		
7382 Schiffe in 2 Jahren mit	4 727 840 Ctr.		
Thut im Durchschnitt jährlich		2 363 920 Ctr.	

2. *An Schiffsgefässen mit Brenn-Materialien, rauher Fourrage, Schilf, Rohr, Ziegeln, Bausteinen, Pflastersteinen, Dünger etc. beladen.*

11 Schiffe von 1200 Ctr. Tragfähigkeit, thut	13 200 Ctr.	
1140 - - 900 - - - -	1 026 000 -	
1490 - - 600 - - - -	894 000 -	
332 - - 200 - - - -	66 400 -	
5 - - 80 - - - -	400 -	
2978 Schiffe in 2 Jahren mit	2 000 000 Ctr.	
Thut im Durchschnitt jährlich		1 000 000 Ctr.

3. *An Kähnen mit Salz beladen.*

19 Fahrzeuge zu 1200 Ctr., thut . . .	22 800 Ctr.	
880 - - - 900 - - . . .	792 000 -	
1175 - - - 600 - - . . .	705 000 -	
211 - - - 200 - - . . .	42 200 -	
2285 Schiffe in 2 Jahren mit	1 562 000 Ctr.	
Thut im Durchschnitt jährlich		781 000 Ctr.
Im Ganzen jährlich		4 144 920 Ctr.

1337 unbeladene Kähne, im Durchschnitt jährlich, sind nicht mit berechnet.

Da nun die Schiffe nicht alle ihre volle Ladung gehabt haben werden, so mag angenommen werden, dafs die Ladung nur *zwei Drittheile* ihrer Tragfähigkeit, also nur etwa

1 575 947 Ctr. Stückgüter;
666 666 Ctr. rohe Waaren und
520 000 Ctr. Salz

betragen habe.

Aber auch auf diese Transportmasse mag für die Eisenbahn nicht gerechnet werden, sondern nur auf

1 000 000 Ctr. Stückgüter und auf
500 000 Ctr. rohe Waaren.

Auf das Salz soll für den Anfang *gar nicht* gerechnet werden, weil der Transport desselben für jetzt noch zu Wasser geschieht. Er wird indessen in der Folge zuverlässig ebenfalls der Eisenbahn zufallen, sobald die jetzigen Verbindlichkeiten für den Wassertransport abgelaufen sein werden.

Desgleichen soll auf den Transport von lebendigem Vieh, der sehr bedeutend werden kann, für den Anfang gar nicht gerechnet werden.

25.

Im Ganzen also soll für die mit Dampfkraft zu befahrende Eisenbahn nach §. 23. und 24. nur gerechnet werden auf

50 000 Passagiere;
400 000 Ctr. bisherige Landfracht;
1 000 000 Ctr. bisherige Wasserfracht an Stückgütern;
500 000 Ctr. bisherige Wasserfracht an rohen Materialien.

26.

Die jetzigen Transportkosten zu Lande und zu Wasser sind folgende. Für *eine Person* kann man auf die Meile an Fuhrgeld rechnen:

Mit Extrapost im Durchschnitt etwa . . . 11 Sgr.
Mit der Schnellpost . . . . 9 Sgr.
Mit der Fahrpost . . . . 6 bis 7 Sgr.
Mit Lohnfuhre . . . . 4 bis 5 Sgr.

Die *Landfracht* kostet auf der Chaussée von Berlin bis Breslau, 43½ Meilen weit, der Centner 1 Rthlr. bis 1 Rthlr. 5 Sgr.; von Liegnitz bis Berlin, 35½ Meilen weit, 20, 22½, 25 Sgr. bis 1 Rthlr.; schon von Sprottau bis Berlin, 28 Meilen weit, wegen der schlechten Wege 25 Sgr. bis 1 Rthlr.; sogar schon von Guben bis Berlin, 18 Meilen weit, 22½ Sgr. bis 1 Rthlr.; von Guben bis Frankfurt, 6½ Meilen weit, 10 bis 12½ Sgr. Allermindestens also mufs man wohl für den Ctr. Landfracht auf die Meile, selbst auf der Chaussée, 8 bis 9 Silberpfennige und folglich für die Länge der Eisenbahn von 37¼ Meilen, 25 bis 28 Sgr. rechnen.

Die Kosten der *Wasserfracht* sind, je nach dem Wasserstande und der Jahreszeit, sehr verschieden. Sie betragen von Berlin bis Breslau 12 bis 15 Sgr., und auch mehr. Schon von Guben bis Berlin kostet der Centner 7½ bis 10 Sgr.; sogar von Guben bis Frankfurt schon 5 bis 6 Sgr. Dagegen erfordert die Wasserfracht von Breslau bis Berlin 3, 4 bis 6 Wochen Zeit und ist den gröfsern Theil des Jahres nicht practicabel.

27.

Für die Eisenbahn sollen nun statt der jetzigen Preise gerechnet werden:

An Fuhrgeld für eine Person, statt der obigen 4, 5, 6 bis 11 Sgr. für die Meile, noch nicht einmal der allerniedrigste Satz von 4 Sgr., sondern im Durchschnitt nur 2½ Sgr. auf die Meile, und selbst für die 37½ Meilen Eisenbahn nur 3 Rthlr.

An Frachtkosten für die Güter, welche jetzt zu Lande gehen, statt der obigen 25 bis 28 Sgr. nur 16½ Sgr. für den Ctr. auf die ganze Länge.

Für diejenigen Stückgüter, welche zu Wasser gehen, nur den niedrigsten jetzigen Preis von 11 Sgr. für den Ctr. auf die ganze Länge.

Für rohe Producte, die jetzt zu Wasser gehen, nur 8 Sgr. der Ctr. für die ganze Länge.

Mit den hier angenommenen Preisen ist in der That kein Zweifel, dafs die Eisenbahn allen Verkehr an sich ziehen werde. Denn *alle* Preise sind niedriger als die bisherigen. Dabei reducirt sich die Transport*zeit*, für Personen, von den jetzigen mindestens 24 Stunden auf 10 Stunden; für Landfrachten von den jetzigen 10 bis 12 Tagen Zeit ebenfalls auf 10 Stunden; für Wasserfahrten, die aufserdem nicht immer practicabel sind, von den jetzigen 3, 4 bis 6 Wochen Zeit nicht minder auf 10 Stunden, zu jeder Jahreszeit. Dieser Gewinn allein schon ist zu grofs, als dafs nicht alle Transporte, auch schon wenn sie auf der Eisenbahn *eben so* theuer wären als bisher, auf dieselbe übergehen sollten.

B. Für die Kohlenstrafse.

28.

Es werden jetzt aus den Waldenburger Kohlengruben im Durchschnitt jährlich verfahren 300 000 Tonnen Kohlen, zu 3 bis 4½ Ctr., im

Durchschnitt gerechnet 3¾ Ctr. schwer, thut . . . . . 1 125 000 Ctr.
und aufserdem etwa 17 500 Tonnen Cokes zu 2 bis 2½ Ctr., im Durchschnitt 2¼ Ctr. schwer, thut . . . . 39 375 -

Von den Kohlen gehen 35 bis 40 Tausend Tonnen nach Maltsch zur Verschiffung, und 70 bis 80 000 Tonnen nach Breslau: der Rest in das Land.

Aus den Steinbrüchen bei Striegau werden jetzt schon verfahren an Granitplatten, Stufensteinen etc. . . . . . . 100 000 -
was sich aber bald verdoppeln und verdreifachen wird, weil das Begehr nach den Steinen, blofs wegen Mangels an Transportmitteln und an Wasser in der Oder, jetzt nicht erfüllt werden kann.

Aufserdem werden jetzt Millionen von Scheffeln Getraide versendet, so wie vieles Bauholz. Es mögen hierfür nur angesetzt werden . . . . 500 000 -

Der Betrag der Transportmasse an Colonialwaaren und Stückgütern werde nur theilweise angeschlagen auf . 49 500 -

Dieses zusammengezogen giebt 1 813 875 Ctr.

Einen andern Anhalt für die Schätzung der Transportmasse auf der Kohlenstrafse giebt der Betrag der Chausséegefälle. Derselbe ist 1328 Rthlr. für die Meile; aber der Tarif ist nur 2, 4 bis 8 Pfennige für das Pferd vor beladenen und 0, 2 bis 4 Spf. für das Pferd vor leeren Wagen. Rechnet man 5 Spf. im Durchschnitt für das Pferd, so giebt die Einnahme 95 616 Zugpferde, und mindestens zu 20 Ctr. Ladung auf das Pferd (hier bergab) . . . . 1 912 320 Ctr.
was dem Obigen nahe kommt.

Für die Eisenbahn mögen aber nur in Anschlag gebracht werden 1 500 000 Ctr. in Allem.

Auf Personen-Transport mag gar nicht gerechnet werden, weil es an Angaben desselben fehlt.

29.

Die jetzigen Transport-Kosten auf dieser Strafse, wo keine Wasserstrafse concurrirt, sind sehr verschieden.

Die Tonne Steinkohlen kostet bis Maltsch 13½ bis 15 Sgr. Fuhrlohn; was für den Ctr. etwa 4 Sgr. ausmacht. Für den Wispel Getraide wird bis Maltsch 4 Rthlr. Fuhrlohn bezahlt, was etwa 6 Sgr. für den Centner ausmacht; die Quadrat-Elle Trottoir-Tafeln von Granit, die etwa 1 Ctr. wiegt, kostet von Striegau bis Maltsch 5 Sgr.

Der *geringste* Satz für den Transport auf der Kohlenstrafse wäre also 4 Sgr. Es mögen aber nur 3 Sgr. für den Transport auf der Eisenbahn gerechnet werden. Mit diesem Preise wird die Eisenbahn wieder gewifs nicht allein alle jetzigen Transporte an sich ziehen, da es ihr nie an Transportkraft fehlt und sie zu jeder Jahreszeit practicabel ist, sondern es wird sich auch, vorzüglich durch das Letztere, die Transportmasse schnell vermehren. Denn dieselbe ist nur deshalb jetzt noch geringe, weil es theils an Transportmitteln auf der Strafse selbst, theils zur Weiterschaffung der Frachten von Maltsch aus fehlt; die die Eisenbahn gewähren wird.

XIV. Berechnung des wahrscheinlichen nächsten Ertrages der Eisenbahn, der zu erwartenden Verzinsung des Anlage-Capitals und des Gewinns für das Publicum.

A. Auf der mit Dampfkraft zu befahrenden $37\frac{1}{4}$ Meilen langen Bahn.

30.

Nach §. 25. und 27. ergiebt sich folgende Brutto-Einnahme.

Von 50 000 Passagieren, zu 3 Rthlr., ...	150 000 Rthlr.		
Von 400 000 Ctr. bisheriger Landfracht, zu $16\frac{1}{2}$ Sgr.,	220 000	-	
Von 1 000 000 Ctr. bisheriger Wasserfracht, an Stückgütern, zu 11 Sgr., ...	366 666	-	20 Sgr.
Von 500 000 Ctr. bisheriger Wasserfracht, an rohen Producten, zu 8 Sgr., ...	133 333	-	10 -
Zusammen	870 000 Rthlr.		

Diese Transportmasse beträgt zusammen 1 900 000 Ctr. Frachten und 100 000 Ctr. Gewicht der Personen, also 2 Millionen Ctr. in Allem.

Die jährlichen Ausgaben sind also für diese Transportmasse, gemäfs §. 19., ...	448 540	-
Es bleibt folglich Ueberschufs	421 460 Rthlr.	

Die Anlagekosten betragen, ebenfalls für die Transportmasse von 2 Millionen Ctr., nach §. 19. 5 925 768 Rthlr. Also würde diese Eisenbahn einen reinen Ertrag abwerfen von . . . *etwas über 7 Procent.*

Die *bisherigen* Frachtkosten der angenommenen Transportmasse sind zu rechnen.

Für 50 000 Personen, im Durchschnitt zu 6 Sgr. auf die Meile, also pptr. zu 7 Rthlr.	350 000 Rthlr.
Für 400 000 Ctr. Landfracht, zu 1 Rthlr. angenommen,	400 000 -
Für 1 000 000 Ctr. Stückgüter, in Wasserfracht, zu 15 Sgr.,	500 000 -
Für 500 000 Ctr. rohe Producte, in Wasserfracht, zu 12 Sgr.,	200 000 -
Zusammen	1 450 000 Rthlr.
Die Transportkosten auf der Eisenbahn waren .	870 000 Rthlr.
Also würde das Publicum jährlich auch an *Geld* für Transportkosten ersparen	580 000 Rthlr.

31.

Sollte sich in der Folge die Transportmasse, was zufolge der obigen Auseinandersetzung mit der gröfsten Wahrscheinlichkeit zu erwarten, bis auf 3 und 4 Millionen Ctr. erhöhen, so würde der Ertrag in der Zusammenstellung wie folgt zu stehen kommen.

	Für eine Transportmasse von		
	2 Mill. Ctr. wie oben. Rthlr.	3 Mill. Ctr. Rthlr.	4 Mill. Ctr. Rthlr.
Jährliche Brutto-Einnahme . .	870 000	1 305 000	1 740 000
Jährliche Ausgaben, nach §. 19.,	448 540	573 016	697 492
Jährlicher Ueberschufs . .	421 460	731 984	1 142 508
Anlagekosten	5 925 768	6 335 468	6 745 168
Ertrag vom Anlage-Capital	*etwa 7 prc.*	*etwa* $11\frac{1}{2}$ *prc.*	*etwa* $16\frac{1}{12}$ *prc.*

B. Auf den mit Pferdekraft zu befahrenden 7 Meilen Bahn.

32.

Nach §. 28. und 29. ist die Brutto-Einnahme folgende.

Für 1 500 000 Ctr. Fracht, zu 3 Sgr., ...	150 000 Rthlr.
Die jährlichen Ausgaben für diese Transportmasse sind nach §. 19. das Mittel der Ausgabe von 70 917 Rthlr. für 1 Mill. Ctr. und von 98 673 Rthlr. für 2 Mill. Ctr. Fracht, thut	84 795 -
Bleibt reine Einnahme	65 205 Rthlr.
Das Anlage-Capital ist das Mittel von 1 007 039 Rthlr. und 1 110 639 Rthlr., also 1 058 839 Rthlr. Mithin würde zu erwarten sein ein reiner Ertrag von etwa . . .	*6⅛ pro cent.*
Das Publicum würde, den jetzigen Frachtpreis im Durchschnitt zu 4½ Sgr. angeschlagen, durch die Eisenbahn jährlich an Transportkosten ersparen	75 000 Rthlr.

33.

Steigt in der Folge die Transportmasse auf der Kohlenstrafse, was hier eben so wahrscheinlich zu erwarten ist, als auf der Hauptstrafse, so würde der Ertrag in der Zusammenstellung wie folgt zu stehen kommen.

	Für eine Transportmasse von			
	1½ Mill. Ctr. wie oben.	2 Mill. Ctr.	3 Mill. Ctr.	4 Mill. Ctr.
	Rthlr.	Rthlr.	Rthlr.	Rthlr.
Brutto-Einnahme .	150 000	200 000	300 000	400 000
Jährliche Ausgabe, nach §. 19., . .	84 795	98 673	126 429	154 185
Bleibt reine Einnahme	65 205	101 327	173 571	245 815
Anlagekosten . .	1 058 839	1 110 639	1 214 239	1 317 839
Ertrag vom Anlage-Capital	*etwa 6⅛ prc.*	*etwa 9⅛ prc.*	*etwa 14¼ prc.*	*etwa 18⅝ prc.*

34.

Man würde auf beiden Strafsen, um desto sicherer die *Vermehrung* der Transportmasse zu erzielen, wahrscheinlich noch besser thun, die Preise der Transporte, besonders der Frachten, gleich von Anfang *noch niedriger* zu stellen und sich lieber im ersten Jahre mit einem geringern Rein-Ertrage zu begnügen, um nur erst die Vermehrung der Transportmasse hervorzubringen, welche dann reichlich das Entbehrte ersetzen würde.

Möglich wären sogar folgende Preise.

Auf der Hauptstrafse.

	Rthlr.	Sgr.
50 000 Personen, zu 2 Rthlr., ...	100 000 Rthlr.	— Sgr.
400 000 Ctr. bisherige Landfracht, zu 15 Sgr., . .	200 000 -	— -
1 000 000 Ctr. bisherige Wasserfracht, an Stückgütern, zu 10 Sgr., ...	333 333 -	10 -
500 000 Ctr. bisherige Wasserfracht, an rohen Producten, zu 6 Sgr., ...	100 000 -	— -
Zusammen an Brutto-Einnahme	733 333 Rthlr.	10 Sgr.
Abgezogen die Ausgabe von	448 540 -	— -
Bleibt reiner Ertrag	284 793 Rthlr.	10 Sgr.

was von dem Anlage-Capital von 5 925 768 Rthlr. immer noch . . . . $4\frac{1}{2}$ *pro cent* ausmacht.

Auf der Kohlenstrafse.

	Rthlr.
Für 1 500 000 Ctr. Fracht, zu $2\frac{1}{2}$ Sgr., ...	125 000 Rthlr.
Abgezogen die jährliche Ausgabe von	84 795 -
Bleibt reiner Ertrag	40 205 Rthlr.

was von dem Anlage-Capital der 1 058 839 Rthlr. noch an . . . . 4 pro cent Ertrag giebt.

Mit diesen Preisen, die *bei weitem* niedriger sind als jede Landfracht, und auch für die Wasserfrachten selbst niedriger als die geringsten Preise dieser, würde dann die Transportmasse unfehlbar um so schneller steigen. Der Erfolg davon würde folgender sein.

Auf der Hauptstrafse.

	Für eine Transportmasse von				
	2 Mill. Ctr. wie oben.		3 Mill. Ctr.	4. Mill. Ctr.	
	Rthlr.	Sgr.	Rthlr.	Rthlr.	Sgr.
Jährliche Brutto-Einnahme .	733 333	10	1 100 000	1 466 666	20
Jährliche Ausgabe	448 540	—	573 016	697 492	—
Bleibt Ueberschufs	284 793	10	526 984	769 174	20
Anlagekosten	5 925 768	—	6 335 468	6 745 168	—
Ertrag vom Anlage-Capital	$4\frac{4}{5}$ *prc.*		$8\frac{1}{3}$ *prc.*	$11\frac{2}{5}$ *prc.*	

Auf der Kohlenstrafse.

	Für eine Transportmasse von					
	$1\frac{1}{2}$ Mill. Ctr. wie oben.	2 Mill. Ctr.		3 Mill. Ctr.	4 Mill. Ctr.	
	Rthlr.	Rthlr.	Sgr.	Rthlr.	Rthlr.	Sgr.
Jährliche Brutto-Einnahme	125 000	166 666	20	250 000	333 333	10
Jährliche Ausgabe .	84 795	98 673	—	126 429	154 185	—
Bleibt Ueberschufs	40 205	67 993	20	123 571	179 148	10
Anlagekosten . . .	1 058 839	1 11 0639	—	1 214 239	1 317 839	—
Ertrag vom Anlage-Capital	$3\frac{4}{5}$ *prc.*	$6\frac{1}{8}$ *prc.*		$10\frac{1}{6}$ *prc.*	$13\frac{3}{5}$ *prc.*	

woraus sich ergiebt, dafs die Zinsen schnell höher steigen. Indessen sind die *übermäfsig* niedrigen Fahrpreise nicht etwa *nothwendig*, sondern man kann auch sehr füglich bei den in §. 27. und 29. angenommenen Preisen stehen bleiben.

Das Resultat ist, dafs jedenfalls diese Bahn für die Unternehmer einträglich und für den Staat in hohem Grade nützlich sein wird.

Es läfst sich übrigens freilich für die obigen Berechnungen nicht auf irgend eine Weise wie für eine Geld-Verschreibung *einstehen*. Dieses ist bei keiner neuen Unternehmung der Fall. Indessen sind die Rechnungen so zuverlässig, wie es unter den obwaltenden Umständen und nach der Natur der Sache, und hier zumal bei einem Gegenstande von noch so neuer Art, *möglich* ist und *billigerweise* verlangt werden darf.

Berlin, den 3ten Juni 1838.

2.

Uebersicht der Geschichte der Baukunst, mit Rücksicht auf die allgemeine Culturgeschichte.

(Vom Herrn Bau-Inspector *C. A. Rosenthal* zu Magdeburg.)

Die Geschichte der Baukunst, soll sie anders nicht bloſs das todte Wissen, dessen wir ohnehin schon zu viel haben, vermehren; soll sie belebend und fruchtbringend auf das Studium und mehr noch auf die Ausübung der Kunst einwirken: so darf sie sich nicht auf Beschreibung der Monumente, auf Zusammenstellung von Nachrichten aus den alten Schriftstellern, überhaupt nicht auf antiquarische Untersuchungen und auf die bloſse Erzählung von Thatsachen beschränken. Sie muſs, als ein Theil der allgemeinen Culturgeschichte, mit steter Rücksicht auf diese, überall den innern lebendigen Geist, das Grundprincip eines jeden Baustyls aufsuchen, aus ihm alle einzelnen, gröſseren und kleineren Erscheinungen erklären und dasselbe auf den Character des Volkes und auf alle die Umstände, welche diesen festgestellt haben, zurückführen und nachweisen, daſs unter den gegebenen Verhältnissen die Bauweise keine andere sein konnte; sie muſs den allmäligen Entwicklungsgang Schritt um Schritt verfolgen, sowohl von dem raschern oder langsamern Emporblühen, als von dem Sinken und dem endlichen Verfall die äuſsern und namentlich die *innern* Gründe aufsuchen und die leisen Vorboten des künftigen Verfalles, die sich in der Regel schon in und selbst *vor* der Blüthenzeit ankündigen, anzugeben wissen. Sie muſs ferner einen Standpunct zu gewinnen suchen, von dem aus sie die weite Bühne des Völker- und Kunstverkehrs übersehen kann; nicht etwa bloſs, um die verschiednen Verzweigungen der Kunst richtig zu beurtheilen, sondern hauptsächlich um den Werth eines jeden einzelnen Kunststyls und das Fortschreiten der Kunst im Ganzen zu erkennen. Denn wenn gleich die verschiedenen Bauweisen oft so wesentlich von einander abweichen, daſs sich zu ihrer unmittelbaren Vergleichung kein Maaſsstab darbietet, so muſs doch die Kritik Grundsätze aufstellen können, welche im ganzen Gebiete der Baukunst gültig sind und nach denen sich sowohl der *individuelle* als der *allgemeine* (subjective und objective) Standpunct der Kunst bei einem Volke mit Sicherheit bestimmen läfst. Beide nämlich sind wesentlich unterschieden, und es kann ein Volk innerhalb der Grenzen, welche seine eigenthümlichen Verhältnisse ihm vorschreiben, und die es daher weder überschreiten konnte noch auch durfte, den Gipfel der Vollendung ersteigen und dennoch den richtigen Weg nach dem gemeinschaftlichen Ziele ganz verfehlt haben; denn das Ziel der Vervollkommnung für den menschlichen Geist und seiner einzelnen Thätigkeiten, also auch für die Kunst, ist zuletzt für alle Zeiten und Völker immer nur eines und dasselbe. Nach diesem höchsten Ziele müssen wir die Blicke fest gerichtet halten, um die einzelnen Erscheinungen im Gebiete der Baukunst, wie überhaupt aller Geistesbildung, richtig zu würdigen und zu erklären.

Ob eine vollständige Geschichte der Baukunst der Art schon jetzt, bei den immer noch mangelhaften Quellen, möglich sei: darüber mögen allerdings gegründete Zweifel erhoben werden. Bedenkt man aber, dafs ein solches Unternehmen schwerlich je beim ersten Versuche gelingen möchte, sondern immer erst nach jahrelangen mehrfachen Bearbeitungen von verschiedenen Seiten in genügender Vollendung hervortreten kann, dafs doch aber nothwendig einmal der unvollkommene Anfang gemacht werden mufs, so mag man sich auch bei beschränkten Kräften und Mitteln veranlafst fühlen, den ersten Schritt zu wagen und mindestens in einer *Uebersicht* des Ganzen, welche vorerst genügt, einen Anhalt zu weitern und gründlichern Forschungen hinzustellen.

Bevor wir nun zur Geschichte der Baukunst selbst übergehen, haben wir uns über die Grundsätze zu einigen, nach welchen wir die verschiedenartigen Leistungen in der Baukunst beurtheilen wollen und von denen oben, als Basis der Kritik, die Rede war. Wir können dieselben nirgend anders suchen, als in der Theorie der Kunst. Gern möchte ich hier auf irgend ein bekanntes System der Aesthetik verweisen: leider aber habe ich kein Lehrbuch gefunden, das uns bei der practischen Anwendung seiner Regeln, namentlich auf die Baukunst, genügen könnte. Es bleibt mir daher, — so gern ich es auch vermieden hätte, — nichts weiter übrig, als eine kurze Andeutung meiner Ansichten über die Gesetze der Baukunst in dieser Einleitung vorauszuschicken.

I. Grundsätze der Theorie der Schönheit.

1. *Begriff der Schönheit.*

Die unendliche Vollkommenheit, welche dem Menschen zum Ziele seiner geistigen Cultur gesetzt ist, denken wir uns als aus dem

Schönen — Wahren — Guten

bestehend. Dem entsprechend, unterscheiden wir in uns die drei verschiedenen Richtungen unsrer Geistesthätigkeit:

Fühlen — Erkennen — Bestreben.

Das Schöne sollen wir fühlen, das Wahre erkennen, nach dem Guten sollen wir streben.

In der unendlichen Vollkommenheit ist das Schöne, Wahre und Gute völlig Eins; Uns aber ist das Unendliche nicht erreichbar. Soll daher die Vollkommenheit sich uns hier schon nähern, so muſs sie aus der Unendlichkeit und Einheit heraustreten und es wird dadurch jede der drei einzelnen Eigenschaften einzeln bemerkbar werden; wiewohl als Abglanz des höhern Zustandes immer noch ein inniges Verbundensein bleiben wird. Von dieser gleichsam verschleierten Vollkommenheit, die sich uns in der Schöpfung offenbart, kann hier überhaupt nur die Rede sein.

Die Schönheit muſs, weil sie der Gefühlsthätigkeit zugehört, an die äuſsere Erscheinung der Dinge (sowohl körperlicher als geistiger) geknüpft sein; wir können sie daher als *Vollkommenheit des Scheins* erklären, während wir uns unter dem Wahren *die Vollkommenheit des Seins,* und unter dem Guten *die Vollkommenheit des Zweckes* denken, in sofern der Zweck nämlich zuletzt auf das Höhere, Unendliche, hinweiset und (als Ziel des Bestrebens) dem Guten angehört.

2. *Zweck der Schönheit.*

Die Schönheit soll das Wahre und Gute in den Dingen (bei Naturgegenständen die Stufe der Vollkommenheit, die sie in der Wesenreihe einnehmen, das Ziel ihres geistigen Daseins, und wie weit sie sich demselben genähert haben), *soll ihr Sein und ihren Zweck in ihrer äuſsern Erscheinung, mithin dem Gefühle offenbaren.* Zwar sind uns für das Erforschen des Innern der Dinge, des Wahren und Guten, besondere Geisteskräfte — Verstand und Vernunft — gegeben; allein die Thätigkeit des

Verstandes und der Vernunft hängt von unserm freien Willen ab; sie muſs durch uns selbst erst geweckt werden; sie bedarf eines belebenden, vermittelnden Princips. Darum ist das Gefühl, welches noch vor dem Erkennen und Bestreben die Erscheinung der Gegenstände um uns, ohne unser Dazuthun, mittelst der äuſsern Sinne auffaſst, aber schnell in sich aufnimmt und von ihm durchdrungen wird, so daſs sich das empfangene Bild in unserm Gemüthe zum Gegenstande selbst belebt, daſs wir dessen Inneres, dessen Sinn und Zweck und namentlich seine Beziehung zum Höhern, Unendlichen augenblicklich ahnend erfassen, die erste und nothwendigste Geistesthätigkeit zu unsrer Ausbildung. Das Gefühl ferner, in welchem die uns in's Leben mitgegebene Ahnung des Unendlichen begründet ist, sucht überall zugleich mit dem Aeuſsern das Innere, aus den Theilen das Ganze und mit dem Irdischen das Höhere, das Unendliche, zu erfassen. Erst, nachdem dies geschehen, nachdem wir unwillkürlich dazu hingetrieben sind, können Verstand und Vernunft wirksam werden, und erst, nachdem wir den Eindruck des Ganzen in uns aufgenommen haben, kann die Zergliedrung desselben, welche zum Erkennen nothwendig ist, Nutzen gewähren. Ohne die äuſsre Erscheinung würde uns Sein und Zweck der Dinge; ohne das Schöne würde uns auch das Wahre und Gute verborgen bleiben.

3. *Wirkung der Schönheit.*

Durch die erste, äuſsere Wahrnehmung des Schönen werden wir in einen gewissen behaglichen, passiven Zustand versetzt: jede andere Einwirkung von auſsen und jede selbstbewuſste Thätigkeit in uns, alles Erkennen und Bestreben, hört auf: unser Geist wird dem ursprünglichen Zustande des Gleichgewichts zurückgegeben. Nur in diesem Zustande sind wir für Schönheit wahrhaft empfänglich und fähig, von ihr ganz ergriffen und durchdrungen zu werden. Sobald nun aber die äuſsern Sinne das Schöne unserm Gemüthe zugeführt haben, dringt der ihm inwohnende Geist in den Mittelpunct unsers Daseins; er erregt das ursprüngliche, freie Lebensgefühl, welches uns noch vor dem Erkennen und Bestreben erwärmend und belebend durchdringt, durchbebt uns mit der Ahnung des Unendlichen, so daſs wir augenblicklich das Schöne, Wahre und Gute fast in ihrer Einheit empfinden. Aber dieser glückliche Zustand, in dem sich uns das Unendliche erschlieſst, ist so schnell vorübergehend, dafs wir uns seiner nicht bewufst werden; es würde eine unerträgliche Leere und eine gänzliche Verstimmung die Folge des Schönheitsgenusses sein, wenn wir unmittelbar aus jenem erregten in den gewöhnlichen alltäglichen Zustand zurück versetzt werden sollten; darum mufs das Schöne das Gefühl nicht allein *erregen*, sondern auch *befriedigen*. In dieser fast gleichzeitigen Erregung und Befriedigung liegt das eigentliche Geheimnifs der Schönheit. Befriedigung gewährt aber das Schöne dadurch, dafs es überall als Vermittler des Aeufsern mit dem Innern, des Mannigfaltigen mit der Einheit, des Zeitlichen mit dem Ewigen, des Menschlichen mit dem Göttlichen auftritt; dadurch erst macht es einen dauernden Eindruck auf uns.

Auch die Verstandesthätigkeit ist bei Schönheitsgenüssen nicht ganz ausgeschlossen; sie darf jedoch nicht zu früh hervortreten. Erst, nachdem das Gefühl vollständig wieder befriedigt ist, mag der Verstand hinzutreten und den Ausspruch des Gefühls hinterher rechtfertigen. Hat sich dann endlich die tiefere Erkenntnifs der Vernunft erschlossen, so wird auch unser Streben nach dem Guten an selbstbewufster Klarheit und Kraft gewinnen.

4. *Das Geistige und Sinnliche im Schönen.*

Eine so erschöpfende Wirkung, wie sie oben beschrieben, kann freilich nur das möglichst vollkommen Schöne äufsern; wir dürfen aber nicht anders erwarten, als dafs uns in den Naturgegenständen, auf welche wir zunächst verwiesen sind, die Schönheit in sehr verschiedenen Graden der Vollkommenheit entgegen trete; wir unterscheiden mit Bestimmtheit mehr und weniger schöne, und sogar unschöne Naturgegenstände.

Der Gegensatz des Geistigen und Sinnlichen, welcher den Menschen und die Natur in zwei entgegengesetzte und doch wieder innig verbundene Hälften theilt, von denen bald die eine, bald die andere das Uebergewicht erhält, findet sich auch in der Schönheit, und dies um so mehr, da gerade sie diesen Gegensatz vermitteln soll. Auch die Schönheit ist aus geistigen und sinnlichen Elementen zusammengesetzt, und zwar ebenfalls in den verschiedenartigsten Mischungsverhältnissen, je nach der Beschaffenheit des Gegenstandes, an welchem sie sich zeigt und dessen Inneres sie darstellt. Je überwiegender das Sinnliche in der Schönheit, um so lebhafter werden die äufsern Sinne erregt, um so länger beschäftigt; je mehr dagegen das Geistige in ihr vorherrscht, um desto rascher und unwillkürlicher tragen die äufsern Sinne das Bild auf das Innere über, um so reiner und höher ist der geistige Genufs. Eine rein sinnliche Schönheit, welche lediglich die äufsern Sinne reizte und beschäftigte, das Gemüth aber kalt liefse, giebt es schwerlich; eine rein geistige Schönheit läfst sich vielleicht nachweisen. So z. B. ist die Schönheit der menschlichen Seele in einem unschönen Körper, wo also die äufsern Kennzeichen keinen Sinnenreiz gewähren, beinahe rein geistig: mehr noch ist es die Schönheit unsrer eignen Gedanken *). Diese wird fast unmittelbar durch den innern Sinn aufgefafst. In diesem Verhältnifs offenbart sich die höhere Abstammung der Schönheit; sie soll das Geistige und Höhere uns zuführen und ihm nur das Nöthigste vom Sinnlichen beimischen, damit es auf uns einwirken könne; sie fängt in ihrem sinnlichsten Zustande auf den noch uncultivirten Menschen zu wirken an, sucht ihn aber durch immer höhere Stufen zuletzt bis zum Geistigen und Höchsten hinauf zu führen.

5. *Elemente des Schönen.*

Aus den drei verschiedenen Beziehungen des Schönen zu sich selbst, zum Wahren und zum Guten, entwickeln sich die drei Elemente desselben:

1) Die Harmonie;
2) Der Ausdruck;
3) Das Unendliche im Schönen.

In Bezug auf Uns selbst können wir noch

4) ein Element hinzufügen, das wir, in Uebereinstimmung mit unsrer geistigen und sinnlichen Doppelnatur und in Ermangelung eines passenden Ausdrucks, mit den Doppelworten *Erhabenheit* und *Grazie* bezeichnen wollen.

Die Harmonie ist *Einheit in der Mannigfaltigkeit.* Sie entspricht dem eigenthümlichen vermittelnden Wesen der Schönheit und ist wesent-

*) Dafs auch ein äufserlich unschöner Mensch geistig schön sein könne, wird nicht geleugnet werden; doch bedarf es hier einer feinen Unterscheidung. Es ist dann nicht der ganze Mensch, sondern nur sein Geist ist schön und wir empfinden diese Schönheit nicht durch die Auffassung der äufsern Form, sondern durch die Wahrnehmung seiner Aeufserungen im Denken und Handeln und desjenigen Ausdrucks, welchen eine schöne Seele, auch bei unschöner Körperform, den Bewegungen, den Gesichtszügen, dem Auge, der Sprache u. s. w. mittheilt.

lich deshalb nothwendig, weil das Gefühl, dessen Thätigkeit für die Schönheit bestimmt ist, sich nur dem raschen Total-Eindrucke eines Ganzen erschliefst. Die Harmonie ist, da sie aus dem Wesen der Schönheit selbst hervorgeht, das hauptsächlichste Element derselben: dafür gehört sie aber auch grofsentheils dem Gebiete des Sinnlichen an; man könnte sie sinnliche Schönheit nennen.

Ohne einen tiefern *Ausdruck* würde uns das Schöne nicht geistig und dauernd interessiren können. Es darf derselbe aber weder zufällig, noch willkürlich sein; er kann sich nur auf den Gegenstand, an welchem das Schöne sich zeigt, beziehen; er ist diejenige Eigenschaft, vermöge welcher *das innere Sein in der Erscheinung bemerklich* und unserm innern Sinne fühlbar wird. Der Ausdruck ist seiner Natur nach mehr geistiger Art und tritt desto deutlicher hervor, je geistiger und höher die Schönheit ist; wogegen bei einer mehr sinnlichen Schönheit die Harmonie überwiegt.

Noch höher und geistiger ist das *Unendliche* im Schönen, durch welches uns *der Zweck der Dinge in ihrer Erscheinung versinnlicht* wird, und zwar nicht etwa ihr gemeiner, sondern ihr letzter, höchster Zweck, der dem Guten angehört und dessen Wahrnehmung uns mit der Ahnung des Unendlichen erfüllt. Nichts Erschaffenes kann seinen göttlichen Ursprung verleugnen; jeder Naturgegenstand hat neben seiner gemeinen, irdischen Bestimmung, noch einen höhern Zweck, eine Beziehung zum Unendlichen, welche jedoch im Verhältnifs der gröfsern oder geringern Vollkommenheit des Gegenstandes mehr oder weniger und selten deutlich hervortritt, oft kaum bemerklich ist, mitunter aber auch da noch schwach gefühlt wird, wo die Vernunft sie nicht mehr erkennt.

Erhabenheit und Grazie sind einander in sofern entgegengesetzt, als sie sich in der Regel wechselseitig beschränken, jedoch nicht etwa ausschliefsen; vielmehr darf keine dieser beiden Eigenschaften dem Schönen ganz fehlen. Eben deswegen durften wir beide als *ein* gemeinschaftliches Doppel-Element bezeichnen. Die Bezeichnung auf uns, aus welcher wir dieses Element abgeleitet haben, findet sich darin, dafs dasselbe uns zuerst bemerklich wird, uns auf die Empfindung des Schönen in seiner jedesmaligen Eigenthümlichkeit vorbereitet und dasselbe uns zuführt; die Grazie vermittelt das Sinnliche: die Erhabenheit das Geistige im Schönen. Die Erhabenheit ist die Verbindung der physischen Gröfse mit der geistigen:

die Grazie giebt dem Schönen Anmuth, Reiz, Heiterkeit, Beweglichkeit. Die Erhabenheit ist einem Felsen vergleichbar, dessen Fuſs tief in der Erde wurzelt und dessen Scheitel sich in die Wolken erhebt: die Grazie bekränzt ihn mit Laub und mit Blumen; am schönsten, wenn bloſs der Fuſs anmuthig bekleidet ist, der Scheitel aber ohne diesen Schmuck ernst und kühn emporstrebt.

6. *Das Schöne in der Natur.*

Sind die vorstehenden Ansichten richtig, so müssen sie sich bei der Anwendung auf die Natur bewähren; es muſs sich namentlich die behauptete innige Verbindung des Schönen mit dem Wahren und Guten, und daſs der geringern oder gröſsern Schönheit eines Gegenstandes ein niedrerer oder höherer Grad der innern Vollkommenheit entspreche, bei der stufenweisen Verfolgung der unendlich gegliederten Wesenkette, vom Steine bis zu dem Menschen hinauf, bestätigt finden. Ist denn nun aber nicht so manches untere Glied dieser Kette weit schöner, als andre auf einer bedeutend höhern Stufe? Welche hohe Schönheit gewährt der Baum, die Blume, oder gar eine reizende Gegend: wie unschön dagegen ist so manches Gewürm! Sind die schöneren Thiere auch immer grade die klügeren und vollkommneren, und ist nicht der edle Mensch sehr oft mit einem sogar häſslichen Körper begabt?!

Eine gründliche Lösung aller uns hier entgegentretenden Widersprüche, — schon an sich eine sehr schwierige Aufgabe, — gestattet hier der Raum nicht; wir müssen uns mit wenigen Bemerkungen begnügen, die doch aber hinreichen werden, um wesentliche Einwürfe zu beseitigen.

Zunächst müssen wir die Schönheit des Körpers von der des Geistes — beim Menschen wenigstens — unterscheiden. Die Schönheit des Körpers kann und soll keine geistigen Eigenschaften des Menschen, sondern nur das innre Sein und den Zweck des Körpers, als eines Naturgegenstandes, als die Wohnung des Geistes, darstellen; sie ist und bleibt eine sehr untergeordnete Schönheit, die denn auch wirklich (wenn wir die Geschlechtsliebe aus dem Spiele lassen), wo sie allein auftritt, nur einen sehr oberflächlichen, vorübergehenden Eindruck auf uns macht; sofern wir nämlich nicht die Beziehung auf die Weisheit des Schöpfers dabei auffassen; wovon unten die Rede sein wird. Ganz anders ist es mit der Schönheit des Geistes. Diese ergreift unsre innersten Gefühle; nur wird sie für sich allein selten empfunden, und eine vollkommne Wirkung der menschlichen Schönheit läfst sich natürlich nur da erwarten, wo Körper und Geist zugleich schön sind. Immer also ist die gröfsere Schönheit mit der gröfseren innern Vollkommenheit verbunden. Dies ergiebt sich noch genauer, wenn wir auf die einzelnen Kennzeichen der menschlichen Schönheit achten. Ebenmaafs, Farbe, Gliederform, kurz Alles, was nur der Körperschönheit angehört, macht eine unbedeutende Wirkung: wogegen die Gesichtszüge, das Auge, die Geberden, die Sprache u. s. w., als Kennzeichen des geistigen Menschen, uns überwiegend interessiren. Wird uns nicht ein körperlich noch so schöner Mensch, dem man jedoch die Geistes- und Herzens-Armuth sogleich ansieht, nicht blofs gleichgültig lassen, sondern selbst zurückstofsen? — Noch kann der entgegengesetzte Fall, obwohl selten, eintreten: dafs nämlich ein unedler, schlechter Mensch dennoch die äufsern Kennzeichen eines schönen Innern zu heucheln weifs; da freilich wäre dann keine Uebereinstimmung. Allein eine solche absichtliche Verstellung ist auch nicht *naturgemäfs,* und man könnte wohl mit Recht sagen, dafs hier, so wie blofs der Schein des Guten, so auch blofs der Schein des Schönen vorhanden sei.

In der Thierwelt findet, bei einer sehr untergeordneten Geistesschönheit, dennoch ein ähnliches Verhältnifs Statt: auch hier nimmt der Ausdruck der Schnelligkeit, Gewandtheit, Stärke, des Muthes, der Klugheit, Treue u. s. w. überhaupt der mehr geistigen Eigenschaften, unser Interesse bei weitem mehr in Anspruch, als die blofs äufsern, körperlichen Formen. Von den letzteren, ferner, werden wir immer diejenigen für die schönsten erklären, welche am deutlichsten die Bestimmung des Thiers und der einzelnen Glieder aussprechen. Also ist auch hier die Uebereinstimmung des Aeufsern mit dem Innern, mit dem Sein und Zweck, als wesentliche Ursach des Schönen, Verbindung des letztern mit dem Wahren und Guten. Auch bei Vergleichung der verschiedenen Thier-Arten wird sich im Allgemeinen unser Satz bestätigt finden. Sollte dies aber auch nicht überall der Fall sein, d. h. sollte das Gefühl und der Verstand einem und demselben Thiere zwei verschiedne Stufen der Vollkommenheit anweisen: so dürfen wir doch nicht vergessen, dafs sich der Verstand eben sowohl irren kann, als das Gefühl. Ueberdies bleibt hier noch darauf aufmerksam zu machen, dafs keineswegs blofs die körperlichen Formen, sondern auch Farben und Töne, selbst der Geruch, die

Organe des Schönen sind. Erscheint z. B. dem Auge der in bunten Farben prangende Papagei schöner als die unscheinbare Nachtigall, so wird diese doch sogleich den Preis gewinnen, wenn sie ihren Gesang erhebt. Aehnlich ist es mit dem Dufte der Blumen.

Davon endlich, dafs den Gegenständen aus dem untergeordneten Pflanzen- und selbst dem Steinreiche eine höhere Schönheit beiwohnt, als so manchen Thieren, lassen sich mehrere Gründe nachweisen. Einmal mufs da, wo die Trennung zwischen Geist und Körper zwar bemerkbar wird, der erstere indefs so untergeordneter Art ist, wie das schwach dämmernde, geistige Dasein der untern Thierarten, nothwendig ein Mifsverhältnifs entstehen, welches eher Häfslichkeit als Schönheit erzeugt: es mögte scheinen, als ob diese Unvollkommenheit nöthig gewesen sei, um zwischen den vollkommneren Pflanzen und den höheren Thier-Arten einen allmäligen Uebergang zu bilden. Zweitens nimmt die lebendige Schöpfung, eben ihres höhern Standpuncts wegen, Individualität in Anspruch; wir erblicken im Thiere mehr das einzelne, selbstständige Wesen, während die Gegenstände aus der unbelebten Natur unsere Aufmerksamkeit weniger für sich festhalten, als sie solche auf das Ganze, auf die erhabene Weltordnung, auf den Schöpfer leiten. Endlich spricht sich, und zwar eben deshalb, weil hier eine abgesonderte, geistige Existenz nicht vorhanden ist, Sein und Zweck in der äufsern Erscheinung weit deutlicher aus; namentlich giebt das emporstrebende Wachsthum und das Absterben und Aufblühen der Pflanzen einen deutlichen Hinweis auf das Unendliche und auf die ewige Fortdauer: ein Bild von der höchsten, erhabensten Schönheit, welches unser Gefühl auf das Tiefste ergreift.

Schliefslich müssen wir noch einen Blick auf die Schönheit ganzer Naturscenen werfen. Hier gilt es nicht mehr die Darstellung eines einzelnen, abgesonderten Gegenstandes: es gilt die Darstellung vom Sinn und Zweck der Natur selbst, die Versinnlichung der höchsten, uns erreichbaren Idee.

7. *Begriff der Kunst.*

Das Gefühl fafst nicht blofs (mehr leidend als handelnd) das Schöne willenlos auf: es sucht dasselbe auch, gemäfs des dem Menschen inwohnenden Dranges zum Handeln, hervorzubringen. Die besondere Geistesthätigkeit hiezu nennen wir Phantasie.

Die Kunst *will das Schöne hervorbringen.* Sie kann dies nicht unmittelbar: sie bedarf, eben so wie die Natur, eines (körperlichen und geistigen) Gegenstandes, an dem das Schöne sich zeigt. Diesen Gegenstand will die Kunst so darstellen, daſs sich das Schöne auf eine ihm angemessene Weise ausspreche, also, nach dem Vorigen: sie will das innre Sein und den Zweck ihres Gegenstandes oder des Wahren und Guten in ihm, in der äuſsern Erscheinung unserm Gefühle bemerklich machen; es muſs aus jedem Kunstwerke sogleich die ihm zum Grunde liegende Idee bestimmt hervorleuchten.

Der Gegenstand giebt der Darstellung ihren bestimmten Character. Wohl muſs der Künstler die höchste Potenz des Wahren und Guten, deren der Gegenstand fähig ist, aufsuchen und darstellen: darüber hinaus darf er indeſs nicht gehn: er darf seinem Gegenstande keine Vorzüge andichten; sonst wird das Kunstwerk characterlos und unwahr, also auch unschön. Dagegen dürfen wir da, wo der Gegenstand nicht gegeben ist — und in der Regel kann er frei gewählt werden — verlangen, daſs die Kunst immer nur das Höhere, wo nicht das Höchste darstelle; denn so nur wird sie ihren erhabenen Zweck, den unserer geistigen Veredlung, erfüllen. Freilich aber muſs die Kunst, um ihre Wirkung nicht zu verfehlen, auf den jedesmaligen Culturzustand Rücksicht nehmen und während die Natur ihre verschiedenartigsten Schönheiten gleichzeitig vor unsern Blicken entfaltet, in ihrem unermeſslichen und unvergänglichen Reichthum unbekümmert, ob wir für jetzt auch nur die untern Grade zu empfinden vermögen, muſs die Kunst mit ihren vereinzelteren und vergänglicheren Werken haushälterischer zu Werke gehen und uns nur stufenweise zu erheben und für höhere Schönheit empfänglich zu machen suchen: ein Verhältniſs, welches sich übrigens ganz von selbst findet, da die Kunst immer erst aus den Völkern hervorgegangen und, wenn sie auch in Folge der gröſsern Raschheit der Gefühlsthätigkeit der allgemeinen Bildung, da, wo sie nicht gewaltsam unterdrückt wurde, mehr oder weniger vorangeeilt ist, die Empfänglichkeit für Schönheit doch immer in gleichem Verhältnisse vorhanden sein muſste.

Daſs so oft die Künstler auch da, wo die Empfänglichkeit des Volkes gröſser ist, Gegenstände untergeordneter Art zur Darstellung wählen, läſst sich streng genommen nicht rechtfertigen: so allgemein auch diese Verfahrungsweise in Schutz genommen werden mag.

8. *Idee und Ausführung.*

Der Künstler unterscheidet sich von Andern schon in der Empfindung des Schönen. Das fortwährende Streben nach dem Ideal erfüllt seine ganze Seele und setzt seine Geisteskräfte in eine so innige Harmonie, dafs dieses erste und wesentlichste Element des Schönen aufser ihm, gewifsermafsen in ihn übergegangen ist; der ächte Künstler mufs selber durch und durch schön sein. Während daher im Allgemeinen für uns Anderen das Mittel der sinnlichen Wahrnehmung zum Schönheitsgenufs erforderlich ist, giebt es für den Künstler Augenblicke, in denen er, frei von aller zerstörenden, äufsern Einwirkung, die rein geistige Schönheit in ihrer möglichsten Vollendung unmittelbar im Gemüthe empfindet. Solche Momente sind es, in denen er schafft. Steht nun die auf solche Weise entsprungene Idee vor der Seele des Künstlers lebendig da, so ist das Kunstwerk im Wesentlichen als vorhanden zu betrachten. Um nun aber Andern mitgetheilt werden zu können, bedarf es der Ausführung, durch welche der Idee die körperliche Form, auch wohl noch die nähere Bestimmung gegeben wird. Die Ausführung ist ein nothwendiger, aber untergeordneter Theil der künstlerischen Thätigkeit; sie ist oft nur mechanische Fertigkeit und kann nicht ohne Uebung erlangt werden.

Idee und Ausführung eines Kunstwerks sind demnach wesentlich verschieden. Gewöhnlich wird mehr auf die Ausführung gesehen; jedoch leuchtet ein, dafs die Idee dem Werke seinen gröfsten Werth giebt. Die Ausführung wird durch die äufsern Sinne, die Idee durch den innern Sinn aufgefafst.

9. *Elemente des Kunstschönen.*

Die Elemente des Schönen: Harmonie, Ausdruck, das Unendliche, Erhabenheit und Grazie müssen sich auch im Kunstschönen wieder finden. Es treten aber noch einige besondere Elemente, als Regeln, welche für die Hervorbringungen des menschlichen Geistes überhaupt gelten, hinzu, nemlich:

Originalität. Copieen (Uebersetzungen) werden zwar auch oft für Kunstwerke gehalten, sind es aber im höhern Sinne nicht; sie nehmen nur eine geschickte Ausführung in Anspruch. Eben so wenig sind dem Künstler Nachahmungen gestattet. Zwar möchte es eben so unrecht als unmöglich sein, die Anwendung jeder schon einmal da gewesenen Form ängstlich und streng zu vermeiden; nur die absichtliche Nachahmung sei, sowohl bei der Idee als bei der Ausführung, verboten, und zwar darum, weil darunter nothwendig die Harmonie leiden müfste.

Objectivität des Styles. Es ist nicht anders möglich, als dafs der Künstler allen seinen Schöpfungen einen gemeinsamen, aus seiner Subjectivität fliefsenden Styl giebt; dies darf aber nie so weit gehn, dafs die Eigenthümlichkeit des Gegenstandes darunter litte, oder dafs seine Werke manierirt würden; wodurch auch sogar der richtige Ausdruck verwischt werden würde.

Leichtigkeit der Ausführung. Die Ausführung darf durchaus die Mühe nicht verrathen, welche sie verursacht hat: nicht allein, weil die Wahrnehmung des Mühsamen ein drückendes Gefühl erregt, sondern auch, weil dadurch das Mechanische hervortritt. Es mufs gleichsam scheinen, als ob die Idee sich von selbst verkörpert hätte.

Sparsamkeit bei Anwendung der Darstellungsmittel. Es darf zwar nichts, was zur richtigen Darstellung der Idee des Kunstwerks beitragen kann, fehlen, aber auch nichts Ueberflüssiges und Bedeutungsloses angebracht werden.

10. Eintheilung der Kunst.

Eine genügende, wissenschaftliche Eintheilung der Kunst ist bisher noch nicht geglückt. Man hat versucht, die Künste (eigentlich Zweige der Kunst) nach den Darstellungsmitteln, je nachdem sie selbstschaffend oder nachahmend sind, im Raum oder in der Zeit wirken, zu unterscheiden und abzutheilen. Es treten jedoch dabei so viele Verwirrungen ein, dafs wir hier, wo uns darauf nichts ankommen kann, am besten thun werden, die verschiedenen Künste, wie wir sie in der Wirklichkeit besitzen, einzeln neben einander aufzuführen.

Die Dichtkunst. Sie nimmt unbezweifelt den ersten Rang ein: sie bildet die Grundlage für alle übrigen Künste; sie ist der unmittelbare Ausdruck des Gemüths und wird eben so unmittelbar, ohne das Medium der äufsern Sinne, durch den innern Sinn aufgefafst. Sie ist die Gedankenkunst. Als Form oder Darstellungsmittel bedient sie sich der Sprache; sie ist endlich selbstschaffend.

Die *Schauspielkunst* ist gewissermafsen der ausführende Theil der dramatischen Dichtkunst, deren Schöpfungen sie uns mittheilt; nur in sofern sie zugleich ein Bild des Lebens und der Welt vor uns aufstellt, behauptet sie ihre Selbstständigkeit. Sie ist rein nachahmend; die Formen, deren sie sich bedient, sind mehrfach. Ob sie übrigens streng genommen ein Recht hat, als selbstständige Kunst aufzutreten, mag dahingestellt bleiben.

Die *Musik* ist der Poesie nahe verwandt und verschwistert sich gern mit ihr. Sie ist selbstschaffend, und die Form, unter welcher sie sich mittheilt, ist zwar nicht mehr geistig, sondern sinnlich, aber doch nicht körperlich, wie bei den sogenannten bildenden Künsten. Die Musik hat mit der Poesie das gemein, dafs die Darstellung von einem andern als dem eigentlich schaffenden Künstler (Componisten) geschehen kann.

Die *Baukunst* gehört den selbstschaffenden Künsten an. Sie bedient sich der plastischen oder körperlichen Formen, die zwar ursprünglich dem Tastsinne angehören, durch Gewohnheit aber vom Auge aufgefafst werden. Näher beschränkt sind hauptsächlich die statischen Formen ihre eigenthümlichen Darstellungsmittel. Sie weicht ferner von den übrigen Künsten darin ab, dafs der Gegenstand dem Künstler immer gegeben wird und dafs die practische Ausführung durch Handwerker geschieht.

Als einen Nebenzweig kann man die Techtonik oder die Kunst, Geräthe u. s. w. zu bilden, anführen; welche, als selbstschaffend, eher zur Baukunst als zur Bildhauerkunst zu zählen ist.

5. Die *Bildhauerkunst.* Sie wird in der Regel zu den nachahmenden Künsten gerechnet, ist aber zugleich selbstschaffend, wenn die der Natur nachgebildeten Gegenstände nur dazu dienen, eine selbstständige Idee darzustellen. Sie bedient sich der plastischen Formen und die Ausführung macht einen Theil der Kunst aus und wenn sie blofs nachahmt, einen sehr wesentlichen. Die Bildung architektonischer Verzierungen gehört streng genommen der Baukunst an; mindestens tritt dann die Bildhauerkunst nur mehr als Handwerk auf.

Die *Malerkunst* bedient sich der Farben und der planimetrischen Formen (Conturen) zugleich. Uebrigens steht sie mit der Bildhauerkunst in einem ähnlichen Verhältnifs; nur tritt sie noch häufiger als selbstschaffend auf, namentlich auch in der Farbengebung.

Die *Tanzkunst* und *Gartenkunst* können wir um so mehr übergehen, als sie für jetzt nicht mehr vorhanden sind; die erste, welche wohl zur Schauspielkunst mit gerechnet werden könnte, blühete bei den Alten; die zweite sollen sonderbarerweise lediglich die Chinesen als Kunst geübt haben.

Als auf eine auffallende Erscheinung, die nicht ohne Beziehung auf die Wesenheit der Künste selbst sein kann, ist beiläufig darauf aufmerksam zu machen, dafs sich, übereinstimmend fast bei allen Völkern, die sich aus der Kindheit emporbildeten, zuerst Poesie und Musik, dann die Baukunst, nach ihr die Bildhauerkunst und zuletzt die Malerei ausgebildet haben.

11. Ueber das Zusammenwirken der Künste.

Die Frage, ob eine Verbindung mehrerer Künste zu einer und derselben Darstellung unbedingt erlaubt sei, möchte im Allgemeinen nicht so entschieden zu bejahen sein, als es gewöhnlich geschieht. Zwar wollen wir sie auch keinesweges verneinen: ihre Beantwortung aber knüpft sich an Bedingungen, die eine um so genauere Befolgung fordern, als die edelsten Blüthen des menschlichen Geistes stets da entsprossen und zu vollkommenen Früchten gereift sind, wo seine Thätigkeit auf ein bestimmtes, kleines und scharf begrenztes Feld beschränkt war.

Jene Bedingungen nun möchten etwa folgende sein:

1. Der Gegenstand der Darstellung darf durch die Anwendung der verschiedenen Darstellungsmittel nicht so zertheilt und zersplittert werden, dafs die Einheit des Kunstwerks darunter leide. Alle Künste müssen nur nach einem Ziele streben, oder es müssen sich (was öfters der Fall sein wird), die einzelnen Zwecke streng einander unterordnen; wobei dann die eine Kunst vorherrschend ist.

2. Die Mitwirkung verschiedener Künste mufs wirklich nothwendig sein, um den Gegenstand deutlich genug darzustellen.

3. Keine Kunst darf die andere beeinträchtigen; eine jede mufs vielmehr ihre volle eigenthümliche Entwicklung finden.

4. Besonders dürfen nie solche Künste mitwirken, deren Eigenthümlichkeit dem Character des Kunstwerks widerstreitet.

II. Grundsätze der Theorie der Baukunst.

1. *Bauwissenschaft und Baukunst.*

Nach der gewöhnlichen, besonders früher üblichen Erklärung soll die Baukunst lehren, bequem, dauerhaft und schön zu bauen: — eine sonderbare Zusammenstellung, welcher wir es fast lediglich zu danken haben, dafs der Baukunst so lange der ihr gebührende Rang verweigert wurde. Liefse sich auch dieser Nachtheil verschmerzen, so ist doch keinesweges die tief eingreifende Verwirrung zu übersehen, welche bei der Entwicklung der Grundregeln durch jene Erklärung entstehen mufste. Man sah wohl ein, dafs man hier zwei in ihren Grundbedingungen sehr verschiedenartige Aufgaben in einer einzigen zusammengefafst hatte; aber man glaubte sich damit helfen zu können, dafs man die Dauer und die Bequemlichkeit als nothwendige, die Schönheit aber als zufällige und weniger wesentliche Eigenschaft eines vollkommenen Gebäudes ansah. Dies liefs voraussetzen, dafs die Schönheit mit den wesentlichen Eigenschaften oft in Collision kommen könne; ja man lehrt für diesen Fall ausdrücklich, dafs erstere aufgeopfert werden müsse.

Es liegt nun aber ganz nahe und drängt sich uns fast von selbst auf, dafs wir die Unterscheidung, welche zwischen den Begriffen von Wissenschaft und Kunst im Allgemeinen gemacht wird, auch hier Statt finden lassen und Bauwissenschaft und Baukunst als zwei verschiedenartige Dinge betrachten und behandeln können.

2. *Begriff der Bauwissenschaft.*

Die Bauwissenschaft umfafst im weitern Sinne den Häuserbau, den Wasserbau, Strafsenbau, Maschinenbau, Schiffbau und Kriegsbau: im engeren Sinne beschränkt man sie auf den Häuserbau. Sie gehört ganz in das Gebiet des Verstandes und lehrt, alle Arten von Bauwerke zweckmäfsig, die eigentlichen Gebäude namentlich bequem und dauerhaft zu errichten: mit der Schönheit aber hat sie Nichts zu thun. Beide Eigenschaften, die Bequemlichkeit und die Dauer, können in ihrer gröfstmöglichen Ausdehnung und Vollkommenheit erreicht werden, ohne dafs sich der mindeste Grad von Schönheit dazu geselle; wie denn auch wirklich diejenigen Baumeister und Völker, welchen die Kunst fremd blieb, es verhältnifsmäfsig sehr weit im wissenschaftlichen Bauen gebracht haben.

Die Wissenschaft befolgt zur Erreichung ihrer Zwecke die Regeln der Statik und Mechanik und überhaupt der angewandten Mathematik; sie lehrt die geeignetesten Materialien aufsuchen, bearbeiten und auf die dauerhafteste Weise zusammenfügen.

Die Bauwissenschaft steht zur Kunst in zwiefacher Beziehung. Einmal arbeiten allerdings beide Hand in Hand an der Erweichung eines gemeinschaftlichen Zweckes, der Erbauung vollkommener Gebäude; zweitens dient die erstere der Baukunst zur Ausführung ihrer Kunstwerke. Darum mufs der Baukünstler zugleich Baumeister sein; er mufs es verstehn, sowohl die Zweckmäfsigkeit und Dauer, als auch die Schönheit zu erreichen, ohne eine dieser Eigenschaften der andern aufzuopfern.

3. *Begriff der Baukunst.*

Die Baukunst soll, wie jede andere Kunst, das *Schöne* darstellen; zum Gegenstande dienen ihr *Gebäude.* Was ist es nun wohl, das an Gebäuden ein ästhetisches Interesse gewähren kann? Doch wohl nichts Anders, als die *Bestimmung.* Diese ist eine Idee und darum gehört die Baukunst zu den selbstschaffenden Künsten.

Die Baukunst soll, bestimmter ausgedrückt, *das innere Sein und den Zweck eines Gebäudes darstellen,* also seine Construction und seine Bestimmung. Allerdings möchte beim ersten Blick die Aufgabe der Baukunst im Verhältnifs zu andern Künsten sehr untergeordneter Art zu sein scheinen; eine nähere Beleuchtung jedoch der höheren Beziehungen, welche mit der Aufgabe verbunden sind, wird dieselbe in einem günstigern Lichte uns das Schwierige derselben zeigen.

1. Die Construction ist eine Zusammensetzung der Materialien nach statischen Regeln zu baulichen Zwecken. Sie nimmt lediglich den Verstand in Anspruch und ist an sich weder schön noch unschön. Zwar hat sie nothwendig eine körperliche Form: diese interessirt aber das Gefühl gar nicht, oder doch nur zufällig. Die Kunst soll nun diese Form schön machen, d. h. sie näher bestimmen und so gestalten, dafs sie den Zweck der Construction dem Gefühle offenbart. Dafs dies keine kleine Aufgabe sei, werden wir einsehn, wenn wir später bei den Griechen finden, dafs ihre Kunst sich fast nur auf Darstellung der statischen Bedeutung beschränkte.

Betrachten wir die Dorische Säule. Sie hat nur lothrecht zu tragen und es würde nach den Regeln der Statik eine lothrecht gestellte, hinlänglich starke, nicht einmal regelmäfsig geformte Stütze vollkommen genügen. Um jedoch den Zweck der Säule, als freistehende Stütze einer wagerechten Belastung, dem Gefühle zu versinnlichen, mufste sie die mit dem kleinsten Umfange die gröfste Masse einschliefsende und dadurch die gröfste Tragkraft ausdrückende runde Form des Schaftes (die Verjüngung zur Versinnlichung eines festen Standes), die viereckige vorragende Platte zum sichern Auflager des viereckigen Architravs, den die runde und viereckige Form vermittelnden und zugleich die nach oben sich entfaltende Tragkraft so deutlich aussprechenden Echinus mit den ihn zusammenfassenden Ringen u. s. w. erhalten.

2. Die Bauwissenschaft mufs, um dauerhafte Gebäude auszuführen, auf die vorhandenen Materialien und auf das Clima Rücksicht nehmen. Hier findet sich also Gelegenheit für die Baukunst, die Gebäude in Uebereinstimmung mit dem Character des Landes und der Gegend zu bringen, und diesen auszusprechen. Welcher Reiz läfst sich in dieser Hinsicht nicht selbst einer einfachen Bauernhütte geben!

3. Mit der Bestimmung der Gebäude sind jedesmal geistige, oft die höchsten Beziehungen gegeben, welche sich deutlich und bestimmt aussprechen sollen. Selbst einem gewöhnlichen Wohngebäude läfst sich ein erhöhetes Interesse abgewinnen, insofern man nicht blofs bequem und lange darin wohnen, sondern sich auch behaglich und angenehm darin fühlen will: das Gebäude soll den Ausdruck des Zierlichen, Freundlichen, Einladenden u. s. w. haben. Dieses Interesse steigert sich bei öffentlichen Gebäuden höher und nimmt, je nach der Bestimmung des Gebäudes, den verschiedenartigsten Ausdruck an. Je mehr es das gemeine Bedürfnifs überwiegt: einer desto höhern Gattung gehört das Gebäude als Kunstwerk an. Kirchen z. B., bei welchen die höhere Bestimmung (Gottesdienst) das gemeine Bedürfnifs (Versammlungsraum) so sehr überwiegt, dafs das letztere kaum mehr merklich ist und nun zugleich der Kunst der freieste Spielraum gestattet wird, bieten der Baukunst einen eben so erhabenen Gegenstand dar, als die Kirchenlieder der Poesie und Musik. Selbst ihre rein lyrischen Momente findet die Baukunst in den Grab- und Denkmälern, wo von gar keinem *Bedürfnisse* mehr die Rede ist.

4. Selbst bei untergeordneten Gebäude-Arten findet sich noch eine besondre, auf die Kunst sehr wirksame Beziehung. Da nämlich die baulichen Bedürfnisse aus dem Clima, den Sitten und Gebräuchen u. s. w. eines Volkes hervorgehen, so folgt auch, dafs die Baukunst den Volkscharacter auszusprechen habe, und zwar weit deutlicher und bestimmter, als jede andere Kunst.

5. *Statisches Grundgesetz für die Baukunst.*

Aus der Beziehung der Baukunst zur Statik folgen einige eigenthümlichen Bedingungen für die architektonische Schönheit, nemlich *Regelmäfsigkeit* und *Symmetrie;* welche letztere man oft als ein besondres Element des Schönen in der Baukunst gelten läfst, oder auch wohl mit der architektonischen Harmonie, die doch höherer Art ist, verwechselt. Regelmäfsigkeit ist Gleichheit, oder richtiger Congruenz aller gleichartigen einzelnen Theile: Symmetrie ist Congruenz von der Mitte aus. Diese und andere einzelnen statischen Regeln, welche übrigens mancherlei Beschränkungen unterworfen und im Ganzen ziemlich unwichtig sind, können wir besser unter ein und dasselbe Grundgesetz zusammenfassen.

Eine Hauptbedingung nämlich für das Bestehen eines jeden Gebäudes ist *Gleichgewicht;* es ist der wesentlichste Zweck, welchen die Statik oder die Bauwissenschaft zu erreichen suchen mufs. Die Kunst mufs also die Darstellung eines vollkommenen Gleichgewichts mit zu ihrer Hauptaufgabe machen. Sie erzielt dadurch besonders den *architektonischen* Character.

Das statische Gleichgewicht kann auf unmittelbarem und auf mittelbarem Wege erreicht werden:

1. Durch die lothrechte Unterstützung einer wagerechten Last mittelst *selbstständiger* Stützen.

2. Durch das Gegeneinanderstreben mehrerer Kräfte zum gegenseitigen Halt, so dafs die einzelnen Stützen *nicht* selbstständig sind.

Die richtige Darstellung dieser verschiedenen Arten des Gleichgewichts ist von grofser Wichtigkeit in Bezug auf den geistigen Ausdruck, welchen sie annimmt. Die erste, einfachste Art, welche so deutlich hervortritt, dafs das körperliche Gleichgewicht in ein geistiges übergeht, gewährt den Ausdruck der *Ruhe;* die zweite den des *Strebens.* Der Ausdruck der Ruhe gehört mehr der sinnlichen, der des Strebens mehr der geistigen Schönheit an; der letztere ist schwieriger richtig darzustellen, giebt aber dafür dem Kunstwerke einen höhern Werth. Soll bei dem Ausdrucke des Strebens das Gefühl des Gleichgewichts nicht verloren gehn, so darf nur ein Streben nach unten oder nach oben, aus oder nach der Mitte Statt finden. Das Streben nach unten, oder das Niederdrücken, welches durch eine verhältnifsmäfsig schwere Belastung, oder mehr noch, wenn sich gleichsam das ganze Gebäude als eine Last dem Gefühle darstellt, erreicht wird, widerstreitet in Etwas der Idee des Baues und findet sich öfter als Fehler, wie als Aufgabe; auch das Streben aus der Mitte kommt selten vor; das Streben nach der Mitte zeigt das Gleichgewicht am deutlichsten; es verbindet sich gern mit dem Emporstreben, welches letztere die Baukunst, wie wir später sehen werden, zur Darstellung der erhabensten Idee befähigt.

In wie fern das Vorhandensein des Gleichgewichts noch nicht die ästhetische Darstellung desselben ist, mag uns ein Beispiel zeigen. Die Statik hat Mittel die Aufthürmung einer gröfsern Masse an dem einen Ende des Gebäudes durch stärkere Wände und Fundamente für das Gleichgewicht unschädlich zu machen; das Gefühl aber verlangt, wenn nicht die Massen-Erhebung nicht in die Mitte gebracht werden kann, dafs der Thurm von unten auf vom übrigen Gebäude abgeschieden werde und in seinem untern Theile mehr Tragkraft zeige, u. s. w.

5. *Die architektonische Harmonie.*

Zwischen den äufsersten Grenzen, jenseit welcher sich die Disharmonie (Mannigfaltigkeit ohne Einheit) und die Einförmigkeit (Einheit ohne Mannigfaltigkeit) befinden, kann sich die Harmonie unendlich verschieden gestalten. Im Allgemeinen aber kommt es darauf an, ob die Einheit oder die Mannigfaltigkeit beim ersten Blicke vorherrsche. Beim Vorherrschen der Einheit sind die einzelnen Theile des Mannigfaltigen gleichartig und beziehen sich alle unmittelbar auf die Einheit. Herrscht das Mannigfaltige vor, so wird gewöhnlich das aus ungleichartigen Theilen bestehende Mannigfaltige zuvörderst in Unterabtheilungen zu geringern Einheiten geordnet, so dafs gleichsam ein Streben des Mannigfaltigen zur Einheit entsteht. Man könnte die erste Art Harmonie der Ruhe, die zweite Harmonie der Bewegung nennen.

Die Harmonie spricht sich (ohne sich jedoch auf bloſse Eurythmie zu beschränken) vorzugsweise und selbstständig in den Verhältnissen aus. Der Versuch indeſs, diese nach Maaſs und Zahl ein für allemal zu bestimmen, konnte nicht glücken. Die Harmonie, welche aus dem eigenthümlichen Wesen der Schönheit selbst gefolgert ist, läſst sich am wenigsten erkennen und erklären: sie kann nur gefühlt werden; dennoch, und obwohl sie das selbstständigste Element des Schönen ist, richtet sich auch die nähere Bestimmung der Harmonie-Art nach dem Gegenstande der Darstellung.

Ein ernster Character des Gebäudes z. B. verträgt sich nicht mit zu groſser Mannigfaltigkeit. Soll der Ernst in's Finstre und Strenge übergehn, so muſs die Harmonie nahe an Einförmigkeit grenzen; ein heitrer Character wird durch reiche Mannigfaltigkeit unterstützt; die mehr sinnliche Schönheit liebt ferner die Harmonie der Ruhe; eine höhere Bestimmung der Gebäude dagegen und die daraus flieſsende geistige Schönheit wählt die Harmonie der Bewegung u. s. w.

6. *Der Ausdruck des Architektonisch-Schönen.*

Der Ausdruck ist es, welcher das innere Sein ausspricht. In der Baukunst geschieht solches:

1. *Durch eine der innern Einrichtung entsprechende Anordnung der Massen.* Es ist nothwendig, daſs sich aus einer zweckmäſsigen innern Einrichtung die Bestimmung des Gebäudes erkennen lasse. Zwar genügt der Kunst das Erkennen nicht: allein einerseits ist dieses Erkennen so schnell und leicht, daſs der Verstand kaum dabei thätig wird, viel weniger stört: andrerseits kann auch diese Vollkommenheit wirklich fühlbar gemacht werden, wenn bei der Einrichtung nämlich zugleich die Kunst thätig war, wie es nothwendig immer der Fall sein muſs. So z. B. geben das Bedürfniſs und die Bauwissenschaft wohl die Länge und Breite der Zimmer ungefähr an: das genauere harmonische Verhältniſs, namentlich die über das Bedürfniſs hinausgehende Höhe aber, bestimmt die Kunst. Mag auch bei Gebäuden untergeordneter Art das Bedürfniſs vorherrschen: bei Gebäuden, deren Bestimmung von edlerer Art ist, beschränkt sich das gemeine Bedürfniſs immer mehr und läſst der Kunst einen desto gröſsern Spielraum.

Die innere Einrichtung nun soll bei der Anordnung der Massen auch äufserlich sichtbar gemacht werden; man soll nicht, wo es der Raum anders gestattet, jedes Gebäude, besonders nicht öffentliche Gebäude, in einen parallelopipedischen Kasten einschliefsen. Die künstlerische Anordnung und Abtheilung der Massen gewährt das wirksamste Mittel zur Darstellung der Eigenthümlichkeit des Gebäudes und eben deshalb zugleich eine grofse Schönheit.

2. *Durch die Versinnlichung der Constructionen.* Dafs durch dieses Mittel, von welchem schon oben bei der statischen Bedeutsamkeit die Rede war, ebenfalls das innere Sein dargestellt wird, leuchtet ein. Die Constructionen sind ja die Mittel, durch welche der bauliche Zweck erreicht wird: sie bilden die Bestandtheile des Gebäudes. Mit den Constructionen soll auch das verwendete Material sichtbar gemacht werden; wodurch dann zugleich die Beziehung auf den Character des Landes berührt wird. Die Versinnlichung der Constructionen ist zugleich bei Gebäuden ganz untergeordneter Art, selbst bei Viehställen, zur Erreichung des Ausdrucks anwendbar und hier, wo keine höheren Anforderungen gemacht werden können, um so weniger aufser Acht zu lassen. Der unangemessene, leider noch ziemlich allgemeine Gebrauch, die Constructionen und Materialien, als unschön, absichtlich hinter Verkleidungen zu verstecken, oder auch das Bild nicht vorhandener Constructionen, wozu auch die Reliefpilaster vor einer geraden Front gehören, darzustellen, kann nicht genug bekämpft werden. Wozu denn wohl eine andere Construction versinnlichen, wenn die vorhandene zweckmäfsig ist? Und eine andre, als die jedesmal zweckmäfsigste, soll nicht ausgeführt werden. Eine andere Frage ist es, ob der Baumeister ein vollkommneres Material, als das, zu welchem ihn leider so oft die Rücksicht auf Kosten-Ersparnifs zwang, darstellen dürfe? Diese Frage kann man füglich bejahen, jedoch nur unter der Bedingung, dafs sich das *wirklich* verwendete Material früher oder später durch Nichts verrathe; nur in diesem Falle ist die ästhetische Wahrheit gerettet. Aber diese Bedingung ist schwer zu erfüllen: nicht lange, so fällt der Marmorstuck ab, oder die hölzernen Marmorsäulen bekommen Risse; die arme nackte Wahrheit kommt zu Tage und die Kunst wird zur Lüge. Besser, man setzt sich dieser Gefahr nicht aus.

3. *Durch den Character der Architektur.* In sofern die besondern Eigenschaften eines Gebäudes durch seine Bestimmung bedingt sind, ist der Character der Architektur das wesentlichste, unter allen Um-

ständen anwendbare und ein rein künstlerisches Mittel zur Versinnlichung der Bestimmung. Es geschieht auf die Weise, dafs den Formen ein Ausdruck gegeben wird, welcher den geistigen Beziehungen auf die Bestimmung des Gebäudes entspricht. *Wie* den Formen ein solcher Ausdruck gegeben werden könne, bedarf einer nähern Andeutung; mehr aber als eine solche gestattet hier der Raum nicht.

7. *Die Bedeutsamkeit der architektonischen Formen.*

Vor allen Dingen ist der allgemein verbreiteten Ansicht, als wohne den geometrischen Figuren, als Formen-Elementen, für die Baukunst ein bestimmter, dem Gefühle eindringlicher Ausdruck bei, mit Nachdruck zu begegnen.

Eine geometrische Figur hat an sich, d. h. ohne dafs wir uns einen Gegenstand darunter denken, gar kein bestimmtes ästhetisches Interesse. Stellen wir verschiedne solcher Figuren neben einander, so mögen sie uns wohl mathematisch interessiren, und die regelmäfsigen mögen dem Verstande gefallen: aber das Gefühl wird unter ihnen keinen Unterschied machen. Man denke sich einmal eine und dieselbe geometrische Figur als das Bild oder als die Darstellung bald dieses bald jenes Gegenstandes, so wird man finden, dafs uns eben dieselbe Figur bald schön, bald häfslich vorkommt; (z. B. ein Dreieck erst als Giebelform, dann als Thür oder Fenster; ein Zirkel erst als Rosette, dann als vordere Ansicht einer Säule u. s. w. gedacht.) Wie wäre dies nun möglich, wenn die Figur einen Ausdruck an sich selbst hätte?

Erst durch die Anwendung auf die Bauwissenschaft: erst wenn sie zu statischen Formen werden, gewinnen die mathematischen Figuren, oder richtiger Formen, einen Ausdruck; denn hier haben sie einen bestimmten Gegenstand darzustellen. Dieser Ausdruck ist auch ästhetisch; denn, wenn gleich die Bedeutsamkeit der statischen Formen zuletzt immer in der Zweckmäfsigkeit ihre Begründung findet, so wird doch diese Zweckmäfsigkeit eher und sogar richtiger gefühlt, als erkannt, und die endliche Begründung und Rechtfertigung der Aussprüche des Gefühls ist ja überhaupt dem Verstande auch bei Schönheitsgenüssen zuzusprechen.

Es haben aber auch, zwar nicht die der Wissenschaft gehörigen, mathematischen, wohl aber die plastischen Formen, so gut wie die Farben und Töne, einen eigenthümlichen Ausdruck, mit welchem sie eine bestimmte

Wirkung auf unser Gemüth hervorbringen; und wo anders sollen wir diesen Formen-Ausdruck suchen und finden, als in der Natur? Hätte sie den Formen, Farben und Tönen keine Sprache gegeben, so würde der Mensch nicht einmal auf den Gedanken daran haben kommen können. Indefs, obgleich wir diese Sprache hören und fühlen, so ist es doch unendlich schwierig, sich Rechenschaft darüber zu geben. Vielleicht, dafs aus der öftern Vergleichung der wesentlichen Eigenschaften im innern Sinne mit der äufsern Gestaltung bei verschiedenartigen Gegenständen zuletzt einige allgemeine Resultate gefolgert werden könnten. (So z. B. könnten wir daraus, dafs der *heiteren* Jugend schlankere, leichtere, gefälligere, dem *ernsten* Alter strengere und steifere Körperformen eigen sind, vielleicht folgern, dafs sich die Heiterkeit und der Ernst, jene durch schlanke, heitere, gefällige, dieser durch strenge, geradlinige Formen ausdrücken lassen; ferner könnte uns die eckige Gestalt der Steine, die Cylinderform des Baustammes und die rund begränzte Fläche der Blätter, die Kugelform der Würmer, die aus den verschiedenartigsten Curven zusammengesetzte Gestalt der edlern Thiere darauf führen, dafs die gröfsere Beweglichkeit oder Lebendigkeit, so weit sie in der Baukunst Anwendung finden, durch die runden und mehr noch durch die Curvenformen ausgedrückt werden können u. s. w.)

8. *Das Unendliche im Architektonisch-Schönen.*

Das Unendliche im Schönen soll uns den letzten, höchsten Zweck des Gegenstandes darstellen, soll uns, ohne nähere Rücksicht auf das irdische, sinnliche Sein desselben, unmittelbar zum Höhern hinweisen.

Wir wollen unter dem Höhern zunächst das Geistige verstehen. Die Form ist geistiger als die Masse; das Vorherrschen der Form vor der Masse wird deshalb zum deutlichen Bilde des Vorherrschens des Geistigen vor dem Sinnlichen. Es liegt also das geringere oder das gröfsere Hervortreten dieses Elements des Schönen in dem Verhältnifs der Form zur Masse. Je gröfser die Masse im Verhältnifs zur Form ist (d. h. zur äufsern sichtbaren Begränzung der Masse): um so mehr herrscht das Sinnliche im Schönen vor, um so weniger wird der Beschauer auf das Höhere aufmerksam gemacht. Je gröfser, reicher und mannigfaltiger dagegen die Form: desto mehr wird im Ausdruck das Geistige vor das Sinnliche hervorgehoben, desto gröfser wird das Unendliche im Schönen, besonders wenn durch Anwendung von Curvenformen der Ausdruck gröfsrer Lebendigkeit herbeigeführt wird. Man denke sich dieselbe Masse erst von der Kugelform, dann von der Würfelform oder von der parallelopipedischen Form eingeschlossen, dann in Form eines gegliederten Gesimses und endlich in der Form einer altdeutschen Blätterkrone; es steigert sich hier die Oberfläche oder die Form auf das Doppelte, zuletzt auf das Zehnfache, und in gleichem Maafse nimmt der Ausdruck des Geistigen zu. Natürlich ist hier nur von solchen Formen die Rede, welche anderweit begründet sind. Eine blofs willkürliche Vermehrung der Form ist nicht zulässig.

Aufser dem angeführten Mittel steht uns noch ein zweites, bei weitem kräftigeres, zur Darstellung des Unendlichen zu Gebote; auch dieses lehrt uns die Natur kennen. Aller Wachsthum (und der wiederkehrende Wachsthum erinnert an das ewige Leben) hebt sich von der Erde aufwärts, und der Mensch, wenn er ahnend der Ewigkeit gedenkt und zu Gott sich wendet, richtet ebenfalls Blick und Geist nach oben! — So wird denn auch in der Baukunst durch das *Emporstreben* Gefühl und Geist unmittelbar nach oben, zu Gott und Ewigkeit gewiesen, und das Unendliche im Schönen wird auf die kräftigste, auf eine das Gemüth überwältigende Weise ausgedrückt.

Dadurch, dafs uns zwei von einander unabhängige Darstellungsmittel des Unendlichen, und beide in mannigfacher Steigerungsfähigkeit, zu Gebote stehen, vermögen wir dasselbe allemal in dem, dem Gegenstande angemessenen Grade darzustellen. Zwar haben wir das Unendliche des Schönen als unabhängig vom niedern oder irdischen Sinn des Gegenstandes betrachtet und es frägt sich daher, ob bei der Darstellung des Schönen an solchen Gegenständen, welche durchaus keine Beziehung zum Höhern gewähren, dieses Element nicht ganz fehlen müsse. In der Natur möchte sich schwerlich ein solcher Gegenstand finden; in den übrigen Künsten kann er vermieden werden: in der Baukunst jedoch sind die mehrsten Aufgaben von der Art, dafs der Bestimmung des Gebäudes durchaus jeder unmittelbare höhere Zweck fehlt. Dennoch braucht, streng genommen, selbst dem gemeinsten Bedürfnifsbau auch dieses erhabenste Element des Schönen nicht ganz und gar zu fehlen, in sofern sich bei allen Bauwerken eines Volkes die Beziehung zum Nationalcharacter, mithin zu höhern geistigen Eigenschaften findet. Je höher ein Volk in der allgemeinen geistigen Bildung steht: um so mehr wird, als Ausdruck davon, in seiner Architektur die Form vor der Masse vorherrschen, natürlich aber im Verhältnifs zur Bestimmung des Gebäudes. Das Emporstreben, als der stärkre Ausdruck des Unendlichen, kann nur bei den dem Gottesdienst gewidmeten Gebäuden und bei den zu einer reinern Gottesverehrung erwachsenen Völkern Anwendung finden.

9. *Grazie und Erhabenheit im Architektonisch-Schönen.*

Der mehr ernste Character der Baukunst und die grofsen Massen, mit denen sie es zu thun hat, gestatten im Allgemeinen keinen sehr lebhaften Ausdruck der Grazie. Gewöhnlich bleibt sie in den Grenzen der heitern Anmuth und des Reizes; lebendige Beweglichkeit kann nicht architektonisch ausgedrückt werden; sie widerspricht dem statischen Grundgesetze des Gleichgewichts. Den stärksten Ausdruck der Grazie werden wir im ionisch-griechischen Styl antreffen, dessen Säulenform nach dem Gesetze der Elasticität gebildet ist, und so an eine, vor Eintritt des Beharrungszustandes Statt gefundene Bewegung zur Erreichung des Gleichgewichts erinnert.

Die Grazie läfst sich von allen Schönheits-Elementen am schwersten nachweisen; sie ist der letzte, sanfte Hauch der Vollendung, welchen nur das Genie dem Kunstwerke geben kann und den wir wohl fühlen, aber selbst nach vorübergegangenem Schönheitsgenusse nicht zu erkennen vermögen. So viel ist gewifs, dafs sie sich weniger in den Massen und Hauptformen, als im Einzelnen, in den Gliedrungen, Verzierungen u. s. w. ausspricht; sie liebt vorzugsweise die geschwungnen, die Curvenlinien (weil sie an Bewegung erinnern), die Anwendung des Zirkels bei Bestimmung der Profile; da, wo die Statik die regelmäfsige Zirkelform nicht verlangt, wird sie dagegen verscheucht; sie wird endlich um so sichrer erreicht, je mehr es dem Künstler glückt, gleich beim ersten flüchtigen Skizziren seines Phantasiegebildes die Formen bis in das kleinste Detail richtig zu treffen.

Die Erhabenheit dagegen liegt nicht in den Einzelnheiten, sondern in den Massen und Hauptformen; ohne Gröfse ist sie nicht erreichbar. Ihre Aufgabe ist, durch Abtheilung der Massen, unter Berücksichtigung der Umgebungen, das Gebäude so grofsartig als möglich zu gestalten. Ein parallelopipedisches Gebäude sieht zwar grofs, aber nicht grofsartig aus, wogegen eine zu weit getriebene Abtheilung, eine Zerstückelung der Masse, das Gebäude kleinlich macht. Die Erhabenheit wird ferner erreicht durch Hervorhebung aller derjenigen Theile des Gebäudes, welche mehr einem höhern als dem gemeinen Bedürfnifs angehören und durch Steigerung der

Größen-Verhältnisse über das Bedürfniß hinaus; (breite Freitreppen, weite Eingänge, große Höhe u. s. w.). Zunehmende Höhe ist dem Emporstreben nahe verwandt; wie ja auch die Erhabenheit zum Ausdruck des Unendlichen im Schönen führen sollte.

Grazie und Erhabenheit beschränken sich gegenseitig. Bei kleinern Gebäuden, von einem freundlichen und gefälligen Character, ist die Grazie, bei großen Gebäuden, von ernstem Character, die Erhabenheit vorherrschend. Uebrigens ist die gegenseitige Beschränkung nicht so zu verstehen, daß nothwendig mit dem Wachsthum der Erhabenheit eine absolute Verminderung der Grazie verbunden sein müsse; sie tritt bloß weniger hervor und vermindert sich relativ. Auch dieses Verhältniß ist abhängig von dem Gegenstande.

10. *Die Elemente des Kunstschönen in der Baukunst.*

An der *Orginalität* des Kunstwerks können in der Baukunst nicht so strenge Anforderungen gemacht werden, als in den übrigen Künsten. Denn da häufig dieselbe Aufgabe vorkommt und dabei dieselbe Einrichtung und dieselben Constructionen als die zweckmäßigsten wieder Statt haben müssen, so bleiben der Kunst verhältnißmäßig wenig Mittel, Gebäude einerlei Art verschiedenartig zu gestalten; was aber doch, so weit es ohne Beeinträchtigung der wesentlichern Eigenschaften möglich ist, gleichwohl geschehen muß. Eine Veranlassung zur verschiedenartigen Gestaltung bietet die Lage des Gebäudes dar. Eine genaue Berücksichtigung der Lage und der Umgebungen ist daher in dieser, wie in jeder andern Hinsicht, nicht außer Acht zu lassen. Das Gebäude muß nicht allein für diejenigen Plätze in der Umgebung, von denen man am bequemsten es sehen kann, vollkommen übersichtlich sein und sich am vortheilhaftesten darstellen; sondern es muß auch sein Character strenger oder weniger streng ausgedrückt werden, je nachdem der Character der zunächst stehenden Gebäude sich demselben nähert, oder von ihm abweicht. Einen besondern Reiz gewährt fast allen Arten von Gebäuden eine Umpflanzung mit Gesträuchen. Leider aber läßt sich selten Gebrauch davon machen.

Die *Objectivität* wird in der Baukunst dadurch erleichtert, daß die Subjectivität des Künstlers gegen die seines Volkes mehr wie in jeder andern Kunst zurücktritt. Die letztere aber geht gewissermaßen in Bezug auf das Kunstwerk in Objectivität über, in sofern es zugleich eine Aufgabe der Kunst ist, den National-Character darzustellen.

Die *Leichtigkeit der Ausführung* kann sich hier, wo die Ausführung durch Handwerker geschieht, welche nach Maafs und Chablonen arbeiten, nur darauf beziehen, dafs die Arbeit correct und sauber wird. Höchstens zu den freien Verzierungen gehört aufser der geschickten auch eine geistvolle Hand.

Die *Sparsamkeit* oder *Nüchternheit* endlich ist in der Baukunst um so nöthiger, und ein Verstofs dagegen fällt um so mehr auf, da überall eine Beziehung auf Zweckmäfsigkeit zum Grunde liegt; wogegen das Ueberflüssige sich, als solches, um so schärfer markiren würde. Eben darum darf aber auch im Gegentheil die Kunst um so weniger es an irgend Etwas fehlen lassen, was zur höhern Schönheit innerhalb des erlaubten Grades beitragen kann.

11. *Verbindung der Baukunst mit der Bildhauerkunst und Malerei.*

Wir haben schon oben die Bedingungen angegeben, unter welchen die Zusammenwirkung verschiedner Künste zu einer Darstellung statthaft ist. In Bezug darauf lassen sich für die Anwendung der Werke der Bildhauerkunst bei Gebäuden etwa folgende Regeln geben.

1. Ornamente und Blätterschmuck, welche beide, wie wir schon erwähnten, richtiger zur Baukunst zu rechnen sein möchten, dürfen eben deswegen die Natur nicht zu treu nachahmen; Phantasieformen entsprechen mehr dem Character der selbstschaffenden Baukunst.

2. Die eigentlichen Bilderwerke (Statuen und Reliefs) müssen stets eine genaue Beziehung zur Bestimmung des Gebäudes haben.

3. Sie müssen dazu beitragen und sogar nothwendig sein, um diese Bestimmung in der Darstellung deutlicher zu machen. Dieser Fall kann leicht eintreten; besonders bei Denkmälern.

4. Die Bildwerke dürfen nicht in solchen Gebäudetheilen angebracht werden, die vorzugsweise zu tragen, oder die überhaupt einen constructionellen Zweck haben. Andrerseits mufs ihre Stelle eine unbeschränkte Ausbildung und Ansicht der Bildwerke gestatten. (Die Aufstellung von Statuen in Nischen ist selten vortheilhaft. Besser stehen sie auf Akroterien oder vortretenden Kragsteinen; noch besser oft ganz frei, vor dem Gebäude, auf Piedestalen.)

5. Die Bildhauerkunst darf, da sie nur zu Hülfe gerufen wird, ihre untergeordnete Stellung nicht überschreiten. Es ist wünschenswerth, den

Character der Sculpturen dem allgemeinen architektonischen Character anzunähern. Ernster Ausdruck, und besonders eine ganz ruhige Stellung, ist in den mehrsten Fällen anzurathen; jedoch ist hier der besondere Character des Gebäudes entscheidend. Von Gemälden gilt ziemlich dasselbe; nur wird öfter der Fall eintreten, dafs sie mit dem Character des Gebäudes unverträglich sind. Hierher gehört auch der bunte Anstrich, dessen Lebhaftigkeit überhaupt den eigenthümlichen Ausdruck der Formen zurückdrängt, und wenn alle alte Völker, und nach neuern, nicht mehr zu bezweifelnden Entdeckungen, sogar die Griechen ihre Gebäude von oben bis unten im buntesten Farbenglanze und in Vergoldung prangen liefsen, so darf uns dennoch keine Autorität abhalten, gegen einen Gebrauch anzukämpfen, der mindestens nur zu leicht zum Mifsbrauch werden kann. Dieselben Völker gaben auch ihren Statuen einen bunten Anstrich; wer aber erinnert sich nicht des widerlichen, fast grauenerregenden Eindrucks, welchen solche, über die Grenzen der Kunst hinausgehenden Gebilde (z. B. Wachsfiguren) in uns erregten? Beruhete der Werth lediglich in einer möglichst getreuen Nachahmung der Natur, so müfste ein Automat das vollkommenste Kunstwerk sein; und welchen geringen Werth müfsten dagegen die schönsten Gemälde haben. Solche Nachahmungen sind übrigens streng genommen nicht einmal naturgetreu; sie geben nur das *Körperliche* so treu als möglich wieder, opfern aber eben deshalb den innern lebendigen *Geist* auf; sie zeigen uns gleichsam ein erstarrtes, ein todtes Leben.

Mit dem bunten Anstrich eines Gebäudes ist freilich dieses Widerliche, Grauen-Erregende nicht verbunden, und in sofern liefse sich derselbe eher rechtfertigen; es ist auch keinesweges gemeint, allen und jeden Farbenanstrich zu verbannen. Wohl mag man das Material durch Ueberzug mit einer hierzu geeigneten Farbe vor der nachtheiligen Wirkung der Witterung schützen und dabei eine Farbe wählen, welche den beabsichtigten Character des Gebäudes unterstützt, ohne grade das Material zu verstecken, (wie ich denn nach Umständen einem aus dunkelrothen Mauersteinen aufgeführten Gebäude gern einen dauerhaften, hellern, weifsgelblichen Anstrich geben würde, wie ihn die aus feinerm Thon gebrannten Steine haben), wohl mag man den Mörtelbewurf, wenn er nicht entbehrt werden kann, mit einer matten Steinfarbe anstreichen, die Wände im Innern ferner und überhaupt da, wo sich keine strenge Architektur findet, mit beliebigen Farben, auch wohl mit Verzierungen in bunten Farben, die jedoch keine plastische Verzierungen nachahmen dürfen, oder auch mit Gemälden schmücken. Aber man beobachte dabei die gröſste Sparsamkeit und Nüchternheit; man hüte sich, irgendwo die eigentliche Architektur zu verdunkeln, was immer durch grelle und tiefe Farben geschieht, am mehrsten bei den zarten Gliederungen, deren Profil man dann kaum mehr zu erkennen vermag; man vermeide ferner, bei allen Gebäuden von einem ernstern Character, also bei den meisten öffentlichen Gebäuden, alle Farben, deren Lebhaftigkeit den Ernst beeinträchtigt, besonders alle eigentliche Malerei. Wohngebäude, besonders Landhäuser; auch Schauspielhäuser, Odeen, und überhaupt Gebäude, in deren Character das Gefällige, Freundliche, Lebhafte, das Phantastische vorherrschen soll, mag man dann wohl mit buntfarbiger Malerei, als Beiwerk der Architektur, z. B. mit Einfassungen der geraden Flächen, mit kleinen Arabesken, Medaillons u. s. w., verzieren, immer aber mit Auswahl, Geschmack und, vor Allem, mit Sparsamkeit.

12. *Character und Styl.*

Diejenige Eigenschaft der Architektur, durch welche uns der Character des Volkes und des Landes versinnlicht wird und welche allen Gebäuden *eines* Volkes gemeinsam ist, nennen wir *Styl;* die Eigenschaft dagegen, welche uns die besondere Bestimmung der Gebäudeart deutlich macht, *Character*. Der Character ist mithin eine Unter-Abtheilung des Styls.

Dieses Verhältniſs findet in den andern Künsten, wo der Styl aus der Individualität des Künstlers flieſst, nicht Statt. Jeder andre Künstler stellt ebensowohl Gegenstände einer fremden Nationalität dar: der Baumeister dagegen, dessen Schöpfungen, alle ohne Ausnahme, dem Character seines Volkes angehören, muſs sich nothwendigerweise mit demselben in dem Grade befreunden, daſs seine Eigenthümlichkeit in der seines Volkes aufgeht. Es wird mithin der Styl in der Baukunst jedesmal zum *Nationalbaustyl* werden, welcher sich um so eigenthümlicher gestalten wird, je mehr der National-Character sich absondert. Im umgekehrten Falle kann es auch sein, daſs der Character überwiegend wird, so daſs die gleichen Gebäude-Arten verschiedner Völker mehr Uebereinstimmendes bekommen als die verschiedenen Gebäude-Arten desselben Volkes; aber nur darum, weil dann auch der Character beider Völker wenig verschieden ist.

(Die Fortsetzung folgt im nächsten Hefte.)

3.
Uebersicht des Personal-Etats der Verwaltung der Brücken, Wege, Häfen etc. in Frankreich, im Jahr 1838.

Diese Uebersicht wird vielleicht vielen Lesern dieses Journals nicht unangenehm sein. Sie giebt, wenigstens in Zahlen, eine Ansicht des dortigen Umfanges, der Behandlung und der Würdigung dieses Theils der Staats-Verwaltung. Wir geben sie nach dem neuesten Hefte der *Annales des ponts et chaussées* für das Jahr 1838. Da aber die *Namen* der Personen den deutschen Lesern doch meistens unbekannt sein dürften und es ihnen auch nur mehr auf die Classificirung und Zahl der Angestellten ankommen wird, so geben wir, um am Raume zu sparen, die Namen nur von den höhern Beamten, von den übrigen blofs die Zahl.

General-Etat der Brücken und Wege am 1. März 1838.

Ministerium der öffentlichen Arbeiten, des Ackerbaues und des Handels.

Martin (du Nord), Minister Staats-Secretair, wohnhaft Rue de Varennes No. 26.

General-Direction der Brücken, Wege und Bergwerke.

Legrand, Staatsrath, Mitglied der Deputirten-Kammer, General-Director der Verwaltung der Wege, Brücken und Bergwerke, Rue des Saints-Pères No. 24.

Derselbe ertheilt Privat-Audienzen, wenn man ihn darum schriftlich ersucht, mit Benennung der Gegenstände des beabsichtigten Vortrags.

Bureaux der General-Direction.

Sie sind dem Publico nur Dienstag und Freitag von 2 bis 4 Uhr geöffnet und sind folgende.

I. General-Secretariat und Personal-Bureau.

Chef Herr *Robin.*

A. Das *General-Secretariat* öffnet die Briefe und läfst sie eintragen, vertheilt sie an die verschiedenen Geschäfts-Verwaltungen, bewahrt das Depot der Gesetze und Königlichen Ordonnanzen und die Archive, verwaltet die Ausgaben für das Innere der Administration und besorgt die allgemeinen Verfügungen. Es hat einen Unter-Chef (Sous-chef) und ist aufserdem aus 1 Archivar, 2 Redactoren (expedirenden Secretairen) und 2 Expedienten (Copisten) zusammengesetzt.

B. Für das Personal-Bureau gehören die Ernennungen, Anstellungen und Versetzungen der Brücken-, Wege- und Bergwerks-Ingenieurs, der Conducteurs, Canal- und Schleusen-Aufseher, der Hafen-Officiere und Hafenmeister, der Ingenieurs im auswärtigen Dienst und der Beamten für die Versorgung von Paris mit Brennstoff; das Personal der Verwaltungs-Beamten; die Festsetzung der Reisekosten, Entschädigungen, Pensionen und Unterstützungen; die Schulen der Brücken, Wege und Bergwerke und der Bergleute zu St. Etienne; die zu öffentlichen Arbeiten Verurtheilten; die Deserteure etc. Es hat einen Unter-Chef und besteht aufserdem aus 2 Redactoren, von welchen der eine Commis d'ordre ist, und 4 Expedienten.

II. Material der Brücken und Wege.

A. Abtheilung für die Strafsen und Brücken.

Es gehören für dieselbe das Material und die Streitsachen bei Brücken und Wegen; die Ausführung der Gesetze und Vorschriften für den Fahr-Verkehr und die Classificirung der Departemental-Strafsen.

Die Abtheilung zerfällt in zwei Bureaux; das eine für die 1ste, 2te, 3te, 4te, 10te und 11te Divisionnair-Inspection im Norden, das andere für die 5te, 6te, 7te, 8te, 9te und 12te Divisionnair-Inspection im Süden des Landes. Die Abtheilung hat Herrn *Noël* zum Chef, der zugleich Chef des ersten Bureaus ist. Das erste Bureau hat aufserdem einen Unter-Chef, 3 Redactoren, von welchen einer Commis d'ordre ist, und 2 Expedienten. Das zweite Bureau hat einen Bureau-Chef, einen Unter-Chef und 2 Redactoren, von welchen einer Commis d'ordre ist, und 2 Expedienten.

B. Abtheilung für Eisenbahnen und deren Polizey.

Dieselbe hat Herrn *de Boureuille* zum Chef und besteht sonst aus 1 Unter-Chef, 1 Commis d'ordre und 2 Expedienten.

C. Abtheilung für die Schiffahrt.

Dieselbe hat Herrn *Schwilgué* zum Chef und zerfällt in drei Bureaux.

Vor das *erste* Bureau gehören die Austrocknung der Moräste; die Handels-Seehäfen; die Leuchtthürme und Küsten-Signale; die Deiche und andre Werke am Meer; die Dünen-Baue; die Bewässerungs-Canäle und die Syndicats-Geschäfte. Dieses erste Bureau hat Herrn *Schwilgué* zum besonderen Chef; aufserdem einen Unter-Chef und 3 Expedienten, von welchen der eine Commis d'ordre ist.

Vor das *zweite* Bureau gehören die Ströme, Flüsse und Schiffahrts-Canäle. Es hat einen besonderen Chef, einen Commis d'ordre und 3 Redactoren, wovon einer zugleich Expedient ist, und noch einen zweiten Expedienten.

Vor das *dritte* Bureau gehören die Mühlen und sonstigen Wasserwerke; die Fähren und Gierbrücken und das Material des auswärtigen Dienstes für die Versorgung von Paris. Es hat einen Chef, einen Unter-Chef, 1 Redacteur, 1 Commis d'ordre, der zugleich Expedient ist, und noch einen Expedienten.

D. Abtheilung für die Bergwerke.

Es gehören vor dieselbe die Bergwerke, Gruben, Steinbrüche, Hochöfen, Hütten und andere Werke, die Gülten (*redevances*) etc.

Die Abtheilung hat einen Divisions-Chef (Herrn *de Cheppe*), einen Bureau-Chef, einen Unter-Chef, 2 Redactoren, 1 Commis d'ordre und 2 Expedienten. Abgezweigt ist noch die Commission für die Statistik des Ertrages der Bergwerke, mit einem Expedienten, der zugleich Zeichner ist.

E. Abtheilung für das Rechnungswesen.

Es gehört vor dieselbe die monatliche Vertheilung der zu den verschiedenen öffentlichen Arbeiten bestimmten Gelder; die Prüfung und Aufstellung der Rechnungen und Etate; die Buchführung und die darauf sich beziehende Correspondenz; das Rechnungswesen für die Gehalte, Wartegelder und Pensionen; die Führung der Verwaltungs-Casse etc. Die Abtheilung hat Herrn *Gautier-Dagoty* zum Chef und besteht aufserdem aus einem Bureau-Chef, einem Unter-Chef, 2 Liquidations-Redactoren, 4 Buchhaltern, von welchen einer zugleich Redacteur, zwei andere zugleich Expedienten sind, 1 Cassirer, der zugleich Redacteur ist, und 4 Expedienten.

F. Depot der Carten und Plane.

Director desselben ist der Ober-Ingenieur Herr *Vallot.* Die Angestellten sind ferner ein Adjunct des Directors, 4 Zeichner, von welchen einer zugleich Commis d'ordre ist, und 1 Expedient.

G. Secretariate der Conseils.

1. Das Secretariat des General-Conseils der Brücken und Wege besteht aus 1 Commis d'ordre und 5 Expedienten.

2. Das Secretariat des General-Conseils der Bergwerke hat 1 Expedienten.

H. Als Rechts-Consulenten für die Verwaltung

fungiren ein Advocat *(avocat)* am Königlichen Gerichtshofe und ein Sachwalter *(avoué)* vom Tribunal erster Instanz.

Die General-Verwaltungs-Beamte aufser Dienst (en retraite) sind folgende.

5 Divisions-Chefs,	3 Expedienten,
5 Unter-Chefs,	2 Zeichner,
4 Bureau-Chefs,	1 Archivar,
2 Commis d'ordre,	1 Bibliothecar,
2 Buchhalter,	1 Liquidateur,
7 Redactoren,	2 Beamten von der Schule.

Diese Beamten, bis auf 3, wohnen in Paris.

Von folgenden verstorbenen Beamten sind die Wittwen pensionirt.

Von 2 Divisions-Chefs,	von 7 Redactoren,
- 1 Unter-Chef,	- 4 Expedienten,
- 4 Bureau-Chefs,	- 1 Zeichner,
- 4 Commis d'ordre,	- 1 Bureau-Diener.
- 1 Buchhalter,	

Corps der Brücken- und Wege-Beamten.

7 General-Inspectoren, namentlich:

Baron *v. Prony,* Pair von Frankreich, Rue Hillerin-Bertin No. 10.
Ritter *Tarbé de Vauxclairs,* Pair von Frankreich und Staatsrath, Rue du Bac No. 96.
Deschamps, Rue de l'université No. 36.
Dutens, Rue de Grammont No. 3.
Bérigny, Rue royale No. 18., au Marais.
Cavenne, Rue de Limoges No. 4.
Lamblardie, Adjunct im Marine-Departement, Rue Montaigne No. 18.

14 Divisions-Inspectoren, namentlich:

Cormier, für die 7 Departements Charente, Charente inf., Vendée, Deux-Sèvres, Vienne, Indre-et-Loire und Indre. Hauptort Tours. Zu dieser Inspection gehört der Canal de Berry bis zu seiner Mündung in den Cher und die Loire, von der Grenze der Departements Loire und Cher und Indre und Loire, bis ins Meer.

Ch. Mallet, Rue Taranne No. 27., für die 7 Departements Manche, Calvados, Orne, Sarthe, Eure-et-Loire, Loir-et-Cher und Loiret. Hauptort Alençon.

Vauvilliers, Rue Duphot No. 23. für die 7 Departements Haut-Rhin, Bas-Rhin, Vôsges, Meurthe, Mosel, Maas und Haute-Marne. Hauptort Nancy. In diese Inspection gehört der Canal zwischen Rhône und Rhein, von Strafsburg bis zum Scheitelpunct, diesen einschliefslich.

Fèvre, Rue de Petit-Bourbon No. 2., für die 7 Departements Yonne, Cher, Nièvre, Côte-d'Or, Haute-Saône, Doubs und Jura. Hauptort Dijon. In diese Inspection gehört der Canal zwischen Rhône und Rhein, vom Scheitelpunct bis zur Saône und der Canal de Berry bis zur Einmündung in den Cher.

Gorsse, Rue du Bac No. 36., für die 8 Departements Gard, Hérault, Tarn, Tarn- et-Garonne, Haute-Garonne, Ariège, Aude und östliche Pyreneen. Hauptort Toulouse.

Polonceau, (in Reserve) Rue Castiglione No. 8.

Eustache, Rue Hauteville No. 44 bis, für die 6 Departements Seine-infér., Eure, Seine-et-Oise, Seine, Seine-et-Marne und Aube. Hauptort Paris.

Devilliers du Terrage, Rue St. Dominique-Saint-Germain No. 94., für die 7 Departements Allier, Saône-et-Loire, Ain, Isère, Rhône; Loire und Haute-Loire. Hauptort Lyon. In diese Inspection gehören der Seiten-Canal der Loire und die Loire-Schiffahrt bis Briare.

Favier, Rue du Bac No. 34., für die 8 Departements Puy-de-Dôme, Creuse, Haute-Vienne, Corrèze, Lot, Aveyron, Lozère und Cantal. Hauptort Clermont.

Coïc, Rue Meslay No. 20., für die 7 Departements Mayenne, Maine-et-Loire, Loire inf., Morbihan, Finistère, Côtes du-Nord, Ille-et-Vilaine. Hauptort Rennes.

Letellier, Rue de Beaune No. 1., für die 7 Departements Aisne, Ardennes, Nord, Pas-de-Calais, Somme, Oise und Marne. Hauptort Amiens.

De Baudre, Rue St. Lazare No. 69., für die 7 Departements Gironde, Landes, Basses-Pyrénées, Hautes-Pyrénées, Gers, Lot-et-Garonne und Dordogne. Hauptort Bordeaux.

Fouques-Duparc, vom Marine-Departement, zu Cherbourg.

Kermaingant, Rue de Lille No. 79 bis, für die 8 Departements Ardèche, Drôme, Hautes-Alpes, Basses-Alpes, Vaucluse, Bouches-du-Rhône, Var, Corse. Hauptort Avignon.

3 adjunctirte Divisions-Inspectoren, namentlich:

Raffeneau de Lile, Rue St. Benoit No. 23.

Mesnager, Rue de Tournon No. 5.

Derrien, Rue de Verneuil No. 34 bis.

General-Conseil der Brücken und Wege.

Dasselbe wird von dem Minister und in dessen Abwesenheit vom General-Director präsidirt. Die General-Inspectoren sind permanente Mitglieder des Conseils und jedes Jahr ordnet ihm der Minister diejenigen Divisions-Inspectoren zu, welche nicht auf Dienstreisen gesendet worden sind.

Für das Jahr 1838 ist das Conseil zusammengesetzt, aufser aus den 7 General-Inspectoren, welchen Herr *Bérigny* in Abwesenheit des General-Dircetors präsidirt, aus den 6 Divisions-Inspectoren *Letellier, Vauvilliers, Fèvre, Devilliers, Eustache* und *Kermaingant* und aus den 3 adjungirten Divisions-Inspectoren; sodann aus den Ober-Ingenieurs *Brémontier*, als Secretair, und aus dem Eleven *Maniel* als Secretariats-Adjuncten.

Die Abtheilungen des General-Conseils zur Prüfung der allgemeinen und currenten Gegenstände sind für das Jahr 1838 wie folgt zusammengesetzt.

Erstlich. Die Abtheilung für die Brücken und Wege aus den 3 General-Inspectoren *Tarbé de Vauxclairs,* Präsidenten dieser Abtheilung, *Deschamps* und *Dutens;* aus den 3 Divisions-Inspectoren *Vauvilliers, Fèvre* und *Letellier;* aus den 2 adjungirten Divisions-Inspectoren *Mesnayer* und *Derrien* und aus dem Secretair, Ober-Ingenieur *Lebreton.*

Zweitens. Die Abtheilung für die Schiffahrt aus den 3 General-Inspectoren *Cavenne,* Präsidenten dieser Abtheilung, *v. Prony* und *Bérigny;* aus den 3 Divisions-Inspectoren *Eustache, Devilliers* und *Kermaingant;* aus dem adjungirten Divisions-Inspector *Raffeneau de Lile* und dem Ober-Ingenieur *Avril,* als Secretair.

Die Ingenieurs *Noël* und *Schwilgué,* Chefs der Sectionen für die Brücken und Wege und für die Schiffahrt, sind Beisitzer der entsprechenden Abtheilungen des Conseils, mit berathender Stimme.

Die Commission für die Dampfmaschinen

besteht aus dem General-Inspector der Brücken und Wege *v. Prony,* dem Divisions-Inspector der Brücken und Wege *Mallet,* den beiden General-Inspectoren für die Bergwerke *Cordier* und *v. Bonnard,* dem Ober-Ingenieur der Brücken und Wege *Coriolis* und den beiden Ober-Ingenieurs für die Bergwerke *Frémery* und *Lamé.*

Die Commission für die Leuchtthürme

wird von dem General-Director präsidirt und besteht aus dem Vice-Admiral *Halgan,* dem Contre-Admiral Baron *Hamelin* und dem General-Inspector *v. Prony;* aus den Herren *Arago, Mathieu* und *Beautemps-Beaupré,* von der Akademie der Wissenschaften; aus den Herren *Tarbé de Vauxclairs* und *Lamblardie,* General-Inspectoren der Brücken und Wege, Herrn Baron *Rolland,* General-Inspector des Schiffbaues, Herrn Baron *v. Bougainville,* Schiffs-Capitain 1ster Classe, und Herrn *Fresnel,* Ober-Ingenieur der Brücken und Wege, als Secretair.

Die Commission für die *Annales des ponts et chaussées*

besteht aus dem General-Inspector *v. Prony,* als Präsident, den beiden General-Inspectoren *Berigny* und *Cavenne,* den beiden Divisions-Inspectoren *Gorsse* und *Devilliers*, den beiden Ober-Ingenieuren *Minard* und *Coriolis*, dem Ober-Ingenieur *Emmery*, als Dirigenten und Secretair, und dem Ober-Ingenieur *Mary*, als Secretair-Adjuncten.

Personal der Brücken- und Wege-Ingenieurs in den Departements.

A. Für den gewöhnlichen Dienst.

Name des Departements.	Ober-Ingenieurs.		Unter-Ingenieurs.			Conducteurs.			Eleven.
	1ste Cl.	2te Cl.	1ste Cl.	2te Cl.	Aspiranten.	1ste Cl.	2te Cl.	3te Cl.	
1. Ain	1	–	1	–	–	–	2	–	2
2. Aisne	1	–	1	1	1	–	2	5	–
3. Allier	1	–	–	2	–	–	2	3	–
4. Alpes (Basses) .	–	1	–	–	1	–	1	3	1
5. Alpes (Hautes) .	–	–	1 (dir.)	–	1	1	–	2	–
6. Ardèche	–	1	1	1	1	–	2	1	–
7. Ardennes . . .	–	1	1	1	–	–	–	4	–
8. Ariège	–	1	–	2	–	–	2	–	–
9. Aube	1	–	1	1	–	1	1	1	1
10. Aude	–	1	1	1	1	1	–	3	–
11. Aveyron	–	1	–	–	–	2	1	–	2
12. Bouches-du-Rhône	1	–	–	2	1	–	–	2	1
13. Calvados . . .	1	–	1	2	–	–	3	2	–
14. Cantal	–	1	–	1	–	–	2	1	–
15. Charente . . .	1	–	3	–	–	–	2	2	–
16. Charente inf. . .	1	–	–	–	2	–	4	3	–
17. Cher	–	1	–	2	1	2	2	2	–
18. Corrèze	1	–	–	2	–	–	2	1	–
19. Corse	–	1	–	3	–	2	–	2	–
20. Côte d'Or . . .	1	–	2	1	–	2	–	4	–
21. Côtes-du-Nord .	1	–	1	1	–	–	1	2	1
22. Creuse	1	–	–	–	–	2	1	–	1
23. Dordogne . . .	–	1	–	2	–	1	2	3	–
24. Doubs	–	1	–	3	–	–	1	3	–
25. Drôme	–	1	1	1	–	1	–	3	1
26. Eure	1	–	1	3	1	1	4	–	–
27. Eure-et-Loir .	1	–	2	–	–	1	1	2	–

Name des Departements.	Ober-Ingenieurs.		Unter-Ingenieurs.			Conducteurs.			Eleven.
	1ste Cl.	2te Cl.	1ste Cl.	2te Cl.	Aspiranten.	1ste Cl.	2te Cl.	3te Cl.	
28. Finistère . . .	1	–	–	1	1	–	1	3	1
29. Gard	–	1	1	1	1	–	2	4	–
30. Garonne (Haute)	–	1	–	2	–	1	1	2	–
31. Gers	–	–	1	1	–	–	1	3	–
32. Gironde	1	–	1	2	–	3	1	1	–
33. Hérault	1	–	2	1	–	–	–	1	–
34. Ille-et-Vilaine .	1	–	1	1	–	–	2	3	1
35. Indre	1	–	–	2	–	–	2	2	1
36. Indre-et-Loire .	–	1	–	3	–	–	–	3	–
37. Isère	1	–	1	3	–	2	3	3	–
38. Jura	1	–	1	1	–	1	1	–	–
39. Landes	1	–	1	1	–	1	1	2	1
40. Loir-et-Cher .	–	1	1	–	–	2	–	1	1
41. Loire	1	–	–	2	–	–	–	2	1
42. Loire (Haute) . .	–	1	–	2	–	1	1	2	–
43. Loire inf. . . .	–	1	1	3	–	1	4	3	–
44. Loiret	1	–	2	1	–	–	4	1	–
45. Lot	1	–	1	2	–	1	2	1	–
46. Lot-et-Garonne .	–	1	1	1	–	1	1	3	–
47. Lozère	1	–	1	–	–	–	3	2	1
48. Maine-et-Loire .	–	1	–	3	–	–	2	2	–
49. Manche	1	–	1	3	–	–	–	7	–
50. Marne	–	1	1	1	–	2	1	1	1
51. Marne (Haute) .	1	–	1	1	–	1	3	3	–
52. Mayenne	1	–	–	1	–	–	–	3	1
53. Meurthe	1	–	1	2	–	2	1	1	–
54. Meuse	1	–	1	1	–	2	2	3	–
55. Morbihan	1	–	1	–	–	–	1	1	1
56. Moselle	1	–	1	2	–	–	1	3	–
57. Nièvre	1	–	1	1	–	2	1	3	–
58. Nord	1	1	2	2	–	3	2	3	–
59. Oise	1	–	2	1	1	–	1	4	–
60. Orne	–	1	–	1	1	–	1	2	1

Name des Departements.	Ober-Ingenieurs.		Unter-Ingenieurs.			Conducteurs.			Eleven.
	1ste Cl.	2te Cl.	1ste Cl.	2te Cl.	Aspiranten.	1ste Cl.	2te Cl.	3te Cl.	
61. Pas-de-Calais .	1	–	1	3	–	–	2	3	1
62. Puy-de-Dôme .	–	1	2	–	1	2	1	3	–
63. Pyrénées (Basses)	–	1	1	2	–	–	1	4	–
64. Pyrénées (Hautes)	1	–	–	2	–	–	2	1	–
65. Pyrénées (Orient.)	–	1	–	1	–	1	–	3	1
66. Rhin (Bas-) . .	1	–	–	2	–	–	–	2	1
67. Rhin (Haut-) . .	–	1	–	2	–	–	2	2	–
68. Rhône	–	1	2	1	–	2	–	2	–
69. Saône (Haute) .	–	1	2	–	–	–	2	1	–
70. Saône-et-Loire .	1	–	–	2	1	1	2	3	–
71. Sarthe	–	1	3	–	–	1	1	2	–
72. Seine	1	–	2	2	–	2	3	5	–
73. Seine inf. . . .	1	–	4	2	–	2	–	4	–
74. Seine-et-Marne .	–	1	2	2	–	1	3	2	–
75. Seine-et-Oise .	1	–	2	3	–	4	1	3	1
76. Sèvres (Deux) .	–	1	1	1	–	2	1	3	1
77. Somme	–	1	1	2	–	–	2	1	–
78. Tarn	1	–	–	2	–	1	1	1	–
79. Tarn-et-Garonne	1	–	–	1	1	1	1	4	–
80. Var	1	–	1	1	–	2	2	2	–
81. Vaucluse . . .	1	–	–	2	1	1	1	2	–
82. Vendée	1	–	1	1	–	–	2	2	1
83. Vienne	–	1	2	1	–	1	1	1	–
84. Vienne (Haute) .	1	–	–	2	–	–	2	4	–
85. Vosges	–	1	–	2	–	1	1	2	1
86. Yonne	–	1	–	4	–	2	2	1	–

B. Für den aufserordentlichen Dienst sind folgende Beamte bestimmt, die zum Theil zugleich im gewöhnlichen Dienst stehen.

1. Im Aisne- und Oise-Dep. für die Schiffahrt auf der Aisne von Neuchatel bis zur Einmündung in die Oise, 1 Ober-Ingenieur, 1 Cond. 1ster und 1 Cond. 3ter Cl.

2. Im Aisne- und Nord-Dep. für die Canäle von St. Quentin,

von Crozot und für den Canal zwischen Sambre und Oise, 1 Ob.-Ing. 1ster Cl. und 1 Cond. 3ter Cl.

3. Im Dep. des Allier und des Puy-de-Dôme zu dem Projecte der Schiffbarmachung des Allier, 1 Ob.-Ing. 1ster Cl., 1 Unt.-Ing. 1ster Cl. und 1 Cond. 1ster Cl.

4. Im Ardennen- und Maas-Dep. für den Canal der Ardennen und für die Schiffahrt der Maas von Verdun bis zur Belgischen Grenze, 1 Ob.-Ing. 1ster Cl., 1 Cond. 1ster Cl. und 3 Cond. 3ter Cl.

5. In den Dep. der Rhone-Mündungen, des Var, Gard, Hérault, Aude und der östlichen Pyreneen, so wie zu der Direction der Handelshäfen am Mittelländischen Meere, 1 Ob.-Ing. 1ster Cl.

6. In den Dep. der Rhone-Mündungen für die Häfen von Marseille und Bouc und für den Leuchtthurm von Faraman, 1 Ob.-Ing. 1ster Cl., 1 Unter-Ing. 2ter Cl. und 2 Cond. 3ter Cl.

7. In den Dep. der Rhone-Mündungen zu dem Projecte des Canals von Arles nach Tarascon, 1 Ob.-Ing. 1ster Cl. und 1 Ob.-Ing. 2ter Cl.

8. In den Dep. der Rhone-Münd. zu dem Projecte des Canals von Bouc nach Marseille, 1 Ob.-Ing. 1ster Cl. und 1 Unt.-Ing. 2ter Cl.

9. In den Dep. der Rhone-Münd. für den Canal von Arles nach Bouc und für das Project zur Melioration der Camargue, 1 Ob.-Ing. 2ter Cl. und 1 Cond. 3ter Cl.

10. In dem Dep. von Calvados für den Canal von Caen nach dem Meer und für den Hafen von Honfleur, 1 Ob.-Ing. 1ster Cl. und 2 Unt.-Ing. 2ter Cl.

11. In den Dep. der Charente, Charente inf., Dordogne, Gironde, Vienne und Haute-Vienne, zu dem Projecte zur Verbindung der Dordogne mit der untern Loire und zu dem Project des Canals von der Charente nach der Vienne zwischen Mansle und Chabannais, 1 Ob.-Ing. 1ster Cl., 1 Unt.-Ing. 1ster Cl. und 3 Unt.-Ing. 2ter Cl.

12. In den Dep. der Charente und der Charente inf. für die Schiffbarkeit der Charente, 2 Ob.-Ing. 1ster Cl., 1 Unt.-Ing. 1ster Cl. und 1 Unt.-Ing. 2ter Cl.

13. In dem Dep. Charente inf. für die Seehandelshäfen und den Canal von Niort nach Rochelle, 1 Ob.-Ing. 1ster Cl., 3 Unt.-Ing. 2ter Cl., 1 Cond. 1ster, 2 Cond. 2ter und 4 Cond. 3ter Cl.

14. In dem Dep. Charente inf. für die Moräste von Rochefort und die Schiffahrt auf der Boutonne, 1 Ob.-Ing. 1ster und 1 Ob.-Ing. 2ter Cl.

15. Für den Handelshafen von Rochefort 1 Marine-Ob.-Ing. 1ster Cl. und 1 Marine-Unt.-Ing. 1ster Cl.

16. In den Dep. Cher, Allier, Indre-et-Loir, Loire-et-Cher, für den Canal von *Berry* und die Schiffahrt auf dem Cher, 2 Ob.-Ing. 1ster Cl., 3 Unt.-Ing. 1ster Cl., 2 Cond. 1ster, 1 Cond. 2ter und 5 Cond. 3ter Cl.

17. Im Dep. Cher für die 2te Abtheilung des Seiten-Canals der Loire, 1 Ob.-Ing. 1ster Cl., 1 Unt.-Ing. 1ster und 1 Unt.-Ing. 2ter Cl., 3 Cond. 2ter und 2 Cond. 3ter Cl.

18. In den Dep. Corrèze, Allier, Creuse und Puy-de-Dôme für die Projecte zur Verbindung der Dordogne mit der obern Loire, 1 Ob.-Ing. 1ster Cl. und 1 Unt.-Ing. 1 Cl.

19. Im Dep. Corsica zur Vollendung der Staats-Strafsen und Verbesserung der Seehäfen, 1 Ob.-Ing. 2ter Cl., die Unter-Ingenieurs für den gewöhnlichen Dienst und 1 Cond. 2ter Cl. und 4 Cond. 3ter Cl.

20. Im Dep. Côte-d'Or für den Canal von Burgund, 1 Ob.-Ing. 1ster Cl., 1 Unt.-Ing. 2ter Cl., 1 Eleve, 1 Cond. 2ter und 4 Cond. 3ter Cl.

21. Im Dep. Côtes du Nord für den Canal von Nantes nach Brest, 1 Ob.-Ing. 1ster Cl. und 1 Unt.-Ing. 2ter Cl.

22. Im Dep. Côtes-du-Nord für den Leuchtthurm von Heaux de Brehat, 1 Ob.-Ing. 1ster Cl., 1 Unt.-Ing. 2ter Cl.

23. Im Dep. der Dordogne und Gironde für die Schiffahrt auf der Isle von Perigueux bis Libourne, 1 Ob.-Ing. 2ter Cl., 1 Unt.-Ing. 2ter Cl. und 1 Cond. 3ter Cl.

24. In den Dep. Dordogne, Lot und Gironde für die Schiffahrt auf der Dordogne von Souillac bis in die Isle, 1 Ob.-Ing. 2ter Cl., 1 Eleve und 1 Cond. 3ter Cl.

25. In den Dep. Doubs, Côte-d'Or, Jura, Ober- und Unter-Rhein, für den Canal zwischen der Rhone und dem Rhein, in 2 Abtheilungen 1 Ob.-Ing. 1ster Cl., 1 Ob.-Ing. 2ter Cl., 2 Unt.-Ing. 2ter Cl., 1 Aspirant, 2 Cond. 1 Cl., 1 Cond. 2ter Cl. und 2 Cond. 3ter Cl.

26. In dem Dep. Finistère für den Canal von Nantes nach Brest, 1 Ob. Ing. 1ster Cl., 1 Cond. 2ter und 1 Cond. 3ter Cl.

27. Im Dep. Finistère für den Leuchtthurm auf der Spitze Baz

und auf den Inseln Sein und Peinfret, 1 Ob.-Ing. 1ster Cl., 1 Ob.-Ing. 2ter Cl. und 1 Eleve.

28. Im Dep. der obern Garonne für den Canal du Midi, 1 Ob.-Ing. 1ster Cl., 2 Unt.-Ing. 1ster, 1 Unt.-Ing. 2ter Cl., 5 Cond. 1ster, 2ter und 3ter Cl.

29. In den Dep. Gers, Lot und Garonne für die Schiffahrt auf der Baise, 1 Unt.-Ing. 2ter Cl. und 2 Cond. 3ter Cl.

30. Im Dep. der Gironde für die Brücke von Bordeaux, 1 Ob.-Ing. 1ster Cl. und 1 Unt.-Ing. 1ster Cl.

31. Im Dep. der Gironde für die Brücke von Cubzac, 1 Ob.-Ing. 1ster Cl., 1 Unt.-Ing. 2ter Cl. und 1 Cond. 2ter Cl.

32. Im Dep. Hérault für die Häfen von Cette und Agde, für den Canal des Etangs und die Schiffahrt auf dem Hérault, 1 Ob.-Ing. 1ster Cl., 1 Unt.-Ing. 1ster Cl., 1 Cond. 1ster und 1 Cond. 3ter Cl.

33. In den Dep. Ille-et-Vilaine und Côtes-du-Nord für den Canal von Ille und Rance, 1 Ob.-Ing. 2ter Cl., 1 Cond. 2ter Cl.

34. Im Dep. Ille-et-Vilaine für die Schiffahrt auf der Vilaine 1 Ob.-Ing. 2ter Cl., 1 Unt.-Ing. 1ster Cl., 2 Cond. 3ter Cl.

35. Im Dep. Ille-et-Vilaine für die Häfen von St. Malo und St. Servan, 1 Ob.-Ing. 2ter Cl.

36. In den Dep. Indre-et-Loire, Indre und Vienne, zu den Projecten für die Schiffahrt auf der Vienne und der Creuse und für die Herstellung der Brücke von Tours, 1 Ob.-Ing. 2ter Cl. (Herr *Beaudemoulin*), 1 Cond. 3ter Cl.

37. Im Dep. der Isère, zur Ausmittelung der zu hydraulischen Cementen und Mörteln passenden Stoffe im Umfang des ganzen Landes, 1 Ob.-Ing. 1ster Cl. (Herr *Vicat*).

38. Im Dep. Jura, zu dem Projecte eines Canals von Lons le Saulnier nach der Saône, 1 Ob.-Ing. 2ter Cl., 1 Cond. 3ter Cl.

39. In den Dep. Landes und Gironde, zu besonderen Arbeiten in den Landes, zum Bau der neuen Staats-Strafse No. 132., zu dem Project einer Eisenbahn von Bordeaux nach Bayonne, zu dem Project der Canäle in den Landes und zu den Damm-Arbeiten von Cordouan bis Bayonne, 1 Ob.-Ing. 1ster Cl., 1 Unt.-Ing. 1ster Cl., 1 Unt.-Ing. 2ter Cl. und 1 Eleve.

40. In den Dep. Landes und Gers zu den Schiffahrts-Angelegenheiten auf der Midouze und dem Adour und zu dem Project eines Seiten-

Canals vom Adour nach dem Arros, 1 Ob.-Ing. 1ster Cl., 1 Unt.-Ing. 1ster und 1 Unt.-Ing. 2ter Cl., 1 Eleve.

41. Im Dep. der Untern Loire für den Canal von Nantes nach Brest, 1 Ob.-Ing. 2ter Cl., 2 Cond. 1ster Cl.

42. In den Dep. Loiret, Loir-et-Cher, Indre-et-Loire, Maine-et-Loire und Unter-Loire, für die Projecte zur Verbesserung der Schiffahrt auf der Loire von Orleans bis ins Meer, 1 Ob.-Ing. 2ter Cl., 1 Unt.-Ing. 1ster Cl., 1 Unt.-Ing. 2ter Cl., 2 Cond. 3ter Cl.

43. Im Dep. Loiret für die Canäle Orleans und Loing, 1 Ob.-Ing. 1ster Cl., 1 Cond. 1ster Cl.

44. Im Dep. Loiret für die 2te Abtheilung des Seiten-Canals nach der Loire, 1 Ob.-Ing. 1ster Cl., 1 Unt.-Ing. 1ster Cl., 1 Cond. 2ter und 1 Cond. 3ter Cl.

45. In den Dep. Lot, Aveyron, Lot-et-Garonne, zu den Projecten und Arbeiten für die Schiffahrt auf dem Lot, 1 Ob.-Ing. 1ster Cl., 1 Unt.-Ing. 1ster und 1 Unt.-Ing. 2ter Cl., 1 Cond. 2ter und 1 Cond. 3ter Cl.

46. In den Dep. Lot-et-Garonne, Haute-Garonne, Tarn-et-Garonne und Gironde, zu den Projecten und Arbeiten der Schiffahrts-Verbesserung auf der Garonne, von Cazères bis Bordeaux und zu den gewöhnlichen Arbeiten auf der Garonne im Dep. Lot-et-Garonne, 2 Ob.-Ing. 1ster Cl., 1 Ob.-Ing. 2ter Cl., 1 Unt.-Ing. 1ster Cl., 5 Unt.-Ing. 2ter Cl., 1 Cond. 1ster und 2 Cond. 3ter Cl.

47. Im Dep. Maine-et-Loire für die Schiffahrt auf der Mayenne 1 Ob.-Ing. 2ter Cl. und 1 Unt.-Ing. 2ter Cl.

48. In den Dep. Maine-et-Loire, Unter-Loire, Mayenne und Ille-et-Vilaine für die neuen strategischen Strafsen, 1 Unt.-Ing. 1ster Cl., 1 Unt.-Ing. 2ter Cl., 3 Cond. 3ter Cl.

49. Im Dep. Manche für den Hafen von Cherbourg, 1 Ob.-Ing. 1ster Cl., 1 Unt.-Ing. 1ster Cl. und 1 Aspirant, sümmtlich von der Marine.

50. Im Dep. Manche für den Hafen von Granville und die Sümpfe von Cotentin, 1 Ob.-Ing. 1ster Cl. (Herr *Dan de la Vauterie*), 1 Unt.-Ing. 1ster Cl., 1 Eleve und 1 Cond. 2ter Cl.

51. Im Dep. Manche für die Sandschollen und Flüsse der Bai von Mont St. Michel, 1 Ob.-Ing. 1ster Cl. (Herr *Dan de la Vauterie*).

52. In den Dep. Marne, Seine-et-Marne, Seine etc., zu der Verbesserung der Schiffahrt auf der Marne, zu den Projecten dazu und zur

Verbindung der Marne mit der Aisne und Saône, 1 Ob.-Ing. 1ster Cl., 2 Unt.-Ing. 2ter Cl., 2 Cond. 2ter und 1 Cond. 3ter Cl.

53. Im Dep. Morbihan zu den Seehandelshäfen und der Brücke von Hennebon, 1 Ob.-Ing. 2ter Cl., 1 Eleve und 2 Cond. 3ter Cl.

54. Im Dep. Morbihan zum Canal von Nantes nach Brest und für die Schiffahrt auf dem Blavet, 1 Ob.-Ing. 1ster Cl., 1 Unt.-Ing. 1ster Cl., 1 Unt.-Ing. 2ter Cl., 1 Cond. 2ter und 3 Cond. 3ter Cl.

55. Im Dep. Morbihan zur Brücke von Roche-Bernard, 1 Ob.-Ing. 2ter Cl.

56. In den Dep. Nièvre und Allier zum Seiten-Canal nach der Loire, zur 1sten Abtheil. des Canals von Digoin nach Briare und zu dem Projecte für die Schiffahrt auf der Loire, vom Loire-Dep. bis Bec-d'Allier, 1 Ob.-Ing. 1ster Cl., 1 Unt.-Ing. 1ster Cl., 1 Unt.-Ing. 2ter Cl., 1 Cond. 1ster Cl. und 1 Cond. 3ter Cl.

57. Im Dep. Nièvre für den Canal von Nivernais, 1 Ob.-Ing. 1ster Cl., 2 Unt.-Ing. 1ster Cl., 1 Cond. 1ster, 1 Cond. 2ter und 3 Cond. 3ter Cl.

58. In den Dep. Nièvre, Cher und Loiret, zu dem Project der Loire-Schiffahrt von Bec-d'Allier bis Orleans, 1 Ob.-Ing. 1ster Cl.

59. Im Dep. du Nord für den Hafen von Dünkirchen, 1 Ob.-Ing. 1ster Cl. und 1 Ob.-Ing. 2ter Cl.

60. In den Dep. Oise, Aisne und Seine-et-Oise, zu den Schiffahrts-Arbeiten, die auf die Oise Bezug haben, 1 Ob.-Ing. 1ster Cl., 1 Ob.-Ing. 2ter Cl., 1 Cond. 1ster, 1 Cond. 2ter und 1 Cond. 3ter Cl.

61. In den Dep. Orne, Mayenne und Calvados, zu dem Projecte der Verbindung der Orne mit der Mayenne und Sarthe, 1 Unt.-Ing. 1ster Cl. und 1 Cond. 2ter Cl.

62. Im Dep. Pas-de-Calais für die Schiffahrt der Aa und den Canal von Calais, 1 Ob.-Ing. 1ster Cl. und 1 Unt.-Ing. 2ter Cl.

63. Im Dep. Pas-de-Calais für den Hafen von Calais, 1 Unt.-Ing. 1ster Cl. und 1 Cond. 3ter Cl.

64. Im Dep. Pas-de-Calais für den Hafen von Boulogne 1 Ob.-Ing. 1ster Cl., 1 Cond. 2ter Cl.

65. In den Dep. Hautes Pyrénées, Gers und Lot-et-Garonne, zu dem Project einer Eisenbahn von Tarbes nach der Garonne, 1 Unt.-Ing. 1ster Cl.

66. In dem Dep. des untern Rheins für den Canal zwischen Rhone und Rhein, im Innern der Stadt Strasburg, 1 Ob.-Ing. 2ter Cl.

67. Im Dep. des obern und untern Rheins für den Wasserbau am Rhein von Basel bis Lauterburg, 1 Ob.-Ing. 2ter Cl., 3 Unt.-Ing. 2ter Cl., 1 Cond. 1ster, 3 Cond. 2ter und 2 Cond. 3ter Cl.

68. In den Dep. Saône-et-Loire, Côte d'Or und Rhone, zu den Versuchen und Beobachtungen wegen Erhaltung der Strafsen, 1 Ob.-Ing. 2ter Cl., 1 Cond. 2ter und 1 Cond. 3ter Cl.

69. In den Dep. Rhone, Isère, Drôme, Vaucluse und Rhone-Mündungen, bei den Ausbesserungen und der Erhaltung der Staats-Strafsen No. 7. und 8., 1 Ob.-Ing. 2ter Cl.

70. In den Dep. Rhone, Isère, Drôme, Ardèche, Gard, Vaucluse und Rhone-Mündungen, für das Rhone-Thal von Lyon bis ins Meer, 1 Ob.-Ing. 1ster Cl.

71. In den Dep. Haute-Saône, Côte d'Or und Haute-Marne, zu den Verbesserungen der Schiffahrt auf dem obern Theil der Saône und zu dem Project eines Verbindungs-Canals der Saône und Marne, 1 Ob.-Ing. 2ter Cl., 1 Eleve, 1 Cond. 2ter und 1 Cond. 3ter Cl.

72. Im Dep. Saône-et-Loire, zu Verbesserungen der Schiffahrt auf dem untern Theil der Saône, 1 Ob.-Ing. 2ter Cl., 1 Unt.-Ing. 2ter Cl., 1 Cond. 2ter Cl.

73. Im Dep. Saône-et-Loire für den Canal du Centre, 1 Ob.-Ing. 1ster Cl., 1 Unt.-Ing. 1ster Cl., 2 Cond. 1ster und 2 Cond. 3ter Cl.

74. Im Dep. der Seine für die Schiffahrt und die Brücken im Innern von Paris und bei der Haupt-Werkstatt für die Wagebrücken, 1 Ob.-Ing. 1ster Cl., 2 Ob.-Ing. 2ter Cl., 2 Cond. 2ter Cl.

75. Im Dep. der Seine für die Wage-Brücken und Fuhrwerks-Polizei, 1 Ob.-Ing. 2ter Cl.

76. Im Dep. der Seine, zur Aufsicht über das Pflaster und die Boulevards von Paris, 1 Ob.-Ing. 1ster Cl. (Herr *Partiot*), 1 Ob.-Ing. 2ter Cl., 2 Unt.-Ing. 2ter Cl., 2 Cond. 1ster Cl., 3 Cond. 2ter Cl. und 1 Cond 3ter Cl.

77. In den Dep. Seine, Seine-et-Marne, Seine-et-Oise, Eure und Seine inf., für die Schiffahrt auf der Seine von der Grenze des Dep. Aude bis Rouen, 1 Ob.-Ing. 1ster Cl., 1 Unt.-Ing. 1ster Cl., 1 Cond. 3ter Cl.

78. Für den Dienst der Stadt Paris, rücksichtlich der Wasser der

Seine, der Quellen und des Ourcq, des Ourcq-Canals und der Canäle von St. Denis und St. Martin, der Cloaken und der Strafsen-Reinigung, 1 Ob.-Ing. 1ster Cl. (Herr *Emmery*), 1 Ob.-Ing. 2ter Cl., 1 Unt.-Ing. 1ster Cl., 1 Cond. 1ster und 2 Cond. 2ter Cl.

79. In den Dep. Seine, Seine-et-Oise, Seine-et-Marne, Eure, Seine inf., Loiret, Loir-et-Cher, Indre-et-Loire etc., zu den Projecten der Eisenbahnen von Paris nach Rouen, nach dem Hâvre, nach Lyon und nach Orleans und Bordeaux, 1 Ob.-Ing. 1ster Cl. (Herr *Defontaine*), 1 Unt.-Ing. 1ster Cl., 1 Cond. 1ster, 1 Cond. 2ter und 1 Cond. 3ter Cl.

80. In den Dep. Seine, Seine-et-Oise, Aisne, Pas de Calais und Nord, zu den Projecten der Eisenbahn von Paris nach Brüssel, Lille und Calais, 1 Ob.-Ing. 1ster Cl. (Herr *Vallée*), 1 Ob.-Ing. 2ter Cl., 1 Cond. 1ster und 1 Cond. 3ter Cl.

81. Im Dep. Seine inf. für die Arbeiten am Hafen des Hâvre, 1 Ob.-Ing. 1ster Cl., 1 Unt.-Ing. 1ster Cl., 3 Cond. 3ter Cl.

82. Im Dep. Seine inf. für die Häfen von Dieppe und Tréport, 1 Ob.-Ing. 1ster Cl. (Herr *Mallet*), 1 Unt.-Ing. 1ster Cl., 2 Cond. 2ter und 1 Cond. 3ter Cl.

83. In den Dep. Seine inf. und Eure für die Schiffahrt auf der Seine und im Hafen von Rouen, so wie für die Bergung von Quillebeuf, 1 Ob.-Ing. 1ster Cl. (Herr *Mallet*), 1 Unter-Ing. 1ster Cl., 1 Unt.-Ing. 2ter Cl., 1 Cond. 1ster und 1 Cond. 2ter Cl.

84. In den Dep. Deux-Sèvres und Vendée, für die Militairstrafsen, 1 Ob.-Ing. 2ter Cl., 2 Unt.-Ing. 2ter Cl., 1 Eleve, 1 Cond. 2ter und 1 Cond. 3ter Cl.

85. In den Dep. Deux-Sèvres, Vendée und Charente inf. für die Schiffahrt auf der Sèvre von Niort und ihren Zuflüssen und für die Moräste an der Sèvre, 1 Divisions-Insp. Adjunct (Herr *Mesnager*), 2 Ob.-Ing. 1ster Cl., 1 Unt.-Ing. 2ter Cl., 1 Eleve.

86. Im Dep. der Somme für den Canal und die Schiffahrt auf der Somme, 1 Ob.-Ing. 2ter Cl., 1 Unt.-Ing. 1ster und 1 Unt.-Ing. 2ter Cl., 1 Cond. 1ster und 3 Cond. 3ter Cl.

87. In den Dep. Tarn, Haute-Garonne, Aude und Aveyron für die Schiffahrts-Arbeiten auf dem Tarn und zu den Projecten für den Tarn und den Agout, 1 Ob.-Ing. 2ter Cl., 1 Cond. 1ster und 2 Cond. 3ter Cl.

88. Im Dep. Haute-Vienne zu dem Projecte für die Schiffahrt

zwischen Limoges und Montluçon, 1 Ob.-Ing. 1ster Cl., 2 Unt.-Ing. 2ter Cl., 1 Cond. 2ter und 1 Cond. 3ter Cl.

89. Im Dep. Yonne für den Canal von Burgund, 1 Ob.-Ing. 1ster Cl., 1 Unt.-Ing. 1ster Cl., 1 Cond. 2ter Cl. und 1 Cond. 3ter Cl.

90. Im Dep. Yonne für den Canal von Nivernais, 2 Ob.-Ing. 1ster Cl., 1 Cond. 3ter Cl.

91. Im Dep. Yonne, zu dem Projecte für die Schiffahrt auf der Yonne, 11 Ob.-Ing. 1ster Cl., 1 Unt.-Ing. 2ter Cl.

C. Für den Dienst in den See-Kriegshäfen.

1. Im Dep. Charente inf. für den Hafen von Rochefort, 1 Ob.-Ing. 1ster Cl., 1 Unt.-Ing. 1ster Cl., 1 Aspirant.

2. Im Dep. Finistère für den Hafen von Brest, 1 Ob.-Ing. 1ster Cl., 1 Unt.-Ing. 1ster Cl., 2 Aspiranten.

3. Im Dep. Manche für den Hafen von Cherbourg, Herr *Fouques-Duparc* Insp. div., 1 Ob.-Ing. 1ster Cl., 1 Unt.-Ing. 1ster Cl., 1 Aspirant.

4. Im Dep. Morbihan für den Hafen von Lorient, 1 Ob.-Ing. 1ster Cl., 1 Unt.-Ing. 1ster Cl., 1 Aspirant.

5. Im Dep. Var für den Hafen von Toulon, 1 Ob.-Ing. 1ster Cl., 1 Unt.-Ing. 1ster Cl., 1 Unt.-Ing. 2ter Cl., 1 Aspirant.

In den Colonien.

6. Für Algier 1 Ob.-Ing. 2ter Cl., 1 Ob.-Ing. 2ter Cl.
7. Für Bona 1 Eleve.
8. Für Oran 1 Eleve.
9. In der Insel Bourbon 1 Cond. 1ster Cl.
10. Für Sénégal 1 Cond. 1ster Cl.
11. Für das französische Guyana 1 Cond. 2ter Cl.
12. Für Guadeloupe 3 Cond. 1ster Cl.

D. Ingenieurs bei der Ecole polytechnique.

Herr *Coriolis,* Ob.-Ing., Repetitor für die Analysis und Mechanik.
- *Lehot,* Unt.-Ing. 2ter Cl., Repetitor für die Physik.
- *Reynaud,* Unt.-Ing. 2ter Cl., Professor der Architektur.

E. Ingenieurs im auswärtigen Dienst.

Herr *Bazaine,* Divisions-Inspector, Hr. *Fabre,* Ob.-Ing. 2ter Cl., Hr. *Potier,* Ob.-Ing. 2ter Cl., Hr. *Destrem,* Unt.-Ing. 2ter Cl., in Rufsland.

Ingenieurs zur Disposition, oder in Reserve, oder auf Urlaub.

1 Divisions-Inspector (Herr *Polonceau*).
1 Ober-Ingenieur 1ster Cl.
5 Ober-Ingenieurs 2ter Cl.
15 Unter-Ingenieurs 1ster Cl.
15 Unter-Ingenieurs 2ter Cl.
2 Aspiranten.

Ehren-Mitglieder des Corps der Ingenieurs und Eleven.

Die Herren *Duchanoy*, *Pichard* in der Schweiz, *de Behr* in Holland, Ober-Ingenieur 2ter Classe, Herr *Manetti*, Aspirant, in Toscana, Herr *Gay-Lussac*, Herr *Basset de Châteaubourg*, Herr Baron *Reynaud*, die Herren *Hoguer* und *Binet*, Herr Graf *v. Montalivet*, Herr *de Grouchy* und Herr *Vuitry* jun.

Schule für die Brücken und Strafsen zu Paris, Rue Hillerin-Bertin No. 10.

Herr Baron *v. Prony*, Director.
- *Defontaine*, Ob.-Ing. 1ster Cl., Inspector.
- *S. Vallot*, Ob.-Ing. 1ster Cl., Professor der Civil-Baukunst.
- *Minard*, Ob.-Ing. 1ster Cl., Professor der Construction.
- *Coriolis*, Ob.-Ing. 2ter Cl., Professor der angewandten Mechanik.
- *Guillebon*, Ob.-Ing. 2ter Cl., stellvertretender Professor der Mechanik und Construction.
- *de Saint-Venant*, Unt.-Ing. 2ter Cl., provisorischer Adjunct des Professors für die angewandte Mechanik.
- *Dufrenoy*, Ob.-Berg-Ing., Professor der Mineralogie und Geologie.
- *Cotelle*, Professor des Verwaltungs-Rechts.
- *Lordon*, Professor der Zeichenkunst.
- *Blanc*, Arzt.
- *Lacroix*, Arzt und Chirurg.
- *Goguel*, Secretair der Schule.
- *Lelorrain*, Expedient.

43 Eleven 1ster Classe außer dem Concurs (*hors de concours*).
18 Eleven 1ster Classe.
19 Eleven 2ter Classe.
47 Eleven 3ter Classe.

Zusammen 127 Eleven.

Befördert sind im Jahre 1837.

1 Divisions-Inspecteur-Adjunct zum Divisions-Inspector (Herr *Kermaingant*).
2 Ober-Ingenieurs 1ster Classe zu Divisions-Inspecteur-Adjuncten (die Herren *Mesnager* und *Derrien*).
5 Unter-Ingenieurs 1ster Classe zu Ober-Ingenieurs 2ter Classe.
1 Unter-Ingenieur 2ter Classe zum Unter-Ingenieur 1ster Classe.
16 Eleven zu Aspiranten.

Pensionirt sind im Jahre 1837.

1 Ober-Ingenieur-directeur (Herr *Belu*).
4 Ober-Ingenieur 1ster Classe.
2 Ober-Ingenieurs 2ter Classe.
3 Unter-Ingenieurs 1ster Classe.
1 Unter-Ingenieur 2ter Classe.
6 Conducteurs 1ster Classe.
3 Conducteurs 2ter Classe.
1 Conducteur 3ter Classe.

Gestorben sind im Jahre 1837.

A. Im Dienst.

1 General-Inspector (Herr *Lamandé*).
2 Ober-Ingenieurs 1ster Classe.
1 Eleve.
3 Conducteurs 2ter Classe.
2 Conducteurs 3ter Classe.

B. In Pension.

1 General-Inspector (Herr *Sganzin*).
4 Ober-Ingenieurs.
7 Unter-Ingenieurs.
3 Conducteurs.

Ancieunität der Ingenieurs im Dienst.

Ernannt sind:

A. General-Inspectoren.

1 Herr *v. Prony,* am 28sten März 1805.
1 - *Tarbé de Vauxclairs,* am 10ten April 1812.
1 - *Deschamps,* am 30sten Januar 1822.
2 - *Cutens* und *Bérigny,* am 19ten October 1830.
1 - *Cavenne,* am 15ten August 1831.
1 - *Legrand,* am 8ten Juni 1832 (General-Director)
1 - *Lamblardie,* am 15ten April 1835.
8 General-Inspectoren.

B. Divisions-Inspectoren.

1 Herr *Cormier,* am 26sten Juni 1825.
8 die Herren *Mallet, Vauvilliers, Fèvre, Gorsse, Polonceau, Eustache, Devilliers du Terrage* und *Favier,* am 19ten October 1830.
2 die Herren *Coïc* und *Letellier,* am 3ten December 1830.
1 Herr *Bazaine,* am 14ten Januar 1831.
1 - *de Baudre,* am 5ten December 1832.
1 - *Fouques-Duparc,* am 19ten December 1835.
1 - *Kermaingant,* am 9ten December 1837.
14 Divisions-Inspectoren.

C. Divisions-Inspecteur-Adjuncten.

1 Herr *Raffeneau de Lille,* am 19ten December 1835.
2 die Herren *Mesnager* und *Derrien,* am 30sten Mai 1837.
3 Divisions-Inspecteur-Adjuncten.

D. Ober-Ingenieurs 1ster Classe.

1 im Jahre 1816 (Herr *J. Couderc*).
2 - - 1817.
1 - - 1819.
2 - - 1820.
2 - - 1821.
3 - - 1822.
5 - - 1824.
16 Ober-Ingenieurs 1ster Classe bis hieher.

16 Ober-Ingenieurs 1ster Classe bis hieher.
3 im Jahre 1825 (darunter Herr *Partiot*).
5 - - 1826 (darunter die Herren *Minard* und *Vicat*).
2 - - 1827.
8 - - 1828 (darunter Herr *Dan de ta Vauterie*).
5 - - 1830 (darunter Herr *Emmery*).
12 - - 1833 (darunter die Herren *Brémoutier* und *Fresnel*).
3 - - 1834 (darunter Herr *J. Mallet*).
13 - - 1835.
11 - - 1836.
78 Ober-Ingenieurs 1ster Classe.

E. Ober-Ingenieurs 2ter Classe.

1 im Jahre 1818 (Herr Gaudin).
2 - - 1826.
2 - - 1827 (darunter Herr *Mondot de Lagorce*).
6 - - 1828 (darunter Herr *Potier*).
6 - - 1829 (darunter Herr *Lacordaire*).
11 - - 1830.
3 - - 1831.
2 - - 1832.
11 - - 1833 (darunter Herr *Coriolis*).
7 - - 1835.
18 - - 1836 (darunter die Herren *Beaudemoulin* und *Schwilgué*).
5 - - 1837 (darunter Herr *Fourier*).
74 Ober-Ingenieurs 2ter Classe.

F. Unter-Ingenieurs 1ster Classe.

2 im Jahre 1805 (die Herren *Wenger* und *Maffre*).
1 - - 1809 (Herr *Vincent*).
1 - - 1813.
1 - - 1819.
4 - - 1820.
1 - - 1821.
2 - - 1822.
1 - - 1823.
13 Unter-Ingenieurs 1ster Classe bis hieher.

13 Unter-Ingenieurs 1ster Classe bis hieher.
2 im Jahre 1824.
13 - - 1825.
6 - - 1826.
2 - - 1827.
7 - - 1828.
4 - - 1829.
10 - - 1830.
20 - - 1833.
1 - - 1834.
24 - - 1835.
24 - - 1836.
1 - - 1837.

127 Unter-Ingenieurs 1ster Classe.

G. Unter-Ingenieurs 2ter Classe.

1 im Jahre 1803 (Herr *Lehot*).
1 - - 1808.
1 - - 1809.
1 - - 1812.
1 - - 1818 (Herr *de Paravey*).
1 - - 1824.
4 - - 1826.
3 - - 1827.
3 - - 1828.
8 - - 1829.
15 - - 1830.
23 - - 1831.
20 - - 1832.
25 - - 1833.
47 - - 1835.
17 - - 1836.

171 Unter-Ingenieurs 2ter Classe.

H. Aspiranten.

2 im Jahre 1835 (darunter Herr *Fournier*).
8 - - 1836.
16 - - 1837.

26 Ingenieurs aspirants.

[Hierauf folgt im Original ein alphabetisches Verzeichnifs der sämmtlichen im Dienst befindlichen Ingenieurs, Aspiranten und Eleven. Die Zahl der Ingenieurs und Aspiranten stimmt mit den obigen Zahlen und es sind also vorhanden:]

8 General-Inspectoren, mit dem General-Director. Sie sind *sämmtlich* mit Orden bekleidet.
14 Divisions-Inspectoren, *sämmtlich* mit Orden bekleidet.
3 Divisions-Inspecteur-Adjuncten, *sämmtlich* mit Orden bekleidet.
152 Ober-Ingenieurs. Von denselben sind 118 mit Orden bekleidet, 34 nicht.
298 Unter-Ingenieurs. Von denselben sind 25 mit Orden bekleidet, 273 nicht.
26 Aspiranten. *Keiner* trägt einen Orden.
124 Eleven. *Keiner* trägt einen Orden.

Zusammen 625 Ingenieurs.

Aufser Dienst sind vorhanden:

2 General-Inspectoren, beide mit Orden bekleidet.
13 Divisions-Inspectoren, deren 9 mit Orden angethan.
46 Ober-Ingenieurs, deren 11 mit Orden angethan.
43 Unter-Ingenieurs, deren 1 mit Orden angethan.
3 Ingenieur-Geographen, ohne Orden.

Zusammen 107 Ingenieurs.

Pensionirte Wittwen giebt es von:

5 General-Inspectoren.
10 Divisions-Inspectoren.
1 Divisions-Inspecteur-Adjunct.
54 Ober-Ingenieurs.
50 Unter-Ingenieurs.
1 Professor der Fortification an der Militair-Schule zu Paris.

Zusammen 121 Wittwen von Ingenieurs.

An Conducteurs im Dienst sind vorhanden:

119 erster Classe,
166 zweiter Classe,
288 dritter Classe.

Zusammen 573 Conducteurs.

Aufser Dienst sind vorhanden:

87 Conducteurs.

Administration der Versorgung von Paris mit Baustoff.

2 Ober-Inspectoren, mit Orden bekleidet.
14 Inspectoren, von welchen 2 Orden tragen.
1 Unter-Inspector.

Hafen-Officiere und Hafenmeister im Dienst.

5 Capitains 1ster Classe.
4 - - 2ter Classe.
13 Lieutenants 1ster Classe.
15 - - 2ter Classe.
36 Hafenmeister 1ster Classe.
18 - - - 2ter Classe.
42 - - - 3ter Classe.

Zusammen 133 Hafen-Officiere und Hafenmeister in 108 Häfen.

Hafen-Officiere und Hafenmeister aufser Dienst.

3 Capitains,
7 Lieutenants und
3 Hafenmeister.

Pensionirte Wittwen von Hafen-Officieren und Hafenmeistern sind vorhanden von:

2 Capitains,
9 Lieutenants und
15 Hafenmeistern.

Buchhändler-Anzeigen.

In allen Buchandlungen ist zu haben:

W. G. *Bleichrodt* (F. S. Bauinspector), Handbuch für den architektonischen Zeichnungsunterricht und die Verfertigung der Baurisse und Bauanschläge. Nebst Holzberechnungstabellen, Abhandlung über Kenntnifs und Anwendung des Baumaterials, über Fuhr- und Arbeitslöhne. Mit 7 lithograph. Tafeln. Dritte Auflage. gr. 8. 1 Rthl. oder 1 fl. 48 kr.

Der Zweck dieses Buches ist: den Zimmerleuten und Maurern in jetziger Zeit das zu sein, was ihnen im vorigen Jahrhundert *Vochs* Baurisse waren. Wie es derselbe erreicht und sich des Beifalls seines Publicums zu erfreuen hat, davon zeugt das Erfordernifs der wiederholten neuen Auflagen. Schon von der ersten sagte ein einsichtsvoller Recensent in Nr. 278 der Leip. Litztg. 1824: „dafs darin alles klar und deutlich dargestellt sei, dafs es dem Lehrlinge durchgängig richtige Begriffe beibringe und die Erlernung der Baukunst wesentlich erleichtere."

M. *Janvier* (K. Fr. Marineofficier), über die zweckmäfsigste Construction und Einrichtung der Dampfschiffe und der auf denselben anwendbaren Dampfmaschinen, nebst wichtigen praktischen Fingerzeigen für Machinisten, Heizer und alle beim Dienste der Dampfmaschinen angestellten Personen. Aus eigner vielfältiger Erfahrung. Frei ins Deutsche übersetzt mit Benutzung französ., engl. und deutscher Literatur von *D. C. H. Schmidt.* Mit 5 Tafeln Abbildungen. 8. 1 Rthl. oder 1 fl. 48 kr.

(Bildet auch den 98. Band des Schauplatzes der Künste und Handwerke.)

In unsern Tagen, wo auch in Deutschland durch die Dampfschiffahrt Handel, Industrie und die persönliche Communication einen früher nicht für möglich gehaltenen Aufschwung erhielten, ist wohl ein Werk, wie das vorstehende, zeitgemäfs zu nennen, zumal es das erste ist, welches die Erbauung und Einrichtung der Dampfschiffe nach allen ihren einzelnen Theilen darstellt, die neuesten Fortschritte mit einschliefst und die gemachten Erfahrungen zusammenstellt. Der Verfasser, Befehlshaber verschiedner Dampfschiffe, hat sich seit ihrer Erfindung mit der Vervollkommnung beschäftigt und der deutsche Herausgeber hat seinen Beruf zu dieser Arbeit durch seine als ausgezeichnet anerkannte Bearbeitung von *Verdams* herrlichem Werk: über die Erbauung aller Arten von Dampfmaschinen, 4 Th. — auf das glänzendste bewährt.

M. *Wölfer* (Herzogl. Coburg-Gothaischer p. Strafsen- und Wasser-Bauinspector), gründliche und practische, auf 32jährige Erfahrung gegründete Anweisung zur Construction und Ausführung massiver und hölzerner, gröfstentheils sich frei tragender Brücken über mittelmäfsig grofse und kleinere Flüsse und Bäche sowohl in flachen als auch in Gebirgsgegenden mit besonderer Rücksicht auf alle nur vorkommende Grund- und Boden-Gattungen der Flufsbette etc., desgl. zur Construction der Lehrbogen und Ausführung der Bogengerüste auf der Zulage oder dem Werksatze, so wie auch neu erfundener wasserdichter Dämme zur sparsamern Aufführung der Brückenpfeiler im Trocknen, ohne Schöpfmaschinen. Mit 26 sauber lithograph. Tafeln. 4. 2 Rthl. oder 3 fl. 36 kr.

Der gröfste Theil dieser Brücken ist von dem Verfasser selbst im Fürstenthume Lichtenberg über den Glan, die Nahe und Blies construirt und ausgeführt und von den Ingenieuren benachbarter Staaten aufgenommen worden, die sie öffentlich für wahre und kühne Meisterwerke erklärt haben.

Inhaltsverzeichnifs des ersten Hefts dreizehnten Bandes.

Berlin, gedruckt bei G. Reimer.

Journal
für
die Baukunst.

In zwanglosen Heften.

Herausgegeben

von

Dr. A. L. Crelle,

Königlich-Preufsischem Geheimen-Ober-Baurathe, Mitgliede der Königlichen Akademie der Wissenschaften zu Berlin, Correspondenten der Kaiserlichen Akademie der Wissenschaften zu St. Petersburg und der Königlichen Akademieen der Wissenschaften zu Neapel und Brüssel, Ehrenmitgliede der Hamburger Gesellschaft zur Verbreitung der mathematischen Wissenschaften.

Dreizehnter Band.

Zweites Heft.

Mit drei Figurentafeln.

Berlin.

Bei G. Reimer.

1839.

4.

Beiträge zur Geschichte der Entstehung und Ausbildung der Wasserbaukunst, insbesondere der Entstehung der Deiche, Syhle, Schleusen und Schöpfmühlen an der Nordseeküste von Holland und Deutschland.

(Von Hrn. Dr. *Reinhold*, Königl. Hannöverschen Wasserbau-Inspector 1ster Classe, Ritter des Königl. Niederländischen Löwenordens, Ehrenmitgliede der naturforschenden Gesellschaft zu Emden, Mitgliede des Gewerbevereins für das Königreich Hannover.)

Die gegenwärtige Abhandlung, welche Beiträge zur Geschichte der Entstehung und Ausbildung der Wasserbaukunst und besonders der Entstehung und Anwendung der Deiche, Syhle, Schleusen und Schöpfmühlen an der Nordseeküste von Holland und Deutschland enthält, ist die Einleitung zu acht Abhandlungen, welche hier allmälig folgen werden und von welchen, einschliefslich der Einleitung, die sieben ersten sich auf die *Entwässerung* der *Strom-* und *Seegegenden* durch *Syhle* und *Schöpfmühlen insbesondere*, die letzte auf den *Brückenbau der neuesten Zeit* beziehen werden; welche letzte Abhandlung eine Fortsetzung derjenigen über *Brückenbau* ist, die ich im 4ten Hefte 4ten Bandes dieses Journals im Jahre 1831 geliefert habe.

In den folgenden Abhandlungen habe ich gröfstentheils die in meiner 37jährigen Praxis gemachten Erfahrungen und Beobachtungen, die von Thatsachen entnommen sind, vorgetragen, dieselben mit den Erfahrungen und Beobachtungen geachteter Hydrotekten zusammengestellt und verglichen und meine Ansichten darüber geäufsert. Da die *Erfahrung die beste Lehrmeisterin in jeder Sache ist* und man durch das Studium der Erfahrungen Anderer schneller lernt, als wenn man eine lange Reihe von Jahren selbst Erfahrungen machen wollte, worüber man altern und hinsterben würde, bevor man den Zweck erreicht hätte: so ist es nicht allein seiner selbst, sondern auch der Ausbildung der Kunst und folglich auch des Staatsdienstes und des Besten der Staatsbürger wegen etwas Nützliches und Gutes, wenn man die Erfahrungen Anderer benutzt und die seinigen dagegen wieder öffentlich mittheilt, die sonst in der Regel in den Privat-Papieren begraben bleiben und zuletzt verloren gehen.

Wiewohl ich nun die Mängel und Unvollkommenheiten meiner vorliegenden Arbeit, zu deren Entwurf mir wegen überhäufter Dienstgeschäfte seit einer Reihe von Jahren nur wenige Wintermonate übrig blieben, selbst sehr wohl einsehe, so hoffe ich doch, dafs sie von dem geneigten Leser nachsichtig werde beurtheilt werden, besonders da ich weder die Absicht noch die Zeit hatte, ein systematisch geordnetes Werk über die Wasserbaukunst, sondern nur *practische, aus der Erfahrung entnommene Beispiele* dazu zu liefern; was hier geschieht. Auch dadurch gewinnt die Kunst in practischer, so wie die Bau-Wissenschaft in theoretischer Hinsicht und vorzüglich der Staatsdienst zum Besten der Landesbewohner und des Staates. Einer der gröfsten Hydrotekten Deutschlands ist vor schon lange hierin mit einem guten Beispiele vorangegangen und hat die Wasserbaumeister zur Befolgung desselben ehrenvoll eingeladen. „Ein Wasser-„baumeister" — sagt *Eytelwein* in seiner practischen Anweisung zur Construction der Faschinenwerke — „ist einem wohlthätigen Menschen-„freunde gleich, der nur im Stillen Gutes ausübt, weil seine Werke durch „äufseres Ansehen nicht in die Augen fallen können, sondern im Wasser „verborgen bleiben und man nur selten aus dem vorhergehenden, öfters „unbekannten Zustande, von ihren nützlichen Wirkungen und Folgen, von „der Mühe und beschwerlichen Arbeit ihres Urhebers, von seinen Sorgen „und Lebensgefahren beim Eisgange, anwachsenden Wasser, Sturm und „Unwetter urtheilen, noch ihnen solche als Verdienst anrechnen kann."

„Es ist daher wohl zu wünschen, dafs dergleichen Männer an meh-„rern Belohnungen und Vorzügen Antheil erhielten und zur Mittheilung „ihrer mühsam erworbenen Erfahrungen ermuntert würden, wodurch in „einem Lande, dessen innerer Verkehr, dessen Handel, Cultur und Wohl-„stand von so vielen wichtigen Strömen und Canälen abhängig ist, ein „wesentlicher Nutzen gestiftet und zugleich eine gewisse, bisher noch sehr „vermifste Uebereinstimmung in der Bauart erhalten werden könnte."

Solchen Einladungen folgend, haben sich denn auch in der neuern Zeit wissenschaftliche Institute unter der Leitung gelehrter und practisch erfahrener Männer in *Deutschland,* wie im Auslande, gebildet, welche die

Erfahrungen, Ansichten und Vorschläge vieler Baukundigen sammeln und öffentlich bekannt machen; wodurch die Kunst und die Völker gewinnen.

Indem ich daher jetzt wieder zu diesem großen, schönen Zwecke einen Beitrag liefere, hoffe ich etwas Nützliches zu thun und einer freundlichen Aufnahme von Seiten der Leser entgegen sehen zu dürfen.

Den ersten Ursprung des *Deichbaues nach Regeln der Kunst, in den nördlichen Küstenländern von Deutschland und Holland,* kann man in die Zeit setzen, wo die Römer, kurz vor Christo, die Batavor, Friesen und Germanen unterjochten. Dies nehmen die mir bekannten Schriftsteller an.

Der Königl. Niederländische Inspecteur-Generaal van den Water-Staat, Ritter etc. *J. Blanken* (Janszoon) sagt hierüber in seiner 1823 zu Utrecht herausgekommenen Schrift „*Memorie betuekkelyk den Staat der Rivieren in Opzigt harer bedykingen etc. etc.* in der 1sten Abtheilung Seite 1 Folgendes, was ich hier übersetzt beifüge. „Die frühesten Bedeichungen, deren die Geschichte erwähnt, wurden durch den römischen „Feldherrn *Drusus* kurz vor unserer Zeitrechnung unternommen und durch „dessen Nachfolger *Drusus Germanicus* fortgesetzt. Der erste ließ den „Canal von Doesburg bis an den Rhein graben, durch welchen die Vereinigung dieses Flusses mit der Yssel fürs Erste bewirkt wurde. Von „dieser Zeit an strömte das Wasser vom Oberrheine auch durch die Yssel „in das Meer Flevo (den Sudersee) und zu beiden Seiten um die Insel „dieses Namens herum, durch den damaligen östlichen Mund des Rheins, „ungefähr durch das gegenwärtig so wenig vorragende Seegat, das Vlie, „in die Nordsee." Ferner: „die erste Bedeichung in den Niederlanden „ist an der Rheinseite bey der Grabung des Canals von der Yssel nach „Doesburg unternommen worden etc."

Ueber den Lauf der Niederländischen Ströme, so wie über die ersten Canal- und Deicharbeiten, zu den Zeiten als die Römer, etwa 10 Jahre vor Christi Geburt, Holland eroberten, finden wir in dem 2ten Theile des *Proeve van een Outwerp tot Scheiding der Rivieren de Whaal en de Bouenmaas en het doen afloopen dezer laatste over haare oude bed-*

ding op het Bergscche-Veld, door den Lieutenant-Generaal Baron Krayenhoff etc. etc. Nymmegen, by de Wed. F. C. Vieweg & Zoon 1823., in der 3ten Abtheilung Seite 86 u. s. w. Folgendes:

„Als *Nero Claudius Drusus*, mit dem Zunamen *Germanicus*, im 10ten „Jahre vor unserer Zeitrechnung auf der Insel zwischen Whaal und Rhein „angekommen war, verband er unter der Regierung des Kaisers *Au-„gustus* durch einen gegrabenen Canal den Rhein mit einem mäſsigen „Flusse, den Tacitus *Nabalia* nennt (*Hist. lib. V. cap. 26.*) und der jetzt „Yssel heiſst, wahrscheinlich um an dieser Seite das Land durch einen „Fluſs zu decken, oder auch um den Krieg gegen die oberrheinischen „Germanen und gegen die am Meere Flevo wohnenden Friesen zu erleich-„tern; und dieser Canal, nach dem Erbauer *Drusus* benannt, wurde zu „einer Ableitung des Rheins. (*Fossa, cui Drusianae nomen. Tacit. annal.* „*lib. I. cap. 8.*) Die zweite Ableitung, die durch die Römer dem rechten „Rheinarme gegeben wurde, ist der Canal des *Domitius Corbulo*, der, „dazu befehligt, ihn durch seine Soldaten ausführen lieſs, um diese zu „beschäftigen." (*Tac. annal. lib. XI. cap. 20.*)

Ob die Insel der Batarer, die durch die Waal und Nordsee gebildet wurde, schon vor Ankunft der Römer bedeicht war, ist sehr zweifelhaft; wenigstens ist wohl keine *regelmäſsige* Bedeichung vorhanden gewesen. Zufolge der Nachrichten, die Hr. etc. *v. Wiebeking* in seiner allgemeinen etc. Wasserbaukunst darüber mittheilt, wurde sie 110 Jahre vor Christo durch die cimbrische Ueberschwemmung, durch welche auch England vom festen Lande abgerissen und der Canal zwischen dieser Insel und Frankreich entstanden sein soll, schrecklich verwüstet. Durch dieses Natureigniſs hat sich denn auch gewiſs die Wirkung der Ebbe und Fluth auf die Küsten der Nordsee, welche streckenweise dadurch in Abbruch gekommen sind, merklich verändert. Denn vor Entstehung des Canals zwischen England und Frankreich konnte die tägliche Fluth aus dem Ocean nur zwischen Schottland und Norwegen, als durch eine einzige Oeffnung, in die Nordsee treten; wo also die Wirkung derselben auf die Nordseeküsten bei weitem anders und geringer sein muſste als jetzt, wo sie sich durch zwei Oeffnungen heraus und hinein bewegt, nemlich durch die Meerenge bei Gibraltar und zwischen Schottland und Norwegen.

Die damaligen Bewohner von Batavien verlieſsen ihre in Sümpfe und Seen verwandelten Wonhnsitze nach der cimbrischen Fluth und vereinigten sich mit den Cimbern in Jütland und mit den Teutonen, um andre Völker zu bekriegen. Als aber ihr alter Wohnsitz vom Meere wieder verlassen wurde, zogen die Bataver oder Batten, ein ausgestofsener Stamm der Katten, den Rhein wieder hinunter. Von ihnen erhielt das Land den Namen *Batavia*. Düurstede und Battenburg wurden von ihnen erbauet. *Kattwyk op Zee* und *op Rhyn* haben ihren Namen von den alten *Katten*. Nach Eroberung dieses Landes durch die Römer und nach ihrer Vereinigung mit den Einwohnern führten die Römer mehrere Wasserbauwerke in diesem Lande aus. So liefs *Claudius Drusus*, wie erwähnt, die Yssel, welche 1300 Schritte unter der Stromscheidung der Waal vom Rhein bei Ysselort anfing, graben, um in die westphälische Yssel und den Sudersee (*flevo lacus*) kommen und die dort wohnenden Friesen bekriegen zu können. Die westphälische Yssel wurde von *Drusus* erweitert und vertieft und mit der Bructarischen Vecht (jetzt das *zwarte Water* bei *Zwolle*) verbunden.

Auch soll *Drusus* noch zwei andere Canäle, die *Does* und das *Vliet* bei Leyden haben graben lassen. Etwa 11 Jahre vor Christo liefs er den Rhein unter der Yssel mit Dämmen oder Deichen, die man *Drusi moles* (*Drusus* Deiche) nannte, einschliefsen, um das Land gegen Ueberschwemmungen zu schützen. Der römische Feldherr *Paulinus Pompejus* vollendete sie 63 Jahre nachher. Zwischen der Ysselschanze und dem Rheine wurden auch neue Wege und Dämme aufgeführt; welches durch Soldaten geschah; wie dessen des *Tacitus Annalen lib.* 2. *cap.* 7. erwähnen.

Ein gleichzeitiger Feldherr mit *Drusus*, *L. Vetus*, soll, nach *Tacitus* Angabe, die Mosel und Saône durch einen Canal zu verbinden gesucht haben. *Corbulo* liefs 47 Jahr nach Christo den Rhein und die Maas durch einen Canal, den *Leck*, verbinden, der 21 000 Schritt oder 2 deutsche Meilen lang war u. s. w.

Da nun die Römer, selbst erfahren und durch die Griechen und andere Völker belehrt, in Batavien damals schon solche wichtige Anlagen ausführten und in ihrem eigenen Lande längst ähnliche Werke hergestellt hatten: Molen, Häfen, Leuchtthürme, Wasserleitungen, Cloaken, Strafsen und Brücken: so ist es wohl unbezweifelt, dafs die *Bataver* und *Friesen* das Deichen und Canalgraben von den Römern zuerst gelernt und sich erst nach und nach, durch die Beschaffenheit ihres Landes aus Noth gezwungen, darin vervollkommet haben, indem die Erfahrung und Noth die beste Lehrmeisterin bei ihnen war.

Zu derselben Zeit, als Batavien, oder Holland, von den Römern mit Krieg überzogen wurde, eroberten dieselben auch Ostfriesland; was damals, so wie Jever, Oldenburg, Delmenhorst, Diepholz, Hoya, Bremen und Verden von den *Chauken* bewohnt wurde, deren Freistaat sich an der Nordseeküste entlang von der Ems bis zur Weser erstreckte. Auch die ostfriesische Insel Borkum, die damals aus Borkum, Juist, Band und Buise bestanden haben soll, welche letzten beiden Inseln verschwunden sind, wurde von den Römern erobert, indem *Drusus*, 10 bis 11 Jahr vor Christo, mit einer Flotte dort ankam, sie besetzte und sie *Burchana* nannte; woher der Name *Borkum* rühren mag. Die Insel wurde damals auch *Fabaria* genannt, wegen der vielen Bohnen oder bohnenähnlichen Gewächse, die die Römer dort fanden. Die Römer legten damals zwei Castelle oder kleine Festungen an der jetzigen Stelle von Delfzyl und Emden an, um an beiden Ufern der Ems mit ihren Truppen festen Fufs zu fassen, so dafs also diese beiden Oerter ihren Ursprung aus der damaligen Zeit, mithin vor Christi Geburt haben.

Es ist also sehr wahrscheinlich, und sogar als gewifs anzunehmen, dafs die Chauken, die Urväter der jetzigen Ostfriesen, eben so wie die Bataver, das Deichen von den Römern besser erlernt haben, wenn sie auch, durch Beobachtung der Natur darauf geführt, schon früherhin auf natürlichen oder künstlichen Hügeln, Wurthen oder Warfen wohnen mochten und sich späterhin mit kleinen Dämmen (Kajungen) etwas Land zum Garten- und Ackerbau und zum Schutze des Viehes gegen die Meeresfluthen im Sommer sicherten, oder mehrere aneinanderliegende Hügel nach und nach durch Dämme verbanden.

Sie lernten also wohl diese Kunst nicht erst ums Jahr 642 nach Christi Geburt vom Könige *Adgill* (wie einige Geschichtschreiber behauptet haben sollen, nach *Fronsens* Angabe S. 245 seines Werkes, und wie der Hr. Baudirector *Nauk* in No. 45. der Emdener Zeitung vom 4ten Juni 1823 sagt, indem er in seiner Uebersicht der Geschichte der Schiffahrt und des Handels auf der Ems bemerkt: „642. König *Adgill* von Ost-„friesland läfst die ersten Deiche bauen etc."), noch auch von den Normannen, von denen sie im 9ten Jahrhundert bekriegt wurden; wiewohl es freilich möglich ist, dafs sie bei Einführung des Christenthums unter *Adgill* schnellere Fortschritte in der Cultur, mithin auch in der Deichbaukunst machten und von ihren Eroberern, den Normannen, besser darin unterrichtet und strenger dazu angehalten wurden, weil es vielleicht nöthig sein mochte.

So wie jede Erfahrungssache, so ist auch diese durch Beobachtung der Natur, aus der Nothwendigkeit das Leben zu erhalten, entstanden und durch Erfahrung nach und nach vervollkommnet worden. Man kann also nicht sagen, dafs die Wasserbaukunst auf einmal erfunden sei; eben so wenig wie andere Künste. Die Römer haben aber damals unstreitig viel zur regelmäfsigeren Ausübung derselben an den Holländischen und Deutschen Seeküsten beigetragen, so dafs ihnen gewissermafsen die Ehre der Einführung dieser Kunst in jenen Gegenden gebührt.

Die jetzigen Bataver dürfen sich aber auch ihrer Lehrmeister nicht mehr schämen, eben so wenig, wie sich die alten Römer der Nachkommen ihrer Lehrlinge, der Holländer, West- und Ostfriesen und anderer Bewohner der Nordseeküste schämen würden, wenn sie deren Werke sähen.

Ueber die weitere Ausbildung und Fortpflanzung der Wasserbaukunst in Holland und Ostfriesland wollen wir ferner Einiges aus bekannten Schriftstellern anführen.

Zufolge des monatlich in Amsterdam erscheinenden, sehr belehrenden und unterhaltenden gelehrten Journals: *Vaderlandsche Letteroefeningen voor Mai 1832 No. VI. Bladz. 268 etc.*, in den *Geschisdkundigen Aanteckeningen betrekkelyk het Hoogheemraadschap van Rhynland en deszelfs verschillende uitwateringen, door E. W. Conrad, Ingenieur van den Waterstaat etz.*, wird über den Anfang einer *regelmäfsigen künstlichen* Bedeichung, über die Anlagen von Syhlen und Entwässerungsmühlen, Folgendes bemerkt.

Die Hoogheemradschap von Rhynland war eine der ersten Institute dieser Art und ist, als die älteste und gröfste, die wichtigste. Die erste Bedeichung ist zufolge *Simon van Leeuwen* (*Batav. III.* Seite 153) wahrscheinlich in dem niedrigen Lande von Rhynland bei Leiden ausgeführt. Für dieselbe wird der sogenannte Marendyk gehalten (Marendykje). Die Zeit der Ausführung ist indefs nicht genau anzugeben. Wahrscheinlich ist aber ein grofser Theil Hollands schon eher eingedeicht gewesen als dieser. Das Marendykje aber ist lange Zeit vor dem Spaarndammer Deich ausgeführt, von welcher letzteren Bedeichung man mehrere sichere Nachrichten hat. Die Zeit dieser Bedeichung, welche mehr im allgemeinen Interesse von ganz Rhynland geschehen sein wird, kann mit Grunde vom

Legen des Dammes in der Spaarne abgeleitet werden; worauf mit der Anlage der sogenannten Spoye (Spühl- oder Entwässerungsschleuse) daselbst, die verschiedenen Handvesten (Urkunden zur Bestätigung) vom Grafen *Wilhelm II.* vom Jahre 1225 und 1253, von *Floris V.* von 1285, von *Wilhelm III.* von 1315 Beziehung haben.

Zufolge S. 276 des genannten Journals bestand schon im Jahre 1284 die Schleuse bei Gouda am Rhyn, deren Thüren in jenem Jahre ausgehangen und abgenommen wurden, so dafs dieselbe älter ist als die zu Spaarndamm.

In *No. VII.* desselben Journals für Juny 1832, S. 310, wird bemerkt, dafs die Schleusen, welche nach und nach bei Spaarndamm erbaut wurden, folgende waren: 1) die Kolkschleuse, 2) die kleine Schleuse, 3) die Woerder Schleuse, 4) die grofse Schleuse. Die Kolkschleuse ist da wieder gelegt, wo die erste Spoye *(Syhl)*, ungefähr ums Jahr 1300 gebauet war. Das holländische Wort *Spoye*, nach alter Schreibart, wird in der neuern *Spui* geschrieben. Es bedeutet ein Stauwerk *(Waterkeering)*, das mit einem Schütze geschlossen wird und, wenn man das Schütz aufzieht, Wasser durchläfst. Das Wort *Sluis* bezeichnet dagegen ein Stauwerk, welches mit Thüren versehen ist, gleichviel ob die Schleuse für die Schiffahrt oder für die Auswässerung allein bestimmt sei. Im ersten Falle heifst eine solche Schleuse mit Thüren auch wohl *Sas-Sluis*. Das Wort *Zyl (Syhl* oder *Siel)* bedeutet im Holländischen gewöhnlich eine Entwässerungs-Schleuse mit Thoren, im Allgemeinen aber auch eine jede Wasserlöse, Graben- oder Wasserleitung, die zur Abführung des Wassers dient. (Man sehe *Nederduitsch taalkundig Woordenbock door P. Weiland.*)

Im Jahre 1408 sollen in Holland die ersten Wind-Wasserschöpfmühlen erbaut worden sein. Nach Andern soll die erste Mühle 1450 bei Schoonhoven und zwei Jahre später sollen deren zwei bei Enkhuizen erbauet worden, nach etc. *Velzen* aber sollen die ersten Mühlen erst im Jahre 1470 in Holland in Gebrauch gekommen sein. Man sieht hieraus, dafs die Zeit der regelmäfsigen Einführung der Deiche, Syhle und Schleusen nebst Wind-Wasserschöpfmühlen in die Zeitperiode von 1225 bis 1470 also vom Anfange des 13ten bis gegen Ende des 15ten Jahrhunderts fällt, wiewohl auch ohne Zweifel vorher schon unregelmäfsige Bedeichungen einzelner kleiner Gegenden, ohne Schleusen und Mühlen, seit der Anwesenheit der Römer, vom 1sten bis zum 13ten Jahrhundert vorhanden gewesen sind.

Nach einer andern Schrift eines Niederländischen Wasserbaukundigen nemlich: *Vrymaedige Gedachten op het rapport aan zyne Majesteit den Koning mitgebragt door de Commissie tot onderzaek der beste rivierafleidingen. Door C. de Beer, Ingénieur van den Waterstaat. Dordrecht, 1828. enz. S. 19 etc.* wurde im Jahre 1097 die Bedeichung des Krimpener Waards, 1253 die von Rynland, 1255 die von Delfland, 1273 die von Schieland, 1277 die erste Bedeichung vom Ablasser Waard, 1366 die von Schelluinen, Hardinxveld, Papendrecht, 1303 die Bedeichung vom Hollandschen Waard oder sogenannten im Jahre 1421 wieder untergegangenen Biesbosch, 1322 die von der Waterschap Woerden, 1355 die von Oudenhoorn im Lande von Voorne, u. s. w. u. s. w. ausgeführt, so daſs also die aus der Geschichte bekannte erste Bedeichung, welche die Batayer machten, dem Jahre 1097, also dem 11ten Jahrhundert zugeschrieben wird.

Von dem damaligen Batavien oder Holland ist die Kunst, Deiche, Syhle, Schleusen und Schöpfmühlen zu bauen, in die benachbarten Länder, besonders nach Deutschland und namentlich in die Seeküstenländer Ostfriesland, Oldenburg, Bremen u. s. w. übergegangen; wie aus dem bemerkten historischen Werke Ostfrieslands hervorgeht.

Gerhardus Outhoff, Verhaal van alle hooge Watervloeden enz. Emden by van Senden, 1718, erzählt: „daſs, als im Jahre 1277 die Emsdeiche „bei Jansum und Wilgum unweit Emden brachen, wodurch nach und nach „7 Quadr.-Meilen Land, mit etwa 50 Städten und Dörfern, ein Raub der „Wellen wurden und ein jetzt noch bestehender Meerbusen, der *Dollart,* „entstand, laut einer geschriebenen Chronik von Ostfriesland, die allererste „Ursache von dem damaligen Unheil die Uneinigkeit zwischen den Rheiderländern und dem Häuptling *Keno ten Broeke* gewesen sei, der aus „Rache die Deiche durchstechen und die Syhlthüren im Rheiderlande „wegnehmen lieſs, namentlich die zwischen Oster- und Westerrheide „(wodurch die damalige *Ea,* der jetzige *Aastrom,* mittelst 5 Syhlöffnungen „in die Ems einmündete) nicht weit von Jansum. Hierdurch kam das Rheiderland unter Wasser, und die Bewohner lieſsen die Deiche und Syhle „unhergestellt liegen." Da das damalige schreckliche Naturereigniſs für Ostfriesland bis auf den heutigen Tag von höchst schädlichen Folgen war und noch jetzt als warnendes Beispiel dient, so will ich hier die „kurze Darstellung der Entstehung des Dollarts im Jahre 1277" aufnehmen, und die Karte desselben auf Taf. I. beifügen.

Im Jahre 1277 brachen am 13ten Januar und 25sten December bei hohen Sturmfluthen die damals noch zu schwachen und niedrigen Deiche zwischen Jansum und Wilgum in der Nähe der Stadt Emden durch, unter deren Mauern damals die Ems unmittelbar ihren Lauf hatte. Bei der damaligen ungezügelten democratischen Regierung der Häuptlinge Ostfrieslands, vor dem Grafen *Ulrich Cirksena von Greetsyhl,* welcher im Jahre 1441 zum ersten Regenten von Ostfriesland erwählt wurde, so wie unter dem Einflusse der Prälaten, auf ein abergläubisches Volk, fehlte es an einer energischen Landesverwaltung, um die Deichbrüche sofort wieder zu schliefsen; wie es möglich und nöthig gewesen wäre, um den traurigen Folgen vorzubeugen, die diese Deichbrüche bis jetzt noch auf Ostfriesland gehabt haben. Da aber die unter den Bewohnern des Rheiderlandes und dem Häuptlinge *Keno ten Broeke* obwaltenden Streitigkeiten diesen sogar bewog, die Deiche des Rheiderlandes durchstehen und die Syhlthüren zwischen Oster- und Westerrheide wegnehmen zu lassen, und er sogar erklärte: „dafs er sein Land lieber eine Lanze hoch unter „Wasser sehen, als die Deiche wieder herstellen wolle" und keine höhere Macht über den Häuptlingen im Lande war, die sie von ihren Frevelthaten ab- und zu ihrer Pflicht hätte anhalten können, so verwüsteten die Meeresfluthen im Jahre 1277 nicht allein die Deiche und Syhle des Rheiderlandes, sondern es entstand auch nach und nach im 13ten und den folgenden Jahrhunderten ein Meerbusen von etwa 7 Gevierten deutschen Meilen, wovon jetzt etwa noch 2 Quadratmeilen Wasserfläche übrig sind.

Die kleine Carte des Geometers *Reinhold* (Taf. I.), die nach dem Originale gezeichnet ist, welches sich in dem Werke: „*Verhaal van alle hooge Watervloeden etc. door Gerhardus Outhoff. Emden, 1718.*" befindet, zeigt durch die schraffirte Grenze den gröfsten Umfang des nach und nach entstandenen Meerbusens, der *Dollart* genannt, so wie die Städte und Dörfer, die nach und nach ein Raub der Wellen wurden; welches Unglück etwa 50 Oerter betraf, die Hr. etc. *Freese* und andere ostfriesische Historiker nach der Angabe von *Outhoff* nennen. Nemlich: 1) Berum, 2) Nesse, oder Nes, wovon augenblicklich noch etwa 5 bis 6 kleine Wohnungen auf der Halbinsel Nesserland bei Emden übrig sind; 3) Fletum; 4) Wilgum; 5) Jansum; 6) Lütgerskerk; 7) Siede; 8) Osterreide; 9) Peterswolde; 10) Beda; 11) Torum, eine Stadt. Diese Oerter standen damals auf einer Halbinsel, welche die Ems und die Ee, oder jetzige Aa, bildeten. Diese Halb-Insel hing damals am linken Ufer der Ems mit dem Rheiderlande zusammen, statt daſs sie jetzt, nach dem geraden Durchbruche der Ems von Wilgum nach Jansum, mit dem rechten Ufer oder dem festen Lande bei Emden zusammenhängt. Die übrigen weiter südlich der Ems landeinwärts liegenden Oerter, welche in den folgenden Jahrhunderten mit dem Lande vom Meere verschlungen wurden, waren folgende: 12) Uiterpeving; 13) Düvelee; 14) Uiterbeerte; 15) Osterbeerte; 16) Hommingecham; 17) Blynham; 18) Wynemeer; 19) Meyneham; 20) Harkenborg; 21) Medum; 22) Exterhof; 23) Westerreide, mit Schloſs Homburg; 24) Tynsweer; 25) Stockdorp; 26) Hackselsum; 27) Evelsweer; 28) Santdorp; 29) Wyndeham; 30) Okkeweer; 31) Saxum; 32) Harmenswolde; 33) Saxumerwolde; 34) Golthorn; 35) Astock; 36) Bertha; 37) Olt-Exterhuis; 38) Rheiderwolde; 39) Kopel de Beerte; 40) Palmor; 41) Vindelham; 42) Meerhusen; 43) Torpern; 44) Merkhusen; 45) Haikeweer; 46) Donella; 47) Hovingagast; 48) Ostfinserwolde; 49) Stoetsterhuis; 50) Garmin; 51) Bundergarten u. s. w.

Auf diese Weise gingen nach und nach 7 Quadratmeilen, oder 70 000 Diemat Landes, zu 400 Quadratruthen rheinländisch, deren Werth auf etwa 20 Millionen Thaler anzuschlagen ist, mit etwa 3000 Wohnungen, von etwa 6 Millionen Thaler an Werth, verloren und 20 000 Menschen wurden von ihrem Haus- und Heerde vertrieben. Die Folgen für die Stadt Emden und für deren Schiffahrt und Handel waren ebenfalls sehr übel; denn statt daſs der schiffbare Emsstrom bis dahin und bis ins 17te Jahrhundert unmittelbar unter den Mauern dieser damals blühenden Handelstadt herströmte, verlieſs sie nach dem Durchbruche durch die Halb-Insel Nesserland dieses Bett, an dessen Beibehaltung der Stadt Emden wegen der Schiffahrt so viel gelegen war. Im Jahre 1616 versuchte man, durch ein etwa 1200 Ruthen langes Pfahlhaupt im neuen geraden Emsbette zwischen Nesserland und Pogum (Paving) der Ems ihr altes Bette unter den Mauern Emdens zu erhalten. Dieses Werk mag an Capital und Zinsenverlust der Stadt etwa 1 Million Thaler gekostet haben. Die Streitigkeiten zwischen der Stadt und dem Landesfürsten über das Hoheitsrecht auf der Ems veranlaſsten aber den Verfall dieses Hauptes; das alte Strombette an der Stadt verschlammte immer mehr und wurde für Seeschiffe unfahrbar, so daſs im Jahre 1768 ein neues, etwa 1 Meile langes Fahrwasser von der Stadt bis zum neuen Emsbette für etwa

30000 Rthlr. gegraben, und vor etwa 40 Jahren der todte, ganz verschlammte und gröfstentheils schon begrünte Emsarm zwischen Emden und der früheren Insel Nesserland abgedammt werden mufste, wodurch der alte Emsarm völlig zu Grünland wurde und Nesserland mit dem festen Lande bei Emden für immer verbunden war.

Hieraus ist ferner in den neuesten Zeiten die Nothwendigkeit einer jährlichen kostbaren Aufräumung der Stadtcanäle und des etwa 1 Meile langen Fahrwassers entstanden, welche durch die täglich bis in die Stadt tretende gewöhnliche Meeresfluth zunehmend verschlammen und wodurch die nicht gänzlich eingedeichte Stadt den hohen Sturmfluthen der See und deren schädlichen Folgen fortwährend preisgegeben ist, welchem Uebel nur durch eine sichere Abschliefsung der Stadt durch Seedeiche, Entwässerungs- und Schiffahrtsschleusen u. s. w. gründlich abgeholfen werden kann, wozu man auch seit etwa 40 Jahren verschiedene Untersuchungen angestellt und Projecte entworfen hat, welche auszuführen aber bedeutende Summen nöthig sein werden und die *deshalb* noch nicht ausgeführt sein mögen.

Alle diese schädlichen Folgen hat man blofs dem zu verdanken, dafs im Jahre 1277 die Deichbrüche bei Jansum und Wilgum nicht sofort wieder geschlossen und die dortigen Deichlinien nicht erhöhet und verstärkt wurden; woran die damalige Schwäche und Uneinigkeit der Volksregierung Schuld war.

Wir ersehen aus dieser historisch erwiesenen Thatsache, dafs im Jahre 1277 bereits Deiche und Syhle in Ostfriesland vorhanden waren, wiewohl sie höchst unvollkommen sein und schlecht unterhalten und beaufsichtigt werden mochten.

In welchen Jahren das im Dollart ertrunkene Rheiderland zuerst wieder eingedeicht worden ist, zeigen die ältern und neuern Historiographen Ostfrieslands, *Ubbo Emmius, Wiarda, Freese, Arends* u. s. w., nicht genau an. Ueber die ersten Eindeichungen des wieder angewachsenen Landes von Finserwolde, an der Einmündung der Aa oder Ee, nach Osterrheide, oder der jetzigen Landspitze von Rheide, an der Holländischen Küste, kann man nur Vermuthungen anstellen. 1445 war man aber schon genöthigt, einen neuen Deich von Finserwolde nach Jansum zu legen, der sich nur 40 Jahre hielt und bei der Sturmfluth vom 26. September 1509 zerstört wurde. 1539 wurde wieder ein Deich von Finserwolde nach

Osterrheide gezogen, wodurch der Dollart wieder 2½ Quadratmeilen gewann, was mit 13 Meilen Deich umfaſst wurde. Einige Landtheile, Inseln und Oerter erhielten sich noch bis ins 16te Jahrhundert, wie die Stadt Torum bis 1507 u. s. w., wurden aber doch endlich von den Fluthen verschlungen.

Nach und nach wuchs aber die Küste am Dollart wieder an, besonders die an der Holländischen oder Westseite des Dollarts, welche den West- und Nordwestwinden nicht ausgesetzt ist, gleich der Ostfriesischen Küste, welche deshalb langsamer und in geringerem Flächenmaaſse anwuchs als die gegenüberliegende Niederländische Küste.

Die Niederländer deichten ihr angewachsenes Land nach und nach ein, so wie es begrünt und fest genug war, um Seedeiche zu tragen; wie die vorhandenen Carten solches nachweisen.

Auf Ostfriesischem Territorio fing man hauptsächlich erst am Ende des 16ten und am Anfange des 17ten Jahrhunderts an, das angewachsene Land einzudeichen. Man benennt solches Land mit dem Namen *Polder*. Der Boden desselben besteht aus sehr fruchtbarem Klai. Im 17ten Jahrhundert wurden in der Nähe von Neuschanz zuerst folgende Polder eingedeicht:

1605.	Altbunder Neuland von	1649	Diemat.
1682.	Der Charlottenpolder	450	- -
	Im 18ten Jahrhundert:		
1707.	Der Bunder Polder	1894	- -
Desgl.	der Norder-Christian-Eberhardspolder . . .	305	- -
Desgl.	der Süder-Christian-Eberhardspolder	251	- -
1752.	Der Landschaftspolder	2026	- -
1795.	Der Heinitzpolder mit	1104	- -
Im 19ten Jahrhundert, 1824,	betrug der unbedeichte begrünte Anwachs vor letzterm Polder etwa . .	345	- -
	Macht in 219 Jahren . . .	8024	Diemat

von 400 Quadratruthen Rheinländisch, also im Durchschnitt jedes Jahr etwa 36½ Diemat.

An der Holländischen Küste ist in jenem Zeitraume das Mehrfache dieser Fläche angewachsen; wovon wir die Ursachen oben bemerkt haben.

Da nun auch nach und nach der bis auf etwa 2½ Quadratmeilen beschränkte Dollart jährlich an Umfang abnimmt, aber wegen des durch denselben strömenden, für Seeschiffe fahrbaren Aastromes eine bedeutendere Tiefe hat als früherhin, so geht der Anwachs nicht mehr so schnell und in dem Flächenmaafse vor sich, wie früher, sondern es wachsen jährlich etwa nur 10 Diemat begrüntes Klailand an, welches ein sehr nahrhaftes Heu liefert, das man *Queller* oder *Andel* nennt.

Eine ähnliche Erfahrung des Fortschritts der See-Anwüchse findet sich an der nördlichen Seeküste Ostfrieslands am Leybusen oder Leysand zwischen Greetsyhl und der Stadt Norden, dem vom Jahre 1551 bis 1604 etwa ½ Quadratmeile oder 5000 Diemat durch Bedeichung abgenommen wurden, was im Durchschnitt jährlich 94 Diemat beträgt. Von 1604 bis 1770 wuchsen hier in 166 Jahren etwa nur 2000 Diemat an, oder im Durchschnitt jährlich 12 Diemat, wie am Dollart vom Jahre 1795 bis 1824, wo 12½ Diemat jährlich im Durchschnitt anwuchsen. Bei Emden wird es also, hiernach zu schliefsen, mit dem Anwachse ein ähnliches Verhältnifs haben, indem bei Nesserland etwa noch 1200 Diemat liegen, die, wenn alle Jahre 10 Diemat davon begrünen, noch etwa 120 Jahre bis zur Eindeichung Zeit haben.

Der verstorbene Königl. Preufs. Cammerrath Hr. *Freese* sagt in seinem gediegenen historischen Werke: „Ostfriesland und Harrlingerland," Aurich, 1796, bei J. A. Schulte, im 1sten Bande, Seite 238 etc. über die Entstehung der Deiche und Syhle in Ostfriesland, „dafs zur Zeit des Ein-„falls der Römer, kurz vor Christo, Ostfriesland, von den alten Chauken „bewohnt, die auf natürlichen Anhöhen und künstlichen Hügeln als ärm-„liche Fischer lebten, während die Meeresfluth täglich zweimal das ganze „Land überzog, noch nicht bedeicht gewesen sei u. s. w." *Plinius*, der, wie *Vitruv*, der römischen Armee und deren Feldherren *Claudius Drusus* und *Julius Caesar* folgte, wie die französischen Ingenieurs und Naturforscher im Jahre 1799 *Bonaparte* nach Egypten, um Kenntnisse vom Lande, den Alterthümern, Künsten und Wissenschaften u. s. w. zu sammeln und sie ihrem Vaterlande zur Benutzung wieder mitzutheilen, spricht (*Historia naturalis etc. L. XVI. C. I.*) von dem traurigen Zustand der alten Chauken in dem damals vom Meere täglich überströmten Ostfriesland und erwähnt keiner Deiche, Syhle und Schöpfmühlen u. s. w. Erst zur Zeit des Christenthums, im 12ten und 13ten Jahrhundert, lernten auch die Ostfriesen, wie die Oldenburger und Bremer u. s. w. von den Holländern und Seeländern den Deichbau. Unter andern liefs der Erzbischof *Friedrich* von Bremen zu Anfange des 12ten Jahrhunderts Holländer u. s. w. kommen, welche im Jahre 1106 einige Ländereien eindeichten, und seine Nachfolger fuhren damit fort, wie Herr etc. *Freese* S. 248 etc. seiner Schrift bemerkt und historisch nachweiset.

Ueber die Zeit der Erfindung der Syhle oder Entwässerungsschleusen ist der Verfasser ebenfalls ungewifs. Er bemerkt aber S. 324, dafs zufolge der ältesten Nachrichten, die man habe, das Schlieker Syhl an der Jahde bei Briddewarden im Grofsherzogthume Oldenburg das älteste und nach Einigen im Jahre Christi 970, also schon im 10ten Jahrhundert erbauet, aber 1218 durch eine hohe Wasserfluth weggerissen sein soll; wie auch Herr etc. *Hogrewe* in seiner „Beschreibung der in England angelegten schiffbaren Canäle. Hannover, 1780." des im Jahre 1218 weggerissenen, mehr als 100 Jahre alten Syhles erwähnt, ohne den Ursprung dieses und anderer Syhle und Schleusen genau angeben zu können.

Herr etc. *v. Wiebeking* bemerkt in seiner Ausgabe der „Mathematik zum Nutzen und Vergnügen des bürgerlichen Lebens u. s. w., vom Professor *Büsch* in Hamburg, im 3ten Buche, 3ten Capitel §. 14. und 15.," dafs nicht die Italiener die ersten Erfinder der Kammerschleusen wären, sondern die Holländer, indem schon im Jahre 1253 der Graf *Wilhelm II.* die Erlaubnifs ertheilt habe, bei Spaarndamm eine 24 Fufs weite Kammerschleuse (oder Kolksluis) anzulegen und dafs diese im Jahre 1492 gegen die Spaarne verlängert worden sey; dafs auch bereits im Jahre 1220 in Amsterdam Schleusen vorhanden gewesen seien, welche höchst wahrscheinlich Kammerschleusen (Schiffahrtsschleusen, oben offen, mit Ober- und Unterhaupt, Ebbe- und Fluththüren) waren, indem man sonst aus den ersten Canälen Amsterdams, die bereits im 13ten Jahrhundert gegraben wurden, nicht in den Meerbusen, das Y, hätte kommen können. (Man sehe hierüber die Schrift „*Verhandeling over de Verbetering van Rhynlands boezemwater etc.*") Eben so hätten die Holländer bei hoher Fluth aus dem Y nicht direct nach Haarlem fahren können, wenn die erste Schleuse bei Spaarndamm nicht eine Kammerschleuse gewesen wäre.

Hieraus ist erwiesen, dafs die Holländer die ersten Erfinder der Kammer- oder Schiffahrts-Schleusen (Kolksluizen) waren, und nicht die Italiener. *Simon Stevin*, ein geborner Holländer, hat den Bau dieser Schleusen zuerst im 16ten Jahrhundert beschrieben, sie aber selbst nicht erfunden.

In Ostfriesland waren, wie wir bereits aus der Geschichte der Entstehung des Dollarts gesehen haben, die Syhle bereits im Jahre 1277, also im 13ten Jahrhundert bekannt und im Gebrauche, und gewiſs schon früher, oder doch nicht viel später, wie in dem benachbarten Holland. Ob aber auch damals schon die Kammerschleusen (oder Verlaate) in Ostfriesland im Gebrauche waren: davon findet man weder Nachrichten noch Spuren, oder alte Baustellen.

Eine der ältesten Wassermühlen, mit Schrauben, in Ostfriesland steht im Altbunder Neulande, unweit Neuschanz. Sie wurde 1649 erbauet und ist noch brauchbar. Ihr zweihundertjähriges Jubiläum fällt also in das Jahr 1849, wenn sie alsdann noch steht.

In Ostfriesland war daher, wie wir gesehen haben, schon vor und im 13ten Jahrhundert, wo im Jahre 1277 der Einbruch des Dollarts erfolgte, die Kunst, Deiche und Syhle zu erbauen bekannt und wurde practisch ausgeübt, allein noch nicht so vollkommen, wie späterhin und jetzt, indem die Wasserbaukunst sich erst nach und nach durch viele Uebung und Erfahrung der Küstenbewohner ausbildete, welche durch die Ueberströmungen und Brüche ihrer Deiche und Syhle, und dadurch auch des Binnenlandes, bei groſsen Sturmfluthen genöthigt wurden, die zerstörten Deiche und Syhle wiederherzustellen, die Deiche höher und stärker zu machen, um im Lande wohnen, den Boden cultiviren und leben zu können.

Die stufenweise Wiederbedeichung des Dollarts, welcher von 1277, seit seiner Entstehung, einige Jahrhunderte hindurch an Gröſse zunahm, gab den Bewohnern der Küsten desselben in Ostfriesland und Holland hinreichende Gelegenheit und Antrieb zum Deich- und Syhlbaue.

Nachdem sich der Dollart nach wiederholter Herstellung mehrmals durch Sturmfluthen wiederzerstörter Deichstrecken nicht mehr vergröſsern konnte, wuchs das Ufer oder der Straud auſserhalb der Deiche durch Ablagerung von Schlick wieder an, wurde erhöht und begrünt und zu Wiesen und Weiden benutzt. Bei zunehmender Vermehrung der Bevölkerung hatte man auch das Bedürfniſs, Ackerland auf diesen Anwüchsen zu machen und sie mit Wohnungen zu bebauen. Um dies möglich zu machen, war es nothwendig, die Anwüchse gegen die täglichen Meeres- und auſsergewöhnlichen Sturmfluthen sicher einzudeichen. So wurde z. B. im Rheiderlande oder den jetzigen Aemtern Jamgum und Weener die sogenannte Geise im Jahre 1494 vom Grafen *Edgard I.* zuerst eingedeicht. Altbunder Neuland wurde im Jahre 1605, der Charlottenpolder im Jahre 1682, der Bunder-Interessenten- nebst Süder- und Norder-Christian-Eberhardspolder 1707, der vorliegende Landschaftspolder 1752 und der vor diesem liegende Heinitzpolder, als der letzte und äufserste am Dollart befindliche Polder, im Jahre 1795 eingedeicht.

In derselben Zeitperiode, vom 15ten bis 18ten Jahrhundert, sind an den übrigen Seeküsten Ostfrieslands, namentlich in den Aemtern Greetsyhl, Norden, Berum, Elsens und Wittmund mehrere Anwüchse eingedeicht und seitdem als Polder benutzt und bewohnt worden.

Es würde uns zu weit führen, das Jahr und die Geschichte der Eindeichung aller Ostfriesischen Polder hier auch nur übersichtlich aufzuführen; was der Zweck nicht ist, besonders da in den historischen und geographischen Werken von *Wiarda, Freese* und *Fr. Arends* ausführlich hierüber gehandelt wird.

Die Geschichte der höchsten und verderblichsten Sturmfluthen, welche Ostfriesland, Holland, Oldenburg und andere benachbarte Küstenländer an der Deutschen Nordseeküste seit 1277 trafen, müssen wir ebenfalls der Kürze wegen übergehen. Man findet die Geschichte derselben chronologisch und ausführlich in den Werken von *v. Wiebeking, Krayenhoff, Outhoff, Freese, Wiarda, Fr. Arends u. s. w.;* welcher letztere insbesondere in seiner Beschreibung der Weihnachtsfluth von 1717 und in seinem Gemälde der Sturmfluthen vom 3ten bis 5ten Februar 1825 (Bremen, bei W. Kaiser, 1826) die für Ostfriesland seit 1277, dem Jahre der Entstehung des Dollarts, am schädlichsten gewesenen Sturmfluthen möglichst ausführlich beschreibt.

Die für Ostfriesland und mehrere Küstengegenden der Nordsee am schädlichsten gewesenen Sturmfluthen des vorigen und jetzigen Jahrhunderts fanden in den Jahren 1717, 1736, 1756, 177$\frac{5}{6}$, 1791, 1817, 1824 und 1825 Statt. Unter diesen zeichnet sich die Sturmfluth des Jahres 1717 als besonders schädlich aus. Es wurden nach dieser Fluth die Deiche Ostfrieslands erst 7 Jahre später völlig wieder geschlossen, so dafs bis dahin die tägliche Fluth in das Binnenland drang. Aufser dem Verluste des Lebens vieler Menschen, von Pferden, Vieh und Wohnungen u. s. w., betrugen die Wiederherstellungskosten der Deiche u. s. w. im Ganzen etwa 1 Million Thaler Preufs.

Die Sturmfluth im Jahre 1825 war nicht minder hoch und heftig, wie die im Jahre 1717; allein es wurden so zweckmäfsige und kräftige

Maafsregeln ergriffen und mit Energie und Schnelligkeit ausgeführt, dafs die Deiche in demselben Jahre wieder sicher geschlossen und in den folgenden Jahren vervollständigt wurden. Hr. *Fr. Arends* schlägt S. 475 seines angeführten Werkes sämmtliche Herstellungskosten der Deiche und Syhle Ostfrieslands vom Jahre 1825 auf etwa 1 147 500 Thaler Preufs. Courant an. Diese beiden warnenden Beispiele sind hinreichend, uns zu ermahnen, Deiche und Syhle stets in gutem sichern Stande zu erhalten. Die übrigen Sturmfluthen übergehe ich.

Zur Zeit, als Ostfriesland noch von Häuptlingen und gemeinen Richtern regiert wurde, bestand das Emsiger Landrecht, welches später, im Jahre 1312, revidirt, verbessert, schriftlich verfafst und auch schriftlich verbreitet wurde, bevor die 1440 erfundene Buchdruckerkunst existirte. In diesem Emsiger Landrechte war auch das sogenannte *Spadelandrecht* enthalten, wonach Jemand, der seinen Deich aus eigenen Mitteln nicht machen und erhalten konnte, und den Deich übergeben wollte, auf den Deich gehen, drei Soden in den Deichbruch werfen und schwören mufste, dafs er den Deich nicht länger halten könne, worauf die sechs nächsten Verwandten desselben den Deich, das Land und alle seine beweglichen Güter nehmen und dagegen den Deich, bis zum Fufse desselben, halten und bewahren mufsten. Dieses Spadelandrecht wurde späterhin in Ostfriesland von den Häuptlingen, Prälaten und Ständen Ostfrieslands confirmirt und vom Grafen *Ulrich I.* 1454 bestätigt. Es galt auch im Oldenburgschen, Bremenschen, Verdenschen, Holsteinschen und im Hannöverschen, und der Herzog *Christian Ludwig* zu Braunschweig-Lüneburg führte es in seiner Deichordnung vom 6ten September 1664 in seinen Staaten ein.

Die Nachfolger der ersten Regenten von Ostfriesland, die Grafen *Edgar Cirksend* und *Ulrich I.*, im 15ten Jahrhundert, bestätigten oder verbesserten und vermehrten das Ostfriesische Deich- und Syhlrecht der alten Friesen; nemlich die Gräfin *Theda* im Jahre 1466, Graf *Edgar I.* 1515, *Enno II.* 1539, *Johann* der Aeltere 1541, Gräfin *Anna* 1556, Graf *Enno III.* 1608 u. s. w.

Diese alten Deich- und Syhlrechte der Friesen sind in dem schätzbaren Werke:

„Das Ostfriesische Landrecht, nebst dem Deich- und Syhlrechte u. s. w.
„von *Mathias von Wicht.* Aurich, bei Hermann. Tapper, 1746."

in neun Capiteln, enthalten.

Sie enthalten vieles Practische, Anwendbare und Gute, wiewohl sie der jetzigen Verfassung, Gesetzgebung, Volksbildung und den Bedürfnissen im Ganzen nicht mehr angemessen sind.

In Ermangelung eines neuen Deich- und Syhlrechts, so wie einer Deich- und Syhlpolizeiordnung, dient dies alte Deichrecht in Ostfriesland einstweilen noch in vielen Fällen, jedoch nur als Gewohnheitsrecht, zur Richtschnur; besonders so lange es zweifelhaft bleibt, ob es durch die vielen Staatsveränderungen gesetzliche Kraft behalten oder sie verloren hat.

Für einen Theil der jetzigen Provinz Ostfriesland, oder für das sogenannte Harlingerland, wurde vom Grafen *Enno III.* im Jahre 1625 eine besondere Deichordnung erlassen, von der Herzogin *Christine Charlotte* im Jahr 1670 verbessert und im Jahr 1700 vom Fürsten *Christian Eberhard* erneuert. Diese Verordnung ist ausführlicher und zweckmäfsiger als die älteren für Ostfriesland aus den Zeiten der Häuptlinge herstammenden Verordnungen und Deichrechte. Das Syhlrecht und die Vorfluthsgesetze in allen diesen Verordnungen sind noch weit mangelhafter als das Deichrecht.

Nach dem Absterben des letzten Ostfriesischen Fürsten *Carl Edgar* und seit dem Antritt der Regierung *Friedrich des Grofsen* 1744 wurden das Ostfriesische Deich- und Syhlrecht und die danach bestehende Verwaltung des Deich- und Syhlwesens bis zum Tode dieses Monarchen, 1786, beibehalten und nur das von diesem grofsen Könige im Jahr 1773 emanirte Vorfluths-Edict auch in Ostfriesland als Norm befolgt. Indefs sind in der 42jährigen Regierungsperiode *Friedrichs* in Ostfriesland mehrere für das Deich- und Syhlwesen, so wie für die Schiffahrt und den Handel höchst nützliche Werke ausgeführt worden, zu welchen unter andern viele von Steinen gebauete Syhle in der ganzen Provinz und andere bedeutende Anlagen, besonders in der Stadt Emden, u. s. w. gehören.

Im Jahr 1793 wurde das allgemeine Preufsische Landrecht im ganzen Preufsischen Staate und also auch in Ostfriesland als Landesgesetz eingeführt. Es sind darin die Vorfluthsgesetze für die Entwässerung in Theil I. Tit. 8. §. 102—117 etc. vollständiger enthalten und vom bessern Einflusse auf diesen Theil des Wasserbauwesens gewesen als die früheren Gesetze. Indefs blieb bis zum Ende des Jahres 1806 das Ostfriesische Deich- und Syhlwesen, mit wenigen Modificationen, in seiner bisherigen alten Verfassung. Auch unter der Holländisch-Französischen Regierungsperiode, von 1806 bis Ende 1813, wurden, ungeachtet der Einführung eines andern Landesgesetzes, des *Code-Napoleon*, zwar andere administrative Einrichtungen theils projectirt, theils eingeführt; aber es wurde kein besonderes Deich- und Syhlrecht erlassen; noch weniger sind in dieser bewegten Zeit, außer einigen wenigen Syhl- und Deichbauten, wesentlich große und nützliche Anlagen ausgeführt, sondern Deiche und Syhle im Ganzen eher verschlimmert als verbessert worden; wovon ich mich beim Antritt meines hiesigen Dienstes im Jahr 1814 hinreichend überzeugt habe; so wie denn auch die im Jahr 1817 und 1825 Statt gehabten hohen Sturmfluthen den Beweis davon lieferten und die Nothwendigkeit herbeiführten, die hiesigen Deiche und Syhle theils zu erhöhen, theils zu verstärken, zu repariren und zu erneuern; was seit 1825 unter unserm jetzigen hohen Gouvernement mit dem besten Erfolge und zum großen Nutzen und Besten der ganzen Provinz geschehen und wodurch nicht allein die äußere Sicherheit gegen Sturmfluthen bedeutend vermehrt, sondern auch die inneren Abwässerungs-Anstalten zum Besten der Landwirthschaft sehr verbessert worden sind; wie es die Anlagen und Thatsachen selbst am besten beweisen.

Für die Verbesserung und Vervollständigung des gesetzlichen, polizeilichen und administrativen Theils des Deich- und Syhlwesens ist im Jahre 1834 der Entwurf zu einer neuen Deich- und Syhl-Ordnung auf höchsten Befehl entworfen und von den hiesigen Sachverständigen und Landständen berathen worden, durch dessen Einführung das Wasserbauwesen Ostfrieslands hoffentlich sehr gewinnen wird.

Diese kurze Uebersicht des stufenweisen Fortschreitens des Wasserbauwesens in Ostfriesland, von den ältesten Zeiten bis jetzt, wird hinreichen, sich im Allgemeinen einen historischen Begriff davon zu machen. Ich beschränke mich darauf, und verzichte, eine ausführliche Geschichte davon zu liefern, auf das Studium der genannten literarischen Quellen verweisend.

Leer in Ostfriesland, im Jahre 1838.

5.
Einiges über die Ausführbarkeit von Eisenbahnen in bergigen Gegenden.

(Vom Herausgeber dieses Journals.)

(Vorgelesen von demselben in den Plenar-Sitzungen der Königl. Akademie der Wissenschaften zu Berlin am 18. October und 1. November 1838.)

Die kurze Angabe des Inhalts dieses Aufsatzes findet sich schon in dem fortlaufenden Bericht der Akademie vom Jahre 1838, S. 124 bis 127. Die Abhandlung selbst theilt der Verfasser, zufolge der auf seinen Wunsch erhaltenen Erlaubnifs der Königlichen Akademie, hier mit.

Einleitung.

1.

Unter den mancherlei Schwierigkeiten, welche eine Strafse finden kann, als da sind: Berge und Thäler, Flüsse, Ströme und andere Gewässer, Sümpfe und quelliger Boden, Sandschollen, und so weiter, ist es insbesondere die *Unebenheit des Bodens,* die, wenn sie bedeutend ist, den *Eisenbahnen* noch viel *gröfsere* Schwierigkeiten macht, als anderen Arten von Strafsen und welche diese Schwierigkeiten beinahe bis ins Unüberwindliche steigern kann. Gewässer, Sümpfe, Quellen, Sandschollen u. s. w. sind im Allgemeinen für Eisenbahnen gerade keine gröfseren Hindernisse als für Chausséen; sie können sogar, unter Umständen, für erstere geringer sein als für letztere, weil zu Eisenbahnen meistens der Damm und die Fahrbahn weniger *breit* nöthig sind, als zu Chausséen. Berge und Thäler dagegen machen, wenigstens nach der gewöhnlichen Art der Anordnung und Construction der Eisenbahnen, die Hindernisse für dieselben bald so grofs, dafs durch die gewöhnlichen Mittel, sie zu überwinden, der Nutzen der Eisenschienen fast ganz wieder verloren geht. Es läfst sich zwar nicht sagen, dafs die Schwierigkeiten eines unebenen Bodens bei Eisenbahnen bis jetzt *gar nicht* zu überwinden wären: man kann mit stehenden Maschinen, oder zuweilen durch Verlängerung der Linie, über die höchsten Berge, durch Einschnitte und Aufdämmungen über flache Anhöhen, durch

Thalbrücken und dergleichen über die tiefsten Thäler hinweg, durch unterirdische Schachten oder sogenannte Tunnels durch Bergrücken hindurch kommen: aber die Kosten dieser Hülfsmittel werden bald so grofs, die Tunnels sind so mifslich und, so wie steile Rampen, für die Passage selbst so gefährlich, ja der Aufenthalt in der Bewegung der Passage, welchen stehende Maschinen verursachen, ist so grofs, dafs man leicht wieder einbüfsen kann, was man durch die Eisenschienen an Transportkraft und Transportkosten, so wie durch die Dampfkraft an Schnelligkeit der Bewegung gewinnt. Befördert aber eine Eisenbahn Personen und Frachten nicht mehr weder wohlfeiler noch schneller als eine Chaussée, so wird wohl Niemand sie statt der Chaussée begehren, indem sie aufserdem Nachtheile gegen diese hat, z. B. nicht zugleich mit gewöhnlichen Fuhrwerken befahren, nicht von jeder beliebigen Stelle ab benutzt werden kann u. s. w.

2.

Man kann also bei der gewöhnlichen Bauart der Eisenbahnen noch keinesweges sagen, dafs Eisenbahnen *überall* und unbedingt den Vorzug vor chaussirten und gepflasterten Strafsen hätten und dafs sie dieselben unter allen Umständen mit Vortheil für die Passage zu ersetzen geeignet wären. Entschieden ist solches jetzt nur da der Fall, wo das Terrain wenig uneben ist; und da nun dies in gröfsern Ausdehnungen, auf dem Continent, und selbst z. B. blofs in Deutschland, keineswegs der Fall ist, so läfst sich nicht sagen, dafs sich mit entschiedenem Vortheil ein Netz von zusammenhängenden, ununterbrochenen Eisenbahnen, so wie sie jetzt gebaut werden, z. B. auch nur über Deutschland ziehen lasse. Ein solches Netz würde entweder zum grofsen Theil immer unverhältnifsmäfsige Schwierigkeiten finden und die gehoffte Ersparung an Transportkraft und Zeit würde entweder auf den schwierigern Theilen der Bahn nicht Statt finden, oder die Eisenbahnen würden von Chausséen oder gepflasterten Strafsen unterbrochen und wenigstens theilweise von diesen ersetzt werden müssen.

3.

So verhält es sich bei der Beschränkung auf die *gewöhnlichen* Mittel, Eisenbahnen durch *bergige* Gegenden zu bauen; nemlich bei der Beschränkung auf stehende Maschinen, Rampen, Tunnels u. s. w.; und dies ist also noch eine grofse Unvollkommenheit, die die Vortheile der Schienenwege im Allgemeinen sehr beschränkt.

Ob die Schwierigkeit unabänderlich sei: ob wirklich *nur* unter günstigen Terrain-Verhältnissen Eisenbahnen andern ältern Strafsen-Arten vorzuziehen seien, und ob sich die Schienenwege und die Transportwerkzeuge auf keine Weise so vervollkommnen lassen, dafs ihnen der Vorzug *unbedingt* gebühre, ist eine Frage, auf deren Prüfung es ankommt.

4.

Man wird vor Allem die Aufgabe der noch zu wünschenden Vervollkommnungen der Schienenstrafsen bestimmter ausdrücken müssen. Verlangte man zunächst etwa von Eisenbahnen, sie sollten an der Kraft, die nöthig ist, eine Last eine Anhöhe hinauf zu *heben*, etwas ersparen: so würde man etwas begehren, was nicht zu verlangen ist. Liegt ein Ort 1000 Fufs höher als ein anderer, so bleibt die Kraft, welche erfordert wird, die Lasten da hinauf zu heben, immer unverändert und unvermeidlich dieselbe, auf welcher Strafse und durch welche Mittel auch das Hinaufheben geschehen mag. Es ist *unmöglich*, an dieser Kraft auch nur ein Loth zu ersparen. Eben so verlangt man von Eisenbahnen das *Unmögliche*, wenn man will, dafs auf ihnen Lasten einen Berg hinauf eben so *schnell* mit der gleichen Kraft fortgeschafft werden sollen, als den Berg hinab, oder auf horizontaler Bahn, oder auf einer weniger abhängigen Stelle. Die Aufgabe der Vervollkommnung ist eine andre. Sie ist die: Eisenbahnen so anzuordnen, dafs sie, während sie möglichst wenig zu bauen kosten, mit den *möglich-einfachsten* und geringsten Kraftmitteln überall *ohne Unterbrechung* befahren werden können. So lange nicht Eisenbahnen in *jedem* Terrain, über Berg und Thal hinweg, so gebaut und die Fuhrwerke darauf so eingerichtet werden können, dafs die Zugkraft, welche sie auch sein mag, *ohne stehende Maschinen*, *unverändert* und ohne Hülfe von Tunnels, selbst ohne Hülfsmaschinen an den steilen Stellen, die Lasten ohne weitern Aufenthalt fortzubewegen vermag, kann von der *allgemeinen* Anwendbarkeit und dem allgemeinen Vorzuge der neuen Strafsenart vor den bisherigen allerdings nicht die Rede sein und sie ist von ihrer Vollkommenheit noch weit entfernt. Denn Berge und Thäler können zwar durch Umgehen theilweise vermieden werden: aber ganz sie zu vermeiden ist auf ausgedehnte Strecken *nicht möglich*, und am wenigsten lassen sich die *höhern* Terrain-Erhebungen vermeiden; denn dies sind die *Wasserscheiden*, zwischen den Strömen und Flüssen, und diese müssen, wenn man aus dem Fluthgebiet des einen Flusses in das des anderen gelangen will, *unvermeidlich* überstiegen werden. Stehende Maschinen sind gefährlich, kostbar, und verursachen, so wie auch Hülfsmaschinen, Aufenthalt. *Tunnels* sind wegen der großen Kosten, wegen der Mißlichkeit ihrer Ausführung und wegen der Gefahr für die Personen beim Durchgange durch die kalte und vielleicht verdorbene Kellerluft in denselben, ein sehr unvollkommenes Hülfsmittel; auch sind sie, wenn die Wasserscheiden eine bedeutende *Breite* haben, selbst gar nicht mehr ausführbar.

5.

Man hat auch längst recht wohl eingesehen, daſs die Aufgabe die vorhin ausgedrückte Form habe, indem man sich, besonders in Amerika, eifrigst bemühte, Dampfmaschinen zu bauen, welche steile Anhöhen eben so wohl zu erklimmen vermögen, als flache. Aber das, was zu dem Zwecke der zu wünschenden Vervollkommnung geschieht, scheint, selbst im Princip, noch nicht ganz hinreichend, und es kommt, wenn das Ziel erreicht werden soll, vielleicht noch auf manche andere Erwägungen an. Ohne Zweifel sind zwar auch diese Erwägungen von den kunstreichen Männern, denen die Eisenbahnen ihre bisherige Verwirklichung verdanken, längst angestellt worden, aber sie sind, so viel mir bekannt, vielleicht noch nicht ganz im Zusammenhange ausgesprochen worden; wenigstens in Deutschland nicht. Jedenfalls dürfte es daher bei der hohen Wichtigkeit des Gegenstandes nicht ganz unnütz sein, in denselben insbesondere noch erst im Allgemeinen weiter einzudringen, und zwar, ihn möglichst *wissenschaftlich* näher zu analysiren, dabei aber nicht etwa bloſs durch Raisonnement, sondern zugleich möglichst durch Maaſs und Zahl, ihn näher zu ergründen. Es soll hier die in practischen Dingen etwas verfängliche und gleichsam verrufene Bezeichnung der anzustellenden Betrachtungen durch das Wort *wissenschaftlich* nicht etwa anzeigen, daſs es die Absicht sei, künstliche Formeln und Rechnungen aufzustellen, oder auf dem Papiere Projecte zu machen, welche, die einen wie die andern, in der Ausführung nicht haltbar sich erweisend, in Nichts zerfallen. Es soll bloſs angedeutet werden, daſs es gut sein dürfte, auch bei diesem Gegenstande, insbesondere auf die allgemeinen Naturgesetze zurückgehend, welche keine Kunst zu ändern vermag, zu sehen, was aus *diesen* sich ergiebt und wohin eigentlich bei der gewünschten Vervollkommnung im Einzelnen zu *streben* sei. Wenn man dies *wissenschaftlich* nennen darf und will, so wird das Bestreben wohl unzweifelhaft gut und nützlich sein. Es macht den Gegensatz zur Empirik aus, die entweder nur nachahmt, oder bei Einzelnheiten stehen bleibt, ohne das rechte Ziel im Auge zu behalten und das Ganze, oder doch die Hauptsachen zu berücksichtigen. Es ist in der That fast zu fürchten, dafs die Eisenbahnen schon frühe der Empirik anheim fallen möchten; denn wenigstens der verwandte Gegenstand, die Kunst, Chauséen zu bauen, ist wirklich derselben eine lange Reihe von Jahren hindurch verfallen gewesen und geblieben, und ist es zum Theil noch. Zeugen davon sind die Chausséen, die, wie man nur an zu vielen Orten sehen kann, obgleich man sie sonst ganz gut *construirt* hat, doch grade so angeordnet sind, als sollten sie den Verkehr nicht erleichtern, sondern erschweren. Sollten die Eisenbahnen ebenfalls schon so früh dahin kommen, dafs man sich damit begnügt, nur die Schienen gut und fest legen, oder einen Hügel durchschneiden oder umgehen, oder einen Damm schütten, oder einen Tunnel, oder Dampfwagen, oder stehende Maschinen bauen zu können u. s. w., eben so wie lange Zeit die Chaussée-Baukunst sich auf den Dammbau und auf die Kunst, die Steine zu packen, sich beschränkte, so dürfte wohl von den Eisenbahnen wenig für den Nutzen der Völker zu hoffen sein.

6.

Die Frage war, wie und auf welche Weise Eisenbahnen und die Fuhrwerke auf denselben so einzurichten sein möchten, dafs sie sich, welche auch die Gestalt des Terrains sein möge, ohne stehende Maschinen und selbst ohne Hülfs-Maschinen an den unvermeidlich steilen Stellen, so wie ohne Tunnels, durch *eins und dasselbe unveränderte,* möglichst einfache Kraftmittel befahren lassen; eben wie es bei den Chausséen der Fall ist. Die Chausséen haben *grade hierin* jetzt noch einen wesentlichen *Vorzug* vor den Eisenbahnen; und diese dürfen also, ungeachtet ihrer sonstigen grofsen Vorzüge, den Chausséen in *jenem* Puncte, sollen sie allgemein ausführbar und mit Nutzen anwendbar sein, nicht nachstehen.

Steile Stellen sind, wie sich weiter unten in Zahlen zeigen wird, in Rücksicht auf die Fortschaffung der Lasten, einer *Chaussée* verhältnifsmäfsig bei weitem *weniger* nachtheilig als einer *Eisenbahn.* Um sie bei Eisenbahnen zu vermeiden, bleibt, auf die gewöhnliche Weise, und da stehende Maschinen nicht aushelfen dürfen, weil sie ihrerseits noch gröfsere Schwierigkeiten machen, in blofs hügeligem Terrain nichts übrig, als die Gefälle dadurch zu vermindern, dafs man die Anhöhen durchschneidet und die anstofsenden Thäler durchdämmt. Dieses Mittel ist auch allerdings für die Transportkraft ganz befriedigend und es ist daher auch dasjenige, welches in flachem Boden allgemein angewendet wird. Aber das Terrain darf auch nur *sehr wenig* hügelig sein, so wird das Mittel schon so ungemein kostbar, dafs die Unausführbarkeit nicht mehr fern liegt. Die Gegend zwischen Berlin und Potsdam z. B. gehört gewifs, wenn nicht zu den ganz ebenen, so doch zu den nur sehr wenig hügeligen Gegenden; denn selbst die Hügel zwischen Zehlendorf und Potsdam, welche die *Chaussée* passirt, lassen sich noch gänzlich vermeiden und der Boden von Zehlendorf *gerade zu* nach Potsdam ist sogar noch ebener als zwischen Berlin und Zehlendorf. Gleichwohl kostet hier der blofse Erddamm zu der Eisenbahn allein schon fast so viel, als eine ganz fertige Chaussée mit allem Zubehör kosten würde. Der höchste Punct der Eisenbahn erhebt sich hier über den niedrigsten noch nicht um 50 Fufs. Wären die zu durchschneidenden Anhöhen nur um etwas beträchtlicher, so könnte der Eisenbahndamm schon vielleicht das Doppelte kosten, und wären Hügel, wie die zwischen Zehlendorf und Potsdam, die sich in der Chaussée gegen 200 F. über den niedrigsten Punct erheben, unumgehbar, so würde schon die Eisenbahn ohne stehende Maschinen oder Tunnels gar nicht mehr ausführbar sein. Wenn nun dergleichen schon in der ebenen Mark Brandenburg vorkommt: was ist nicht in den Bergen von Deutschland zu erwarten!

Es bleibt zwar häufig auch noch dasjenige Mittel übrig, was in unebenem Boden den Chausséen durchhilft: nemlich das *Umgehen* der Anhöhen. Aber auch dieses Mittel hat für Eisenbahnen weit gröfsere Schwierigkeiten als für Chausséen; denn es ist nicht anwendbar, ohne die Strafse stark und vielleicht oft zu *krümmen*; und auch die Krümmungen sind wiederum den Eisenbahnen bei weitem nachtheiliger als den Chausséen.

Kommt man ferner in wirkliche Berge, so reicht weder das Durchschneiden der Anhöhen, noch das Umgehen derselben mehr aus. Man kann keinen 1000 oder 2000 F. hohen Berg *durchschneiden;* und ist dieser Berg eine Wasserscheide, so läfst er sich auch nicht *umgehen.* Ferner hilft selbst weder das Einschneiden und Aufdämmen, noch das Krümmen der Strafse dann, wenn man sich in den Flufsthälern, denen zu folgen die allgemeine Regel für die Wahl der Strafsenlinien ist, indem die Natur selbst durch die Thäler der Querflüsse den Weg zeigt, um über die Wasserscheiden hinweg zu kommen, dem *Ursprunge* der Querflüsse nähert;

denn hier ist das Gefälle der Flüsse gewöhnlich so stark und das *Bett* derselben ist also so steil, dafs es nicht mehr für eine Eisenbahn ohne stehende Maschinen pafst, und kein Einschneiden hebt mehr hier das Uebel. Verläfst man aber die Flufsthäler, so stöfst man meistens auf noch gröfsere Schwierigkeiten.

Es kommt daher darauf an, wie in den Fällen der beiden Hindernisse, nemlich erstlich bei *steilen Stellen,* da wo sie entweder unvermeidlich sind, oder wo sie grofse Kosten der Abflachung ersparen, und zweitens bei *Krümmungen,* da wo sie entweder ebenfalls unvermeidlich sind, oder wo sie zum vortheilhaften Umgehen von Anhöhen nützlich zu Hülfe kommen können, bei Eisenbahnen zu verfahren sei, um künstliche Hülfsmittel für die Zugkraft zu vermeiden und um für die Passage möglichst wenig an Kraft und Zeit zu verlieren.

Da unter diesen Umständen die *Hauptschwierigkeiten,* wenigstens *diejenigen, von welchen hier die Rede sein soll,* in die beiden bestimmten Gegenstände: *steile Stellen* oder *Rampen,* und *Krümmungen* zerfallen, so können diese beiden Dinge eins nach dem andern erwogen werden und es wird solches auf die Weise geschehen müssen, dafs man bei jedem damit anfängt, zu untersuchen, worin die Nachtheile, die gehoben werden sollen, bestehen und wie sie in Zahlen zu schätzen sind.

I. Steile Stellen oder Rampen.

Zugkraft.

7.

Der Widerstand, welchen eine Kraft zu überwinden hat, die auf einer Strafse Fuhrwerke fortzieht, zerfällt in zwei Theile. Der *eine* Theil besteht in der Reibung der Achsen in ihren Lagern und der Räder auf der Bahn; der *zweite* Theil in der Kraft, um die Last der Fuhrwerke, wenn die Bahn nicht horinzontal ist, allmälig in die Höhe zu heben. Der *erste* Theil des Widerstandes bleibt immer der nemliche, die Strafse mag horizontal sein, oder nicht; auch bleibt die Reibung, Versuchen und Erfahrungen zufolge, für verschiedene *Geschwindiykeiten* fast die nemliche. Der *zweite* Theil des Widerstandes verhält sich zur Last, wie zur Länge der schiefen Ebene ihre senkrechte Höhe. Auf einer horizontalen Bahn ist also dieser zweite Widerstand Null; auf fallender Bahn ist er negativ, oder kommt der Zugkraft zur Hülfe. Auf horizontaler Bahn findet überhaupt nur der *erste* Theil des Widerstandes Statt und die Gröfse der Reibung ist der gesammte Widerstand auf einer solchen horizontalen Bahn.

Neueren Versuchen und Beobachtungen zufolge, kann man annehmen, dafs auf einer *horizontalen* guten Stein-Chaussée und für Fuhrwerke, wie sie auf einer solchen Strafse gewöhnlich sind, 1 Ctr. Zugkraft (welches ungefähr die eines mittelmäfsig starken Pferdes ist, wenn es mit der dem Bau des Thieres vortheilhaftesten Geschwindigkeit von etwa 1000 Ruthen in der Stunde und mit mäfsiger Anstrengung zieht) 28 Ctr. Last, nemlich an Gewicht der Ladung und des Fuhrwerks selbst, fortzuschaffen vermag; auf einem guten Pflaster von behauenem Granit etwa 40 Ctr., und auf einer Eisenbahn, in den für dieselbe eingerichteten Fuhrwerken, 280 Ctr. Die Reibung der Achsen der Fuhrwerke in den Lagern und der Räder auf der Bahn beträgt also auf Chausséen etwa den 28sten, auf Pflastern den 40sten und auf Eisenbahnen den 280sten Theil der fortzuschaffenden Last.

Zu dieser Reibung kommt auf *nicht* horizontalen Strafsen, für die Fahrt bergauf, die Kraft zum Hinaufziehen der Last auf die schiefe Ebene hinzu. Daraus ergiebt sich für die zur Fortschaffung von z. B. 1000 Ctr. Last auf Abhängen von verschiedener Steigung *zusammen* nöthige Kraft folgender Betrag.

Auf einem Abhange von	Auf Chausséen.	Auf Pflastern.	Auf Eisenbahnen.
0	35,71 Ctr.	25 Ctr.	3,57 Ctr.
1 auf 1000	36,71 -	26 -	4,57 -
1 - 500	37,71 -	27 -	5,57 -
1 - 400	38,21 -	27,5 -	6,07 -
1 - 300	39,04 -	28,33 -	6,90 -
1 - 200	40,71 -	30 -	8,57 -
1 - 100	45,71 -	35 -	13,57 -
1 - 70	50,00 -	39,28 -	17,85 -
1 - 50	55,71 -	45 -	23,57 -
1 - 40	60,71 -	50 -	28,57 -
1 - 30	69,04 -	58,33 -	36,90 -
1 - 24	77,38 -	66,67 -	45,24 -
1 - 20	85,71 -	75 -	53,57 -
1 - 18	91,27 -	80,56 -	59,13 -

Während also auf horizontaler *Eisenbahn* nur der 10te Theil oder 10 Procent der auf horizontaler *Chaussée* erforderlichen Zugkraft nöthig ist, beträgt, wie man aus der vorstehenden Tabelle sieht, die Zugkraft auf einer Eisenbahn-Rampe von 1 auf 18 nicht mehr 10, sondern $\frac{5913}{91,27}$ oder etwa $64\frac{3}{4}$ Procent der Zugkraft auf einem *gleichen* Chaussée-Abhange von 1 auf 18: auf einer Rampe von 1 auf 30 schon etwa $\frac{3690}{69,04}$ oder etwa $53\frac{1}{3}$ Procent; selbst auf einem Abhange von 1 auf 100 schon $29\frac{3}{4}$ statt 10 Procent. Sobald daher eine Eisenbahn nicht mehr horizontal liegt, sondern steigt, nimmt die Ersparung an der Zugkraft auf Chausséen *schnell* und *sehr bedeutend* ab.

Aber practisch haben starke Abhänge für Eisenbahnen, im Vergleich mit Chausséen, einen noch weit gröfsern Nachtheil. Wenn nemlich eine Chaussée 1 auf 18 steigt, so ist, wie die obige Tafel zeigt, nur etwas über $2\frac{1}{2}$ so viel Zugkraft nöthig als auf horizontaler Bahn: wenn sie 1 auf 30 steigt noch nicht voll 2 mal so viel. Steigt dagegen eine Eisenbahn 1 auf 18, so ist etwa *$16\frac{2}{3}$ mal,* und steigt sie 1 auf 30, schon *$10\frac{1}{3}$ mal* so viel Zugkraft erforderlich als auf horizontaler Strafse. Nun können, wenn mit Pferden gefahren wird, dieselben auf kurze Strecken, und also auf kurze Zeit, zumal wenn man sie von Zeit zu Zeit ruhen läfst, recht gut ihre *gewöhnliche* Anstrengung bis auf das *Doppelte* verstärken. Wenn man also sonst nur die Ladung für die horizontalen Stellen der Strafse mäfsig einrichtet, so können auf Chausséen *dieselben* Pferde selbst noch Abhänge von 1 auf 18 ohne Hülfe oder Vorspann mit ihrer Last ersteigen, und Abhänge von 1 auf 30 ganz bequem. Dieses ist auch der Grund, warum man den Chausséen Abhänge von 1 auf 18 ohne Bedenken und ohne Nachtheil giebt. Auf Eisenbahnen hingegen würde es unmöglich sein, dafs die Pferde die ihnen zugetheilte Last auf Abhänge von 1 auf 18, oder auch nur von 1 auf 30, *ohne Hülfe* hinaufschaffen; denn sie können ihre Anstrengung nicht resp. auf das $16\frac{2}{3}$ und $10\frac{1}{3}$fache verstärken. Man müfste also etwa, umgekehrt, die Last für die horizontalen Stellen so sehr ermäfsigen, dafs sie dort wieder für das Vermögen der Zugkraft viel zu geringe wäre. Es sind also hier unumgänglich Hülfs- oder Vorspann-Pferde nöthig, und zwar wenigstens die 8fache Zahl der Zugthiere; was Aufenthalt verursacht und auch, da die Hülfspferde nicht beständig, sondern nur vielleicht selten in Thätigkeit kommen werden, vergebene Kosten. Auch wenn mit Dampfkraft gefahren wird, vermögen die ziehenden Maschinen nach ihrer jetzigen Einrichtung nicht, ihre Kraft bis auf das 10- und 16fache zu verstärken; so daſs man also dann stehende Maschinen zu Hülfe nehmen muſs.

Dieses ist der Grund, warum, wie oben bemerkt, Chausséen, was die Abhänge betrifft, vor den Eisenbahnen Vorzüge behalten, insofern nicht etwa die aus der Vermehrung der Zugkraft auf Abhängen entstehende Schwierigkeit auf *andere* Weise gehoben wird.

Sind die Abhänge einer Eisenbahn *sehr* geringe, so ist nicht allein der Unterschied der auf derselben nöthigen Vermehrung der Zugkraft im Verhältniſs zu der auf der Chaussée nicht bedeutend, sondern die ziehenden Pferde und auch die ziehenden Maschinen vermögen dann noch ihre Kraft so weit zu verstärken, daſs keine Hülfe von auſsen mehr nöthig ist. Z. B. auf einem Abhange von 1 auf 400 ist nur etwa $1\frac{7}{10}$ und selbst auf einem Abhange von 1 auf 300 noch nicht voll das Doppelte der Zugkraft auf horizontaler Bahn nöthig; bis zu welchem Grade die gewöhnliche Zugkraft recht gut sich verstärken läſst. Deshalb sucht man denn auch mit Recht den Eisenbahnen so schwache Gefälle zu geben, als es nur immer angeht. Aber, wie oben bemerkt, vermehrt dies die Kosten des Dammes und die Schwierigkeiten des Baues auf unebenem Terrain ganz ungemein, und in Bergen sind die schwachen Gefälle zu erzielen gar nicht möglich.

Es kommt daher darauf an, auf welche Weise es wohl angehen möchte, den Eisenbahnen *auch stärkere Gefälle zu geben, ohne* stehende Maschinen zu Hülfe zu nehmen.

Wird mit Pferden gefahren, die selbst vor den Lasten auf der Straſse sich her bewegen, so ist es leichter, die Schwierigkeit zu heben; denn man darf dann am Ende nur an den steilen Stellen die nöthigen Hülfs-Pferde bereit halten; was auch in diesem Falle jetzt das einzige practicable Mittel ist. Werden dagegen die Lasten durch vorgespannte Maschinen fortbewegt, so ist die Schwierigkeit gröſser und die Verstärkung der Kraft hat in diesem Falle noch aus einem andern Grunde ihre Grenzen. Um dieses zu erörtern, müssen wir den Fall, wo Maschinen die Lasten fortziehen, zunächst im Allgemeinen betrachten.

Reibung der Triebräder auf der Strafse.

8.

Sollen auf einer Strafse Fuhrwerke durch eine sich selbst mit fortbewegende Maschine fortgezogen werden, so mufs diese Maschine nothwendig ebenfalls ein vor den zu ziehenden Fuhrwerken sich her bewegender *Wagen* sein, auf welchen die wirkende oder bewegende Kraft gesetzt wird, welche sie auch sein mag: Dampfkraft, oder Thierkraft, oder Federkraft, oder die ausdehnende, eben wie der Dampf wirkende Kraft zusammengeprefster Luft, oder die Kraft des Electro-Magnetismus u. s. w. Die von dem ziehenden Wagen getragene bewegende Kraft dreht dann die Räder desselben um, und da diese Räder auf der Strafse sich *reiben* würden, wenn der Wagen *nicht* fortrollen sondern stillstehen sollte, so würde, um den ziehenden Wagen im Stillstand zu erhalten, eine Kraft nöthig sein, die der *Reibung* seiner Räder auf der Strafse gleich kommt. Diese Kraft ist also das *Maximum* dessen, was die Zugkraft des ziehenden Wagens zu wirken vermag, und wenn weniger Kraft nöthig ist, um die Fahrzeuge, welchen die ziehende Maschine vorgespannt ist, fortzuschaffen, so rollt der ziehende Wagen mit den von ihm zu ziehenden Fahrzeugen auf der Strafse fort. Die Reibung der Räder des ziehenden Wagens würde aber, wenn er still stände, in gradem Verhältnifs zu seinem *Gewicht* stehen. Also ist ein *gewisser Theil dieses Gewichts* das Maximum der Zugkraft der ziehenden Maschine, und zwar gleichmäfsig, welche auch immer die bewegende oder wirkende Kraft *an sich selbst* sein mag.

Hieraus folgt, dafs, sobald Fuhrwerke durch eine mit ihnen gleich geschwind fortrollende oder locomotive Maschine bewegt werden sollen, die Zugkraft dieser Maschine jedenfalls eine bestimmte *Grenze* hat: nicht etwa *diejenige* Grenze, welche der Stärke der wirkenden Kraft der Maschine gestattet sein möchte, sondern denjenigen Betrag, der sich zum *Gewichte* der locomotiven Maschine eben so verhält, wie zu ihr die *Reibung* dieses Gewichts auf der Strafsenbahn. Die *Geschwindigkeit* der Fortbewegung dagegen ist, im Allgemeinen oder theoretisch gesprochen, unbeschränkt; denn eine *Maschine* vermag die Geschwindigkeit ihrer Wirkung im umgekehrten Verhältnifs der Kraft, welche sie auf die bewegten Gegenstände ausübt, *unbeschränkt* zu verstärken.

9.

Im Allgemeinen, oder theoretisch, verhält es sich überhaupt wie folgt.

Erstlich. Sollen auf einer Strafse Fuhrwerke durch *stehende Maschinen* fortgezogen werden, so ist Alles unbeschränkt: sowohl der Abhang der Strafse, als die Zugkraft und die Geschwindigkeit; denn die Maschine kann eben sowohl die Lasten auf einer horizontalen Bahn fortziehen, als sie solche, wenn man es verlangt, sogar noch *senkrecht* heben kann; und ihre Intensität und Geschwindigkeit kann nach Belieben verstärkt werden.

Zweitens. Sollen Fuhrwerke durch die Kraft *vorgespannter Thiere, insbesondere Pferde,* fortgezogen werden, so ist erstlich der *Abhang* der Bahn beschränkt. Auch hier ist das Verhältnifs von 1 Steigung auf 18 Länge practisch ungefähr das Maximum, weil stärkere Abhänge für ziehende Pferde zu beschwerlich zu *erklimmen* sind; wenigstens zu viel dabei von ihrer Kraft auf das Erklimmen *ungenutzt verloren* geht. Die *Intensität* der Kraft dagegen ist unbeschränkt, weil man die Zahl der vorgespannten Pferde nach Belieben vermehren kann. Die *Geschwindigkeit* der Bewegung endlich ist zwischen zwei bestimmten Grenzen eingeschlossen. Dieselben sind resp. etwa 800 und 5000 Ruthen in der Stunde. Bewegen die ziehenden Thiere sich langsamer, so leisten sie *auf die Dauer* weniger als sie vermögen, und bewegen sie sich geschwinder, so vermögen sie gar nichts mehr zu *ziehen.*

Drittens. Sollen endlich Fuhrwerke durch eine vorgespannte locomotive Maschine fortgezogen werden, so hat zunächst der *Abhang der Bahn* seine Grenze. Sie ist diejenige, wo die Maschine nur noch *ihr eigenes Gewicht* fortzubringen und aufser sich selbst nichts mehr zu ziehen vermag. Sodann hat die *Zugkraft* ihre Grenze: nemlich diejenige des Betrags der Reibung der Räder der Maschine auf der Bahn, also desjenigen Theils des *Gewichts* der Maschine, welchem diese Reibung gleich ist. Die *Geschwindigkeit* der Bewegung hingegen ist hier, theoretisch wenigstens, unbeschränkt, indem die Maschine im umgekehrten Verhältnifs der Kraft, welche sie ausübt, ihre Geschwindigkeit immerfort zu verstärken vermag.

10.

Für die Schätzung der Wirkung locomotiver Maschinen kommt es also zunächst auf diejenige *der Reibung ihrer Räder auf der Bahn* an, weil davon das Maximum der Wirkung abhängt, die die Kraft der Maschine an *Zugkraft auszuüben* vermag und woraus dann wieder auch das

Maximum des Abhangs sich findet, welchen die Maschine zu erklimmen vermag, nemlich, wenn sie blofs noch *ihre eigene* Last hinaufzuschaffen im Stande ist.

Es fehlt noch, so viel ich weifs, an einer näheren, directen Ermittelung der Kraft des Eingreifens der Räder einer locomotiven Maschine auf die Bahn durch Versuche. Selbst Herr *v. Pambour,* der so zahlreiche Versuche im Grofsen mit Eisenbahnfuhrwerken angestellt hat, berührt in seinem vortrefflichen, classisch zu nennenden Werke über Dampfwagen, diesen wichtigen Punct gleichsam nur im Vorübergehen. Nach ihm ist das Eingreifen der Räder auf einer Eisenbahn etwa auf den 6ten Theil der auf den eingreifenden Rädern ruhenden Last zu schätzen und wenn die Schienen schlüpfrig sind, nur etwa auf den 20sten Theil. Lange Zeit hat man, wie Herr *Minard* in seinen Vorlesungen berichtet, geglaubt, dafs das Eingreifen, Herrn *Wood* zufolge, überhaupt noch weniger als den 20sten Theil der Last betrage.

Aus anderen Versuchen in der neuesten Zeit läfst sich indessen *indirect* einiges Bestimmtere entnehmen.

Nachdem man nemlich wohl gefühlt hatte, wie wichtig es sei, auch stärkere Abhänge von Eisenbahnen mit locomotiven Maschinen ersteigen zu können, hat man, besonders in Nord-Amerika, Dampfwagen zu bauen sich bemüht, die dazu geeignet sein möchten. Dieses Bestreben ist auch vollkommen gelungen, und aus dem, was diese Maschinen geleistet haben, läfst sich die Stärke der Reibung der Räder auf der Bahn wenigstens näherungsweise schätzen, nemlich auf die Weise, dafs man den Coefficienten für die Reibung der Räder aus dem Ausdrucke der Zugkraft der Maschine, in welchem er nothwendig vorkommen mufs, entnimmt.

11.

Dieser Ausdruck der Zugkraft findet sich wie folgt.

Der auf den eingreifenden Rädern ruhende Theil des Gewichts der ziehenden Maschine werde bezeichnet, in Pfunden, durch . . . . *P*.

Das von der Maschine fortgezogene Gewicht der Wagen und ihrer Ladung, mit Einschlufs des nicht auf den eingreifenden Rädern ruhenden Theils des Gewichts der Maschine selbst, in Pfunden, durch . . . . *Q*.

Der Widerstand der Bahnwagen gegen die Zugkraft, bestehend aus der Reibung ihrer rollenden Räder auf der Bahn, aus der Reibung der Achsen der Wagen in den Lagern und aus derjenigen Reibung im Innern der Maschine, die der Widerstand gegen die Zugkraft zur Folge hat, sei, zusammengenommen, von dem Gewicht der fortgezogenen Last der . . . . $n$te Theil.

Der Widerstand, welchen das Gewicht der ziehenden Maschine selbst, durch die Reibung ihrer rollenden Räder auf der Bahn und der Achsen in den Lagern, so wie ihrer innern Theile, der Zugkraft entgegensetzt und welcher, wegen der Zusammengesetztheit der Maschine stärker ist als bei den Bahnwagen, die blofs Lasten tragen, sei von dem Gewichte der Maschine der . $k$te Theil.

Das Eingreifen der Räder der Maschine auf die Bahn, oder die eigentliche Reibung, welche Statt finden würde, wenn die Räder nicht rollten und sich nicht umdrehten, sei von der auf derselben ruhenden Last der . . . . $m$te Theil.

Der Winkel, welchen der Abhang der Bahn mit einer horizontalen Linie macht, sei . . . . α.

Die horizontale Länge des Abhanges auf die Einheit der Höhe sei . . . . a,

so dafs $a = \cot\alpha$ ist.

Alsdann ist der Druck der Gewichte P und Q, perpendiculär auf die Bahn, nach welchem die Reibung und das Eingreifen der Räder sich richtet, $P\cos\alpha$ und $Q\cos\alpha$. Also ist das Eingreifen der Räder $\frac{P\cos\alpha}{m}$. Der Widerstand gegen die Zugkraft ist $\frac{Q\cos\alpha}{n} + \frac{P\cos\alpha}{K}$, und die Kraft, welche nöthig ist, die Last $P+Q$ die schiefe Ebene hinan zu ziehen $(P+Q)\sin\alpha$. Beiden letztern Widerständen zusammen soll das Eingreifen der Räder zum Widerhalt dienen und darf ihnen also äufsersten Falls nur gleich sein. Also ist:

$$1. \quad \frac{P\cos\alpha}{m} = \frac{Q\cos\alpha}{n} + \frac{P\cos\alpha}{k} + (P+Q)\sin\alpha,$$

und daraus folgt, weil $\frac{\sin\alpha}{\cos\alpha}$ oder $\tang\alpha = \frac{1}{a}$ ist:

$$2. \quad \frac{P}{m} = \frac{Q}{n} + \frac{P}{k} + \frac{P+\alpha}{a} \quad \text{und}$$

$$3.\quad P(nka-mna-mnk) = Q(mka+mnk),\text{ also}$$

$$4.\quad \frac{Q}{P} = \frac{n((k-m)a-mk)}{mk(a+n)}.$$

Dieses ist dasjenige Vielfache des Gewichts der auf den eingreifenden Rädern ruhenden Last P, welches äufsersten Falls die fortgezogene Last Q sein kann.

Für $Q=0$, oder für den Fall, wo die Maschine nur noch *ihre eigene Last* fortzieht, ergiebt sich $0=n((k-m)a-mk)$, also

$$5.\quad a = \frac{mk}{k-m};$$

was den Abhang ausdrückt, den äufsersten Falls die ziehende Maschine, blofs ihr eigenes Gewicht fortschaffend, zu erklimmen vermag.

Für eine *horizontale* Strafse ist $a=\infty$, also für diesen Fall

$$6.\quad \frac{Q}{P} = \frac{n(k-m)}{mk}.$$

Ist nun durch Versuche die Last Q bekannt, welche eine Maschine, von der das Gewicht P auf den eingreifenden Rädern ruht, einen durch a bestimmten Abhang hinauf gezogen hat, so ergiebt sich aus den Ausdrükken (4. oder 3.)

$$Pnka = m[Qka+Qnk+Pnk+Pna],$$

also

$$7.\quad m = \frac{Pnka}{(P+Q)nk+a(Pn+Qk)},$$

oder auch, wenn man für den gegenwärtigen Fall $\frac{Q}{P}$ durch λ bezeichnet,

$$8.\quad m = \frac{nka}{(1+\lambda)nk+a(n+k\lambda)}.$$

Dieses wäre *der Coefficient für das Eingreifen der Räder in die Bahn.*

Es wird dabei der Coefficient n des Widerstandes der fortzuziehenden Last als bekannt vorausgesetzt. Weifs man aber aus Versuchen, wieviel auf irgend *einem andern*, durch b bestimmten Abhange die gleiche Maschine an Last fortgeschafft hat, und kennt also den Quotienten $\frac{Q}{P}$ für *diesen andern* Abhang, der dann durch ε bezeichnet werden mag, so kann man aufser m auch das bei dem Versuche Statt gehabte n finden.

Es ist nemlich alsdann vermöge (8.) auch $m=\frac{nkb}{(1+\varepsilon)nk+b(n+k\varepsilon)}$,

also $\frac{nka}{(1+\lambda)nk+a(n+k\lambda)} = \frac{nkb}{(1+\varepsilon)nk+b(n+k\varepsilon)}$, und daraus folgt

$$ank(1+\varepsilon)+ab(n+k\varepsilon) = bnk(1+\lambda)+ab(n+k\lambda), \text{ oder}$$
$$nk[a(1+\varepsilon)-b(1+\lambda)] = abk(\lambda-\varepsilon), \text{ also}$$
$$9. \quad n = \frac{ab(\varepsilon-\lambda)}{b(1+\lambda)-a(1+\varepsilon)}.$$

Dieses nun weiter in (8.) substituirt, giebt

$$10. \quad m = \frac{kba(\varepsilon-\lambda)}{k[b\varepsilon-a\lambda+\varepsilon\lambda(b-a)]+ab(\varepsilon-\lambda)}.$$

Ist der zweite, durch b bestimmte Abhang Null, so ist $b=\infty$ und die Ausdrücke (9. und 10.) reduciren sich auf

$$11. \quad n = \frac{a(\varepsilon-\lambda)}{1+\lambda} \text{ und}$$
$$12. \quad m = \frac{ka(\varepsilon-\lambda)}{k\varepsilon(1+\lambda)+a(\varepsilon-\lambda)}.$$

Es kommt nun darauf an, diese Ausdrücke auf die Ergebnisse z. B. mit den Amerikanischen Maschinen anzuwenden.

12.

Insbesondere hat Herr *William Norris* zu Philadelphia Dampfwagen für steile Eisenbahnstrecken geliefert und es sind damit vielfache Versuche auf der Eisenbahn von Philadelphia nach Columbia angestellt worden. Herr *Norris* hat die Berichte, welche die Journale darüber gegeben haben, im März dieses Jahres zusammendrucken lassen.

In dem Eingange dieser Zusammenstellung heifst es, Herr *Norris* liefere Maschinen von 8 Tonnen schwer, welche auf einem Abhange

von 1 auf	14,31	...	16	Tonnen, also das	2fache	ihres Gewichts.
- 1 -	35,20	...	36	- - - -	4,5	- - - -
- 1 -	42,16	...	43	- - - -	5,04	- - - -
- 1 -	52,80	...	52	- - - -	6,5	- - - -
- 1 -	58,66	...	56	- - - -	7	- - - -
- 1 -	66,00	...	63	- - - -	7,87	- - - -
- 1 -	75,43	...	69	- - - -	8,62	- - - -
- 1 -	88,00	...	78	- - - -	9,75	- - - -
- 1 -	105,60	...	90	- - - -	11,25	- - - -
- 1 -	132,00	...	104	- - - -	13	- - - -
- 1 -	176,00	...	126	- - - -	15,75	- - - -
- 1 -	264,00	...	158	- - - -	19,75	- - - -
- 1 -	528,00	...	213	- - - -	26,62	- - - -
auf horizontaler Bahn			309	- - - -	38,62	- - - -

fortschaffen.

Nimmt man an, dafs diese Leistungen das Aeufserste sind, was das Eingreifen der Räder auf die Schienen zuläfst; nimmt man ferner an, dafs das ganze Gewicht der Maschine auf den eingreifenden Rädern ruht (was aber wahrscheinlich nicht der Fall ist) und wählt die beiden äufsersten der obigen Angaben aus, so ist $a = 14{,}31$, $\varepsilon = 38{,}62$ und $\lambda = 2$. Der Coefficient k ist nach den sehr sorgfältigen Versuchen des Herrn *v. Pambour* bei Dampfwagen $= 150$ zu setzen. Dieses gäbe dann, vermöge der Ausdrücke (11. und 12.), die hier passen würden,

$$13.\quad n = 174{,}68 \quad \text{und} \quad m = 4{,}4.$$

Das Eingreifen der Räder auf die Schienen würde also den 4,4ten Theil des Gewichts der Maschine betragen. Jedoch ist es wahrscheinlich *stärker*, da, wie vorhin gedacht, wohl nicht das ganze Gewicht der Maschine auf den Rädern ruht. Auch wäre hiernach der Widerstand n der Bahnfuhrwerke weit stärker als gewöhnlich. Denn er beträgt gewöhnlich nicht den 174,68ten, sondern, mit Einschlufs der durch den Widerstand der Fuhrwerke vermehrten Reibung im Innern der ziehenden Maschine, nur den 250sten Theil der Last.

Das Resultat aus den blofsen Angaben dessen, was die Maschinen *sollen* leisten können, ist also zu unsicher und es wird besser sein, es aus dem zu ziehen, was sie geleistet *haben*.

Einer von den am besten beschriebenen unter den vielen Versuchen ist der Versuch am 19ten Juli 1835 mit der Maschine *Georg Washington* genannt, auf der Eisenbahn von Philadelphia nach Columbia. Die Resultate desselben werden von 43 unterschriebenen namhaften Personen bezeugt. Die Maschine wog 14 930 Pfunde, wovon 8700 Pfunde auf den Triebrädern ruhten. Das Gewicht des Tenders und der Wagen, welche sie auf einen Abhang von 1 auf 14,31 hinauf zog, betrug 31 270 Pfunde. Also wäre hier $\lambda = \frac{31270 + 14930 - 8700}{8700} = \frac{37500}{8700} = 4{,}31$ und $a = 14{,}31$. Eine zweite bestimmte Angabe für einen andern Abhang fehlt. Es ist zwar gesagt, dafs die Ingenieurs aufserdem auf der Bahn 150 Tonnen fortschaffen zu können glaubten; allein der *Abhang* dieser Bahn ist nicht angegeben. Man kann daher nur den Ausdruck hier oben (8.) benutzen, indem man in demselben den Coefficienten n und k die sonst gewöhnlichen Werthe 250 und 150 beilegt. Dieser Ausdruck giebt alsdann für den gegenwärtigen Fall

$$14. \quad m = \frac{250.150.14,31}{(1+4,31)250.150+14,31(250+150.4,31)} = 2,53.$$

Hiernach betrüge also das Eingreifen der Räder auf die Schienen sogar *den 2,53sten Theil* der auf den Rädern ruhenden Last. Es wird in dem Berichte von diesem Versuche erzählt, dafs anfangs die Maschine den Dienst versagt habe, indem die Räder nicht eingegriffen hätten. Die Ursache davon sei, wie sich hernach gefunden, gewesen, dafs man, um eine gegen die Leistungen der Maschine früher verlorene Wette jetzt zu gewinnen, die Schienen mit Oel bestrichen gehabt. Nachdem etwas Sand auf die Schienen gestreut worden, habe sich die Maschine sogleich in Bewegung gesetzt.

Ein anderer von den beschriebenen Versuchen, welcher mit einem für die Eisenbahn zwischen Wien und Triest von Herrn *Norris* gebauten Dampfwagen bei Philadelphia am 2ten December 1837 angestellt worden, würde, weil sich dabei, aufser der Angabe der Last, welche die Maschine den oben beschriebenen Hügel hinauf gezogen hat, auch noch die zweite findet, dafs sie 445 705 Pfunde auf einer sehr gekrümmten Bahn über einen Abhang von 1 auf 103 fortgeschafft hat, noch bestimmender sein, wenn nicht die Angabe des Gewichts der Maschine selbst fehlte. Es wird blofs berichtet, dafs die Maschine 48 500 Pfunde Gewicht, mit Einschlufs ihres eigenen Gewichts, den 1 auf 14,31 steigenden Hügel hinaufgezogen habe. Wahrscheinlich ist indessen diese Maschine der vorigen, von 14 930 Pfunden schwer, von deren Gewicht 8700 Pf. auf den Triebrädern ruhten, ähnlich gewesen. Verhält es sich so, so wäre hier

$$a = 14,31, \quad b = 103, \quad \lambda = \frac{48500-8700}{8700} = 4,57,$$

$$\varepsilon = \frac{445705}{8700} = 51,27, \quad k = 150.$$

Es ist indessen nicht möglich, dafs der Abhang von 1 auf 103, auf welchen die 445 705 Pf. hinaufgeschafft worden sind, längsaus Statt gefunden habe; denn dies würde in (9.) ein *negatives n* geben. Nimmt man an, dafs die Bahn hier blofs *horizontal* gewesen sei, so geben die für diese Voraussetzung passenden Ausdrücke (11. und 12.)

$$n = 120 \quad \text{und} \quad m = 2,30.$$

Also betrüge das Eingreifen der Räder auf die Schienen den 2,3ten Theil der auf den Triebrädern ruhenden Last.

Obgleich nun die Berichte über die Versuche mit den *Norris*schen Dampfwagen unvollständig sind, so geht doch so viel daraus hervor, dafs das Eingreifen der Räder auf die Schienen jedenfalls *mehr als den 6ten Theil* der auf den Triebrädern ruhenden Last beträgt, und dafs solches wohl füglich mit Sicherheit gleich dem *vierten* Theile gesetzt werden kann. Der früher angenommene 10te Theil, oder noch weniger, ist gewifs weit von der Wahrheit entfernt. Freilich ist die Kraft des Eingreifens der Räder auf die Schienen nach den verschiedenen Umständen, je nachdem die Schienen nafs oder trocken, oder gar im Winter mit Eis überzogen, oder, wie oben bei dem einen Versuche geschehen, mit Oel bestrichen sind, sehr verschieden. Allein es ist jedenfalls leicht, die Rauhigkeit der Schienen an einzelnen Stellen steiler Abhänge herzustellen: leichter, als sie glatt zu machen. Man darf nur das Eis im Winter abschaufeln, oder nasse und kothige Schienen reinigen und mit Sand oder Asche bestreuen lassen u. s. w. Es läfst sich also überall mit Sicherheit der Coefficient m für das Verhältnifs des auf den Triebrädern ruhenden Gewichts, zum Eingreifen derselben auf die Schienen, *höchstens gleich 4 setzen.*

13.

Hier drängt sich im Vorbeigehen eine für die Geschichte der Erfindungen nicht uninteressante Bemerkung auf. Da nemlich die *Möglichkeit,* Fuhrwerke auf einer Strafse vermittelst einer vor denselben hergehenden, ebenfalls auf einen Wagen gesetzten Maschine fortzuziehen, vor allem darauf beruht, ob die Räder des Maschinenwagens durch ihr Eingreifen auf die Strafse einen hinreichend starken *Stützpunct* geben, um, auf denselben fufsend, durch die Maschine einen namhaften Widerstand der fortzuziehenden Fuhrwerke zu überwinden, dieses Eingreifen aber nicht näher erwogen wurde, so glaubte man lange, zweifeln zu müssen, ob die Fortschaffung von Fuhrwerken durch Maschinenwagen, schneller als Pferde rennen können, wenigstens ohne künstliche Verstärkung des unzureichend vermutheten *Stützpuncts* des blofsen *Eingreifens* der Räder auf die Strafse, überhaupt *möglich* sei. Man glaubte, *gezahnte Stangen* auf die Strafse legen zu müssen, in welche gezahnte Räder eingriffen; oder Ketten und dergleichen; und da nun diese Anordnung zu künstlich und kaum ausführbar war, so blieb man, für *steilere* Strafsenstrecken, bei den *stehenden* Maschinen. Als *Olivier Evans,* einer der ersten Urheber und Ausführer der Dampfmaschinen mit hohem Druck: der erste Ausführer, wenn nicht der Erfinder der vervollkommneten, die Geschäfte vieler menschlichen Hände selbst verrichtenden Getraidemühlen: einer der ersten Beförderer der Dampfschiffe, und sonst um das Maschinenwesen hoch verdient, obgleich seiner Profession nur ein Stellmacher, vor etwa 50 Jahren in seinem Vaterlande Amerika ein Patent auf Dampfwagen begehrte, hielt man seine Idee (so berichtet *Doolittle* in einer Notiz über das Leben *Evans*), mitleidigerweise, für krank. Zehn Jahre später gewährte man zwar das Patent, aber nur „weil es ja doch nur auf einen Versuch ankomme, der Niemand schaden könne." *Evans* fand keine Unterstützung im Publico und ward mit seinem Dampfwagen für einen Projectmacher gehalten. Erst wiederum zehn Jahre später sah man ein, dafs die Idee kein Traum sei, und in England fiel man, z. B. *Trevithik* und *Vivian,* auf die gezahnten Stangen. Wiederum zehn Jahre später wurde *Evans* als einer der Wohlthäter seines Vaterlandes öffentlich belobt, und jetzt sind und werden schon, auf mehr denn 600 Meilen Eisenbahnen, Millionen von Personen und Centnern von Lasten durch Maschinenwagen mit einer, früher durch kein anderes Transportmittel je erreichten Geschwindigkeit fortbewegt. All' jenes Widerstreben gegen den Glauben an die Möglichkeit ziehender Maschinenwagen entstand aber blofs, und *konnte* blofs aus der Furcht entstehen, das Eingreifen der Räder auf die Strafse werde nicht stark genug sein, um namhafte Lasten dadurch fortzuschaffen; denn dafs sonst auf den ziehenden Wagen eine hinreichend starke Gewalt sich setzen lasse: daran war nicht zu zweifeln. Selbst noch in den allerletzten Jahren war die Meinung verbreitet, das besagte Eingreifen der Räder auf eiserne Schienen könne unter Umständen doch wohl nur den 20sten Theil der Last, oder noch weniger betragen. Erst seit *ganz Kurzem* haben endlich die Amerikanischen Dampfwagen *durch die That* bewiesen, dafs es *stärker* ist und dafs es, wie sich aus der obigen Auseinandersetzung ergiebt, in der That wohl den *vierten* Theil der Last beträgt. War man nun auch schon bei den ersten Dampfwagen erstaunt gewesen, zu sehen, wie diese Maschinen grofse Lasten mit ungewohnter Geschwindigkeit fortschaffen, so war man jetzt vor Verwunderung aufser sich, dafs die Wagen mit Lasten auch selbst stärkere Anhöhen erklimmen konnten. Weder bei dem Einen noch bei dem Andern ist indessen die geringste *Ursach zur Verwunderung* vorhanden, sobald man nur erwägt, dafs die Reibung von Eisen auf Eisen sehr bedeutend ist. Denn greifen die Räder nur kräftig genug auf die Schienen ein, und ist die Maschine sonst stark genug, diese Räder mit Gewalt umzudrehen, so ist nichts natürlicher, als dafs der Maschinen-Wagen mit der ihm angehängten verhältnifsmäfsigen Last fortrollen mufs.

Nun wufste man aber schon geraume Zeit *vor Evans,* dafs, wenn Eisen auf Eisen sich reibt, die Reibung wenigstens den 4ten, auch wohl den 3ten Theil des Drucks beträgt. Wie war es nun möglich, dafs man eine so *einfache* und *bekannte* Thatsache *gleichsam mit Widerstreben* übersehen und dem Künstlichen nachgehen konnte, während das Einfache gleichsam vor Augen lag! Auch hier kam man wieder, wie so oft, auf das Einfache *zuletzt.* Hätte vielleicht *Evans,* oder ein Anderer, seine Ideen in *künstliche* Raisonnements oder Formeln gehüllt, so wäre es ihm damit vielleicht eher gelungen; denn er hätte dadurch eher *imponirt:* über das Einfache glaubte *Jeder* urtheilen zu können, und das Urtheil der Menge über Dinge, die nicht das Gewohnte sind, ist selten das richtige. —

14.

Folgendes ist nun eine Uebersicht des Verhältnisses $\frac{Q}{P}$ derjenigen Last Q, zu dem auf den Triebrädern des Maschinenwagens ruhenden Gewicht P, welche auf einer Eisenbahn, *für verschiedene Voraussetzungen der durch m ausgedrückten Stärke der Reibung der Triebräder auf den Schienen* und auf verschiedenen, durch a bestimmten Abhängen der Bahn, von dem Maschinenwagen, vorausgesetzt, dafs sonst die Kraft desselben hinreichend stark ist, fort-, und zwar *bergauf* gezogen werden kann. Die Resultate sind nach dem obigen Ausdrucke von $\frac{Q}{P}$ (4. §. 11.) berechnet und es ist das durch n bezeichnete Vielfache der Last von dem Widerstande auf Eisenbahnen rollender Fuhrwerke gleich 250 und das durch k bezeichnete ähnliche Vielfache für den Maschinenwagen selbst, gleich 150 gesetzt.

Länge *a* der Bahn auf die Einheit der Höhe	Vielfaches $\frac{Q}{P}$ der Last Q von dem auf den Triebrädern ruhenden Gewicht P, wenn dasjenige des Drucks von der Reibung $m = 6$,	5,	4,	3 ist.
18	1,71	2,31	3,15	4,55
20	2,04	2,65	3,58	5,12
24	2,59	3,32	4,42	6,24
30	3,39	4,28	5,63	7,86
36	4,16	5,21	6,78	9,41
40	4,65	5,80	7,53	10,40
50	5,83	7,22	9,31	12,77
70	7,97	9,79	12,53	17,08
100	10,71	13,09	16,66	22,62
200	17,22	20,93	26,48	35,74
300	21,36	25,91	32,73	44,09
400	24,23	29,37	36,92	49,87
500	26,33	31,88	40,22	54,11
1000	31,80	38,46	48,47	65,13
∞	40,00	48,33	60,83	81,67

Die Abhänge, welche die Maschine, *ohne* Lasten zu ziehen, bloſs noch mit ihrem eigenen Gewicht zu erklimmen vermag, sind nach dem Ausdrucke (s. §. 11.):

Für $m = 6$,

6,33 mal so lang als hoch, oder um 8 Gr. 58 M. gegen die Horizontale geneigt.

Für $m = 5$,

5,17 mal so lang als hoch, oder um 10 Gr. 57 M. gegen die Horizontale geneigt.

Für $m = 4$,

4,11 mal so lang als hoch, oder um 13 Gr. 41 M. gegen die Horizontale geneigt.

Für $m = 3$,

3,06 mal so lang als hoch, oder um 18 Gr. 6 M. gegen die Horizontale geneigt.

15.

Nun läſst sich practisch annehmen, daſs mit Abhängen von *1 auf 30,* und selbst von *1 auf 36 (4 Zoll auf die Ruthe),* wenigstens in Deutschland, *überall, in allen Straſsenrichtungen und über alle Wasserscheiden hinweg,* ohne *unverhältniſsmäſsige* Erhöhung der Kosten der Damm-Arbeiten zur Straſse, durchzukommen sei, wenn sonst nur die Linien, den Wasserläufen folgend und vermeidbare Anhöhen umgehend, geschickt ausgewählt werden, und besonders dann, wenn man ohne Schwierigkeiten und wesentlichen Nachtheil *Krümmen* zu Hülfe nehmen darf; denn die Flüsse, so weit sie die Wege zeigen, selbst bis fast zu ihrem Ursprunge hinauf, haben selten mehr als 1 auf 36 Gefälle. Man gestattet zwar den Chausséen im Allgemeinen das doppelte Gefälle, 1 auf 18; aber die Grenze für ihre Abhänge könnte auch recht gut enger gesteckt werden.

Nimmt man daher die Reibung der Triebräder der Maschinenwagen auf den Schienen auch nur *zum 6ten Theile der Last* an, so folgt aus der Tabelle des vorigen Paragraphs, dafs diese Wagen immer noch wenigstens das *5fache* der auf den Triebrädern ruhenden Last ohne weitere Hülfe oder künstliche Vorrichtungen bergan zu ziehen vermögen werden. Beträgt die Reibung den 4ten Theil der Last, so kann man ihnen mehr als das 6fache der drückenden Last zu ziehen geben. Selbst wenn man, nothgedrungen, hie und da Abhänge von 1 auf 18 gestatten müfste, würde der Maschinenwagen immer noch das *3fache* der Last auf den Triebrädern fortschaffen; und da sich leicht Mittel finden lassen dürften, die Schienen an solchen Stellen rauher und widerstehender zu machen, so dafs die Reibung den 3ten Theil der Last betrüge, so würde der Wagen selbst noch das *4½fache* der Last bergauf zu schaffen vermögen. In den *ebeneren* Gegenden von Deutschland, nemlich in dem nördlichen Theile dieses Landes, und an den grofsen Strömen entlang, werden noch Abhänge von 1 auf 100 leicht ohne grofse Kosten der Dämme zu erlangen sein, und da vermöchte dann der Maschinenwagen, der Tabelle zufolge, das *13- bis 20fache* der auf den Triebrädern drückenden Last zu ziehen.

16.

Auch das *Vier- und Fünffache* der drückenden Last ist aber schon recht bedeutend, besonders dann, wenn man das Gewicht des Maschinenwagens nebst Zubehör so viel als möglich und am besten *ganz* zum Drucke auf die Triebräder zu benutzen sucht. Denn dieser Wagen, welche auch die Kraft sein mag, die ihn in Bewegung setzt, wird immer, gleich den Dampfwagen, 200 bis 240 Centner schwer sein müssen, und, für die Dampfkraft aufserdem der Tender (der dem Maschinenwagen Kohlen und Wasser nachfährt), mit seiner Ladung, noch gegen 100 Ctr. schwer. *Absichtlich* diese Fuhrwerke noch schwerer zu machen, wäre freilich nicht rathsam, weil dann wieder die Schienen und ihre Unterstützung stärker sein müfsten und das grofse Gewicht sehr schnell fortbewegter Wagen schon zerstörend genug auf die Bahn wirkt. Aber das Gewicht von 220 und, mit dem des Tenders, zusammen von 320 Ctr. ist auch schon *sehr* ansehnlich, und es kommt nur darauf an, es möglichst *ganz* zum Eingreifen auf die Schienen zu benutzen. Das Fünffache davon beträgt 1600 Ctr.; und wenn man im Stande ist, eine Last von 1600 Ctr. auf einmal, durch eine einzige Maschine, über alle Berge hin fortzuschaffen, so kann man sehr zufrieden sein.

17.

Das Gewicht des Maschinenwagens selbst, *ganz* zum Eingreifen auf die Schienen zu benutzen, hat schon bisher keine Schwierigkeiten gehabt. Es geschieht auf eine sehr einfache Weise dadurch, dafs man an die eigentlichen *Triebräder* des Wagens seine beiden, oder seine vier *übrigen* Räder vermittelst Stangen *ankuppelt.* Die Trieb-Achse sowohl als die Achsen der andern Räder werden zu dem Ende nach aufsen um etwas verlängert und haben an ihren Enden 1 bis $1\frac{1}{2}$ Fufs lange Kurbel-Arme. Die Kurbel-Arme der Trieb-Achse werden mit den Kurbel-Armen der andern Achse durch starke Stangen verbunden, so dafs die Kraft der Maschine, so wie sie die Trieb-Achse umdreht, auch zugleich die Achsen der andern Räder des Wagens, und diese selbst, die dann deshalb genau eben den Durchmesser haben müssen wie die Triebräder, mit der gleichen Winkel-Geschwindigkeit ebenfalls in Bewegung setzt und auf diese Weise auch den auf den andern Rädern ruhenden übrigen Theil des Gewichts des Wagens ebenfalls zum Eingreifen auf die Schienen bringt. Dafs das Letztere wirklich geschehe, erhellt auf folgende Weise. Gesetzt nemlich, die andern Räder des Maschinenwagens wären *nicht* an die Triebräder gekuppelt und die Kraft der Maschine setzte nur die Triebräder allein in Bewegung, so würde offenbar eine Kraft, die ein wenig gröfser ist als die Reibung des auf den Triebrädern ruhenden *Theils* vom Gewichte des Wagens auf den Schienen, den Wagen rückwärts der Kraft entgegen zu ziehen vermögen. Denn die andern Räder, deren Achsen sich frei in ihren Zapfenlagern drehen und mit der Kraft der Maschine in keiner Verbindung stehen, setzen der rückwärts ziehenden Kraft keinen, oder doch nur wenig Widerstand entgegen. Nahe gleich der rückwärts ziehenden Kraft ist aber die fortschaffende Kraft des Maschinenwagens, und folglich ist diese nur der Reibung des auf den Triebrädern ruhenden *Theils* seines Gewichts gleich. Sind dagegen auch noch die andern Räder des Wagens mit den Triebrädern verbunden, so mufs die rückwärtsziehende Kraft offenbar die Reibung des auf *allen* Rädern ruhenden Gewichts, also des *ganzen* Gewichts der Maschine übersteigen, weil die Räder jetzt mit einander *verbunden* sind und also, wenn der Wagen rückwärts gezogen werden soll, *alle* zugleich, auf den Schienen sich reibend, *gleiten* müssen. Und da nun wieder die fortschaffende Kraft der Maschine nahe der rückwärtsziehenden Kraft gleich ist, so ist dieselbe jetzt der Betrag der Reibung des *gesammten* Gewichts des Maschinenwagens auf den Schienen.

Man könnte nun, weiter, vielleicht auch noch das Gewicht des für den Dampfwagen nöthigen *Munitionswagens*, indem man auch seine Räder an die Triebräder kuppelt, auf gleiche Weise zum Eingreifen auf die Schienen benutzen. Der Tender müfste zu dem Ende *fest* mit dem Dampfwagen verbunden werden, und beide zusammen müfsten einen einzigen Wagen mit 8 Rädern ausmachen. Die Hauptschwierigkeit wäre nur, dafs dann die *Drehscheiben*, auf welchen die Wagen umzuwenden sind, gröfser sein müfsten; indessen würde ihr Durchmesser grade nicht übergrofs werden. Damit nemlich der achträdrige Wagen auf der Drehscheibe stehen könnte, müfste dieselbe einen Durchmesser haben, der etwas gröfser wäre als der von 2 ganzen und 2 halben, also zusammen von 3 Rädern, mit drei Zwischenräumen. Gäbe man den Rädern 4 Fufs Durchmesser, was hinreichend ist, und jedem Zwischenraume 1 Fufs, so betrüge dies 15 F. und, noch mit einigem Ueberragen der Drehscheibe, 16 Fufs. Solche Drehscheiben, die blofs etwas kostbarer werden würden als die gewöhnlichen, welche auch schon 11 bis 13½ F. Durchmesser bekommen, haben aber an sich keine Schwierigkeit, da sie, aufser auf der Spindel in der Mitte, auf Walzen rollen. Also ist diese Schwierigkeit eben noch nicht hindernd, und es wäre eine wesentliche, zur Verallgemeinerung der Benutzung von Eisenbahnen gereichende Vervollkommnung, wenn man die Tender, für die steilen Strecken der Strafse, mit den Dampfwagen *fest verbände; was also einer der Puncte ist, die zu erstreben sein dürften.* Die Verbindung würde noch den Vortheil haben, dafs alsdann die Zuleitung des Wassers aus dem Tender in den Kessel der Dampfmaschine weit mehr gesichert wäre als jetzt, wo die *Schläuche*, durch welche jetzt die Pumpen der Maschine das Wasser aus dem Tender an sich ziehen, leicht schadhaft werden, auch in der Kälte leicht zufrieren.

Für andere bewegende Kräfte als Dampf, für welche etwa keine

Munitionswagen *nöthig* wären, dürfte man nur die Maschinenwagen *länger* machen und ihnen etwa mehrere Räder geben: so ließe sich der gleiche Zweck stärker auf die Schienen eingreifender Lasten ebenfalls erreichen, ohne die Schienen stärker zu machen. Denn es kommt in Rücksicht auf diese nur darauf an, daſs die Angriffspuncte auf dieselben *weiter von einander* gerückt werden.

18.

Hat man so Lasten von etwa 320 Ctr. zum Eingreifen auf die Schienen benutzbar gemacht, so lassen sich, wie oben gefunden, recht gut 1600 Ctr. Last durch eine und dieselbe Maschine über alle gewöhnlich vorkommenden Anhöhen hinweg fortschaffen. Man wird übrigens von den stark eingreifenden Maschinen natürlich nur für diejenigen Theile einer längern Straſse Gebrauch machen, welche *starke Abhänge* haben; insbesondere für die *Uebergänge über Wasserscheiden.* Denn es kommt nur darauf an, daſs in bergigen oder hügeligen Gegenden nicht bei jeder Anhöhe angehalten oder die ziehende Maschine gewechselt werden darf; und dieses läſst sich auf die angezeigte Weise erreichen. Auf den ebneren Theilen der Straſse wird man nur der gewöhnlichen Maschinen bedürfen.

Man darf also auch, sobald man überzeugt ist, daſs das Eingreifen der Räder auf die Schienen stark genug ist, um einer hinreichenden Zugkraft zum *Stützpunct* zu dienen, und sobald man dahin gelangt ist, möglichst das ganze Gewicht der ziehenden Maschine zum Eingreifen zu benutzen, im Allgemeinen, zunächst in Rücksicht auf *diese* Umstände, aber auch *nur dann erst* dreist behaupten, daſs Eisenbahnen, wenigstens in Deutschland und in allen nicht stärker bergigen Ländern, *überall practicabel und nutzbar sind.*

Zugkraft locomotiver Zugmaschinen.

19.

Es ist bis hierher nur insbesondere von dem Widerstande der Schienen unter den Triebrädern der Zugmaschinen, als dem Stützpuncte und folglich dem zuläſslichen Maximo der Kraft, mit welchem die Maschinen Lasten fortzuschaffen vermögen, die Rede gewesen. Es kommt nun weiter auf die nöthige *Zugkraft selbst,* für verschiedene Abhänge der Bahn an. Diese Kraft ist, wenn das Gewicht der Maschine und die Ladung für ihren Zug, wie es in der Praxis für längere oder kürzere Strecken der

Fall ist, unverändert dieselbe bleiben soll, nach dem Abhange der Bahn sehr verschieden. Ihr Maximum für den *steilsten* Abhang ist nöthig und das Maafs für dieses Maximum ist eben die Stärke des Eingreifens der Triebräder der Maschine auf die Schienen. Auf flachen Abhängen ist sie geringer; auf horizontalen Stellen noch geringer; auf fallender statt steigender Bahn ist sie noch geringer, und für einen gewissen Winkel des Falles Null; auf noch stärker fallender Bahn ist sie negativ.

Bezeichnet man die Zugkraft für denjenigen Winkel α der Steigung 1 auf a, für welchen sie die *gröfste* sein soll, durch Z und für einen andern, beliebigen, positiven oder negativen Winkel φ der Steigung 1 auf b durch z, während man die übrigen Bezeichnungen von (§. 11.) beibehält, so ist

$$15.\quad Z = \frac{Q\cos\alpha}{n} + \frac{P\cos\alpha}{k} + (P+Q)\sin\alpha$$

und folglich auch

$$16.\quad z = \frac{Q\cos\varphi}{n} + \frac{P\cos\varphi}{k} + (P+Q)\sin\varphi.$$

Denn der Widerstand des für den Winkel α mit der Kraft $Q\cos\alpha$ senkrecht auf die Bahn drückenden Gewichts Q der Ladung ist $\frac{Q\cos\alpha}{n}$. Der Widerstand der Zugmaschine selbst ist, auf ähnliche Weise, $\frac{P\cos\alpha}{k}$ und die zum Emporheben der Last auf der schiefen Fläche nöthige Kraft in der Richtung der Fläche ist $(P+Q)\sin\alpha$. Der Summe dieser drei verschiedenen Widerstände mufs die Zugkraft gleich sein.

Aus (15. und 16.) folgt

$$17.\quad \frac{Z}{z} = \frac{(Qk+Pn)\cos\alpha+(P+Q)kn\sin\alpha}{(Qk+Pn)\cos\varphi+(P+Q)kn\sin\varphi},$$

oder auch, wenn, wie in §. 11., $\frac{Q}{P}$ durch λ bezeichnet wird,

$$18.\quad \frac{Z}{z} = \frac{(k\lambda+n)\cos\alpha+(\lambda+1)kn\sin\alpha}{(k\lambda+n)\cos\varphi+(\lambda+1)kn\sin\varphi},$$

oder

$$\frac{Z}{z} = \frac{(k\lambda+n)\cot\alpha+(\lambda+1)kn}{(k\lambda+n)\cot\varphi+(\lambda+1)kn}\cdot\frac{\sin\alpha}{\sin\varphi},$$

oder

$$19.\quad \frac{Z}{z} = \frac{(k\lambda+n)a+(\lambda+1)kn}{(k\lambda+n)b+(\lambda+1)kn}\cdot\frac{\sqrt{(1+b^2)}}{\sqrt{(1+a^2)}},$$

oder auch, da b und a immer gegen 1 so grofs sein werden, dafs 1 gegen b^2 und a^2 weggelassen werden kann,

$$20.\quad \frac{Z}{z} = \frac{(k\lambda+n)a+(\lambda+1)kn}{(k\lambda+n)b+(\lambda+1)kn}\cdot\frac{b}{a}.$$

Ferner ergiebt sich aus (16.), für $z=0$,

$$(Qk+Pn)\cos\Phi = -(P+Q)kn\sin\Phi, \quad \text{also} \quad -\cot\Phi$$

oder

$$21.\quad -b = \frac{(\lambda+1)kn}{\lambda k+n};$$

welches denjenigen Abhang bestimmt, auf welchem die Zugkraft Null ist, oder von welchem die Maschine mit ihrer Zuglast von selbst herabzurollen anfängt.

Um ein Paar Beispiele für die Ausdrücke (18. und 19.) zu geben, werde angenommen, der stärkste von einer Maschine in bergiger Gegend zu ersteigende Abhang sei 1 auf 36; für eine andere Maschine in ebenerem Terrain 1 auf 100, und man habe in Folge der Tabelle (§. 14.), nach dem Maafsstabe der in derselben ausgedrückten Reibung auf den Schienen, der ersten Maschine das *5fache*, der andern das *12fache* desjenigen Gewichts, welches auf die Schienen eingreift, zu ziehen gegeben, so ist

Für die erste Maschine . . $a = 36$, $\lambda = 5$

und für die zweite Maschine $a = 100$, $\lambda = 12$;

also, wenn man, wie in (§. 14.) $n = 250$ und $k = 150$ annimmt,

22. Für die erste Maschine

$$\frac{Z}{z} = \frac{(150.5+250)36+6.150.250}{(150.5+250)\;b\;+6.150.250}\cdot\frac{b}{36} = \frac{29.b}{900+4.b};$$

23. Für die zweite Maschine

$$\frac{Z}{z} = \frac{(150.12+250)100+13.150.250}{(150.12+250)\;b\;+13.150.250}\cdot\frac{b}{100} = \frac{277.b}{19500+82.b}.$$

Dieses giebt Folgendes:

Abhang. Steigend.			Von der für diese Abhänge nöthigen Zugkraft z ist die für den stärksten Abhang bestimmte Kraft Z folgendes Vielfache. Für die erste Maschine.		Für die zweite Maschine.
1	auf	36	das	1fache	
1	-	50	-	1,32 -	
1	-	70	-	1,72 -	
1	-	100	-	2,23 -	. . . das 1fache
1	-	200	-	3,41 -	. . . - 1,54 -

Steigend.		Für die erste Maschine.		Für die zweite Maschine.
1 auf 300	das	4,14fache	. . . das	1,89fache
1 - 400	-	4,64 -	. . . -	2,15 -
1 - 500	-	5,00 -	. . . -	2,29 -
1 - 1000	-	5,92 -	. . . -	2,73 -
Horizontal		7,25 -	. . . -	3,38 -
Fallend.				
1 auf 1000	das	9,35fache	. . . das	4,43fache
1 - 500	-	13,17 -	. . . -	6,44 -
1 - 400	-	16,57 -	. . . -	8,33 -
1 - 300	-	29,00 -	. . . -	16,29 -
1 - 237,80	-	134,68 -	. . . -	∞ -
1 - 225	-	∞ -	. . . -	—113,32 -
1 - 200	-	—58,00 -	. . . -	— 17,87 -
1 - 100	-	—5,80 -	. . . -	—2,45 -
1 - 70	-	—3,27 -	. . . -	—1,41 -
1 - 54,32	-	—2,31 -	. . . -	—1,00 -
1 - 50	-	—2,07 -		
1 - 36	-	—1,38 -		
1 - 27,27	-	—1,00 -		

(Zu den Zeilen 1 - 237,80 und 1 - 225:) Das heifst: die erste Maschine hat auf dem fallenden Abhange 1 auf 225, die zweite auf dem fallenden Abhange 1 auf 237,80 *gar keine* Zugkraft anzuwenden nöthig.

(Zu den Zeilen 1 - 200 bis 1 - 27,27:) Das heifst: das Sovielfache als die negativen Zahlen ausdrücken, ist die zum *Heraufziehen* der Last auf den *stärksten* Abhang nöthige Kraft Z von der *zum Aufhalten* der Last vom *Hinabrollen* auf den neben benannten Abhängen nöthigen Kraft z.

Es zeigt sich aus diesen Beispielen, wie schnell die erforderliche Zugkraft abnimmt, je nachdem die Abhänge geringer werden. Auf *horizontaler* Bahn hat die erste Maschine noch nicht den 7ten, die zweite noch nicht den 3ten Theil der ihr für den stärksten Abhang gegebenen Kraft nöthig; auf fallender Bahn noch viel geringere Theile der Kraft, und bei den Abhängen von resp. 1 auf 225 und 1 auf 237,8 *fallend,* ist die Kraft Null. Sind die fallenden Abhänge noch stärker, so müssen die Fuhrwerke gegen das Hinabrollen *gehemmt* werden.

20.

Ist nun die der Maschine inwohnende Kraft *unveränderlich* gleich stark, so mufs die Maschine nothwendig so eingerichtet sein, dafs ihre *Wirkung* auf das Umdrehen der Triebräder nach Erfordernifs der Abhänge beliebig *vermindert* werden kann, weil sonst ein Theil der Kraft, und zwar, da meistens der *stärkste* Abhang doch nur ein kleiner Theil der zu durchlaufenden Strecke sein wird, ein *sehr bedeutender* Theil der Kraft, ungenutzt verloren gehen würde. Hat die Maschine diese Einrichtung, so wird die Folge davon sein, dafs sie der Last, je schwächer die Abhänge sind, eine um so gröfsere *Geschwindigkeit* beibringt; was auch gerade gut und nöthig ist; und zwar eine Geschwindigkeit, die im Allgemeinen in eben dem, aber umgekehrten Verhältnisse zu der Geschwindigkeit auf dem *stärksten* Abhange steht, wie die auf diesem nöthige Zugkraft zu der Zugkraft auf dem schwächern Abhange. Die Maschine, wenn ihre Kraft unveränderlich ist, mufs also (z. B. die erste der beiden obigen Maschinen), so wie sie von dem stärksten Abhange 1 auf 36 auf den Abhang 1 auf 50 gelangt, die Last 1,32 mal so schnell; so wie sie auf den Abhang 1 auf 200 gelangt, 3,41 mal so schnell; so wie sie auf einen *horizontalen* Theil der Bahn gelangt, 7,25 mal so schnell u. s. w. als auf dem stärksten Abhange fortzuführen im Stande sein. Unbeschränkt weiter, auch auf die *fallenden* Stellen der Bahn, bis zu demjenigen fallenden Abhange, auf welchem die Zugkraft Null ist, und darüber hinaus, läfst sich aber dieses Verhältnifs nicht verfolgen, weil auf dem Abhange, von welchem die Last *von selbst* hinabrollt, nicht eine *unendlich grofse* Geschwindigkeit Statt finden darf, auch auf noch stärkeren Abhängen die Maschine nicht rückwärts zu ziehen oder zu hemmen geeignet ist. Das Hemmen geschieht vielmehr besser an den fortgezogenen Fuhrwerken selbst. Es mufs also auch der Wirkung der Kraft der Maschine, falls sie nicht vermindert oder ganz suspendirt werden kann, schon von einem gewissen fallenden Abhange an, das *Hemmen* entgegen zu wirken anfangen.

Ist die Kraft der Maschine *nicht* unveränderlich, sondern läfst sich ermäfsigen und ganz suspendiren, so darf das *Hemmen* nur erst von einem steiler fallenden Abhange an beginnen.

Es kommt nun darauf an, welches Verhältnifs der gröfsten zur kleinsten Geschwindigkeit, das durch y bezeichnet werden mag, man gestatten will. Die gröfste Geschwindigkeit wird nicht leicht über 8 Meilen in der Stunde betragen dürfen: die geringste Geschwindigkeit, auf der steilsten Steigung, nicht unter $\frac{1}{2}$ Meile in der Stunde. Also würde sich annehmen lassen, dafs die gröfste Geschwindigkeit *16mal so grofs* sein dürfe als die kleinste, insofern diese letztere nicht mehr als $\frac{1}{2}$ Meile in der Stunde beträgt, so dafs also in diesem Falle $y = 16$ wäre.

Haben daher die beiden oben zum Beispiel genommenen Maschinen eine *unveränderliche* Kraft, so kann, wie aus der Tafel §. 19. hervorgeht, das Hemmen bis zu einem fallenden Abhange, bei der ersten von etwa 1 auf 400, bei der zweiten von etwa 1 auf 300 unterbleiben. Läfst sich dagegen die Kraft der Maschine selbst ermäfsigen, zum Beispiel bis auf die Hälfte, so kann das Hemmen noch etwas weiter unterbleiben: bei der ersten Maschine etwa bis zu einem Abhange von 1 auf 300, bei der zweiten bis zu einem noch etwas steilern Abhange. Jedenfalls mufs es indessen beginnen, ehe die Maschine einen Abhang erreicht, auf welchem die Lasten von selbst hinabrollen, und von da an weiter mufs es ferner zunehmen.

Der Unterschied für Maschinen von unveränderlicher und von veränderlicher Kraft ist, wie man sieht, nicht grofs. Er kann nur dann wesentlich sein, wenn etwa die Geschwindigkeit für den Fall der steilsten Steigung nicht so gering *sein kann* als oben angenommen, weil dann das 16fache der kleinsten Geschwindigkeit für die gröfste viel zu grofs sein würde. Müfste z. B. die Geschwindigkeit an der steilsten Stelle schon 2 Meilen in der Stunde sein, so darf nur das 4fache davon für die gröfste Schnelligkeit zugelassen werden und man müfste also dann, im Fall die Kraft der Maschine *unveränderlich* ist, bei der ersten der beiden obigen Maschinen sogar schon bei einem *Steigen* von etwa 1 auf 300, bei der zweiten Maschine schon bei einem *Fallen* von weniger als 1 auf 1000 zu hemmen anfangen; was beschwerlich und nachtheilig sein würde. In solchem Falle also ist es gut, wenn die Kraft der Maschine selbst, *veränderlich* ist und ermäfsigt werden kann. Kann das Letztere bis auf den 4ten Theil geschehen, so läfst sich wieder für den Anfang des Hemmens das obige Maafs von etwa 1 auf 400, fallend, für die erste und von etwa 1 auf 300, fallend, für die zweite Maschine erreichen.

Hemmen.

21.

Wegen des Hemmens ist, ehe wir weiter gehen, Folgendes zu bemerken.

Dasselbe geschieht in der Regel auf die Weise, daſs, mittelst durch Schrauben niedergetriebener Hebel an eins der beiden Räderpaare eines oder mehrerer Lastwagen, und zwar an beide Räder zugleich, an jedes ein Stück Holz von einiger Länge, dessen Concavität auf die convexe Form eines gleich langen Bogens des Rades paſst, allmälig angedrückt wird. Dadurch wird eine Reibung an den Rädern hervorgebracht, die den Umlauf derselben erschwert und die allmälig durch das Anschrauben verstärkt werden kann. Die *Grenze* der Wirkung dieses Hemmens ist, daſs der Umlauf der beiden Räder zuletzt ganz gehindert wird, nemlich sobald das Andrücken der hemmenden Körper an die Räder stärker ist als die Kraft, mit welcher das auf den Rädern ruhende Gewicht des Wagens dieselben *auf die Schienen* preſst. Denn alsdann *gleiten* die Räder auf den Schienen, anstatt zu rollen, und folglich ist die *Grenze* der Wirkung des Hemmens die, daſs nun, um den Wagen fortzuziehen, diejenige Kraft nöthig ist, welche den Wagen mit *gleitenden* Rädern fortbewegen würde; mithin, nach der Bezeichnung weiter oben in (§. 11.), der *m*te Theil der auf den gleitenden Rädern ruhenden Last.

Um diese Wirkung näher zu schätzen, werde derjenige Theil der von der Maschine fortzuziehenden Last Q, welcher auf den gehemmten Rädern ruht, durch $\frac{Q}{h}$ bezeichnet. Alsdann verwandelt sich für den Fall des Hemmens der allgemeine Ausdruck für die Zugkraft (15. §. 19.) auf einem beliebigen, durch φ oder b bezeichnetem Abhange, in

$$24.\quad z_1 = \frac{Q\cos\varphi}{hm} + \frac{\left(Q-\frac{Q}{h}\right)\cos\varphi}{n} + \frac{P\cos\varphi}{K} + (P+Q)\sin\varphi,$$

und also ist, wenn die Zugkraft *ohne Hemmen*, für den nemlichen Abhang φ oder b, durch z_b bezeichnet wird,

$$25.\quad z_1 = z_b + Q\cos\varphi\left(\frac{1}{hm}-\frac{1}{hn}\right) = z^b + \frac{Q\cos\varphi}{hmn}(n-m).$$

Soll nun diese Zugkraft *mit Hemmen* derjenigen z_c auf einem andern Abhange ψ oder c *ohne Hemmen* gleich sein, so ist

$$26.\quad z_c = z_b + \frac{Q\cos\varphi}{hmn}(n-m),$$

woraus

$$27.\quad h = \frac{Q\cos\varphi(n-m)}{(z_c-z_b)mn}$$

folgt. Setzt man hierin die Ausdrücke von z_c und z_b aus (16. §. 19.), so erhält man

$$h = \frac{Q\cos\varphi(n-m)}{\left[\left(\frac{Q}{n}+\frac{P}{K}\right)(\cos\psi-\cos\varphi)+(P+Q)(\sin\psi-\sin\varphi)\right]mn}$$

oder

$$h = \frac{QK(n-m)}{\left[(QK+Pn)\left(\frac{\cos\psi}{\cos\varphi}-1\right)+nK(P+Q)\left(\frac{\sin\psi}{\cos\varphi}-\operatorname{tang}\varphi\right)\right]m}$$

oder, da $\operatorname{tang}\varphi = \frac{1}{b}$, $\sin\psi = \frac{1}{\sqrt{(1+c^2)}}$, $\cos\psi = \frac{c}{\sqrt{(1+c^2)}}$, $\cos\varphi = \frac{b}{(\sqrt{1+b^2})}$ und, weil b und c gegen 1 immer sehr grofs sein werden, näherungsweise $\sin\psi = \frac{1}{c}$, $\cos\psi = \cos\varphi = 1$ ist:

$$h = \frac{Q(n-m)}{mn(P+Q)\left(\frac{1}{c}-\frac{1}{b}\right)},$$

oder auch, wenn man, wie weiter oben, λ für $\frac{Q}{P}$ schreibt,

$$28.\quad h = \frac{\lambda bc(n-m)}{mn(\lambda+1)(b-c)};$$

welches denjenigen Theil $\frac{Q}{h}$ der fortzuziehenden Last giebt, der *vollständig* gehemmt werden mufs.

I. Soll so stark gehemmt werden, dafs die Zugkraft auf dem fallenden Abhange 1 auf *b Null ist*, so mufs das Maafs von c für denjenigen Abhang genommen werden, auf welchem die Fuhrwerke ohne Hemmen von selbst hinabrollen. Dieses giebt z. B. für die obigen Werthe von n, m, λ, nemlich $n = 250$ (§. 14. u. 19.), $m = 5$ (§. 15.) und $\lambda = 5$ für die erste Maschine, 12 für die zweite (§. 10.):

$$29.\quad h = \frac{-5.225.b(250-5)}{5.250.6(b+225)} = \frac{-147.b}{4b+900} \text{ für die erste Maschine und}$$

$$30.\quad h = \frac{-12.237{,}8b(250-5)}{5.250.13(b+237{,}8)} = \frac{-559{,}34.b}{13b+3091{,}4} \text{ für die zweite Maschine.}$$

Also mufs bei der ersten Maschine auf dem *fallenden* Abhange 1 auf 36 der $\frac{+147.36}{-4.36+900} = 7$te und bei der zweiten Maschine auf dem *fallenden* Abhange 1 auf 100 der $\frac{+55934}{-1300+3091{,}4} = 31{,}23$te Theil der fortzuziehenden Last Q vollständig gehemmt werden.

II. Soll so stark gehemmt werden, dafs die Zugkraft auf dem fallenden Abhange 1 auf b *gleich der auf horizontaler Bahn ist,* so ist $c=\infty$ zu setzen, welches

$$31. \quad h=-\frac{\lambda b(n-m)}{mn(\lambda+1)},$$

also

$$32. \quad h=\frac{-5.245.b}{5.250.6}=-\frac{49.b}{300} \text{ für die erste Maschine und}$$

$$33. \quad h=\frac{-12.245.b}{5.250.13}=-\frac{294.b}{1625} \text{ für die zweite Maschine giebt.}$$

Also mufs bei der ersten Maschine auf dem *fallenden* Abhange 1 auf 36 der $\frac{49.36}{300}=5{,}88$te und bei der zweiten Maschine auf dem *fallenden* Abhange 1 auf 100 der $\frac{294.100}{1625}=18{,}09$te Theil der fortzuziehenden Last vollständig gehemmt werden.

III. Soll so stark gehemmt werden, dafs die Zugkraft auf dem *fallenden* Abhange 1 auf b noch gleich der auf dem *steigenden* Abhange 1 auf c ist, so ist $c=-b$ zu setzen, welches

$$34. \quad h=-\frac{\lambda b^2(n-m)}{2mnb(\lambda+1)}=-\frac{\lambda(n-m)b}{2mn(\lambda+1)},$$

also die Hälfte des Werthes von h (31. in II.) giebt. Mithin mufs bei der ersten Maschine auf dem *fallenden* Abhange 1 auf 36 der 2,94ste und bei der zweiten Maschine auf dem *fallenden* Abhange 1 auf 100 der 9,04te Theil der fortzuziehenden Last vollständig gehemmt werden.

Die starke Hemmung (III.) ist offenbar nicht nöthig, sondern es darf nur *höchstens* nach (II.) so gesperrt werden, dafs auf den stärksten Abhängen noch so viel Zugkraft nöthig ist als auf *horizontaler* Bahn. Mithin darf höchstens bei der ersten Maschine nur etwa der 6te und bei der zweiten der 18te Theil der fortzuschaffenden Last vollständig gehemmt werden. Dieses ist nicht bedeutend viel, und folglich ist die Hemmung in allen Fällen sehr gut practicabel.

Gewöhnliche Dampfwagen.

22.

Es kommt nun darauf an, ob und auf welche Weise sich die Zugmaschinen so einrichten lassen, dafs sich, nach dem oben in §. 20. beschriebenen Erfordernifs, die Wirkung ihrer Kraft, den verschiedenen

Abhängen der Bahn gemäfs, beliebig vermindern und wieder verstärken lasse.

Es mag zuerst von den durch die Kraft des Wasserdampfes in Bewegung gesetzten Zugmaschinen, den sogenannten *locomotiven* oder *ortändernden Dampfmaschinen* (kürzer, und ganz treffend, *Dampfwagen* genannt), die Rede sein.

Mit der Wirkung derselben verhält es sich, zugleich in Maafs und Zahl ausgedrückt, kürzlich wie folgt. (Man sehe hier die Zeichnungen eines Dampfwagens, welche zu dem in dem gegenwärtigen Journale in der Uebersetzung mitgetheilten Werke des Herrn *v. Pambour* über Dampfwagen gehören, im 1sten Hefte des 10ten Bandes dieses Journals Taf. VII., VIII., IX. und X., so wie die dortige Beschreibung eines Dampfwagens S. 42 bis 61; was zusammen das Folgende völlig deutlich machen wird.)

In einer gewissen Zeit wird in dem Kessel der Maschine (Bd. X. Taf. VIII. Fig. 3.) durch das Feuer eine gewisse Wassermasse, z. B. in einer Secunde σ Cubik-Zoll Wasser, in $\mu\sigma$ Cubik-Zoll Dampf verwandelt, von so viel ausdehnender Kraft, dafs er S Pfunde Druck auf einen Quadrat-Zoll Fläche ausübt. Es sei dieses nemlich die *äufserste* Spannung, welche für die Maschine, nach Maafsgabe der Stärke der Kesselwände, zuzulassen ist. Die Sicherheits-Ventile E, E am Kessel werden dann so eingerichtet vorausgesetzt, dafs sie, so wie etwa der Dampf eine stärkere Spannung annimmt, von ihm geöffnet werden, so dafs sie den zu stark angespannten Dampf so lange entweichen lassen, bis die Spannung wieder auf das Maafs S zurückgekommen ist.

Durch eine Röhre $V'V''$ strömt nun der Dampf aus dem Kessel continuirlich in zwei hohle, an beiden Enden verschlossene Cylinder (**P** Fig. 3. und D, D Fig. 2.). Die Zuströmung kann durch einen Regulator (Taf. X. Fig. 32. und 33.) verstärkt und vermindert werden. Der Regulator besteht aus einer festen, auf einen gewissen Theil ihrer Fläche durchbrochenen Scheibe, quer durch das Haupt-Zuleitungs-Rohr, über welche Scheibe hin sich eine andere, vom Dampf selbst auf jene angedrückte, gleich grofse und um den gleichen Theil ihrer Fläche durchbrochene zweite Scheibe *drehen* läfst. Wird die bewegliche Scheibe so gestellt, dafs ihre Oeffnung genau auf die gleiche Oeffnung der festen Scheibe trifft, so ist der Durchgang ganz offen: wird mit dem festen

Theile der beweglichen Scheibe die Oeffnung der festen Scheibe zum Theil verschlossen, so ist der Durchgang nur zum Theil offen, und wird der feste Theil der beweglichen Scheibe ganz über die Oeffnung der unbeweglichen gestellt, so ist der Durchgang ganz verschlossen. Auf diese Weise kann nach Belieben viel oder wenig Dampf aus dem Kessel in die Cylinder gelassen werden.

In jedem der beiden Cylinder befindet sich ein fester Kolben (Taf. IX. Fig. 8.), dessen Durchmesser, gleich dem der Cylinder, d Zolle sein mag, und der sich darin, wie der Kolben in einer Pumpe, von einem Ende des Cylinders nach dem andern, hin und her bewegen läfst. Der Dampf, in die Cylinder gelangend, treibt den Kolben hin und her, indem er abwechselnd zwischen die eine Fläche des Kolbens und den einen Boden des Cylinders und zwischen die andere Fläche des Kolbens und den andern Boden des Cylinders tritt. Das abwechselnde Oeffnen und Sperren des einen und des andern Raums in den Cylindern geschieht durch ein Schiebeventil x (Taf. IX. Fig. 8., 10. u. 26.), welches auf eine ähnliche Art wie der Regulator die Zuleitungsröhre, nur hier nicht durch Drehung, sondern durch Hin- und Herbewegung, Oeffnungen an den Seiten der Cylinder auf- und zuschliefst und welches durch die Maschine selbst, vermittels excentrischer Scheiben an der Trieb-Achse (Taf. IX. Fig. 11. u. 12.), hin und her geschoben wird. Da der Dampf S Pfunde Druck auf den Quadrat-Zoll Fläche auszuüben vermag und die beiden Kolben zusammen $\frac{1}{2}\pi d^2$ Quadrat-Zoll Fläche haben, so werden sie von dem Dampf mit $\frac{1}{2}\pi d^2 S$ Pfunden Kraft hin und her bewegt. Da indessen im Innern der Cylinder Dampf, nicht Luft, sich befindet, so findet von Innen nach Aufsen der Druck der athmosphärischen Luft nicht Statt, und folglich drückt die Luft von aufsen dem Dampf entgegen; mithin mufs, wenn der Druck der Luft auf einen Quadrat-Zoll Fläche, in Pfunden, durch ϱ bezeichnet wird, ϱ von S abgezogen werden, so dafs die *wirksame* Kraft des Dampfes auf die Kolben nur $\frac{1}{2}\pi d^2(S-\varrho)$ ist.

Jedesmal, nachdem der Dampf einen Kolben von dem einen Ende des Cylinders nach dem andern hin getrieben, also der Kolben die Länge seines Laufes, der l Zolle sein mag, vollendet hat, strömt der Dampf durch eine Oeffnung in dem Cylinder (1 u. 2 Taf. IX. Fig. 8. u. 26. und Taf. VIII. Fig. 3.), die ihm das Schiebeventil in dem gleichen Augenblick öffnet, wo es den Zutritt für den Dampf nach der andern Seite des Kolbens aufschliefst, in den Schornstein C (Taf. VIII. Fig. 3.) und durch denselben in die freie Luft aus. Die heftige Ausströmung des Dampfes durch den Schornstein erzeugt in demselben einen Luftzug, der zugleich das Feuer in der Esse anfacht. Bei jedem Kolbenlauf in beiden Cylindern entströmen also der Maschine $\frac{1}{2}\pi d^2 l$ Cubik-Zoll Dampf, die ihre Dienste gethan haben.

Die an die Kolben befestigten Bläuel-Stangen (S. Taf. VIII. Fig. 3.) greifen in den Bug zweier an der Achse der Triebräder befindlichen Kurbeln ein und drehen vermittelst derselben die Räder um, die nun, da sie vermöge ihrer Reibung, oder ihres Eingreifens auf die Schienen der Bahn, einen Stützpunct oder Wiederhalt finden, den Dampfwagen mit der ihm angehängten Last fortbewegen. Die beiden Kurbeln stehen nicht in einer und derselben, durch die Mittellinie der Trieb-Achse gehenden Ebene, sondern in Ebenen, welche mit einander einen *rechten Winkel* machen, damit abwechselnd, in eben dem Augenblick, wo die Kolbenstange aus dem einen Cylinder auf die eine der beiden Kurbeln ihre *volle* Wirkung ausübt, die Kolbenstange aus dem andern Cylinder mit der andern Kurbel in eine gerade Linie falle und so die Ungleichheit der Wirkung der Kurbeln vermindert werde. Die Stelle eines Schwungrades vertritt die in Bewegung gesetzte Masse selbst.

Der Kurbel-Bug ist natürlich der halben Länge des Kolbenlaufes gleich, also $\frac{1}{2}l$ Zolle. Da nun die durch die Kurbeln nach dem Umfange der Räder hin mitgetheilte Kraft zu der Kraft der Bläuelstange, der Theorie der Kurbel gemäfs, bekanntlich durchschnittlich umgekehrt wie der während eines Umlaufs der Räder von der Bläuelstange zurückgelegte Weg, welcher $2l$ Zoll ist, zu dem Umfange der Räder, deren Durchmesser D Zoll sein mag und der also πD Zoll ist, sich verhält, so vermag der Druck des Dampfes, der auf die beiden Kolben zusammen $\frac{1}{2}\pi d^2(S-\varrho)$ betrug, am Umfange der Triebräder eine Kraft $\frac{2l}{\pi D}\cdot\frac{1}{2}\pi d^2(S-\varrho)=\frac{d^2 l(S-\varrho)}{D}$ hervorzubringen und mit dieser Kraft die Maschine fortzutreiben. Sie ist also die *Zugkraft,* und zwar die *äufserste* Kraft der Maschine, die oben durch Z bezeichnet wurde. Folglich ist

$$35.\quad Z=\frac{d^2 l(S-\varrho)}{D}.$$

Nun mufs nothwendig *aller Dampf ohne Ausnahme,* welcher in dem Kessel erzeugt wird, auf dem oben beschriebenen Wege *durch die Cylinder* ausströmen; die Kolben vor sich hertreibend. Denn die Entwicklung des Dampfes im Kessel geht, *unabhängig* von der Wirkung der Maschine, durch die Esse vor sich; und strömte weniger Dampf durch die Cylinder aus, als im Kessel erzeugt wird, so würde er alsbald eine höhere Spannung annehmen und durch die Sicherheits-Ventile entweichen und ungenützt verloren gehen. Das in einer Secunde erzeugte Volumen Dampf war $\mu\sigma$ Cubik-Zolle. Dasselbe füllt, da der Cubik-Inhalt eines Cylinders $\frac{1}{4}\pi d^2 l$ ist, $\frac{\mu.\sigma}{\frac{1}{4}\pi d^2 l}$ Cylinder in jeder Secunde. Und da nun 4 Cylinder voll Dampf entströmen müssen, wenn die Triebräder des Wagens einmal umlaufen, indem bei jedem solchen Rad-Umlauf jede der beiden Bläuelstangen, und folglich jede Kurbel, sich einmal hin- und einmal herbewegen mufs, so kommen $\frac{\mu.\sigma}{\pi d^2 l}$ Rad-Umläufe auf eine Secunde. Die Länge eines Rad-Umlaufs ist πD Zolle. Folglich durchläuft der Rad-Umfang $\pi D.\frac{\mu.\sigma}{\pi d^2 l}$ oder $\frac{\mu.\sigma.D}{d^2 l}$ Zoll in der Secunde, und dieses ist folglich die Geschwindigkeit der Bewegung des Dampfwagens und der ihm angehängten Last. Bezeichnet man dieselbe durch v, so ist

$$36. \quad v = \frac{\mu.\sigma.D}{d^2 l}.$$

Dieses ist nemlich die Geschwindigkeit der Bewegung, wiederum in dem Falle, wenn der Dampf mit der *vollen* oder gröfsten Spannung S, welche die Sicherheits-Ventile zulassen, auf die Kolben wirkt und die folglich die möglich-gröfste Zugkraft $Z = \frac{d^2 l(S-\varrho)}{D}$ (35.) ausübt, deren die Maschine fähig ist.

Aber der Dampf kann auch eine *geringere* Kraft ausüben und bringt dann eine *gröfsere* Geschwindigkeit hervor. Beträgt nemlich der Widerstand der fortzuziehenden Last nicht so viel, als die gröfste Zugkraft Z der Maschine zu überwinden vermag, sondern nur z; welches der Fall sein wird, wenn die Maschine mit ihrer Ladung nicht den steilsten Abhang zu ersteigen hat, sondern schwächere Abhänge, oder auf horizontaler oder gar fallender Bahn sich fortbewegt: so wird auch der in den Cylindern auf die Kolben drückende Dampf an denselben nicht mehr soviel Widerstand finden als er zu überwältigen *im Stande* ist. Die Folge davon wird sein, daſs er sich, vermöge seiner Eigenschaft als elastische Flüssigkeit, *in einen gröſsern Raum ausdehnt* und daſs also dann, wenn auch *nicht mehr Masse*, so doch ein *gröſseres Volumen* Dampf durch die Cylinder entströmt. Die Spannung einer bestimmten Masse elastischer Flüssigkeit verhält sich aber umgekehrt wie der Raum, welchen sie einnimmt. Erfordert also der Widerstand z der fortzuziehenden Fuhrwerke nicht mehr die gröſste Spannung S Pfunde des $\mu\sigma$ Cubik-Zoll in jeder Secunde erzeugten Dampfes, sondern nur eine *geringere* Spannung, z. B. von s Pfunden Druck auf den Quadrat-Zoll, so daſs also, gemäſs (35.), jetzt nur

$$37. \quad z = \frac{d^2 l(s-\varrho)}{D}$$

ist, so werden die $\mu\sigma$ Cubik-Zoll Dampf bei ihrem Uebergange aus dem Kessel in die Cylinder sich von dem Raume $\mu\sigma$ in den gröſsern Raum $\mu\sigma\frac{S}{s}$ ausdehnen, und folglich wird nunmehr die Geschwindigkeit der Bewegung, die jetzt durch V bezeichnet werden mag, anstatt $v = \frac{\mu.\sigma.D}{d^2 l}$, wie in (36.), jetzt $V = \frac{\mu\sigma\frac{S}{s}.D}{d^2 l}$ oder

$$38. \quad V = \frac{\mu\sigma S D}{s d^2 l}$$

sein. Setzt man hierin aus (37.) $s d^2 l = D z + d^2 l\varrho$, so ergiebt sich

$$39. \quad V = \frac{\mu\sigma S D}{D z + d^2 l\varrho}.$$

für die Geschwindigkeit der Bewegung mit der geringern Zugkraft z.

Aus (36. und 39.) folgt

$$40. \quad \frac{V}{v} = \frac{\mu\sigma S D}{D z + d^2 l\varrho}\cdot\frac{d^2 l}{\mu\sigma D} = \frac{S d^2 l}{D z + d^2 l\varrho},$$

und dies giebt, da vermöge (37.) $D z + d^2 l\varrho = s d^2 l$ ist,

$$41. \quad \frac{V}{v} = \frac{S}{s};$$

so daſs die Geschwindigkeiten der Bewegung sich verhalten wie die Spannung des Dampfes gegen die Kolben; wie es natürlich auch sein muſs.

Ferner giebt (40.), wenn man darin aus (35.) $S d^2 l = D Z + d^2 l\varrho$ setzt,

$$42. \quad \frac{V}{v} = \frac{D Z + d^2 l\varrho}{D z + d^2 l\varrho};$$

welches zeigt, dafs die Geschwindigkeiten der Bewegung *nicht* gerade umgekehrt wie die Zugkräfte sich verhalten, sondern dafs zu einer gewissen vielfachen Zugkraft *weniger* als der gleich-vielfache Theil der Geschwindigkeit gehört.

Alle in diesen Ausdrücken vorkommenden Maafse und Gewichte, bis auf μ, σ und s, beziehen sich unmittelbar auf die Maschinentheile und können also ohne Weiteres in Zahlen ausgedrückt werden. Es ist blofs noch das Verhältnifs anzugeben, welches, nach den Eigenschaften des Wasserdampfes, zwischen μ, σ und s Statt findet, nemlich das Verhältnifs, in welchem das Volumen $\mu\sigma$, welches σ Cubik-Zoll Wasser einnehmen, wenn sie in Dampf von der Spannung s Pfunde auf den Quadratzoll verwandelt sind, zu der Spannung s stehen. Folgende Tabelle, aus dem Werke des Herrn *v. Pambour* über Dampfwagen genommen, giebt dieses Verhältnifs an.

Spannung s des Dampfes auf den Quadratzoll. Pfunde.	Vielfaches μ des Dampf-Volumens von demjenigen des Wassers, aus welchem der Dampf erzeugt würde.	Betrag des Productes μs der Zahlen μ und s.
15,39	1670	25 701
20,53	1282	26 319
25,66	1044	26 789
30,79	883	27 188
35,92	767	27 550
41,05	678	27 832
46,18	609	28 124
51,31	553	28 374
56,45	506	28 564
61,58	468	28 819
66,71	435	29 019
71,84	407	29 239
76,97	382	29 402
82,10	360	29 556
87,23	341	29 745
92,37	324	29 928
97,50	308	30 030
102,63	294	30 173

Das Product μs der Zahlen μ und s wächst, wie man aus dieser Tabelle sieht, stetig, so wie die Spannung des Dampfes s zunimmt, aber nur so wenig, dafs man es, wenn es auf keine grofse Genauigkeit ankommt, sogar *unveränderlich* und zwar im Durchschnitt $= 28\,000$ setzen kann. In dem Umfange von 50 bis 80 Pfunden Spannung des Dampfes auf den Quadratzoll, wie sie gewöhnlich bei Dampfwagen vorkommt, kann man $\mu s = 29\,000$ setzen.

23.

Es frägt sich nun, ob ein Dampfwagen, nach seinen im Vorigen beschriebenen und in Maafs und Zahl ausgedrückten Eigenschaften, so eingerichtet werden könne, dafs er, während er eine bestimmte Last den gröfsten gestatteten Abhang hinaufzieht, zugleich die gleiche Last auf horizontaler oder fallender Bahn mit angemessener Geschwindigkeit fortbewege.

Nicht alle Maafse und Bestimmungen sind bei Dampfwagen willkürlich. Der Durchmesser der Triebräder schon kann nicht wohl viel kleiner oder viel gröfser sein als 5 Fufs $= 60$ Zoll. Die Spannung des Dampfes beträgt nicht leicht unter 50 und kann nicht gut über 80 Pfd. auf den Quadratzoll sein, weil eine niedrigere Dampfspannung zu viel Heizung und eine höhere Spannung einen zu starken Kessel erfordert. Also sind $D = 50$ und $S = 50$ bis 80 als vorausgegebene Masse zu betrachten. Nur der Durchmesser der Cylinder d und, in gewisse Grenzen, die Länge l des Kolbenlaufs, die man $= \frac{4}{3}d$ annehmen kann, in so fern dieses Maafs nicht einen zu langen *Kurbelbug* giebt, nebst der Wassermasse σ, welche in einer Secunde in Dampf zu verwandeln ist, können eher nach dem Bedürfnifs eingerichtet werden.

Man kann also suchen, wieviel d, nebst $l = \frac{4}{3}d$, und wieviel σ sein müsse, wenn das Maximum Z der Zugkraft der Maschine für die stärkste Steigung der Bahn und das Maximum V der Geschwindigkeit der Bewewung auf horizontaler oder fallender Bahn, im Voraus bestimmt sind.

Es ergiebt sich solches unmittelbar aus den Ausdrücken (35. und 39.) im vorigen Paragraph, nemlich

$$43. \quad d^2 l = \frac{ZD}{S-\varrho},$$

oder, wenn $l = \frac{4}{3}d$ gesetzt wird,

$$44. \quad d^3 = \frac{3Zd}{4(S-\varrho)}$$

und

$$45. \quad \sigma = \frac{V(Dz + d^2 l \varrho)}{\mu S D}.$$

Wir wollen den Fall von (§. 16.) als Beispiel annehmen und setzen, es werde eine Maschine verlangt, welche 1600 Ctr. Last Anhöhen von 1 auf 36 Steigung hinaufzuziehen und zugleich dieselbe Last auf horizontaler Bahn 8 Meilen weit in der Stunde fortzuschaffen vermöge.

Nach der Tabelle in (§. 14.) ist hier, wenn das Eingreifen auf die Schienen den 5ten Theil des Drucks beträgt, der 5,21ste Theil der Last zum eingreifenden Druck auf die Schienen nöthig: also $\frac{1600}{5,21} = 307$ Ctr. Die wirklich eingreifende Last mufs natürlich noch etwas stärker sein, damit noch ein Ueberschufs des Eingreifens über die ziehende Kraft bleiben möge. Sie würde also etwa 320 Ctr. betragen müssen. Es ist daher für den Ausdruck (15.) in (§. 19.), welcher die Zugkraft giebt, hier $Q = 1600$ Ctr., $P = 320$ Ctr., desgleichen $\cos\alpha = 0,999615$, $\tan g\alpha = \frac{1}{36}$, $n = 250$, $k = 150$ zu setzen. Dieses giebt

$$46. \quad Z = \left(\frac{1600.110}{250} + \frac{320.110}{150} + \frac{1920.110}{35}\right) 0,999615 = 6802.$$

Man nehme 75 Pfund Spannung des Dampfes auf den Quadratzoll und für den Durchmesser der Triebräder 60 Zoll an. Der Druck der Atmosphäre auf den Quadratzoll beträgt nahe an 15 Pfund. Also ist

$$47. \quad D = 60, \quad S = 75, \quad \varrho = 15.$$

Dieses giebt, vermöge $d^2 l = \frac{ZD}{S - \varrho}$ (43.),

$$48. \quad d^2 l = \frac{6802.60}{75 - 15} = 6802$$

und vermöge $d^3 = \frac{3ZD}{4(S - \varrho)}$ (44.),

$$49. \quad d = \sqrt[2]{\left(\frac{3.6802}{4}\right)} = 17,2.$$

Ferner ist auf horizontaler Bahn, nach der Tabelle in (§. 19.), für die gegenwärtige Maschine der 7,25ste Theil der gröfsten Zugkraft nöthig. Also ist

$$50. \quad z = \frac{6802}{7,25} = 938.$$

Die verlangte Geschwindigkeit von 8 Meilen in der Stunde beträgt $\frac{8.2000.12.12}{60.60} = 640$ Zoll in der Secunde. Also ist

51. $V = 640$,

und da nach (§. 22) hier $\mu S = 29\,000$ gesetzt werden kann, so ergiebt sich aus $\sigma = \frac{V(Dz + d^2 l \varrho)}{\mu S D}$ (45.),

$$52. \quad \sigma = \frac{640\,(60.938 + 6802.15)}{29000.60} = 58{,}22.$$

Wenn also die Maschine das Verlangte leisten soll, so mufs sie Cylinder von 17,2 Zoll im Durchmesser, also 22,9 Zoll Kolbenlauf bekommen und 5822 Cubik-Zoll Wasser in der Secunde oder $\frac{57{,}84.60.60}{1728} = 121$ Cub.-F. Wasser in der Stunde in Dampf von 75 Pfunden Spannung auf den Quadrat-Zoll zu verwandeln vermögen. Die Geschwindigkeit v, mit welcher sie alsdann die 1600 Ctr. Last die Anhöhe von 1 auf 36 hinaufzieht, beträgt nach dem Ausdruck $v = \frac{\mu \sigma D}{d^2 l}$ (36.), weil nach der Tabelle (§. 23.) μ etwa 390 zu setzen ist,

$$53. \quad v = \frac{390.58{,}22.60}{6802} = 200 \text{ Zoll in der Secunde oder}$$

$$\frac{200.60.60}{12.12.2000} = 2\tfrac{1}{2} \text{ Meilen in der Stunde.}$$

Es dürften aber Cylinder von 17,2 Zoll im Durchmesser und 22,9 Zoll lang, schwer ausführbar sein. Die gröfsten Cylinder haben kaum 14 Zoll im Durchmesser. Auch ist es zu schwierig, eine Esse zu machen, welche stündlich 121 Cubik-Fufs Wasser in Dampf von 75 Pfd. Spannung verwandelt. Es fehlt dazu in dem engen Raume der Maschine an Heizfläche. Die stärksten Maschinen leisten in diesem Puncte kaum die Hälfte. Die verlangte Maschine würde also, *nach der bisherigen Art,* nicht wohl practisch ausführbar sein, und es würde daher nichts anders übrig bleiben, als die Last, welche die Maschine fortziehen soll, zu verringern. In der That schaffen auch z. B. die obengedachten, für steile Abhänge eingerichteten *Norris*schen Maschinen nur viel weniger Last fort, z. B. auf Abhängen von 1 auf 36, nach der Angabe des Verfertigers (Siehe §. 12.), nur etwa 36 Tonnen oder etwas über 700 Ctr., und stellt man die Berechnung nach den obigen Ausdrücken und nach den Angaben der Dimensionen der *Norris*schen Maschinen an, sogar noch etwas weniger.

Dies ist aber ein *wesentlicher Uebelstand* und eine der gegenwärtigen Einrichtung der Dampfwagen noch anhängende *Unvollkommenheit.* Wäre es wirklich nicht möglich, mehr als etwa 700 Ctr. Last, selbst mit der stärksten Dampfmaschine, über stark steigende Anhöhen zu ziehen, so müfste man immer bei den steilen Stellen einer Eisenbahn mehrere Dampfwagen in Bewegung setzen, um eine Last fortzuschaffen, die auf den, meistens bei weitem längeren, ebenen Theilen derselben eine einzige Maschine recht gut fortzieht; und dies wäre übel genug. Aber es läfst sich nicht behaupten, dafs dies *unvermeidlich* sei. Denn das was die *Möglichkeit* bedingt, Lasten über Anhöhen hinwegzuziehen, ist immer allein *die Stärke des Eingreifens der Räder* der ziehenden Maschine auf die Schienen, *nicht* die Kraft der Maschine selbst. Das Eingreifen der Räder auf die Schienen ist aber, wie oben sich zeigte, in der That stark genug zu erlangen, um bedeutendere Lasten hinauf zu schaffen; bis zu wenigstens 1600 Ctr. auf einmal.

Die Quelle des Uebelstandes, oder, wenn man will, die Folge desselben, liegt darin, dafs, wenn eine Maschine stark genug gemacht werden soll, um schwere Lasten einen steilen Abhang hinaufzuschaffen, dann deshalb, nächst dem Durchmesser und der Länge der Cylinder, auch die Verdampfungskraft der Maschine, das heifst die Masse σ des in einer bestimmten Zeit zu verdampfenden Wassers, sehr bedeutend sein mufs und dafs dann dadurch auch die Geschwindigkeit v, mit welcher die Maschine ihre Ladung bergauf zieht, da sie, zufolge des Ausdrucks derselben $v = \frac{\mu \sigma D}{d^2 l}$ (36.) in geradem Verhältnifs mit derselben steht, sehr bedeutend wird: in dem vorhin angenommenen Beispiel $2\frac{1}{2}$ Meilen auf die Stunde. Auch die *Norris*schen Maschinen haben ihre Ladung bei den Versuchen wirklich, selbst auf eine noch stärkere Steigung, nemlich von 1 auf 14, mit noch gröfserer Geschwindigkeit hinaufgezogen; was aber völlig *unnütz* ist. Denn es ist offenbar weder nöthig, noch nützlich, dafs der Dampfwagen auch selbst steile Berge mit seiner Ladung hinaufstürme. Es ist ganz genug, wenn er den Berg gemächlich und langsam erklimmt; denn der Berg wird immer im Verhältnifs gegen den übrigen Weg nicht sehr lang sein, und was hier etwa an Zeit versäumt wird, holt sich auf den ebenen Stellen der Bahn, und bergab, leicht wieder ein. Dafs es ein wesentlicher Uebelstand sei, wenn die ziehende Kraft bergan sehr eilt, ist auch schon ohne alle Rechnung an sich selbst klar. Denn die Kraft steht immer und überall, wo Bewegung ist, mit der *Geschwindigkeit* in umgekehrtem Verhältnifs. Wenn also eine Maschine, ihrer Art und Einrichtung nach, nicht anders gemacht werden kann, als dafs sie bergauf an Geschwindigkeit ein *Ueber*maafs hat, so wird offenbar Kraft *verschwendet* und die Maschine ist *unvollkommen.*

24.

Hier also ist noch wieder wesentlich eine Verbesserung der Dampfwagen zu wünschen; und *diese Verbesserung ist wieder ein Hauptpunct, auf welchen hinzuarbeiten sein dürfte.*

Es ist nemlich zu wünschen, es möchten Dampfwagen so eingerichtet werden können, dafs sie, die äufserste Stärke des Eingreifens ihrer Last auf die Schienen oder ihres Widerhalts benutzend, auf den steilen Stellen der Bahn die gröfste Last, die sie nur immer im Verhältnifs zu dem Widerhalt auf den Schienen fortzubringen vermögen, *langsam* hinauf ziehen, um möglichst-wenig *innerer* Kraft dazu zu bedürfen. Ihre innere Kraft wird dann immer noch *zureichen,* um die gleiche Last auf den weniger steilen, horizontalen, oder gar fallenden Stellen der Bahn, da auf diesen nur eine vielfach geringere Zugkraft nöthig ist, schnell genug fortzuschaffen; denn das Gesetz, dafs die Geschwindigkeit sich umgekehrt wie die Kraft verhält, ist allgemein und unwandelbar. Es ist zu wünschen, dafs die innere Kraft der ziehenden Maschine gleichsam eine *mittlere* sein möge: hinreichend um, bei *Verminderung* der Geschwindigkeit an den steilen Stellen, sich selbst nach Bedürfnifs zu verstärken, und umgekehrt, da, wo sie *mehr* als hinreichend für die *mittlere* Geschwindigkeit ist, *diese* zu vergröfsern.

Dafs dies im Allgemeinen, wenigstens theoretisch, nicht unmöglich sei, ist nicht zu bezweifeln. Denn durch Hebel und Räder kann man immer eine Kraft auf Kosten der Geschwindigkeit verstärken und umgekehrt auf Kosten jener die Geschwindigkeit vergröfsern. Aber auch practisch fehlt es der Maschinen-Constructionskunst an Mitteln dazu keinesweges. Wir wollen ein solches Mittel angeben und beschreiben.

Dampfwagen mit Zwischengeschirr.

25.

Es würde practisch ein sogenanntes *Zwischengeschirr* das Mittel zum Zwecke sein.

Anstatt nemlich, wie jetzt gewöhnlich, die Wagen-Achse selbst, an welcher die Triebräder stecken, in die beiden Kurbeln zu krümmen, in welche die Bläuelstangen der Dampfkolben eingreifen und vermittelst welcher sie die Trieb-Achsen mit den Triebrädern umdrehen, gebe man, ungefähr auf die Weise, wie es die Figuren auf der zu dem gegenwärtigen Hefte gehörigen Taf. I. (die übrigens nur als ein allgemeiner Entwurf und als eine ungefähre Skizze zu betrachten sind) vorstellen, die Kurbeln einer zweiten oder *Zwischen-Achse A* (Fig. 1., 2. u. 3.), an welcher weiter *keine Wagenräder* stecken. Diese Zwischen-Achse trage gezahnte Räder *U, U*.... von verschiedenen Durchmessern, z. B. von 10, 20, 30 und 40 Zoll Durchmesser. Die Wagentrieb-Achse *B* (Fig. 1. u. 3.), die nun *keine Kurbeln* hat, sondern völlig *gerade* ist, trage ebenfalls gezahnte Räder *V, V*.... (Fig. 1. u. 3.), z. B. von ganz gleichen Durchmessern, welche in die vorigen Räder *U, U*.... eingreifen, aber so, daſs das Rad an der Zwischen-Achse, von z. B. 10 Zoll Durchmesser, in das Rad von 40 Zoll an der Wagen-Achse, dasjenige von 20 Zoll Durchmesser an jener Achse, in das Rad von 30 Zoll Durchmesser an dieser greife u. s. w.; welches angeht, da es nur darauf ankommt, daſs die beiden Achsen *parallel* liegen. Da nun die Räder, sowohl diejenigen an der Zwischen-Achse, als die an der Wagen-Achse, mit gleicher Winkel-Geschwindigkeit sich umdrehen werden, sobald sie an ihren Achsen *fest* sind, und folglich ihre Umfänge mit *ungleicher* Geschwindigkeit, so können sie, da sie ineinander greifen sollen, natürlich nicht alle auf beiden Achsen *fest* sein, sondern, wenn die Räder der einen Achse an dieser *fest* sind, müssen die der andern *frei* um dieselbe sich drehen können. Es seien die Räder der *Zwischen-Achse*, welche die Kurbeln hat, an derselben *fest*, so müssen die Räder an der *Trieb-Achse* um diese *frei* sich drehen können. Wird nun die Zwischen-Achse von den Bläuelstangen *b* (Fig. 1.) der Dampfkolben *K* vermittelst der Kurbeln *k, k* (Fig. 1., 2. u. 3.) an der Achse umgedreht, so werden alle Räder dieser Achse, die an derselben fest sind, mit *gleicher* Winkelgeschwindigkeit umgedreht werden: ihre *Umfänge* also, da ihre Durchmesser verschieden sind, mit *ungleicher* Geschwindigkeit, und folglich die Räder an der Wagen-Achse, in welche jene eingreifen, da ihre Durchmesser *andere* sind, mit *ungleichen* Winkelgeschwindigkeiten. Bezeichnet man die Halbmesser der Räder U_1, U_2, U_3, U_4, z. B. wenn ihrer viere sind, an der Zwischen-Achse, durch

54. $u_1 = 20$ Zoll, $u_2 = 15$ Zoll, $u_3 = 10$ Zoll, $u_4 = 5$ Zoll, die Halbmesser der Räder V_1, V_2, V_3, V_4 an der Wagentrieb-Achse aber, in welche jene der Reihe nach eingreifen, durch

55. $v_1 = 5$ Zoll, $v_2 = 10$ Zoll, $v_3 = 15$ Zoll, $v_4 = 20$ Zoll,

so wird, wenn die Winkel-Geschwindigkeit der Zwischen-Axe durch w bezeichnet wird,

diejenige des Rades $V_1 = \frac{u_1}{v_1} = \frac{20}{5} w = 4w$,

- - - - $V_2 = \frac{u_2}{v_2} = \frac{15}{10} w = 1\frac{1}{2} w$,

- - - - $V_3 = \frac{u_3}{v_3} = \frac{10}{15} w = \frac{2}{3} w$,

- - - - $V_4 = \frac{u_4}{v_4} = \frac{5}{20} w = \frac{1}{4} w$

sein. *Alle Räder ohne Ausnahme* drehen sich immerfort; diejenigen an der Wagen-Achse aber mit verschiedenen Geschwindigkeiten. So lange sich die Räder an der Wagen-Achse frei um dieselbe bewegen, hat ihre Umdrehung auf die Achse selbst, und folglich auf die Triebräder *R*, *R* (Fig. 1., 2. u. 3.) und die Bewegung des Wagens gar keine Einwirkung. Der Wagen steht, ungeachtet des Drehens aller Räder, still. Will man aber die verlangte Fortbewegung des Wagens hervorbringen, so darf man nur *eines* der auf der Wagen-Achse losen Räder V, *aber auch nur eines*, plötzlich an dieselbe befestigen, das heifst, machen, dafs jetzt die Achse *mit* dem Rade sich drehen mufs oder von ihm fortgerissen wird; was auf die weiter unten anzuzeigende Weise geschehen kann. Geschieht dieses, so wird nunmehr die Wagen-Achse die Winkelgeschwindigkeit des *befestigten* Rades annehmen; folglich wird nun der *Umfang* der Triebräder die demselben entsprechende Geschwindigkeit haben und folglich der Wagen selbst, vermöge des Eingreifens des Umfanges der Triebräder auf die Schienen, mit der gleichen Geschwindigkeit fortgetrieben werden. Wird also z. B. das Rad V_1 an die Wagen-Achse festgestellt, so wird dieselbe die Winkel-Geschwindigkeit $4w$ annehmen; wird das Rad V_2 festgestellt (und natürlich zugleich das erste wieder losgelassen), so wird die Achse die Geschwindigkeit $1\frac{1}{2}w$ annehmen; wird das Rad V_3 festgestellt, die Geschwindigkeit $\frac{2}{3}w$; und wird das Rad V_4 festgestellt, die Geschwindigkeit $\frac{1}{4}w$. Bezeichnet also C die *geringste* Geschwindigkeit der Fortbewegung des Wagens, nemlich diejenige, welche der Winkel-Geschwindigkeit $\frac{1}{4}w$ und der Feststellung des Rades V_4 correspondirt, so kann durch die Feststellung des Rades V_3 der Bewegung jetzt die Geschwindigkeit $(\frac{2}{3}:\frac{1}{4})C = \frac{8}{3}C$, also die $2\frac{2}{3}$fache von der vorherigen Geschwindigkeit, durch die Feststellung des Rades V_2 die Geschwindigkeit $(1\frac{1}{2}:\frac{1}{4})C = 6C$, also die 6fache Geschwindigkeit und durch die Feststellung des Rades V_1 die $(4:\frac{1}{4})C = 16C$, also die 16fache Geschwindigkeit mitgetheilt werden. Und da nun das Verhältnifs der Durchmesser der Räder U und V *willkürlich* ist, so hat man es auf diese Weise in der Gewalt, durch eine und dieselbe, stets *gleich bleibende* Geschwindigkeit der Umdrehung der von der Dampfkraft unmittelbar in Bewegung gesetzten *Zwischen-Achse,* und folglich der Dampfkolben selbst, der Wagen-Achse, und mithin der Fortbewegung des Wagens, *jede beliebige* Geschwindigkeit zu geben.

Ist, allgemein, die der geringsten Geschwindigkeit C der Fortbewegung des Wagens correspondirende Winkel-Geschwindigkeit der Wagentrieb-Achse c, und man will durch das Zwischen-Geschirr die Geschwindigkeit des Wagens auf das τ_3, τ_2, und $\tau_1$fache verstärken können, so mufs

$$56.\quad w\frac{u_4}{v_4} = c,\ w\frac{u_3}{v_3} = \tau_3 c,\ w\frac{u_2}{v_2} = \tau_2 c,\ w\frac{u_1}{v_1} = \tau_1 c$$

sein. Nothwendig mufs aber offenbar immer die Summe der Halbmesser je zweier correspondirenden Räder an den beiden Achsen die nemliche sein, weil die Achsen *parallel* liegen müssen. Also mufs auch, wenn diese Summe der Halbmesser, welche die Entfernung der Mittellinien der beiden Achsen von einander ist, durch δ bezeichnet wird,

$$57.\quad u_4 + v_4 = u_3 + v_3 = u_2 + v_2 = u_1 + v_1 = \delta$$

sein. Aus den Gleichungen (56. und 57.) ergiebt sich

$$\frac{\delta - v_4}{v_4} = \frac{c}{w},\quad \frac{\delta - v_3}{v_3} = \frac{\tau_3 c}{w},\quad \frac{\delta - v_2}{v_2} = \frac{\tau_2 c}{w},\quad \frac{\delta - v_1}{v_1} = \frac{\tau_1 c}{w},$$

und hieraus

$$58.\quad v_4 = \frac{w\delta}{w+c},\quad v_3 = \frac{w\delta}{w+\tau_3 c},\quad v_2 = \frac{w\delta}{w+\tau_2 c},\quad v_1 = \frac{w\delta}{w+\tau_1 c}.$$

Will man, dafs die Winkel-Geschwindigkeit w der Zwischen-Achse das *geometrische Mittel* zwischen der kleinsten und gröfsten Winkel-Geschwindigkeit der Wagentrieb-Achse, also zwischen c und $\tau_1 c$, folglich $w = \sqrt{(c.\tau_1 c)} = c\sqrt{\tau_1}$ sei, so ergiebt sich aus (58.)

$$59.\quad v_4 = \frac{\delta\sqrt{\tau_1}}{1+\sqrt{\tau_1}},\quad v_3 = \frac{\delta\sqrt{\tau_1}}{\tau_3+\sqrt{\tau_1}},\quad v_2 = \frac{\delta\sqrt{\tau_1}}{\tau_2+\sqrt{\tau_1}},\quad v_1 = \frac{\delta\sqrt{\tau_1}}{\tau_1+\sqrt{\tau_1}}.$$

Wollte man z. B., dafs das Zwischengeschirr die Geschwindigkeit des Wagens auf das 3, 8 und 16fache zu verstärken vermöge, nemlich etwa von $\frac{1}{2}$ Meile bis auf $1\frac{1}{2}$, 4 und 8 Meilen Geschwindigkeit in der Stunde, so würde $\tau_1 = 16$, $\tau_2 = 8$, $\tau_3 = 3$, und es müfste also

$$60.\quad v_4 = \tfrac{4}{5}\delta,\quad v_3 = \tfrac{4}{7}\delta,\quad v_2 = \tfrac{1}{3}\delta,\quad v_1 = \tfrac{1}{5}\delta$$

und folglich

$$61.\quad u_4 = \tfrac{1}{5}\delta,\quad u_3 = \tfrac{3}{7}\delta,\quad u_2 = \tfrac{2}{3}\delta,\quad u_1 = \tfrac{4}{5}\delta$$

sein. In der That ist dann, gemäfs den vier Gleichungen (56.), $\frac{1}{4}w = c$, $\frac{3}{4}w = 3c$, $2w = 8c$, $4w = 16c$; also durchweg $w = 4c$; wie es sein soll.

Soll das Zwischengeschirr die Geschwindigkeit des Wagenzuges blofs auf das 3, 6 und 9fache, etwa von $\frac{2}{3}$ Meilen auf 2, 4 und 6 Meilen in der Stunde verstärken, so ist $\tau_1 = 9$, $\tau_2 = 6$, $\tau_3 = 3$, und es mufs dann nach (59.)

$$62.\quad v_4 = \tfrac{3}{4}\delta,\quad v_3 = \tfrac{1}{2}\delta,\quad v_2 = \tfrac{1}{3}\delta,\quad v_1 = \tfrac{1}{4}\delta$$

und folglich

$$63.\quad u_4 = \tfrac{1}{4}\delta,\quad u_3 = \tfrac{1}{2}\delta,\quad u_2 = \tfrac{2}{3}\delta,\quad u_1 = \tfrac{3}{4}\delta$$

sein u. s. w.

26.

Ehe wir weiter gehen, namentlich zu der nähern Untersuchung der Vortheile, die das Zwischengeschirr für die Benutzung der Dampfkraft in der Maschine haben würde, müssen die *technischen* Schwierigkeiten erwogen werden, welche die Anordnung in der Praxis finden würde, und es mufs wenigstens die *Möglichkeit* der Beseitigung derselben nachgewiesen werden.

Dafs eiserne Räder und ihre Zähne, wenn sie sonst nur stark genug gemacht werden, die Gewalt, welche hier auf sie bei der Fortbewegung des Wagenzuges wirken würde, auszuhalten vermögen würden, ist nicht zu bezweifeln. In vielen Fällen kommt bei Maschinen eine noch viel gröfsere Gewalt vor.

Der *Raum* zu dem Zwischengeschirr findet sich ebenfalls. Die Räder in *die Mitte* der Achsen, besonders die der Wagentrieb-Achse, *unter* den Dampfkessel zu legen, würde füglich nicht gut angehen. Wohl aber finden diese Räder nahe an den Wagenrädern, zur Seite des Kessels, zwischen diesem und den Wagenrädern Raum (etwa nach Fig. 2. und 3.). Die Achsen dürfen dann zu diesem Ende nur etwas länger sein; aber dies gereicht gar nicht zum Nachtheil der Fahrzeuge, sondern vielmehr zu ihrem *sehr grofsen* Vortheile, weil man nun auf diese Weise gleichsam *gezwungen* wird, *die Wagenspur breiter zu machen;* was bekanntlich aus vielen andern Gründen so sehr nützlich und so sehr zu wünschen ist. Es müssen aber dann, wenn man z. B. 4 Räder von verschiedenen Durchmessern an jeder Achse haben will, um 4 verschiedene Geschwindigkeiten hervorzubringen, an *jeder Seite* des Wagens 4 solche Räder sein, je 2 und 2 von ganz gleichen Durchmessern, damit die Achsen immer an zwei, vom Schwerpunct gleich weit entfernten Stellen und nicht, neben dem Schwerpunct, schief angegriffen werden. Das Gleiche würde auch eigentlich schon der Fall sein müssen, wenn die Räder *unter* dem Kessel liegen könnten, indem sie nicht *alle*, so nahe man sie auch an einander bringen mag, *in der Mitte* liegen können und also immer schon ein schiefer Angriff Statt finden würde; der jedenfalls möglichst zu vermeiden ist.

Bis hierher also finden sich keine technischen Schwierigkeiten.

Ein anderer Umstand aber *scheint,* wenigstens beim ersten Anblick, eine *sehr grofse* Schwierigkeit zu machen.

Gesetzt nemlich, es sei dasjenige Rad an der Wagentrieb-Achse eingerückt und in Angriff gebracht, vermittelst dessen der Wagenzug, etwa beim Ersteigen einer Anhöhe, mit der *kleinsten* Geschwindigkeit und also mit der *gröfsten* Kraft fortbewegt wird. Nun endigt der Abhang, oder nimmt ab, und der Wagenzug kann und soll eine *gröfsere* Geschwindigkeit bekommen. Es mufs also jetzt dasjenige Rad eingerückt werden (während man zugleich das vorige löset), welches die *nächst gröfsere* Geschwindigkeit giebt. Aber diese nächst gröfsere Geschwindigkeit ist nicht blofs *ein wenig* gröfser als die vorige, sondern vielleicht, z. B. wie oben angenommen, schon *dreimal* so grofs. Das Einrücken geschieht jedenfalls *plötzlich* und *augenblicklich.* Sollte also wirklich die ungeheuere *Masse des Wagenzuges* gezwungen werden müssen, plötzlich und augenblicklich die *dreifache* Geschwindigkeit anzunehmen, so würde unfehlbar Alles zerspringen und zerstieben, so stark auch immer die Räder und ihre Zähne sein mögen.

Aber so verhält es sich glücklicherweise nicht, sondern gerade die Dampfkraft hat diejenige sehr günstige Eigenschaft, die hier die Schwierigkeit gleichsam von selbst hebt. Der Maschinenführer rücke nemlich das Rad, welches zu der geringeren Geschwindigkeit gehört, in dem Augenblicke, wo, einer gröfsern Geschwindigkeit wegen, weniger Zugkraft auf schwächerer Steigung Statt finden *kann, noch nicht* aus, sondern lasse die Maschine nach wie vor in ihrem Zustande. Was dann erfolgen wird, ist ganz dasselbe, was erfolgen würde, wenn der Dampfwagen, nach der *gewöhnlichen* Einrichtung, das Zwischengeschirr *nicht* hätte. Da nemlich jetzt die Kraft der Maschine, nemlich der Druck des Dampfes auf die Kolben, der für die kleinste Geschwindigkeit die *volle* Kraft des Dampfes war, für die verminderte Zugkraft zu grofs ist, so wird sich der Dampf, wie bei den gewöhnlichen Maschinen, in einen gröfsern Raum ausdehnen und so den Kolben, und folglich dem Wagenzuge von selbst *allmälig* eine gröfsere Geschwindigkeit beibringen. Der *Dampf selbst* wird einstweilen *die Stelle des Zwischengeschirres* vertreten, und wenn man auch das Rad *gar nicht* ausdrückte, so würde doch weiter noch nichts verloren sein, als dafs dann die Maschine von selbst *allmälig* in die angemessene Geschwindigkeit überginge: ganz so, als wenn sie *kein* Zwischengeschirr hätte, sondern auf die gewöhnliche Weise eingerichtet wäre. So wie nun aber die Geschwindigkeit allmälig sich schon vermehrt (was der Maschinenführer alsbald bemerken wird), so kann er sicher das neue Rad einrücken. Geschieht es, ehe die Maschine die *volle* neue Geschwindigkeit von selbst erreicht hat (und das *darf* geschehen), so wird nun umgekehrt wieder der Dampf *stärker* wirken und zu dem Ende wieder in einen engern Raum sich zusammendrücken müssen; aber dies wird ebenfalls *allmälig* und keinesweges *plötzlich* geschehen. Hätte der Maschinenführer es selbst versehen und das neue Rad zu früh eingerückt, so würde immer noch nicht die Wagentrieb-Achse und die *Masse des Wagenzuges* gezwungen werden, sich plötzlich schneller zu bewegen, sondern nur die *Zwischen-Achse*, nebst den Kurbeln und den Dampfkolben, würden umgekehrt *plötzlich* zu einer *langsamern* Bewegung gezwungen werden; und davon ist keine Gefahr zu besorgen, weil die *Masse* des *Zwischengeschirrs* und der Kolben nicht grofs ist. Blofs die Zuströmung des Dampfes würde zurückgehalten werden, und es würde also im Anfange Dampf durch das Sicherheits-Ventil entweichen; welcher Uebelstand indessen ebenfalls vom Maschinenführer, so wie er ihn bemerkt, auf der Stelle durch theilweise Verschliefsung des Dampfzuleitungsrohrs mittelst des Regulators gehoben werden kann. Es ist also von der plötzlichen Einrückung anderer Räder, in dem Falle des Ueberganges von einer geringern zu einer gröfsern Geschwindigkeit, für die Maschine nichts zu fürchten.

Ferner, in dem andern Falle des Ueberganges von einer gröfsern zu einer geringern Geschwindigkeit, würde es sich wie folgt verhalten.

Gesetzt nemlich, der Wagenzug schiefse mit der gröfsten statthaften Geschwindigkeit auf einer horizontalen oder sanft abhängenden Stelle der Bahn fort und gelange nun an eine steilere Stelle, so wird man ein anderes Rad einrücken wollen, welches zu einer *geringern* Geschwindigkeit pafst, die aber *plötzlich* nur vielleicht *die Hälfte* der vorigen ist. Die Folge wird sein, dafs sofort das Zwischengeschirr (nicht der Wagenzug), nebst den Dampfkolben, sich *schneller* bewegen mufs, und dafs also mehr Dampf, mithin in einen gröfsern Raum ausgedehnter Dampf, von unzureichender Spannkraft, zuströme. Die forttreibende Kraft wird also nachlassen, und dadurch wird allmälig der Wagenzug von selbst in eine langsamere Bewegung kommen, bis dahin, dafs die Geschwindigkeit so weit abgenommen hat, dafs sie wieder der vollen Spannkraft des Dampfes angemessen ist. So würde es sich verhalten, wenn das neue Rad für die langsamere Bewegung *sogleich,* wie der stärkere Abhang anfängt, eingerückt worden wäre. Verschöbe man dagegen die Einrückung des neuen Rades, so würde der Wagenzug, vermöge des Schwunges, in welchem er sich befindet, immer noch den Abhang hinauf fortgehen, bis allmälig seine Geschwindigkeit von selbst abnähme und nun das neue Rad, mit geringerer Störung der Bewegung des Zwischengeschirres und der Dampfkolben, sich einrücken liefse. Also auch hier ist von der Einrückung des neuen Rades nichts zu fürchten.

In *keinem* Fall ist also zu besorgen, dafs die *plötzliche* Veränderung der Geschwindigkeit, selbst auf das 2 und 3fache, durch Einrückung neuer Räder, für die Maschine irgend eine Gefahr bringe; denn die *plötzliche* Veränderung trifft nie die Geschwindigkeit des *Wagenzuges,* sondern immer nur die Geschwindigkeit des *Zwischengeschirres* und der Dampfkolben, deren Masse nur gering ist. Der Dampf selbst aber vermittelt durch seine Elasticität den allmäligen Uebergang der Geschwindigkeiten des Wagenzuges von einer in die andere.

Man kann also dreist die Einrückung neuer Räder *ohne weitere Vorkehrungen,* wie gewöhnlich bei Maschinen, wo keine *grofse Masse* ihre Geschwindigkeit plötzlich zu ändern hat, z. B. wie bei Geschütz-Bohrwerken und dergleichen, durch sogenannte Muffen oder durch einen Dorn an der Triebscheibe, der in ein Auge des Randes greift, geschehen lassen. Aehnliches geschieht in der That schon gewöhnlich auch selbst bei den Dampfwagen, um ihre Bewegung *vorwärts* in eine *rückgehende* zu verwandeln; und es ist also davon nichts zu besorgen.

Fürchtet man indessen durchaus von der Einrückung der Räder für ihre Haltbarkeit Gefahr, so hat die Maschinen-Baukunst Mittel, auch diese Befürchtung zu heben.

Die nemliche, obgleich die Bewegung so oft hemmende und hindernde, so doch auch so überaus nützliche Eigenschaft der Körper ist es, welche hier aushilft: die nemliche, auf welcher z. B. auch die Möglichkeit der Fortbewegung von Lasten durch mitfahrende Maschinen beruht, nemlich die *Reibung.*

Man darf z. B., anstatt die Scheibe *s, s,* .... (Fig. 2. und 3.), welche mit den Achsen sich fortdrehen mufs, unmittelbar vermittelst eines Dorns in das einzurückende Rad eingreifen zu lassen, nur in das Auge *d* (Fig. 4.) eines um eine Scheibe, die mit dem Rade ein Stück ausmacht, gelegten und darauf sehr stark angeschraubten Ringes *r, r* eingreifen lassen. Der Ring *r, r* mufs so stark auf die Scheibe *s, s* geschraubt sein, dafs er sich mit *weniger* als der normalen Kraft des Widerstandes des Rades *nicht* um die Scheibe drehen läfst, wohl aber mit etwas *mehr.* Wird also nun ein Rad eingerückt, welches z. B. die Geschwindigkeit plötzlich *verdreifacht,* und welches also einen stärkeren Widerstand findet als es zu überwinden vermag, so wird der Dorn den Ring um die *Scheibe* drehen, das Rad aber *nur* mit derjenigen Kraft, welche die Reibung des Ringes auf der Scheibe hat und die der normalen Kraft, der Voraussetzung nach, gleich ist. Dies wird so fortgehen, bis der Widerstand zu der normalen Kraft der treibenden Scheibe hinabgesunken ist, und dann wird der Ring aufhören um die Scheibe sich zu drehen und die Maschine wird ihre *gewöhnliche* Wirkung haben.

Oder man kann auch die Scheibe, welche mit der Zwischen-Achse sich fortdrehen mufs, ungefähr nach Fig. 5., in eine Hölung einer andern, mit dem zu drehenden Rade ein Stück ausmachenden Scheibe, durch einen starken Hebel gleichsam *einkeilen* und so eine *beliebige* Reibung hervorbringen, vermittelst welcher das Rad fortgerissen wird. Jedoch dürfte die erstere Art einfacher sein, da sie keine *starken* Hebel erfordert.

Jedenfalls ist das Zwischengeschirr an Dampfwagen, um mittelst desselben durch eine, wenigstens näherungsweise gleichbleibende Spannnung des Dampfes und durch eine möglichst unveränderliche Geschwindigkeit der Bewegung der Dampfkolben und der Gleit-Ventile eine beliebige Geschwindigkeit der Bewegung des Wagenzuges hervorzubringen, *practisch möglich.* Es mögen sich dabei freilich in der Ausführung vielleicht noch manche anderen technischen Schwierigkeiten ergeben. Aber sie können nicht wesentlich sein, und es ist kein Zweifel, dafs Mechaniker, wie die, welche Dampfwagen erfanden und schon bis zum Bewundernswürdigen vervollkommneten, dieselben ebenfalls mit Leichtigkeit heben werden, sobald sie es *wollen.*

27.

Es ist nun zu untersuchen, wie es sich in dem Falle, wenn ein Dampfwagen ein Zwischengeschirr hat, mit dem Aufwande an Kraft zur Fortbewegung des Wagenzuges, im Verhältnifs zu derjenigen, wenn das Zwischengeschirr fehlt, verhalten werde.

Ist kein Zwischengeschirr vorhanden, so vertritt die Elasticität des Dampfes die Stelle desselben, wenigstens für *zunehmende* Geschwindigkeiten, und zwar dadurch, dafs der Dampf, wenn er weniger Widerstand gegen die Kolben findet, nemlich, wenn auf geringeren Steigungen der Bahn weniger Zugkraft nöthig ist, in einen, im Verhältnifs der geringern Spannung gröfsern Raum sich ausdehnt und also eine gröfsere Zahl von Cylindern füllt und so eine gröfsere Geschwindigkeit hervorbringt; und dies sogar ohne Begrenzung. *Mehr* Spannung dagegen kann der Dampf nicht annehmen, als die Sicherheits-Ventile zulassen; und daher hat die *Zunahme* der Spannung und die *Abnahme* der Geschwindigkeit ihre Grenzen.

Ist dagegen ein Zwischengeschirr *vorhanden,* so kann man eine, wenigstens näherungsweise *gleichbleibende* Spannung des Dampfes voraussetzen und die angemessene Geschwindigkeit der Bewegung in dem Verhältnifs wie mehr oder weniger Zugkraft für die gleiche Ladung auf stärkeren oder schwächeren Steigungen nothwendig ist, durch das Zwischengeschirr dadurch hervorbringen, dafs man dieses oder jenes Rad einrückt oder zum Angriff bringt. Ganz läfst sich freilich die Spannung des Dampfes nicht gleichförmig erhalten, da das Zwischengeschirr nicht *jede beliebige* Geschwindigkeit, sondern nur *absatzweise,* von der kleinsten an, etwa wie in den obigen Beispielen, die 3, 8 und 16fache oder die 3, 6 und 9fache Geschwindigkeit liefert. Von einem Absatze bis zum andern mufs immer wieder die Elasticität des Dampfes die Wirkung des Zwischengeschirres ergänzen; wodurch denn aber auch eben, wie oben auseinandergesetzt, die plötzliche Einrückung anderer Räder, die ohne das die Maschine zerbrechen würde, möglich wird. Indessen kann man füglich, um nicht in zu weitläuftige Rechnungen zu gerathen, *näherungsweise* annehmen, dafs das Zwischengeschirr wirklich *jede* erforderliche Geschwindigkeit und Zugkraft liefere: von der verlangten gröfsten an, bis zur kleinsten, und dafs die Spannung des Dampfes stets unveränderlich dieselbe sei: und zwar deshalb, weil das Zwischengeschirr, nächst der mittlern, auch die gröfste und die kleinste Zugkraft und Geschwindigkeit wirklich zu liefern vermag.

Diejenige Spannung des Dampfes, von welcher vorausgesetzt wird, dafs sie durch Hülfe des Zwischengeschirrs von der gröfsten bis zur kleinsten Geschwindigkeit unveränderlich bleiben könne, sei S_1 Pfunde auf den Quadratzoll: so ist der Druck auf die beiden Kolben $\frac{1}{2}\pi d^2(S_1-\varrho)$. Dieser Druck würde, *ohne* das Zwischengeschirr, am Umfange der Triebräder eine Zugkraft $\frac{2l}{\pi D}\cdot\frac{1}{2}\pi d^2(S_1-\varrho)=\frac{d^2l(S_1-\varrho)}{D}$ hervorbringen. Nun müfste, um die gröfste Zugkraft Z hervorzubringen, ein Rad eingerückt werden, welches die obige Kraft p mal verstärkt, und, um die kleinste Zugkraft zu geben, ein Rad, welches die Kraft auf den $q$ten Theil *vermindert;* also folgt, dafs die gröfste und die kleinste Zugkraft durch

64. $Z=\frac{pd^2l(S_1-\varrho)}{D}$ und 65. $V=\frac{d^2l(S_1-\varrho)}{qD}$

ausgedrückt werden, welches

66. $Z=pqz$

giebt.

Ferner mag die Zahl der Cubikzolle Dampf von der Spannung S_1, welche die Maschine in jeder Secunde aus σ_1 Cubikzoll Wasser entwickelt, durch $\mu_1\sigma_1$ bezeichnet werden: so füllen sich in jeder Secunde $\frac{\mu_1\sigma_1}{\frac{1}{4}\pi d^2l}$ Cylinder voll Dampf, und folglich würden *ohne* Zwischengeschirr, da 4 Cylinder voll Dampf einen Umlauf der Triebräder geben, $\frac{\mu_1\sigma_1}{\pi d^2l}$ Rad-Umläufe, und folglich würde am Umfange der Triebräder die Geschwindigkeit $\pi D.\frac{\mu_1\sigma_1}{\pi_1 d^2l}=\frac{\mu_1\sigma_1D}{d^2l}$ Statt finden. Aber das Zwischengeschirr verstärkt und vermindert die Zugkraft und vermindert und verstärkt folglich, correspondirend, die Geschwindigkeit des Rad-Umfanges p und $q$mal. Also wird die gröfste Geschwindigkeit V und die kleinste v, erstere der kleinsten Zugkraft z, letztere der gröfsten Z zugehörig, durch

$$67.\quad v = \frac{\mu_1 \sigma_1 D}{p d^2 l} \quad \text{und} \quad 68.\quad V = \frac{q \mu_1 \sigma_1 D}{d^2 l}$$

ausgedrückt werden, welches

$$69.\quad V = pqv$$

giebt. Aus (66.) und (69.) folgt

$$70.\quad \frac{Z}{z} = \frac{V}{v};$$

wie gehörig.

Das, was zunächst als vorgeschrieben oder bestimmt zu betrachten sein wird, ist die *gröfste* Zugkraft Z und die *gröfste* Geschwindigkeit V; denn erstere wird durch den stärksten Abhang der Bahn bedingt, letztere durch das Maafs der Eile der Bewegung, die man nicht ohne Gefahr überschreiten lassen darf. Die Spannung S_1 des Dampfes ist bis zu demjenigen Grade, den die Festigkeit der Dampfkessel bedingt, willkürlich; denn man hat die durch p und q ausgedrückte Verstärkung und Verschwächung der Kraft durch das Zwischengeschirr in der Gewalt.

Man kann also, eben wie oben in (§. 23.), zuerst den Durchmesser d der Cylinder aus dem Ausdrucke für Z (64.) und darauf die Wassermasse σ, welche in 1 Secunde in Dampf verwandelt werden mufs, aus dem Ausdrucke für V (68.) nehmen. Dies giebt

$$71.\quad l d^2 = \frac{ZD}{p(S_1 - \varrho)},$$

oder, wenn man, wie in (§. 23.), $l = \frac{4}{3} d$ setzt,

$$72.\quad d^3 = \frac{3ZD}{4p(S_1 - \varrho)}$$

und

$$73.\quad \sigma_1 = \frac{V l d^2}{q \mu_1 D};$$

folglich, vermöge (71.), $\sigma_1 = \frac{V}{q\mu_1 D} \cdot \frac{ZD}{p(S_1 - \varrho)} = \frac{VZ}{pq\mu_1(S_1 - \varrho)}$, oder, vermöge (69.),

$$74.\quad \sigma_1 = \frac{vZ}{\mu_1(S_1 - \varrho)} = \frac{Vz}{\mu_1(S_1 - \varrho)};$$

so dafs also die zu verdampfende Wassermasse auch noch von der *kleinsten* Geschwindigkeit v oder von der *kleinsten* Zugkraft z abhängt, die daher ebenfalls im Voraus zu bestimmen sind.

28.

Die *Vergleichung* des Kraft-Aufwandes der Maschine mit und ohne Zwischengeschirr ergiebt sich nun wie folgt.

Ohne Zwischengeschirr sind nach (45. §. 23.) in jeder Secunde zu verdampfen $\sigma = \frac{V(Dz + d^2 l\varrho)}{\mu SD}$, oder, wenn man hierin den zugehörigen Werth von $d^2 l$ aus (43.) setzt, $\sigma = \frac{V\left(Dz + \frac{ZD\varrho}{S-\varrho}\right)}{\mu SD}$, oder

$$75. \quad \sigma = \frac{Vz}{\mu S} + \frac{VZ\varrho}{\mu S(S-\varrho)} \text{ Cubikzoll Wasser.}$$

Mit Zwischengeschirr sind nach (74. vor. §.) zu verdampfen

$$76. \quad \sigma_1 = \frac{Vz}{\mu_1 \sigma_1} + \frac{Vz\varrho}{\mu_1 S_1 (S_1 - \varrho)} \text{ Cubikzoll Wasser.}$$

Es hat aber, wie in (§. 22.) bemerkt, μS für jedes S beinahe denselben Werth, der durch E bezeichnet werden mag, so daſs man

$$77. \quad \mu S = \mu_1 S_1 = E$$

setzen kann. Also ist

$$\sigma - \sigma_1 = \frac{VZ\varrho}{E(S-\varrho)} - \frac{Vz\varrho}{E(S_1 - \varrho)} \quad \text{oder}$$

$$78. \quad \sigma - \sigma_1 = \frac{V\varrho}{E}\left(\frac{Z}{S-\varrho} - \frac{z}{S_1 - \varrho}\right).$$

So viel Wasser ist also in jeder Secunde *weniger* zu verdampfen, wenn ein Zwischengeschirr vorhanden ist. Diese Wassermasse ist, wie ihr Ausdruck zeigt, um so gröſser, je gröſser S_1 ist. Gröſser als S soll aber S_1, der Festigkeit des Kessels wegen, nicht sein dürfen. Also ist die *möglich-gröſste* Ersparung an zu verdampfendem Wasser:

$$79. \quad \sigma - \sigma_1 = \frac{V\varrho(Z-z)}{E(S-\varrho)};$$

und diese Ersparung ist sehr bedeutend.

In dem in (§. 23.) als Beispiel angenommenen Falle war

$$80. \quad \begin{cases} Z = 6802, \quad z = 938, \quad V = 640, \quad S = 75; \\ \varrho = 15 \text{ und } E = 29\,000; \end{cases}$$

also beträgt für diesen Fall die Ersparung

$$81. \quad \sigma - \sigma_1 = \frac{640 . 15 (6802 - 938)}{29\,000 (75 - 15)} = 32{,}35 \text{ Cubikzoll Wasser.}$$

Nach (§. 23.) war *ohne* Zwischengeschirr $\sigma = 58{,}22$ Cubikzoll Wasser zu verdampfen nöthig: also wird durch das Zwischengeschirr *mehr als die Hälfte* erspart.

Eben so grofs ist die Ersparung an ***Brennstoff;*** denn die gleiche Wärmemenge verwandelt dasselbe Wassergewicht in Dampf, wie grofs auch der Druck sein mag, unter welchem das Wasser zum Sieden gekommen ist, und wie grofs auch die Dichtigkeit und der Druck des erzeugten Dampfes sein möge. (S. z. B. *Lardner, the steam engine etc. 5te edit. 1836. S. 321.*) Also wird auch an Brennstoff *mehr als die Hälfte* erspart.

Um diese möglich-gröfseste Ersparung zu erzielen, mufste $S_1 = S$, das heifst die Spannung des Dampfes mufste so grofs angenommen werden *als möglich.* Alsdann ist nach (71.)

$$82.\quad l d^2 = \frac{ZD}{p(S-\varrho)}$$

oder, nach (72.), $l = \frac{4}{3} d$ gesetzt,

$$83.\quad d^3 = \frac{3ZD}{4p(S-\varrho)}$$

und nach (74.)

$$84.\quad \sigma_1 = \frac{Vz}{\mu(S-\varrho)}.$$

Die Einrichtung des Zwischengeschirrs, nemlich das Verhältnifs der Durchmesser der Räder, welches die gröfste und die kleinste Geschwindigkeit giebt, ist ganz beliebig. Auf die Masse des zu verdampfenden Wassers hat sie, wie der Ausdruck (84.) zeigt, keinen Einflufs, wohl aber auf den Durchmesser der Cylinder (83.). Dieser ist, wie der Ausdruck desselben ergiebt, um so kleiner, je gröfser p ist. Also ist es vortheilhaft, das Zwischengeschirr so einzurichten, dafs es die Kraft der Kolben bis zur *gröfsten* Zugkraft verstärkt und folglich dieselbe bis zur *kleinsten* Zugkraft nur wenig oder gar nicht vermindert. Dieses hat jedoch wiederum seine Grenze, weil auch einerseits der Durchmesser der Cylinder nicht allzu klein und andrerseits die Geschwindigkeit der Bewegung der Kolben nicht zu grofs sein darf. Nimmt man an, die gröfste Geschwindigkeit der Bewegung solle das $t$fache der kleinsten sein, so dafs $V = tv$, so ist, vermöge (69.),

$$85.\quad t = pq;$$

und da es nun am angemessensten sein wird, $p = q$ zu setzen, so dafs das Zwischengeschirr die Zugkraft um eben so viel zu vergröfsern als zu vermindern vermag, so kann man annehmen

$$86.\quad p = \sqrt{t}.$$

Dieses giebt, in (82. und 83.),

$$87.\quad l d^2 = \frac{ZD}{(S-\varrho)\sqrt{t}} \qquad \text{und} \qquad 88.\quad d^3 = \frac{3ZD}{4(S-\varrho)\sqrt{t}}.$$

In dem obigen Beispiele (§. 23.) sollte die gröſste Geschwindigkeit $V = 640$ (nemlich 8 Meilen in der Stunde) sein. Die kleinste Geschwindigkeit v muſs sich zur gröſsten umgekehrt wie die gröſste Zugkraft zur kleinsten verhalten. Dieses Verhältniſs war in dem Falle (§. 23.) $= 7,25$. Also muſs hier das Zwischengeschirr die Geschwindigkeit auf das 7,25fache verstärken können, und es ist also hier $t = \sqrt{7,25} = 2,69$. Dieses giebt, vermöge (88.),

$$d^3 = \frac{3.6802.60}{4(75-15)2,69} = 1896; \quad \text{also}$$

$$89.\quad d = 12,4 \text{ Zoll};$$

welches auch ein *angemessener* Durchmesser der Cylinder ist.

Die kleinste Geschwindigkeit ist jetzt $v = \frac{V}{7,25} = \frac{640}{7,25} = 88,3$ Zoll in der Secunde, oder $\frac{8}{7,25} = 1,1$ Meilen in der Stunde.

Zusammengestellt sind die Resultate für die in §. 23. als Beispiel angenommene Maschine folgende.

Die Maschine sollte mit 320 Ctr. auf die Schienen eingreifenden Gewichts und 75 Pfd. Spannung des Dampfs im Kessel auf den Quadratzoll, 1600 Ctr. Last eine Steigung von 1 auf 36 hinan und auf horizontaler Bahn 8 Meilen weit in der Stunde fortzuführen im Stande sein. Sie muſste deshalb für die stärkste Steigung 6802 Pfund und für die horizontalen Stellen der Bahn noch 938 Pfd. Zugkraft haben. Dies giebt:

	Ohne Zwischengeschirr.	Mit Zwischengeschirr.
Durchmesser der Cylinder d. .	17,2 Zoll.	12,4 Zoll.
Länge des Kolbenlaufs l	22,9 -	19,5 -
Kleinste Geschwindigkeit in der Stunde, auf die Steigung von 1 auf 36, ...	2,5 Meile.	1,1 Meile.
In jeder Secunde zu verdampfendes Wasser	58,22 Cub.-Zoll.	25,87 Cub.-Zoll.

Hieraus folgt, wie sehr eine Maschine mit Zwischengeschirr gegen eine andere ohne ein solches im Vortheil ist. Jener genügen Cylinder von angemessenem Durchmesser und angemessener Länge; auch die kleinste Geschwindigkeit ist noch ansehnlich genug, und an Wasser ist noch nicht die Hälfte zu verdampfen wie bei der Maschine ohne Zwischengeschirr und folglich auch noch nicht die Hälfte an Brennstoff nöthig.

Zu diesen Vorzügen kommen aber noch andere, *technische* Vortheile.

Man ist nemlich nunmehr, *erstlich,* wie oben bemerkt, gleichsam *gezwungen,* der Bahnspur eine gröfsere *Breite* zu geben; welches die Fahrt sicherer macht und gestattet, auf die Lastwagen bequemer die Ladung zu packen und durch die Personenwagen mehr Personen fortzubringen, ohne dafs verhältnifsmäfsig die Wagen selbst schwerer würden.

Zweitens bekommt jetzt nicht mehr die *Achse, an welcher die Triebräder* stecken, sondern die *Zwischen-Achse* die Kurbeln; und dieses ist sehr wichtig, weil es bei der gewöhnlichen Einrichtung sehr schwer ist, die Kurbel-Achsen, die zugleich das reibende Gewicht des Wagens *tragen* sollen, stark und haltbar genug zu machen. Es ist dies ein Hauptgrund, warum bei der gewöhnlichen Einrichtung der Dampfwagen *ohne* Zwischengeschirr eine *breitere* Spur kaum practicabel ist, indem sich die Trieb-Achsen, ohne sie *ungeheuer* schwer zu machen, dazu nicht stark genug verfertigen lassen. Die Trieb-Achse, welche bei dem Zwischengeschirr keine Kurbeln bekommt, sondern gerade bleibt, kann dagegen ohne grofse Schwierigkeit auch länger sein, und folglich kann die Spur *sehr bequem* breiter sein. Die Zwischen-Achse hat keine Last zu tragen, sondern nur die ohne Vergleich geringere Gewalt der Räder auszuhalten. und ihr lassen sich also viel leichter die Kurbeln geben. Das Zwischengeschirr befördert also auf die Weise auch zugleich die *Möglichkeit,* die Spur breiter zu machen und macht die Triebräder-Achse, auf deren Festigkeit so Vieles ankommt, haltbarer und sicherer.

Drittens hat auch die Maschine mit dem Zwischengeschirr in ihren innern Theilen überhaupt weniger Gewalt auszuhalten, weil ihre Cylinder kleiner sind und also die Gesammtwirkung des Dampfdruckes geringer ist; und

Viertens brauchen bei grofser Eile der Fahrt die Kolben der Dampf-Cylinder nicht mit so ungeheurer Geschwindigkeit wie jetzt hin und her getrieben zu werden; was jetzt der Maschine durch die starke Erschütterung und die Abnutzung ungemein schädlich ist: folglich wird die Maschine selbst fester und dauerhafter werden.

Endlich ist es nützlich, dafs der Dampf immer fast mit *gleicher* Spannung wirkt und die Dampfkolben sich fast immer mit *gleicher* Geschwindigkeit bewegen. Auch dadurch wird offenbar die Maschine nicht allein haltbarer, sondern das Feuer wird auch von dem fast immer mit gleicher Geschwindigkeit entweichenden Dampf nicht so ungleich, sondern mehr gleich stark angefacht werden. Bei den gewöhnlichen Maschinen ist es ein Uebelstand, dafs, je schneller sie sich bewegen, das Feuer um so stärker angeblasen wird.

Allerdings macht das Zwischengeschirr die Maschine complicirter und theurer: aber die vielen Vortheile, welche es bringt, wiegen wohl diesen Nachtheil reichlich auf, und der Nachtheil kommt sogar in so fern *gar nicht* in Betracht, als ohne das Zwischengeschirr starke Anhöhen mit einigermaafsen beträchtlicher Ladung gar nicht zu ersteigen sind und das wirklich zu erreichende starke Eingreifen auf die Schienen gar nicht vollständig zu benutzen ist. Das Zwischengeschirr an den Maschinen erspart Hülfs-Maschinen an steilen Stellen und macht es erst möglich, dafs Eisenbahnen in Bergen ohne solche, oder ohne die Last zu theilen, oder die Zugkraft zu wechseln, fahrbar werden.

Es würde also wieder ganz vorzüglich eine Aufgabe für practische Mechaniker sein, die Zwischengeschirre zur Ausführung zu bringen und sie dauerhaft ins Werk zu richten.

(Der Schlufs im nächsten Hefte.)

6.
Uebersicht der Geschichte der Baukunst, mit Rücksicht auf die allgemeine Culturgeschichte.

(Vom Herrn Bau-Inspector *C. A. Rosenthal* zu Magdeburg.)

(Fortsetzung der Abhandlung N. 2. im vorigen Hefte.)

Erster Abschnitt.
Allgemeine Betrachtungen.

§. 1.
Grundlage.

Die Geschichte der Baukunst ist ein Theil der allgemeinen Culturgeschichte; beide erläutern sich gegenseitig. Die Folgerungen des Baumeisters, wenn er die stumme Sprache der Baudenkmäler, die oft die einzigen und sichersten Zeugen der Cultur sind, versteht, bedürfen zur Grundlage der Forschungen des Historikers, und diese bedürfen dann wieder der Berichtigung durch jene. So ist der Weg allerdings schwierig und weit, und wir dürfen uns über die vielen Räthsel, welche uns in der Kunstgeschichte entgegentreten, um so weniger wundern, da von dem frühern Alterthume nur noch so wenig aus dem Dunkel der Jahrtausende hervorleuchtet. Die rastlosen Bemühungen eines *Herder, Schlegel, Heeren, C. Ritter, Jones, v. Bohlen* u. a. haben bisher nur einige allgemeine Resultate geliefert, von welchen wir die gültigsten und für den gegenwärtigen Zweck geeignetesten herausheben wollen.

Hoch-Asien war die Wiege des Menschengeschlechts, von wo aus sich frühzeitig die Völker und die Cultur nach mehreren Seiten hin ausbreiteten. Der am deutlichsten erkennbare und wahrscheinlich auch früheste Culturweg führt nach Indien und von da weiter über Aethiopien nach Aegypten, vielleicht auch noch zu den Pelasgern und Hetrurern; ein zweiter Weg führt von Bactrien zu den Medern, Babyloniern, Persern und, wohl in Verzweigung mit dem erstern, zu den Phöniciern, Carthagern u. s. w.; ein dritter, wahrscheinlich späterer, nach Hinter-Indien und China. Ueber die weitere Verbreitung, nach dem Norden hin, ist das Dunkel noch zu dicht. Von großer Wichtigkeit würde es sein, wenn wir sichere Nachrichten über die Abstammung der Hellenen hätten. Wir werden sehen, daſs die Geschichte der Baukunst das Obige ihrerseits ebenfalls bestätigt.

Eben wie in der allgemeinen Ausbildung, finden wir auch in der Baukunst, bei der Vergleichung der verschiedenen Zeiten und Völker, theils eine so wesentliche Verschiedenheit der einzelnen Baustyle, daſs an eine, wenn auch noch so frühe Ableitung des einen aus dem andern nicht zu denken ist; theils auch wieder bei denselben Völkern manche einzelne Uebereinstimmungen, sogar ganz gleiche Formationen. Hierbei ist zuvörderst die Trennung der Begriffe Baukunst und Bauwissenschaft zu Hülfe zu nehmen. Es ist natürlich, daſs ein auswandernder Völkerstamm den Character, die Lebensweise, und so auch die Baukunst des Mutterlandes festhält. Finden sich nun aber in dem Clima und den Baumaterialien der neuen Heimath Hindernisse, so wird man sich genöthigt sehen, andere Constructionen, und zwar (wenn das neue Land etwa schon bewohnt war) wohl zunächst die vorgefundenen zu befolgen. Man wird also die mitgebrachte Bauwissenschaft ändern, dabei aber noch lange die alten Kunst-Ideen anzuwenden suchen. Gewöhnlich tritt dann ein Miſsverhältniſs ein, welches störend auf den fernern Entwicklungsgang der Baukunst einwirkt und sich vielleicht nie und in keinem Falle früher auflöset, ehe nicht entweder die ganze Sinnesweise des Volkes sich geändert und dem neuen Clima u. s. w. angepaſst hat, oder die Fortschritte in der Bauwissenschaft Hülfsmittel gelehrt haben, durch welche sich die alte Kunst-Idee ohne Widerspruch darstellen läſst. Ueberhaupt also mögen in der *Bauwissenschaft* wohl die fremdartigsten Völker, oft gelegentlich, von einander gelernt haben, (denn die Wissenschaft läſst sich erlernen): die *Baukunst* aber muſs sich aus und mit dem innern Geiste eines jeden Volkes herausgebildet haben und kann nur da Verwandtschaften zeigen, wo auch der Volkscharacter verwandt ist. Finden sich nun in verschiedenen Baustylen ähnliche Formen, so ist zu untersuchen, ob sie der Kunst oder der Construction angehören. So mögen die Griechen die Construction mit einzeln stehenden lothrechten Stützen vielleicht von den Aegyptern entlehnt haben; in Hinsicht der künstlerischen Form aber gehört ihnen die Säule eigenthümlich an.

So lange wir die Baukunst eines einzelnen Volkes als ein Abgesondertes betrachten, kommt es zur vergleichungsweisen Bestimmung ihres Werthes vorzüglich nur darauf an, in wie fern sich der Geist des Volks, der Character des Landes u. s. w. in den Bauwerken deutlich ausspricht. Dies ist jedoch nur die beschränktere Ansicht, nach welcher sich die einander entgegengesetzten Baustyle (der Aegypter, Griechen, Deutschen) noch nicht vergleichen lassen. Die Frage, welcher Baustyl im Allgemeinen den Vorzug habe, d. h. sämmtlichen und namentlich den höhern Anforderungen der Kunst, wie wir sie in der Einleitung festzustellen versucht haben, entspreche, oder, mit andern Worten: welches Volk sich nicht allein am deutlichsten, sondern auch am schönsten in seiner Kunst ausgesprochen habe, ist aus einem höhern Standpuncte zu entscheiden. Es giebt nur *ein* Ziel für die menschliche Geistesbildung und in diesem nur *ein* wahrhaft Schönes; es giebt also auch nur *eine* Baukunst, welche dieses Schöne architektonisch darstellen kann.

Dieses *eine* Ziel ist, im Fortschreiten der Weltbildung, von verschiednen Seiten und auf verschiednen Wegen gesucht worden. Die Wege führten aus einem Lande in das andere hinüber, oft in mehreren Verzweigungen, bis sie sich, in so fern sie eine falsche Richtung nahmen, in dem Untergange der jedesmaligen Art und Weise der Cultur verloren. Irgend ein grofses Welt-Ereignifs brach dann eine andere Bahn; oder ein neu auftretendes Volk, das vielleicht auf einem andern Wege von Hoch-Asien ausgegangen und auf seinem weiten Zuge durch andere Gegenden zu einer eigenthümlich-selbstständigen Richtung der Geistesbildung gelangt war, versuchte dann den neuen Weg zum Ziele.

Ueberall, wo die Richtung jener Wege zur Erreichung des allgemeinen Ziels und des Schönen in der Baukunst im Besondern falsch war, mufs sich in der Bauweise selbst die *innre Nothwendigkeit* des Verfalls darthun lassen; es mufs nachgewiesen werden können, dafs auch ohne die etwanigen äufsern Gewalt-Umstände dennoch früher oder später die Ueberzeugung von der Unzulänglichkeit des herrschenden Baustyls hervorgetreten sein würde.

§. 2.

Ueber die uranfängliche Bauweise.

Es ist nicht schwierig, sich die einfachen ersten Wohnungen der Menschen vorzustellen. Höhle und Wald boten sich von selbst als nothdürftige Zufluchtsörter dar; in flachen Gegenden wurde das Gerippe zur Hütte oder zum Zelt; welche beide in ihrer Urform und Construction zusammenfallen: aus rohen, in die Erde gesteckten Baumstämmen leicht aufgestellt und mit Schilf, Lehm oder Thierhäuten überzogen. Der Versuch jedoch, eine solche Bauart in ihrer allmäligen Entwicklung weiter zu verfolgen und die spätern, ausgebildeten Kunstformen auf jene rohen Anfänge zurückführen zu wollen, erweiset sich sehr bald als durchaus unstatthaft, besonders wenn man, mit *Hirt,* den spätern *Stein*bau, mit allen seinen eigenthümlichen Details, aus einem eigenmächtig vindicirten Holzbau ableiten, oder, wie es von Mehrern geschehen, in dem Nomadenzelte das Vorbild der arabischen, persischen-, und in den heiligen Hainen der Germanen das Vorbild der altdeutschen Baukunst sehen will. Welche Bauwissenschaft wäre es, die bei so verschiednen Materialien, wie Holz und Stein, die gleiche Construction anwenden: oder welche Baukunst wäre es, die, anstatt der wirklichen, ausgebildeten Construction, eine frühere mangelhaftere versinnlichen, oder für ihre Formen ganz fremdartige Vorbilder suchen und nachahmen wollte!

Allerdings ist die Frage nach der ursprünglichen Bauweise der Völker nicht unwichtig, und es ist diese Bauweise gewifs nicht ohne Einflufs auf die nachherige Entwicklung der Baukunst gewesen; jedoch wohl nicht als Anfang oder Vorbild, sondern hauptsächlich nur in sofern, als die Beschaffenheit des Landes die ersten Wohnungen bestimmte und diese dann wieder nothwendig auf die Lebensweise und den Character der Bewohner und dadurch dann auch mittelbar und im Allgemeinen auf deren spätere Kunst-Aeufserungen einwirkten. Es zeigt sich in den arabischen und persischen Bauwerken nirgend die Form des Nomaden*zeltes,* wohl aber die heitere Ungezwungenheit des Nomadenlebens, u. s. w.

So wie ein Volk aus dem andern hervorging, brachte es die ihm bekannte Bauweise mit (§. 1.), und nur durch örtliche Verhältnisse konnte es angetrieben werden, dieselbe mit einer andern zu vertauschen. Es kommt also besonders darauf an, die älteste Bauart des Urvolks in Hoch-

Asien zu ermitteln. Vorher aber bieten sich einige allgemeine Betrachtungen dar.

§. 3.
Ueber den Hölenbau.

Vorausgesetzt, die ersten Menschen waren Troglodyten, so möchte folgender Entwicklungsgang anzunehmen sein. Zuerst suchte man die bequemsten Naturhölen aus, an denen es im Asiatischen Hochlande nicht fehlt; so lange, bis die zunehmende Bevölkerung zur Benutzung der auch weniger geeigneten zwang. Diese erweiterte man in einzelnen Fällen und lernte nun, dem stets wachsenden Bedürfnifs gemäfs, allmälig ganz neue Hölen in dem vollen Felsen aushauen. Dazu gehörte nun zwar schon die Erfindung einiger einfachen Geräthschaften und Fertigkeit in deren Handhabung; auch wohl Ueberlegung: aber durchaus noch keine *wissenschaftliche* Kenntnifs. Ja sogar die Ausarbeitung der ausgedehntesten und prachtvollsten Hölentempel Indiens und Nubiens verlangte noch nicht die geringste Bekanntschaft mit der Statik und Bauwissenschaft; denn das Einzige, was man allenfalls hierher rechnen könnte: die Beurtheilung der Stärke der Decke und der Zahl, Entfernung und Stärke der stehenbleibenden Stützen, lehrte die Erfahrung bei weitem sichrer, als es die Statik, selbst heut zu Tage, vermöchte. So lange man sich also auf den Hölenbau beschränkte, mochte man noch nicht auf die Erfindung und Ausbildung der Constructionslehre und der eigentlichen Bauwissenschaft gekommen sein. Dagegen ist nicht zu bezweifeln, dafs der Wunsch, die Wohnungen freundlich und angenehm zu gestalten, schon früh hervortrat, und die Indischen Tempel beweisen unleugbar, dafs dieses erste Streben nach Schönheit bald ernster wurde und selbst eine sehr bedeutende Höhe erreichte.

Diese Betrachtung zwingt uns die überraschende Ueberzeugung auf, dafs, im Fall wirklich der Hölenbau früher als der Bau *über* der Erde geübt wurde, *der Beginn und die Ausbildung der Kunst dem wissenschaftlichen Bauen um Jahrhunderte vorangegangen sein mufs.*

So sonderbar übrigens diese Wahrnehmung scheint, so verliert sie doch das Befremdende, wenn wir uns daran erinnern, dafs die Kunst, oder, allgemein, das Streben nach Schönheit, aus der unwillkürlich und *rasch* wirkenden Gefühlsthätigkeit hervorgeht, die Wissenschaft hingegen dem Gebiete des erst später erwachenden und *langsamer* sich ausbildenden Verstandes angehört und dafs grade in der Kindheit des Menschengeschlechts das ursprüngliche freie Lebensgefühl um so regsamer sein mufste, je weniger es durch die andern Geistesthätigkeiten zurückgedrängt wurde.

Gehört nun aber, streng genommen, der Hölenbau der eigentlichen *Bau*kunst und nicht vielmehr einer allgemeinen Formenkunst (Techtonik) an? Allerdings wohl das Letztere. Die (eigentliche) Baukunst ist mit der Bauwissenschaft eng verbunden; sie kann erst mit dem Bau *über* der Erde, oder mit der Zusammensetzung der einzelnen Materialien nach statischen Gesetzen und zu förmlichen Gebäuden, beginnen. Indessen kann die Baukunst durch den vorangegangenen Hölenbau wesentlich vorbereitet worden sein; man hatte mannigfache Formen bilden gelernt, und wenn diese auch keine architektonischen Formen waren, so näherten sie sich denselben doch, und es war nicht schwierig, sie auf die Baukunst anzuwenden. In so fern läfst sich allerdings die Annahme, dafs die Baukunst zwar nicht unmittelbar aus der Höle, wohl aber mittelbar aus dem Hölenbau hervorgegangen sein könne, nicht zurückweisen.

§. 4.
Ueber den Hüttenbau.

Denken wir uns die Vervollkommnung des Hüttenbaues, von der einfachen, zeltartigen Form eines blofsen zweiseitigen Daches an, noch so weit getrieben, so führt der letzte Fortschritt doch nur etwa zu lothrechten Wänden und einer wagerechten Decke (letztre in südlichen Gegenden zugleich Dach): aus dicht neben einander eingegrabenen und aufgelegten runden Baumstämmen gemacht, mit zähen Weiden oder dergleichen zusammengebunden und die Zwischenräume mit Lehm oder Moos verstopft. Bei einem solchen Bau kann aber weder, wie bei der Höle, von Statik, noch auch, jener entgegen, von Kunst die Rede sein, so dafs die Baukunst fast noch weniger aus der Hütte, als aus der Höle hervorgegangen sein kann. Erst mit der förmlichen Zimmerung, d. h. dem Behauen und Verbinden der Bauhölzer mittelst Zapfen, Kämme u. s. w., oder mit dem *Häuserbau*, konnte die Bauwissenschaft und die Baukunst beginnen. Nun aber ist auch die einfachste Holz-Construction dieser Art sehr künstlich zusammengesetzt, und der Uebergang vom Bau mit runden Stämmen zu der eigentlichen Zimmerung des Holzes ist ein sehr bedeutender Sprung, welcher sich bei der, dem Holze nicht natürlichen, kantigen Form, ohne einen anderweiten Anlaſs nicht motiviren läſst. Ueberdem setzt die Holzbearbeitung scharfe, schneidende Werkzeuge, namentlich die Säge voraus, deren Erfindung selbst die Tradition erst dem Griechischen Dädalus (1350 v. Chr.) zuschreibt.

Betrachten wir dagegen den Steinbau. Wie natürlich gestaltet sich dann der allmälige Entwicklungsgang! Die erste Wohnung aus Stein war, (die im Alterthum weniger in Betracht kommende stärkere physische Anstrengung abgerechnet) eben so einfach, wie die hölzerne Hütte. Leicht waren unförmliche Bruchsteine zu niedrigen Mauern zusammengeschichtet und mit den scharfen Kanten, auch ohne Mörtel, dauerhaft in einander gefügt; und eben so leicht waren andre plattenförmige Steine als Decke und Dach übergelegt. Wollte man später, zur dichtern und dauerhaftern Zusammenfugung, eine Kante, einen Buckel wegnehmen, so bedurfte man dazu nur eines härtern Steins, dann eines Hammers und endlich eines stumpfen Stückchen Eisens als Meiſsel: mit diesen höchst einfachen Geräthen lieſs sich schon ein bedeutender Grad von Genauigkeit und Schärfe in die Arbeit bringen und es war nur noch eine geringe Vervollkommnung derselben nöthig, um, nachdem die Kunst hinzugetreten war, auch ihren höchsten Forderungen zu genügen. So konnte sich, ohne irgend einen Sprung, aus den rohesten Anfängen die Bauwissenschaft entwickeln *).

Das eben auseinandergesetzte Verhältniſs zwischen dem Holz- und Steinbau benimmt uns jeden Grund, bei Völkern, wo sich der letztere ausgebildet hatte, den ersteren als anfängliche Bauweise zu setzen. Auch dürfen wir überhaupt nicht zweifeln, daſs in allen Ländern, denen es an natürlichen Bausteinen nicht fehlte, die ersten eigentlichen Gebäude über der Erde *von Steinen* aufgeführt wurden. Scheint es doch sogar, als ob die winkelrecht gebrochenen oder bearbeiteten Steine erst die Idee, auch das Holz vierkantig zu beschlagen und so zum regelmäſsigen Bauen geschickter zu machen, hervorgerufen hätten, nachdem vielleicht in dieser oder jener Gegend der Mangel an hinreichend langen Decksteinen auf die Benutzung hölzerner Balken geführt hatte. Zur Gewiſsheit wird die Voraussetzung eines frühen Steinbaues, wenn wir annehmen, daſs der

*) Ueber den Stein- und Holzbau siehe auch: *Hübsch*, über Griechische Architektur. Heidelberg, 1824.

Hölenbau vorangegangen war; denn bei diesem hatte man nicht allein schon die Geräthschaften und die Fertigkeit zum Bearbeiten der Steine gewonnen, sondern es boten sich auch die aus den Hölen gewonnenen Steine ganz von selbst als Material dar, und man hatte so vielleicht schon früh gelernt, diese Steine, wenn auch nur, um sich ihrer bequemer zu entledigen, zu Befriedigungsmauern oder dergleichen zusammenzuschichten.

§. 5.
Eintheilung der Geschichte der Baukunst.

Eine zweckmäfsige Eintheilung der Geschichte der Baukunst nach Perioden ist das nächste, aber ein sehr schwieriges Geschäft. Wir dürfen dabei nicht Ort und Zeit, sondern lediglich die Verwandtschaft der Baustyle zum Grunde legen: möchten auch Völker, die viel später als andere in der politischen Geschichte auftreten, hier zu einer ältern Periode gezählt werden müssen. Doch auch jene Verwandtschaft ist nicht leicht aufzufinden; denn oft können zufällige, äufsere Aehnlichkeiten, die mit unter sehr zahlreich und auffallend sein können, verleiten, eine Verwandtschaft und Abstammung da anzunehmen, wo gleichwohl der innere Geist oder die dem Kunststyle zum Grunde liegenden Ideen wesentlich verschieden sind. Oft verändert sich sogar im Laufe der Zeit, und namentlich bei dem Uebergange von einem Volke zum andern, das Princip desselben Baustyls wesentlich, während die äufsern Aehnlichkeiten fortbestehen, so dafs man sich wundern mufs, wie bei denselben nur in den Dimensionen und abgeänderten Formen ein ganz entgegengesetzter architektonischer Character hervorgebracht werden konnte.

I. *Für die erste Periode* kommt es zuvörderst darauf an, die ursprüngliche Richtung der Kunst aufzusuchen und zu verfolgen. Sie findet sich am deutlichsten bei den Indern; dann aber auch bei den ältesten Völkern am Kaukasus und am Pontus-Euxinus; bei den Babyloniern, den alten Mexicanern; verunstaltet bei den Chinesen und in schwächern Spuren bei vielen andern Völkern. Mit einem Worte, alle Nationen, bei welchen sich noch deutliche Erinnerungen an die früheste Richtung nachweisen lassen, rechnen wir zur ersten Periode.

II. *Die zweite Periode* umfafst die ägyptische Kunst. Denn wenn gleich die ägyptische Bildung (was *Heeren* zwar läugnet, *von Bohlen* aber nachgewiesen hat) wahrscheinlich über Aethiopien her aus Indien stammt, so tritt uns doch hier die Erscheinung entgegen, daſs, trotz der Abstammung und sonstiger äuſserer Aehnlichkeiten, das Princip der Baukunst sich völlig ändert, die anfängliche Richtung verloren ist und in die entgegengesetzte übergeht. Deshalb, und weil die Aegypter zuerst ihren Gebäuden einen eigentlich architektonischen Character gaben, was wir von andern Völkern mindestens (wenn auch nur aus Unbekanntschaft) nicht nachweisen können, machen sie Ansprüche auf eine besondere Epoche.

III. Ganz eigenthümlich treten in *der dritten Periode* die Griechen (d. h. die Hellenen) auf: dieses für die Kunstgeschichte wichtigste Volk. Ihre Kunst, auf einer ganz andern Basis als bei allen andern Völkern ruhend, blühet rasch empor, fängt aber auch schnell an, wieder zu sinken. Erst in dem gesunkenen Zustande geht sie zu den Römern über, verzweigt sich hier mit den Resten der Hetrurischen Kunst, und wird so dem Untergange zugeführt.

IV. *Die vierte Periode* wird durch die Einführung der christlichen Religion begründet: dieses für alle Bildung einfluſsreichsten Weltereignisses, durch welches sich der Gesichtspunct, aus welchem man Kunst und Bildung bis dahin betrachtet hatte, völlig änderte. Es beginnt diese Periode, (denn die ersten Christen behalfen sich noch mit römischer Baukunst, oder vielmehr mit römischen Gebäuden), etwa unter *Justinian* in Constantinopel, mit dem ersten Streben nach Eigenthümlichkeit im Baue christlicher Kirchen. Bald verbreitet sich dieses Streben über alle christlichen Völker; doch erst spät entwickelt sich daraus ein eigenthümlicher Baustyl, dessen baldiger Untergang beim ersten Blick eine der räthselhaftesten Erscheinungen in der Kunstwelt ist.

Zu dieser Periode gehört auch noch die Baukunst der Araber, welche, überall aus einer frühern Kunst-Epoche stammend, doch in steter Wechselwirkung mit christlicher Kunst sich ausgebildet und *ein* Element mit derselben gemein hat und nur mit Rücksicht auf sie richtig gewürdigt werden kann.

V. Die neuere Zeit, welcher wir den *fünften Abschnitt* widmen, gehört eigentlich keiner besondern Kunst-Epoche an. Sie hat keinen eigenen Kunststyl begründet, sondern behalf sich erst mit der wiederaufgefundenen römischen, dann mit der griechischen Kunst, welche man, so gut es gehen wollte, den jetzigen Bedürfnissen anzupassen suchte. Erst mit der neuesten Zeit, welche, nach der Lethargie des vorigen Jahrhunderts, überall ein so gewaltiges Ringen und Streben entwickelt, beginnt auch für die Kunst und Baukunst die Morgenröthe eines bessern Tages. Möchte es doch auch in unseren Tagen der Kunst gelungen sein, ihren eigenthümlichen Standpunct zu bewahren und auf der Bahn der Vervollkommnung voranzuschreiten! Wir würden dann vielleicht nicht so viele Opfer zu beklagen haben, welche dem ungebundenen Streben der Völker nach dem Traumbilde politischer Freiheit, anstatt nach der wahren geistigen Freiheit, gefallen sind.

Zweiter Abschnitt.

Die erste Periode der Baukunst.

Hoch-Asien.

§. 6.

Die wahrscheinliche Bau-Art in Hoch-Asien.

Hätten wir auch genauere Reiseberichte über dieses wichtige Urland des Menschengeschlechts, so dürften wir doch schwerlich auf bestimmtere Zeugnisse aus jener ältesten Zeit hoffen. Alles, was sich mit Gewifsheit annehmen läfst, beschränkt sich darauf, dafs die Höhen des Paropamisus mit unzähligen Hölen angefüllt sind, zum Theil, bei Mahu, bereits mit lebhaften Farben geschmückt *). Von der unterirdischen Stadt Bamian, welche Tempel mit Sculpturen und Colossen und daneben kleinere Hölen zu Wohnungen enthält, erzählen die Inder, denen diese Stadt unter dem Sanscrit-Namen Vanni-Najori (schöne Stadt) heilig ist, Wunder der Schönheit.

*) *Stieglitz* Geschichte der Baukunst.

Es läfst sich freilich das Alter dieser Hölen nicht errathen, und es mufs sogar für sehr wahrscheinlich gehalten werden, dafs die reicher gestalteten Hölen, mindestens ihre Ausschmückung, keiner so frühen Zeit angehören, als der, von welcher hier die Rede ist. Wenn wir indefs auch in den zweiten und dritten Stufenländern der Cultur, am Caucasus, in Indien, Nubien etc., zahllose Hölen, und zwar nicht blofs Tempel und Grabmäler, bei welchen der Cultus zur Wahl des unterirdischen Baues gezwungen worden sein konnte, sondern auch Wohnungen antreffen; wenn wir auch wahrnehmen, dafs mit der Entfernung vom Ursitze der Menschheit der Hölenbau mehr und mehr abnimmt und zuletzt verschwindet: so werden wir doch eingestehen müssen, was sich bei weitern Untersuchungen noch bestimmter herausstellen wird, dafs der Hölenbau dem Bau über der Erde voranging und dafs er namentlich in Hoch-Asien, dessen Localität ganz dazu geschaffen war, wenn nicht die einzige, doch die vorherrschende Bau-Art war. Mögen auch schon die Urbewohner vor der Zeit der ersten Auswanderungen Hütten und selbst dauerhaftere Bauwerke von Steinen über der Erde gekannt haben (was indefs wohl immer noch zweifelhaft bleibt), so verdienten dieselben doch gewifs noch nicht eigentliche Gebäude genannt zu werden. Scheinen doch die über Indien und mehr noch in den übrigen zweiten und dritten Stufenländern zahllos verbreiteten Ueberreste solcher Bauwerke (Cyclopen-Mauern), die von der rohesten Art sind, zu beweisen, dafs man erst hier die frühesten Versuche mit dem Bauen über der Erde anstellte: stellen sie es doch jedenfalls klar ins Licht, dafs von eigentlichen Bauwerken, wie sie die Bauwissenschaft hervorruft, in Hoch-Asien keine Rede sein kann. Dagegen machen es das Beispiel jener Felsenstadt Bamian, mag sie selbst auch grade der Urzeit nicht mehr angehören, so wie die zahllosen andern Hölen (auch die in Indien, am Caucasus u. s. w.) wahrscheinlich, dafs man in Hoch-Asien schon den Hölenbau und die Kunst der Ausschmückung der Hölen in grofser Ausdehnung und in einem gröfsern oder geringern Grade der Vollkommenheit kannte und übte.

So wäre es denn erwiesen, dafs in dem Sinne §. 3. *die Kunst der Bauwissenschaft vorangegangen ist:* ein Verhältnifs, welches auf das ganze früheste Alterthum ein bedeutsames Licht wirft.

Wenn gleich übrigens demnach an die Ausübung der Bauwissenschaft und an das Vorhandensein förmlicher Gebäude in Hoch-Asien nicht zu denken ist, so mag dennoch wohl die Richtung, welche sich an dem Baustyl der wahrscheinlich ältesten eigentlichen Bauwerke der Inder und anderer Völker zeigt, schon in Hoch-Asien im Keime, d. h. in der allgemeinen Richtung der Geistesbildung, da gewesen sein, und wir können nicht umhin, auf diese einen Blick zu werfen, wollen wir anders die Erscheinungen in der Geschichte der Baukunst tiefer begründen.

§. 7.

Der uranfängliche Culturzustand des Menschengeschlechts.

Soll man sich, nach der allgemeinern Meinung, die ersten Menschen in einem Zustande thierischer Rohheit denken, aus welchem sie sich, zunächst zur Befriedigung der sinnlichen Bedürfnisse, dann nach und nach zur geistigen Ausbildung empor arbeiteten, wobei natürlich ein grobsinnlicher Naturdienst der Anfang (vielleicht nicht einmal ein sehr früher Anfang) aller Religion gewesen sein müfste: oder soll man sich der Hypothese einiger Neuern anschliefsen, die gewissermaafsen eine Urweisheit, ein göttliches Urpriesterthum annehmen?

Die erste Hypothese empfiehlt sich auf den ersten Blick als naturgemäfs. Bei näherer Betrachtung aber stofsen wir auf Widersprüche und Unwahrscheinlichkeiten, welche sie verwerflich zu machen scheinen. In welchem durchaus hülflosen Zustande müfste sich nicht der Mensch zur Zeit völliger Kindheit der Vernunft und dabei zugleich ohne den leitenden Instinct des Thieres befunden haben! Welche unendlich lange Reihe von Jahren würde er gebraucht haben, um auch nur seine physische Existenz zu sichern! Würde er sich überhaupt ohne die Ahnung eines bessern Zustandes aus dem Schlamm der Rohheit haben herausarbeiten können? Woher dann bei allen Völkern die Sagen eines verlorenen Paradieses, d. h. eines frühern glücklichern und bessern Zeitalters?

Man braucht grade keine positive Weisheit, keine reine Erkenntnifs Gottes vorauszusetzen; aber gewifs: der Mensch, so wie er aus der Hand des Schöpfers hervorging, war ein edles, vernünftiges und im höchsten Grade bildungsfähiges Wesen, das in unmittelbarer Beziehung zu Gott stand; er war mit der kräftigen Ahnung seiner erhabenen Bestimmung, nicht blofs mit den *Anlagen* zu ihrer Erreichung, sondern auch mit dem *Bestreben danach* geboren. Aber dieses Streben sollte Folge seines freien Entschlusses sein: deshalb das geistige und sinnliche Princip in ihm, deren Kampf bei fortschreitender Ausbildung, und namentlich bei dem Hervortreten der Verstandesthätigkeit, unvermeidlich war. Der Sieg blieb auf der Seite des sinnlichen Princips, wie sich dies noch täglich im Kleinen wiederholt; und dieser Sieg stürzte die Menschheit allmälig in einen Zustand der Verwilderung, aus welchem sie nur durch das heilige Werk der Erlösung gerettet und zum klaren, selbstbewufsten Streben nach dem hohen Ziele der geistigen Vervollkommnung erweckt wurde.

Grade *darum* ist es bei der angeregten Frage dem Historiker wesentlich zu thun, dafs er die höhere Nothwendigkeit von dem Untergange der alten Cultur als Folge einer eingetretenen Verwilderung nachzuweisen vermöge. Hätte sich das Menschengeschlecht aus dem Zustande gänzlicher Rohheit emporgebildet, so wäre, streng genommen, kein Rückschritt möglich, d. h. hier, *nöthig* gewesen: wir würden ihn nur äufsern, zufälligen Ursachen zuschreiben können; und wie kraftlos wäre dann das Studium der Geschichte! Warlich: nur durch die Voraussetzung eines frühern vollkommneren Zustandes, eines verlorenen Paradieses, gewinnt der erschütternde Gang der Weltgeschichte eine höhere Bedeutung, erklären sich die vielen gewaltsamen Umwälzungen; denn nicht das Streben nach einem gewünschten, einem selbst-erdachten, nein, nur die (wenn auch unbewufste) Sehnsucht nach einem verlorenen Gute kann ein so gewaltiges Ringen veranlassen, wie es als Ursach jener Welt-Revolutionen nöthig war und Statt gefunden hat.

Denken wir uns nun die ersten Menschen in einem der Kindheit angemessenen Zustande des ursprünglichen Gleichgewichts aller Seelenkräfte, so mufs es zuerst die Gefühlsthätigkeit gewesen sein, welche überwiegend hervortrat; denn sie wirkt nicht allein rascher als die Verstandesthätigkeit, sondern es bedurfte ihrer auch der Mensch zunächst, um die Erscheinungen um sich aufzufassen und sich mit der übrigen Schöpfung in Verbindung zu setzen. Der Mensch *dachte* nicht, sondern *empfand;* er *erkannte* noch nicht das Wesen, aber er *fühlte* um so inniger das Schöne; er *fühlte* gewissermaafsen auch das Wahre und Gute. Es war ein glücklicher, schuldloser und kindlicher Zustand, in welchem sich dem Menschen die unendliche Vollkommenheit, ohne sein Dazuthun, und deshalb nur dunkel, nur als Ahnung offenbarte, der aber unmöglich lange dauern konnte. Mit dem schärfern Hervortreten der Gefühlsthätigkeit war das ursprüngliche Gleichgewicht aufgehoben; es war natürlich, dafs nun die Verstandesthätigkeit überwiegend zu herrschen anfing, und damit begann denn jener Kampf des Sinnlichen und Geistigen, welcher auf Jahrtausende hinaus (und wer kann sagen, auf wie lange hinaus es noch geschehen wird) die Menschheit unglücklich machte, der aber unvermeidlich war, um die Menschen zu freien, selbstständigen Wesen zu bilden und ihrem Streben nach dem erhabenern Ziele denjenigen Werth zu geben, ohne welchen selbst die unendliche Vollkommenheit keine Glückseligkeit gewähren würde.

Aus dem Hervortreten der Gefühlsthätigkeit, welche den Character der Urzeit bildet, erklärt es sich, wie so früh schon Werke der Kunst entstehen konnten, die die Bewunderung der spätesten Nachwelt fordern; es erklärt sich aber auch, warum diese Kunst der Alten, als Resultat einer einseitigen Ausbildung, wieder untergehen mufste; denn selbst die Schönheit kann durch die Gefühlsthätigkeit *allein* nicht vollkommen empfunden und noch weniger hervorgebracht werden.

Die Inder.

§. 8.

Epochen der Indischen Kunst.

Die Bekanntschaft mit der Indischen Kunst und Cultur ist erst noch im Entstehen. Nur ein Theil der Baudenkmäler, vielleicht erst der spätesten, ist gezeichnet, und zwar noch keinesweges mit derjenigen Genauigkeit, durch welche *Stuart* und *Revett* die Athenischen Alterthümer zu einem fruchtbringenden Studium für uns gemacht haben. Noch mehr fehlt es an dem Versuche, die Aufeinanderfolge der Denkmäler nach der Zeit ihrer Entstehung zu erforschen. Unter diesen Umständen kann unsere Beurtheilung der Indischen Kunst, trotz des vorhandenen Reichthums an Denkmälern, nur noch oberflächlich sein.

Zuerst die Frage: bezeichnen die drei verschiedenen Arten von Bauten, die wir in Indien finden, nemlich

1) die in Felsen ausgehauenen (nicht eigentlich unterirdischen) *Hölen*,

2) die auch aufsen bearbeiteten *Monolithen*,

3) die eigentlichen *Gebäude* über der Erde,

verschiedene Epochen Indischer Kunst? *Heeren* *) nimmt dies und die Aufeinanderfolge derselben, in der oben aufgestellten Ordnung, an. Im Allgemeinen mag dieser kritische Forscher, wie gewöhnlich, Recht haben; doch bleiben noch im Einzelnen folgende Zweifel entgegen zu stellen:

Dafs der Hölenbau im Allgemeinen der älteste war, kann wohl nicht geläugnet werden: dafs aber *alle* Hölentempel Indiens aus der Zeit stammen, die dem Häuserbau voranging, ist deshalb zu bezweifeln, weil eine Menge Formen und Zierden in ihnen gefunden werden, welche sich deutlich als Nachbildungen von Bau-Constructionen zeigen, auf welche man ohne den Häuserbau wohl nie hätte kommen können.

Noch mehr gilt das Nemliche von der so eigenthümlichen zweiten Gattung der Indischen Denkmäler. Die beträchtlichsten unter ihnen, die sogenannten sieben Pagoden (geringe Ueberreste einer sehr ausgedehnten ganzen Felsenstadt), stellen sich durchaus wie gewöhnliche Gebäude mit lothrechten Mauern, Dächern, Gesimsen, Fenstern u. s. w. dar. Wie hätte man nun so bestimmte architektonische Formen wie diese und wie die architrav- und balkenähnlichen Vorsprünge der Decken in den Felsentempeln suchen und finden mögen, wenn sie nicht schon aus dem Bau über der Erde, wo das constructionelle Bedürfnifs sie fast von selbst entstehen machte, bekannt gewesen wären? Noch entscheidender ist der Umstand, dafs sich an den Monolithen zu Mavalipunam mehrere Stellen finden, wo man mit Quadern nachgeholfen hat.

Ferner ist zu berücksichtigen, dafs unter den Tempeln über der Erde (z. B. die berühmte Pagode zu Chalembaram) mehrere sind, deren eigentliche Heiligthümer ganz einfach und ohne die Sculpturen und Zierden, wie sie die Hölentempel schmücken, aufgeführt sind, und die dadurch ein höheres Alter zu verrathen scheinen als die letztern.

Endlich aber ist zu bemerken, dafs in einigen Hölentempeln selbst Monolithen stehn, die doch also nothwendig mit den Hölen selbst ein gleiches Alter haben müssen.

*) Ideen Th. II. Abth. II. S. 17.

Allen diesen und noch andren Zweifeln stellen sich nun zwar auch wieder manche Gegengründe entgegen, die nur in Widersprüche verwickeln, deren gänzliche Auflösung, bei unserer geringen Kenntnifs von Indien, für jetzt unmöglich scheint. Dennoch dürften sich, mit Rücksicht auf die geographische Beschaffenheit des Landes, wahrscheinlich folgende allgemeine Andeutungen bei näherer Untersuchung bestätigen.

1) Der Hölenbau ist in Nord-Indien, welches zuerst von Hoch-Asien aus bevölkert wurde und dessen gebirgigte Beschaffenheit es an Gelegenheit zum Hölenbau nicht fehlen liefs, ausschliefslich im Gebrauch gewesen und zu einem hohen Grade von Ausbildung gebracht worden.

2) Während, nach Bevölkerung der südlichen Halbinsel, in den felsigten Küstengegenden die ererbte Bauweise fortbestand, brachte in den innern Flachländern das Bedürfnifs den Bau *über* der Erde und zwar wahrscheinlich den Steinbau hervor.

3) Anfänglich mochte und konnte die neue Bauweise nur sehr unvollkommen und einfach sein. Selbst die in den Hölen üblichen Verzierungen und Sculpturen liefsen sich nicht sofort ausführen, mindestens nicht eher, als bis man die Steine zu den Mauern rechtwinklig, mit genau schliefsenden Fugen, zu bearbeiten gelernt hatte. Dies aber kann nicht ganz früh geschehn sein; denn wir haben Beispiele vor Augen, welche beweisen, dafs man lange Zeit kyklopisch, d. h. mit unregelmäfsigen grofsen Bruchsteinen bauete.

4) Die ungleich gröfsere Zweckmäfsigkeit, welche die Gebäude über der Erde wegen des Lichtzuflusses, der Trockenheit u. s. w. darboten, trieb die Bergbewohner an, ihre Felsenwohnungen, da, wo die gegenseitige Lage es erlaubte, von aufsen monolithenartig frei zu arbeiten, oder auch bei neuen Constructionen die Vortheile der neuen Bauart ihrer Nachbarn mit der ihnen lieb gewordenen herkömmlichen Bauweise zu verbinden. In beiden Fällen ahmten sie in der äufsern Form natürlich ihren Vorbildern nach. Noch wahrscheinlicher ist die Annahme, dafs jene Monolithen schon früher, jedoch äufserlich in ganz roher oder doch willkürlicher Form existirten und dafs man ihnen die gegenwärtige Form erst später nach den Vorbildern der wirklichen Gebäude gegeben hat; denn man hatte ja bereits in den Hölentempeln Monolithen ausgearbeitet, wenn auch gröfstentheils nur kleine Capellen.

5) Nachdem der Bau über der Erde, was wohl ziemlich bald geschehen mufste, auch bei den Bergbewohnern Eingang gefunden hatte, mochte er sich lange Zeit auf die Wohnungen beschränken. Die alten Hölentempel wurden erwiesenermaafsen, vielleicht aus religiösen Gründen, vielleicht auch blofs, weil sie vorhanden waren, noch lange benutzt; es wurden auch wohl neue gebaut oder wenigstens die vorhandenen erweitert und verschönert, wobei dann wieder die eigentliche, bis dahin schon weiter ausgebildete Baukunst zum Vorbild diente. Bei den Hölen fanden spätere Veränderungen wenig Schwierigkeiten. So war es z. B. sehr leicht, die Nachbildung des Architravs und der Balken, worauf oben besonders Bezug genommen wurde, durch das spätere Einarbeiten vertiefter Deckenfelder hervorzubringen.

§. 9.
Der Hölenbau der Inder.

Der Plan, nach welchem die indischen Hölentempel angelegt sind, ist ziemlich einfach. Der Hauptraum ist ein länglichtes Viereck, durch stehen gebliebene Pfeiler in mehrere, in der Regel drei Schiffe abgetheilt. Hinten ist der Tempel rund geschlossen. Hier steht das Heiligthum, bei den Buddhisten der Dagop, (eine Steinmasse, unter welcher die Gebeine des Buddha als Reliquien gebracht wurden *); in andern Tempeln häufig eine Capelle, mit dem Lingam. Die Decke ist mehrentheils gerade, oft mit vortretenden architrav- und balkenähnlichen Streifen, oft aber auch in Form eines Tonnengewölbes ausgehölt und dann wohl mit vortretenden Rippen geziert. Vor dem Hauptraume liegen eine oder mehrere Vorhallen, an den andern Seiten verschiedene Nebenräume. Die bedeutenderen Tempel haben mehrere Stockwerke und in ihrer Umgebung finden sich Vorhöfe, Wasserbehälter, Brücken, Terrassen, Treppen, Obelisken, Colosse, Sphinxe u. s. w. Die Wände sind gewöhnlich mit Sculpturen bedeckt, theils im Relief, theils so weit heraustretend, dafs die Figuren blofs mit dem Rücken anliegen. Diese Bilderwerke sind colossal und mit Farben bunt angestrichen. In andern Tempeln sind die Wände glatt polirt oder auch mit Inschriften in fremdartigen Characteren angefüllt. Mitunter (z. B. im Tempel Daumar-Leyna zu

---

*) *v. Bohlen* a. a. O. Th. II. S. 78.

Ellore) reicht den Tempel durch den ganzen Felsen hindurch; oft öffnet er sich, wenigstens vorn, in seiner ganzen Breite, als Eingang. Besonders merkwürdig sind die Monolithen-Pagoden, welche in der Tempelgrotte von Keylos und der des Indra zu Ellore stehen geblieben sind und auf welche wir im folgenden Paragraph zurückkommen werden.

Solche Anlagen finden sich in den gebirgigten Gegenden Indiens überall: die unbedeutendsten auf der Insel Elephante, die wichtigsten zu Ellore. Ein meilenlang gekrümmter Berg ist in unzählige Tempel verwandelt. Der bedeutendste unter diesen ist der sogenannte Keylasa. Die Vorhalle ist 138 F. breit und 88 F. tief, die Grotte selbst 247 F. lang und 150 F. breit; in derselben steht die obengedachte Monolithen-Pagode von 103 F. lang und 56 F. breit; im Innern ist sie 17 F. hoch, aufsen aber steigt diese Felsenmasse in Pyramidalform über 100 F. empor. Dieser wundervolle Bau soll in Abwechselung, Reichthum und Sorgfalt der Ausführung alle Beschreibung übertreffen; die Pyramide ist, wie Alles Uebrige, mit Sculpturen überladen. Ueberhaupt wurden die Augenzeugen von den Wundern der Anlagen zu Ellore so überrascht, dafs sie kaum eine Beschreibung wagten.

Die uns gänzlich fehlenden Nachrichten von dem Alter dieser Denkmäler werden durch allgemeine Kennzeichen einigermaafsen ersetzt. Sie müssen, da sich das Andenken an solche bedeutende Unternehmungen nur langsam verwischen kann, die ältesten Indischen Schriften aber bei weitem jünger sind, und endlich die Sage ihre Erbauung den Göttern zuschreibt, nothwendig weit in das ägyptische Zeitalter hinaufreichen. Die Brahmanen geben im Allgemeinen ihre Entstehung auf 3000 v. Chr. an; und wenn man bedenkt, dafs der Sandstein der ebenfalls sehr alten ägyptischen Monumente Thebens noch mit allen seinen Sculpturen unversehrt da steht, während der allerhärteste Thon-Porphyr, in welchem die Indischen Hölentempel ausgearbeitet sind, bereits häufig verwittert ist, so kann man, trotz der vielleicht ungünstigen Verschiedenheit des Climas, jene Angaben nicht so ungemein übertrieben finden; mindestens wird man ohne Bedenken zugeben können, dafs die ältesten jener Bauwerke leicht vier Tausend Jahr und darüber alt sein können *).

---

*) Siehe *Heeren* Ideen Th. I. Abth. II. S. 30, 42 u. s. w. — *v. Bohlens* Indien Th. II. S. 92. — *Stieglitz* Geschichte S. 53.

Vergleicht man die einzelnen Monumente unter sich, so macht sich ein Fortschreiten, welches wohl einen Zeitraum von fünf Jahrhunderten und mehr noch ausfüllen konnte, bemerkbar. Am kleinsten und einfachsten sind die Hölen auf der Insel Elephante. Hier und auf Salsatte zeigt sich namentlich die Sculptur noch in ihrer Kindheit, während die Denkmäler zu Ellore den gröfsten Reichthum und den höchsten Grad der Ausbildung zeigen.

(Die Fortsetzung folgt im nächsten Hefte.)

Buchhändler-Anzeigen.

In allen Buchandlungen ist zu haben:

Die Alterthümer von Athen nebst andern Monumenten Griechenlands. Nach dem englischen Original des Stuart-Revett, deutsch als Taschenausgabe herausgegeben und mit genauen Verkleinerungen der Originalplatten versehen von dem Baumeister Dr. *Leo Bergmann.* Mit 84 sauber lithographirten Tafeln versehen. gr. 12. Schön cartonnirt. 3 Rthl. oder 5 fl. 24 kr.

Es ist bekannt, welche Verdienste das englische Prachtwerk von Stuart und Revett um die Ueberlieferung der herrlichen Muster und Studien der Ueberreste der classischen Bauarten hat, welche das jetzt aus seiner Asche wieder empor steigende Hellas für den Architekten, bildenden Künstler und Alterthumsforscher darbietet. Wohl ist es die Zierde vieler Staats-Bibliotheken und der Sammlungen reicher Privatmänner, aber dem unbemittelten Architekten war es bisher unzugänglich. Durch vorstehende schöne und wohlfeile Taschenausgabe kommen jene noch unerreichten Bauwerke leichter zu ihrer Kenntnifs und werden ein Gemeingut der Nation. Richtigkeit der Zeichnung, höchste Deutlichkeit bei kleinem Maafsstab und Beibehaltung aller eingeschriebenen Maafse waren Hauptaugenmerke des Herausgebers. Auch die Werke, welche später als Stuart und Revett erschienen sind, wurden benutzt und nachgetragen. Der Text enthält alles, was für den Architekten zu wissen nöthig ist, doch ohne in weitschichtige archäologische Untersuchungen einzugehen. Die äufsere Ausstattung in gr. 12., was sich dem kl. 4. nähert, ist so schön, elegant und stattlich, dafs sie der englischen nicht nachsteht.

D. *L. Bergmann's* praktischer Mühlenbauer und Zeugarbeiter. Ein unentbehrliches Handbuch zum Selbstunterricht für Mühlenbesitzer, Mühlenbauer, Mühlknappen und Mühlenärzte. Nebst Vorschlägen zum Betriebe bei theilweisem Wind- und Wassermangel. Mit 25 lithographirten Tafeln. gr. 8. 2½ Rthl. oder 4 fl. 30 kr.

(Bildet auch den 99. Band des Schauplatzes der Künste und Handwerke.)

Von den vielen vorhandenen Werken über Mühlen- und Maschinenbau sind die wenigsten für den Praktiker brauchbar, dessen Vorkenntnisse nur selten hinreichen, das darin Gesagte richtig zu verstehen. Darum war es bei vorstehendem Handbuch ein Hauptaugenmerk, in einer ganz deutlichen und gemeinfafslichen Sprache alles vorzutragen, was dem praktischen Müller und Mühlenbauer nothwendig ist, und dasselbe so übersichtlich zu ordnen, dafs Jeder den Gegenstand, den er just braucht und sucht, leicht finden kann. Dasselbe beschreibt und erklärt vollständig alle Arten von Mühlen und alle einzelnen Theile derselben nach der neuesten und besten Construction, enthält sehr schöne Belehrungen über die richtige Auswahl der Werkhölzer, über die Bestimmung, welche Arten von Mühlen für gewisse Zwecke die besten sind, über Nivelliren, Gefälle, Wasserstand, Mühlsteine, kurz über Alles, was in dem Geschäft des Mühlenbauers vorkommt. Aufserdem findet man gute Vorschläge, wie man Mühlenwerken bei eintretendem Wind- und Wassermangel dennoch ihren ungestörten und vollen Betrieb sichern kann, eine Zugabe, die für Praktiker von ganz unschätzbarem Werthe ist. Die beigefügten zahlreichen Abbildungen erleichtern das Verständnifs des Textes hinreichend.

Inhaltsverzeichniſs des zweiten Hefts dreizehnten Bandes.

Berlin, gedruckt bei G. Reimer.

7.
Einiges über die Ausführbarkeit von Eisenbahnen in bergigen Gegenden.

(Vom Herausgeber dieses Journals.)

(Vorgelesen von demselben in den Plenar-Sitzungen der Königl. Akademie der Wissenschaften zu Berlin am 18. October und 1. November 1838.)

(Schlufs des Aufsatzes No. 3. im vorigen Hefte.)

Zusammengeprefste Luft als bewegende Kraft.

28.

Es möge hier im Vorbeigehen im Allgemeinen kürzlich erörtert werden, in wie fern, dem Princip nach, die Fortbewegung von Lasten auf Eisenbahnen durch die ausdehnende Kraft *zusammengeprefster Luft* möglich sein dürfte.

Die Art dieser Benutzung der Elasticität der Luft würde im Allgemeinen etwa folgende sein.

Die ziehende Maschine würde einen eisernen Luftbehälter, so grofs und schwer als es angeht, tragen. Auf jeder Station würde entweder dieser locomotive Behälter aus grofsen, ummauerten, oder, wo die Gelegenheit dazu vorhanden ist, in Felsen gehauenen Vorraths-Behältern gefüllt werden, in welche die Luft durch stehende Maschinen, nach den örtlichen Verhältnissen von Dampfkraft, Pferdekraft u. s. w. getrieben, gepumpt wird, etwa auf die Weise, dafs man den locomotiven Behälter durch eine Röhre, welche Hähne hat, mit dem grofsen Behälter in Verbindung bringt und die zusammengeprefste Luft durch Oeffnen der Hähne einläfst: oder man würde die Luft durch stehende Maschinen unmittelbar in den fahrbaren Behälter pumpen und auf jeder Station eine ziehende Maschine mit vollgepumpten Behälter bereit halten; welches letztere, wegen der grofsen Schwierigkeit der *stehenden* Vorrathsbehälter, offenbar leichter und wohlfeiler sein würde.

Die zusammengepreſste Luft in dem locomotiven Behälter des Dampfwagens würde dann ganz wie der Dampf eines Dampfwagens wirken; nemlich sie würde durch Schiebe-Ventile, die von der Maschine selbst, wie bei Dampfwagen, geöffnet und geschlossen werden, abwechselnd in zwei Cylinder zugelassen werden, in welchen sie, sich ausdehnend, die Kolben hin und her triebe, und mittelst der Stangen derselben, Kurbeln und durch diese die Triebräder des Wagens in Bewegung setzte: alles ganz wie bei Dampfwagen.

Damit die Wirkung der Luft auf die Kolben möglichst *gleich stark* bliebe und nicht abnähme, so wie sie aus dem Behälter des Wagens allmälig ausströmt und ihre Spannung nachläſst, müſste, auſser dem groſsen Behälter, etwa zu einem ähnlichen Zwecke wie die Luftblase in einer Feuerspritze, noch ein zweiter, kleinerer, aber doch ziemlich geräumiger Behälter vorhanden sein, in welchen man allmälig die Luft aus dem groſsen Behälter zuströmen lieſse: immer in so weit, daſs die Spannung in dem kleinen Behälter, die leicht durch einen daran befindlichen Manometer gemessen wird, gleich stark und etwas stärker bliebe, als diejenige, welche auf die Kolben in den Cylindern wirken soll. Aus dem *kleinen* Behälter, nicht aus dem groſsen, würden die Cylinder die Luft empfangen.

In Deutschland hat zuerst, so viel ich weiſs, der Ober-Bergrath *Henschel* in Cassel des Mittels gedacht, ziehende Maschinen auf Eisenbahnen durch die Wirkung zusammengepreſster Luft in Bewegung zu setzen. In England hat *Brunel*, der Erbauer des Tunnels unter der Themse in London, Versuche mit starkem Zusammenpressen der Luft angestellt. Wie weit diese Versuche gediehen sind, ist mir nicht bekannt; auch nicht, ob die genannten Herren, oder Andere, sich die Art der Benutzung der Luft-Elasticität im *Einzelnen* eben so gedacht haben, wie oben beschrieben. Im *Allgemeinen* aber haben sie dieselbe wohl eben so gemeint.

Es käme nun darauf an, ob es *im Princip* practisch möglich sei, so viel und so stark zusammengepreſste Luft auf der ziehenden Maschine mitzuführen, als nöthig sein würde, eine nambafte Ladung eine bedeutende Strecke, also wenigstens 3 Meilen weit, ohne daſs man anhalten und neuen Luft-Vorrath einnehmen dürfte, fortzuschaffen.

29.

Man behalte die *sämmtlichen* obigen Bezeichnungen beim Dampfwagen bei; nur dafs jetzt s die Pressung der Luft statt der des Dampfes auf einen Quadratzoll Fläche der Kolben in den Cylindern bezeichnet.

Alsdann ist, ganz wie (37. §. 22.), die Zugkraft

$$89. \quad z = \frac{d^2 l(s-\varrho)}{D};$$

woraus sich

$$90. \quad d^2 l = \frac{zD}{s-\varrho}$$

für die nöthige Gröfse der Maschinen-Cylinder ergiebt.

Vier Cylinder voll Luft, von der Spannung s, gehören zu einem Umlauf der Triebräder des Wagens ohne Zwischengeschirr. Diese bringen die Last πD Zolle weit fort. Also sind, um die Last α Zolle weit fortzuführen, $\frac{4\alpha}{\pi D}$ Cylinder voll, und folglich, da jeder Cylinder $\frac{1}{4}\pi \partial^2 l$ Cubikzoll enthält, $\frac{4\alpha}{\pi D}\cdot\frac{\pi d^2 l}{4} =$

$$91. \quad \frac{\alpha l d^2}{D} = B \text{ Cubikzoll}$$

Luft, von der Spannung s, zur Fortbewegung der Last, auf α Zolle weit, nöthig.

Die Spannung der zusammengeprefsten Luft in dem grofsen Behälter sei S Pfunde auf den Quadratzoll. Alsdann mufs dieser grofse Behälter, weil sich der Raum, welchen die Luft einnimmt, dem *Mariotte*schen Gesetze gemäfs, umgekehrt wie die Spannung der Luft verhält,

$$92. \quad \frac{Bs}{S} = b = \frac{\alpha l d^2 s}{SD} \text{ Cubikzoll}$$

Raum enthalten. Setzt man hierin den Werth von ld^2 aus (90.), so ergiebt sich $b = \frac{\alpha s}{SD}\cdot\frac{zD}{s-\varrho}$ oder

$$93. \quad b = \frac{\alpha z s}{S(s-\varrho)}.$$

Die Zugkraft z ist nach (16. §. 19.) $z = \left(\frac{Q}{n} + \frac{P}{k} + \frac{P+Q}{a}\right)\cos\varphi$. Also ist

$$94. \quad b = \frac{Ls}{S(s-\varrho)}\left(\frac{Q}{n} + \frac{P}{k} + \frac{P+Q}{a}\right)\cos\varphi \text{ Cubikzoll.}$$

Ist, anstatt der *Spannung* der Luft im grofsen Behälter, vielmehr die *Gröfse* des Behälters gegeben, so mufs man aus (94.) S nehmen, welches

$$95. \quad S = \frac{Ls}{b(s-\varrho)}\left(\frac{Q}{n} + \frac{P}{k} + \frac{P+Q}{a}\right)\cos\varphi \text{ Pfunde}$$

giebt.

Die *Geschwindigkeit* der Bewegung ist hier *gänzlich willkürlich*; denn der *Ueberschufs* des Drucks, welchen die Spannung der Luft in den Cylindern und in dem *kleinen* Behälter auf die Kolben über den Widerstand der Fracht gegen dieselben oder über die nöthige Zugkraft z hervorbringt, *beschleunigt* die Bewegung: *weniger* Druck als die Zugkraft *verzögert* sie: *gleicher* Druck erhält die Geschwindigkeit gleichförmig. Man darf also nur aus dem grofsen Behälter mehr Luft in den kleinen strömen lassen, so wird die Geschwindigkeit zunehmen; läfst man weniger, als nöthig, zuströmen, so wird sie abnehmen; läfst man gar keine Luft zuströmen, so wird die bewegende Kraft, da alsdann der kleine Behälter durch die, noch vermöge der Trägheit der Masse fortgehende Bewegung der Last schnell erschöpft werden wird, bald ganz aufhören.

30.

Nun werde als Beispiel angenommen, es sollen (um die Rechnung zu vereinfachen), was ungefähr die Wirkung eines gewöhnlichen Dampfwagens sein würde, auf *horizontaler* Eisenbahn 3000 Ctr. Last 3 Meilen weit, ohne neue Triebkraft einnehmen zu dürfen, fortgeschafft werden: vermittelst einer ziehenden Maschine (eines *Luftwagens*, wie man ihn, analog zu dem Ausdrucke *Dampfwagen*, nennen könnte), die nicht mehr als ein Dampfwagen, also 2 bis 300 Ctr. wiegt. Der grofse Luftbehälter soll 1000 Cubikfufs Raum fassen; was angehen möchte, indem dazu entweder ein *cubischer* Kasten von 10 F. inwendig lang, breit und hoch, oder ein *parallelepipedischer* Kasten von 20 F. lang, 6 F. breit, $8\frac{1}{3}$ F. hoch, oder ein *cylindrischer* Kasten von 20 F. lang und etwa 8 F. im Durchmesser, oder ein *kugelförmiger* Kasten von etwa $12\frac{1}{2}$ F. im Durchmesser, nöthig sein würde; welche Kasten sich füglich fortbringen lassen würden. Ferner werde angenommen, die gewöhnliche Spannung der auf die Kolben wirkenden Luft sei, wie bei den Dampfwagen, 75 Pfund auf den Quadratzoll. Der Durchmesser der Triebräder des Wagens sei, wie bei den Dampfwagen, 60 Zoll.

Alsdann ist

$$96. \quad \begin{cases} Q = 3000.110, & P = 200.110, \quad \varphi = 0, \quad a = \infty, \\ n, \text{ wie weiter oben}, = 250, & k = 150, \quad L = 3.3000.12.12, \\ b = 1000.1728, & s = 75, \quad \varrho = 15, \quad D = 60, \quad l = \frac{4}{3}d. \end{cases}$$

Daraus ergiebt sich an Zugkraft:

97. $$z = \left(\frac{Q}{n} + \frac{P}{k} + \frac{P+Q}{a}\right)\cos\varphi = \frac{3000.110}{250} + \frac{200.110}{150} = 1467\ \text{Pfd.};$$

also zunächst aus (90.) für das Maafs der Cylinder:

98. $$d^2 l = \frac{1467.60}{75-15} = 14{,}67$$

und, $l = \frac{4}{3}d$ gesetzt, für den Durchmesser der Cylinder,

99. $$d = \sqrt[3]{(\tfrac{3}{4}.1467)} = 10{,}3\ \text{Zoll.}$$

Ferner aus (93.) für die Spannung der Luft im *grofsen* Behälter:

100. $$S = \frac{3.2000.12.12.1467.75}{1000.1728(75-15)} = 917\ \text{Pfd.}$$

auf den Quadratzoll. Die Luft müfste also in dem grofsen Behälter mit dem Druck von $\frac{917}{15}$ oder etwa *61 Athmosphären* zusammengeprefst sein.

Das geringste Gewicht würde nun der Luftkasten offenbar haben, wenn er *kugelförmig* wäre, weil die *Kugel* mit der geringsten Fläche den gröfsten Raum umschliefst. Der Halbmesser dieser Kugel sei r Zoll, so mufs $\frac{4}{3}r^3\pi = b$, also

101. $$r = \sqrt[3]{\left(\frac{3b}{4\pi}\right)}\ \text{Zoll}$$

sein. Um nun den Druck, mit welchem die zusammengeprefste Luft die Wände dieser Kugel zu zersprengen trachten würde, und daraus weiter die nöthige Dicke der Wände der Kugel und das Gewicht des Luftkastens zu finden, stelle man sich vor, die Kugel sei in einem Cylinder eingeschlossen, der eben so viel Durchmesser und Höhe hat, als die Kugel. Die zusammengeprefste Luft befinde sich für den Augenblick nicht blofs innerhalb der Kugel, sondern auch aufserhalb derselben, in dem Raume zwischen den Wänden des Cylinders und denen der Kugel: so werden die *Böden* des Cylinders, in der Richtung der Achse desselben, eben so stark geprefst werden, als die Wände der Kugel von aufsen und von innen, in der gleichen Richtung. Dieselbe Pressung auf einen der *Böden* des Cylinders, welche diejenige ist, die die Wände desselben in der *Ringfläche*, senkrecht auf seine Achse, zu zerreifsen trachtet, ist also die nemliche, welche die *gleiche* Ringfläche der Kugel zu zersprengen strebt, wenn sich die Luft, wie in dem *wirklichen* Falle, *blofs innerhalb* der Kugel befindet und der Cylinder gar nicht da ist. Die Fläche des Cylinder-Bodens hält $r^2\pi$ Quadratzoll; also der Druck der zusammengeprefsten Luft auf den Cylinderboden $= r^2\pi(S-\varrho)$ Pfunde. (Nemlich ϱ mufs von S abgezogen werden, weil die atmosphärische Luft von aufsen der zusammengepreſsten innern Luft entgegenwirkt.) Mit dieser Gewalt strebt die Luft den ringförmigen Querschnitt der Kugelwand in einem gröſsten Kreise derselben zu zerreiſsen. Diese ringförmige Fläche enthält, wenn die *Dicke der Wand* η Zoll ist, $2r\pi\eta$ Quadratzoll. Setzt man die Cohäsion der Masse der Wände auf den Quadratzoll $=\chi$ Pfunde, so ist die Cohäsion der ringförmigen Fläche $=2r\pi\eta\chi$ Pfunde. Dieser Widerstand muſs mindestens der obigen Pressung *gleich* sein. Also muſs sein:

$$r^2\pi(S-\varrho) = 2r\pi\eta\chi,$$

und daraus folgt

$$102. \quad \eta = \frac{r^2\pi(S-\varrho)}{2r\pi\chi} = \frac{r(S-\varrho)}{2\chi} \text{ Zoll,}$$

für die der Wand nöthige Dicke.

Die Oberfläche der Wand der Kugel hält $4r^2\pi$ Quadratzoll. Also ist der Cubik-Inhalt derselben $4r\pi\eta$ Cubikzolle und, wenn jeder Cubikzoll der Masse ν Pfunde wiegt, ihr Gewicht

$$103. \quad G = 4r^2\pi\eta\nu = \frac{4r^3\pi\nu(S-\varrho)}{2\chi} \text{ Pfunde,}$$

oder auch, wenn man aus (101.) den Werth $\frac{3b}{4\pi}$ von r^3 setzt,

$$104. \quad G = \frac{4.3b\pi\nu(S-\varrho)}{4\pi.2\chi} = \frac{3b\nu(S-\varrho)}{2\chi}.$$

Da die Kugelwand von *geschmiedetem Eisen* sein wird, welches etwa 512 Pfd. der Cubikfuſs wiegt und eine Cohäsionskraft von etwa 70 000 Pfd. auf den Quadratzoll hat, so ist

$$105. \quad \nu = \frac{512}{1728} = \frac{8}{27} \text{ Pfd. und } \chi = 70\,000 \text{ Pfd.}$$

Dieses giebt für den vorliegenden Fall, zuerst aus (101.),

$$106. \quad r = \sqrt[3]{\left(\frac{3.1000.1728.7}{4.22}\right)} = 74{,}5 \text{ Zoll}$$

für den *Halbmesser* der Kugel. Ferner aus (102.) und (100.)

$$107. \quad \eta = \frac{74{,}5(917-15)}{2.70000} = 0{,}479$$

oder etwa $\frac{1}{2}$ Zoll für die *Dicke der eisernen Wand* der Kugel, und aus (104.)

$$108. \quad G = \frac{3.1000.1728.8.(917-15)}{2.70000.27} = 9896 \text{ Pfd.}$$

oder etwa 90 Ctr. für das *Gewicht* der Kugel.

Da aber die Wände der Kugel zur Sicherheit wenigstens der *doppelten* auf sie wirkenden Pressung würden müssen widerstehen können, so würden sie wenigstens doppelt, also nahe an 1 Zoll dick sein müssen, und folglich würde der Luftkasten gegen 180 Ctr. wiegen.

Machte man den Luftbehälter *cubisch,* statt kugelförmig, r Zoll lang, r Zoll breit und r Zoll hoch, wo nun $r = 10.12 = 120$ wäre, so wäre die Pressung der zusammengedrückten Luft auf jede Fläche des Kastens $= r^2(S-\varrho)$, und da dieser Pressung die Cohäsion der Eisenfläche $4r\chi\eta$ widerstehen müfste, so wäre

$$109. \quad r^2(S-\varrho) = 4r\chi\eta,$$

woraus

$$110. \quad \eta = \frac{r(S-\varrho)}{4\chi}$$

folgt. Die Oberfläche des Behälters wäre jetzt $6r^2$, also das Gewicht des Behälters

$$111. \quad G = 6r^2.\nu.\frac{r.(S-\varrho)}{4\chi} = \frac{3r^3\nu(S-\varrho)}{2\chi},$$

oder auch, wenn man den Werth von r^3, der jetzt $= b$ ist, setzt:

$$112. \quad G = \frac{3b\nu(S-\varrho)}{2\chi};$$

ganz wie (104.). Das *Gewicht* des Luftkastens wäre also auch jetzt, wie vorhin, etwa 90 Ctr.; die *Dicke* der Wände wäre nach (110.) $\eta = \frac{10.12.(917-15)}{4.70000} = 0{,}387$ Zoll, oder etwa $4\frac{2}{3}$ Linien.

Statt die Dicke der Wände zur Sichernng des Widerhalts zu verdoppeln, könnte man hier auch, etwa auf *jeden Quadratfufs* der Seitenflächen, eine eiserne Stange durch den Kasten gehen lassen, so stark, dafs sie, jede für sich, dem Drucke auf den *Quadratfufs* Fläche zu widerstehen vermöchte, wodurch dann also die Stärke des Kastens *verdoppelt* werden würde. Die Zahl dieser Stangen würde $\frac{3r^2}{12.12}$, also ihre Länge zusammen $\frac{3r^3}{12.12}$ Zoll sein. Der Druck auf einen Quadratfufs Fläche ist $12.12.(S-\varrho)$. Also müfste jede Stange einen Querschnitt von $\frac{12.12.(S-\varrho)}{\chi}$ Quadratzoll bekommen. Ihr Cubik-Inhalt würde folglich $\frac{3r^3}{12.12}.\frac{12.12(S-\varrho)}{\chi} = \frac{3r^3(S-\varrho)}{\chi}$ und mithin ihr Gewicht

$$113. \quad I = \frac{3r^3(S-\varrho)\nu}{\chi} = \frac{3b\nu(S-\varrho)}{\varrho}$$

und folglich *doppelt* so grofs sein, als das Gewicht G (112.) des Kastens selbst. Der Kasten würde also jetzt etwa 270 Ctr. wiegen müssen.

Die 1000 Cub.-F. auf 61 Atmosphären Druck zusammengepreſster Luft selbst, würden, die specifische Schwere der Luft zu 0,0012323 von der des Wassers, welche 66 Pfd. auf den Cubikfuſs ist, angeschlagen, und 1 Athmosphäre für die umgebende Luft abgezogen,

$$1000 . 66 . 60 . 0{,}012323 = 4880 \text{ Pfd.}$$

oder etwa 44 Ctr. wiegen.

Rechnet man für das Gewicht der Maschine, für den kleinen Behälter und für die Räder und Achsen des Wagens selbst noch 70 bis 80 Ctr., so würde die ziehende Maschine mit der comprimirten Luft

mit *kugelförmigen* Behälter 180 + 44 + 70 = 294 Ctr. und

mit *cubischen* Behälter 90 + 180 + 44 + 80 = 394 Ctr.

wiegen; also etwas weniger oder mehr als der schwerste Dampfwagen, mit seinem Tender zusammengenommen.

In *diesem* Betracht würde also die Fortbewegung von Lasten auf Eisenbahnen durch die ausdehnende Kraft zusammengepreſster Luft noch nicht unausführbar sein.

Ob indessen das Zusammenpressen der Luft bis auf 60 und mehr Athmosphären Druck ohne unüberwindliche Schwierigkeit möglich sei, und ob sich Behälter mit ½ bis 1 Zoll dicken Wänden schmieden lassen würden, die *mit Sicherheit* den ungeheuren Druck aushalten: ist die Frage.

Geht es an, so wäre allerdings der Gewinn bedeutend. Denn es würde dann *erstlich* die ziehende Maschine, da sie nicht mehr durch das Feuer von innen zerstört wird, dauerhafter sein, und die Feuersgefahr würde vermieden werden; und *zweitens* würde man in keinem Fall ein Zwischengeschirr gebrauchen, da man es bloſs durch die Zulassung der Luft aus dem groſsen in den kleinen Behälter in der Gewalt haben würde, die Kraft der Maschine und die Geschwindigkeit der Bewegung nach Belieben zu verstärken und zu schwächen.

Indessen bliebe immer noch die *sehr groſse* Gefahr des Zersprengens des Luftbehälters durch eine ausdehnende Kraft, die der des entzündeten Schieſspulvers zu vergleichen ist; und daher ist die Idee der Fortbewegung von Lasten durch die Elasticität zusammengedrückter Luft nur erst ein bloſses Project, welches wohl noch erst in der Praxis näher durch Versuche wird geprüft werden müssen.

Pferdekraft als bewegende Kraft.

30.

Es scheint zwar beim ersten Anblick widersprechend, wenn man verlangt, Pferde sollen Lasten schneller fortziehen, als sie selbst sich fortzubewegen im Stande sind, und sogar mit jeder beliebigen Geschwindigkeit: allein gleichwohl ist solches im Princip gar nicht unmöglich, da man durch eine *Maschine* sowohl jede Kraft, welche sie auch sein mag, nach Belieben, auf Kosten der Geschwindigkeit verstärken, als, umgekehrt, die Geschwindigkeit auf Kosten der Wirkung der Kraft vergröfsern kann. Es kommt in einem andern Betracht, und wiederum erst im Princip, nur darauf an, ob nicht etwa die nöthigen Vorrichtungen, nemlich die Maschine selbst, die Kraft so sehr absorbire, dafs wenig oder kein *Nutz-Effect* übrig bleibt, und dann, ob practisch die Vorrichtung *ausführbar* sei.

Das Mittel, die Zugkraft von Pferden so zu benutzen, dafs sie Lasten durch Fuhrwerke schneller fortbringen, als sie zu gehen und zu rennen vermögen, wäre ganz einfach das, einen horizontalen *Pferde-Göpel* auf einen Wagen zu setzen und durch die, vermöge derselben im Kreise wirkende Zugkraft die Trieb-Achsen und Triebräder des Wagens umdrehen zu lassen, die dann durch ihre Reibung auf der Strafse, ganz wie bei einem Dampfwagen, die ziehende Maschine selbst, so wie die ihr angehängten beladenen Wagen fortschaffen würden. Durch ein *Zwischen-Geschirr* am Zugwagen aber, ganz wie es oben bei den Dampfwagen beschrieben ist, könnte man die *Geschwindigkeit,* so wie, umgekehrt, die Kraft nach Belieben verstärken.

30.

Um nicht über Dinge weiter zu *rechnen,* die etwa an sich in der *Ausführung* oder Construction *unpractisch* sein möchten, ist zuerst nachzuweisen, dafs die *fahrbaren Göpel* wirklich nicht unausführbar sein würden.

Wenn ein Göpel mit seinen Umfassungswänden 28 Fufs im Durchmesser hat, so können darin, wie bekannt, zwei Reihen Pferde neben einander bequem ziehen; und zwar finden, wenn man die Durchmesser der Kreise des Zuges, welche Kreise 3 Fufs von einander entfernt sein müssen, 25 und 19 Fufs setzt, da die Umfänge dieser Kreise resp. $78\frac{4}{7}$ und $59\frac{5}{7}$ Fufs betragen, und ein Pferd hinter dem andern $8\frac{1}{2}$ F. Länge braucht, bequem 9 und 7, zusammen 16 Pferde in demselben Raum. Bekommt der Wagen und die Bahn 7 bis 8 F. Spurbreite, wie es zu wünschen ist, so ragt der *Göpel* an jeder Seite um etwa 10 F. über die Räder hinaus und ungefähr eben so viel hinten und vorn über, indem die Achsen etwa 8 F. von einander werden entfernt liegen können. An den Seiten würden, auf die gewöhnliche Weise, *aufserhalb* der etwa 5 F. hohen Räder, zuerst längs dem Wagen starke Querbäume zu befestigen sein, aber, statt wie gewöhnlich *über*, hier *unter* den Achsen, an Druckfedern *gehängt*, die *über* den Achsen liegen. Auf diesen Längsbäumen würden vor und hinter den Rädern, in gleicher Höhe, auf den Längsbäumen starke Querbäume zu befestigen sein und auf diese Kreuzungen von Bäumen oder Trägern würde der Boden des Göpels zu liegen kommen, jedoch nur *ringförmig* und so breit, als zum Gange der Pferde nöthig ist, also etwa 6 F. breit, so dafs der innere Raum, von 16 F. im Durchmesser, zu den Wagenrädern und zu dem Zwischengeschirr frei bliebe. Die Tragebäume würden *deshalb unter* die Achsen zu legen sein, damit der Boden so *tief* als möglich gelegt werden könne, höchstens $1\frac{1}{2}$ F. hoch über der Bahn; denn auf diese Weise fiele der Schwerpunct der Last, die übrigens stets *gleich* um den Schwerpunct vertheilt ist, so tief, dafs, zumal auf der breiten Spur, durchaus nicht etwa an ein Umwerfen zu denken ist. Die ringförmige Laufbahn der Pferde würde aufserhalb und innerhalb mit leichten Wänden, die mit Brettern oder mit Leinewand bekleidet werden, einzufassen sein, so hoch, dafs die Pferde weder die Maschine innerhalb, noch die Umgebungen des Wagens sehen können, damit sie das Fortrücken desselben nicht gewahr und nicht scheu werden.

Die stehende Göpelwelle darf nur ganz kurz sein, denn die Zugbäume können die leichten Einfassungswände der ringförmigen Laufbahn der Pferde tragen und sie mit sich herumführen. Auf der Göpelwelle müfste eine erhöhte Plateform sein, die sich mit *herumdreht*, zum Aufenthalt für die Führer der Pferde. Für die Lenker der Maschine müfste im innern Raum ein anderer, auf den Achsen liegender, *fester* Boden vorhanden sein.

An der stehenden Göpelwelle wäre ein horizontales Rad anzubringen, welches conisch in ein anderes an der *Zwischen-Achse* steckendes verticales Rad griffe und durch dasselbe diese Zwischen-Achse in Bewegung setzte. An der Zwischen-Achse steckten die Räder des *Zwischen-Geschirres*, von verschiedenen Halbmessern, welche, auf die oben beschriebene Weise, in andere Räder, ebenfalls von verschiedenen, die

Entfernung der Zwischen-Achse von der Trieb-Achse ergänzenden Halbmessern, griffen und welche, je nachdem das eine oder das andere dieser letzteren Räder *eingerückt* oder festgestellt würde, die Trieb-Achse und mit ihr die Triebräder nach Belieben geschwind oder langsam umdrehten und so den Wagen mit der ihm angehängten Last forttrieben.

Für die Einrückung der Räder würde, weil hier die bewegende Kraft weniger als die elastische Dampfkraft nach Erfordern plötzlich nachgiebt, die am Ende von §. 26. beschriebene vermittelnde Anordnung, um den plötzlichen Uebergang von einer Geschwindigkeit zur andern unschädlich zu machen, anzuordnen sein.

Alle Räder und Wellen, Hebel etc., so wie die Zugbäume, würden natürlich von Eisen gemacht werden und nur die Tragebäume des Göpelbodens, und dieser selbst, nebst den Einfassungs-Wänden der Laufbahn, aus Holz und leichteren Stoffen.

Ein bedeutender Uebelstand *scheint* es beim ersten Anblick zu sein, dafs die Zugkraft hier, anders wie bei der Dampfkraft, horizontal *im Kreise* wirkt; und man könnte glauben, sie trachte so die ganze Maschine horizontal umzudrehen und werde also die Wagenräder heftig seitwärts gegen die Schienen pressen. Aber so ist es nicht, sondern die Pferde, indem sie ziehen, stofsen auch eben so stark mit den Füfsen in entgegengesetzter Richtung die Maschine zurück, und es bleibt folglich kein Ueberschufs an Kraft zur horizontalen Umdrehung des Wagens. Ständen die Pferde *nicht* auf dem Wagen selbst, sondern auf dem *festen Boden,* so würden sie allerdings die Maschine mit ihrer ganzen Zugkraft umzudrehen trachten und sie seitwärts gegen die Schienen pressen. Da sie aber auf dem Wagen selbst stehen, so wird die Kraft der Umdrehung durch die Festigkeit der Maschine aufgehoben und kommt nicht zur Wirkung.

Soll übrigens der Göpel sehr schwer sein, und will man die Zugkraft sehr verstärken, so kann man auch die Tragebäume *längs* der Maschine sehr lang machen und dem Wagen 8 Räder geben: zwei vor, zwei hinter der Kreisbahn und vier unter derselben, und die sämmtlichen Räder kuppeln, um das *ganze* Gewicht des Wagens zum Eingriff auf die Bahn zu benutzen.

So also wäre der fahrbare Göpel practisch ausführbar. Der einzige Uebelstand würde nur sein, dafs diese Maschine, die *viel breiter* sein würde als z. B. ein Dampfwagen, viel Raum auf dem Strafsendamme einnehmen würde. Doch ist auch hierbei wieder das Meiste nur *scheinbar.* Hat nemlich die Bahn *nur ein* Schienenpaar, so ist der Damm um *gar nichts* breiter nöthig, als gewöhnlich; denn es würde kein Bedenken haben, dafs die Maschine breiter wäre als selbst der Damm und dafs sie an den Seiten noch etwas über die Gräben oder über die Böschungen reichte; was aber jedenfalls nur wenig sein würde, da man schon den Damm einer Eisenbahn gewöhnlich 24 Fufs in der Krone breit macht. Blofs die Brücken würden um einige Fufs breiter sein müssen als für Dampffuhrwerk, jedoch auch nur dann, wenn sie *Geländer* bekommen sollen, die an sich aber nicht nothwendig, sondern gleichsam nur des Ansehens wegen da sind. Bei *Ausweichungen* für eine einspurige Bahn, so wie durchweg, wenn *zwei* Schienenpaare gelegt werden sollen, müfste allerdings der Damm breiter sein, aber doch auch nur um weniger als es scheint. Denn rechnet man 2 Fufs Zwischenraum für zwei sich begegnende oder einander vorbeifahrende Göpel, welches vollkommen hinreichend ist, 8 Fufs Spurbreite der Bahnen, und $3\frac{1}{2}$ Fufs Bankett an jeder Seite, so ist der Damm für den 28 Fufs breiten Göpel $2+2.14+2.4+2.3\frac{1}{2}=45$ F. breit nöthig; was immer noch nicht mehr ist, als die Breite eines Chausséedammes zu einer grofsen und frequenten Heerstrafse.

Freilich würde dieser locomotive, ziehende Göpel eben nicht *schön* aussehen; vielmehr könnte die breite Maschine leicht für eine ästhetische Critik, wenn sie etwa bis hierher reichen sollte, ein gesuchter und gefundener Gegenstand werden. Allein darauf kommt es doch wohl nicht an, sondern nur darauf, ob die Maschine Kraft genug besitze, um eine, zu ihrem eigenen Gewicht verhältnifsmäfsige, namhafte Last mit bedeutender Geschwindigkeit fortzuziehen.

32.

Man bezeichne, wie oben, das Gewicht der Maschine in Pfunden durch P, das Gewicht der fortzuziehenden beladenen Fuhrwerke, eben so durch Q; die Coefficienten für die rollende Bewegung jenes und dieser Fuhrwerke, mit Einschlufs der Reibung im Innern der ziehenden Maschine, durch k und n; den Winkel des Abhanges der Bahn gegen die Horizontale durch φ; die nöthige Zugkraft, in Pfunden, durch z, so ist, wie (15. §. 19.),

$$114. \quad z = \left(\frac{Q}{n} + \frac{P}{k} + (P+Q)\operatorname{tang}\varphi\right)\cos\varphi,$$

oder auch, da $\cos\varphi$ immer sehr nahe gleich 1 ist, wenn man, wie oben, die Länge des Abhanges der Bahn, auf die Einheit der Höhe, $= b$ setzt,

$$115.\quad z = \frac{Q}{n} + \frac{P}{k} + \frac{P+Q}{b}.$$

Ist von der *stärksten* Steigung die Länge auf die Einheit der Höhe $= a$, so ist hier die Zugkraft

$$115.\quad Z = \frac{Q}{n} + \frac{P}{k} + \frac{P+Q}{a},$$

und da diese nicht stärker sein kann als die Reibung der Räder des ziehenden Wagens auf der Bahn, die oben gleich dem $m$ten Theile des zum Eingriff kommenden Gewichts gesetzt wurde, das gröfste zum Eingriff kommende Gewicht aber P ist, so ist

$$117.\quad \frac{P}{m} = \frac{Q}{n} + \frac{P}{k} + \frac{P+Q}{a},$$

woraus

$$118.\quad \frac{Q}{P} = \frac{n((k-m)a-mk)}{mk(a+n)},$$

folgt; und ein stärkeres Vielfaches von P darf Q nicht sein.

Nimmt man, wie oben, an, dafs die Maschine im Stande sein soll, ihre Ladung auf Abhänge von 1 auf 36 hinauf zu ziehen, so ist $a = 36$. Setzt man ferner, wie oben, die Reibung der Triebräder auf den Schienen gleich dem 5ten Theile des Drucks, so ist $m = 5$. Ferner ist, wie oben, $n = 250$, $k = 150$. Also ist

$$119.\quad \frac{Q}{P} = \frac{250(145.36-5.150)}{5.150.286} = 5{,}17.$$

Stärker als das 5,17fache darf also die Last, im Verhältnifs zu dem auf die Schienen eingreifenden Gewicht der Zugmaschine, nicht sein, wenn dieselbe im Stande sein soll, *sich selbst und ihre Ladung* Steigungen von 1 auf 36 hinaufzuziehen. Betrüge die stärkste Steigung 1 auf 100, so wäre

$$120.\quad \frac{Q}{P} = \frac{250(145.100-5.150)}{5.150.350} = 13{,}09.$$

Nun sei ferner die Zugkraft der Pferde in dem Göpel zusammen K Pfunde, ihre für den Zug vortheilhafteste Geschwindigkeit c Zolle in der Secunde, die Geschwindigkeit dagegen, welche das Fuhrwerk auf einer bestimmten Steigung der Bahn von 1 auf b haben soll, $= V$, so ist die Zugkraft, welche die Pferde vermittelst der Maschine mit dieser letztern Geschwindigkeit ausüben $= \frac{Kc}{v}$. Da nun dieselbe der auf dem gleichen Abhange nöthigen Zugkraft z (115.) gleich sein mufs, so mufs

$$121.\quad \frac{Kc}{v} = \frac{Q}{n} + \frac{P}{k} + \frac{P+Q}{k}$$

sein, woraus

$$122.\quad Q = \frac{n}{kV} \cdot \frac{Kckb - VP(b+k)}{b+n}$$

folgt; und dies wäre die Ladung, welche die Pferde mit der Geschwindigkeit V auf der Steigung 1 auf b fortzuschaffen vermögen.

Es kommt hier nur auf eine *mittlere* Geschwindigkeit an; denn durch das Zwischengeschirr kann man die Geschwindigkeit nach Belieben vergröfsern oder verkleinern. Zu dieser mittlern Geschwindigkeit kann man füglich diejenige, welche auf *horizontaler* Bahn Statt finden würde und welche durch C bezeichnet werden mag, annehmen; denn auf den fallenden Stellen kann die Geschwindigkeit gröfser sein und es läfst sich das, was auf den horizontalen und steigenden Stellen versäumt worden ist, dort wieder einholen. Für $V = C$ ist also $b = \infty$ und folglich aus (122.)

$$123.\quad Q = \frac{n}{kC} \cdot (Kck - CP) = n\left(K \cdot \frac{c}{C} - \frac{P}{k}\right).$$

Die Geschwindigkeit für einen beliebigen Abhang 1 auf b aber ist aus (121.)

$$124.\quad V = \frac{Kcknb}{QK(b+n) + Pn(b+k)},$$

oder, wenn man hierin den in (123.) bestimmten Werth von Q setzt,

$$125.\quad V = \frac{KckbC}{(b+n)Kck - (n-k)CP}.$$

33.

Nun würde das Gewicht des fahrenden Göpels etwa 180 Ctr. sein; denn 16 starke Pferde wiegen, etwa zu 5 Ctr., 80 Ctr.; 4 Menschen zur Leitung der Pferde und der Maschine 6 Ctr. und auf das Gewicht des Wagens selbst und der Maschine kann man etwa 94 Ctr. rechnen. Also ist

$$126.\quad P = 180.110 = 19800$$

und nach (119.) ist diese Maschine, wenn ihre Räder gekuppelt werden, so dafs ihr ganzes Gewicht zum Angriff kommt, im Stande 5,17.180 = 931 Ctr. noch einen Abhang von 1 auf 36 hinaufzuschaffen.

Die Zugkraft der 16 Pferde ist zu $1\frac{1}{2}$ Ctr. auf 24 Ctr. = 2640 Pfd. anzuschlagen, und die vortheilhafteste Geschwindigkeit für den Zug ist 1000 Ruthen in der Stunde oder $\frac{1000.12.12}{60.60} = 40$ Zoll in der Secunde. Mithin ist

$$127.\quad K = 2640, \qquad c = 40.$$

Nimmt man an, dafs die *mittlere* Geschwindigkeit C, nemlich diejenige auf *horizontalen* Strecken, 3 Meilen in der Stunde oder 240 Zoll in der Secunde sein soll, was ganz hinreichend sein wird, so ist

$$128.\quad C = 240.$$

Endlich ist, wie immer, $n = 250$ und $k = 150$.

Dieses giebt zuerst aus (123.)

$$129.\quad Q = 250\left(2640.\frac{40}{240} - \frac{19800}{150}\right) = 77000.$$

Also würde die Maschine 77 000 Pfunde oder 700 Ctr., oder beinahe das *Vierfache* ihres Gewichts, mit 3 Meilen Geschwindigkeit in der Stunde auf horizontaler Bahn fortzuschaffen vermögen. Diese Last vermag sie auch noch reichlich einen Abhang von 1 auf 36 hinaufzuziehen; denn das was sie auf diesen Abhang hinaufzuschaffen vermag, waren 931 Ctr.

Auf horizontaler *Chaussée* würden die 16 Pferde 16.28 = 444 Ctr. mit $\frac{1}{2}$ Meile Geschwindigkeit in der Stunde fortziehen. *Hier* vermögen sie, vermittelst der Maschine, 700 Ctr. mit 3 Meilen Geschwindigkeit fortzuschaffen, also das $\frac{700.3}{444.\frac{1}{2}} = 9{,}05$fache zu leisten. Dieses ist die Wirkung der *Eisenbahn*.

Die Geschwindigkeit der Fahrt auf andern als horizontalen Stellen der Bahn ergiebt sich aus (125.). Sie ist, nach dem gegenwärtigen Zahlenwerth der Buchstaben,

$$130.\quad V = \frac{2640.40.150.240.b}{2640.40.150b + 2640.40.150.250. - 100.240.19800} = \frac{240b}{b+220},$$

in Zollen auf die Secunde, oder

$$131.\quad V = \frac{240b}{b+220}.\frac{60.60}{2000.12.12} = \frac{3b}{b+220}$$

in Meilen auf die Stunde.

Dieses giebt für die Verschiedenheit der Abhänge Folgendes.

Auf 1	auf	36	Steigen	... 0,42	Meilen Geschwindigkeit in der Stunde.
- 1	-	44	- -	... 0,50	- - - - - - - - -
- 1	-	50	- -	... 0,55	- - - - - - - - -
- 1	-	70	- -	... 0,72	- - - - - - - - -
- 1	-	100	- -	... 0,93	- - - - - - - - -
- 1	-	200	- -	... 1,43	- - - - - - - - -
- 1	-	300	- -	... 1,73	- - - - - - - - -
- 1	-	400	- -	... 1,93	- - - - - - - - -

Auf 1 auf	500	Steigen . . .	2,09	Meilen Geschwindigkeit in der Stunde.
- 1 -	1000	-	2,46	- - - - - - - - -
- horizontaler Bahn		. . .	3,00	- - - - - - - - -
- 1 auf	1000	Fallen . . .	3,84	- - - - - - - - -
- 1 -	700	-	4,37	- - - - - - - - -
- 1 -	500	-	5,35	- - - - - - - - -
- 1 -	400	-	6,66	- - - - - - - - -
- 1 -	300	-	11,25	- - - - - - - - -
- 1 -	220	-	∞	- - - - - - - - -

Hieraus zeigt sich, dafs auf einem nur wenig *fallenden* Abhange die Geschwindigkeit sehr bald auf 4, 5, 6 und mehrere Meilen in der Stunde zunimmt und dafs also die 3 Meilen Geschwindigkeit auf *horizontaler* Bahn ganz hinreichend sind. Ferner zeigt sich, dafs selbst auf der stärksten Steigung, von 1 auf 36, die Geschwindigkeit noch beinahe $\frac{1}{2}$ Meile in der Stunde beträgt und also noch diejenige des Frachtschrittes ist. Auf einem Fallen von 1 auf 220, und auf stärkern Abhängen, ist gar keine Zugkraft mehr nöthig, sondern der Wagenzug mufs gehemmt werden.

34.

Es könnte die Frage sein, ob vielleicht der Transport durch Pferdekraft mit einer Geschwindigkeit von 3 Meilen in der Stunde auch auf *Chausséen,* oder auf einer gut *gepflasterten* Strafse durch einen fahrenden Göpel möglich sei.

Da auf horizontaler Chaussée ein Pferd mit 1 Ctr. Zugkraft etwa 28 Ctr. und auf einem horizontalen Pflaster etwa 40 Ctr. Last ohne Göpel fortzieht, so wären für Chausséen, die Coefficienten n und k der Kürze wegen gleich, und etwa $= 27$, für Pflaster etwa $= 38$ zu setzen. Also wäre in diesen beiden Fällen, wenn man einem Pferde wieder, wie auf der Eisenbahn, $1\frac{1}{2}$ Ctr. Zugkraft beilegte, und also $k = 2640$ setzte, gemäfs (120.) die Last, welche ein Göpel, mit 16 Pferden bespannt, fortschaffen könnte:

122. $$Q = 27.\left(2640.\frac{40}{240} - \frac{19800}{27}\right) = -7911$$

für Chausséen, und

133. $$Q = 38.\left(2640.\frac{40}{240} - \frac{19800}{38}\right) = -2187$$

für Pflaster. - - - - - . . . -

Also kann auf horizontalen Chausséen und auf horizontalem Pflaster der Göpel *noch nicht einmal sein eigenes Gewicht* mit 3 Meilen Geschwindigkeit in der Stunde fortschaffen. Für $Q = 0$ würde in (123.)

$$134. \quad K.\frac{c}{C} = \frac{P}{k}, \text{ also}$$

$$134. \quad C = \frac{kcK}{P} \text{ und}$$

auf Chausséen $C = 3{,}6c = 1{,}8$ Meilen in der Stunde,
auf Pflaster $C = 5{,}06c = 2{,}53$ Meilen in der Stunde

sein; das heifst: auf Chausséen würde der Pferde-Göpel *nur sein eigenes Gewicht* 1,8 Meilen und auf Pflaster 2,53 Meilen weit in der Stunde fortschaffen, *ohne* irgend sonst eine Last zu ziehen; so dafs also da nur übrig bliebe, die Pferde unmittelbar vor den Wagen zu spannen.

Also auch mit Pferdekraft ist ausschliefslich erst die *Eisenbahn* im Stande, Lasten mit mehr Geschwindigkeit fortzuschaffen, als mit unmittelbar vorgespannten Pferden. Die stärkere, auf gewöhnlichen Strafsen nicht zu erreichende *Geschwindigkeit* der Bewegung ist immer der Hauptnutzen der Eisenbahnen.

35.

Die Berechnungen in (§. 33.) zeigen, dafs *auf Eisenbahnen* wirklich durch Pferde-Göpel, mit beliebiger und eben so grofser Geschwindigkeit als durch Dampfwagen, Lasten sich transportiren lassen, die zu dem eigenen Gewicht der Göpel in ganz angemessenem Verhältnifs stehen, nemlich fast das *Vierfache* davon betragen, und dafs, mit Hülfe dieser Maschinen, die Kraft der Pferde auf Eisenbahnen mehr als das *Neunfache* von dem leisten kann, was sie, wenn die Pferde unmittelbar, wie gewöhnlich, angespannt werden, auf Chausséen zu leisten vermag. Die fahrbaren Pferde-Göpel würden daher in der That nicht allein möglich, sondern auch vortheilhaft sein.

Man würde durch sie sogar noch manche andere Vortheile gegen die Dampfwagen erzielen.

Erstlich nemlich würden die locomotiven Maschinen für Pferdekraft weit einfacher und viel weniger kostbar sein, als die für Dampfkraft. Ein Dampfwagen kostet über 15 Tausend Thaler: ein Pferde-Göpel würde kaum den vierten Theil davon kosten.

Zweitens würde man die Pferde-Göpel ziemlich überall bauen können und gewiſs nicht erst aus England verschreiben dürfen. Man wird freilich auch die Dampfwagen mit der Zeit überall bauen können: allein es ist, nach manchen Erfahrungen bei anderen, viel einfacheren, zu Eisenbahnen bestimmten Dingen, zu fürchten, daſs es damit, wenigstens für den Anfang, Schwierigkeiten haben werde.

Drittens würde die Feuersgefahr wegfallen und die Gefahr, die aus der gröſsern Schwierigkeit und Kunst, die Dampfwagen zu regieren und zu lenken, entsteht, würde vermindert werden. Der Pferde-Göpel läſst sich viel leichter behandeln und leichter und sicherer in Bewegung und zum Stillstand bringen.

Viertens würden die Erhaltungskosten der bei weitem weniger künstlichen Maschinen geringer sein.

Die Kosten der bewegenden Kraft selbst, nemlich, auf der einen Seite, die Kosten der Feuerung, auf der andern die des Futters und der Anschaffung und Erneuerung der Pferde, würden wohl meistens *gleich* sein. Darin liegt aber auch der Vortheil der Dampfwagen nicht, daſs die bewegende Kraft etwa *wohlfeiler* wäre, als die der Pferde; auch ist dies selten der Fall, weil man in Deutschland häufig auch noch selbst die Kohlen zur Feuerung aus England kommen lassen muſs. Der Vortheil liegt vielmehr in der durch die Dampfkraft zu erlangenden groſsen Geschwindigkeit der Bewegung. Diese aber läſst sich vermittelst des Pferde-Göpels ebenfalls erreichen. Erspart man ferner einerseits durch die Feuerung das Futter für die Pferde und das Land, auf welchem es wächst, an welchem aber noch eben kein Mangel ist, so erspart man andrerseits den Brennstoff, der *unwiderbringlich* verloren geht und kann dagegen noch Haut und Haare der ausgedienten Pferde verkaufen.

Die Pferde-Göpel, statt der Dampfwagen, dürften also in der That, besonders in Deutschland, von wesentlichem Nutzen sein können.

36.

Im Vorbeigehen mag hier noch eine, auf die Schätzung der *Kraft der Dampfmaschinen* bezügliche Bemerkung eingeschaltet werden.

Man pflegte sonst diese Kraft, um eine practische Vorstellung davon zu geben, mit der Kraft dieser oder jener Zahl von *Pferden* zu vergleichen. In neuerer Zeit hat man diese Vergleichungsart verworfen und drückt lieber die Stärke der Dampfmaschinen durch den Durchmesser ihrer Cylinder, durch den Kolbenhub und durch die Spannung des Dampfes aus. Selbst Herr *v. Pambour,* in seinem oben genannten vortrefflichen Werke über Dampfwagen auf Eisenbahnen, mifsbilligt sie (Cap. 1. S. 32. der englischen Ausgabe), wenigstens bei locomotiven Dampfmaschinen. Seine Gründe sind, dafs

Erstlich die Kraft eines Dampfwagens nicht von derjenigen des Dampfes allein abhänge, sondern auch von dem Gewichte des Wagens, weil sich danach der Widerstand auf den Schienen, und folglich die Gröfse der fortzuziehenden Ladung richte.

Zweitens dafs sich die Maschine mit *verschiedener* Geschwindigkeit bewege und dafs sie, aufser der Ladung, auch sich selbst fortbewegen und ihre eigene Reibung überwinden müsse. Diese Reibung, als eine unveränderliche Gröfse, hänge zunächst von dem Widerstande ab und ändere daher, je nach der verschiedenen Geschwindigkeit, den für die Ladung übrig bleibenden Nutz-Effect; woraus folge, dafs man, wenn man die Kraft der Maschine nach ihrer Wirkung beurtheilen wollte, für jede verschiedene Geschwindigkeit eine andere Kraft finden würde.

Drittens dafs, da die Dampfwagen drei- bis viermal so geschwind sich bewegen können, als Pferde es im Stande sind, die Vergleichung ihrer Kraft mit der der Pferde etwas ganz Imaginaires sei.

Hiergegen möchte Folgendes zu bemerken sein.

Erstlich ist es nur die *Grenze* der Wirkung eines Dampfwagens, nemlich der fortgezogenen Last, welche durch das Gewicht des Dampfwagens und durch die Reibung seiner Triebräder auf den Schienen bedingt wird; nicht die Wirkung selbst. Diese hängt *nicht* von der Reibung auf den Schienen ab, sondern von der Kraft des Dampfes, welchen die Maschine erzeugt. Die Maschine kann *weniger* Kraft haben, als die Reibung auf den Schienen (der Stützpunct ihrer Wirkung) gestattet, und dann wird *dieser Widerhalt* nicht ganz benutzt: sie kann auch *mehr* haben, und dann wird *die Kraft* nicht voll benutzt. Die Kraft der Maschine aber ist jedenfalls von der Reibung auf den Schienen und folglich im Allgemeinen von dem Gewicht des Wagens unabhängig. Also kann sie auch unabhängig davon geschätzt werden.

Zweitens. Dafs der *Nutz-Effect* nach den verschiedenen Geschwindigkeiten verschieden sei, ist gewifs richtig; allein auch dieses ändert die *Kraft der Maschine* noch nicht. Der Nutz-Effect ist die *Wirkung,* die

Kraft der Maschine ist die wirkende *Ursache.* Jene ist von dieser, nicht diese von jener abhängig. Ob die wirkende Kraft der Maschine hiezu oder dazu verwendet werde: welcher Theil davon verloren gehe und welcher auf den Nutz-Effect komme, ändert die wirkende Kraft nicht. So hindert also auch dieser Umstand nicht, die Kraft der Maschine *an sich* zu schätzen.

Drittens. Dafs ein Dampfwagen *viel* geschwinder sich zu bewegen vermöge als Pferde, hindert ebenfalls noch nicht, die Kraft einer Maschine nach der Kraft von Pferden zu schätzen; selbst wenn man auch noch nicht an den Pferde-Göpel denken wollte, durch welchen sich eben so grofse Geschwindigkeiten wie durch Dampfkraft erreichen lassen. Man mufs freilich unter Pferdekraft nicht blofs die *Zugkraft* der Thiere allein verstehen, sondern vielmehr ihre *Leistung,* das heifst, das *Product* der Zugkraft in die *Geschwindigkeit,* mit welcher diese Kraft Statt findet; wie es aber auch ganz gewöhnlich ist.

Es scheint daher, dafs es allerdings ganz möglich und gar nicht unangemessen sei, die Kraft von Dampfmaschinen, und auch von Dampfwagen, durch Pferdekräfte auszudrücken; jedoch freilich immer nur die eigentliche innere Kraft der Maschine. *Was* dadurch geleistet werde: *wie viel* Last dadurch auf einer Eisenbahn oder andern Strafse fortgezogen werde, ist und bleibt eine andere Frage, deren Beantwortung zugleich von der Stärke der Reibung der Triebräder auf den Schienen, von dem Gewicht der Maschine selbst, und so weiter, abhängt. Nimmt man die Vorstellung des fahrbaren *Göpels* zu Hülfe, so kann man auch sogar, wenigstens näherungsweise, die *Leistung* eines Dampfwagens mit der von Pferden vergleichen, wenn beide, gleiche Geschwindigkeiten hervorzubringen, angewendet werden.

Gesetzt, die *gröfste* Spannung des in dem Kessel eines Dampfwagens erzeugten Dampfes, so wie sie durch das Sicherheits-Ventil begrenzt ist, sei, wie in §. 22., S Pfunde auf den Quadratzoll; die Fläche der Kolben, auf welche dieser Dampf wirkt, A Quadratzoll: so ist der Druck auf diese Fläche, weil der Gegendruck der Luft, mit ϱ Pfunden auf den Quadratzoll, abgezogen werden mufs,

$$135. \quad p = (S - \varrho)A \text{ Pfunde.}$$

Dieses ist die Stärke der wirkenden Kraft der Maschine. Nun werden in dem Kessel, ebenfalls wie in §. 22. angenommen, σ Cubikzolle

Wasser in jeder Secunde in Dampf von der Spannung S verwandelt und es füllt dieser Dampf $\mu\sigma$ Cubikzolle Raum. *Alle* dieser Dampf mufs, wenn die Maschine gehörig eingerichtet ist, und soll davon nichts *ungenutzt* verloren gehen, ausströmen, und zwar durch die Fläche A. Also ist die *Geschwindigkeit* der Ausströmung

$$136. \quad v = \frac{\mu\sigma}{A}.$$

Dieses ist die *Geschwindigkeit,* mit welcher die Kraft $p = (S - \varrho)A$ zu wirken vermag. Ihre Wirkung ist das *Product* der Kraft selbst in die Geschwindigkeit, mit welcher sie wirkt: also ist die Wirkung gleich

$$137. \quad pv = (S - \varrho)A . \frac{\mu\sigma}{A} = (S - \varrho)\mu\sigma.$$

Dieselbe hängt, wie dieser Ausdruck zeigt, einzig und allein von der Masse des in einer bestimmten Zeit entwickelten Dampfes und von der bestimmten Spannung desselben ab, gar nicht von der Einrichtung und den Maafsen der Maschinentheile. Dieses ist auch ganz natürlich: denn der entwickelte Dampf, von einer bestimmten Spannung, ist *allein* die wirkende Kraft; die Maschine ist nur das *Werkzeug,* durch welches die Kraft benutzt wird, und es kommt weiter darauf an, sie so einzurichten, dafs die *vorhandene* Kraft ganz und auf das vortheilhafteste benutzt werde. Die vorhandene *Dampfkraft* ist eben sowohl *allein* das Maafs der wirkenden Bewegungskraft, als es in andern Fällen die *Pferdekraft* ist. Auch wie die Pferdekraft *benutzt* werde, hat auf *sie selbst* keinen Einflufs.

Setzt man die Zugkraft eines Pferdes $= z$ Pfunde; die Geschwindigkeit, mit welcher das Pferd diese Kraft auszuüben vermag $= c$ Zolle in der Secunde, so ist die Leistung eines Pferdes

$$138. \quad = zc.$$

Hiermit in den obigen Ausdruck der wirkenden Kraft der Dampfmaschine dividirt, giebt

$$139. \quad \frac{(S - \varrho)\mu\sigma}{zc}$$

für die *Zahl der Pferde,* deren Kraft der des Dampfwagens gleich zu schätzen ist. Die auf Gewichte sich beziehenden Buchstaben S, ϱ und z müssen in *Pfunden,* die auf Maafse sich beziehenden Buchstaben σ und c in *Zollen* ausgedrückt werden.

In §. 32. ist angenommen worden, dafs die Zugkraft z eines Pferdes, mit 40 Zoll Geschwindigkeit, $1\frac{1}{2}$ Ctr. betrage. Also wäre $z = 165$, $c = 40$. Ferner beträgt der Druck der Luft 15 Pfd. auf den Quadratzoll: also ist $\varrho = 15$ und folglich in (139.)

$$140. \quad \frac{(S-\varrho)\mu\sigma}{zc} = \frac{(S-15)\mu\sigma}{6600}.$$

Die in §. 27. zum Beispiel angenommene Dampfmaschine sollte 25,87 Cubikzoll Wasser in jeder Secunde in Dampf von 75 Pfd. Spannung auf den Quadratzoll zu verwandeln vermögen; für welche Spannung, nach der Tabelle in (§. 22.) μ etwa 390 ist. Also wäre für diese Maschine $\sigma = 25{,}87$, $S = 75$, $\mu = 390$. Dieses würde in (140.)

$$141. \quad \frac{(S-15)\mu\sigma}{6600} = \frac{(75-15)390.25{,}87}{6600} = 91{,}72$$

geben. Also würde diese Maschine die Kraft von (in runder Zahl) *92 Pferden* haben. Sie vermag nach §. 27. 1600 Ctr. Ladung und 320 Ctr. Gewicht der Maschine, zusammen 1920 Ctr. Last, einen Abhang von 1 auf 36 mit 1,1 Meilen Geschwindigkeit in der Stunde hinaufzuschaffen, also auf diesen Abhang eine Wirkung von $1920.1{,}1 = 2112$, in Centnern und Meilen ausgedrückt, hervorzubringen. Der Pferde-Göpel §. 33. vermag mit 16 Pferden Kraft 700 Ctr. Ladung und 180 Ctr. Gewicht der Maschine, zusammen 880 Ctr. Last, einen gleichen Abhang von 1 auf 36 mit 0,42 Meilen Geschwindigkeit in der Stunde hinaufzuziehen, und hat also eine Wirkung von $880.0{,}42 = 469{,}6$ in Centnern und Meilen ausgedrückt. Die Wirkung des Dampfwagens ist also von der des Göpels das $\frac{2112}{469{,}6} = 4{,}5$fache. Die Zahl der Pferde, deren Wirkung der des Dampfwagens gleich ist, ist von der Zahl der Pferde im Göpel das $\frac{92}{16} = 5{,}75$fache. Also ist der Pferde-Göpel gegen die Dampfmaschine noch im Vortheil.

II. Krümmungen der Eisenbahnen.

Einfluſs der Krümmungen auf die Bewegung der Fuhrwerke.

37.

Schon für gewöhnliche Fuhrwerke, deren Räder sich unabhängig von einander um ihre Achsen drehen, haben Krümmungen den Nachtheil, daſs die Fuhrwerke, wenn sie schnell durch die Krümmen hinrollen, von der *Schwungkraft,* welcher jeder in einem Kreise sich bewegende Körper unterworfen ist, nach der Seite gedrängt oder nach auſsen *geschleudert* werden. Man kann dies Schleudern an jedem Wagen sehen, der schnell um eine Ecke biegt; noch deutlicher an Schlitten, weil hier die Reibung der Last auf der Bahn, die der Schwungkraft nach der Seite widersteht, geringer ist als bei Rädern. Die Schwungkraft ist für groſse Geschwindigkeiten und kleine Halbmesser der Krümmen sehr bedeutend. Sie ist bekanntlich, wenn man das Gewicht der bewegten Masse durch M; die Geschwindigkeit der Bewegung, auf die Secunde, durch v; den Halbmesser der Krümmung durch r und die Höhe des freien Falles in der ersten Secunde durch g bezeichnet, durch R ausgedrückt:

$$142. \quad R = \frac{Mv^2}{2gr},$$

oder, da $g = 15\frac{5}{8}$ Fuſs ist,

$$146. \quad R = \frac{Mv^2}{31\frac{1}{4}r} = \frac{32\,Mv^2}{1000\,r};$$

wo nun v und r in *Fuſsen* gegeben, angenommen sind. Sie nimmt also in geradem Verhältniſs wie das Quadrat der Geschwindigkeit und in umgekehrtem wie der Halbmesser der Krümmung zu und verhält sich zum Gewicht der bewegten Masse

Bei einer Geschwindigkeit von		Und für einen Halbmesser von					
Fufs in der Secunde.	oder Meilen in der Stunde.	25 R. wie 1 zu	50 R. wie 1 zu	100 R. wie 1 zu	300 R. wie 1 zu	500 R. wie 1 zu	1000 R. wie 1 zu
$6\frac{2}{3}$ ...	1 ...	210,9	421,9	843,7	2531,3	4218,8	8437,5
$13\frac{1}{3}$ ...	2 ...	52,7	105,5	210,9	632,8	1054,7	2109,4
20 ...	3 ...	23,4	46,9	93,8	281,3	468,8	937,5
$26\frac{2}{3}$ ...	4 ...	13,2	26,4	52,7	158,2	263,6	527,2
$33\frac{1}{3}$ ...	5 ...	8,4	16,9	33,8	101,3	168,7	337,5
40 ...	6 ...	5,9	11,7	23,4	70,3	117,2	234,4
$46\frac{2}{3}$ ...	7 ...	4,3	8,6	17,2	51,7	86,1	172,2
$53\frac{1}{3}$ ...	8 ...	3,3	6,6	13,2	39,6	65,9	131,9
60 ...	9 ...	2,6	5,2	10,4	31,3	52,1	104,2

In Krümmen von 25 R. oder 300 F. Halbmesser und bei einer Geschwindigkeit von 9 Meilen in der Stunde, wie beides auf Eisenbahnen wohl vorkommt, beträgt daher die Schwungkraft gegen $\frac{4}{10}$ der bewegten Last, und folglich bei einem Wagen, der 100 Ctr. wiegt, nicht weniger als gegen 39 Ctr. in horizontaler Richtung seitwärts; bei der gewöhnlichen Geschwindigkeit von 4 Meilen in der Stunde, für den gleichen Wagen schon gegen 8 Ctr., und selbst, wenn die Krümme 100 Ruthen Halbmesser hat, bei dieser Geschwindigkeit, noch gegen 2 Ctr.

Mit dieser Kraft also werden auf Eisenbahnen, in Krümmen, die Schienen, wenn sie *nicht* mit einander verbunden sind, *auseinandergedrängt*, und wenn sie, etwa durch Quer-Unterlagen, fest mit einander verbunden sind, wird die *ganze Bahn* so stark nach aufsen gedrängt. Die Spurkränze der äufsern Wagenräder werden mit der gleichen Kraft gegen die äufsern Schienen geprefst und reiben sich also an denselben bedeutend.

Aber noch einen andern Nachtheil haben die Krümmen, gerade auf Eisenbahnen.

38.

Es geht nemlich hier nicht an, die Räder der Fuhrwerke, wie die der gewöhnlichen Wagen, unabhängig von einander um ihre Achsen sich drehen zu lassen. Denn dazu müfsten sie nothwendig nach der Seite hin einen kleinen Spielraum haben; desgleichen müfste der Durchmesser der Achsen nothwendig etwas kleiner sein als der Durchmesser der Buchsen, damit sich das Rad nicht klemme und nicht zu stark reibe. Wären nun aber auch diese Spielräume wirklich bei *neuen* Rädern und Achsen so geringe zu machen möglich, dafs sie das Abspringen der Räder von den Schienen noch nicht zuliefsen, so würde doch bald die Achse sich so weit ab-, oder die Buchse so sehr ausreiben, dafs die Spielräume bald zu grofs werden; das *Schlottern* der Räder würde dann nothwendig in dem Maafse zunehmen, dafs sie in Gefahr kommen, von den Schienen hinunterzugleiten; wodurch sehr grofser Schaden entstehen könnte. Es ist durch Erfahrungen erwiesen, dafs auf Eisenbahnen die Räder nicht um die Achsen sich drehen dürfen. Deshalb macht man sie denn auch allgemein, und mit Recht, *auf den Achsen fest*, so dafs sie mit denselben eine Masse bilden und folglich jede Achse mit ihren beiden Rädern *zugleich* sich herumdreht. Die Enden der Achsen aufserhalb der Räder reiben sich nun, statt in den Buchsen, in festen Lagern, die an dem Gerüste des Wagens befestigt sind und durch welche dasselbe getragen wird. So kann denn auch der Wagen keine *Wendung* bekommen, sondern die Achsen eines Eisenbahnwagens müssen beständig und unwandelbar mit einander *parallel* bleiben. Dafs die Last *aufserhalb* der Räder auf den Achsen ruhet, statt *innerhalb*, wie es mit der Last bei gewöhnlichen Fuhrwerken der Fall ist (was zuerst, so viel ich weifs, *R. Stephenson* zu New-Castle upon Tine angegeben hat), ist bei weitem *besser*, weil so die Achsen offenbar nicht allein in ihrer ganzen Länge dünner sein können, sondern auch ihre Köpfe oder Enden, aufserhalb der Räder, da sie nur weniger darüber hinausragen dürfen, einen noch geringern Durchmesser bekommen können und folglich die Reibung dadurch noch mehr vermindert werden kann.

Nun entsteht aber daraus, dafs die Räder mit den Achsen fest verbunden sind, der Nachtheil, dafs eine Achse mit ihren beiden Rädern, und um so mehr ein Wagen mit zwei oder mehreren, unwandelbar parallelen Achsen, auf einer Ebene durchaus *nur gerade aus rollen kann;* denn die Bahn eines auf einer Ebene *rollenden Cylinders*, wie ihn jetzt die Radfelgen, parallel mit der Achse geschnitten, bilden, ist durchaus *gerade.* Soll daher eine Achse mit ihren beiden Rädern, oder ein Wagen mit mehreren Achsen und Rädern, *gezwungen* werden, eine *kreisförmige Krümmung* zu durchlaufen, so kann es nicht anders geschehen, als dafs das eine oder das andere Rad der Achse, oder beide, unter dem Drucke der ganzen darauf ruhenden Last, auf den Schienen *gleitend* sich *reiben;* denn das eine Rad der Achse mufs nothwendig gleichzeitig einen *längern* Bogen durchlaufen und folglich eine stärkere Winkelgeschwindigkeit annehmen, als das andere; und da es dies nicht *kann,* weil es vermittelst der Achse fest mit dem andern Rade verbunden ist, so mufs es auf den Schienen *gleiten,* und sich *reiben.* Diese Reibung ist aber *sehr* bedeutend; denn sie beträgt, wie sich weiter oben fand, den 5ten und auch wohl den 4ten und 3ten Theil der ganzen Last. An einem *gewöhnlichen* Fuhrwerke, wo die Räder unabhängig von einander um die Achsen sich drehen, kann das eine Rad sogar *ganz still stehen,* während das andere, blofs der Reibung der Achse in der Buchse unterliegend, sammt der Achse, rund um jenes herumläuft und einen ganz kleinen Kreis beschreibt, vom Halbmesser der Länge der Achse von einem Rade bis zum andern. Sind dagegen die Räder mit der Achse und also mit einander fest verbunden, so würde dieses Umdrehen nicht anders geschehen können, als dafs das den Kreis beschreibende Rad, unter dem Drucke der ganzen auf ihm ruhenden Last, auf der Bahn *rutschte;* denn es kann sich um die Achse nicht *drehen.* Der Widerstand hiervon aber ist ungemein grofs.

Steht das eine Rad nicht ganz still, sondern bewegt sich auf dem *innern* Bogen einer Krümme fort, während das andere den *äufsern* Bogen durchläuft, so ist freilich der Widerstand verhältnifsmäfsig nicht so grofs, sondern die Räder brauchen, während sie die Länge der Krümme durch*rollen,* nur um so viel zu *rutschen,* als der *Unterschied* der Länge des äufsern und des innern Bogens beträgt: aber er ist gleichwohl immer noch bedeutend genug.

Gesetzt die Breite der Bahn sei b; der Halbmesser der Krümme der innern Schiene r; der Winkel, welchen die Krümme umspannt, φ: so ist die Länge der *innern* Schiene in der Krümme $r\varphi$, die Länge der *äufsern* Schiene $(r+b)\varphi$. Während also der Wagen den Weg $r\varphi$ *durchrollt,* mufs er zugleich um den Weg $(r+b)\varphi - r\varphi = b\varphi$ auf den Schienen *gleiten* oder *rutschen.* Gesetzt nun, der Widerstand gegen die *rollende* Bewegung sei, wie weiter oben, $\frac{1}{n}$ der Last, wo $n = 250$ ist, der Widerstand des Reibens auf den Schienen $= \frac{1}{m}$, wo m etwa $= 5$ gesetzt werden kann, so verhält sich die Kraft, welche für den Weg $r\varphi$ auf die *rollende* Bewegung gewendet werden mufs, zu der für den Weg $b\varphi$ für die *gleitende* Bewegung nöthigen Kraft, zusammen mit jener, wie $\frac{r\varphi}{n}$ zu $\frac{b\varphi}{m}+\frac{r\varphi}{n}$, also wie $\frac{r}{n}$ zu $\frac{b}{m}+\frac{r}{n}$. Die letzte also ist das

$$137.\quad \frac{\frac{b}{m}+\frac{r}{n}}{\frac{r}{n}} = \frac{bn+rm}{rm}\text{fache der ersten.}$$

Setzt man $r=kb$, oder den Halbmesser der Krümme k mal so grofs als die Spurbreite der Bahn, so ist das Vielfache der einen Kraft von der andern

$$138.\quad \frac{bn+bkm}{mkb} = \frac{n+km}{mk} = \frac{n}{mk}+1.$$

Wäre z. B. die Spurbreite der Bahn 6 F., der Halbmesser der Krümme 100 Ruthen = 1200 F., so wäre $k=\frac{1200}{6}=200$ und also $\frac{n}{mk}+1=\frac{250}{5.200}+1=1\frac{1}{4}$. Also wäre in der Krümme schon nicht weniger als der 4te Theil *mehr Zugkraft* nöthig, als auf gerader Bahn.

Die Krümmen haben also auf Eisenbahnen einen zwiefachen Nachtheil. Einerseits drängt die Schwungkraft die bewegte Masse heftig gegen die äufseren Schienen, prefst sie, oder die ganze Bahn, nach aufsen und macht, dafs, da der Spurkranz des einen Rades sich an den Schienen reibt, *mehr Zugkraft* nöthig ist. Andrerseits müssen die fest mit den Achsen verbundenen Räder, da sie *nur gerade aus rollen* können, in den Krümmen theilweise *rutschen;* und dazu ist ebenfalls eine Zulage an Zugkraft nöthig.

39.

Nun sind Krümmen, selbst auf dem ebensten Terrain, schon im Allgemeinen, unvermeidlich. Auf unebenem Terrain und über Berge hin, sind sie es noch weit mehr. Denn wenn keine stehende Maschinen und keine Tunnels gemacht werden sollen, so bleibt, um auf bedeutende Anhöhen und Berge hinauf zu gelangen, wo Einschnitte und Aufdämmungen nur noch wenig mehr helfen können, jedenfalls aber ganz *unzureichend* sind, nichts weiter übrig, als die Berge durch *Verlängerung* der Strafsenlinie zu ersteigen. Dazu sind *Krümmen* nöthig, und zwar häufig sogar Krümmen von ziemlich kleinen Halbmessern; denn in bergigem Terrain, z. B. in den Flufsthälern, fehlt es sehr oft an Raum zu Krümmen von *grofsen* Halbmessern. Es ist daher wesentlich nothwendig, dafs die den

Krümmen eigenthümlichen Uebelstände, wenn nicht gehoben, so doch möglichst vermindert werden, und ehe dies nicht geschehen ist, kann man wiederum noch nicht sagen, dafs Eisenbahnen allgemein, auch in bergigen Gegenden, mit Nutzen practisch ausführbar sind. Die Krümmen sind, wenn man, wie billig, den noch weit übleren Tunnels und stehenden Maschinen entsagt, sogar ein *Haupt-Aushülfsmittel,* um über die Berge zu kommen.

Bisherige Mittel gegen die Nachtheile der Krümmen.

40.

Es hat natürlich längst nicht an Bemühungen gefehlt, die Nachtheile der Krümmungen auf Eisenbahnen zu heben, oder doch zu vermindern.

Um der Schwungkraft zu begegnen, und auch zugleich die Räder in den Stand zu setzen, anstatt auch in den Krümmen gerade aus zu rollen, den Kreisbogen derselben beschreiben zu können, ohne zu *rutschen,* macht man die Fläche der Reifen oder Felgen der Räder, mit welcher sie auf den Schienen rollen, nicht *cylindrisch,* sondern *conisch,* und zwar auf die Weise, dafs man dieser Fläche zunächst am Spurkranze einen etwas gröfsern Durchmesser giebt, als entfernter davon. Zugleich legt man in den Krümmen die äufsern Schienen *etwas höher* als die innern. Dieses zusammengenommen soll bewirken, dafs, wenn nun das Fuhrwerk in Krümmen durch die Schwungkraft seitwärts nach aufsen hin gedrängt wird, das Rad auf der innern Schiene mit einem *kleinern,* auf der äufsern Schiene mit einem *gröfsern* Halbmesser rollt, und dafs also so die beiden, an der Achse festen Räder in den Fall eines abgekürzten *Kegels* kommen, der im Stande sei, die verlangte Krümme ohne *Rutschen* zu beschreiben. Das *Höherlegen* der äufsern Schiene gegen die innere soll eigentlich dem gleichen Zwecke nur *zur Hülfe* kommen, und zugleich machen, dafs die Räder von der Schwungkraft nicht etwa *so weit* zur Seite gedrängt werden, dafs die Spurkränze bis an die äufsere Schiene gelangen können und sich an derselben reiben, sondern dafs sie gerade nur so weit zur Seite getrieben werden, als nöthig ist, um die der Krümme angemessene *kegelförmige* Gestalt des Systems der beiden Räder, mit ihrer Achse, zu erreichen.

Dieses Mittel ist aber, vorzüglich in der Praxis, nicht allein unzureichend, sondern erzeugt gegenseitig Nachtheile, die am Ende gröfser sind, als das Uebel selbst, welchem man abhelfen will.

Wenn nämlich die Radfelgen einen abgekürzten Kegel statt eines Cylinders bilden, und die gerade Oberfläche der Schiene, auf welcher sie rollen, liegt nun, im Querschnitt betrachtet, horizontal: so berührt die Radfelge die Schiene nicht mehr in *ihrer ganzen Breite,* sondern immer *nur in einem Puncte.* Dadurch reiben sich aber Felge und Schiene, ob sie gleich von Eisen sind, unter dem grofsen Drucke der Last sehr bald ab, und so hört die Kegelform der Räder bald auf; und folglich auch der beabsichtigte Zweck derselben. Aber dies wäre noch das Geringste. Da nemlich die Bahn einer fortlaufenden Schienenreihe durchaus keine ganz genaue Ebene bildet, indem sie aus einzelnen Stücken Schienen, von etwa 15 Fufs lang, besteht, die gar nicht so unbeweglich fest und genau gelegt und erhalten werden können, dafs nicht kleine Absätze, Unebenheiten und schiefe Flächen darin vorkämen, so ist es blofs vermeintlich, wenn man glaubt, die kegelförmigen Radfelgen werden immer mit denselben Kreisen, die von einem Rade zum andern ganz gleiche Durchmesser haben, auf den Schienen ruhen und auf denselben fortrollen. Es giebt der Anlässe nur zu viele, dafs sie ein wenig *zur Seite* weichen. So wie dies aber geschieht, rollen die Räder, vermöge der Kegelform ihrer Felgen, nun nicht mehr auf zwei Kreisen von *gleichen,* sondern vielmehr auf zwei Kreisen von *ungleichen* Durchmessern, und folglich laufen sie nun, auch selbst an den *geraden* Stellen der Bahn, nicht mehr gerade aus, sondern *in Krümmen,* und verfolgen je eine solche Krümme so lange, bis der Spurkranz an die Schiene gelangt und von ihr zurückgeworfen wird; worauf dann das Rad wieder in die *entgegengesetzte* Krümme übergeht, so dafs also das Fuhrwerk, auch auf den *geraden* Stellen der Eisenbahn, statt *gerade aus,* wie es sein soll, sich zu bewegen, vielmehr eine sehr lang gestreckte Schlangenlinie, abwechselnd nach der einen und nach der andern Seite hin, beschreibt. Aehnliches geschieht in den *Krümmen.* Auch in diesen durchlaufen die Fuhrwerke nicht *diejenige* Krümme, welche sie beschreiben sollen, sondern ebenfalls nur eine langgestreckte, durch die Krümme der Bahn sich hinziehende Schlangenlinie. So zeigt es sich in der Erfahrung. Die Fuhrwerke *schwanken,* anstatt dafs die Spurkränze der Räder von den Schienen entfernt bleiben sollten, beständig zwischen den Schienen von einer nach der andern Seite hin und her. Dadurch wird aber nun das Uebel des Anstreifens und Reibens der Spurkränze an die Schienen, statt dafs es in den Krümmen gehoben werden sollte, vielmehr, gerade umgekehrt, nicht allein in diesen *nicht* gehoben, sondern sogar noch auch auf die *geraden* Stellen der Bahn und folglich auf die *ganze Länge* der Bahn verbreitet, und es wird also durch die kegelförmigen Räder, statt abzunehmen, noch viel gröfser.

Dafs in den Krümmen die kegelförmige Gestalt der Räder helfen sollte, selbige von der Schwungkraft gerade nur so weit zur Seite drängen zu lassen, als nöthig ist, um diejenige Ungleichheit der Durchmesser der aufruhenden Kreise zu erreichen, mit welcher sie gerade die Krümme ohne Rutschen beschrieben, liegt ebenfalls blofs in der Idee; denn die Unebenheit der Bahn stört diese Wirkung eben so, wie an den geraden Stellen der Schienen. Es hat *hier* aber damit auch nicht einmal *theoretisch* seine Richtigkeit. Denn die Wirkung der Schwungkraft ist bei jeder *andern Geschwindigkeit* eine *andere,* und folglich werden die Wagen, wenn sie sich *geschwinder* bewegen, *weiter* zur Seite gedrängt, als wenn sie *langsam* fahren. Also entsteht, falls die Räder conisch sind, im ersten Falle ein *anderes* Verhältnifs der Durchmesser der rollenden Kreise, als im zweiten, und folglich beschreibt der Wagen im ersten Falle eine *andere* Krümme als im zweiten, und bei *jeder* Geschwindigkeit eine andere Krümme, und nur bei einer gewissen Geschwindigkeit die richtige Krümme; was dann aber nichts nutzen kann.

Man könnte zwar auch, um zu verhindern, dafs die kegelförmigen Radfelgen nicht blofs in einem Puncte die Schienen berühren, die gerade Oberfläche der *Schienen,* im Querschnitt betrachtet, *nicht horizontal,* sondern um so viel nach innen *abhängig* legen wollen, als die Schräge der Kegelform der Felgen beträgt, so dafs die Felgen auf den Schienen nunmehr in ihrer ganzen Breite auflägen; allein dann rollt gar das Rad *immer* mit *ungleichen* Durchmessern auf den Schienen; was nicht ohne Rutschen und starkes Reiben möglich ist; und folglich wird dann wieder auf diese Weise dasjenige Uebel, welches man in den *Krümmen* vermeiden will, auf die *ganze* Länge der Bahn ausgedehnt, und wird also ebenfalls ärger.

Kegelförmige, statt *cylindrischer* Radfelgen sind also jedenfalls *unbedingt nachtheilig* und helfen dem Uebel, welches sie heben sollen, nemlich, dafs die Fuhrwerke in den *Krümmen* nicht gerade aus zu rollen trachten, nicht allein durchaus *nicht* ab, sondern bringen ein viel gröfseres Uebel hervor, nemlich die Neigung der Fuhrwerke, mit den Spurkränzen der Räder, nicht blofs in den Krümmen, sondern sogar auf die *ganze* Länge der Bahn, hin und her zu wanken, an den Schienen anzustreifen, sich dabei an denselben heftig zu reiben und die Schienen *überall* auseinander, oder die Bahn zur Seite zu drängen.

Auch gegen die nachtheilige Wirkung der Schwungkraft an sich selbst vermag die kegelförmige Gestalt der Radfelgen gar nichts; denn der Druck der Schwungkraft nach der Seite bleibt *immer;* die Gestalt der Räder vermag ihn nicht zu *vernichten;* und da sie nun das Anstreifen der Spurkränze an die Schienen nicht heben kann, so nutzt sie *nichts,* sondern kann, wie vorhin gezeigt, nur *schaden.*

Die bisherigen Mittel, die Nachtheile der Krümmen zu heben, oder sie wenigstens zu vermindern, sind daher offenbar nicht allein unzureichend, sondern sie schaden mehr, als sie nutzen. Es sind also andere Mittel zu wünschen.

Andere Mittel gegen die Nachtheile der Krümmen.

41.

Zuerst ist es aus den obigen Gründen klar, dafs die Radfelgen durchaus nur *cylindrisch* sein können und dürfen, damit sie in ihrer ganzen Breite auf den im Querschnitte geraden Schienen, und zwar in jedem ihrer Puncte mit *gleichem* Durchmesser, um *gleich* grofse Kreise zu beschreiben, aufruhen mögen.

Ist dies der Fall, so wird, zunächst auf den *geraden* Stellen der Bahn (und diese machen doch jedenfalls den *gröfsten* Theil der *Länge* der Bahn aus), wenigstens der *möglich-geringste* Anlafs zum Ausweichen der Fuhrwerke nach den Seiten, und folglich zum Anstreifen und Reiben der Spurkränze an den Schienen, vorhanden sein. Die Räder werden nun, wie *Walzen,* immer gerade aus rollen, und sie werden, da sie stets mit ihrer ganzen Breite aufruhen, nicht allein, wegen des stärkern Widerstandes der Reibung nach der Seite, durch etwaige Unebenheiten weniger leicht aus ihrer geraden Richtung zu bringen sein, sondern sie werden auch sich und die Schienen viel weniger leicht abreiben, als wenn sie, kegelförmig, statt mit ihrer ganzen Breite, blofs in einem Puncte aufruhten. Dafs wirklich die Radfelgen, wenn sie *cylindrisch* sind, in ihrer ganzen Breite aufruhen, und sich auch in ihrer ganzen Breite, und nicht blofs in einzelnen Theilen derselben, abreiben, habe ich Gelegenheit gehabt, vielfältig durch die Erfahrung bestätigt zu sehen. Einige der Fuhrwerke nemlich, in welchen die Erde zum Damm der Potsdamer Eisenbahn gefahren wurde, und die, beladen, an 200 Ctr. wogen, hatten sehr weich gegossene Räder. Diese haben sich bei längerem Gebrauch so genau in der ganzen Breite der Schiene abgerieben, dafs zuletzt aufsen auf den Radfelgen ein Kranz, so breit als die Schienen, so genau ausgeschnitten war, als wäre er auf der Drehbank gemacht worden. Räder, die etwas conisch waren, verloren diese Form schnell, und der cylindrische Einschnitt entstand ebenfalls; aber unregelmäfsiger. Also half, selbst hier, bei der langsamen Bewegung, die conische Form der Radfelgen nichts, sondern schadete nur.

Die Radfelgen müssen also, wie gesagt, unbedingt stets *cylindrisch* sein. Nach dem Spurkranz hin mögen die Cylinderflächen, im Querschnitt, mittelst einer kleinen krummen Schmiege in den Spurkranz übergehen, aber auch nur zu *dem* Zwecke, dafs der *Spurkranz* selbst dadurch eine gröfsere Festigkeit bekomme. Aufserdem kann auch diese Schmiege nichts nutzen, sondern, wenn sie viel Breite einnimmt, nur schaden, indem sie der Felge, so weit sie sich erstreckt, wieder *ungleiche* Durchmesser giebt.

Zunächst für die *geraden* Stellen der Bahn wird also durch *cylindrische* Räder so vollständig gesorgt werden, als es *möglich* ist. Es fragt sich jetzt, wie es sich in *Krümmen* verhalten werde. Die beiden Uebelstände sind hier, dafs die Schwungkraft die Fuhrwerke nach den Seiten drängt, und dafs *cylindrische,* an der Achse *befestigte* Räder von *gleichen* Durchmessern nur *gerade aus* rollen und die Krümmen nicht ohne zu rutschen und sich also stark auf den Schienen zu reiben, durchlaufen können.

42.

Gegen das erste Uebel, nemlich gegen die Wirkung der Schwungkraft, läfst sich offenbar nichts weiter thun, als, in so fern es angeht, verhindern, dafs die Fuhrwerke, so wie sie nach der Seite hin geschleudert werden, nicht mit den Spurkränzen ihrer Räder an die Schienen anstreifen und sich an denselben heftig reiben; denn die Schwungkraft *selbst* zu *heben,* oder auch nur zu *vermindern* ist *nicht möglich:* eben so wenig, wie sich irgend eine andere Naturkraft, z. B. die Schwerkraft und dergleichen, vernichten, oder auch nur schwächen läfst.

Die Mittel zum Verhindern des Anstreifens der Spurkränze an die Schienen können aber wieder nicht weiter gehen, als dafs man, wo möglich, die *Krümmen* in denselben Fall zu bringen sucht, wie es die *geraden* Stellen der Bahn für cylindrische Räder von selbst sind, nemlich: zu machen, dafs, eben wie dort, auch hier nur noch die möglich-geringsten *Anlässe* übrig bleiben, welche die Fuhrwerke aus ihrer Bahn bringen könnten: dort aus der *geraden* Bahn, hier aus der *vorgeschriebenen* Krümme.

Dieses wird auf die sehr einfache, vielleicht aber auch nur einzig-mögliche Weise dadurch geschehen können, dafs man *in den Krümmen* die Bahn, nach ihrer Breite betrachtet, nicht *horizontal,* wie an den *geraden* Stellen, sondern etwas, nach der hohlen Seite der Krümme hin, *abhängig* legt, so dafs in den Krümmen die Fuhrwerke auf einer, nach der Breite etwas *schiefen* Fläche rollen; denn alsdann wirkt die *Schwerkraft* der *Schwungkraft* entgegen, und während die Schwungkraft die Fuhrwerke nach aufsen zu treiben und sie von dem Mittelpuncte der Krümme zu *entfernen* strebt, trachtet die Schwerkraft, sie nach diesem Mittelpuncte *hinzudrängen;* und so ist es wenigstens nicht unmöglich, dafs die Schwungkraft eine ihr gleiche *Gegenwirkung* finde, dafs ihre Wirkung *aufgehoben* werde und dafs die Spurkränze der Räder von den Schienen entfernt bleiben.

Beim ersten Anblick scheint zwar dieser Erfolg zweifelhaft. Da nemlich der Abhang der Bahn nach der Seite hin, jedenfalls nur sehr geringe sein kann, die Reibung der Last der Fuhrwerke, beim Gleiten *nach der Seite,* aber sehr stark ist, nemlich, wie oben angenommen, wohl den 5ten Theil des Gewichts oder noch mehr ausmacht, so scheint es, dafs der *geringe* Abhang wenig helfen werde, weil die Schwerkraft auf demselben, der starken Reibung wegen, doch nicht vermag, die Last, der Schwungkraft entgegen, nach innen zu drängen. Indessen ist dieser Zweifel nicht gegründet. Man setze nemlich, z. B. zwei zusammengehörige Räder eines Fuhrwerks wären mit 50 Ctr. belastet; die Reibung betrage, wie oben angenommen, den 5ten Theil der Last, also 10 Ctr. Nun betrage der Abhang der schiefen Fläche, auf welchem das Fuhrwerk rollt, nach der Breite, 1 auf 50, so würde die Schwerkraft die Last mit 1 Ctr. Kraft nach dem Innern der Krümme drängen. Diese Kraft ist freilich nicht hinreichend, die 10 Ctr. Reibung zu *überwinden:* aber gewifs ist es, dafs jetzt nur noch 9 Ctr. Kraft nöthig sind, um das Fuhrwerk zur Seite nach *innen* zu schieben, hingegen 11 Ctr., um es zur Seite nach *aufsen* zu drängen. Gesetzt nun, die Schwungkraft dränge die Last mit 1 Ctr. Kraft *nach aufsen,* so würde, sobald sie wirksam ist, nun, um das Fuhrwerk nach der Seite hin aus seiner Stelle zu bringen, sowohl nach der einen als nach der andern Richtung hin, nur *eine und dieselbe* Kraft von 10 Ctr. nöthig sein. Es wird sich also jetzt grade so verhalten, als stände das Fuhrwerk *nicht* auf einer *schiefen* Fläche und die Schwungkraft wäre *nicht* vorhanden; und das ist es gerade, was verlangt wird.

Die Abhängigkeit der Bahn quer über, nach innen hin, erfüllt also wirklich gegen eine bestimmte Schwungkraft ihren Zweck vollständig, nemlich die Wirkung der Schwungkraft *aufzuheben.* Der Abhang mufs *so viel* betragen, dafs die Höhe zur Länge der Schräge sich verhält, wie die *Wirkung der Schwungkraft* zum *Gewicht* des Fuhrwerks, oder kürzer: wie die *Schwungkraft* zur *Schwere.* Nach der Tabelle in §. 35. würde also die Schräge, z. B. für einen Halbmesser der Krümme von 100 Ruthen und für eine Geschwindigkeit von 4 Meilen in der Stunde, 1 auf 52,7 sein müssen. Die äufsern Schienen würden daher, wenn man die Bahn 6 Fufs breit annimmt, $\frac{6.12}{52,7} = 1,37$ *Zoll höher liegen müssen,* als die innern.

Freilich ist das Verhältnifs der Schwungkraft zur Schwere für jeden Halbmesser der Krümme und für jede Geschwindigkeit der Bewegung ein *anderes;* und zwar ist dieses Verhältnifs, wie es die Tabelle in §. 35. zeigt, *sehr* verschieden. Folglich müfste auch die Schräge der Bahn für jeden Halbmesser und für jede Geschwindigkeit eine *andere* sein. Das erste hat man ganz in der Gewalt und ist also kein Hindernifs. Man kann der Schräge ohne Schwierigkeit dasjenige Maafs geben, welches dem gegebenen Halbmesser der Krümme für eine *bestimmte* Geschwindigkeit angemessen ist. Schwieriger aber ist es, zu machen, dafs auch gerade die der Schräge angemessene Geschwindigkeit in den Krümmen Statt finde. Doch ist auch dies nicht ganz unausführbar; besonders dann weniger, wenn man die allgemeine *Regel* beobachtet, die Bahn in den Krümmen der Länge nach durchaus nicht abhängig, sondern stets ganz *horizontal* zu legen. Dann wird sich immer durch geschickte Führung der Wagenzüge, wenigstens so ziemlich, eine *gleiche* Geschwindigkeit in den Krümmen erreichen lassen.

Noch ein anderes Hindernifs gegen die Wirksamkeit des Gegenmittels ist, dafs die Schwungkraft weniger die *mittleren* Wagen im Zuge nach der Seite zu drängen wermag, als die vordern und hintern, weil die *Zugkraft* den Wagenzug aus der krummen in die gerade Linie zu bringen, ihn gleichsam *gerade zu ziehen* trachtet, und also die mittleren Wagen ihrerseits *nach den innern Schienen hin* drängt: der Schwungkraft entgegen. Indessen würde dies, wie das Vorige, auch bei allen andern Mitteln, die man gegen die Wirkung der Schwungkraft anwenden möchte, immer das Nemliche sein. Diese Wirkung dürfte wahrscheinlich *unvermeidlich* sein.

Legt man also die Bahn, wie beschrieben, in den Krümmen der Breite nach schräg, so thut man was *möglich* ist, um die Nachtheile der *Schwungkraft* zu heben, und man bringt die *krummen* Strecken der Bahn, wenigstens so weit als *es sich thun läfst,* in den Fall der *geraden;* nemlich, man richtet sie nun so ein, dafs die Anlässe, die Fuhrwerke aus der Bahn zu bringen, welche sie durchlaufen sollen, *nach Möglichkeit* entfernt werden.

Gut wird es sein, die Schräge der Bahn eher *zu stark* als *zu schwach* zu machen und namentlich, sie nach der *gröfsten* Geschwindigkeit abzumessen, die in den Krümmen zu erwarten sein möchte; denn werden alsdann wirklich die Schienen und die Bahn, in Folge der Schräge, nach *innen,* statt durch die Schwungkraft nach *aufsen* gedrängt, so ist der Schade weniger grofs; schon weil die Krümme nach innen besser widersteht, als nach aufsen.

Uebrigens ist die Reibung der Spurkränze der Räder an den Schienen nicht so überaus beträchtlich, wie es scheinen könnte; denn sie ist immer nur die Folge der Kraft, welche die Wagen *nach der Seite* drängt, nicht unmittelbar die ihres ganzen Gewichts; auch wird sie durch Hebels-Arme von ziemlich grofsem Verhältnifs überwunden, nemlich von dem Verhältnisse des Halbmessers der Räder, gewöhnlich 18 Zoll, zur Höhe des Spurkranzes, etwa von $1\frac{1}{4}$ Zoll, also von etwa 14 zu 1.

43.

Es kommt nun weiter darauf an, was gegen das *zweite* Uebel der Krümmen zu thun, nemlich wie es einzurichten sei, dafs die *cylindrischen* Räder in den Krümmen nicht *gerade aus* zu rollen streben, sondern, ohne anzustreifen, diejenige Bahn durchlaufen, welche ihnen die Krümme vorschreibt.

Es giebt dagegen offenbar, im Princip, *nur zwei Mittel.* Entweder nemlich mufs man den Rädern, *für die Krümmen, ungleich grofse* Durchmesser geben, damit das äufsere Rad einen längeren Bogen durchlaufen möge, als gleichzeitig das innere: oder man mufs auf irgend eine Weise machen, dafs die beiden Räder an einer und derselben Achse, wenn sie *gleiche* Durchmesser behalten sollen, *unabhängig* von einander sich drehen und *ungleiche* Winkelgeschwindigkeiten annehmen können.

44.

Das erste Mittel ist, da die Räder nicht conisch sein sollen und dürfen, und da sie für die *geraden* Stellen der Bahn nothwendig *gleiche* Durchmesser haben müssen, offenbar nicht anders ausführbar, als dafs man jedem Rade *zwei Felgen* von *ungleichem* Durchmesser giebt: die eine für die *geraden* Stellen, die andere für die *Krümmen* der Bahn. Die Räder müssen also zwei, natürlich mit einander fest verbundene und nur eine Masse ausmachende Felgen von verschiedenen Durchmessern bekommen, die aber durch einen Spurkranz von einander geschieden sind, damit nicht das Rad die Felge eher wechseln könne, als es geschehen soll. Damit aber auch die Räder nicht von den Schienen hinuntergleiten, wenn sie auf den innern, oder das eine auf einer innern, das andere auf einer äufsern Felge rollen, müssen sie noch nach innen zu einen *zweiten* Spurkranz haben. Sie müssen also *zwei* Spurkränze und *zwei* Felgen haben: die eine, etwa die *zwischen* den beiden Spurkränzen, von kleinerem, die äufsere von gröfserem Durchmesser; etwa nach Fig. 6. u. 7. Taf. III.

Gewöhnlich ist die obere gerade Fläche der Schienen 2 Zoll breit; die Radfelge, so weit sie auf den Schienen zu rollen bestimmt ist, 3 Zoll, die Schmiege, nach dem Spurkranz hin, ½ Zoll, der Spurkranz selbst ebenfalls ½ Zoll, die ganze Radfelge also 4 Zoll breit. Die *doppelte* Felge, von ungleichem Durchmesser, müfste gerade doppelt, folglich 8 Zoll breit sein; denn es gehören dazu zwei rollende Flächen zu 3 Zoll, zwei Schmiegen zu ½ Zoll und zwei Spurkränze zu ½ Zoll breit. Also auch die Buchsen müfsten um 4 Zoll breiter und folglich die Achsen um 8 Zoll länger sein. Die Spur würde dadurch von selbst um wenigstens 8 Zoll breiter werden.

Da nun breite Spuren und grofse Rad-Durchmesser vortheilhaft sind, so wird man in den *längern* Strecken der Bahn, also in den *geradlinigen* Stellen, die Räder mit den *äufsern* Felgen *a,* welche deshalb auch zugleich die sein müfsten, die die *gröfsten* Durchmesser haben, auf den Schienen rollen lassen. Hier verhielten sie sich dann ganz wie die gewöhnlichen Räder. Nach *aufsen* hätten die Felgen, wie gewöhnlich, keinen Spurkranz, sondern nur nach *innen* den Spurkranz *zwischen* den beiden Felgen *c*. So wie das Fuhrwerk von einer geradlinigen Strecke an eine *Krümme* gelangte, müfste von *einem* der beiden Räder, und zwar *nur* von dem einen, *nicht* von beiden, die Felge *b* mit *kleinerem* Durchmesser zur Wirkung kommen (nach Fig. 8. und 9.), damit auf diese Weise in den Krümmen die *Ungleichheit* der Durchmesser zur Anwendung gelange; und zwar müfste es dasjenige Rad sein, welches die *kürzere* Schienenlänge, also diejenige an der concaven oder innern Seite der Krümme zu durchlaufen hat; folglich das Rad rechterhand, wenn sich die Krümme nach der Rechten wendet, und das Rad links, wenn die Krümme links abbiegt. Die Schiene *b*, *b* an der concaven Seite der Krümme müfste also, *erstlich*, damit das Rad sie mit der Felge von kleinerem Durchmesser erfassen könne, gegen diejenige *c*, *c*, auf dem geradlinigen Theile der Bahn, um so viel *näher* an der andern Schiene *a*, *a* liegen, als die äufsere Radfelge sammt Schmiege und Spurkranz breit ist; also um 4 Zoll. Die Schiene *a*, *a* an der andern, convexen oder äufsern Seite der Krümme liefe ununterbrochen, von der geradlinigen Strecke ab, fort, bis wieder zur geraden Linie und die äufsere Felge des andern Rades verliefse sie nicht. *Zweitens* müfste die um 4 Zoll der andern, äufsern, näher liegende Schiene *b*, *b* an der concaven oder innern Seite der Krümme, wenigstens *zunächst* bei dem *Anfange*, der Krümme in *e*, *e*, um so viel *höher* gegen die anstofsende Schiene in der geraden Bahnstrecke und gegen die gegenüber befindliche *äufsere* Schiene liegen, als der Unterschied der Halbmesser der beiden Radfelgen beträgt, damit die Achse in der concaven Seite der Krümme nicht wegen des geringern Durchmessers der Radfelgen *plötzlich* um so viel hinabsinke. Da indessen, der Schwungkraft wegen, die äufsere Schiene in der Krümme *höher* liegen mufs als die innere, so könnte entweder die innere Schiene sich um so viel, als die Schwungkraft es erfordert, *hinabsenken*, oder die äufsere um eben so viel sich *erheben;* welches letztere das bessere sein dürfte. Die beiden Schienen liefen dann so durch die ganze Krümme fort und gingen umgekehrt auf eben die Weise wieder in die der anstofsenden geraden Strecke über, wie am Anfange der Krümme die gerade Strecke in die Krümmung.

Die Durchmesser der beiden cylindrischen Theile der Radfelgen müfsten sich natürlich wie die Länge der Schienen in der Krümme, also wie ihre Halbmesser verhalten, folglich, nach der obigen Bezeichnung §. 36., wie r zu $r+b$, wo r den Halbmesser der Krümme der *innern* Schiene und b die Breite der Bahn bedeutet.

Zusammengenommen also würde es sich, um zugleich ein Beispiel in Zahlen zu geben, wie folgt verhalten.

Der Halbmesser der Krümme für die innere Schiene, wenn sie die ununterbrochene Fortsetzung der Schiene an der nemlichen Seite der anstofsenden geraden Bahnstrecke wäre, sei 100 Ruthen = 1200 Fufs = 14 400 Zoll; die Breite der Spur der Bahn sei 6 Fufs = 72 Zoll; die Breite jedes cylindrischen Theils a und b der Radfelge (Fig. 6. und 7.) 3 Zoll, diejenige der Schmiegen x, x $\frac{1}{2}$ Zoll, des Spurkranzes c_1, c_1 $\frac{1}{2}$ Zoll, also die gesammte Breite einer Radfelge 8 Zoll; der Durchmesser des *gröfsern* cylindrischen Theils der Radfelge sei, wie gewöhnlich, 3 Fufs = 36 Zoll. Alsdann mufs in den *geradlinigen* Strecken der Bahn die Entfernung mn (Fig. 9.), von der innern Seite der einen Schiene bis zur innern Seite der andern, 72 Zoll betragen, in den Krümmen dagegen 4 Zoll weniger, also nur 68 Zoll, und zwar auf die Weise, dafs die äufsere Schiene, an der convexen Seite der Krümme, ununterbrochen fortläuft, die innere Schiene an der concaven Seite der Krümme dagegen um 4 Zoll jener näher gelegt wird; nach Fig. 8. Der Halbmesser der innern Schiene in der Krümme ist nun $14400 + 4 = 14404$ Zoll, der Halbmesser der äufsern Schiene $14400 + 72 = 14472$ Zoll. Also müssen sich die Durchmesser der beiden cylindrischen Theile der Radfelge wie 14472 zu 14404 verhalten, und folglich mufs der Durchmesser des kleinern cylindrischen Theils bb (Fig. 6., 7. und 9.) der Radfelge, da derjenige des gröfsern Theils aa 36 Zoll sein sollte, $\frac{14404}{14472} \cdot 36 = 35{,}771$ Zoll = 35 Zoll $9\frac{1}{4}$ Linien sein, so dafs der *Unterschied* der beiden Durchmesser nur $2\frac{3}{4}$ Linien beträgt. Um halb so viel also, (nemlich um den Unterschied der *Halbmesser*, nicht der *Durchmesser*), folglich um $1\frac{3}{8}$ Linien, mufs, zunächst am Anfange und am Ende der Krümme, in ee (Fig. 8.), die innere Schiene *höher* liegen als die äufsere. Da nun aber, der Schwungkraft wegen, wie für das gleiche Beispiel in §. 40. gefunden, die äufsere Schiene in der Krümme um 1,37 Zoll = $16\frac{1}{4}$ Linien höher liegen mufs als die innere, so mufs die äufsere Schiene allmälig, etwa auf die ersten 24 Fufs, zusammen um $16\frac{1}{2} + 1\frac{3}{8} = 17\frac{7}{8}$ Linien emporsteigen; und so laufen nun die beiden Schienen durch die Krümme fort, bis zum Ende derselben, wo sie wieder, auf umgekehrte Weise wie beim Anfange, in die Schienen der anstofsenden geradlinigen Strecke der Bahn übergehen.

Der Uebergang von der Schiene der einen geradlinigen Strecke in die der andern, um 4 Zoll näher gelegten innern Schienen einer Krümme, könnte ohne Schwierigkeit auf die Weise geschehen, dafs nach Fig. 8. erst auf einige, etwa 3 Fufs lang, *beide* Schienen, wie in *e, e, neben einander* fortlaufen, so dafs der mittlere Spurkranz der Radfelgen *zwischen* beiden rollt, worauf aber dann die äufsere dieser beiden Schienen aufhört und blofs die näher gelegte Schiene durch die Krümme hin fortgeht, auf welcher nun das Rad mit seinem innern cylindrischen Theile, von dem um $2\frac{3}{4}$ Linien kleinern Durchmesser, läuft, folglich die Schiene *zwischen* seine beiden Spurkränze nimmt; was in der Krümme ganz gut ist, indem so die Räder um so mehr verhindert werden, von den Schienen abzugleiten, weil nun nicht, wie gewöhnlich, blofs der Spurkranz des äufsern Rades und die äufsere Schiene, sondern auch der mittlere Spurkranz des innern Rades und auch die innere Schiene der Wirkung der Schwungkraft auf alle Fälle sich entgegensetzt.

Der *Zug* der Wagen, der sie in der *Mitte* der Achsen ergreift, wirkt zwar jetzt in der Krümme *schief,* nemlich den innern Rädern um 4 Zoll näher als den äufsern: aber dies macht keinen Unterschied, weil auch nun verhältnifsmäfsig um eben so viel *Last* mehr auf den innern Rädern ruht als auf den äufsern. Der *Schwerpunct* der ganzen Masse, durch welchen der Zug geht, wird nicht, wenigstens nicht irgend bedeutend, verändert.

Da aber das Verhältnifs der Durchmesser der beiden cylindrischen Theile der Radfelge einmal so bleiben mufs, wie es ist, so ist es, damit dasselbe seinen Zweck erfülle, bei der gegenwärtigen Einrichtung wesentlich nöthig, dafs *alle* Krümmen der Bahn *gleich grofse* Halbmesser bekommen. Dieses aber läfst sich auch recht gut erlangen, da man nur *allen* Krümmen den *kleinsten* Halbmesser geben darf, zu welchem man durch die örtlichen Umstände gezwungen wird; und dieses geht ohne Schwierigkeit an, da man immer den Halbmesser einer Krümme recht gut so *klein* machen kann als man will, wenn gleich nicht immer so *grofs* als man wohl möchte.

So also läfst sich machen, dafs die Räder der Fuhrwerke in den Krümmen nicht mehr gerade aus zu rollen streben, sondern die bestimmte Kreislinie der Krümme beschreiben müssen, also, zusammengenommen, dafs die Anlässe für die Fuhrwerke, aus ihrer Bahn zu weichen, in so fern sie von der *Linie der Bahn* herrühren, auch in den Krümmen, in *eben dem Maafs* wie in den geradlinigen Strecken und, in so fern sie von der *Schwungkraft* herrühren, *nach Möglichkeit*, gehoben werden.

Das einzige gegenseitige Uebel bei dieser Einrichtung ist nur, dafs die Räder, mit den zwei cylindrischen Theilen ihrer Felgen von ungleichem Durchmesser, doppelt so breite Felgen bekommen müssen als die gewöhnlichen Räder, und dafs sie folglich schwerer und kostbarer werden; was aber beides gerade nicht bedeutend ist; während es auch umgekehrt wieder den Vortheil hat, dafs die Räder nun auch um so mehr Stärke und Festigkeit bekommen.

Im Fall der eine cylindrische Theil der Radfelgen sich früher *abgenutzt* haben sollte, als der andere, mufs man den weniger abgenutzten so weit abdrehen lassen, dafs möglichst das richtige Verhältnifs der Durchmesser wieder hergestellt und auch stets erhalten werde.

45.

Das andere, in §. 41. vorgeschlagene Mittel, die Räder der Eisenbahnfuhrwerke in den Stand zu setzen, *Kreisbogen* durchlaufen zu können, ohne sich gleitend auf der Bahn reiben zu dürfen, dadurch, dafs zwei Räder an einer und derselben Achse *unabhängig von einander* sich drehen können, scheint beim ersten Anblick gröfsere Schwierigkeiten zu haben; indessen möchte es gleichwohl ebenfalls recht gut practisch ausführbar sein.

Die Räder, gleich denen der gewöhnlichen Fuhrwerke, *mit* ihren Buchsen um die Achsen sich drehen zu lassen, geht durchaus nicht an; selbst wenn man die Buchsen so lang machen wollte als die *halben Achsen;* aus den in §. 36. angezeigten Gründen. Gesetzt nemlich, die Achsen hätten, wie gewöhnlich, 3 Zoll im Durchmesser, das Rad 3 Fufs: so durchläuft die Buchse, auf der Achse sich reibend, den 12ten Theil des ganzen Weges, welchen das Fuhrwerk zurücklegt, also auf jede Meile Weges nicht weniger als 2000 Fufs Länge. Einer solchen Reibung, unter der bedeutenden Last der Ladung, widersteht aber das härteste und zäheste Metall, bei der besten Oelung, nicht auf die Dauer. Achsen oder Buchsen, oder beide zugleich, würden sich in jedem Fall bald so weit abreiben, daſs das Rad viel zu wenig mehr seiner Bahn folgen würde; und da nun schon Spielraum an den Stöſsen bleiben muſs, der sich durch die Reibung ebenfalls vergröſsert, so würden bald die Räder so sehr schlottern, daſs sie unfehlbar in Gefahr kommen würden, von den Schienen abzuspringen.

Wohl aber möchte es angehen, die Räder nicht sowohl um die *Achsen,* als vielmehr um die *Buchsen* sich drehen zu lassen; und zwar *nur in den Krümmen,* und sogar *nur* auf den *Unterschied* der Länge der äuſsern und innern Schienen derselben. Hier würde die Reibung, und folglich die Abnutzung, nur ein so überaus geringer Theil von derjenigen der Drehung der Buchsen um die Achsen sein, daſs er dagegen beinahe als Null zu betrachten sein würde. Gesetzt nämlich, die Länge der Krümmen wäre, um einen so ungünstigen Fall anzunehmen, wie er kaum irgendwo vorkommen möchte, die *ganze* Länge der Bahn und der Halbmesser der Krümmen betrüge nur 50 Ruthen = 600 Fuſs, die Breite der Bahn aber 6 Fuſs: so würde sich die Länge der äuſsern Schienen in den Krümmen zur Länge der innern wie 606 zu 600 verhalten. Der Unterschied der Länge der Schienen wäre also der 100ste Theil der gesammten Länge, und folglich 240 Fuſs auf die Meile. Nun verhalten sich gewöhnlich die Durchmesser des Rades und der Buchse wie 1 zu 4, also würde sich das Rad um die Buchse, auf die Meile Bahn, um $\frac{240}{4} = 60$ Fuſs lang reiben, statt, wie oben, wenn die Buchse um die Achse sich dreht, auf 2000 F. lang. Beträgt die Länge der Krümmen nur die *halbe* Länge der Bahn, und die Halbmesser der Krümmen sind 100 Ruthen = 1200 Fuſs, so ist der Unterschied der Länge der äuſsern und innern Schienen in den Krümmen nur der 400te Theil der Länge der Bahn, und folglich hat sich das Rad um die Buchse nur noch 15 F. lang zu reiben. Meistens wird die Länge der Reibung, da diejenige der Krümmen in der Regel *viel* weniger beträgt als selbst die *halbe* Länge der Bahn, noch *viel* geringer sein. Die Reibung wird also jedenfalls so unbedeutend sein, daſs für die *Abnutzung* der sich reibenden Flächen durchaus nichts zu fürchten ist.

Es kommt also nur weiter darauf an, welche Wirkung diese Einrichtung haben werde und in wie fern sie practisch ausführbar sein würde.

Zuerst ist die *Absicht* der Anordnung durchaus nicht die, daſs die Räder sich *fortwährend* um die Buchsen drehen sollen: im Gegentheil ist sie, wie gesagt, blofs die, dafs sie sich *nur* in den Krümmen, und auch dort nur um so viel oder um so weit drehen sollen, als der Unterschied der Länge der äufsern und der innern Schienen beträgt, damit *so* dasjenige Rad, welches auf der äufsern Schiene rollt, im Stande sei, *unabhängig* von dem andern Rade, einen, um jenen Unterschied längeren Weg zu durchlaufen, als das andere Rad, während es gleichzeitig *aufserdem* mit eben der Winkelgeschwindigkeit, wie die Achse des andern Rades, sich fortbewegt. Beides wird es auch wirklich thun, sobald es nur, wie vorausgestezt wird, um die Buchse sich drehen *kann.* Denn drehte es sich z. B. nicht um die Buchse, so müfste es, um den längeren Weg zurückzulegen, wie weiter oben aus einander gesetzt, um den Unterschied der Länge der äufsern und innern Schienen, hier aber mit *sehr starker* Reibung, *geschleift* werden, oder *rutschen.*

Hieraus folgt sogleich, dafs es, ganz anders wie in dem Fall, wo das Rad um die Achse sich dreht, hier durchaus nicht nöthig ist, dafs die Reibung des Rades um die *Buchse* sehr *gering* sei. Dreht sich die *Buchse* um die *Achse,* so kommt es sehr darauf an, die Reibung, so weit es nur immer möglich ist, zu vermindern, damit recht wenig *Zugkraft* nöthig sei; und deshalb mufs die Buchse um die Achse und an den Stöfsen schon von Anfang an hinreichenden *Spielraum* haben. Hier dagegen, wo das *Rad* um die *Buchse* sich drehen soll, kommt es blofs darauf an, dafs die dabei Statt findende Reibung *nicht stärker* der Umdrehung widerstehe, als die Reibung auf den Schienen selbst, dem Rade, damit das Rad nicht auf den Schienen rutsche, da, wo es, in den Krümmen, in den Fall kommt, dazu gezwungen zu werden, sondern *statt dessen* um die Buchse sich drehe. Unter diesen Umständen kann die Reibung des Rades um die Buchse immerhin *sehr stark* sein, und es ist sogar gut, wenn sie nicht zu gering ist, damit das Rad *aufserhalb* der Krümmen *nicht* um die Buchse, sondern *mit* der Achse, wie gewöhnlich, in den *Zapfenlagern* sich drehe. Setzt man die Reibung auf den Schienen gleitender oder rutschender Räder, wie oben, gleich dem 5ten Theile der Last, so kann die Reibung des Rades auf der Buchse, da der Durchmesser des Rades, wie oben bemerkt, in der Regel 4 mal so grofs ist als der der Buchse, 4 mal so stark sein, also vier Fünftheile der Last betragen, wenn sie der Umdrehung des Rades eben so stark widerstehen soll, als die Reibung auf den Schienen. Ist sie geringer, so wird gewifs das Rad nicht mehr auf den Schienen gleiten, sondern, wie man es verlangt, statt dessen um die Buchse sich drehen. Jene Reibung ist aber *sehr* stark, und um sie, wenn man es wollte, hervorzubringen, müfste das Rad auf der Buchse geradezu angeklemmt werden. Die Reibung der Buchse auf die Achse wird man durch Oelung bis auf den 20sten und 30sten Theil der Last herabzubringen suchen: hier beträgt sie *vier Fünftheile* davon, und ist also 16 bis 24 mal so stark.

Daraus folgt nun, dafs, wenn man, wie es geschehen würde, Oelung zur Hülfe nimmt, *Spielräume* des Rades auf der Buchse und an den Stöfsen der Drehung fast gar nicht nöthig sind, sondern, dafs das Rad *sehr genau* auf die Buchse passen darf. Und da nun die Drehung auch nur selten vorkommt, so werden sich Spielräume so leicht auch nicht durch die Reibung *bilden*. Also wird das Rad immer auf der Buchse sehr fest und stabil sein, und daher ist für das *Schlottern* der Räder nichts zu fürchten. Mithin ist, zunächst in diesem Punct (und es ist solches der *Hauptpunct*), die Anordnung *zuverlässig* practicabel. Die Räder werden, wenn sie sonst nur fest gebaut sind, eben so stabil und starr mit den Achsen verbunden sein und bleiben und eben so wenig von den Schienen abspringen, als beständen sie, wie gewöhnlich, mit der Achse aus einem Stück.

Es kommt aber weiter darauf an, wie die Räder zu construiren sein dürften, um ihnen vollständige Festigkeit zu verschaffen.

Gewöhnlich wird die Buchse, die aus gegossenem Eisen ist, sehr stark auf die geschmiedete Achse getrieben und darauf noch mittelst eines, nach der Länge der Achse, halb in die Achse, halb in die Buchse getriebenen Pflockes *p* (Fig. 10.) befestigt. In die Achse werden die Enden der geschmiedeten Speichen *s, s....* sogleich mit eingegossen. An den andern Enden sind die Speichen mittelst eines geschmiedeten eisernen Kranzes *k, k* unter einander verbunden, und auf diesen ist die Felge *f, f*, ebenfalls aus geschmiedetem Eisen, und mit dem Spurkranz aus einem Stück bestehend, festgeschraubt. Aufsen wird die Felge abgedreht.

Soll nun das Rad um die Buchse *b* (Fig. 10., 11., 12. und 13.) sich drehen können, so ist nichts weiter nöthig, als dafs die Speichen *s, s*, eben wie an ihrem einen Ende, nach der Felge hin, auch an ihrem andern Ende, nach der Buchse hin, statt sie in dieselbe mit einzugiefsen, durch einen starken geschmiedeten oder auch gegossenen eisernen Kranz *r, r* unter einander verbunden werden. Dieser Kranz wird ausgebohrt und die Buchse wird genau nach demselben Durchmesser abgedreht, und der Kranz r dreht sich dann um die Buchse b und bildet gleichsam eine zweite Buchse, welche um die erste läuft. Diese zweite Buchse r kann man *Rad-Buchse,* die erste, an der Achse feste Buchse b, *Achsen-Buchse* nennen. Damit die Radbuchse r einestheils von der Achsenbuchse b nicht abgleiten, anderntheils erforderlichenfalls *mit* dem Rade von der Achsenbuchse abgezogen werden könne, mufs die letztere nach *innen* einen festen, mit ihr aus einem Stück bestehenden, um die Dicke der Radbuchse vortretenden Rand u, u (Fig. 12.) bekommen; von *aufsen* her aber mufs ein zweiter, abnehmbarer, ebenfalls um die Dicke der Radbuchse vortretender Rand v, v an die Achsenbuchse angeschraubt werden (nach Fig. 12. und 13.), zwischen welchen beiden Rändern dann die Radbuchse r, r umläuft und von welchen sie in ihrer Bahn um die Achsenbuchse gehalten wird. Spielräume sind, wie bemerkt, nicht weiter nöthig, als dafs nur so eben die Radbuchse nicht geradezu einge*klemmt* sei, sondern, wenn auch mit ziemlich ansehnlicher Reibung, doch wenigstens noch *umlaufen* könne. Felgen, Speichen und Buchsen behalten ihre gewöhnliche Breite und Stärke; denn auch die *Länge* mn (Fig. 11. u. 12.) der Achsenbuchse, die gewöhnlich 7 Zoll beträgt, ist für die Berührung mit der Radbuchse gewifs völlig hinreichend, und die Basis von 7 Zoll breit, ist für die noch übrige Entfernung pq (Fig. 12.) von der Felge, welche $\frac{36-9}{2} = 13\frac{1}{2}$ Zoll beträgt, genügend, um jedes *Schwanken* des Rades zu verhindern. Es kommt nichts zu den gewöhnlichen Theilen des Rades hinzu als die Radbuchsen r, r; und das Gewicht und die Kosten dieser sind nicht bedeutend.

Dagegen würde aber für die Festigkeit, und selbst für die Kosten auf die Dauer, noch mancher wesentliche Gewinn erzielt werden.

Es ist nemlich *jetzt* ziemlich schwierig, wenigstens im Erfolge mehr oder weniger mifslich, die Speichen in die Buchsen mit *einzugiefsen.* Dieses fällt hier weg, da die Speichen statt dessen nach innen zu, eben wie nach aufsen, durch einen *geschmiedeten* Kranz r, r mit einander verbunden werden.

Sodann ist es nicht wenig schwierig, die gegossene Buchse stark und fest genug auf die geschmiedete Achse zu treiben und darauf zu befestigen; es fehlt nicht an Beispielen, dafs der Pflock p (Fig. 10.), auf welchem vorzüglich die Verbindung der Achse mit der Buchse beruht, seinen Dienst versagt; und dann kann das Rad von der Achse abgestreift werden; was eine ähnliche, aber hier weit gröfsere Gefahr hat, als wenn von gewöhnlichen Wagen ein Rad abläuft. Statt dessen kann jetzt die Radbuchse *b* (Fig. 12.) mit der Axe *a* völlig *aus einem Stück* bestehen, und es dürfte auch wahrscheinlich nicht unausführbar sein, die Radbuchse, statt sie aus gegossenem Eisen zu machen, sogleich, mit ihrem vortretenden Rande *u, u*, mit der Achse aus einem Stück zu *schmieden;* was nichts anderes sein würde, als dafs man der Achse, gegen jedes ihrer beiden Enden hin, auf 7 bis 8 Zoll lang, eine *Verstärkung* gäbe, die hernach, gleich den Zapfen der Achse, abgedreht würde, die aber dann auch nicht den grofsen Durchmesser der gegossenen Buchse, von 9 Zoll, sondern etwa nur 6 Zoll Durchmesser nöthig hätte; wodurch schon gleich wieder an Gewicht und Kosten der Räder gespart werden würde.

Endlich mufs *jetzt,* wenn etwa ein Rad schadhaft wird, oder vielleicht die Felgen oder der Spurkranz neu abgedreht werden sollen, entweder das Rad von der Achse gelöset werden; was sehr schwierig ist: oder die Achse mufs mit *beiden* Rädern abgenommen und gehandhabt werden; was beschwerlich ist. Ist dagegen die Radbuchse *r, r* vorhanden, so kann das Rad, ähnlich dem an gewöhnlichen Fuhrwerken, jeden Augenblick ohne alle Schwierigkeit abgezogen und wieder aufgesteckt werden, und die Achse bleibt fest und unberührt.

Die Anordnung der *Radbuchsen* dürfte daher nicht allein eben so sicher und vollständig practisch ausführbar sein, als sie ihren Zweck erfüllen würde, sondern sie dürfte auch noch mancherlei wesentliche Vortheile für die Festigkeit, Dauer und Kosten-Ersparung gewähren.

Dem *ersten* Mittel wider die Nachtheile der Krümmen von Eisenbahnen gegenüber, hat sie folgende Vorzüge:

Erstlich würden die Räder nicht schwerer und wahrscheinlich auch nicht kostbarer werden, als sie es gewöhnlich, *ohne* alle Gegenmittel sind, und die bei dem ersten Mittel nöthige Verbreitung der Radfelgen auf das Doppelte, fiele weg.

Zweitens dürfen die Schienen nicht, wie bei dem ersten Mittel, in den Krümmen *enger* gelegt werden als auf den geraden Strecken der Bahn; sie werden nicht anders gelegt als für den gewöhnlichen Gebrauch, ohne Gegenmittel.

Drittens. Die Halbmesser der Krümmen brauchen nicht, wie bei dem ersten Gegenmittel, alle *einander gleich* zu sein, sondern können, wie gewöhnlich, wenn *kein* Gegenmittel angewendet wird, nach *Belieben verschieden* sein und diejenige Länge bekommen, die die örtlichen Verhältnisse gestatten.

Aus diesen Gründen dürfte das zweite Gegenmittel dem ersten vorzuziehen sein.

Es möge noch von dem Inhalte dieses Aufsatzes, statt einer bloſsen Liste der Ueberschriften, eine bezeichnende Uebersicht folgen, um die Resultate für die Hauptpuncte der Zwecke des Aufsatzes hervorzuheben.

In der Einleitung §. 1. bis 6. ist aus einander gesetzt worden, daſs es, ehe man Eisenbahnen überall, auch in bergigen Gegenden, für nützlich und practicabel halten dürfe, insbesondere noch auf Mittel ankomme, auch Stellen, die *steiler* sind, als gewöhnlich in ebenen Gegenden, mit den einmal gewählten Zugmitteln zu passiren, ohne dieselben zu *wechseln;* und dann auf Mittel, die Nachtheile von *Krümmen,* welche für Eisenbahnen besonders groſs sind, möglichst zu heben, oder doch zu vermindern.

Das Weitere ist nach diesen beiden Gegenständen abgetheilt, und es ist von §. 7. bis 36. das was *die steilen Stellen* betrifft, und von §. 37., bis zu Ende, das was *die Krümmen* anlangt, abgehandelt worden.

§. 7. enthält eine Schätzung der Zugkraft auf Straſsen im Allgemeinen, nach den verschiedenen Abhängen der Bahn.

§. 8. bis 18. handelt ab, was sich auf die Schätzung der Reibung der Triebräder von locomotiven Zugmaschinen auf den Schienen einer Eisenbahn bezieht, die der Stützpunct der Kraft dieser Maschinen ist und die also die Wirkung derselben begrenzt. Es ist, besonders aus dem Beispiel der *Norris*schen Maschinen in Amerika, nachgewiesen worden, daſs jene Reibung nicht bloſs den 20sten, sondern wenigstens den 5ten Theil der auf den Triebrädern ruhenden Last beträgt und daſs auf den Grund dieser Reibung sich recht gut wenigstens Abhänge von 1 auf 36, mit angemessener Ladung und ohne Veränderung oder Wechselung der Zugkraft ersteigen lassen.

§. 19. und 20. handeln von der Zugkraft locomotiver Maschinen überhaupt.

§. 21. hat die Wirkung des *Hemmens* beim Bergabfahren zum Gegenstande, und es findet sich, dafs es, selbst in den ungünstigsten Fällen, hinreichend ist, wenn nur *ein Theil* der Wagen, etwa der 3te Theil, gehemmt wird.

§. 22. bis 24. giebt die Berechnung der Kraft der Dampfwagen von der gewöhnlichen Einrichtung, und macht auf die Nachtheile aufmerksam, die es hat, dafs bei der gewöhnlichen Einrichtung nur durch die Ausdehnung des Dampfes allein in einen gröfseren Raum vor einem verminderten Widerstande die Geschwindigkeit modificirt werden kann; welchen Nachtheilen denn durch ein *Zwischengeschirr* abgeholfen werden könnte.

§. 25. bis 27. verbreitet sich über die Einrichtung des Zwischengeschirres und seiner Wirkungen. Es findet sich an Beispielen, dafs durch das Zwischengeschirr mehr als die *Hälfte* der, ohne dasselbe, jetzt nöthigen Kraft erspart werden könnte und dafs auch noch sonstige Vervollkommnungen der Transport-Art dabei zu erreichen sein würden; weshalb denn auch vorzüglich zu wünschen wäre, dafs sich die practischen Mechaniker mit der Anordnung und Anwendung dieses Zwischengeschirres beschäftigen möchten.

§. 28. und 29. untersucht, in wie fern es theoretisch und practisch möglich sein möchte, die Elasticität zusammengeprefster *Luft*, statt der des Dampfes, als wirkende Kraft zur Bewegung von Lasten auf Eisenbahnen zu benutzen. Es findet sich, dafs diese Benutzung grofse Schwierigkeiten haben dürfte.

§. 30. bis 35. untersucht, ob die Kraft der *Pferde* zur Bewegung von Lasten auf Eisenbahnen, mit *jeder beliebigen* und eben so grofsen Geschwindigkeit, als die von Dampfwagen, vermittelst eines fahrbaren *Göpels* zu benutzen sein möchte, und es findet sich, dafs solches sehr wohl angehen dürfte und dafs sogar die fahrbaren Göpel noch mancherlei Vorzüge vor den Dampfwagen haben würden.

§. 36. sucht im Vorbeigehen nachzuweisen, dafs es, was in neuerer Zeit bestritten worden ist, ganz angänglich und angemessen sei, die Kraft von Dampfmaschinen durch die Kraft einer verhältnifsmäfsigen Zahl von *Pferden* zu schätzen.

Hier endigt, was auf die *steilen Stellen* von Eisenbahnen Bezug hat; und es folgt nun was sich auf die *Krümmen* bezieht.

§. 37. bis 39. setzt die verschiedenen Nachtheile der Krümmen auseinander.

§. 40. beschreibt die bisherigen Mittel gegen diese Nachtheile und zeigt, dafs sie nicht allein unzulänglich sind, sondern dafs sie auch das Uebel häufig noch vergröfsern. Es findet sich, dafs die Räder der Eisenbahnfuhrwerke durchaus nicht *conisch* sein dürfen, sondern nothwendig jedenfalls *cylindrisch* sein müssen.

In §. 41. und 42. findet sich, dafs es gegen die nachtheilige Wirkung der *Schwungkraft* in Krümmen füglich kein anderes Mittel giebt, als die äufseren Schienen *höher* zu legen als die inneren.

§. 43. bis 45. untersucht die möglichen Mittel, um die Fuhrwerke zu vermögen, dafs sie in Krümmen möglichst eben so wenig *aus der Bahn* zu weichen trachten, als auf den geradlinigen Stellen der Strafse. Das eine, in §. 44. vorgeschlagene Mittel, welches diesen Zweck ganz erfüllen würde, besteht darin, den Rädern der Wagen doppelte, mit einander verbundene Felgen von verschiedenen Durchmessern zu geben und in den Krümmen danach die Schienen zu legen; das andere, in §. 45. beschriebene, ebenfalls ganz seinen Zweck erfüllende Mittel ist, die Räder um die *Buchsen* sich drehen zu lassen. Dieses zweite Mittel ergiebt sich als das bessere und die Ausführung ist ebenfalls einer der Gegenstände, von welchen zu wünschen ist, dafs sich die practischen Mechaniker damit beschäftigen möchten.

Es ist durch diesen Aufsatz insbesondere bezweckt worden, die Mechaniker auf Dasjenige aufmerksam zu machen, wegen dessen insbesondere noch zunächst ihre Bemühungen um Vervollkommnung der Bewegungs-Art von Lasten auf Eisenbahnen zu wünschen sein dürften, und zugleich den Gang und die Mittel zu diesen Bemühungen anzudeuten. Dies ist auf die in dieser Uebersicht angezeigte Weise geschehen.

Berlin im September 1838.

8.

Uebersicht der Geschichte der Baukunst, mit Rücksicht auf die allgemeine Culturgeschichte.

(Vom Herrn Bau-Inspector *C. A. Rosenthal* zu Magdeburg.)

(Fortsetzung der Abhandlung No. 2. im ersten und No. 6. im vorigen Hefte.)

---

§. 10.

Weitere Betrachtungen.

Der Hölenbau unterscheidet sich wesentlich vom Häuserbau und befolgt, wie wir gesehen haben, ganz andere Gesetze. Namentlich fällt für ihn die, wiewohl heilsame, Schranke der Bauwissenschaft weg. Das Einzige, worin beide übereinstimmen, ist die Regelmäfsigkeit der Form. Eine Naturhöle kann, als solche, in ihrer unregelmäfsig wilden Gestaltung schön sein: als Wohnung und Kunstgegenstand würde sie eben so wenig Nutzen gewähren, als schön sein; denn der menschliche Geist, dem die höhere Regelmäfsigkeit der Natur ein Geheimnifs ist, fühlt sich gedrungen, bei seinen selbstständigen, nicht der Natur nachgeahmten Hervorbringungen die ihm verständliche mathematische Regelmäfsigkeit anzuwenden.

Die natürlichste Form einer Höle ist ein viereckiger Grundplan, mit glatten, lothrechten Wänden und weniger einer geraden, als einer bogenförmig ausgehölten Decke: das letztere nicht etwa in irgend einer Beziehung auf die Kunst des Wölbens, sondern, theils weil die Naturhölen der runden Form mehr als der geraden zum Vorbild dienen konnten, besonders aber wegen der leichtern Ausarbeitung. Bei dem Bau der Häuser kann das Wölben, und folglich auch die runde Deckenform, erst ein später Fortschritt der Bauwissenschaft sein, während die wagerechte Ueberdeckung mit Steinplatten, oder selbst hölzernen Balken, sich fast von selbst findet: beim Hölenbau dagegen liegt in der Idee die eine Form so nahe als die andere; die Ausführung jedoch leitet von selbst auf die runde Deckenform, als stetige Fortsetzung der lothrechten Wände, und um so mehr, da sie noch, in Bezug auf Verminderung der Last und auf Tragbarkeit, zweckmäfsiger ist. Der Arbeiter hatte dabei bis beinahe zuletzt die zu behauende Fläche vor sich, und nirgend so ganz über sich, wie die wagerechte Decke; fand also eher eine höchst wesentliche Erleichterung seiner Arbeit.

Hölen dieser ersten, rohesten Art dürfen wir in Indien nicht mehr suchen; dagegen findet sich noch in mehreren die runde Decke, und zwar grade in den einfachern und den ältern Buddhatempeln zu Kenneri und Carli, und es ist leicht möglich, dafs ihrer mehrere noch unter den unentdeckten Denkmälern Nord-Indiens verborgen sind. Die Entstehung der geraden Hölendecke: sollte sie nicht schon dem ersten Häuserbau nachgebildet sein? Was freilich ihre häufige Anwendung unwahrscheinlich macht, liefse sich wohl am einfachsten daraus erklären, dafs ein in dem Felsen befindliches, ziemlich wagerechtes Lager, bei der Bearbeitung einer Höhle abspringend, die Form von selbst bildete und nun um so mehr allgemein angenommen wurde, als die lichte Höhe der Höle, welche bei zunehmender Ausdehnung und bei der runden Form zuletzt sehr beträchtlich werden mufste, jetzt nicht mehr von der Weite abhing und nun nicht allein die herauszuschaffende Steinmasse vermindert wurde, sondern auch die Möglichkeit sich ergab, auch in minder hohen Felsen, wie sie häufig vorkamen, Hölen zu bauen.

War die Höle *sehr* ausgedehnt, so mufsten, damit die Decke nicht einbrechen konnte, einzelne Stützen stehen bleiben, deren regelmäfsige, reihenweise Stellung keiner Erklärung bedarf. *Diese Stützen dürfen aber durchaus nicht mit den spätern eigentlichen Säulen verglichen*, oder gar (wie es fast immer geschehen ist) als Vorbild derselben betrachtet werden. Sie haben ganz andere Zwecke und Bildungsgesetze. Die Säule, die sich, wie wir sehen werden, einzig bei den Griechen ausgebildet hat, ist freistehend, aus einzelnen Steinen (mindestens Stamm und Capitäl) zusammengesetzt und nach statischen Gesetzen als lothrechte Unterstützung einer wagerechten, frei aufgelegten Last angeordnet und geformt; jene Hölenstützen dagegen sind oben und unten mit dem Felsen verwachsen; sie bewahren fast mehr die ursprüngliche Verbindung zwischen Fufsboden und Decke, als dafs sie als eigentliche Stützen zu betrachten wären; sie sind aus dem Vollen gehauen und bedürfen einer weit gröfseren Stärke, als die Statik blofsen Stützen geben würde, weil bei der starken Spannung, in welcher sie sich befinden, durch die Erschütterung beim Arbeiten ein einigermaafsen dünner Stamm springen würde. Die Gröfse dieser Gefahr wächst mit der Härte des Steines: während also die Säule um so dünner sein kann, je härter der Stein ist, so ist es hier grade umgekehrt; ein ausladendes Capitäl, zur sichern Unterstützung der Last, ist für die Hölenstütze ganz überflüssig: vielmehr ist es besser, zur Verminderung der Spannung, die obere Verbindungsfläche mit dem Felsen nachträglich zu verkleinern. Uebrigens ist die Form ganz gleichgültig und nicht, wie das Detail der Säule, durch statische Gesetze bedingt.

So zeigen denn auch die Pfeiler in den Indischen Hölen eine mannigfache, phantastische Gestaltung, in welcher sich als Grundtypus die oben eingezogene, unten ausgebreitete, und daher nicht unpassende Glockenform auf würfelförmigem Unterbau, ohne eigentlichen Stamm, erkennen läfst. Oben darauf liegt in der Regel eine polsterartige Unterlage, deren Idee (allmälige Vermindrung des Drucks) ganz dem weichlichen Indischen Character entspricht, und die später bei den Karyatiden und Atlanten (wo sie sehr passend das Widersinnige der Unterstützung einer zu schweren, scharfkantigen Steinmasse durch den menschlichen Körper ausdrückt) häufig wiederkehrt. Die kragstein-artigen Vorsprünge über jene Polster gehören mehr der Decke der obern Auflagerfläche an; sie stehen mit der gedachten Verminderung der obern Auflagerfläche in Uebereinstimmung.

Unter einer rund ausgehölten Decke konnte die Weite der Höle schon ziemlich beträchtlich sein, ohne dafs Stützen nöthig waren; auch sieht man nicht, wie sich beide gut vereinigen liefsen; denn das Hülfsmittel, jedem Schiff seine besondere Decke zu geben, ist für die ursprüngliche Bauart nicht einfach genug. Es ist daher nicht zu zweifeln, dafs die Idee der Stützen erst mit der der geraden Decke entstand. Die vorhandenen Tempel mit runden Decken sind indefs alle mehrschiffig. Entweder sind nun die Abseiten mit den Pfeilerreihen dort erst durch spätere Erweiterung entstanden (was bei Hölen nicht schwierig war), oder sie sind jünger als die ersten, geraden Decken. In diesem Falle möchte man annehmen, dafs, da gerade diese Hölen dem alten Buddha geweihet sind, alle ältern, vielleicht noch unentdeckten Buddhatempel klein und einschiffig waren und runde Decken hatten, und dafs ferner die geraden Decken erst mit dem Auftreten der spätern Schien- und Vischnu-Secten aufkamen, während indessen die runde Deckenform von den Buddhisten, bis zur ihrer endlichen Vertreibung, zum Abzeichen beibehalten wurde.

Die Verzierung der Hölentempel bietet reichen Stoff zu Betrachtungen dar, die wir erst mit der Untersuchung über den Character der Indischen Baukunst verbinden wollen.

§. 11.
Der Monolithen-Bau.

Dem Monolithen-Bau lassen sich nur wenige folgenreiche, indeſs höchst wichtige Gesichtspuncte abgewinnen. Zuvor müssen wir aber über seine Entstehung eine Bemerkung nachholen. Die beiden bedeutenden Monolithentempel im Innern der Felsengrotten zu Ellora müssen offenbar mit den Grotten selbst gleich alt sein. Nun aber zeigen sie im Aeuſsern nur phantastische, dem Hölenbau entnommene Formen, welche keine Anspielung auf den Häuserbau enthalten. Dadurch bekommt die in §. 8. ad 4. zuletzt ausgesprochene Meinung über die Entstehung der Monolithen Gewicht, und es wird ferner wahrscheinlich, daſs diese Hölentempel, (wenn auch nicht alle ihre Verzierungen) älter sind als der Häuserbau, oder doch, daſs seine Anwendung auf die Monolithen zu Movalipuram es ist. Endlich scheinen diese, in Pyramidalform sich erhebenden, mit phantastischen Verzierungen überdeckten Massen das Vorbild der spätern Pagoden gewesen zu sein.

Wir kommen nun zu den oben erwähnten Gesichtspuncten.

Die Pyramide und die Kuppel, als Spitze oder Dach des Gebäudes, haben, wenn letztere nicht nach einem einfachen, steilen Spitzbogen geformt ist, in ihrer Grund-Idee etwas Widerstreitendes. Die runde Kuppel nämlich giebt dem Ganzen einen scharf bestimmten Schluſs, der eher nach unten als nach oben weiset, während die steile und spitze Pyramide sich in das Unendliche verlieren zu wollen scheint. Dennoch finden sich beide Formen an den Indischen Bauwerken (und zwar die Kuppel auf phantastische Weise mannigfach ausgebaucht und nicht selten oben abgeplattet), von früh an, bis in die spätesten Zeiten. Wie konnten sich nun beide neben einander ausbilden? Ferner: die Kuppel konnte bei dem Bau über der Erde nur als Folge der Gewölbe-Construction entstehen und angewendet werden: diese aber setzt eine sehr hohe Ausbildung der Statik voraus; sie ist nicht von der Art, daſs sie durch Zufall entstehen konnte; nur das Nachdenken vermochte, sie hervorzurufen: es kann daher, wenn sich auch, was *Langlés* bestreitet, Andere aber zugeben, in Indien Gewölbe finden sollten, doch in dem hohen Alterthum, mit welchem wir es hier zu thun haben, eine Bekanntschaft mit dem Gewölbe nicht vermuthet werden. Ja es muſs sogar bei den Hetrurern eine so sinnreiche Erfindung räthselhaft scheinen, in so fern sich etwa keine äufsere Veranlassung dazu nachweisen läfst. Diese nun, und zugleich die Erklärung der Vereinigung der Pyramidal- und Kuppelform, wird in jener Verbindung des Hölenbaues mit dem Bau über der Erde im Monolithenbau zu finden sein.

Angenommen, dafs der innere Raum, wie in den Hölentempeln, rund geschlossen war (was bei der geringern Ausdehnung um so wahrscheinlicher ist): so ergab sich daraus, und zwar bei einem runden oder quadratischen Grundplan, die Kuppel, bei einem oblongen Grundplan das nach zwei Seiten gebogene Satteldach (ähnlich unsern Bohlen-Dächern) *als die einfachste und natürlichste äufsere Dachform.* Beide Formen finden sich wirklich in den Ueberresten der Monolithen-Stadt Movalipuram.

Diese Form, sowohl die innere als die äufsere, hatte man lieb gewonnen, und es war nun natürlich, dafs man sie auch bei dem Häuserbau beizubehalten wünschte; es kam nur darauf an, eine Construction zu finden, durch welche sie möglich gemacht wurde. Dies war aber auch ohne Gewölbe sehr leicht; man brauchte nur die auf gewöhnliche Weise mit wagerechten Bogenfugen auf einander gelegten Quaderschichten allmälig und immer stärker nach oben hin einzuziehen und darauf innen und aufsen die vortretenden Kanten abzuschrägen, um so die runde Fläche zu erhalten. Ob sich eine solche Construction in Indien finde: darüber werden wir, obschon es in der That fast mit Gewifsheit anzunehmen, wohl noch lange in Ungewifsheit bleiben. Verwechseln doch häufig die Berichterstatter sogar die runde Deckenform der Hölen mit den Gewölben. In Aegypten, und namentlich bei den Pelasgern, läfst sie sich indessen nachweisen, und wir werden dort die wichtigen Folgerungen aus jener Construction näher ins Auge fassen: hier genügte es uns, auf Indien, als das wahrscheinliche Vaterland dieser Bauart, hinzuweisen, oder richtiger, darzuthun, dafs die Idee, aus welcher die Gewölbeform, und zwar, wie wir sehen werden, der *Spitzbogen* hervorgegangen ist, der ursprünglichen Cultur-Richtung angehört.

Im Uebrigen ist vom Monolithenbau zu bemerken, dafs er, eben so wie der Hölenbau, nur der allgemeinen Formenkunst und nicht eigentlich der Baukunst angehört. Nur insofern bot derselbe eine Eigenthümlichkeit dar, dafs man so ausgedehnte innere Räume, wie bei den Hölentempeln, nicht leicht herstellen konnte, und dafs also man hier durch die Form und Höhe des Felsens eben so auf den emporsteigenden Pyramidalbau geführt wurde, wie bei den Hölentempeln auf die Ausdehnung in die Länge und die Breite. Es würde sich daraus auch erklären, warum Indien das Vaterland der Pyramiden werden konnte und mufste; auch wenn sich die Idee dazu nicht bereits in der ursprünglichen Richtung im Keime gefunden hätte; wie wir dies bei den fernern Untersuchungen wahrscheinlich finden werden. Dadurch, dafs die innern Räume verhältnifsmäfsig nur klein sein konnten, wurde man bei den Tempeln gezwungen, die früheren ausgedehnten und zusammenhängenden Räume zu trennen und in einzelne Monolithen zu verlegen; welche Anordnung sich dann auch bei dem Bau über der Erde wiederfindet. Der eigentliche Tempelraum ist immer nur klein; er enthält nur das Allerheiligste, und die Umgebungen und Vorhöfe ersetzen die frühere, ausgedehnte Höle.

§. 12.

Der Bau über der Erde.

Die Bauwerke der Inder über der Erde, mit denen erst die eigentliche Baukunst beginnt, gehen noch weit mehr ins Grofse als die unterirdischen. Weitläuftige Gebäude, von mehrfachen Mauern umschlossen, von welchen die äufsersten mitunter einen Umfang von einer Meile (wohl englischen?) haben, (wie z. B. die Pagode von Cheringam auf Coromandel), bildeten ein Heiligthum. Wie fast überall, haben sich nur Tempel mit ihren Nebengebäuden, zu welchen offene Hallen, Säulengänge und Hospize (Tschultri) zum Aufenthalt der Pilger gehörten, erhalten. Als die ältesten und bedeutendsten Pagoden werden die bei Haridvari, in der Nähe von Ellore, die zu Deogur, Dangore, Matura, Chalembaram, Cheringam und Jagernaut genannt.

Alle diese Gebäude reichen indefs keinesweges in ein so hohes Alterthum hinauf, wie die Felsentempel. Kaum dürfte Einzelnes bis 1000 v. Chr. alt sein; das Meiste stammt wohl erst aus den letzten Jahrhunderten v. Chr.; Vieles ist wahrscheinlich noch jünger. Zu dem Letztern rechnen wir die Pyramiden-Aufsätze und Mauern von Backsteinen; die mit getriebener Arbeit verzierten und vergoldet gewesenen Decken von Kupfer, womit ganze Gebäude (z. B. die Pagode zu Chalembaram) aufsen überzogen sind. Selbst die Brachmanen geben die Vollendung dieser Pagode erst zu 617 v. Chr. an, und der eine Eingang ist sogar erst vor Kurzem erbauet *). Das Hospiz zu Matura, welches sich in der Architektur nicht so wesentlich von andern unterscheidet, ist erst vom Jahre 1623 **) u. s. w. Zu den ältesten Denkmälern gehören unstreitig die, in Pyramidalform, aus rohen Quadern, ohne Sculpturen aufgeführten Pagoden; das Innere oder Allerheiligste derselben ist klein und dunkel.

Als Grundtypus unterscheiden sich hier folgende Bauformen:

1) Die eigentliche Pyramide;
2) Bauten, die pyramidenartig mit lothrechten Absätzen emporsteigen;
3) Hallen mit wagerechten steinernen Decken auf Pfeilern; endlich
4) Kuppeln, welche den Bau schliefsen, die jedoch, aus früher angegebenen Gründen, als eine besondere Bauform betrachtet werden müssen.

In §. 4. bezeichneten wir lothrechte, aus rohen Steinen aufgeschichtete Mauern, mit wagerecht übergelegten Deckensteinen, als die einfachste und urälteste Gebäudeform. Für das Bedürfnifs bei *Wohnungen* ist diese Form so zweckmäfsig und einfach, dafs auch wohl in Indien sie als die ursprüngliche betrachtet werden darf. Anders gestalten sich die Verhältnisse bei den Tempeln. Denn, obwohl es an sich keinen Grund giebt, warum jene Form nicht auch für Tempel die erste gewesen sein sollte, zumal da sie der der gewöhnlichsten Hölentempel am nächsten kommt: so war doch in Indien die Pyramidalform bereits aus den Monolithen, besonders den ältesten im Innern der Grotten, bekannt und sogar vielleicht heilig, und ihre Nachbildung durch Steinhaufen, mit einem kleinen, hohl gebauten, dunkeln Raume im Innern, sehr leicht. Wir dürfen also in Indien die Pyramide, zuerst roh aus unförmlichen Steinen aufgeschichtet, später genauer aus Quadern aufgeführt, und endlich, nachdem die Schwierigkeiten, welche die ungewohnten Fugen dem Ausarbeiten der Sculpturen entgegenstellten, überwunden waren, gleich den Wänden der Hölentempel mannigfach geschmückt, als die ursprüngliche Pagodenform ansehen.

Erst nachdem man gelernt hatte, die Steine genauer zu bearbeiten und lothrechte Wände aufzuführen, ging man von den schräg liegenden Seitenflächen zu lothrecht stehenden über und bauete, um die Pyramidalform im Ganzen festzuhalten, thurmartig, mit Absätzen. Dieser Fortschritt war in mehr als einer Beziehung wesentlich. Wir wollen nur den

---

*) *Heeren*, Ideen Th. I. Abth. III. S. 77.

**) Daselbst S. 72.

Vorzug hervorheben, daſs diese Form bei weitem mehr architektonisch war, d. h. sich zu eigentlichen Gebäuden besser eignete; die weitern Folgerungen wollen wir noch aufsparen. So, mit Absätzen, sind fast sämmtliche Pagoden erbauet, und es scheint, daſs die früher üblich gewesene reine Pyramidalform nur noch zu Nebengebäuden, besonders zu den äuſsern Eingängen des ganzen Werkes, angewendet wurde. Wahrscheinlich sind indeſs noch mehrere Gebäude dieser Art, auch als Tempel, übrig; vielleicht auch waren die Eingänge in ältern Zeiten die Heiligthümer selbst und sanken nur bei nachherigen Umbauen und Erweiterungen zu ihrer jetzigen Bestimmung herab. Es läſst sich hierüber um so weniger entscheiden, da die Bericht-Erstatter beide Formen nicht unterscheiden.

Die offenen Hallen zeigen die einfache Construction des ursprünglichen Häuserbaues; nur daſs, anstatt der vollen Mauern einzelne Pfeiler die Decke tragen. Als wahrscheinlich ziemlich alt wollen wir die Halle mit dem Riesenstier zu Dangora betrachten. Der Grundplan ist dreischiffig und zählt mithin vier Pfeilerreihen; die Abseiten sind schmaler und etwas niedriger als das Mittelschiff, und das Ganze erhebt sich auf einem mäſsigen Quader-Unterbau. Die Pfeiler sind sämmtlich viereckig und sehr schlank, durch die abwechselnd etwas gröſsere und geringere Stärke der Quadern verunzieret, sonst aber ganz einfach, ohne Capitäl. Gegen die der zwei mittleren Reihen lehnen sich, nach dem Mittelschiffe hin, Figuren mit Thierköpfen, welche die aus den Pfeilern vortretenden Kragsteine unterstützen. Auf jenen Kragsteinen stehen Löwen, welche, gemeinschaftlich mit den äuſsern Pfeilern, breite Längensteine und darauf die Deckensteine der Abseiten tragen. Ueber den architrav-ähnlichen Längensteinen wiederholen sich die nach Innen vortretenden Kragsteine, wieder mit platten Architraven, und darauf die Deckensteine des Mittelschiffes. Gesimse und Verzierungen sind sehr einfach. Die mehrfach übereinander aus den Pfeilern heraus- und über dieselben vortretenden Kragsteine, deren Köpfe in einer wellenförmig aufsteigenden Linie endigen und durch diese den Zweck des Tragens und Stützens deutlich ausdrücken, vermindern nach oben zu die Breite des Mittelschiffes so bedeutend, daſs solches füglich doppelt so weit gemacht werden konnte, als die vorhandenen Deckensteine lang waren. Diese sehr sinnreiche Construction, welche zugleich eine so bedeutsame und schöne Form hervorbrachte, findet sich bei allen ähnlichen Gebäuden, selbst aus den spätesten Zeiten (z. B. beim Tschultri zu Matura, von 1623) und ist als Typus für diese Gebäude-Art zu betrachten. Sie erinnert lebhaft an das allmälige Ueberkragen der Quadern in den, dem Gewölbe vorangegangenen Decken (§. 11.) und an das Princip, welches die verschiedenen Bauweisen mit einander in künstlerischer Hinsicht verbindet.

Die Vertauschung der vollen Mauern gegen einzelne Pfeiler ist wohl zu gewagt, um die Entstehung der letztern ohne äufsere Veranlassung in so frühe Zeiten setzen zu dürfen. Sie sind wohl bei den Indern aus der Höle entnommen. Es fällt hierbei der feine Tact, mit welchem man die Verschiedenheit des statischen Zweckes hier und dort aufzufinden und auszudrücken versuchte, um so erfreulicher auf, als eine solche Besonnenheit sonst nicht zu den characteristischen Eigenschaften der Indischen Kunst gehört. Auch sind die Inder nicht bei diesen Pfeilern stehen geblieben, deren einfache Form sehr gut zu dem gelinden Seitendrucke pafst, welchen die oben vortretenden, durch die, zugleich den Pfeiler zweckmäfsig verstärkenden Karyatiden ganz leicht unterstützten Kragsteine ausüben. Sie haben auch Säulen gebaut, ohne jedoch hier die Form eben so gut zu treffen; denn ihre Säulen sind, eben so wie die ägyptischen, persischen u. s. w. sehr willkürlich geformt und verziert, und es fehlt viel daran, dafs sie den statischen Zweck auch nur einigermaafsen deutlich aussprächen. Ueberhaupt pafste die eigentliche Säule, d. h. die freistehende lothrechte Stütze unter der wagerechten Last, nicht zu dem Princip der Indischen Kunst, und es kann leicht sein, dafs die Pfeiler erst in den Zeiten des Verfalls mit der Säule, vielleicht auf fremden Antrieb, vertauscht wurden.

Die Kuppel hält *Wiebeking* für eine Erfindung der Araber, und diesem Volke in spätern Zeiten entlehnt, weil die Inder, nach *Langlès,* das Wölben nicht gekannt hätten. Hiernach müfsten die Kuppeln, welche gewöhnlich die Pagoden schliefsen, erst nach dem Jahre 1000 v. Chr. hinzugefügt sein. Schon das häufige Vorhandensein der Kuppeln auf alten Gebäuden macht dies indefs unwahrscheinlich. Auch findet diese, an sich zwar ernste, durch die mancherlei Ausbauchungen und Einziehungen aber weichlich gewordene Form so manchen Anklang in der sonstigen Architektur der Inder; und endlich wird jene Ansicht durch die Kuppelform an den Monolithen auf das Entschiedendste widerlegt. Das Abrunden einer vollen Steinmasse hat mit dem Wölben nichts zu thun. Finden sich also, (was wir nicht wissen), in Indien keine hohlen Kuppeln, so erklärt sich die Kuppelform aus dem Monolithenbau genügend. Für den sehr wahrscheinlichen Fall aber, daſs die Kuppeln theilweise auch innen rund ausgehölt wurden, dürfte die in §. 11. aufgestellte Betrachtung das Entstehen und die Anwendung dieser nicht Indischen Form auch ohne Gewölbe hinlänglich erklären.

§. 33.
Die profanen Gebäude der Inder.

Von den durch ihren Umfang sowohl, als durch den Reichthum und die Zartheit der Ausführung Erstaunen erregenden Tempelruinen wenden wir uns zu den übrigen Bauwerken der Inder, obgleich wir hier groſsentheils die Nachrichten nur nachzuerzählen haben.

Von der Stadt Ayodhya *), deren Marmor- und Felsentrümmer noch jetzt eine ungeheure Fläche bedecken, erzählt der Ramagana (ein episches Gedicht der Inder, wahrscheinlich aus dem Jahr 1000 v. Chr.) Folgendes. Am Ufer des Flusses Sarayu dehnte sich die Stadt mehrere Meilen lang aus; die Straſsen zogen in drei langen Reihen durch dieselbe hin, waren breit, und nach der Schnur abgemessen, an beiden Seiten mit Portalen geziert und immer mit Sand bestreuet, oder bewässert; es reihete sich Haus an Haus, groſs wie die Palläste der Fürsten, mit prächtigen Terrassen, Höfen und Hallen ohne Zahl. Mit Waffen war sie angefüllt, eingefaſst mit Wassergräben, und hatte feste Thore und starke Wälle. Die Stadt glänzte von Tempeln mit ihren Götterwagen, und die Kuppeln der Palläste ragten wie *Felsengipfel* empor, während die Mauern mit bunten Steinen geschmückt waren, wie die Felder eines Schachbretts. Schöne Gärten und Parks von Mangobäumen, mit Bädern und geradwinkligen, öffentlichen Plätzen, zierten die Stadt allenthalben; zur Abendzeit waren die Gärten voller Lustwandelnden, und fröhliche Männer und Jungfrauen tanzten in den *gewölbten* Hallen. An einer andern Stelle erwähnt das Gedicht drei bis sieben Stock hoher Häuser daselbst.

Palibrotha am Ganges war, nach *Megasthenes*, 80 Stadien (über 2 deutsche Meilen) lang, mit Graben und Mauern umgeben, welche 64 Stadtthore hatten, und auf welchen sich 570 Thürme erhoben. Die Grie-

---

*) *v. Bohlens* Indien Th. II. S. 102 u. f.

chen gaben den meisten Städten in Penjab keinen geringern Umfang als der Insel Kos, und von der Stadt Gazus wird erzählt, dafs man sie nur in 2 Tagen völlig durchwandern könne.

Dafs der Umfang der alten Indischen Städte bedeutend gewesen sei, bezeugen die Ruinen derselben. Die Trümmern von Tempeln und Götterbildern aus dem alten Kanope bedecken eine Fläche so grofs wie London. Von den von Ayodhya ist oben geredet. In einem Indischen Gesetzbuche wird bestimmt, dafs eine grofse Stadt 8 Krosa, etwa 4 deutsche Meilen, im Gevierte haben und mit Wall und Graben umschlossen sein müsse.

Nach einigen Andeutungen im Epos, (durch eine spätere Beschreibung eines glänzenden Privathauses aus den ersten Jahrhunderten n. Chr. ergänzt), bildete das Residenz-Schlofs der Könige ein längliches Viereck mit sieben grofsen Vorhöfen, mit zwei Seitenflügeln bis zum Hauptgebäude und an drei Seiten mit einem grofsen Garten eingefafst. Durch einen hohen Thorweg gelangte man in den ersten Hof, der mit Blumen bestreut war; das Thor war gewölbt; oben wehten Flaggen und an den Thorgewänden zogen sich Jasmingewinde hinauf, während oben auf den Capitälern elegante crystallne Vasen mit jungen Mangobäumen standen; das Thor selbst bestand aus zwei Flügeln, welche rautenförmig ausgeschnitzt und vergoldet waren. Im Innern safs ein Thürhüter im Lehnsessel. Die Flügel zu beiden Seiten der Höfe hatten bedeckte Hallen und Gallerieen; Treppen, mit bunten Steinen ausgelegt, führten in die obern Zimmer, deren crystallne Fenster auf die Stadt herniederblickten. Im zweiten Hofe waren zu beiden Seiten die Ställe für die Stiere, Elephanten, Rosse u. s. w. Im dritten Hofe war der Sammelplatz der schönen Welt, welche der Besitzerin Vasantasena den Hof zu machen herkam. Der vierte Hof war der Concertsaal, in welchem man zugleich Schauspiele und Gedichte vorlas; hier hingen überall Vasen mit frischem Wasser, um Kühlung zu verbreiten. Im fünften Hofe war die Küche, woselbst auch das Vieh geschlachtet wurde. Der sechste Hof war für das Gesinde bestimmt, und es arbeiteten daselbst zugleich die Hof-Juweliere. Der siebente Hof war, (vielleicht blofs in diesem einzelnen Falle), eine Vogelhecke; die Käfige standen auf dem Balcon, oder hingen von demselben herab, und von hier gelangte man zu dem Hauptgebäude, zum Sitze der Herrschaft selbst, welches bei fürstlichen Pallästen ein weifses Haus war. Umgeben war das Ganze von einem Garten mit herrlichen Blumen und köstlichen Fruchtbäumen, von welchen seidene Schaukeln für junge Mädchen hie und da herabhingen.

Das Innere eines indischen Pallastes war prächtig und strotzte von Gold und Juwelen. Der Fürstenthron war mit Diamanten ausgelegt und von einem Baldachin bedeckt. Ringsum standen kostbare Sitze für Vornehme. Sowohl die epischen Gedichte sprechen von vereinzelten Säulen, mit Edelsteinen geziert, als auch *Curtius* von den goldenen Pfeilern in der Burg eines Indischen Fürsten.

Bemerkenswerth sind auch die Felsenfestungen der Inder, welche auf isolirte Felsenkuppen zu bauen das alte Gesetz der Fürsten streng zur Pflicht machte. Die Griechen erzählen von einer alten Bergveste Aornos unweit des Indus: sie habe sechs Meilen im Umfange, sei eilf Stadien (6 bis 7000 F.) hoch und habe dennoch oben Wasserquellen, Waldung und Ackerland. Ringsum ging der Berg senkrecht herab, und war anders als auf den eingehauenen Felsentreppen nicht zu ersteigen. Mehrere andere ähnliche Festen übergehend, führen wir nur noch die Beschreibung *Ritters* von der Festung Tagora bei Ellore, einer steilen Felsenmasse von 500 F. Höhe, an. „Hat man die dreifache Mauer, die den Berg umläuft, „durchzogen, so steigt die Felswand erst noch 150 F. senkrecht empor. „Der Weg hinauf kann nur durch das Innere des Granitberges selbst hin„durchgehn; ein dunkler, holer Felsgang, 12 F. hoch, in Felsgewölbe „gehauen, muſs bei Fackelschein wohl 10 Minuten lang emporgestiegen „werden, bis zu einem freiern Raume, der durch eine eiserne Fallthür „geschlossen werden kann, durch welche alle Verbindung von unten und „oben abgeschnitten wird. Ueber dieser Stelle fangen die Bauwerke mit „den Thoren an. Fast alles ist in den Fels gehauen: Thürme, Wohnhäuser, „Brücken, Batterieen, Munitionshäuser, Arsenäle, und sie winden sich hinauf „bis zum Commandantenhause." *v. Bohlen* vermuthet, daſs diese Festungen in früherer Zeit religiöse Zwecke hatten; wie sich denn solche Tempelberge noch jetzt an der Coromandelküste und auf der Insel Ceylon finden.

Auch an gebahnten Landstraſsen hat es im alten Indien nicht gefehlt. Es finden sich noch jetzt im Dekkan Spuren davon in den Wildnissen. Das epische Gedicht Ramayana nennt und beschreibt an mehreren Stellen gebahnte Wege, zu welchen die Felsen durchbrochen, Wälder gelichtet, Untiefen ausgefüllt, Canäle gegraben und dann die Wege mit Bäumen und Blumen bepflanzt wurden. Eine dieser Straſsen lief von

Ayodhya bis in das Innere des Penjab; eine andere bis in die Gegend von Allahabad. Im Mahabharata, einem anderen, noch älteren epischen Gedichte, werden gute Heerstraſsen und unter diesen eine königliche Straſse, welche man mit Blumen bestreute, überall bemerklich. *Strabo* erwähnt einer Kunststraſse von Palibrotha bis an den Indus, und bemerkt, daſs alle zehn Stadien eine Wegsäule mit Ortsnamen und Meilen-Anzeige stehe.

Das Epos erwähnt ferner stehender Brücken über die Ströme, und man findet hin und wieder Trümmern davon. Bei Haiderabad findet sich noch sogar eine ganz wohlerhaltene Brücke von Werksteinen. Auf einer mit Denkmälern übersäeten, jetzt verwilderten Insel, Sivana Samu, stehen im Flusse Kaveri viele Pfeiler von 20 F. hohen Granitblöcken, welche zu einer 600 F. langen steinernen Brücke gehörten. *Knox* endlich fand dergleichen Brückenfragmente auf Ceylon. Die Ketten- und Seilbrücken in den nördlichen Gegenden, wo die hohen Felsen-Ufer dergleichen begünstigten und nöthig machten, sind ebenfalls schon den alten Schriftstellern bekannt. Auch ist noch der *Schleusen* zu gedenken, welche die Macedonier vorfanden; so wie der mit Granitplatten ausgepflasterten, mit Marmor eingefaſsten groſsen Wasserbehälter, deren jetzt, wiewohl im verfallenen Zustande, noch viele vorhanden sind.

Mögen auch diese Nachrichten, besonders die, welche den Gedichten entlehnt sind, übertrieben sein und keinen richtigen Begriff von der Gestaltung der Bauwerke im Einzelnen geben, so zeigen sie doch, daſs die Inder schon auf einer hohen Stufe der Ausbildung standen und daſs sie auch in der Bauwissenschaft bedeutende Fortschritte gemacht hatten. Wahrscheinlich fällt aber auch die Erbauung der Palläste und der übrigen erwähnten Bauwerke nicht in jene frühe Zeiten, welchen die Tempel angehören. Besonders merkwürdig ist übrigens bei den Häusern die Höhe von mehreren Stockwerken, welche wir, im Gegensatz zu denen der Griechen, bei noch mehreren Völkern der ältesten Periode antreffen werden, und die rautenförmige Verzierung der Wände mit bunten Steinen, welche im Mittelalter wieder bei den Arabern vorkommt.

§. 14.
Ueber die Sculpturen der Inder.

Bei den ältern Völkern standen Baukunst, Plastik und Malerei in einer weit engern Verbindung, als in spätern Zeiten, wo die einzelnen

Geistesthätigkeiten und ihre Gebiete sich mehr und mehr sonderten und zersplitterten; wie es auch zur Erreichung eines höhern Grades der Cultur später nöthig wurde. Vorzugsweise deutlich macht sich jene Verbindung in Indien bemerklich. Sie zeigt sich hier als förmliche Vereinigung, und als natürlich; denn es war ja auch nur *eine* Kunst, die allgemeine Formenkunst, welche anfänglich beim Hölenbau geübt wurde und welcher ebensowohl die Gestaltung der Höhle selbst, als ihre Ausschmückung mit Bildwerken anheim fiel. Zu dem Anstrich mit Farben munterte vielleicht die bunte Thier- und Pflanzenwelt jenes Landes unmittelbar auf. Darum dürfte auch, eben wie das Enstehen der Baukunst, so auch der Ursprung der Plastik und der Anfang der Malerei, (als welchen das Anstreichen der Sculpturen zu betrachten sein möchte), in Indien, wenn nicht in Hoch-Asien zu suchen sein.

Die erste wichtige Folgerung, die sich, der Annahme *Heerens* (Th. I. Abth. III. S. 48.) entgegen, darbietet, ist die, daſs die Plastik nicht vom Relief, sondern von der vollrunden Arbeit (der Statue) ausgegangen ist; denn die alten Bauwerke Indiens haben keine eigentlichen Reliefs; sondern die Figuren traten beinahe ganz aus der Wand hervor und hingen mit derselben bloſs an der Rückseite zusammen. Dieser Entwicklungsgang ist übrigens natürlich; denn die verflachte Relief-Darstellung, gleichsam die Nachbildung des Bildes, ist zu unnatürlich und gesucht, als daſs sie sehr alt, oder gar der Anfang der Kunst sein könnte. Man kann sich den Beginn der Plastik nicht wohl anders denken, als daſs man die Gegenstände, zwar ungeschickt genug, aber doch so treu als möglich nachzuahmen suchte. Daher denn auch das Anstreichen der Statuen mit Farben. Irren wir nicht, so ist die, dem Indischen Hölenbau sehr angemessene gruppenweise Stellung der Figuren, mit dem Rücken an die Wand und das Bemalen derselben, nicht der Anfang, sondern eher die Veranlassung zum Relief gewesen; welches entstand, als man bemerkte, daſs weniger starkes Hervortreten weniger Mühe beim Ausarbeiten machte und durch die grellen Farben versteckt wurde.

Der Kunstwerth der Indischen Plastik läſst sich, ungeachtet der zarten Ausarbeitung, nicht sehr hoch anschlagen. Es fehlt die Grazie, durch welche wohl zuerst das Schönheitsgefühl rege wird; es fehlt in der bunten Mannigfaltigkeit die Einheit, und somit die Harmonie. Die ausschweifende Phantasie, welche in der Baukunst durch willkürliche Formen die an sich gute Hauptgestaltung verdunkelte, hier indessen noch eher zu entschuldigen war, weil die Willkür dem Wesen einer *selbstschaffenden* Kunst weniger fremd ist, mufste nothwendig eine *nachahmende* Kunst von Grund aus verderben. Man mufs sich in den Geist jener Zeit ganz versetzen, um es begreiflich zu finden, wie sich die Inder so weit verirren konnten, die schöne menschliche Gestalt durch die mehrfachen Köpfe, Arme und Beine, womit sie ihre Götterbilder ausstatteten, zu entstellen. Als uranfänglich läfst sich diese Vielgliedrigkeit schon deshalb nicht denken, weil sie der Ausarbeitung grofse Schwierigkeiten entgegensetzte. Unleugbar macht sich in dieser Verirrung ein Verfall der Kunst sichtbar, und man kann sich nicht erwehren, in dieser übertriebenen Sucht nach Versinnlichung der Idee, in dieser rücksichtslosen Symbolik, nicht einen Fortschritt, sondern einen Fehltritt auf dem Wege der geistigen Vervollkommnung, nicht eine Verdeutlichung, sondern eine Verdunklung der frühern reinen Ahnung des Göttlichen im Menschen zu finden und zu beklagen. Zu welcher Zeit dieser Mifsbrauch zuerst hervorgetreten: ob vor oder nach dem Bau über der Erde: darüber läfst sich bis jetzt nicht entscheiden und wir begnügen uns mit folgenden Andeutungen.

1) In den kleineren Grotten zu Elephante und Salsette zeigt sich die Plastik noch in ihrer Kindheit; zu Ellore in der höchsten Blüthe.

2) Einige älteren Pagoden (über der Erde) haben noch keine Sculpturen. Es folgt indessen daraus nicht, dafs es überhaupt damals deren noch nicht gegeben hätte: nur an den Bauwerken über der Erde mochten sie noch nicht angebracht werden.

3) Die ebenfalls als alt berühmte Pagode zu Haridvari zeigt menschliche Figuren ohne die Vielgliedrigkeit. Dieser Bau ist jedoch wohl nicht alt genug, um anzunehmen, dafs zur Zeit seiner Entstehung die vielgliedrigen Figuren nicht im Gebrauch waren.

4) Es ist möglich, dafs viele von den jetzt in den Grotten sich findenden Bildungen das Werk einer spätern Ueberarbeitung sind; zumal da wir wissen, dafs bei der Vertreibung des Buddha-Cultus die älteren Bilder häufig umgearbeitet wurden.

5) So viel ist gewifs, dafs der Hölenbau selbst, älter als die Ausschmückung mit Bildwerken sein mufs und dafs eine lange Zeit der Uebung in der Bearbeitung der Ausschmückung vorangegangen sein mufste, ehe man die

Geschicklichkeit erlangt hatte, Gestalten mit mehrfachen Gliedern auszuarbeiten.

6) Es ist wahrscheinlich, dafs wir die ältesten Sculpturen, und noch mehr die ältesten Gebäude und Hölen, noch nicht kennen, und dafs auch überhaupt deren nur noch wenig vorhanden sind, da gerade in dem ältern Theile des Landes die Zerstörung durch die Muhamedaner am stärksten gewüthet hat.

§. 15.
Das Alter der Indischen Kunst.

Bei der Vermuthung weiter oben, dafs das wahrscheinliche Alter der ältesten bis jetzt bekannten Felsendenkmale ungefähr bis 2000 Jahren v. Chr. hinaufreichen dürfte, fragt es sich, worauf sich diese Vermuthung stütze? Hauptsächlich ist es die Literatur der Inder und das Auftreten der verschiedenen Religions-Secten, welche man zum Grunde gelegt hat. Die Inder selbst sind in ihren Zeit-Angaben sehr freigebig. Nach ihnen sollen die Veda's, die ältesten Religions-Urkunden, 4900 Jahre v. Chr. geschrieben sein *). Einer Nachricht zufolge **), welche *Malet* von den Braminen empfing, wären die Tempel zu Ellore, welche doch, nach der Zierlichkeit und dem Reichthume der Arbeit, als die jüngsten Werke ihrer Art angesehen werden müssen, über 6000 Jahre v. Chr. durch einen Rajah *Ilu* erbauet. Demselben Reisenden wurde zugleich von einem Muhamedaner aus ungenannter Quelle die wahrscheinlich irrige Angabe gemacht, die Werke zu Ellore seien zugleich mit der unfernen Bergfeste Deogur von einem Rajah *Il* vor 900 Jahren angelegt. Die vorurtheilsfreiesten englischen Critiker ***) sind der Meinung, dafs die Veda's 1500 Jahre v. Chr. und die beiden grofsen epischen Gedichte, der Ramagana und Mahabharata, etwa 1000 Jahre v. Chr. verfafst sind. Nun kommen in dem Kailasa, dem Haupttempel zu Ellore, Darstellungen aus dem Epos und Inschriften vor, welche man, obwohl sie bis jetzt noch unentziffert sind, für Verse aus jenen Gedichten hält. Setzen wir demnach die Tempel in dieselbe Zeit, so können die einfachsten der bekannten Felsentempel wohl 1000 Jahre älter sein. Aber es könnten auch eben sowohl die Tempel zu Ellore älter als das Gedicht

*) *Creuzer* Symbolik I. 545.

**) *Heeren* Ideen Th. I. Abth. III. S. 42.

***) *von Bohlen* a. a. O. I.

und die Darstellungen in ihnen nicht dem Gedichte, sondern der demselben zum Grunde gelegenen Sage entnommen, die Verse aber, wenn sie anders wirklich mit dem geschriebenen Gedichte identisch sind, später hinzugefügt sein: eine Annahme, welche innere Wahrscheinlichkeit hat; denn wozu wären die Inschriften, wenn ihr Inhalt bereits durch Schriften bekannt war? So aber war es ganz natürlich, dafs man die älteren Bildwerke durch den beigeschriebenen Text des spätern Gedichtes erläutern und sie bestimmter als jene heiligen Darstellungen bezeichnen wollte. Könnten endlich nicht selbst die Verse des Gedichts umgekehrt eine Copie jener Tempel-Inschriften sein, da das Gedicht doch schwerlich das Werk eines Einzelnen ist? Es wirft also das Epos, auch wenn die Zeit seiner Entstehung erwiesen wäre, noch kein deutliches Licht auf das Alter der Baudenkmale. Eben so wenig dürfen wir eine bestimmte Auskunft von den verschiedenen Religions-Secten, welche nach und nach aufgetreten sind, dem Brahmaismus, dem Shivaismus, dem Vishnuismus (letztere beide zwischen den Veda's und dem Epos entstanden) und dem spätern Buddhismus erwarten. Zwar finden sich in den Felsentempeln die Bildsäulen des Shiva und Vishnu neben andern Gottheiten; zu Ellore hat Shiva allein zwanzig Tempel; allein daraus geht noch keineswegs mit Bestimmtheit hervor, dafs damals schon die Shivaiten und Vishnuiten als besondere Secten existirten; auch wird uns erzählt, dafs die Buddhisten häufig die älteren Bildwerke der Tempel verändert haben; und so könnte dieses eben sowohl von jenen früheren Secten geschehen sein.

Fehlen uns nun aber auch auf diese Weise bis jetzt alle bestimmten äufsern Kennzeichen über das Alter der Indischen Monumente: so bleiben uns doch innere Wahrscheinlichkeitsgründe zu einem allgemeinen Ueberblick übrig; um den es uns hauptsächlich nur zu thun ist und für welchen wir die nachfolgenden Bemerkungen, unter der Voraussetzung, dafs das angenommene Alter der Veda's und der epischen Gedichte ungefähr richtig sei, hier zusammenstellen wollen.

1. Erwäget man die bedeutenden Zeiträume, welche zwischen der Sammlung und dem Niederschreiben der Veda's, (1500 Jahre v. Chr.), der epischen Gedichte, (1000 Jahre v. Chr.), der Blüthenzeit der dramatischen Poesie, welche in das letzte Jahrhundert v. Chr. fällt (wo am Hofe des Rajah Vicramaditya († 56 v. Chr.) neun der vornehmsten Indischen Dichter, vor allen Calidas, der Dichter der Sacontala, und Amara Sinha,

der Verfasser des Wörterbuchs Amara Coscha, lebten) und endlich dem Untergang der Indischen Selbstständigkeit durch die Muhamedaner um das Jahr 1000 n. Chr. verflossen sind: bedenkt man, dafs die Sprache der Veda's bereits einen hohen Grad der Ausbildung hatte und die Poesie der letzten Indischen Dichter aus jenem Cyclus von 2500 Jahren noch keineswegs ganz ausgeartet war: so zeigt sich leicht, dafs hier ein ganz anderes Zeitmaafs angenommen werden mufs, als bei spätern Völkern, vielleicht Jahrtausende, wo später Jahrhunderte ausreichten; besonders nach dem Anfang hin; denn die ersten Cultur-Fortschritte mufsten natürlich bei weitem die langsamsten sein.

2. Sind die Veda's um 1400 oder 1500 v. Chr. gesammelt und niedergeschrieben: wie lange vorher mögen sie in derselben Gestalt in der mündlichen Ueberlieferung gelebt haben: welcher bedeutende Zeitraum mufs zu der Entstehung und Ausbildung eines so umfassenden Werkes erforderlich gewesen sein, und welcher fast unberechenbare Cyclus von Jahren war nöthig, um Geist und Sprache so weit auszubilden, dafs die ersten derartigen Versuche gemacht werden konnten! — Zwar haben wir früher angenommen, dafs die ersten Menschen keineswegs ganz roh waren; allein eben so bestimmt haben wir die Voraussetzung jedes positiven Wissens in der Urzeit, von der Hand gewiesen. Warlich, wir würden uns genöthigt sehen, das Alter der Welt um manche Jahrtausende höher hinaufzurücken, wenn wir den ersten Menschen eine, verhältnifsmäfsig sehr hohe Bildungsfähigkeit absprechen wollten!

3. Wenden wir uns nun zu den Baudenkmalen. Die Beschreibung der Stadt Ayodhya im Ramajana gewährt die bestimmte Ueberzeugung, dafs damals das Bauen über der Erde, also die eigentliche Baukunst, bereits allgemein war; dafs sich dieselbe nicht mehr, wie gewifs im Anfange, (besonders für einen so scharf ausgeprägten Priester-Staat), auf die Tempel beschränkte, sondern schon auf Privatgebäude ausgedehnt hatte und dafs sie, von aller poetischen Ausschmückung im Gedichte abgesehen, damals, (1000 J. v. Chr.), schon eine bedeutende Stufe erstiegen, vielleicht gar schon die höchste überschritten hatte. Von hier bis zu den ältesten einfachen Pyramidalpagoden aus grofsen Quadern; dann wieder von den so überaus reichen Felsentempeln zu Ellore, mögen diese auch etwas später als die ersten Gebäude über der Erde entstanden sein, bis zu den einfachen Hölentempeln auf der Insel Elephante, die schon ihrer geographischen

Lage wegen nicht die frühesten gewesen sein können, und mehr noch bis zu den bisher unbekannten Resten Indischer Hölentempel zu Dhunnar, welche *Tod* aufgefunden hat und die er für älter als die zu Elephante hält: welche lange Reihe von Jahrhunderten bedurfte es da, um bei einem, auch hier angenommenen langsamen Fortschreiten, diesen weitläufigen Cyclus der Kunstbildung zu durchlaufen!

So sehen wir uns einigermaafsen auf dem Standpuncte, die Fragen, welche für unsern Zweck die wichtigsten sind, nemlich die über das Alter der Indischen Kunst und Denkmäler, beantworten zu können. Wir können es nun nicht mehr unwahrscheinlich finden, dafs

Erstlich die ältesten Felsentempel bis in die Zeit hinaufreichen, in welcher Indien von Hoch-Asien aus, und zwar von den Stamm-Eltern der eigentlichen Hindus, bevölkert wurde; wobei es vorläufig unentschieden bleiben mag, ob damals Indien noch menschenleer war, oder ob es bereits von frühern Auswanderern, den spätern Parias *), welche *von Bohlen* für die Urbewohner des Landes hält, denen wir aber durchaus keine Bildung zuschreiben können und die uns daher hier gleichgültig sein mögen, bewohnt war.

Zweitens läfst sich in der Baukunst der Inder noch die in den nächsten Paragraphen zu entwickelnde älteste Cultur-Richtung erkennen: eine Annahme, welche Gewifsheit erhalten wird, wenn wir die gleichen Spuren bei allen ältesten Werken wiedergefunnden haben werden.

§. 16.
Character der Indischen Baukunst.

Die Hauptformen der Indischen Baukunst sind einfach-edel, ernst und voll tiefer Bedeutung; aber sie werden, aufser von den Sculpturen, noch von einem unerfreulich bunten Gewirre bedeutungsloser und bizarrer Verzierungen erdrückt, welche ihnen den architektonischen Character fast ganz nehmen. Der Mifsbrauch hat aber nicht etwa blofs in den Zeiten des Verfalls um sich gegriffen: er findet sich schon an den alten Pagoden und hatte wahrscheinlich schon geraume Zeit vor der Blüthe der Poesie, in den letzten vorchristlichen Jahrhunderten, Statt. Dieser Zwiespalt wird durch den Character der Inder allein nicht befriedigend erklärt:

*) Ueber dieses Verhältnifs siehe §. 19.

es mufste wohl noch eine äufsere Einwirkung hinzukommen. Wir suchen dieselbe in dem vorangegangenen Hölenbau. Die Baukunst war durch die lange Uebung in dem Aushauen und Ausschmücken der Grotten-Tempel vorbereitet; sie mufste durch die Anwendung der früher ausgebildeten Formenkunst sehr rasche Fortschritte machen: aber eben dieser Umstand verhinderte die gründliche Entwicklung eines rein architektonischen Characters, ohne welchen eigentliche Gebäude nicht schön zu nennen sind. Bei der Höle und den Monolithen hatte man sich an willkürliche, d. h. nicht statische Formen und Zierden gewöhnt. Dieses lockende Beispiel vor Augen, wäre es zwar möglich, jedoch nur äufserst schwierig gewesen, bei dem Uebergange zur eigentlichen Baukunst jenen schrankenlosen Reichthum aufzugeben und neue, auf die Statik gegründete Bildungsgesetze, die sich bei den Hauptformen von selbst fanden, auch für alle Einzelnheiten aufzusuchen. Dazu kam, dafs der Volksgeist dem architektonischen Ernst in dem Grade, wie er hier erforderlich gewesen wäre, nicht günstig war. Zwar beweisen jene, auf Tempel beschränkte Riesen-Unternehmungen selbst am besten, dafs der erhabene Ernst der frühesten Zeit noch nicht ganz erloschen war; aber, so wie die einfachen Hauptformen der Bauwerke, die er hervorgebracht hatte, so wurde auch er sehr bald verschleiert und unterdrückt. Der Indische Character mufste unter dem Einflusse des heifsen Clima's der Flachländer verweichlichen; die in der Kindheit des Menschengeschlechts ohnehin schon lebhafte Phantasie mufste unter den mannigfachen Umgebungen einer überreichen Natur und der buntesten Pflanzenwelt nach allen Richtungen hin ausschweifen, und so mufste die ursprünglich reine, wenn auch nur geahnete Idee des Göttlichen (ältere Buddhalehre) das Gewand einer bunten Symbolik annehmen und zuletzt (wenn auch noch nicht bei den Indern) darin untergehen.

Im Hölenbau, wo die heilsame Schranke der Bauwissenschaft fehlt und die Formen ganz rücksichtslos gewählt werden können, müssen sich alle allgemeinen Beziehungen deutlicher als in der Baukunst selbst ausdrücken lassen. Dies findet sich auch wirklich bei den Indern. Der Character des Volkes, wie seiner Religion, ist hier von einer edlern Seite aufgefafst und, etwas weniger in den Hauptformen als in den Einzelnheiten, in festern Zügen ausgeprägt als bei den spätern Bauwerken. Auch findet sich in den Hölen noch nicht der übergrofse Ornamenten-Reichthum. Nur die Sculpturen sind häufiger, und dies war an den glatten und vollen Wänden und im Innern, mit dem es der Hölenbau nur zu thun hatte, ganz zu rechtfertigen; denn die Hölenwand stellt sich nicht sowohl als Stütze, wie als bloſse Grenze des Innern dar. An den Hölenpfeilern hätte man sie freilich weglassen sollen: mehr jedoch war es noch an den Mauern über der Erde nöthig, deren Zusammensetzung aus einzelnen Quadern so bestimmt auf den statischen Zweck des Tragens einer groſsen Last hinwies. Auch ist es kaum zu glauban, daſs der bei allen alten Völkern so weit über alles Maaſs getriebene Miſsbrauch, die ganze Mauer, auſsen und innen, mit Sculpturen zu bedecken, ohne das Vorbild der Höle entstanden sein würde. Demnach sind die mit Reliefs gezierten Wandflächen immer noch besser als diejenigen, welche mit willkürlichen Ornamenten überdeckt und gleichsam in ein buntes Gewirr bedeutungsloser Formen aufgelöset sind; wie die Auſsenflächen der Monolithen und die mit blinden Fenstern von oben bis unten besetzten Pagodenmauern.

Einige der ältern Pagoden (zu Deogur) haben keine Sculpturen, wahrscheinlich aber, wie schon oben erinnert, nicht deshalb, weil man das Unpassende fühlte, sondern nur, weil man die Figuren noch nicht auf den mit Fugen durchschnittenen Flächen auszuarbeiten wuſste. Wäre der Hölenbau nicht vorangegangen, so hätte man vielleicht versucht, zweckmäſsigere und schönere Formen aus den statischen Bildungsgesetzen herzuleiten: so aber war eine *vollständige* Entwicklung der Baukunst aus der Bauwissenschaft den Aegyptern, oder eigentlich den Griechen, vorbehalten. Bei den Völkern der ersten Periode finden sich nur einzelne Versuche; denn auch die bei dem Hölenbau der Inder oben nachgewiesenen statischen Momente in der Formation können, wenn sie anders nicht gar zufällig entstanden sind, nur als einzelne Versuche betrachtet werden und gehören überdies einer spätern Zeit an.

In der Ueberfüllung der Bauwerke mit den der Höle entnommenen fremdartigen und bedeutungslosen Formen liegt, abgesehn von der allgemeinen geistigen Entartung, der specielle innere Grund des Verfalles der Kunst; oder vielmehr, es konnte eine eigentliche Baukunst in Indien sich gar nicht entwickeln. Mag uns aber auch dieser Umstand auf den ersten Blick beklagenswerth erscheinen, so vermögen wir doch bei näherer Untersuchung die tiefere Nothwendigkeit des vorangegangenen Hölenbaues zu entdecken. Es kam in der Urzeit wesentlich darauf an, vor Allem das Streben nach dem Höhern zu wecken, und es muſste daher zunächst die

Kunst auftreten und das erhabene Ziel vor Augen stellen. Hätte die Bau*wissenschaft*, welche lediglich die Befriedigung des Bedürfnisses bezweckt, den Anfang gemacht, so würde die *Kunst* wahrscheinlich erst sehr spät geweckt und von dem Bedürfnisse weit mehr, als es geschehen, gefesselt und unterdrückt worden sein.

§. 17.
Entwickelung der Grundform.

Wir wenden uns noch einmal zu den Hauptformen der Indischen Pagoden zurück, um in ihnen die Richtung aufzusuchen, welche die früheste Baukunst genommen haben dürfte.

Nicht blofs der erhabene Ernst, welcher sich in jenen Riesenwerken ausspricht, und der heilige Eifer, der die religiösen Gebäude so bedeutend vor den Wohnungen hervorhob, sondern noch bestimmtere Andeutungen einer uranfänglichen Richtung der Baukunst zeigen sich, welche, in Verfolg der weitern Ausbildung immer wiederkehrend und immer wieder, da die Zeit noch nicht reif war, verschwindend, erst zuletzt mit allen andern Verhältnissen in Einklang kamen.

Die dunkle Höle, als Tempel, entspricht ebensowohl einer religiösen Verfinsterung, als einem uranfänglichen reinen Glauben; denn dieser konnte in der Kindheit des Menschengeschlechts nur in Ahnungen bestehen; und die Ahnung, so kräftig sie auch, als die erste Offenbarung Gottes, in des Menschen Brust sich regen mochte, ertrug noch nicht das helle Licht, zu dem erst die positive Offenbarung durch Christi Lehre den Glauben erstarkte; er konnte nur in der Dämmerung gedeihen. Darum blieb auch selbst in den Tempeln über der Erde das innere Heiligthum dunkel. Dagegen war in der Gestaltung des Aeufsern ein bisher unbekanntes kräftiges Mittel gewonnen, die heilige Bestimmung des Gebäudes zu bezeichnen; und wie hätte sich das Streben nach dem Unendlichen deutlicher darstellen lassen, als durch die emporstrebende Form der *steilen* Pyramide, und mehr noch des absatzförmigen Pyramidalbaues der indischen Pagode, vorausgesetzt, dafs wir von der Verdunklung der Hauptform durch die ausschweifenden und widersprechenden Verzierungen abstrahiren?

Die Pyramidalform war aus dem Monolithenbau hervorgegangen; sie war ein reines Erzeugnifs der Kunst, so wie diese sich in dem kindlichen Gemüthe aussprechen konnte, ohne Mitwirkung der Bauwissenschaft; auch ist die Construction einer roh aufgeschichteten, oder auch aus regelmäſsigen Quadern aufgebaueten Pyramidalmasse, so einfach, daſs die statische Bedeutung der Form kaum bemerkbar wird und die höhere überwiegend hervortritt. Gerade entgegengesetzt ist es mit der aus dem Bedürfniſsbau entwickelten Halle mit wagerechter Decke. Hier wirkte zuerst die Bau*wissenschaft,* und erst, nachdem die constructionellen Formen nach statischen Gesetzen festgestellt waren, trat die Bau*kunst* hinzu. Daher macht bei der Halle die genaue Darstellung der statischen Zwecke aller einzelnen Theile die gröſste Schönheit aus; von den höhern Beziehungen finden sich nur etwa die allgemeineren, zu dem Character des Volkes und Landes, angedeutet. Wir erkennen hierin ein Abbild des ewigen Widerstreits zwischen dem geistigen und sinnlichen Princip in der menschlichen Natur. Die Sinne bleiben an der Erde haften: der Geist strebt nach oben. Daher begnügt sich die Baukunst, da, wo sie an das Bedürfniſs gefesselt ist, wo sie von der Bauwissenschaft in engere Schranken gehalten wird, mehr mit der Darstellung des Sinnlich-schönen in der statischen Formenbedeutung. Da, wo sie freier walten durfte, und wo es galt, ein Höheres auszudrücken, schuf sie, nach geistiger Schönheit strebend, die Pyramidalform *). — Wir werden ferner auf den nothwendigen und wesentlichen Unterschied zwischen dem Baustyl religiöser und profaner Gebäude, schon in jener Urzeit, aufmerksam gemacht.

Die emporstrebende Pyramidalform für Tempel und, im Gegensatze davon, die parallelopipedische Form für Wohngebäude, letzteres natürlich im allgemeinsten Sinne genommen, stellt sich als Grundtypus der alten Indischen Baukunst dar, zu welcher sich die Grund-Idee (versteht sich, ohne deutliches Bewuſstsein), wenn auch nur im Keime und in der Urbildung, bereits in Hoch-Asien gefunden haben mag. In der überaus bunten, bedeutungs- und geschmacklosen Ueberladung mit Verzierungen, in der willkürlichen Formation der Einzelnheiten ferner, sahen wir die Wirkung einer über alles Maaſs ausschweifenden Phantasie, wie sie bei den Indern sich nach jeder Richtung hin findet.

---

*) Es ist hier immer die *steile* Pyramide gemeint. Wie sich durch Verminderung der Höhe das Emporstreben in der Pyramide gänzlich verliere: darüber sehe man die Einleitung, und den Abschnitt über Aegypten.

§. 18.
Schlufsbetrachtung.

Wir vermögen es noch nicht, mit Sicherheit anzugeben, zu welcher Zeit die Indische Baukunst ihre höchste Blüthe entfaltet hatte. Auch möchte solches, selbst wenn wir eine genauere Kenntnifs der Denkmäler besäfsen, bei einer Kunst, welche von Hause aus eine falsche Richtung nahm, ziemlich unmöglich sein. Es stellt sich nur die Vermuthung heraus, dafs im Wesentlichen die Baukunst, von jenen ältesten-Pagoden an, im Rückschreiten war, indem man, anstatt die Grund-Idee weiter auszubilden und die Gestaltung des Ganzen bis in alle Einzelnheiten, consequent mit jener, in Uebereinstimmung zu bringen, die Grundform vielmehr durch unpassende Verzierungen verdunkelte, bis man sie selbst nicht mehr deutlich erkannte und nur noch aus Gewohnheit festhielt: ein Mifsgriff, für welchen die fortschreitende Ausbildung und Zierlichkeit der Arbeit kein günstigeres Urtheil zu begründen vermag. Ist diese Ansicht richtig, so müssen wir, um consequent zu bleiben, annehmen, dafs, alle einzelne Fortschritte ungeachtet, die allgemeine Geistesbildung der Inder, namentlich die religiöse, im Ganzen, von früher Zeit an abwärts führte; wir müssen nothwendig voraussetzen, dafs das Menschengeschlecht in der Urzeit, bei aller Unbeholfenheit und Unwissenheit, dennoch auf einer höhern Stufe stand als später und dafs es sich etwa nur in den practischen Lebensverhältnissen emporbildete, in Bezug auf die wahre geistige Vervollkommnung aber unter dem Drucke des Bedürfnisses, in dem Kampfe mit dem sinnlichen Princip, allgemach verwilderte; wir müssen, mit einem Worte, das Vorhandensein der ursprünglichen Verehrung eines einigen Gottes, oder der ältern Buddhalehre zugeben, für welche *C. Ritter* *) mehrere, mit Unrecht so wenig beachtete geschichtliche Gründe gesammelt hat. Wir haben schon in einem frühern Capitel diese Ansicht vorweg aus innern Gründen wahrscheinlich zu machen gesucht; es ist aber wohl der Mühe werth, bei dieser wichtigen Grundfrage aller Geschichte noch einige Augenblicke zu verweilen.

Als bedeutender Gegner der Ansicht tritt *v. Bohlen* in seiner gründlichen und werthvollen Darstellung des alten Indiens auf. Er weiset **)

---

*) Vorhalle Europäischer Völkergeschichten, Berlin, 1820.
**) Das alte Indien, Th. I. S. 152.

„die erträumte Urweisheit und ein göttliches Urpriesterthum einiger „Neuern," (welches wir freilich im strengsten Sinne des Wortes ebenfalls nicht zugeben), als „nichtig und von aller Geschichte verlassen," auf das Bestimmteste von der Hand; er behauptet, dafs die Religion Indiens, wie alle alten Religionen, von der sinnlichen Verehrung der Naturkräfte, namentlich vom Sonnendienst ausgegangen sei; dafs dieser Sonnendienst, oder der Brahmaismus im engern Sinne, mit der untergelegten höhern Idee eines ewigen Lichtquells und eines weltschaffenden Geistes, der, unabhängig von der Sonne selbst, diese, wie das ganze Universum, hervorgebracht, der alles Thun der Menschen und Götter wahrnimmt und unter dem Bilde der Sonne zu verehren sei, sich nach und nach zum reinsten Monotheismus ausgeprägt habe; dafs aber später, in Folge von metaphysischen Grübeleien, dieses höchste Wesen wieder in den Hintergrund zurückgetreten sei.

Die Gründe, welche *v. Bohlen* für seine Ansicht giebt, sind aber wohl nicht schlagend. Gesteht doch der Verfasser selbst *), dafs über die allmälige Vergeistigung des Naturdienstes besonnene Vermuthungen so lange die Stelle der Indischen Religionsgeschichte vertreten müssen, bis uns eine genauere Einsicht in das Einzelne vergönnt worden: dafs man, wie man auch ein vollständiges System möchte suchen wollen, auf die gröfsten Widersprüche stofsen würde, und **) dafs die Indische Nation sich im Ganzen niemals vom Naturdienste habe losreifsen können. Dafs aus den Bruchstücken der Veda's und der ältesten Mythen des Epos die sinnliche Verehrung der Naturkräfte, zugleich aber auch die Verehrung eines einzigen höchsten Wesens hervorleuchte, mag nicht geleugnet werden. Welches von beiden aber das frühere war: darüber kann, wie es scheint, nach des Verfassers eigenem Zugeständnisse, noch nicht entschieden werden; vielmehr läfst sich grade aus jenem Umstande und aus *v. Bohlens* ganzer Darstellung mit Wahrscheinlichkeit folgern, dafs der reinere Glaube nur als verlöschender Strahl einer frühern Zeit herüberdämmert. Liegt nicht schon aus allgemeinen Gründen eine grofse Unwahrscheinlichkeit in der Annahme einer allmähligen Ausbildung des Monotheismus und gleich darauf einer allmähligen Ausartung in Polytheismus? Wo findet sich in der Weltgeschichte

*) a. a. O. S. 137.
**) S. 151.

ein ähnliches Beispiel? Beweisen doch die Ebräer, welche so starken und dauernden Versuchungen ausgesetzt waren und diesen in einzelnen Fällen so oft unterlagen, dafs ein Volk, welches den Glauben an Gott nicht blofs als ursprüngliche Ahnung, sondern als ausgebildete Religion hatte, dieses höchste Gut auch unter den ungünstigsten Umständen, und selbst in seiner Entartung, nie ganz wieder verlieren kann. Dafs *von Bohlen* sagt: „Vom „Naturdienste fortschreitend bis zum Sonnendienste, von diesem bis zur Licht-„religion und endlich, bis zur Verehrung eines höchsten Wesens, von wel-„chem alle Volksgottheiten nur mindere Potenzen sind, zeigt diese Literatur „(der Inder), wie keine andere, die Fähigkeit des menschlichen Geistes, „durch eigene Kraft, von der Bewunderung der Natur ausgehend, bis zum „Höchsten sich erheben zu können," mag aufmunternd und beruhigend klingen: aber wie entmuthigend würde dann nicht die Betrachtung sein, dafs dasselbe Volk so schnell, und selbst ohne genügende äufsere Veranlassung, in die frühere Nacht zurücksinken konnte. Wohl dürfte das Menschengeschlecht die Kraft gehabt haben, die ursprüngliche reine Gottahnung sich zu bewahren und so unmittelbar auf dem, vom Schöpfer ihm vorgezeichneten Wege zur Vervollkommnung fortzuschreiten: wohl haben die Völker kürzere oder längere Zeit an diesem heiligen Glauben festgehalten, und die Inder nachweislich mit am längsten: aber die Geschichte beweiset doch nun einmal, dafs jene Kraft (mit Ausnahme bei den Ebräern) überall nach und nach erlahmte und versiegte. So aber wird es immer tröstlicher sein, den Menschen in seiner Kindheit bei der Wahl des Weges irren zu lassen, als anzunehmen, dafs der erwachsene Mensch von der bereits gefundenen richtigen Bahn immer wieder abirre. Wir vermögen auch bei den Indern den Grund anzugeben, warum sie, ungeachtet, dafs sie jene ursprüngliche reinere Gottesverehrung verhältnifsmäfsig lange (wie es ihre Schriften beweisen), aber nur noch immer dämmernder im Gedächtnifs behielten, dennoch schon in sehr frühen Zeiten ausarteten. Der Grund war kein anderer, als das durch die neue, üppige Heimath erweckte überwiegende Hervortreten der Gefühlsthätigkeit. Dieselbe machte den richtigen Weg verfehlen, verdunkelte bald den Verstand, verwickelte ihn in metaphysische Grübeleien, hing dem Göttlichen das Gewand einer bunten Symbolik um und erstickte dasselbe darunter zulezt; sie erdrückte in der Baukunst die ursprünglich reine und edle Hauptform unter abentheuerlichen Verzierungen.

Daſs und warum bei den Ebräern sich die uranfängliche Lehre erhalten hat, werden wir später zu entwickeln versuchen müssen. Hier wollen wir nur noch bemerken, daſs nach Indischen Sagen *), welche *Sonnerat* mittheilt, Abraham (Abram) ein Brahmine gewesen sein soll, der mit seiner Frau Saraswadi (Sarah) und seiner Familie nach Westen auswanderte: eine Bemerkung, die allerdings wichtig wäre, bis jetzt aber wohl schwerlich verbürgt werden kann. Eben so mag eine zweite Nachricht von den Puharres, einem Indischen Gebirgsvolke im Norden des Ganges, südlich von der Stadt Boglipoor, welches sich in der Gesichtsbildung, der Sprache und der Civilisation vor den Indern auszeichnen soll **), und dessen Religion noch ganz die ursprüngliche, einfache, einen einzigen Gott verehrende sein soll, so wie die Folgerung, welche für das Vorhandensein eines älteren Buddhismus daraus gezogen werden kann, dahin gestellt bleiben.

Auch ohne solche noch unverbürgte Thatsachen dürfte unsere Ansicht eine sicherere Bestätigung darin finden, daſs die Indische Religionsgeschichte, so weit wir sie kennen, zu einer immer tiefern Verfinsterung führte. Aus den Veda's leuchtet noch der reine Brahmaismus, die Verehrung eines einzigen höchsten Wesens, wenn auch schon verderbt, hervor; bald aber traten die verschiedenen Secten, der grobsinnliche Shivaismus und der zwar mildere, aber ebenfalls sinnliche Vishnuismus hervor und der spätere Buddhismus, (von dem ältern zu unterscheiden), konnte mit seiner Reformation nicht durchdringen und wurde bald wieder vertrieben. Dieser Gang der Begebenheiten weiset nimmer auf ein Emporstreben, sondern auf ein fortdauerndes Versinken hin. (Die Fortsetzung im nächsten Hefte.)

---

*) *Creuzer* Symbolik Th. 1. S. 570.

**) *Stieglitz*, Beiträge zur Geschichte der Baukunst. Leipzig, 1834. S. 3.

9.
Gekuppelte Schienenstühle unter den Stöfsen der Schienen von Eisenbahnen, die auf hölzernen Quer-Unterlagen ruhen.

(Vom Herausgeber dieses Journals.)

Im 11ten Bande dieses Journals habe ich unter der Ueberschrift „Ueber verschiedene Arten von Eisenbahnschienen und deren Fundamentirung" einige Vorschläge zur Vervollkommnung der Construction der Eisenbahnen gemacht. Als Nachtrag dazu möge hier noch ein einfaches Mittel beschrieben werden, durch welches sich der vorzüglichsten Unvollkommenheit derjenigen Arten von Eisenbahnen, deren Schienen auf Querhölzern ruhen, nemlich dem Uebel der *schwachen Stellen* der Bahn an den *Stöfsen* der Schienen, abhelfen lassen dürfte; auch selbst dann noch, wenn die Bahn schon gebaut sein sollte; nemlich beim allmäligen Umbau, so wie der Abgang der Hölzer und das Einlegen neuer Hölzer den Umbau nothwendig macht.

So sehr sich auch die Constructions-Art der Eisenbahnen mit hölzernen Quer-Unterlagen dadurch empfiehlt, dafs sie, wenigstens den *Anlage*-Kosten nach, eine der wohlfeilsten ist, in so fern das Holz nicht etwa allzuhoch im Preise steht; so wie dadurch, dafs der Parallelismus der Schienen durch die Querhölzer sehr vollkommen gesichert und erhalten wird, während auch die Ableitung des Wassers vom Damme leicht geschehen kann und Ausbesserungen ebenfalls nicht schwer und mit nur wenig Hemmung der Fahrt ausführbar sind: so ist doch das Uebel der schwachen Stellen an den Stöfsen, bei dieser Constructions-Art, so wie bei allen andern, die keine der Länge nach fortlaufende, überall gleich starke Unterstützung der Schienen haben, sehr bedeutend und für die Passage selbst nicht ohne Gefahr. Sobald nemlich das Querholz, welches unter den Stofs zweier Schienen trifft, aus irgend einer Ursache schief gedrückt wird, z. B. wenn der Boden darunter etwa nicht ganz gleich fest gestampft war, oder durch irgend einen Anlafs, z. B. durch den Wasser-Abflufs, oder selbst blofs durch Maulwurfsgänge, an einer Seite aufgelockert wurde, liegt alsbald das Ende der einen Schiene etwas höher als das andere. Dieser Unterschied der Höhe der Schienen-Enden wird aber durch die Wirkung der Fuhrwerke schnell *vergröfsert;* denn das von der hohen nach der niedrigern Schiene hin rollende Rad *fällt* nunmehr auf die letztere, und der *Druck* des rollenden Rades wird zum *Schlag* oder *Stofs;* und dann ist die Wirkung wegen des ungeheuren Gewichts der Wagen, besonders der Dampfwagen, die 200 bis 250 Ctr. wiegen, gewaltig. Die niedrigere Schiene wird also gleichsam weiter hinunter *gerammt,* und sehr bald kann der Stofs der Schienen die Gestalt annehmen, wie Taf. IV. Fig. 1. sie vorstellt. Dann kann schon möglicherweise das von der niedrigern auf die höhere Schiene rollende Rad aus der Bahn springen; geschieht dies aber auch nicht, so wird doch der Stofs des von der höhern nach der niedrigern Schiene laufenden Rades noch *immer* stärker werden; und wenn die Ausbesserung nicht schnell erfolgt, so wird das Holz bald so *sehr* schief gedrückt werden, dafs die niedrigere Schiene *gar nicht mehr auf dem Schienenstuhl aufruht.* Alsdann aber wird sie in den Boden gedrückt werden, und unausbleiblich mufs dann das Rad die Bahn verlassen; oder aber das aufwärts rollende Rad kann nicht mehr den Sprung vollführen. Der Schaden kann dann *sehr* bedeutend sein. Der geringste Schaden ist noch der, wenn die Ketten springen, durch welche die Wagen an einander gehängt sind. Der Stofs aber, auch hiebei schon, oder auch der, welchen der vorderste Wagen, der Dampfwagen, beim Aufwärtsfahren erfährt, wird so heftig sein, dafs die darauf stehenden Personen hinuntergeworfen werden können, oder aber, dafs der Wagen zertrümmert wird. Noch kürzlich ist wieder, wie die Zeitungen es berichten, ein solcher Fall auf einer Eisenbahn in England vorgekommen, und es sind dabei mehrere Menschen schwer beschädigt worden.

Man kann nun zwar die Unterstützung der Schienen an den Stöfsen dadurch etwas verstärken, dafs man die stärksten und breitesten Schienenhölzer (diejenigen von den Stamm-Enden der Bäume) aussucht und sie *unter die Stöfse* bringt; auch macht man gewöhnlich die Schienenstühle unter den Stöfsen um 1 Zoll *breiter* als die übrigen, damit die Schienen-Enden weniger leicht die Unterstützung durch den Schienenstuhl verlieren mögen; indessen ist dieses Aushülfsmittel doch offenbar nur wenig wirksam und keinesweges zureichend.

Die Stöfse der Schienen zu *verwechseln*, nemlich, sie nicht an beiden Seiten der Bahn auf ein und dasselbe Querholz, sondern abwechselnd, den Stofs von zwei Schienen an einer Seite gegen die *Mitte* der Schiene an der andern Seite treffen zu lassen, hilft nichts, sondern macht das Uebel nur noch ärger; denn die Wirkung der Räder auf das Eindrücken des einen Schienen-Endes unter das andere hinunter, bleibt dieselbe; und dann wird gar die Bahn quer über den Stöfsen schief: an der einen Seite höher als an der andern, und die Wagen kommen in eine schwankende und wiegende Bewegung, durch welche ihre nachtheilige Wirkung auf die Stöfse der Schienen nur noch verstärkt wird.

Auch noch ein anderer Umstand kann schon wirkliche Gefahr bringen, selbst ehe noch die Schienenhölzer, auf die Weise wie es Figur 1. vorstellt, schief gedrückt werden. Die Köpfe der Schienen dürfen nemlich niemals scharf an einander stofsen, sondern müssen, für 15 F. lange Schienen, welche Länge die gewalzten Schienen gewöhnlich haben, wenigstens um eine bis anderthalb Linien von einander entfernt bleiben, damit das Eisen Spielraum behalte, in der Hitze sich auszudehnen. Nun werden aber die Schienen *immer* durch die Räder *zurückgeschoben*, mit derselben, nicht geringen Kraft, die nöthig ist, die Wagen fortzuziehen; denn die Triebräder des Dampfwagens *stemmen* sich mit der Zugkraft, welche der Wagen ausübt, auf die Schienen, in der Richtung der Bahn, weil dieser Wiederhalt eben die Kraft des Wagens zum Ziehen bedingt. Sind also vielleicht mehrere Schienen hinter einander in den Stühlen nicht recht fest gekeilt, oder liegen wohl gar die Stöfse ursprünglich nicht ganz in der Mitte der Stühle, so kann es, *ohne* dafs die Quer-Unterlagen ihren Dienst versagen, kommen, dafs mehrere Schienen hinter einander so weit zurück geschoben werden, dafs die letzte Schiene nicht mehr auf dem Schienenstuhl aufruht, also die Stütze verliert und so von den nachfolgenden Wagen niedergedrückt wird; worauf dann die oben beschriebene Gefahr entsteht, dafs die Wagen aus den Schienen springen, oder die Ketten zerreifsen, oder doch die heftigsten Stöfse erfolgen können.

Wird aber auch wirklich durch sehr sorgfältige und genaue Aufsicht die Lage der Querhölzer immer und beständig ganz genau richtig erhalten und das Zusammenschieben der Schienen verhindert, also wirkliche *Gefahr* abgewendet, so ist doch unfehlbar und *unvermeidbar* die Bahn *immer uneben;* denn dafs die Enden der Schienen überall und immer *genau* ganz gleich hoch liegen sollten, ist in der Praxis zu erreichen fast *unmöglich*. Diese *Unebenheit* der Bahn erschwert aber den Zug und bringt jenes Rütteln, Stofsen, Rasseln und Schaukeln hervor, welches die Fahrt unangenehm macht und zugleich für die Wagen und ihre Federn wesentlich nachtheilig und zerstörend ist.

In jedem Falle ist also eine Abhülfe an den schwachen Stellen der Bahn sehr zu wünschen: nicht blofs zur Abwendung wirklicher Gefahr, sondern schon zur bessern Erhaltung der Bahn und der Wagen, so wie für die Annehmlichkeit der Fahrt. Diese Abhülfe dürfte *ohne grofse Kosten* auf folgende Weise sehr vollständig möglich sein.

Anstatt nemlich, wie gewöhnlich, *die Stühle unter den Stöfsen der Schienen* 4 Zoll im Körper und 5 Zoll im Fufs breit zu machen, während die übrigen Stühle noch 1 Zoll schmäler sind, und anstatt für solche Stühle, wie gewöhnlich, die Querhölzer, nach Figur 2. und 3. (Taf. IV.), *gleich weit* von einander zu legen und unter die Stöfse, z. B. bei *A* und *B*, breite und auf die übrigen Hölzer dazwischen die schmalen Stühle zu setzen, mache man die für die Stöfse der Schienen bestimmten Stühle *26 Zoll breit*, oder vielmehr, man *verbinde* zwei *schmale* Schienenstühle durch ein 20 Zoll langes Stück rinnenförmiges Eisen, welches die Schienen-Enden aufnimmt, alles zusammen aus einem Stücke gegossen, und lege dann die Hölzer *nicht* alle gleich weit von einander, sondern so, wie es Fig. 4. und 5. (Taf. IV.) vorstellt, nemlich unter die breiten Stühle *zwei Hölzer*, um 23 Zoll von Mitte zu Mitte entfernt, und darauf unter die 15 F. lange Schiene entweder noch 4 Hölzer, nach (Fig. 4. und 5.), die dann nur $\frac{15.12-23}{5}$, thut 2 Fufs $7\frac{2}{5}$ Zoll, von Mitte zu Mitte entfernt sind, oder auch, was noch recht gut angeht, wenn die Schienen nur einigermaafsen stark sind, z. B. wenn sie, wie auf der Potsdamer Eisenbahn, $13\frac{3}{4}$ Pfund der laufende Fufs wiegen, blofs noch 3 Hölzer, die dann $\frac{15.12-23}{4}$, thut 3 F. $3\frac{1}{4}$ Zoll, von Mitte zu Mitte entfernt bleiben; was *hier* immer noch eine hinreichende Unterstützung giebt, da nun die *Stöfse* sehr stark befestigt sind.

Die *gekuppelten Schienenstühle* für die Stöfse würden die Gestalt bekommen, welche die Figuren 6., 7., 8., 9. und 10. (Taf. V.) vorstellen;

Fig. 10. ist die Ansicht des gekuppelten Schienenstuhles *von oben*.
Fig. 9. ist die Ansicht desselben von der Seite.

Fig. 8. ist der Durchschnitt nach *RS* (Fig. 10.), der Länge nach.
Fig. 7. ist der Querdurchschnitt nach *MN* (Fig. 8., 9. und 10.) und
Fig. 6. ist der Querdurchschnitt nach *PQ* (Fig. 8., 9. und 10.).

Der *Mund D* des Schienenstuhls hat ganz dieselbe Form wie bei den gewöhnlichen Stühlen. Die Schienen werden nach der ganzen Länge des Stuhls in denselben *hineingeschoben* und der Stofs der Schienen kommt in die *Mitte m* des Stuhls, wo die Köpfe der Schienen, wie gewöhnlich, um 1 bis 1½ Linien von einander entfernt bleiben, damit das Eisen Spielraum zur Ausdehnung behalte. Die Rinne *b* nimmt, wie gewöhnlich, den untern Vorsprung der Schiene auf. In der Rinne *a* wird die Schiene, ebenfalls wie gewöhnlich, festgekeilt; aber durch *zwei Keile,* an dem einen und dem andern Ende des Stuhls. Durch die Löcher *o* gehen die Bolzen oder Nägel, vermittelst welcher der Stuhl, wie gewöhnlich, auf die Querhölzer befestiget wird.

Es fällt in die Augen, dafs es zunächst hier ganz unmöglich ist, dafs die Schiene, wie, wenn die Stühle nur 4 Zoll breit wären, falls etwa mehrere Schienen hinter einander nicht festgekeilt wären, durch die Wirkung der Räder der Wagen so weit zusammengeschoben werden können, dafs das eine oder das andere Ende der Schiene den Schienenstuhl ganz verliefse und die Stütze verlöre. Denn die Schienen können wohl möglicherweise so weit zusammengeschoben werden, dafs aus der Fuge von 1 bis 1½ Linien eine Fuge von 2 Zoll wird: aber nicht *so* weit, dafs daraus eine Fuge von der halben Länge des gekuppelten Stuhls, also von *13½ Zoll* wird. Mithin kann das Ende der Schiene *niemals* den Stuhl verlassen und *niemals* die Stütze verlieren. Diese Gefahr wird also *vollkommen* gehoben.

Aber auch die schwachen Stellen der Bahn, was die *Unterstützung* der Schienen betrifft, verschwinden jetzt, und die Unterstützung der Schienen *an den Stöfsen* ist nun *eben so stark,* wenn nicht sogar noch stärker, als *zwischen* den Stöfsen. Zuerst nemlich ist jetzt der Stofs der Schienen, statt durch ein einzelnes Querholz, wie gewöhnlich, durch *zwei Hölzer* (z. B. bei *A* und *B* Fig. 4.), also schon *doppelt* so stark unterstützt. Allein die Unterstützung ist aus einem andern Grunde noch *viel* stärker. Die Schienen stecken nemlich, vermöge der Rinne *b* (Fig. 6. und 7.), jede auf 13½ Zoll lang, ganz in dem Schienenstuhle, wie in einer Kapsel, und können, da sie durch die Keile in der Rinne *a* an die entgegengesetzte

Wand des Mundes angeprefst werden, die Rinne *b* nicht verlassen. Sollten also die Hölzer *p, p*.... bei *A* oder *B* (Fig. 4. und 5.) in den Boden gedrückt werden, während die *zwischen* den Stöfsen liegenden Querhölzer *q, q*.... nicht zugleich, und zwar alle zugleich, ebenfalls nachgeben, so wäre dies nicht anders möglich, als dafs entweder die Enden der Schienen auf 13½ Zoll lang sich ihrer *Höhe* nach bögen, oder dafs der Körper des Schienenstuhles *HK* Fig. 9. und 10. bräche, oder sich böge. Dazu sind aber der Körper des Stuhls sowohl, als auch die Schienen, viel zu stark; denn die Schiene widersteht jedem Drucke oder Stofse 3 F. weit *freiliegend,* folglich um so mehr auf 13½ Zoll lang, und *eingeklemmt;* der Körper des Stuhls aber ist noch viel stärker. Es ist also unmöglich, dafs die Hölzer *p, p* unter den Stöfsen, in den Boden gedrückt werden, ohne dafs alle übrigen, zwischen den Stöfsen liegenden Hölzer zugleich ebenfalls nachgeben; was aber dann eine Senkung der ganzen Bahn ist, die nicht Statt finden kann, wenn sonst der Boden fest ist. Also werden durch die gekuppelten Stühle auch die *schwachen Stellen* der Bahn weggeschafft.

Endlich aber können auch die Enden der Schienen nicht mehr füglich irgend merklich *ungleich hoch* liegen; wenigstens kann die kleine Ungleichheit der Höhe, welche etwa Statt findet, sich niemals *vergröfsern,* wie es bei der gewöhnlichen Art, wie oben beschrieben, nur zu leicht und meistens unausbleiblich geschieht. Sind nemlich die Schienen genau gewalzt, und ist der gekuppelte Schienenstuhl sauber gegossen, so müssen die Enden der Schienen in der Mitte des Stuhls nothwendig gleich hoch sein; und da die Schienenköpfe auf 13½ Zoll lang ganz in den Stuhl eingeklemmt sind, so kann der etwaige geringe Unterschied der Höhe, der aber durch genaues Legen und Keilen fast *ganz* wegzuschaffen sein wird, jedenfalls sich nie verändern und vergröfsern. Also auch die *Unebenheit* der Bahn und das Stofsen, Rütteln, Rasseln und Schwanken der Fuhrwerke fällt weg; die Fahrt wird angenehmer und die Fuhrwerke werden geschont.

Die gekuppelten Stühle unter den Stöfsen der Schienen würden also in der That den wesentlichsten Unvollkommenheiten auf Querhölzer gelegter Eisenbahnen sehr vollständig und sicher abhelfen.

Die Frage wird nun sein, um wieviel diese Vervollkommnung die Anlage-Kosten einer Bahn erhöhen dürfte.

Ein gewöhnlicher, schmaler Schienenstuhl wiegt 13 Pfd. In einem gekuppelten Stuhle befinden sich zunächst zwei solcher Stühle, an den Enden, thut . . . . 26 Pfund Eisen.

Der Körper des gekuppelten Stuhls zwischen den beiden Theilen an den Enden hat, nach Abzug des Mundes und der beiden Rinnen, im Durchschnitt $9\frac{9}{32}$ Quadr.-Zoll Querschnitt. Er enthält also, da er 20 Zoll lang ist, $185\frac{5}{8}$ Cub.-Zoll; thut, zu 9 Loth den Cub.-Z. gegossenes Eisen, ... 52 - -

Das Gewicht eines gekuppelten Stuhls würde also betragen . . . . 78 Pfund Eisen.

Nun gehören zu 15 Fufs Bahn, als der Länge einer gewalzten Schiene, bei der *gewöhnlichen* Construction:

5 Querhölzer;

2 breite Schienenstühle unter den Stöfsen, die gewöhnlich jeder $14\frac{1}{2}$ Pfd. wiegen, thut . . . . 29 Pfund;

8 schmale Schienenstühle, die jeder 13 Pfd- wiegen, thut 106 -

Zusammen 135 Pfund;

20 Schrauben-Bolzen zur Befestiguug der Schienenstühle auf die Querhölzer;

10 Keile.

Zu der Construction mit *gekuppelten* Stühlen würden gehören:

Wenn *4 Hölzer* zwischen die Stöfse gelegt werden:

6 Querhölzer;

2 gekuppelte Stühle, zu 78 Pfd. schwer, thut . . . . 156 Pfund;

8 schmale Schienenstühle, zu 13 Pfd., thut . . . . . 104 -

Zusammen 260 Pfund;

24 Schrauben-Bolzen zur Befestigung der Schienenstühle auf die Querhölzer;

12 Keile.

Wenn dagegen *nur 3 Hölzer* zwischen die Stöfse gelegt werden:

5 Querhölzer;

2 gekuppelte Schienenstühle, zu 78 Pfd. schwer, thut . 156 Pfund;

6 schmale Schienenstühle, zu 13 Pfund, thut . . . . 78 -

Zusammen 234 Pfund;

20 Schraubenbolzen;

10 Keile.

Es mag nach mittleren Preisen angenommen werden:

Für ein Querholz . . . . 1 Rthlr.;

Für das Pfund gegossenes Eisen in den Schienenstühlen . . 1 Sgr. (3 Rthlr. 20 Sgr. für den Ctr.);

Für einen Bolzen . . . . 6 Sgr.;

Für einen Keil . . . . 2 Sgr.;

Für das Legen der Bahn auf 15 Fuſs lang:

Nach der gewöhnlichen Art . . . . 18 Sgr.;

Mit gekuppelten Stühlen und 3 Zwischenhölzern . . . 22 Sgr.;

Desgleichen mit 4 Zwischenhölzern . . . . 25 Sgr.

Diesem nach würde der Betrag der Kosten für die Querhölzer, Schienenstühle, Bolzen und Keile und für das Legen der Bahn auf 15 F. lang, folgender sein. (Die Kosten der Schienen u. s. w. bleiben die nemlichen.)

I. Nach der gewöhnlichen Art.

Für 5 Querhölzer, zu 1 Rthlr., ...	5 Rthlr.	. . .
Für 2 breite und 8 schmale Schienenstühle, zusammen 135 Pfund schwer, zu 1 Sgr., . .	4 Rthlr.	15 Sgr.
Für 20 Schraubenbolzen, zu 6 Sgr., ...	4 Rthlr.	. . .
Für 10 Keile, zu 2 Sgr., ...		20 Sgr.
Für das Legen der Bahn		18 Sgr.
Thut auf 15 Fuſs lang	14 Rthlr.	23 Sgr.
Also auf die Meile von 2000 R. oder 24 000 F.	23 626 Rthlr.	20 Sgr.

II. Mit gekuppelten Schienenstühlen unter den Stöſsen, wenn noch 4 Hölzer zwischen die Stöſse gelegt werden.

Für 6 Querhölzer, zu 1 Rthlr., ...	6 Rthlr.	
Für 2 gekuppelte und 8 schmale Schienenstühle, zusammen 260 Pfd. schwer, zu 1 Sgr., . . .	8 Rthlr.	20 Sgr.
Für 24 Schraubenbolzen, zu 6 Sgr., ...	4 Rthlr.	24 Sgr.
Für 12 Keile, zu 2 Sgr., ...		24 Sgr.
Für das Legen der Bahn		25 Sgr.
Thut auf 15 Fuſs lang	21 Rthlr.	3 Sgr.
Also auf die Meile	33 760 Rthlr.	

III. Mit gekuppelten Schienenstühlen unter den Stöfsen, wenn nur 3 Hölzer zwischen die Stöfse gelegt werden.

Für 5 Querhölzer, zu 1 Rthlr., ...	5 Rthlr.	. . .	
Für 2 gekuppelte und 6 schmale Schienenstühle, zusammen 234 Pfund schwer, zu 1 Sgr., . .	7 Rthlr.	14 Sgr.	
Für 20 Schraubenbolzen, zu 6 Sgr., ...	4 Rthlr.	. . .	
Für 10 Keile, zu 2 Sgr., ...		20 Sgr.	
Für das Legen der Bahn, ...		22 Sgr.	
Thut auf 15 Fufs lang	17 Rthlr.	26 Sgr.	
Also auf die Meile	28 586 Rthlr.	20 Sgr.	

Die Bahn mit gekuppelten Stühlen würde also gegen die gewöhnliche Art,

Wenn 4 Hölzer zwischen die Stöfse der Schienen gelegt werden, ...	10 133 Rthlr. 10 Sgr.
Und wenn 3 Hölzer zwischen die Stöfse gelegt werden, ...	4 960 Rthlr.

mehr kosten.

Es wäre aber gewifs völlig überflüssig, 4 Hölzer zwischen die Stöfse 15 Fufs langer Schienen zu legen. Drei Hölzer werden ohne alles Bedenken ausreichen. Denn da, wie schon bemerkt, die Schienen *jetzt*, an den Enden *nicht* eingeklemmt, 3 Fufs lang mit voller Sicherheit freiliegend tragen, so werden sie es auch, an jedem Ende 13½ Zoll lang *fest eingeklemmt,* zuverlässig auf 3 Fufs 3½ Zoll lang ebenfalls thun. Also belaufen sich die Mehr-Kosten nur auf 4960 Rthlr. für die Meile; und diese Mehr-Kosten werden bei der *Erhaltung* der Bahn, durch Ersparung an Reparatur der Wagen und der Bahn selbst, gewifs vielfach wieder eingebracht werden. Auch kommt die Mehr-Ausgabe schon an sich, da eine Eisenbahn im günstigsten Falle nicht leicht für weniger als 150 Tausend Thaler die Meile herzustellen sein wird, für eine Vervollkommnung von diesem Belange nicht in Betracht, sondern die Annehmlichkeit und Sicherheit der Passage schon ist sie werth. Betrügen aber auch die Mehr-Kosten wirklich 10 Tausend Thaler auf die Meile, und noch mehr, so ist dennoch aller Grund vorhanden, sie Statt finden zu lassen; denn die Entfernung der *Gefahr* ist die Hauptsache; und da nun dieselbe durch die gekuppelten Schienenstühle für eine nicht etwa *unverhältnifsmäfsige* Kosten-Erhöhung vollständig möglich ist, so dürften diese Stühle jedenfalls zu empfehlen und nothwendig sein.

Berlin im April 1839.

10.

Kurze Uebersicht der physiographisch-hydrographischen Beschaffenheit von Ostfriesland,

in Hinsicht auf Entwässerungs-Anlagen, Gröfse der abzuwässernden Fläche, Zahl, Weite, Bau- und Unterhaltungskosten der Syhle und deren Effect.

Als praktisches, aus der Erfahrung entnommenes Beispiel von der Entwässerung einer See- und Stromgegend.

(Von dem Herrn Wasser-Bau-Inspector etc. Dr. *Reinhold* zu Leer in Ostfriesland.)

Und dieses Leben sollt ihr billig kennen,
Das Land wohl kennen dem es angehört,
Das immerdar in seiner Fluren Mitte
Den deutschen Biedersinn, die eigne Sitte,
Der edlen Freiheit längsten Sprofs genährt:
Das meerentrungne Land voll Gärten, Wiesen;
Den reichen Wohnsitz jener tapfern Friesen!
Göthe.

Diese schönen Worte des Dichters, die, eben so kräftig als wahr, *Vieles* enthalten, sprechen es deutlich aus, dafs die Provinz Ostfriesland es wohl in jeder Hinsicht verdiene, *dafs nicht allein Der das Land recht kenne, dem es angehört, sondern auch der Auswärtige,* dem es zwar nicht angehört, dem es aber aus der Geschichte *ehrenvoll* bekannt ist. In geschichtlicher, geographischer und statistischer Hinsicht ist Ostfriesland in der neuern Zeit hinreichend beschrieben; aber nicht in physiographisch-hydrographischer Hinsicht. Möge daher der vorliegende kleine Versuch einen ausführlichern einstweilen ersetzen. Die darin enthaltenen Ansichten und Vorschläge zur Verbesserung der Entwässerungs-Anstalten zum Besten der ganzen Provinz sind der Hauptzweck des Verfassers. Möchten sie bald gute Folgen haben, und namentlich für die Landwirthschaft, welche die Haupt-Nahrungsquelle der Provinz ist und wovon man mit Virgil sagen kann:

O! fortunatos nimium, sua si bona norint, agricolas!

§. 1.

Die physiographisch hydrographische Uebersicht einer Seegegend ist für den practischen Hydrotekten belehrend und nöthig. So wie der Militair-Ingenieur sein Terrain mit der Karte in der Hand an Ort und Stelle studiren und das Local zu militairischen Operationen und Anlagen genau kennen lernen mufs: so mufs auch der Hydrotekt nicht allein die Construction einzelner Bauwerke, sondern auch die Wirkungen derselben im Grofsen, wie sie ein ganzer Complexus hydrotechnischer Anlagen hervorbringt, nebst dem Terrain der Oberfläche und der innern Beschaffenheit, so wie seiner Benutzung nach kennen, um ein richtiges Urtheil über Bedeichungen und Entwässerungs-Anstalten, sowohl im Grofsen als im Einzelnen, fällen und erforderlichenfalles den zweckmäfsigsten Rath zur Abhülfe von Mängeln geben zu können.

Practische Uebersichten sind daher belehrend für Jeden, der nicht bei einer beschränkten Kenntnifs des ihn zunächst angehenden Locals, oder bei einzelnen Theilen seiner Wissenschaft stehen bleiben will. Ich will es daher versuchen, hier eine gedrängte Uebersicht von der physiographisch-hydrographischen Beschaffenheit Ostfrieslands zu geben, die zwar nicht vollständig, bis in die kleinsten Einzelnheiten, aber doch hinreichend sein wird, um das Ganze richtig zu übersehen und zu beurtheilen.

Ostfriesland liegt, zufolge der Campeschen Karte, als der zuletzt von diesem Lande aufgenommenen, und der Erklärung derselben vom verstorbenen Kammerrath *Freese*, zwischen 53° 3′ und 53° 43′ nördlicher Breite und, mit Inbegriff der Inseln, zwischen 24° 17′ und 25° 40′ der Länge östlich von Ferro. Die Provinz grenzt im Norden an die Nordsee; im Westen an den Ausflufs der Ems, den Dollart und theils an den Aaflufs, welcher eine Strecke lang die gemeinschaftliche Landesgrenze zwischen dem Königreiche Hannover und den Niederlanden ausmacht; so wie auch noch an die niederländische Provinz Gröningen; südwärts an das ehemalige Münstersche oder den Kreis Meppen, und ostwärts an das Grofsherzogthum Oldenburg.

Das feste Land hat eine Oberfläche von . . . . $51\frac{8}{10}$,
Die Inseln von . . . . $\frac{7}{10}$,
also die ganze Provinz von $52\frac{1}{2}$

Quadrat-Meilen, die Meile zu 2000 Rheinl. Ruthen von 12 Fuſs gerechnet. Die Quadrat-Meile hält also 4 Millionen Quadratruthen Rheinländisch, und da der ostfriesische Diemat 400 Quad.-Ruthen Rheinl. grofs ist, so hat die Quadrat-Meile 10 000 Diemat, oder 13 333$\frac{1}{3}$ Grasen, zu 300 Quadr.-R. Rheinl., oder 21 634$\frac{91}{120}$ Calenberger Morgen, zu 120 Quadr.-R. Calenberger oder 185 Quadr.-R. Rheinl. Maafs.

Die ganze Arealgröfse der Provinz mit den Inseln enthält also = 525 000 Diemat. Davon ist unangebautes Land nach der Angabe des Herrn *Friedrich Arends* in dessen Werke „Ostfriesland und Jever"

35	Quadr.-M. oder	350 000 Diemat wüstes Haidfeld;
5	Quadr.-M. Leegmoor, thut . .	50 000 Diemat;
12$\frac{1}{2}$	Quadr.-M. Hochmoor, thut . .	125 000 Diemat;
52$\frac{1}{2}$	Quadr.-M., thut zusammen . .	525 000 Diemat.

Von dem cultivirten Lande giebt es

An altem Marschlande	19$\frac{3}{10}$ Quadr.-M.,
An neuem Marschlande	3$\frac{9}{10}$ - -
Cultivirtes Gras- oder Sandland	11$\frac{9}{19}$ - -
Und einschliefslich der Inseln zu	$\frac{1}{4}$ - -
zusammen	35 Quadr.-M.,

oder 350 000 Diemat von 400 Quadr.-R. Rheinl. oder 466 666$\frac{2}{3}$ Grasen von 300 Quadr.-R. Rheinl.

Dieses Areal wird nach der Zählung von 1815 von 127 522 Menschen bewohnt; wofür man jetzt (1837) etwa 150 000 ohne grofsen Irrthum annehmen kann.

Der Boden der ganzen Provinz läfst sich am besten nach Moor-, Sand-, Marsch- oder Klai-Boden und Watt oder sandigen Seestrand, der zwischen dem festen Lande und den Inseln sich befindet, classificiren.

Der Unter- oder Muttergrund des Hochmoors ist Sand.

Der Hochmoor erstreckt sich von Osten aus dem Oldenburgischen und von Süden aus dem Kreise Meppen her in die Provinz hinein. Es giebt jedoch auch einzelne Hochmoore. Es erhebt sich von 3 bis 10 und 20 Fufs über dem Sandgrunde und heifst vielleicht *daher* Hochmoor. Leeg-Moor, oder niedriges Moor, ist abgegrabenes, mit den oberen losen Torfschichten und Sand oder Klai wieder bedecktes Moor. Das aus dem Münsterschen und Oldenburgischen kommende Moor dehnt sich im Norden der Provinz bis 1$\frac{1}{2}$ Meile von der Seeküste aus. Das Hochmoor überhaupt nimmt 12$\frac{1}{2}$ Quadr.-M., also etwa den 4ten Theil der Provinz ein, liegt aber nicht überall im Zusammenhange, sondern bildet auch einzelne Partieen.

Ueber den Ursprung der Moore sind die Naturforscher und Geognosten noch nicht ganz einig. Es besteht aus nicht ganz verweseten Vegetabilien und Damm-Erde, die, ihrer Säure wegen, ohne Vermischung mit andern Erd-Arten unfruchtbar ist. Einige, wie z. B. Herr Kammerrath *Freese* in seiner bekannten Schrift: „Ueber die Vehne oder Torfgräbereien etc. Aurich 1789, §. 12. und 13. etc." nehmen an, daſs die Hochmoore durch den Niederschlag der darauf wachsenden und verwesenden Vegetabilien, als Haidekraut, dem sogenannten Post, Moos, Binsen etc. sich erzeugen und vermehren. Herr etc. *Friedrich Arends* dagegen hat davon im 1sten Theile S. 54 seines schätzbaren Werkes „Ostfriesland und Jever" folgende Ansicht. Er nimmt an, daſs der Boden anfangs, und vielleicht vor mehreren 1000 Jahren, flach und nach der Seeseite hin abfallend und wellenförmig gewesen sei. In den hierdurch entstandenen Vertiefungen wuchsen Gras und Bäume üppiger als auf dem höhern Sande. Wurzeln und Laub vermehrten sich schneller und bedeckten den Boden. Der Regen drang nicht so leicht in den lockern Sand und hatte keinen Abfluſs. Dichte Wälder lieſsen die Feuchtigkeit durch die Sonne nicht verdunsten. Es erzeugte sich Säure; Laub und Pflanzen verweseten zu einer sauern, statt fruchtbaren Erde. Die Bäume starben endlich ab, oder wurden von den Stürmen umgestürzt; faulten und vermehrten das Moor. So enstanden nach und nach die Hochmoore nach Hrn. *Fr. Arends* Ansicht, die ungezweifelt in den ältern Zeiten mit Wäldern besetzt gewesen sein muſsten, da man noch ganze Baumstämme, groſse Massen von tauben Haselnüssen und Eicheln und andere vegetabilische Ueberbleibsel, die einer groſsen Ueberschwemmung unterlagen, in der Erde findet. Auch ich habe deren bei einer Aufgrabung des Bodens an der Aa, beim Dollart, in einer Tiefe von etwa 12 Fuſs gefunden. Die Ansicht des Hr. *Arends* hat viel Wahrscheinliches für sich; besonders da so groſse und hohe Massen, wie die Torfmoore, durch noch andere Stoffe als durch den bloſsen Niederschlag der darauf wachsenden Vegetabilien entstanden sein müssen; wiewohl nicht zu läugnen ist, daſs auch sie zur Entstehung und zum Wachsthum der Moore beitragen muſsten.

Es möchte daher wohl anzunehmen sein, daſs das erste Entstehen der Hochmoore, so wie bei einigen die Regeneration derselben auf mehr als einem Wege geschehen sei. Die von den genannten und andern Gelehrten und Naturforschern angeführten Gründe sprechen dafür.

Dem Hydrotekten geben die Hochmoore in einer Seegegend Anlaſs zu folgenden Erwägungen. Sind sie nicht mit Canälen und Gräben durchzogen oder, wie man sagt, nicht *angeschnitten*, so nimmt der lockere, schwammige Moorboden alles Regenwasser bis zur Sättigung auf. Das Wasser versiegt dann bis in den untern Sandgrund und verdunstet zum Theil in den dürren und windigen Monaten an der Sonne, der Luft und durch den Wind. Angeschnitten dagegen, oder mit Gräben, Furchen und Canälen durchzogen, flieſst in dem Moor, von den höhern Theilen, das Regenwasser in die Canäle und Graben, durch welche es dann vermöge des starken Gefälles in die niedrigeren Gegenden oder sogenannten Hamriche und Marschen hinabeilt, und zwar wohl in eben so vielen Tagen, als früherhin in Monaten und Jahren; auch, weil so vieles Wasser nicht mehr in den Sandboden versinkt, noch von der Oberfläche verdunstet, gewiſs in gröſserer Quantität, als auf dem natürlichen Abhange und in den von dem Regenwasser selbst gebildeten Rinnen. *Ostfriesland* ist zwar, wie jede Seegegend, nicht bergig: denn der Plytenberg bei Leer, dessen Höhe, von $30\frac{1}{2}$ Fuſs Gröninger Maaſs, ich mit eigner Hand ausgemessen habe und der der *Ostfriesische Chimborasso* ist, kommt nicht in Betracht. Die Hochmoore und manche Haidefelder haben aber ein hinreichendes Gefälle nach den niedriger liegenden Marschgegenden hin; wie es folgende Beispiele beweisen.

Nach dem Nivellement des Ingenieur-Capitains *Campe*, zu der projectirten Canallinie zwischen Aurich und Wittmund, liegt der höchste Punct, oder die Vertheilungsstrecke dieser Canallinie, bei Pfalzdorf, über der Schlagschwelle des Rahester Verlaats bei Aurich 36 Fuſs 6 Zoll hoch. Herr *Friedrich Arends* bemerkt in seiner oben angeführten Schrift, Th. I. S. 2, daſs das Terrain bei Aurich $13\frac{1}{2}$ Fuſs über Emden und Pfalzdorf und 29 Fuſs über Aurich, mithin $42\frac{1}{2}$ Fuſs über Emden liege. Beim freien Abflusse des Wassers aus dem Moore bei Pfalzdorf, in einem offenen Canale ohne Schleusen, auf eine Länge von etwa 3000 Ruthen bis zum Rahester Verlaat bei Aurich, würde also der Abhang $\frac{1}{1000}$, mithin schon zu stark sein, und das Wasser würde mit einer groſsen Geschwindigkeit in die niedrigen Gegenden des Rinxster Hamrichs hinunterkommen, welcher ohnehin im Winter ein See ist.

Eine ähnliche Erfahrung von der Höhe der Hochmoore über dem niedrigen Marschboden habe ich durch das Nivellement einer neuen Canallinie im Oberledingerlande, Amts Stickhausen, vor einigen Jahren gemacht.

Nach derselben liegt das Moor in der Gegend des Lanfers und der Grete, westlich des Wester-Rhauder Vehns, etwa um 11 Fuſs höher als das niedrige Hammrichsland am Ufer der Leda in der kleinen Holter Syhlacht, welches noch 2 Fuſs unter der ordinairen Fluthlinie und also etwa $4\frac{1}{2}$ Fuſs über der ordinairen Ebbe der Leda liegt. Weiter rückwärts nach Süden erhöhet sich der Hochmoor noch mehr; worüber ich jedoch keine nivellitischen Data angeben kann. Das sogenannte Bourtanger-Moor, gleich südlich hinter Wymen anfangend, hat mit obigem einen ähnlichen und dem Auge schon sichtbaren Fall nach dem Wymenoster Hamrichslande, in nördlicher Richtung. Und so ist es denn gewiſs, daſs die Hochmoore höher als die Geest- oder Sandlande und diese wieder höher als die Marschen oder Klailande liegen; wie es auch die Verlaate oder Schleusenfälle beweisen, welche in den schiffbaren Vehncanälen angelegt sind.

Hieraus geht also der bekannte Erfahrungssatz hervor, daſs ohne abwehrende Sicherheitsmittel durch die Entwässerung der Moore die niedrigeren Marsch- oder Klaigegenden überströmt werden können und wirklich überströmt werden; wie es leider in vielen hiesigen Syhlachten der Fall ist.

Die zweite Rücksicht bei Anschneidung der Moore ist die, daſs das Moorwasser wegen der aus den verweseten Vegetabilien extrahirten Säure nicht bloſs unfruchtbar, sondern schädlich für den Graswuchs der Marschgegenden ist, die dadurch überströmt und verschlechtert werden. Wir werden hierauf weiterhin zurückkommen.

Die Hochmoore Ostfrieslands werden von einer sandigen Region, entweder Haidfeldern, oder Sand-, Geest- oder Graslanden, $\frac{1}{4}$, $\frac{3}{4}$ bis 1 Meile breit, umgeben. Diese sandige Fläche enthält etwa 16 Quadr.-Meilen. Sie ist niedriger als das Hochmoor und hat ebenfalls ein Gefälle nach dem Marschboden zu, der sie bis an den Ems-Strom und die Seeküste, $\frac{1}{2}$ bis 1 Meile breit, auswärts umgiebt.

Der Rand dieser Sandgegend erhebt sich 1 bis mehrere Fuſse über den Marschboden, und scheint zum Theil die alte Küste zu sein, welche da war, ehe durch frühere Erdrevolutionen, oder stufenweise Bildung, die Marschen entstanden und dann später bedeicht wurden.

Die gröſsere Höhe der Sandgegend und ihr Gefälle nach den Marschen verursacht also, daſs das sowohl von den Mooren nach den Sandgegenden flieſsende Wasser, als auch das Wasser, welches auf die Sandgegenden hinabregnet oder schneiet, in die niedrigeren Marschgegenden oder

Hammriche abläuft; besonders da auch die Sandgegenden zahlreich bewohnt, stark cultivirt und also mit Gräben und Canälen durchschnitten sind. Die Marschgegend ist also der Sammelbusen oder das Bassin für das Wasser der höhern Moor- und Sandgegenden.

Die Klai- oder Marschgegend umgiebt von Aufsen, wie gesagt, die Sandgegend und geht bis an die See- und Strom-Ufer der Ems, Jümma, Sooste, Leda und Aa. Sie ist ½, 1 bis 2 Stunden breit und enthält im Ganzen etwa 23¼ Quadr.-M. festes Land der Provinz. Als früherhin nach und nach angeschwemmter Boden, ist die Marsch ziemlich eben, hat aber ein mit dem Ems-Strome verhältnifsmäfsiges Gefälle, nach der Länge des Stromes hin. Eben das wird auch wohl nach Norden oder nach der Seeküste hin der Fall sein, wohin die dortigen Entwässerungscanäle oder Syhltiefe sich erstrecken, die man in alten Zeiten nach Westen, oder nach der Ems und dem Dollart zu, gelegt haben würde, wenn sie in nördlicher Richtung kein zur Abwässerung hinreichendes Gefälle gefunden hätten. In den Marschen findet man zwar einzelne Hügel, Warfen oder Worthen genannt, worauf auch einzelne Häuser, Kirchen und Dörfer stehen; theils mögen diese aber wohl von Menschenhänden aufgeworfen, oder auch gröfstentheils bei hohen Fluthen und an zuletzt verschwundenen Strom-Armen der Ems vor Eindeichung des Landes entstanden sein. Die meisten von denen, welche ich gesehen habe, sind gewifs wohl natürlichen Ursprungs, wie z. B. die Anhöhe, worauf Mittling im Oberledingerlande, Holtgaste im Rheiderlande steht; der Kirchhof bei Neermoor, und andere. Der 30½ Fufs hohe Plytenberg bei Leer scheint dagegen mit Karrn aufgefahren zu sein, weil er die Form einer Halbkugel hat; wenngleich auch die Stelle, auf welcher er steht, ehemals vom Strome höher aufgeschwemmt gewesen sein mag. Dieser Berg Ostfrieslands scheint der Ueberrest von der Erde zu sein, mit welcher man in alten Zeiten die dortigen Deiche machte, und welche übrig blieb, als man mit dem Deiche bei Leer auf ein hohes Terrain kam. Vielleicht haben wohl die damaligen Bewohner diese Erde zusammen gekarrt, ihr die Form einer durchschnittenen Citrone gegeben und auf diesem 30½ Fufs hohen Hügel ihre Versammlungen gehalten.

Beim Graben neuer und alter Syhltiefe, bei Legung neuer Syhle, bei Deichbrüchen etc. habe ich gefunden, dafs der Untergrund des Klai- oder Marschbodens theils Darg, oder Moor-Erde mit Schilf und Wurzeln vermischt, theils auch Sand ist. Die Dicke der Klailage über dem Untergrunde ist sehr verschieden. Sie beträgt $\frac{1}{2}$, 5, 10 bis 12 Fuſs. So habe ich z. B. beim Graben des Ditzummer Tiefes, im Jahre 1816, eine Strecke lang, einen mit vielen Wurzeln wie ein Zellgewebe durchflochtenen moorartigen Untergrund unter dem Klai auf 4 bis 5 Fuſs Tiefe gefunden, an welchem ich eines Tages eine eigene Erscheinung bemerkte. Bei der Ausgrabung dieses Syhltiefes nemlich war das Wasser theils unter einem hölzernen Streichdamme, theils aus dem mit vielem Regen geschwängerten Untergrunde her, in eine trocken gelegte Canalstrecke gedrungen und hatte den mit Wurzeln und Fasern durchwebten Moorboden von dem sandigen Untergrunde abgelöset und, da er wasserdicht war, in convexer Gestalt, auf etwa 50 oder mehrere Ruthen lang so hoch in die Höhe gehoben, daſs der Rücken mit dem Maifelde gleich war. An dem Ufer des Canals war er fest, und hatte daher in der Mitte einen runden Rücken. So wie diese gewebte Moordecke mit Spaten durchstochen wurde, sprang das darunter gedrungene Wasser in dicken, mannshohen Strahlen in die Höhe, und der Boden senkte sich nach einigen Stunden in seine alte Lage. Beim Graben eines im Jahre 1817 abgedämmten und trocken gelegten Caldebergschen Syhltiefes im Rheiderlande habe ich, gleich einige Fuſs unter dem Klai, Darg und Moor und darunter Sand gefunden. Beim Graben der Jemgummer Muhde fand ich 10 Fuſs hoch Klai und dann einen so laufenden Wellsand, daſs die einfüſsig dossirten Ufer einstürzten und $1\frac{1}{2}$füſsig dossirt werden muſsten, um zu stehen; was sie seitdem bis jetzt auch thun. In der Gegend von St. Georgiwald befindet sich theils ein lockrer, theils ein schwimmender Moorboden; theils liegt Wellsand unter der Dargschicht, so daſs beim Graben eines neuen Syhltiefes ganze Strecken des neuen Tiefes während des Grabens wieder zuquollen oder im Boden aufgetrieben wurden, die Ufer abspülten und mit sammt den Bäumen vorrückten, welche darauf, neben Gebäuden standen; ich durfte einige Strecken nicht wieder trocken legen lassen, sondern lieſs sie ausbaggern und hatte dabei mit vielen Schwierigkeiten zu kämpfen.

Als am 4ten März 1817 der Syhl zu Wekeborg im Oberledingerlande durch die Sturmfluth herausgehoben wurde, fand ich des andern Tages Dargklumpen über 100 Schritt weit aus dem 40 Fuſs tiefen Kolke ins Land geschleudert, von welchen der eine 14 Fuſs hoch, breit und dick war. Er hielt also 2744 Cubikfuſs und mogte etwa eben so viele Centner wiegen. Es läſst sich ermessen, welche ungeheure Kraft das mit der Deichkappe ungefähr gleichstehende und durch den Deichbruch 10 bis 12 Fuſs herabstürzende Wasser hier ausgeübt haben muſs, wenn man bedenkt, daſs eine solche Masse, von etwa 300 000 Pfund schwer, 30 bis 40 Fuſs tief aus dem Grunde gerissen, aufgehoben und hundert und mehrere Schritt weit fortgerollt worden ist. Die Erde verliert freilich im Wasser an Gewicht; die Kraft bleibt aber doch noch immer sehr groſs. Einen ähnlichen Grund und Boden fand ich in den Kolken der Deichbrüche, welche die Sturmfluth vom 3ten und 4ten Februar 1825 in den Seedeichen am Dollart gerissen hatte, die zum Theil 24 bis 30 Fuſs tief waren. Der Klaiboden, welcher seit dem Jahre 1277, nach dem Einbruche des Dollarts, dort wieder aufgeschwemmt ist, hat ebenfalls Darg, und dieser Sand zum Untergrunde.

Es ist ohne Graben und Bohren schwerlich vorher zu bestimmen, welchen Untergrund die Marschen haben. Das ältere Marschland, welches zunächst die Sandgegend umgiebt, ist etwa 2 bis 3 Fuſs niedriger als der jüngere Klaiboden, welcher dem Strom-Ufer und der Seeküste nahe liegt. Dieses rührt wohl daher, daſs der alte Marschboden eine dünnere Klaidecke und öfters Darg, Moor und Sand zum Untergrunde hat. Durch die schwerere Klaidecke ist dieser losere Grund nach und nach zusammengedrückt und durch die stets zunehmende Entwässerung zum Zusammensinken gebracht worden.

Der neuere Marschboden hat eine stärkere Klailage: oft von 8, 10 bis 14 Fuſs dick; z. B. die Polder am Dollart, welche in den beiden letzten Jahrhunderten entstanden sind; wie es namentlich die im Heinitz- und Landschaftspolder gegrabenen Brunnen und mehrere Erdbohrungen, die ich mit angesehen habe, beweisen.

Ein merkwürdiges Beispiel von den Steigen des Landes nach der See zu, habe ich im Jahre 1819 durch ein Nivellement auf etwa 2000 R. lang, vom alten Wymerser Hamrich durch das Bundes-Neuland, den Charlotten-, Christian-Eberhards- und Heinitzpolder, gehabt. Das Terrain steigt hier von dem alten, seit undenklichen Jahren eingedeichten Wymerser Hamrich durch die genannten Polder stufenweise, und auch der 1795 eingedeichte Heinitzpolder liegt bereits 1 Fuſs niedriger als der nicht eingedeichte See-Anwachs am Dollart.

Daſs also die eingedeichten alten Binnenlande durch Entwässerung und ihr eigenes Gewicht nach und nach sinken, ist unbezweifelt.

Ueber die ursprüngliche Entstehung der Marschen hat der Verfasser der Schrift: „Ostfriesland und Jever" Hr. *Arends*, im 1sten Bande, Seite 62 u. s. w., seine Meinung entwickelt. Er nimmt zwar an, dafs der Marschboden durch allmäligen Niederschlag aus schlammigem Wasser entstanden sei, tritt aber der Meinung des Herrn Kammerraths *Freese* nicht bei, der die Haupt-Ursache der Formation des Schlammes dem Moorwasser zuschreibt, indem es sich an der Mündung der Ems mit dem Seewasser vereinigt und einen Niederschlag gebildet habe, der mit der täglichen Meeresfluth strom-aufwärts geführt wurde, und sich bei stillstehendem Wasser, vor Eintritt der Ebbe, an den Ufern und auf dem Stromboden ablagerte. Hr. *Friedrich Arends* nimmt als Haupt-Ursache an, dafs starke Bettungen von Thon, Kalk etc. im Meeresgrunde liegen, welche vom Meere nach und nach losgespült werden, in den Fluthzeiten den Küsten zufliefsen und sich da als fetter Schlamm niedersenken, der dann die Marschen bilde.

Ich übergehe vorläufig der Kürze wegen diese von Hrn. etc. *Arends* aufgestellten Hypothesen, die man in dem Buche selbst mit Vergnügen nachlesen wird, und erlaube mir nur folgende Bemerkung. Es ist bekannt, dafs viele Küsten abnehmen; andere anwachsen: dafs ganze Inseln verschwunden sind, wie Band und Buise bei Nordernei etc. Auf fast 300 Meilen Weges erstrecken sich, von der Bretagne bis Jütland, vom Festlande ab, meilenbreite Flächen, oder sogenannte Watten, in die See hinein, die aus sehr verschiedenen Materialien bestehen. Wenn Stürme und Fluthen diese grofsen Strecken allein aus dem Grunde des Meeres nehmen und an den Küsten ablegen könnten, ohne sie einem andern Lande zu rauben, so möchten wohl solche schlickhaltige Watten, worunter keine blofse Sandplaten zu verstehen sind, an jenen Ufern so sehr nicht fehlen. Man kann zwar nicht gradezu annehmen, dafs die Wellen diese Theile unmittelbar von einer Küste zur andern hinüber schwemmen, da sie oft schwerer wie das Wasser sind. In vielen Jahrhunderten aber können sie von dem nördlichen Ufer des Canals, von den Englischen Küsten, nach Holland, von Frankreich und Schottland nach Jütland u. s. w. nach und nach hinüber gebracht worden sein. Die Sturmfluthen und Meeresströme tragen hiezu unstreitig viel bei und können die abgerissenen Theilchen auf dem Meeresboden fortrollen oder aufgelöset fortschwemmen.

Bekanntlich führt die Seefluth bei und nach heftigen Stürmen, vorzüglich West- und Nordweststürmen, den mehrsten Schlick in die Mündungen der Ströme. Es läfst sich also annehmen, dafs der Schlick, oder die trübe Materie, theils aus dem Grunde des Meeres von Thon-, Kreide- und Kalklagern aufgewühlt, theils das von den Küsten längst abgespülte Material mit fortgeschwemmt und andern Küsten zugeführt werde; dafs, gröfstentheils von den Platen, Inseln, Anwüchsen in den Strombetten und dem Ufer der Ströme selbst, Material abgespült, mit der Ebbe seewärts und mit der Fluth strom-aufwärts getrieben und bei langsam fliefsendem oder stillstehendem Wasser an den Ufern und auf den Boden der Ströme abgelagert werde. Durch diese Bewegungen zusammengenommen mufs der Anwachs und die Aufschwemmung der Marschen, Platen, Inseln und Uferanwüchse, so wie die Erhöhung der Betten der in die See einmündenden Ströme seit Jahrtausenden Statt gefunden haben. Dafs die Ursachen alle existiren, läfst sich der Erfahrung zufolge nicht bezweifeln.

Aus diesem Grunde ist es auch nicht wahrscheinlich, dafs die Erzeugung des Klaistoffes oder sogenannten Schlicks durch einen chemischen Niederschlag des mit Moorwasser vermischten Seewassers allein, oder gröfstentheils in oder vor den Mündungen der Ströme geschehe; wie Hr. etc. *Freese* annimmt.

Zufolge der Schrift: „Die Seebade-Anstalten auf der Insel Norderney „in ihrem gegenwärtigen Zustande, von Dr. *J. L. Bluhm*, Königl. Hof- „medicus und Bade-Arzte zu Norderney, (Bremen 1834, bei W. Kaiser), „2tes Capitel, Seite 22," hat das Seewasser daselbst, wiederholten Versuchen gemäfs, in 3 Pfd. Wasser folgende Bestandtheile:

1)	Salzsaures Natrum (Kochsalz)	522	Gran,
2)	Salzsaure Bitter-Erde	$198\frac{1}{2}$	-
3)	Schwefelsaures Natrum (Selenit)	23	-
4)	Schwefelsaures Mineral-Alcali	$3\frac{4}{5}$	-
5)	Exstractivstoff	$1\frac{1}{2}$	-
	Zusammen	$748\frac{4}{5}$	Gran.

Von Französischen Chemikern sind neulich zwei wichtige Stoffe, das Jodin und Chrom, im Seewasser gefunden worden. Es scheinen also gegen die Hypothese, dafs der dünnflüssige, klaihaltige Schlick sich aus der Vermischung des salzigen Seewassers mit dem Moorwasser in der Ausmündung der Ströme in die See bilde, durch die tägliche Meeresfluth stromauf geführt werde, und dafs allein, oder doch hauptsächlich so die Erhöhungen der Strombetten, Anwüchse, Inseln und Platen entstehen, folgende Erfahrungsgründe zu sprechen.

a. Die Erhöhungen der Strombetten, Anwüchse u. s. w. werden auch da wahrgenommen, wo die tägliche Meeresfluth strom-auf nicht mehr Statt hat.

b. Sobald man etwa 1 bis $1\frac{1}{2}$ Meilen aus der Strom-Mündung in die See hinaus ist, findet man, nach Maafsgabe des Windstriches, nichts als helles, grünes Seewasser, ohne alle Vermischung mit trüben Materien oder Sinkstoffen, durch welches man mehrere Faden tief Gegenstände im Wasser deutlich sehen kann; woraus folgt, dafs das Seewasser an den Ostfriesischen und Niederländischen Seeküsten keinen eigenen, selbstständigen Stoff zur Bildung von Anlandungen enthält.

c. Die Ströme selbst aber führen in ihrer ganzen Länge von oben herab trübe Materien, theils rollende, theils schwimmende Sinkstoffe, Sand, Grand, Steine, Moor, Lehm, Klai und vermischte Erd-Arten mit sich, die sie, nach Maafsgabe der Geschwindigkeit des Wassers und der eigenthümlichen Schwere der Körper, auf dem Boden rollend, oder schwimmend im Wasser, bis in das Meer fortführen, dabei abschleifen und verkleinern und zerreiben, oder noch mehr auflösen, und die sie mit der Abnahme der Geschwindigkeit des Wassers, je mehr es der See sich nähert, wie es die tägliche Erfahrung zeigt, immer mehr liegen oder sinken lassen. Diese mit der Ebbe abströmenden Sinkstoffe, als Sand, Schlick etc., werden dann zum Theil durch die Strom-Mündungen und Seegaten geführt und an der Küste auf den Bänken und Untiefen verbreitet und abgelagert, aufserhalb welcher eine Scheidung zwischen dem See- und Stromwasser sichtbar ist, welche die Seeleute die *Naht* nennen, und wo das helle Seewasser neben dem trüben Stromwasser ohne Vermischung steht, so dafs beide gleichsam wie durch eine Naht getrennt sind. Diese trüben Gewässer werden nun mit der täglichen Meeresfluth durch die Seegaten und Strom-Mündungen strom-auf geführt. Selbst wenn das Fluthwasser in grofsen Massen in die Strommündungen wieder einläuft, wird das hellere Seewasser in der Mündung der Seegaten bei der stärksten Geschwindigkeit wahrgenommen, während das noch mit Schlick vermischte Stromwasser aus der See an den Ufern entlang mit weniger Geschwindigkeit wieder strom-auf läuft. Diese Wirkung der Ströme sieht man besonders beim Frost sehr deutlich, wenn das Eis, welches mit der Ebbe aus den Strömen durch die Seegaten in die See geführt worden ist, zum Theil mit der Fluth wieder durch die Seegaten in die Mündungen der Ströme zurückgetrieben wird.

Hieraus geht nun hervor, daſs die Erhöhung des Bodens der Anwüchse, Inseln und Untiefen in den Strömen, welche in die Nordsee einmünden, der Ems, der Aa, der Maas, des Rheins, der Hunte, Jahde, Weser und Elbe, durch die strom-abwärts fortgeführten Sinkstoffe verursacht wird, und nicht vorzugsweise durch den chemischen Niederschlag des mechanisch mit dem Seewasser vermischten Moorwassers in den Mündungen der Ströme; wie es Hr. etc. *Freese* in seiner obenbemerkten Schrift, und mit ihm einige andere Schriftsteller behaupten. Es würde eine so enorm groſse Masse von Sinkstoffen, die jährlich strom-aufwärts geführt werden, und die, wie wir vorhin gesehen haben, groſse Anwüchse an den Küsten bilden, unmöglich entstehen können, und am wenigsten während des Sommers, bei Monate lang trockenem Wetter, bei welchem das wenigste Moorwasser abläuft, und doch oft und in der Regel der mehrste Schlick im Strome aus der See strom-auf geführt wird. Sollte auch wirklich irgend ein chemischer Niederschlag aus der Vermischung des Seewassers mit dem Moorwasser in den Strom-Mündungen sich bilden: was wegen der mineralischen Stoffe in beiden Wassern nicht unmöglich ist: so ist dies doch aus den angeführten Gründen, und zufolge des in der hiesigen physicalischen Gesellschaft von Sachverständigen, in Gegenwart einer zahlreichen Vereinigung, in eben der Art, wie Hr. etc. *Freese* den seinigen beschreibt, gemachten Versuchs, bei welchem die Mischung noch 8 Tage lang hell und klar blieb, wohl nur in äuſserst geringem Maaſse der Fall; mithin ist diese noch nicht ganz unbezweifelte Art der Erzeugung des Schlicks wohl nicht die Hauptquelle desselben. Die Beweise, die Herr etc. *Freese* für seine Hypothese aufstellt, sind daher theils unzureichend: theils lassen sich die Erscheinungen und Ursachen von der Anwesenheit der Sinkstoffe und schwimmenden trüben Materien in den Strommündungen und Seegaten auf die obenerwähnte Weise natürlich erklären; und durch eigenes Anschauen an Ort und Stelle kann man sich davon überzeugen.

In den Mündungen der Holländischen Ströme finden dieselben Erscheinungen wie in den Mündungen der Deutschen Ströme an der Nordsee Statt; wovon man sich durch Anschauung des Locals, so wie aus den Schriften der Holländischen Wasserbaukundigen *Blanken, Goudriaan, Menz, van Rechteren, de Beer* und Anderer, hinreichend überzeugen kann; wie ich auch in meiner obenbemerkten Schrift: „Nachricht von groſsen „und merkwürdigen Wasserbauten etc." bemerkt habe. Aus obigen Gründen trete ich dieser Meinung der Niederländischen Sachverständigen und nicht der Hypothese des Hrn. etc. *Freese* bei.

So nützlich nun auch der Niederschlag oder die trübe Klai-Materie, der Schlick, zum Anwachse und Düngung des Landes ist: so schädlich wird er oft für die Strombetten, Seehäfen und Binnencanäle. Er erhöhet die Betten der Ströme, indem er bei langsam fliefsendem Wasser, oder während des Wechsels der täglichen Ebbe und Fluth, zu Boden sinkt. Er erhöhet und verstopft das Fahrwasser und die Mündungen der Häfen und verschlammt die Binnen-Canäle, wenn See- oder Stromwasser hineingelassen wird, oder die Syhle und Schleusen nicht dicht sind. Alles dieses verursacht grofse Kosten. Holland liefert jetzt ein grofses Beispiel davon, welche Folgen die stufenweise Erhöhung der Strombetten für die Abwässerung der Deiche hat.

Aus des Generals *Krayenhoff* Werke: „Proeve van een Outwerp tot sluiting van de Rivier den Nederrhyn en Leck en het storten van derzelver Water op den Yssel etc.," so wie aus der Fortsetzung dieses 1821 und 1823 herausgekommenen schätzbaren und mit vieler Sachkenntnifs geschriebenen Werkes sieht man, dafs die Erhöhung der Strombetten der Maas, der Waal, des Rheins und Lecks dem Lande Gefahr bringen und dafs der Staat 36 bis 40 Millionen Gulden anwenden mufs, um diese dem Lande drohende Gefahr des Unterganges eines grofsen Theils von Holland abzuwehren oder doch auf längere Zeit zu verschieben.

Ein anderes Uebel, welches die starke Verschlickung den Niederländern zufügt, ist die Erhöhung des Bettes im Pampus, oder im Fahrwasser von Amsterdam nach dem Südersee. Die Holländische Maat-Schappy te Haarlem hat im Jahre 1823 die Preisfrage aufgestellt: der Verschlammung des Pampus abzuhelfen und ein stets brauchbares Fahrwasser von Amsterdam durch den Südersee nach dem Texel und Vlie in die Nordsee zu erhalten.

Der General-Inspector etc. *A. F. Goudriaan* und der Ober-Ingenieur *D. Mentz* haben nach Beantwortung der Preisfrage jeder den ausgesetzten Preis von 2500 Gulden erhalten. Beide Abhandlungen sind gedruckt unter dem Titel „Verhandelingen over de Afdamming van het Y etc." zu Haarlem bei Loosjer 1824 erschienen. Die Werke von *Blanken, van Rechteren, de Beer* etc. handeln diese Materie sehr ausführlich ab; worüber ich in der öfter bemerkten Abhandlung eine kurze Uebersicht gegeben habe.

Erfahrungen im Kleinen sind die an den Ostfriesischen Fahrwassern, Aufsenküsten und Canälen; wie z. B. an den verschlammten Fahrwassern von Norden und Emden und dem verschlickten Stromhafen zu Weener; so wie an der Erhöhung der Strombetten unserer Ströme und Flüsse, Zunahme der Anwüchse, Inseln und Platen derselben. Wir wollen hoffen, daſs bei uns der durch den Anwachs entstehende Vortheil gröſser sei als der Schaden, den uns die Aufräumungskosten unsrer Hochwasser und Canäle verursachen.

Rücksichtlich der Entstehung und Bildung des Sandes in Strömen hat man bemerkt, daſs, je näher die Ströme der Ausmündung in das Meer kommen, desto kleiner die auf dem Strombette befindlichen Steine werden, und daſs sie in groben Grand oder Kies und zuletzt in Sand übergehen.

In Flüssen, die ihren Ursprung in Gebirgen haben, oder die durch Gegenden flieſsen, wo Steinflöze sich befinden, wie der Rhein, die Maas, die Elbe und Weser etc., findet man in den höheren Gegenden Felsenstücke, abgestürzte Steinmassen und einzelne groſse und kleine Steine auf dem Strombette und an den Ufern, die theils ihnen selbst angehören, theils aus den Wald- und Sturzbächen der Gebirge, bei Sturzwasser, hohen Anschwellungen, schnellem Thauwetter, Eisgängen u. s. w. in sie hinein und in ihnen fortgeführt werden. Durch das stete Fortrollen werden diese Steine aneinander abgeschliffen und runder und kleiner, so daſs sie streckenweise, von der Gröſse einer Faust bis zu der Gröſse eines Hühner- oder Taubeneies, einer Bohne, Linse, und endlich bis zum Sandkorn abgerundet und verkleinert werden. Der Thon oder Kalk, der als Bindungsmittel in den Steinen enthalten ist, wird auf diese Art mechanisch mit aufgelöset und bei hohen Wassern, Eisgängen und Stürmen der unteren Stromstrecke und zuletzt der See zugeführt. Eben so der im Strombette von Natur befindliche, oder der durch das Abreiben und Zermalmen der Steine entstandene Sand. Daſs also in den Fluſsbetten die Gröſse der Steine, des Grandes und Sandes strom-ab stufenweise abnimmt bis zur Gröſse des feinen Sandes hinab, und daſs die von dem starken Rollen der Steine abgeschliffenen Thon-, Kalk- und Erdtheile Sand und Schlamm formiren, ist eine bekannte Erfahrung.

An den Ufern der See findet man, je nachdem die Küsten sind, ebenfalls Felsen-Riffe, abgerissene Felsenmassen, kleine Steine, Strandkiesel, Grand, Sand und Muscheln, in abnehmender Gröſse. So findet man an der Küste der Normandie Strandkiesel von 3 bis 6 Zoll im Durchmesser, die durch die geringsten Brandungen der See an den Ufern in

Bewegung gesetzt werden und rollen; bei den Meeresstillen aber liegen bleiben und eine convexe Dossirung bilden, welche sich zur Höhe wie 7 zu 1 verhält. Die Englischen Küsten sind zum Theil felsig; und sogar vor den Mündungen der Elbe und Weser erhebt sich der Felsen Helgoland, wo sonst die Küste keine Spur von Felsen zeigt.

Der sandige Strand bei Dünkirchen, Calais etc. und an der Holländischen Küste, läuft beinah geradlinigt ab, und seine Böschung verhält sich etwa wie 90 zu 1. An den Ostfriesischen Küsten besteht der Strand oder das Watt ebenfalls aus Sand, der nur in dem Meerbusen, dem Dollart und der Ley, mit Schlick überzogen ist. Bei der Elbe läuft der Sand trocken, so dafs man im Sommer vom Hillgenrieder Syhle nach der Bade-Insel Nordernei zu Pferde und Wagen kommen kann.

Je leichter also die Sinkstoffe sind, und je weniger Zusammenhang sie unter einander haben: desto flacher bilden sich die Ufer. Beobachtet man die Strom-Ufer der Ems, so wird man finden, dafs der klaihaltige Schlick sich schon steiler als der Sand ablagert, und dafs die Anwüchse eine Böschung annehmen, deren Höhe zur Basis sich verhält wie 4 zu 1, bis 6 zu 1. Klaihaltige Ufer, die im Abbruche sind, brechen auch steiler ab als Sandplaten und Sand-Ufer, die, unter einer flachen Dossirung, allmälig abgespült werden. Hieraus folgt, dafs eine sanft ablaufende Oberfläche oder Dossirung eines Ufers, Deiches, Höftes, oder andern Bauwerks, das an der See oder am Strome construirt wird, der Natur angemessener ist und gröfsere Sicherheit gewährt, als eine steilere. Die Aufsen-Dossirung eines Klai-Deiches an Strömen mufs also wenigstens wie 3 zu 1 und an der See wie 5 bis 6 zu 1 sein. Ein Steinrevetement von Kieseln und Steinschutt mufs sich wie 7 zu 1 und aus grofsen Steinen (Flint) wie 2 bis 3 zu 1 verhalten. Sandhaltige Deiche müssen eine sehr flache Dossirung, wie 8 zu 1 bis 12 zu 1 haben, oder, wenn sie steiler sind, mit einer 2 bis 3 Fufs dicken Lage von Klai-Erde und Klaisoden, oder mit Strohstickungen und andern Sicherungsmitteln gegen die Abspühlung und den Anbruch befestigt werden.

Bevor ich diesen Gegenstand verlasse, will ich noch zur Vervollständigung einige Erfahrungen über die Zunahme und das Sinken der See-Anwüchse und Polder am Dollart mittheilen; welcher Meerbusen bekanntlich im Jahre 1277 entstand, wie ich solches in der Abhandlung

„Beiträge zur Geschichte der Entstehung und Ausbildung der Wasserbaukunst etc." ausführlicher vorgetragen habe.

Nach und nach wuchsen die Ufer dieses Meerbusens durch den Niederschlag des im Seewasser mit der täglichen Meeresfluth an die Ufer geschwemmten klaihaltigen Sinkstoffes, oder sogenannten Schlickes, wieder an; so daſs der im Jahre 1277 entstandene und in den zunächst darauf folgenden Jahrhunderten bis auf 7 Quadr.-Meilen, zu 4 Millionen Quadr.-Ruthen Rheinländisch (etwa 70 000 Diemat Ostfriesisch) vergröſserte Meerbusen in den letzten Jahrhunderten, bis jetzt, um 5 Quadr.-Meilen wieder abnahm, also jetzt nur noch etwa 2 Quadr.-Meilen oder 20 000 Diemat nicht begrünter Wasser- und Schlickfläche groſs ist. An der Holländischen Küste wuchs das Ufer früher wieder an und wurde eher wieder bedeicht, als an der gegenüberliegenden Ostfriesischen Küste, weil das Holländische Ufer sogenannter Opper- oder Hooger-wall ist, der die West-Nordwest- und Nord-Winde nicht gegen sich über, sondern vom Lande her hat, so daſs das Ufer bei Stürmen dagegen geschützt und nicht so sehr den Angriffen und Abbrüchen ausgesetzt ist, wie die gegenüberliegende Ostfriesische Küste, welche sogenannter Laager-wall und jenen Winden mehr ausgesetzt ist. An der Ostfriesischen Küste hat man erst im 17ten Jahrhundert anfangen können, die See-Anwüchse am Dollart einzudeichen.

Im Jahre 1605 wurde das Altbunder-Neuland bei Neuschanz eingedeicht, von . . . . 1649 Diemat.

1682 der seewärts davor liegende Charlottenpolder von . 450 -

1707 der seewärts vor diesem liegende Süder-Christian-Eberhardspolder von . . . . 251 -

1707 der daneben liegende Bunder-Interessentenpolder von 1894 -

So wie in demselben Jahre der östlich daneben liegende Norder-Christian-Eberhardspolder von . . . . 305 -

1752 der seewärts von beiden letztgenannten liegende Landschafts-Polder von . . . . 2026 -

1795 der seewärts vor letzterem liegende Heinitzpolder von 1104 -

1824 betrug der seewärts vor letzteren liegende, bis an die Wasserfläche des Dollarts grenzende begrünte, aber noch unbedeichte herrschaftliche Heinitz-Anwachs . . . . . 345 -

Es betrug also der Anwachs an der Ostfriesischen Küste des Dollarts in den letzten 219 Jahren . . . . . 8024 Diemat, zu 400 Quadr.-Ruthen Rheinl., thut 3 209 600 Quadr.-Ruthen Rheinl., also jährlich im Durchschnitt etwa 36½ Diemat oder 14 600 Quadr.-Ruthen auf eine Uferlänge von etwa 2000 Rheinl. Ruthen oder einer Postmeile.

Ueber die ursprüngliche Höhe dieser unbedeichten See-Anwüchse, so wie über die Senkung derselben nach deren Bedeichung, habe ich im Jahre 1819, und späterhin, durch ein von mir, vom Meeresspiegel am Dollart bis in das Binnenland bei Neuschanz, etwa eine Meile lang ausgeführtes genaues Nivellement und Pegelung folgende practische Erfahrungen gemacht, die für die Bau-Wissenschaft nützlich sein können; weshalb ich sie hier mittheile.

Bei der nachfolgenden Vergleichung der Höhen des dortigen, nach und nach aus dem Dollart aufgeschwemmten Klaibodens nehme ich an, dafs sich der Meeres-Spiegel der Nordsee, sowohl Ebbe als Fluth, seit den letzten 2 bis 300 Jahrhunderten nicht wesentlich verändert habe. Herr etc. *v. Wiebeking* theilt im 2ten Bande S. 86—90 seiner allgemeinen Wasserbaukunst, so wie Hr. etc. *Woltmann* in seinen Beiträgen etc., im 4ten Bande §. 36. u. s. w., über das Sinken des Bodens in Holland längs der Nordseeküste etc. die Ergebnisse nach der Ausmittelung der zur Untersuchung dieses Gegenstandes in Holland beauftragt gewesenen Commission aus deren Schriften mit, und es geht daraus hervor, dafs der Wasserspiegel der Nordsee seit den letzten Jahrhunderten sich nicht wesentlich erniedrigt, dafs aber das aufgeschwemmte Küstenland seit seiner Eindeichung und Entwässerung sich bedeutend gesenkt hat. Eben so ist es durch Erfahrung erwiesen, dafs das Strombette der Hauptströme und Flüsse Hollands seit ihrer Bedeichung sich bedeutend und oft bis zur Höhe des Maifeldes, und noch höher, zum gröfsten Schaden und zur Gefahr des Binnenlandes erhöhet hat. Ist also die Höhe des Wasserspiegels der Nordsee in den letzten Jahrhunderten nicht wesentlich verändert worden, sondern sich gleich geblieben, so ist es auch wahr, dafs das aus der Nordsee angeschwemmte und jetzt eingepolderte Binnenland in Ostfriesland seit seiner Eindeichung gesunken ist, fortwährend sinkt und beim Fortbestehen der Ursachen auch fernerhin noch sinken wird; wie ich es durch folgende Thatsachen erweisen werde.

a. Das im Jahre 1605 vom Dollart eingedeichte Altbunder-Neuland, in der Nähe des Aa-Stromes bei Neuschanz, war unstreitig bei seiner Eindeichung begrünt und fest genug, um einen Seedeich zu tragen, weil ohne das die Bedeichung nutzlos und unmöglich gewesen wäre. War aber dieser Polder damals begrünt und fest genug, so mufs auch seine Oberfläche nothwendig eben so hoch gewesen sein, als die jetzige Oberfläche des nicht bedeichten Heinitz-Anwachses am Dollart: also etwa 1 bis 2 Fufs, oder im Durchschnitt $1\frac{1}{2}$ Fufs über dem täglichen ordinairen Fluthspiegel der Nordsee hoch. Der Meeresspiegel hat sich aber seit 1605 nicht in seiner Höhe verändert. Nun lag die Oberfläche des Altbunder-Neulandes im Jahre 1819 im Durchschnitt 7 Fufs oder 84 Zoll tiefer als die Oberfläche des unbedeichten Anwachses am Heinitzpolder, als so hoch das Altbunder-Neuland im Jahre 1605 bei seiner Eindeichung nothwendig gewesen sein mufs; wie wir gezeigt haben. Der Boden des Altbunder-Neulandes ist also bis 1819, in 219 Jahren, im Durchschnitt jährlich um $\frac{5}{12}$ Zoll oder 5 Linien Rheinl. gesunken. Dies wird auch schon dadurch bestätigt, dafs bereits im Jahre 1649, also 45 Jahre nach Eindeichung dieses Polders, die bis dahin statt gehabte natürliche Auswässerung in die Aa, zur Trockenhaltung des Polders nicht mehr hinreichte, sondern dafs eine Entwässerungs-Mühle angelegt werden mufste, die das Wasser etwa 5 Fufs hoch hebt, um hinreichende Entwässerung zu erlangen, ungeachtet der Wasserspiegel der Aa sich damals noch nicht erhöhet haben konnte, da Altbunder-Neuland durch den Krumbekster Syhl, unterhalb des in Neuschanz liegenden Swynesyls, entwässert wurde, indem der Staatensyhl damals an seiner jetzigen Stelle noch nicht vorhanden war, sondern erst 1709, also 60 Jahre nach Erbauung der ersten Bunder-Neulander-Mühle, zum ersten Male erbauet und 1819 wieder neugebauet worden ist, so dafs bis zur ersten Erbauung des Staatensyhles das Bunder-Neuland in den natürlichen Aufsenwasserspiegel der Aa, die sich in den Dollart ergiefst, also in den unveränderten Wasserspiegel der Nordsee entwässert wurde. Erst durch und nach Erbauung des Staatensyhls erhöhete sich der Binnenwasserstand der Aa durch natürliche und künstliche Zuflüsse; weshalb Altbunder-Neuland, so wie der Charlotten- und Süder-Christian-Eberhards-Polder im Jahre 1820 neue, höher mahlende Mühlen anlegten; wobei es jedoch aus den angeführten Gründen keinem Zweifel unterworfen ist, dafs der Boden im Altbunder-Neulande, wie in den übrigen benachbarten Poldern, seit 1605 und seit der Eindeichung der übrigen, fortwährend gesunken ist, da er fortwährend entwässert wurde. In der ersten Periode nach der Eindeichung ist diese Senkung stärker gewesen, als in der spätern, weil Anfangs der aufgeschwemmte Grund und Boden noch loser und weicher war und mehr Zwischenräume, die durch Wasser ausgefüllt waren, hatte, und die durch natürliche und künstliche, tägliche Entwässerung von Wasser entleert und durch die eigene Schwere des Bodens, so wie von der Last der Deiche nach und nach zusammengedrückt wurden; wodurch der Boden dichter und niedriger wurde.

b. Der im Jahre 1682 eingedeichte, vor dem Altbunder-Neulande seewärts liegende Charlottenpolder lag im Jahre 1819 im Durchschnitt $3\frac{1}{2}$ Fuſs oder 40 Zoll niedriger, als der unbedeichte See-Anwachs am Dollart. Der Boden jenes Polders ist also in 142 Jahren im Durchschnitt jährlich um $3\frac{1}{3}$ Linie gesunken. Er wurde bisher durch eine Wassermühle trocken gehalten, welche 1820 neugebauet und deren Schraube zu einem höhern Hube des Wassers eingerichtet worden ist.

c. Der im Jahre 1707 eingedeichte, zunächst vor dem vorigen, seewärts liegende Süder-Christian-Eberhards-Polder lag im Jahre 1819 im Durchschnitt 2 Fuſs niedriger als der unbedeichte Heinitz-See-Anwachs am Dollart, ist also in 113 Jahren um 24 Zoll und im Durchschnitt jährlich um $3\frac{1}{3}$ Linie gesunken; wie der vorige. Beide Polder werden durch eine und dieselbe Mühle entwässert.

d. Der im Jahre 1795 eingedeichte, seewärts vor den beiden vorigen liegende Heinitz-Polder, als der letzte am Dollart, ist bis 1819 in 30 Jahren im Durchschnitt um 9 Zoll niedriger geworden, als der vor ihm liegende unbedeichte See-Anwachs. Er ist also im Durchschnitt jährlich um 4 Linien gesunken, mithin um $\frac{2}{3}$ Linie mehr als die beiden hinterliegenden Polder.

Aus diesen, durch genaue Nivellements ermittelten Erfahrungen geht also unbezweifelt hervor, *daſs die seit einigen Jahrhunderten eingedeichten See-Anwüchse Ostfrieslands sich allmälig senken, und zwar minder oder mehr, nach der Maaſsgabe, wie die tägliche Entwässerung bedeutend ist und der unter der aus Klai bestehenden Oberdecke befindliche Untergrund aus Moor, Darg oder Sand besteht und dieser sehr schlammigt, weich und auseinandertreibbar oder zusammenpreſsbar, lose und die Klaidecke hoch und schwer ist.*

Sobald nun ein so sinkender Boden so niedrig geworden ist, daſs seine Oberfläche unter dem täglichen niedrigen Ebbespiegel liegt, kann er auf natürlichem Wege, durch den freien Fall des Wassers nach auſsen, nicht mehr entwässert werden, sondern es muſs solches alsdann auf künstlichem Wege durch Mühlen geschehen, indem sich durch Mangel an Höhe des Binnenwassers, welches niedriger gehalten werden mufs als das Maifeld des Bodens, die Syhle bei der täglichen niedrigen Ebbe nicht mehr öffnen, mithin kein Wasser mehr ausfliefsen lassen.

Gesellt sich nun zu diesem Uebel des Sinkens des aufgeschwemmten Klaibodens der Marschen und Polder ein zweites, eben so unabwendbares und für die Entwässerung nachtheiliges Natur-Ereignifs, *dafs sich nemlich der Boden derjenigen Ströme und Flüsse, welche als Sammelbusen das Binnenwasser vom bedeichten Lande aufnehmen und in die See abführen müssen, durch Versandung und Aufschlickung erhöht:* so leidet die Entwässerung einer See- und Stromgegend nun mehr, und um so schneller. In Ostfriesland haben wir diesen zweiten Fall leider eben so, wie in Holland. Sowohl der Boden der Ems und deren Nebenflüsse, wie der Aa etc. erhöhen sich nach und nach durch Aufschlickung und Versandung, eben so, wie der Stromboden des Rheins, der Waal und Maas u. s. w. in Holland. Durch die Erhöhung des Aufsenwasserspiegels, die durch und mit der Erhöhung des Strombodens zunimmt, so wie durch die Senkung des Binnenwasserspiegels, der mit dem sinkenden Binnenlande niedriger wird, verlieren die Syhlthüren nach und nach zum Theil und zuletzt ganz den ihnen zu ihrer Oeffnung während der Ebbe nöthigen hydrostatischen Druck des Binnenwassers, indem dessen Ueberwucht durch den höhern Stand des Aufsenwassers geschwächt oder gänzlich vernichtet ist; und daher wässern die an solchen Strömen liegenden Syhle auf natürlichem Wege und ohne Entwässerungsmühlen immer weniger und zuletzt gar nicht mehr aus. Aus diesen Gründen sind seit 50 Jahren in Ostfriesland an der Ober-Ems die Syhle von Völlen, Mittling, Mark, Hilkeborg und Dorenburg gänzlich eingegangen, und die in dieser Gegend noch befindlichen Syhle von Holthusen, Weener, Cademüntjen und Ferstenborg führen nur noch sehr wenig Wasser aus. Die Syhle an der Aa, von Wymeer und Heinitzpolder entwässern erstere nur durch Mühlen allein, und letztere führen auf natürlichem Wege das Wasser nur sehr unvollkommen ab. Es wird aus diesen Gründen sehr bald noch mehrere Syhlachten in Ostfriesland geben, die auf natürlichem Wege nicht mehr, sondern nur mittelst Entwässerungsmühlen gehörig entwässert werden können; besonders da der Aufsenwasserspiegel nicht allein durch Erhöhung des Strombodens, sondern auch dadurch zunehmend höher wird, dafs in den angrenzenden, höher liegenden Gegenden und Ländern, nemlich Holland, Preufsen und Oldenburg, bei der Theilung und

Cultur der bisher unbebaut gelegenen Haiden, Moore und Weiden, wegen der ungewöhnlich schnell sich vermehrenden Bevölkerung, die Entwässerung in schnellerem und gröſserem Maaſse als in frühern Zeiten geschieht; wo dann die Ströme und Flüsse der unterhalb und bis zum Meere liegenden Provinzen gröſsere Wassermassen in kürzerer Zeit aus höher liegenden Gegenden aufnehmen und abführen müssen, ohne dazu ein anderes und gröſseres Entwässerungsvermögen zu bekommen, als sie früher und bis jetzt hatten.

Wie lange und wie sehr Holland an diesen groſsen Uebeln leidet: welche groſse Opfer es schon seit mehr als einem Jahrhundert zur Abwendung derselben gebracht hat, und wie viele Millionen es anzuwenden beabsichtigt, um den näher rückenden Untergang eines Theils des Landes von sich abzuwenden, ersieht man aus den Schriften von *Krayenhoff, Blanken, Goudriaan, van Rechteren, de Beer* u. s. w. und anderer localkundiger Sachkenner, aus deren neueren Schriften ich das Hauptsächlichste in einer Abhandlung übersichtlich aufgestellt habe, die den Titel führt: „Nachrichten von groſsen und merkwürdigen Wasserbauten, welche an den „Hauptströmen des Königreichs der Niederlande bald ausgeführt werden und „über 13 Millionen Gulden kosten sollen." Bremen, bei W. Kaiser, 1832.

Da nun Ostfriesland an derselben Nordsee-Küste liegt, wie Holland; sein Boden auf dieselbe Weise entstanden ist; aus denselben Stoffen, nemlich den Haupt-Erdarten, Klai, Sand und Moor, und deren Mischungen besteht, und die Lage und Configuration seiner Oberfläche der von Holland sehr ähnlich ist: so ist es nicht zu bezweifeln, daſs Ostfriesland im Kleinen, wie Holland im Groſsen, an denselben Uebeln und deren Folgen leidet, die seiner Entwässerung, und auch der Schiffahrt, jetzt schon sehr nachtheilig sind, und die für die Zukunft immer drohender werden; so daſs es jetzt schon die höchste Zeit ist, Mittel zu suchen, vorzubereiten und mit der Zeit anzuwenden, die das Uebel und dessen Wirkungen verzögern und ihm wo möglich abhelfen mögen. Auf einmal ist solches gewiſs unmöglich, und auch nicht nöthig. Geschieht aber jetzt und nach und nach gar nichts, oder zu wenig zur Abhülfe des Uebels, so ist die Abhülfe in der Zukunft unmöglich, weil es dann unbezahlbar sein würde, alle und auch nur die nothwendigsten Anlagen auf einmal zu machen. Wir müssen dies den Umständen, der Zeit, den jedesmaligen Bedürfnissen und Geldkräften der Ausführer überlassen, und können nur fromme Wünsche thun. —

Nach diesen physiographischen Bemerkungen über die Beschaffenheit und Entstehung des Bodens in Ostfriesland glaube ich zu den hydrographischen Bemerkungen übergehen zu können, von welchen ich die nothwendigsten vortragen werde, wenn auch beides den ganzen Gegenstand nicht erschöpft; was meine Absicht nicht ist und die Grenzen dieses Aufsatzes überschreiten würde.

(Die Fortsetzung folgt im nächsten Hefte.)

11.
Nachricht von den Fourneyronschen horizontalen Wasserrädern, Turbinen genannt.

Da die gewöhnlichen senkrecht stehenden ober-, unter- und mittelschlächtigen Wasserräder mit horizontalen Achsen oder Wellen, aufser dafs an ihnen ein bedeutender Theil der wirkenden Kraft verloren geht, insbesondere noch der Unvollkommenheit unterworfen sind, dafs sie noch weit weniger wirken, wenn der Wasserstand sehr veränderlich und die Höhe des obern und untern Wassers nicht gerade die ist, welche zu der Lage der Welle pafst, das Heben und Senken der Welle durch sogenanntes Pansterzeug aber ebenfalls wieder bedeutende Schwierigkeiten und Unbequemlichkeiten hat: so hat man bekanntlich öfter, und auch schon in älterer Zeit, *horizontale* Räder, deren Achsen also senkrecht stehen, zu machen gesucht, für welche die Veränderlichkeit des Wasserstandes gleichgültiger sein möge; allein in der Praxis hat sich von diesen Rädern, nach der ältern Einrichtung, ebenfalls kein wesentlicher Vortheil ergeben.

In neuester Zeit ist es Herrn *Fourneyron*, Civil-Ingenieur zu Besançon, gelungen, eine Einrichtung der horizontalen Räder zu finden, die denselben vor den senkrechten Rädern wesentliche Vorzüge gewährt. Zuerst sind von Herrn *Fourneyron* selbst, und dann späterhin auch von Andern, dergleichen Räder erbauet worden, und ihre Vorzüge vor den gewöhnlichen senkrechten Rädern sind, wie es scheint, jetzt aufser Zweifel gesetzt; besonders durch die Resultate der sorgfältigen, vergleichenden Versuche, welche Herr Hauptmann *Morin* (Derselbe, von welchem man die interessanten Versuche über die *Reibung* kennt) mit diesen Rädern angestellt hat.

Insbesondere sind die horizontalen Räder anfangs unter dem allgemeinen Namen Turbinen *(turbines)* bekannt geworden. Auch in Deutschland hat man angefangen, sich der *Fourneyron*schen Räder zu bedienen. Da sie indessen noch nicht sehr allgemein bekannt sind, wenigstens nicht die Details ihrer Einrichtung, so wie ihre Leistungen, so wird es vielleicht angemessen sein, auch hier einige nähere Nachrichten darüber mitzutheilen.

Wir werden auszugsweise theils die Schrift des Herrn *Morin* über die von ihm mit den Turbinen angestellten Versuche, theils Dasjenige geben, was Herr *Fourneyron* selbst über seine Erfindung in dem *Bulletin de la societé d'encouragement pour l'industrie nationale* bekannt gemacht hat. Die *Morin*sche Schrift führt den Titel: *Experiences sur les roues hydrauliques à axe vertical, appelées turbines, Metz chez Thiel, 1838,* und was Herr *Fourneyron* bekannt gemacht hat, steht in dem Januar-, Februar- und März-Heft des genannten Bulletins vom Jahre 1834.

Bericht an die Akademie der Wissenschaften zu Paris über die Schrift des Hrn. Artillerie-Capitain Morin, betreffend seine Versuche mit den Turbinen des Hrn. Fourneyron.

Commissarien *v. Prony*, *Arago* und *Gambey*.
Berichterstatter *Savary*.
Auszug aus den „*Comptes rendus*" der Akademie. Sitzung vom 2ten Januar 1838.

In einer frühern Schrift, welche den Beifall der Akademie erhielt, hat Herr *Morin* nach zahlreichen und genauen Messungen und Versuchen den practischen Nutz-Effect der gewöhnlichen Wasserräder mit horizontal liegenden Wellen ermittelt. Die Schrift, über welche wir gegenwärtig Bericht erstatten, ist gleichsam eine Ergänzung jener.

Die Untersuchungen des Herrn *Morin* haben hier jene neue Art von Wasserrädern zum Gegenstande, die, obgleich noch wenig allgemein im Gebrauch, doch schon sehr die allgemeine Aufmerksamkeit erregt haben, nemlich die Turbinen des Herrn *Fourneyron*. Herr *Fourneyron* selbst, dem man die Erfindung dieser so nützlichen Maschinen und die erste Ausführung derselben verdankt, und der seit 15 Jahren mit großer Beharrlichkeit an ihrer Vervollkomnung und allgemeinen Verbreitung arbeitet, hat dem Verfasser bei allen seinen Versuchen auf das Thätigste beigestanden.

Man versteht gegenwärtig unter dem Worte Turbinen alle Wasserräder, deren Wellen senkrecht stehen. Diejenigen, welche Herr *Burdin*, ein wissenschaftlicher und erfinderischer Ingenieur, erdachte und unter dem Namen Turbinen vorschlug, empfangen das Aufschlage-Wasser an der obern Fläche einer cylindrischen Trommel und lassen es an der untern ausfliefsen. Das Wasser fliefst an dem äufsern Umringe ein und aus, und durch Canäle hindurch, welche in Schraubengängen um die Cylinderfläche einer Trommel gewunden sind, die das halbe Gefälle zur Höhe haben mufs.

Bei den *Fourneyron*schen Turbinen dagegen ist die Höhe der Trommel niemals sehr beträchtlich, sondern beträgt etwa nur einen Fufs; oder auch noch weniger. Das Wasser bewegt sich schräg, in horizontalen Canälen, durch den Umfang eines innern verticalen Cylinders, dringt von allen Seiten in die Schaufeln des Rades, welches, sich umdrehend, an den innern Cylinder hinstreicht, folgt den gekrümmten Schaufeln zwischen Boden und Deckel der Trommel, indem es die Schaufeln zugleich forttreibt, und entweicht horizontal durch die verticalen Oeffnungen der äufsern Trommel.

Im Allgemeinen kann man sich eine *Fourneyron*sche Turbine als ein gewöhnliches Wasserrad mit gekrümmten Schaufeln, horizontal gelegt, vorstellen, so dafs die Welle senkrecht steht, in welchem Rade dann das Wasser aus der Mitte auf die Schaufeln gelangt und nach aufsen entweicht.

Einer unserer Collegen, Herr *Poncelet*, hat im Jahre 1826 eine dieser entgegengesetzte Einrichtung vorgeschlagen. Das Wasser sollte am Umfange ein- und in der Mitte ausfliefsen.

Die allgemeine Idee des neuen Rades war leicht. Aber die Ausführung machte Schwierigkeiten. Damit das Wasser möglichst kräftig wirke, mufste es ohne Stofs ein- und mit möglichst geringer Geschwindigkeit ausströmen. Wie war nun den einfliefsenden Wasserstrahlen die vortheilhafteste Richtung zu geben? Und wie war der Ausflufs des Wassers, nachdem es seine Wirkung auf die Schaufeln gethan, ohne Schwierigkeit anzuordnen? Wie war durch einfache Mittel eine möglichst *gleichförmige* Wirkung zu erlangen, während gleichwohl das Rad, nach Erfordern, sehr verschieden schnell sich mufste drehen können? Alle diese Fragen sind nur ein Theil derer, welchen Herr *Fourneyron* zu entsprechen hatte, und die er durch Erfahrung und mit Geduld und Geschick gelöset hat.

Die verschiedenen, auch für die Wissenschaft wichtigen Aufgaben bei diesem Gegenstande, können hier nicht näher zergliedert werden. Herr *Fourneyron* hat mehrere Exemplare seiner Räder gebaut; aber er hat keine Regeln für ihre Verhältnisse gegeben. Herr *Morin* durfte, wie er sagt, nicht daran denken, ihm durch die Bekanntmachung dieser Details vorzugreifen. Sein Zweck war blofs, wie bei den andern Rädern, auch hier Resultate zu erlangen, die unmittelbar für die Praxis nützlich sein möchten. Wir haben also auch blofs über diese Resultate zu sprechen.

Herr *Morin* hat mit zwei, neuerlich von Herrn *Fourneyron* erbauten Turbinen Versuche angestellt. Beide treiben Maschinen-Webereien. Die eine befindet sich zu *Moussay* bei *Senones* in den Voghesen; die andere zu *Müllbach* im Departement Unter-Rhein. Die letztere bewegt sich unter einem Gefälle von etwa $9\frac{1}{2}$ Fufs, die erstere unter dem bedeutenden Gefälle von $22\frac{1}{2}$ bis $25\frac{1}{2}$ Fufs bei mittlerem Wasserstande.

Die Nutz-Effecte sind mit Hülfe des zu dergleichen Messungen fast unentbehrlich gewordenen *Prony*schen Dynamometers gemessen worden. Dieses Instrument wurde unmittelbar an die stehende Welle der Turbine angebracht und fortwährend benetzt. Die Temperatur der sich reibenden Flächen veränderte sich auf diese Weise so unbedeutend, dafs die Schwankungen am Ende des Hebels bei den Versuchen zu *Müllbach* niemals über $1\frac{1}{2}$ bis 2 Zoll betrugen. Es scheint, im Vorbeigehen gesagt, dafs eine solche Messung nichts mehr zu wünschen übrig lasse.

Die Genauigkeit der Resultate ist durch die Anordnungen des Herrn *Morin*, die auf eine Weise gemacht wurden, wie man sie von einem so geschickten Ingenieur erwarten durfte, völlig verbürgt und sie wird durch die Gleichförmigkeit der Ergebnifsreihen auf das beste bestätigt. Herr *Morin* hat diese Reihen erst durch Zahlen und dann auch graphisch, durch Curven, vorgestellt. Diese letzte Darstellungs-Art zeigt besonders deutlich und auf eine überraschende Weise die geringen Veränderungen des Nutz-Effects bei sehr verschiedenen Geschwindigkeiten. Bei der Turbine zu *Moussay* z. B. konnte, während der Wasserverbrauch, von etwa 1571 Pfund in der Secunde, unverändert derselbe blieb, die Geschwindigkeit von 140 Umläufen in der Minute bis auf 230 Umläufe gesteigert werden, ohne dafs das Verhältnifs des Nutz-Effectes zur wirkenden Kraft von seinem Maximo, welches 0,675 war, um mehr als den 17ten Theil abwich.

Man wird vielleicht meinen, dafs der indirect geschätzte Betrag des Wasserverbrauchs etwas unsicher sei, und dafs diese Ungewifsheit der Maschine noch zum Nachtheile gereichen könne. Jedenfalls aber findet sie bei der Müllbacher Turbine nicht Statt. Bei dieser ist der Nutz-Effect, während die Versuchs-Resultate für Geschwindigkeiten von 55 bis 79 Umläufen in der Minute noch übereinstimmender, die Ergebnifsreihen noch regelmäfsiger waren, immer zwischen 78 und 79 pro cent der wirkenden

Kraft eingeschlossen gewesen. Solche geringe Verschiedenheiten aber sind wohl unvermeidlich.

Man kann ferner fragen, weshalb wir gerade extreme Resultate zu Beispielen nehmen. Wir thun dies aus folgendem Grunde. Das Wasser gelangt durch Oeffnungen in das Rad, deren Höhe durch das Schütz verändert werden kann. Je gröfser die Höhe der Oeffnungen ist: um so mehr Wasser wird verbraucht: um so gröfser ist die Wirkung und um so mehr nähert sie sich der wirkenden Kraft. Dieses zeigt sich deutlich an dem gleichförmigen Fortschreiten der Zahlen. Man darf also sagen, dafs noch keine der Zahlenreihen den günstigsten Fällen für die Maschine angehört und dafs man, wenn man über dieselbe in Vergleich zu andern urtheilen will, so viel als möglich den günstigsten Umständen sich nähern müsse. Blofs äufsere Ursachen haben Herrn *Morin* abgehalten, seine Versuche bis zu diesem Puncte fortzuführen. Jedenfalls zeigt sich auch für weniger beträchtliche Schütz-Erhebungen und geringere Wasser-Ausflüsse der Nutz-Effect von dem obigen Verhältnisse nur wenig abweichend.

Läfst man die Geschwindigkeit der Turbinen über die schon ziemlich weit gestreckten Grenzen hinaus, in welchen es rathsam ist zu verbleiben, sich verändern, während der Wasser-Verbrauch derselbe bleibt, so nimmt allerdings der Nutz-Effect schnell und stark ab. Aber bei welcher Maschine wäre dies anders? Die Grenzen für die vortheilhafteste Wirkung sind bei andern Wasserrädern viel enger. Auch die Wirkungen von Menschen, von Dampf u. s. w. sind wie bekannt auf gewisse angemessene Geschwindigkeiten beschränkt, von welchen man sich nicht entfernen darf, ohne an Kraft zu verlieren.

Da wir einmal die schwierige *Vergleichung* der Turbinen mit andern Rädern berührt haben, so wird es angemessen sein, dabei noch ein wenig länger zu verweilen: und das um so mehr, da die frühere Schrift des Herrn *Morin* selbst, von welcher die gegenwärtige gleichsam die Fortsetzung ist, uns die von dem nemlichen Experimentator und durch die gleichen Versuchs-Werkzeuge gefundenen Data zur Vergleichung mit den *gewöhnlichen* Wasserrädern liefert.

Das unmittelbarste Ergebnifs dieser Vergleichung würde folgendes sein.

Als eine Grenze der Wirkung, die noch *unter* der vortheilhaftesten Wirkung der Turbinen bleibt, kann man, nach Herrn *Morin,* für die Müll-

)acher Turbine die gröfste Wirkung der besten oberschlächtigen Räder betrachten, und für die Turbine von *Moussay* die gröfste Wirkung eines mittelschlächtigen Rades in den Werkstätten zu *Baccarat,* wenn dieses Rad unter den günstigsten Umständen sich bewegt. Blofs *ein* mittelschlächtiges Rad, mit welchem Herr *Morin* experimentirt hat, dasjenige der Crystallschleiferei zu *Baccarat,* scheint ein *noch* etwas vortheilhafteres Resultat zu geben. Aber das Ergebnifs ist auch nur scheinbar. Um dieses nachzuweisen, sind einige Details nöthig. Wenn man nemlich die Wirkung eines Aufschlage-Wassers, welches sich nicht direct messen läfst, zu schätzen wünscht, so läfst man es gewöhnlich über einen Fachbaum fliefsen. Der Wasserstrahl, welcher sich auf diesen Fachbaum herabsenkt, liefert eine Wassermasse, welche vorzüglich von der Höhe des Oberwassers abhängt. Diese Wassermasse wird nun, unter übrigens gleichen Umständen, vermittelst einer empirisch, aus directen, aber immer mifslichen Versuchen gezogenen Formel berechnet. Diese Formel hat den Ergebnissen neuerer, von Herrn *d'Aubuisson* bekannt gemachten Versuche des Herrn *Castel* gemäfs, einige Veränderungen erleiden müssen. Diese Veränderungen waren noch nicht bekannt geworden, als Herr *Morin* mit dem Rade zu *Baccarat* experimentirte. Er rechnete noch nach der alten Formel: bei den Turbinen dagegen schon nach der neuen, berichtigten. Der Unterschied gereicht dem Rade der Crystallschleiferei zum *Vortheil.* Berichtigt man die alte Rechnung nach ihren Daten, so findet man für die mittelschlächtigen Räder beinahe den nemlichen Nutz-Effect; und dieser ist schon sehr nahe der gröfsten Wirkung der Turbine von *Moussay* gleich. Aufserdem noch ist bei dem *Baccarat*schen Rade der Scheitel des Schützes abgerundet: der Fachbaum des Stauwerks dagegen, vermittelst dessen man den Wasser-Verbrauch bei den Turbinen zu *Moussay* und *Müllbach* gemessen hat, endigt aufwärts in eine scharfe Kante. Auf diese Kante hebt sich die innere Fläche des Wsssérstrahls empor, und daraus entsteht eine Verminderung des Ergusses. Sind die Resultate der Messungen zu *Moussay* und *Müllbach* richtig, so ist dasjenige der Messung zu *Baccarat* zu gering. Auch dieser Unterschied gereicht noch dem alten Rade zum *Vortheil.* Dergleichen geringe Differenzen würden aber nur durch unmittelbare Messungen geschlichtet werden können.

Aus diesen (vielleicht schon zu weit ausgedehnten) Details glauben wir, wenn man gehörige Rücksicht auf die Fehler bei der Wassermessung nimmt, folgern zu dürfen, daſs die Wirkungen der von Herrn *Morin* geprüften Turbinen mit *groſsem* Gefälle, *wenigstens eben so vortheilhaft* sind, als die von gewöhnlichen Rädern. Es handelt sich hier übrigens um Räder von 40, 60 bis 90 Pferden Kraft.

Auch die Vergleichung der Resultate, welche eine aus den geschickten Ingenieuren *Mary, Saint-Léger* und *Maniel* zusammengesetzte Commission bei der Turbine von *Inval* gefunden hat, mit denen, welche Herr *Fourneyron* selbst früher über das nemliche Rad bekannt gemacht hatte, ergiebt ungefähr das Nemliche.

Ueberall, und unter Gefällen von 1 Fuſs, bis zu 3, 6, 10 und 22 Fuſs, beträgt der Nutz-Effect der Turbinen immer 70 bis 80 pro cent der wirkenden Kraft.

Dieses ist es, was sich im Allgemeinen von dem *Nutz-Effect* der Turbinen sagen läſst.

Was aber die Benutzung dieser Maschine unter den verschiedenen Umständen betrifft, welche für ein Wasserrad vorkommen können: so ergeben sich für die Turbinen wesentliche Vorzüge.

Sie sind nemlich unter allen Wasserädern diejenigen, welche für die Benutzung einer bestimmten Wasserkraft des kleinsten *Raumes* bedürfen.

Sodann belastet das Aufschlage-Wasser ihre Wellen fast gar nicht.

Da ferner die Geschwindigkeit der Bewegung der Turbinen *sehr* groſs und *sehr* veränderlich sein darf, ohne daſs ihr Nutz-Effect merklich abnähme, so können bei vielen Anwendungen derselben Räderwerk und schwer wiegende Wellen erspart werden, welche sonst, mit Kraftverlust, nöthig sein würden, um die Geschwindigkeit groſser oberschlächtiger Wasserräder, die, wenn sie möglichst nutzbar sein sollen, geringe sein muſs, zu verstärken.

Folgende Eigenthümlichkeit der Turbinen aber ist noch wesentlicher. Herr *Morin* nemlich, eben wie Die, welche früher die Turbinen untersucht haben, hat bemerkt, daſs die Räder eben so gut *unter* als *über* Wasser wirken, und sogar, wenn man auf kleine Unterschiede nicht achten will, *unter* Wasser noch besser. Auf mehr als 3 Fuſs tief unter Wasser entweichen die Wasserstrahlen den Schaufeln noch eben so ungehindert, als an der Oberfläche. Die Wirkung hängt nur allein von dem Unterschiede des Ober- und Unterwassers ab. Auf die absolute Höhe beider kommt es wenig an. Man sieht leicht, wie nützlich diese Eigenschaft der neuen Art von Rädern ist. Es läfst sich in Folge derselben zu allen Jahreszeiten das *ganze* vorhandene Gefälle benutzen.

Um wieviel anders ist es dagegen bei den senkrechten Rädern! Sobald hier der Wasserstand in dem Obergerinne steigt, oder ein Theil der Schaufeln in dem Unterwasser badet, bewegt sich das Rad nur mit Hindernissen. Will man nun das Rad heben, so mufs man auch das obere Gerinne hinaufziehen. Um dieser Schwierigkeit auszuweichen, hebt man öfters lieber auf irgend eine Weise Rad and Gerinne zugleich und benutzt nur *einen Theil* des Gefälles, wenn es beträchtlich ist, damit, wenn das Gefälle abnimmt, das Rad stets auf eine angemessene Höhe sich befinden möge.

So dürfte also die Vergleichung der Turbinen mit den gewöhnlichen Wasserrädern, die schon, selbst dann noch, wenn die Umstände den letztern günstig sind, für jene vortheilhaft ausfällt, im Allgemeinen den Turbinen noch günstiger sein.

[Die Vorzüge der Turbinen vor den stehenden Wasserrädern dürften also besonders die sein, dafs sie wenig Raum einnehmen und eben sowohl unter als über Wasser wirken und folglich die Pansterwerke entbehrlich machen. D. H.]

Diese durch die schönen Versuche des Herrn *Morin* bestätigten grofsen Vorzüge der Turbinen vor den gewöhnlichen Wasserrädern: insbesondere die Eigenschaften, nichts an ihrer Wirksamkeit zu verlieren, wenn sie im Wasser baden, so wie in beschränktem Raume noch grofse Massen eines starken Aufschlagewassers nutzbar zu machen, berechtigt uns, den Vorschlag, den einer unserer Mit-Commissarien, Herr *Arago,* schon vor längerer Zeit gemacht hat, zu erneuern, dafs man nemlich diese neue Art von Rädern an die Stelle der alten Maschinen setzen möge, welche der Stadt Paris jetzt so kärglich das Wasser zuführen. Zu der Zeit, als Herr *Arago* seinen Vorschlag machte, hatte die Erfahrung noch nicht über Das entschieden, was von den neuen Rädern zu erwarten war. Seit dieser Zeit haben drei Reihen von Messungen die Vorhersagungen unseres Collegen bestätigt. Sie haben sie unter Umständen bestätigt, die denen ähnlich sind, unter welchen die Turbinen in veränderlicher Tiefe unter der Oberfläche der Seine sich würden bewegen müssen. Jetzt kann kein Zweifel mehr über den Erfolg dieser Anordnung Statt finden.

Aufser den Versuchen über die Wirkung der Turbinen enthält die Schrift des Herrn *Morin* auch noch Untersuchungen über den Ergufs des

Wassers durch die Oeffnungen, aus welchen es sich auf die Schaufeln der Räder ergiefst. Da die Ergebnisse derselben von der Bestimmung des Wasser-Ergusses über ein Wehr abhängig sind, so sind sie noch derselben Ungewifsheit wie diese unterworfen. Aber die Abweichungen von der Wahrheit können jedenfalls nur unbedeutend sein.

Zusammengenommen scheint uns die Arbeit des Herrn *Morin*, rücksichtlich der Menge und der Genauigkeit der Beobachtungen, so wie rücksichtlich der Schwierigkeiten, welche zu überwinden waren, und des practischen Nutzens, lobenswerth. Ihre Commissarien schlagen Ihnen daher vor, die Schrift zu beloben und sie in dem *Recueil des Savans étrangers* drucken zu lassen.

Dieser Vorschlag ist angenommen worden.

Versuche mit Wasserrädern mit stehenden Wellen, Turbinen genannt.

Von Herrn *Morin*.

1.

Unter den Bemühungen um die Vervollkommnung der Wasserräder, welche man in den letzten Jahren gemacht hat, sind, rücksichtlich ihres Erfolges, die merkwürdigsten die des Herrn *Fourneyron*, dem es mit derjenigen Beharrlichkeit und Mühsamkeit, welche gewöhnlich zum Ziel führen, gelungen ist, den Wasserrädern mit stehenden Wellen, *Turbinen* genannt, eine Einrichtung und Verhältnisse zu geben, durch welche dieselben in vielem Betracht zu sehr nützlichen Maschinen für die Gewerbe geworden sind.

Seit langer Zeit schon waren in den Pyrenäen Wasserräder mit stehenden Wellen gebräuchlich. Die von *Belidor* beschriebenen Mühlen zu *Toulouse* liefern ein merkwürdiges Beispiel von der unmittelbaren Anwendung derselben zum Mahlen des Getraides. Aber die Wirkung dieser Räder, auf welche das Wasser, durch den äufsern Umfang in und ausströmend, blofs durch den *Stofs* wirkt, beträgt unter den günstigsten Umständen nur 35 pro cent der bewegenden Kraft. So ergeben es die im Jahre 1821 von den Artillerie-Offizieren Herrn *Tardy* und *Piobert* angestellten Versuche, von welchen noch weiter unten die Rede sein wird.

Andere, ähnliche, zu Metz seit 300 Jahren übliche Räder, deren man noch jetzt einige findet, sind noch weniger wirksam und machen nach Herrn *Poncelets* Versuchen nur etwa $6\frac{2}{3}$ pro cent von der wirkenden Kraft nutzbar.

Herr *Navier* hatte in seinen Anmerkungen zu der *Belidor*schen Wasserbaukunst die Theorie dieser Räder gegeben; so wie die einer ähnlichen Art von Rädern mit gekrümmten Schaufeln, auf welche das Wasser ohne Stofs wirkt und welche es ohne Geschwindigkeit wieder verläfst, nachdem es aus einer gewissen Höhe, den krummen Schaufeln folgend, heruntergeflossen ist. Er hatte auch die Fälle berücksichtigt, wo der Ausflufs des Wassers näher oder entfernter von der Achse erfolgt, als das Einströmen desselben. Diese letzte Untersuchung, welche sich insbesondere auf die verschiedenen, bekannten oder vorgeschlagenen, von der *rückwirkenden* Kraft des ausfliefsenden Wassers in Bewegung zu setzenden Räder bezog, findet auch auf die Turbinen des Herrn *Fourneyron* Anwendung, wenn man die Höhe, welche das Wasser in dem Rade durchläuft, Null setzt.

Herr *Poncelet* hatte in seinen an der *Ecole d'application de l'artillerie et du génie* zu Metz gehaltenen Vorlesungen im Jahre 1826 die Beschreibung und Theorie eines Rades mit stehender Welle und krummen Schaufeln gegeben, welches seinem Rade mit liegender Welle ähnlich sein und das Wasser an verschiedenen Stellen des Umfanges aufnehmen und ohne Geschwindigkeit im Innern wieder entlassen sollte.

Im Jahre 1833 hat der Bergwerks-Ingenieur Herr *Burdin* eine andere Art von Rädern mit stehenden Wellen vorgeschlagen und ausgeführt, hat dieselbe in dem 3ten Bande der 3ten Serie der *Annales des mines* beschrieben und ihr den Namen *turbines* gegeben, welchen man seitdem für alle Räder mit stehenden Wellen, die sich auch im Unterwasser badend zu bewegen vermögen, beibehalten hat.

Aber der Beharrlichkeit des Herrn *Fourneyron*, welcher sich seit 1823 mit diesem Gegenstande beschäftigt hat, war es vorbehalten, die Räder mit stehenden Wellen zu einer gröfsern Vollkommenheit zu bringen. In dem *Bulletin de la société d'encouragement etc.* vom Jahre 1833 hat er die Räder beschrieben, welche er ausgeführt und auf welche er ein Patent genommen hat.

Die Achtung für die durch lange und beharrliche Bemühungen so wohl erworbenen Rechte des Erfinders verhindert uns, über die Gestalt und Verhältnisse der Räder, mit welchen wir Versuche angestellt haben, alle Details mitzutheilen, die wir zu sammeln vermochten und die wir zum Theil dem Erfinder selbst verdanken; wir können also auch nicht diejenigen Vergleichungen der Versuchs-Resultate mit den theoretischen Formeln geben, bei welchen es auf jene Details ankommen würde. Der Benutzung der Erfindung kommt es aber auch nur vorzüglich darauf an, zu wissen, wo und unter welchen Umständen die neuen Räder anwendbar sind; und dies zu zeigen werden unsere Resultate dienlich sein.

Versuche mit den Mühlenrädern zu *Toulouse.*

2.

Ehe wir zu den Turbinen des Herrn *Fourneyron* übergehen, wird es vielleicht nicht uninteressant sein, erst die Resultate einiger seit 1821 von den Herren *Tardy* und *Piobert* mit verschiedenen Mühlenrädern zu *Toulouse* angestellten Versuche mitzutheilen. Wir werden diejenigen Räder wählen, welche die vortheilhaftesten Resultate gegeben haben.

Wie aus der *Navier*schen Ausgabe des *Belidor*schen Werkes bekannt ist, wird das Wasser auf diese Räder vermittelst eines pyramidalischen Gerinnes geleitet, welches *canelle* heifst. Nachdem es die concaven Schaufeln des Rades *gestofsen* hat, fliefst es unten zur Seite wieder aus. Es war nöthig, den Ausflufs durch diese Oeffnungen unter bestimmten Druckhöhen zu ermitteln, oder den dafür passenden Ergufs-Coefficienten. Dieses haben auch die geschickten Beobachter gethan, und zwar auf die Weise, dafs sie die Zeit der Entleerung der zum Behälter dienenden Schleusen oberhalb der Mühlenwerke beobachteten. Sie haben 0,9 für den mittleren Werth des Coefficienten gefunden. Vermittelst dieses Coefficienten liefs sich nun der Wasser-Ergufs durch die Canelle für jeden Wasserstand berechnen; so wie auch die Wirkung der Maschine selbst.

Der Nutz-Effect wurde vermittelst eines Werkzeuges gemessen, das dem vom Herrn *v. Prony* damals angegebenen Dynamometer, der ihnen aber noch nicht bekannt geworden, ähnlich war.

Die Formel der Herren *Navier* und *Poncelet* für den Nutz-Effect ist

$$Pv = 1000\,\frac{Q}{g}(V\sin\alpha - v\sin\beta)\,v\sin\beta,$$

wo

P die auf den Umkreis der Angriffspuncte des mittleren Strahls auf das Rad übertragene Wirkung des Wassers bedeutet;

Q den Wasser-Ergufs in 1 Secunde;

v die Geschwindigkeit des Angriffpunctes des Wassers;
V die Geschwindigkeit des Zuflusses;
α den Winkel der Richtung der Geschwindigkeit V mit der Schaufel, im Angriffspunct;
β den Winkel der Richtung der Geschwindigkeit v mit der Schaufel, in demselben Punct;
g die bei freiem Fall nach der ersten Secunde erlangte Geschwindigkeit.

Aus der Formel folgt, dafs das Maximum der Wirkung für

$$v = \frac{V}{2 \sin \beta}$$

Statt findet.

Bei den Mühlen zu *Toulouse* ist gewöhnlich

$$\alpha = 90 \text{ Grad}, \qquad \beta = 70 \text{ Grad, also}$$
$$\sin \alpha = 1, \qquad \sin \beta = 0{,}94.$$

Bei der neuen Mühle zu *Toulouse,* von welcher wir die Ergebnisse der Versuche mittheilen, war der Angriffspunct des Wassers $20\frac{1}{4}$ Zoll von der Achse des Rades entfernt.

[Wir übergehen die Tabelle der Resultate dieser Versuche, als nicht wesentlich zu dem Gegenstande dieser Nachrichten gehörig, und geben nur die daraus gezogenen Folgerungen. D. H.]

3.

Die Resultate zeigen, dafs, wenn die Geschwindigkeit v des Angriffspunctes des Rades 54 bis 68 pro cent von der Geschwindigkeit des Zuflusses beträgt, der durch den Dynamometer gemessene Nutz-Effect im Durchschnitt 75 pro cent von dem theoretischen Effect ist, und dafs also die obige Formel, bis auf $\frac{1}{8}$ mehr oder weniger, auf

$$Pv = 750 \frac{Q}{g} (V \sin \alpha - v \sin \beta) v \sin \beta$$

modificirt werden mufs.

Der Nutz-Effect selbst, so wie ihn der Dynamometer ergeben hat, beträgt unter denselben Umständen im Durchschnitt 34,2 pro cent der wirkenden Kraft; so dafs also diese Räder ungefähr eben so viel leisten, als gute *unterschlächtige* Wasserräder mit ebenen Schaufeln.

Für das Maximum der Wirkung, für welches $v = \frac{V}{2 \sin \beta}$ sein mufs, ergiebt sich hier, wo $\sin \beta = 0{,}94$ ist, $v = 0{,}55\, V$; und dies stimmt mit den Versuchen, welche für die gröfste Wirkung $v = 0{,}54V$ und $v = 0{,}58V$ gegeben haben.

Die Versuche der Herren *Tardy* und *Piobert* zeigen also, dafs die Wirkung der Räder mit stehenden Wellen und gekrümmten Schaufeln, auf welche das Wasser durch den *Stofs* wirkt, für gewöhnliche Geschwindigkeiten und wenn die Räder gut gebaut sind, etwa 35 bis 40 pro cent der wirkenden Kraft beträgt.

Versuche mit den Turbinen des Herrn *Fourneyron*.

4.

Beschreibung der Turbinen.

[Statt der *allgemeinen* Beschreibung der Turbine zu *Fraisans,* welche Herr *Morin* hier folgen läfst, wollen wir von *mehreren* dieser Räder, unter welchen auch das von *Fraisans* ist, die *ausführliche* Beschreibung einschalten, welche Herr *Fourneyron* selbst in dem *Bulletin de la societé d'encouragement etc.* giebt, und auf welche auch Herr *Morin* verweiset. D. H.]

Turbinen an den Werken zu Pont-sur-l'Ognon im Departement Haute-Saône, erbaut im Jahre 1827.

Diese Turbine, welche anfangs blofs den Zweck hatte, um an ihr zu sehen, welche Wirkung von dieser Art von Rädern überhaupt zu erwarten sei, treibt eine Sägemaschine, eine Drehbank und einen grofsen Getraide-Mühlenstein.

Da der Wasserlauf hier sehr reichlich, aber sehr veränderlich, das Gefälle nicht bedeutend und der Erfolg noch ungewifs war, so habe ich die Maschine, obwohl fest, doch so wohlfeil als möglich zu erbauen gesucht. Indem alles für den Zweck nicht Wesentliche weggelassen wurde, zeigt diese Turbine nur das, was an ihrer Construction und rücksichtlich des Wasser-Ein- und Ausflusses eigenthümlich ist.

Die Schützen und die Vorrichtungen, selbige zu heben und zu senken: überhaupt Alles was nicht zu den Versuchen, die ich machen wollte, *nothwendig* war, sind nicht neu gebaut worden. Ich wollte erst die Hauptfrage des Erfolges prüfen.

Taf. VI. Fig. 1. ist der Grundrifs der Turbine. Der Behälter *A* steht durch die beiden Schützen *a, a* mit dem obern Gerinne oder Zuleitungs-

Canal *B* in Verbindung, durch welchen die Werke mit Wasser versorgt werden.

Fig. 2. ist der Durschschnitt der Maschine nach einer senkrechten Ebene, die durch die Achse der stehenden Welle geht und die Richtung des Unter-Gerinnes hat.

Fig. 3. ist die Ansicht des Rades und des hölzernen Behälters, senkrecht auf die Achse des Abflufsgerinnes genommen.

Fig. 4. ist der Durchschnitt des untern Theils der Turbine, nach einem gröfsern Maafsstabe.

Dieselben Buchstaben bezeichnen in den vier Figuren dieselben Gegenstände.

d ist die Turbine, welche unterhalb des Behälters steht und auf die gufseiserne Welle *e* festgekeilt ist. Die Welle hat an ihrem untern Ende einen verstählten Zapfen, der in einer stählernen Pfanne läuft. Oben dreht sich die Welle *e* zwischen zwei kupfernen Futtern, die in den beiden Hölzern *f, f* befestigt sind, welche ihrerseits in den Mauern zur Seite stecken.

Das Rad selbst ist von Eisen aus einem Stück gegossen und aufsen ganz glatt, damit es bei seiner Bewegung unter Wasser keinen Widerstand finde. Der Boden *D* des Rades ist sphärisch und hat in der Mitte ein Loch, durch welches die Welle geht. Diese sphärische, den Boden bildende Schale besteht aus einem Stück mit dem weiter vortretenden ringförmigen Rande *d', d'*, dessen Umfang in 18 gleiche Theile getheilt ist und der die 18 gekrümmten Schaufeln *d'', d'', d''*, ... trägt, auf welche das Wasser wirken soll. Diese Schaufeln stehen auf dem untern ringförmigen horizontal liegenden Rande senkrecht und sind von einer zweiten, obern, ringförmigen horizontalen Scheibe bedeckt, eben so breit als die untere und mit welcher sie nur durch die Schaufeln selbst verbunden ist. Der mittlere Theil dieses obern Randes ist eine kreisförmige, ganz freie Oeffnung, durch welche sich der kreisförmige *Boden F* hinein, und bis dicht über den untern ringförmigen Rand des Rades hinabsenken kann, ohne die beiden ringförmigen Ränder irgendwo zu berühren.

Der kreisförmige und horizontale Boden *F* hat einen Kern *F'*, mit ihm aus einem Stück, der sich in eine lange Röhre *g* vereinigt, welche ebenfalls damit nur ein Stück ausmacht.

Die so auf den Boden *F* befestigte Röhre *g* steigt vertical in die Höhe und ist oben zwischen zwei Stege *G, G* eingeklemmt, welche sie verhindern, sich zu drehen und nebst dem Boden *F* tiefer hinabzusenken, als es sein soll.

Auf dem Boden *F* stehen, in gleicher Entfernung von einander und fest mit der Fläche des Bodens und dem Kern *F* verbunden, 9 gekrümmte und senkrechte Scheidungen F'', F'', F'', ..., welche die Bestimmung haben, das Wasser auf die Schaufeln des Rades zu leiten und welche ich *feste Leit-Curven (courbes conductrices ou courbes fixes)* nenne, weil sie unbeweglich bleiben. Diese Curven haben den Schaufeln entgegengesetzte Richtungen.

Die krummen Schaufeln d', d', d', ... des Rades, welche sich mit denselben herumbewegen, sollen dagegen zuweilen *bewegliche* Curven *(courbes mobiles)* genannt werden.

Die festen Leit-Curven reichen bis F'' (Fig. 2. und 4.) in die Höhe, nemlich bis über den obern ringförmigen Rand des Rades *d*, und bis zu der Fläche des Bodens des Behälters *A*.

Dieser Boden hat ein kreisförmiges Loch, durch welches nicht allein die Röhre *g* geht, welche ich *Bodenträger (porte fond)* nenne und in welcher sich die stehende Welle *e* des Rades frei dreht, sondern durch welches auch das Innere des Behälters *A* mit den Fächern auf dem Boden *F* und dem Raume zwischen den beiden ringförmigen Rändern des Rades in Verbindung gesetzt wird.

Diese Verbindung zwischen dem Boden *F* und dem Behälter wird insbesondere durch eine Art von kleinem Cylinder oder verticalem Schnabel vermittelt, dessen Ränder inwendig abgerundet sind und der in das Rad bis auf etwa 1 Linie unter die untere Fläche des obern ringförmigen Randes hinabreicht und fest mit dem Boden des Behälters verbunden ist.

Die Verbindung der Fächer zwischen den festen Leit-Curven und dem Innern des Rades findet auf die ganze Höhe der beweglichen Schaufeln durch die Oeffnungen zwischen den Scheidungen, dem Boden *F* und dem untern Rande des kleinen Cylinders oder Schnabels *b* Statt.

Wir wollen nun den Lauf des Wassers und seine Wirkung auf das Rad beschreiben.

So wie die Schützen *a, a* gezogen werden, fliefst das Wasser aus dem Canal *B* in den Behälter *A*, aus welchem es nicht anders entweichen kann, als durch die Seiten-Oeffnungen, die die Verbindung mit dem Innern des Rades herstellen. Da aber diese Seiten-Oeffnungen in Vergleich zu den Schützen *a, a* nur klein sind, so können sie nicht alles durch die Schützen zufliefsende Wasser abführen. Das Wasser wird also in dem Behälter *A* beinahe eben so hoch steigen, als es in dem Canale *B* steht.

Hierauf wird das Unterwasser unter dem Drucke der ganzen Höhe *H* seitwärts entweichen. Da aber die nach den Oeffnungen sich bewegenden Wassertheile wegen der festen Leit-Curven nicht alle in gerader Linie fliefsen können, so werden sie diesen Curven bis zu ihrem Ende folgen, dort in der verlangten Richtung und mit der Geschwindigkeit $V = 2\sqrt{gH}$ in das Rad treten und mit dieser Geschwindigkeit auf die beweglichen Schaufeln wirken; dieselben, bis das Wasser am äufsern Rande des Rades entwichen ist, zwingen, dem Druck nachzugeben und so die Turbine in Bewegung setzen.

Die Schnabelmündung *b* hat einige Höhe, um die Zusammenziehung des Wasserstrahls zu verhindern, das Wasser in die horizontale Richtung zu lenken und dasselbe eine Strecke weit in dieser Richtung hinfliefsen zu machen, damit es nun, von oben geprefst, ganz diese Richtung annehme.

Wäre die Decke der Oeffnungen zu dünn, so würde dieser Erfolg nicht Statt finden und das Wasser würde nicht unter dem von der Theorie verlangten Winkel das Rad treffen.

So war die Anordnung, welche ich machen zu müssen glaubte, um zuerst eine Turbine im Grofsen zu *versuchen.*

Das beschriebene Rad kostete 133⅓ Rthlr. (500 Fr.). Man bediente sich nun desselben, um zu versuchen, welche Wirkung die Maschine haben und wie sich ihr Nutz-Effect über oder unter Wasser zu dem theoretischen Effecte verhalten werde.

Zu dem Ende wurde eine Rolle und ein Zügel an den obern Theil der stehenden Welle angebracht. Der Hebel des Zügels, mit einem Kreisbogen, um dem Hebel stets dieselbe Länge zu geben, war vermittels eines über eine Rolle gehenden Seils mit einer Wageschale verbunden, auf welche man Gewichte legen konnte. Die Beobachtungen rücksichtlich des Zügels habe ich in No. 6. Seite 14 des *Bulletin de la société industrielle de Mulhausen* beschrieben.

Die Versuche mit dieser Turbine wurden in Gegenwart des Herrn *Thirria,* Bergwerks-Ingenieurs für das Departement Haute-Saône, angestellt, der dieselben zum Theil auch selbst leitete. Es ergab sich aus den drei, dem Falle der *gröfsten* Wirkung am nächsten kommenden Versuchen, dafs der Nutz-Effect etwa 83 pro cent von der theoretischen Wirkung beträgt, das Rad mag sich über oder unter Wasser bewegen. Spätere Versuche haben eine noch günstigere Wirkung ergeben.

Turbine, welche das Gebläse des Hoch-Ofens von Dampierre bei den Hammerwerken von Fraisans (im Departement des Jura) treibt.

Diese Turbine wird durch das Wasser eines Teiches in Bewegung gesetzt, welches 9½ bis 19 Fufs Gefälle hat, je nachdem der Teich mehr oder weniger gefüllt ist.

Sie weicht von der vorigen nicht allein rücksichtlich des Gefälles ab, sondern auch dadurch, dafs man ein regulirendes Schütz angebracht hat, vermittelst dessen sich die Kraft der Maschine nach Erfordern durch Zulassen von mehr oder weniger Wasser verstärken oder schwächen läfst. Sie weicht ferner von der vorigen dadurch ab, dafs das Wasser in einen oben hermetisch verschlossenen Cylinder *A* (Fig. 5.) geleitet wird, der hier die Stelle des hölzernen Behälters (Fig. 1. bis 4.) vertritt; und dann auch noch durch verschiedene andere Nebendinge, die wir näher beschreiben werden.

Taf. VII. Fig. 5. ist eine Ansicht des Rades; des gufseisernen Cylinders *A*, unter welchem sich das Rad befindet; des zur Hebung und Senkung des regulirenden kreisförmigen Schützes bestimmten Mechanismus auf dem Deckel des Cylinders, und des conischen Rades oder Drehlings auf dem obern Ende der stehenden Radwelle, vermittelst dessen die Bewegung des Rades durch ein hinein greifendes anderes Rad dem Gebläse zugeführt wird. Auch sieht man in dieser Figur den Behälter *B*, der vermittelst des hölzernen Canals *a, a* mit dem Cylinder *A* in Verbindung steht und ihm das aus dem letztern in das Rad tretende Wasser zuführt.

Fig. 6. ist die Ansicht der Maschine von oben oder im Grundrifs.

Fig. 7. und 8. sind, in doppeltem Maafsstabe, erstere ein Durchschnitt der Maschine nach einer senkrechten Ebene durch die Welle und senkrecht auf den Ableitungs-Canal; letztere ein Grundrifs, so vorgestellt, als wenn der Deckel von dem Stege, der die bodentragende Röhre befestigt, abgenommen wäre. Die Fächer der festen Leit-Curven und des Rades darunter, sind durch punctirte Linien angedeutet.

dd ist die Turbine, aus Gufs-Eisen. Sie hat 27 gekrümmte Sc feln, ebenfalls aus Gufs-Eisen, die mit dem Rade zusammen ein Stück ausmachen. Ihre Gestalt ist übrigens der der vorigen ähnlich.

e ist die stehende Welle von geschmiedetem Eisen, welche sich mit viel Spielraum innerhalb der senkrecht auf das Rad stehenden bodentragenden Röhre bewegt.

F ist der kreisförmige, feste Boden mit seinen 9 festen Leit-Curven *c, c, c,* .... und dem Kerne *CC,* durch welchen der Bodenträger *g* hindurchgeht und auf den der Kern festgekeilt ist, ohne mit ihm aus einem Stück zu bestehen.

G ist ein im Einschnitte des Cylinders *A* festgekeilter Steg. Ein Halsband *h,* ebenfalls aus gegossenem Eisen und aus zwei Hälften bestehend, um bequemer um die Röhre *g* gepafst werden zu können, legt sich um diese Röhre in eine cylinderförmige Oeffnung, welche unten, in der Mitte des Steges *G,* einen Vorsprung hat, oben aber einen Rand. Dieser Rand dient, die Röhre und den Boden *F* zu tragen. Wenn die Röhre senkrecht und in der Mitte der Maschine steht, so werden die beiden Hälften des Halsbandes *h*, welcher ihren vorspringenden Rand umgiebt, stark in den Steg *G* festgekeilt, um die Röhre und den Boden zu verhindern, dafs er sich drehe, oder wanke. Dieser Steg ist hier an die Stelle der hölzernen Balken *G, G* (Fig. 2.) getreten und soll *Stuhl* des Bodenträgers heifsen.

Der Steg *G* ist an zwei Stellen *i, i* (Fig. 8.) durchbohrt. Durch die Löcher gehen die eisernen Stifte oder Stangen *k,* an welche oben Schraubengänge geschnitten sind, und welche dienen, das kreisförmige Schütz *I* (Fig. 7.) vermittelst der kleinen Drehlinge *l, l, l* (Fig. 6.), die oben Schraubengänge haben und zugleich die Muttern zu den Stangen *k, k, k* sind, zu heben oder zu senken.

D (Fig. 5., 6. und 7.) ist ein gezahntes Rad, welches sich mit gelinder Reibung auf einem um das obere Ende der Röhre *g* sich legenden Halsbande *m* dreht. Dieses Halsband *m* wird durch vier Schrauben auf eine Unterlage von Hanf geprefst, welche sich in einen aus der Mitte des Deckels *K* sich erhebenden kleinen Cylinder um die Röhre *g* legt und so, gleich den gefutterten Büchsenverschlüssen, die Verbindung des Innern des Cylinders mit dem Aeufsern und das Entweichen des Wassers an dieser Stelle verhindert.

Das Rad *D* wird durch einen Drehling *E* (Fig. 5. und 6.) in Bewegung gesetzt, an dessen Achse sich eine Kurbel *H* befindet, um das

Rad durch dieselbe zu drehen. Indem durch den Drehling *E* und das Rad *D* die Drehlinge *l, l, l* in Bewegung gesetzt werden, heben oder senken sich die Stangen *k, k* und folglich das an dieselben befestigte Schütz *I* (Fig. 7.).

K (Fig. 6. und 7.) ist der gufseiserne Deckel des Cylinders *A*. Er ist auf denselben durch Bolzen wasserdicht angeschraubt. Dieser Deckel hat zur Verstärkung 12 Rippen und einen vorspringenden Ring näher am Umfange (Fig. 6.), die mit dem Deckel zusammen ein Stück ausmachen.

L (Fig. 7.) ist der Verbindungsrand zwischen dem Cylinder und dem Schütz *I*, welches die festen Leit-Curven des Bodens *F* umgiebt. Dieser Rand *L* ist nicht unentbehrlich; aber er verhindert grofsentheils die Zusammenziehung des Wassers, die sonst bei dem Eintritt in die Radfächer Statt finden würde.

M (Fig. 5. und 6.) ist der Röhrenhals, der den Cylinder mit der Leitung *a, a* in Verbindung setzt, durch welche das Wasser aus *B* in *A* gelangt.

N, N (Fig. 5. bis 8.) ist das in der Mauer befestigte Zimmerwerk, welches den Cylinder *A* trägt.

O (Fig. 5.) ist das Halsband oben um die stehende Welle *e*, in welchem sich dieselbe an Futtern dreht.

P (Fig. 7.) ist das Lager von Gufs-Eisen, in welches die Zapfenpfanne eingelassen ist. Dieses Lager ist so eingerichtet, dafs ein inwendig abgedrehtes und die Pfanne genau umgebendes Futter dasselbe verhindert, sich von dem Mittelpuncte zu entfernen, um welchen das durch Spitzschrauben zu stellende Futter in das Lager auf die Weise festgekeilt ist, dafs seine senkrechte Bewegung nicht gehindert wird, so dafs nur ein von einer Seite pyramidaler Schlüssel *p*, indem er sich in das Lager versenkt, das Rad trägt.

Q (Fig. 5. und 7.) ist das Zapfenlager und *q* der Zapfen des Rades.

Die Welle *o* der Kurbel *H* (Fig. 5.), welche zur Stellung des kreisförmigen Schützes *I* dient, wird durch einen gufseisernen Arm *S* gehalten.

Das Schütz *I* ist auf dem Rande von mehreren kupfernen Ringen umgeben und durch einen hölzernen aufgeschraubten Ring dicker gemacht, und abgerundet; wovon der Zweck oben angegeben ist.

Um nun die Maschine in Bewegung zu setzen, öffnet man das Schütz vor der Mündung der hölzernen Röhre *a, a*. Das Wasser fliefst durch dieselbe, füllt den Behälter *A* aus und drückt auf alle Puncte seiner Wände, im Verhältnifs der Druckhöhe. Dreht man hierauf vermittelst der Kurbel *H* den Drehling *E* von der Rechten nach der Linken um, so bewegt derselbe das Rad *D*, welches seinerseits die Drehlinge mit den Schrauben *l, l* in Bewegung setzt und die drei Stangen *k, k* nebst dem Schütz *I* hebt. Dadurch öffnen sich dann die Ausflufs-Oeffnungen am ganzen innern Umfang des Rades zwischen den festen Leit-Curven, dem Boden und den untern Seiten des Schützes. Das Wasser entweicht mit der der Druckhöhe entsprechenden Geschwindigkeit, und in der Richtung, welche die Leit-Curven ihm geben. Es durchströmt das Rad; prefst dabei die krummen Schaufeln; zwingt sie dadurch, mit derjenigen Geschwindigkeit auszuweichen, die dem den Schaufeln entgegengesetzten Widerstande entspricht; theilt so der stehenden Welle die umdrehende Bewegung mit, und der Drehling *R* überträgt dieselbe auf das Gebläse.

Nach dieser Anordnung kann, wie man sieht, durch eine der vorigen ähnliche Turbine jedes Gefälle von beliebiger Höhe benutzt werden, ohne dafs die stehende Welle sehr lang sein darf. Die Bewegung kann man wohin man will leiten und das Rad (welches auch für eine beträchtliche Fallhöhe keinen grofsen Raum einnimmt) an einen beliebigen Ort legen. Die Maschine kann so ohne Uebelstand in die Mitte eines Zimmers gesetzt werden und nimmt, mit einer Kraft von 6 bis 10 Pferden und bei einer Fallhöhe von 12 bis 16 F., nicht mehr Raum ein, als etwa ein Stuben-Ofen.

Insbesondere wird man aber bei dieser Einrichtung darauf sehen müssen, dafs die Zuleitungsröhre aus dem obern Gerinne oder Behälter *B*, hinreichend weit sei, um ohne wesentlichen Verlust an Druckhöhe zur Ueberwindung der Reibung und Hervorbringung der Geschwindigkeit in der Leitung, eine für die verlangte bewegende Kraft zureichende Masse Wasser herbei führen zu können. Da die auf dergleichen Leitungen passenden Formeln in den *Prony*schen Tafeln vollständig berechnet sind, so ist es überflüssig, sie hier herzusetzen. Man mufs indessen die Zuleitungen immer noch etwas gröfser machen, als die Rechnungsresultate sie verlangen, damit die mit der Zeit an die Wände der Leitungen sich ansetzenden Unreinigkeiten den Zuflufs des Wassers nicht auf eine nachtheilige Weise hemmen mögen.

Turbine von 50 Pferden Kraft, bei den Hammerwerken zu *Fraisans.*

Die Details der Beschreibung der beiden vorigen Turbinen werden das Verständnifs derjenigen dieser dritten erleichtern; bei welcher aber noch einige neue Einrichtungen bemerklich zu machen sind.

Fig. 9. bis 15. Taf. VIII. und IX. stellen die Turbine vor. Fig. 9. zeigt nur die Hälfte des Rades und des Gerinnes, weil die andere Hälfte der ersten ganz gleich ist.

d ist das Rad selbst, mit seinen 36 gekrümmten Schaufeln. Im Boden hat die Schale des Rades sechs kreisförmige Löcher (Fig. 12.), um den Gufs und die Aufstellung der Schale zu erleichtern.

D (Fig. 10.) ist das ringförmige Schütz, mit seiner hölzernen Ausfutterung, an welche sich die festen Leit-Curven anlegen.

E ist die genau abgerundete Oeffnung, in welcher sich das Schütz auf und nieder bewegt, welches mit Leder gefuttert ist, um den Wasserverlust zu verhindern. Die Oeffnung hat einen breiten Rand, welcher vermittelst Bolzen fest an den Boden des Gerinnes angeschraubt ist.

e (Fig. 10.) ist die stehende Welle des Rades. Sie hat an ihrem untern Ende den Zapfen *p*, welcher sich in der Pfanne *s* dreht, die in dem gufseisernen Lager *P* eingelassen ist, und die vermittelst der eisernen Stange 7, vermittelst des Hebels 9 und der Ketten 12, die sich auf die Welle 13 aufwickeln lassen, gehoben und gesenkt werden kann.

F (Fig. 10.) ist der Boden mit den 12 festen Curven (Fig. 9.), welche das Wasser in der verlangten Richtung auf das Rad leiten.

f (Fig. 10.) ist das eiserne Halsband, in welchem sich das obere Ende der stehenden Welle dreht und welches vermittelst zweier Lappen befestigt ist. Fig. 15. stellt dieses Halsband besonders im Grundrifs vor.

g (Fig. 10. und 11.) ist die den Boden tragende Röhre.

G ist der Träger für diese Röhre. Derselbe ist mit seinen Armen und den beiden Futtern, an welche sich die Röhre anlegt, in Figur 14. besonders vorgestellt.

i, i, i sind drei eiserne Stangen, welche dienen, das Schütz *D* zu heben. An ihren obern Enden sind Schraubengänge angeschnitten, und mit diesen gehen sie durch Schraubenmuttern, welche sich in dem Mittelpuncte der Räder *i', i', i'* befinden, die in ein centrales Rad *C* eingreifen, welches sich mit gelinder Reibung um den auf dem obern Ende der Röhre befestigten gufseisernen Hals 14 (Fig. 10.) dreht.

Die Schraubenspindeln der drei Stangen *i, i, i* haben jede oben einen Knopf, welcher an die Schraubenmutter anstöfst, wenn das ringförmige Schütz völlig geschlossen ist. Dadurch werden die Räder *i', i', i'* verhindert, sich von den Spindeln zu trennen, wenn man etwa die Kurbel noch weiter drehte, als es sein mufs.

I (Fig. 10. und 11.) ist ein Drebling an der senkrechten Welle *h*, an deren oberm Ende sich das Keilrad *k* befindet. In dasselbe greift das kleine Keilrad *r* an der liegenden Welle *n*, mit der Kurbel *m*. Dreht man also die Kurbel *m*, so wird das Rad *k* und folglich der Drehling *I* in Bewegung gesetzt. Dieser greift in das Centralrad *C* und dieses Centralrad greift weiter in die drei Räder *i', i', i'*, jedes mit 4 Schraubengängen, durch deren Umdrehung die Stangen *i, i, i* und folglich das Schütz *D* gehoben oder gesenkt werden. Die Räder *i,' i', i'*, oder vielmehr die darin befestigten Schraubenmuttern, werden von kleinen Scheiben getragen, die in ein gufseisernes Stück *a* eingelassen sind. Durch diese Einrichtung wird die Handhabung und Stellung des Schützes sehr erleichtert.

N ist der Boden des Wasserbehälters, unter welchem sich die Turbine befindet. Er hat unten eine kreisförmige Oeffnung für den Cylinder *E*, für das Schütz *D* u. s. w. Durch diese Oeffnung begiebt sich das von oben kommende Wasser nach dem Boden *F*, der die festen Leit-Curven trägt, und von da in das Rad, welches den Boden *F*, dessen feste Schaufeln und selbst das Schütz noch umgiebt, wenn solches noch nicht bis zum obersten Rande gehoben ist.

Der sonst um die Oeffnung herum horizontale Boden des Behälters neigt sich nach dem Fachbaum des Sperrschützes hin; welches vorhanden ist, um nöthigenfalls die Gewässer des Doubs-Flusses von dem Eintritt in den Behälter der Turbine durch den gewölbten Canal *B* abzuhalten. Diese Senkung des Bodens dient zur Verbindung desselben mit dem für die aufgegebenen hölzernen Wasserräder bestimmt gewesenen Fachbaum.

M sind Mauern von Werksteinen, welche den Behälter der Turbine umgeben und einen Theil des Mauerwerks des Gebäudes ausmachen, in welchem sich die Maschine befindet.

Q ist die Ausfüllung von Mergel und Béton zwischen der Fachbaum-Mauer in der runden Einfassungs-Mauer der Turbine.

U Griefswerk des obern Schützes.

V Schützen im Unterwasser.

V' Falz in der Seitenmauer für dieses Schütz. Wenn dasselbe und das Schütz *U* oberhalb verschlossen sind, so kann der Raum der Turbine, im Fall an der Maschine Ausbesserungen nothwendig sind, trocken gemacht werden. Auch kann man vermittelst der Schützen die Turbine so weit unter Wasser setzen, als man will, um vielleicht den Frost abzuhalten; gegen welche indessen die Maschine, da ihr Behälter bequem sich verschliefsen läfst, auch ohne das leicht zu bewahren ist.

X Zimmerwerk zur Unterstützung der bodentragenden Röhre.

Z Gebälk, welches das Gebläse und den Boden des Hauses trägt.

x hölzerne Säulen unter den Luft-Cylindern.

S Steg von Gufseisen, an den Säulen *x* befestigt, zum Halten der eisernen Wellen *n* und *h* der Räder *r* und *k*.

Y (Fig. 10.) conisches Getriebe, in welches ein anderes, gröfseres keilförmiges Rad eingreift, welches die Bewegung des Wasserrades auf den Mechanismus des Gebläses überträgt.

Die durch die Figuren 9. bis 15 vorgestellte Turbine von *Fraisans* ist von gegossenem Eisen; aber ihre 36 krummen Schaufeln machen mit der sphärischen Schale und den beiden ringförmigen Umgebungen derselben nicht zusammen ein Stück aus, sondern sind von starkem Eisenblech und auf vorspringende angegossene Ränder des untern und des obern Ringes angeschraubt. Mit dem Boden *F* verhält es sich eben so; auch die festen Leit-Curven sind angeschraubt.

Diese Anordnung ist aber nicht gut, indem die Bolzen und Schraubenmuttern dem Wasser Hindernisse in den Weg legen, deren es beim Hingleiten an die Schaufeln nicht antreffen darf. Ich hatte den Gufs der Turbine aus einem Stück bestellt und das Modell dazu gegeben; aber die Eisengiefser, welche anfangs den Gufs auszuführen übernommen hatten, hielten ihn nachher für zu schwierig und mifslich, und ich wurde nach viermonatlichem Warten gezwungen, endlich in die Befestigung durch Bolzen zu willigen, welche sie mir vorschlugen. Wenigstens die Mündungen der Schaufelfächer hätten ohne alle Vorsprünge gemacht werden sollen. Da indessen die Zeit der Ablieferung herankam, so konnte auch dies nicht erlangt werden. Die Versuche mit dem Rade zeigten hernach den nachtheiligen Einflufs davon.

Die Schale des Rades hat in der Mitte ein cylindrisches Loch *o, o* (Fig. 10. und 12.), an dessen innerm Umfange sich vier Vorsprünge oder

Rippen befinden, die von oben bis etwa 2 Zoll unter das Auge oder die Oeffnung des Rades reichen. In diese Oeffnung schiebt sich von unten, und so, dafs sie solche ganz ausfüllt, eine Büchse von Gufs-Eisen 1, 1, welche inwendig vier Einschnitte, unten mit Rändern, hat, in welche sich die vier Vorsprünge oder Rippen des Auges legen, so dafs sich auf diese Weise das Rad fest einkeilt. Die Büchse 1, 1 ist conisch durchbohrt: unten weiter als oben. Diese conische Oeffnung ist genau ausgedreht und nimmt eine Hülse 2, 2 auf, die nach der Richtung der Achse in zwei Hälften zerschnitten ist. Diese Hülse ist aufsen conisch abgedreht, so dafs sie in die Büchse 1, 1 hineinpafst: innen aber ist sie cylindrisch, so dafs die stehende Welle *e* des Rades mit ihrer Verstärkung sie ausfüllt. Diese Hülse 2, 2 umgiebt also die stehende Welle und ruht auf einem untern Rande oder Vorsprung derselben. Sie selbst ist von der Büchse 1, 1 umgeben, die man, genau im Mittelpunct des Rades, mit der gewöhnlichen Vorsicht festkeilt.

Nach dieser Einrichtung läfst sich das Rad leicht von der stehenden Welle lösen. Man hebt das Rad um etwas und läfst die Welle mit der zweihälftigen Hülse um einige Zoll hinunter; vermöge ihrer conischen Form läfst sie leicht davon los. Die beiden Hälften der Hülse lösen sich von der Welle ab und die Welle kann nun mit ihrem Kragen oder Vorsprung durch die Oeffnung der conischen Büchse hindurch gebracht und auf diese Weise ausgehoben werden.

Da nun aber alle Theile dieser Verbindung rund abgedreht sind, so mufs noch das Rad mit der Welle so verbunden werden, dafs sich Eines mit dem Andern *zugleich* drehen mufs. Dieses geschieht vermittelst vier runder eiserner Pflöcke, die, in der Fuge der Büchse und der Hülse befindlich, mit der Hälfte ihrer Dicke in die Büchse, mit der andern Hälfte in die Hülse eingreifen. Man sieht sie in Fig. 12.

Der feste Boden *F* ist mit der Röhre *g* auf eine ähnliche Weise verbunden. Nur trägt hier der Boden *F* selbst einen abgekürzten Kegel, der die Büchse ist, in welche genau die zweihälftige Hülse 3, 3 pafst; wie es die Figuren 9., 10. und 13. zeigen. Die Hülse ist in der Mitte ausgeschnitten und berührt die bodentragende Röhre an zwei abgedrehten Stellen an ihren Enden. Die Röhre wird wieder durch zwei Pflöcke an der Hülse festgehalten, um zu verhindern, dafs die Rückwirkung des Wassers auf die festen Leit-Curven sie nicht umdrehe. Die Hülse ist in dem

Kern des Bodens *F* festgekeilt und beide werden durch zwei Vorsprünge festgehalten, die das Drehen des Bodens um die Röhre verhindern. Die 13te Figur stellt den Boden *F*, von unten angesehen, mit den 12 zu seiner Verstärkung bestimmten Rippen *F'*, *F'*, *F'* .... vor. Ueber dem Kern und der Hülse ist ein ringförmiger Wulst 4, 4 von Holz befestigt, um den Anstofs des Wassers gegen den um die Röhre vorspringenden Kern abzulenken.

Oben bei *G* ist die Röhre fast eben so eingefugt, wie wir es schon weiter oben bei dem Rade mit hohem Gefälle in den Werken von *Dampierre* beschrieben haben und wie es die Figuren 10. und 14. zeigen. Blofs hat man hier noch zur Befestigung eiserne Haltepflöcke hinzugefügt, die bei dem kleinen Rade nicht nöthig waren, da dasselbe schon durch das blofse Einklemmen der Hülse in das Halsband der Röhre hinlänglich am Umdrehen verhindert wurde.

Zu den neuen Anordnungen, die hier zu beschreiben sind und die bei den beiden vorigen Turbinen nicht Statt fanden, gehört auch die Vorrichtung zum Heben und Senken des Rades, für den Fall, wenn der Zapfen *p* der stehenden Welle *e* sich abnutzt.

Der Schuh *P* für das Zapfenlager ist dem bei der zweiten Turbine ähnlich; nur hier gröfser, und viereckig. Er enthält, wie jener, ein kupfernes Zapfenlager 5, mit stählernem Boden, worauf und worin der Zapfen *p* der Welle sich dreht. Dieses Zapfenlager ist äufserlich cylindrisch abgedreht und pafst, mit gelinder Reibung, in eine danach calibrirte Hülse 6, in welcher es sich genau senkrecht auf und nieder bewegen kann. Diese Hülse ist aufsen viereckig und in den Schuh festgekeilt. Der Schuh endlich ist auf den Boden des Gerinnes festgebolzt. Das Zapfenlager hat unten eine Rinne, in welche sich ein starker eiserner Steg 7 mit rundem Zapfen legt, welcher vermittelst zweier andern Eisen 8, die vertical, jedes an einen Balken 9 gehängt sind, das Zapfenlager trägt, welches sich nicht drehen kann, und vermittelst dieses Lagers dann den Wellzapfen *p* und folglich die Welle und das Rad selbst. Die beiden gufseisernen Balken 9, rechts und links von dem Rade, haben eine gemeinschaftliche Dreh-Achse 10, welche auf zwei an die Schuhe angegossenen eisernen Knaggen ruht und sich darauf drehen kann. Am andern Ende sind die beiden Balken durch eine Stange oder Spange mit einander verbunden. Diese Querstange ergreift vermittelst Schliefshaken zwei Ketten 12, welche sich auf eine kleine Trommel 13 wickeln, die am Ende ein Sperrrad hat. So wie man nun die Kette auf die Trommel auf- oder von derselben abwickelt, indem man die Trommel vermittelst eines eisernen Hebels umdreht, hebt oder senkt man die Turbine und kann sie auf die verlangte Höhe stellen: auf ähnliche Weise wie es bei Mühlsteinen geschieht.

Die Turbine von *Fraisans* wird auf die nemliche Weise in Bewegung gesetzt, wie die beiden vorigen. Man zieht, wenn man die Turbine tiefer unter Wasser bringen will, als sie von selbst eintaucht, die Hauptschützen oberhalb und unterhalb. Der Behälter *A* füllt sich bis auf denjenigen Wasserstand *a*, der bei dem gewöhnlichen Durchflufs sich auch erhält und bei einem Ergufs von 48 bis 64 Cub.-F. in der Secunde beinahe eben so hoch bleibt, als der im Gerinne: bei 162 Cub.-F. Verbrauch in der Secunde aber erst etwa um 2 Zoll tiefer sinkt; welcher Verbrauch aber erst dann vorkommt, wenn das Oberwasser 10 und mehrere Fufs über seine gewöhnliche Höhe und auf das Vierfache seiner Höhe über den Gerinne-Boden steigt. Alsdann kann sehr viel Wasser verbraucht werden, ohne dafs es sich merklich senkte. Ist der Behälter *A* voll, so dreht man die Kurbel *m* von der Rechten nach der Linken. Dadurch hebt sich das ringförmige Schütz und es ist nun die Verbindung der Schaufeln des festen Bodens und des beweglichen Rades geöffnet. Das Wasser zwischen den Fächern des Bodens *F* strömt herbei, wirkt auf die Radschaufeln und setzt das Rad mit einer gewissen Kraft in Bewegung, die durch das Getriebe *Y* weiter geleitet wird.

[Auf diese Beschreibung, die Herr *Fourneyron* von den von ihm erbauten Turbinen giebt, läfst er nun den Bericht über einige von ihm mit denselben angestellten Versuchen folgen. Wir übergeben diesen Bericht, da wir statt seiner den über die *Morin*schen Versuche mittheilen werden. Dagegen mag die practische Anweisung des Herrn *Fourneyron* zur Anordnung seiner Maschine hier noch eingeschaltet werden. D. H.]

Practische Anweisung des Herrn *Fourneyron* zur Anordnung von Turbinen.

Ich nehme an, die Zahl von Pferde-Kräften, welche eine Turbine mit einem bestimmten Gefälle haben soll, sei gegeben. [Herr *Fourneyron* drückt zuerst die Rechnungs-Regeln in Worten aus; sie zeigen sich aber auch schon deutlich an dem folgenden *Beispiel*, welches er an Zahlen giebt. D. H.]

Es möge z. B. unter dem Gefälle von 6,3724 F. (2 Meter) eine Turbine von 30 Dampfpferden Kraft gebaut werden sollen. Die Kraft eines Dampfpferdes wird auf 501,1 Pfund, 1 F. hoch in der Secunde gehoben, angeschlagen (73,69 Kilogr. 1 Meter hoch). [Wir wollen in runder Zahl 500 Pfd. annehmen, wie gewöhnlich die Kraft eines Pferdes angenommen wird. Der Ausdruck Dampfpferd *(cheval-vapeur)* scheint weder richtig, noch ganz passend zu sein. D. H.]

Die verlangte Kraft der Maschine ist also $30.500 = 15\,000$ Pfd. in einer Secunde, 1 F. hoch gehoben.

Diese Kraft wird (nach Herrn *F.*) mit der Höhe des Gefälles 6,3724 F. multiplicirt und durch 66, die Zahl der Pfunde, welche ein Cubik-Fufs Wasser wiegt, also durch 420,578 dividirt. Dies giebt $\frac{15000}{420,578} = 35,66$ Cubik-Fufs Wasser an Wirkung auf die Secunde.

Da aber der Nutz-Effect nur auf 70 pro cent von der wirkenden Kraft angeschlagen werden darf, so sind $\frac{35,66}{0,7} = 50,9$ Cub.-F. Wasser an wirkender Kraft nöthig.

Die Geschwindigkeit des Wassers unter 6,37 F. Druckhöhe ist theoretisch $2\sqrt{(15\tfrac{5}{8}.6,37)} = 20$ Fufs, wegen der Contraction aber nur 60 pro cent davon; also nur 12 Fufs. Dividirt man 50,9 Cub.-F. durch 12 F. Geschwindigkeit, so ergiebt sich $\frac{50,9}{12} = 4,24$ Quadr.-F. für die Gröfse der Durchflufs-Oeffnung.

Dieser Durchflufs-Oeffnung a des Rades gebe man 14 pro cent von dem innern Durchmesser d des Rades selbst: so mufs $a = 0,14d^2$, also $d = \sqrt{\frac{a}{0,14}}$ sein. Dieses giebt, da hier $a = 4,24$ Quadr.-F. war, $d = \sqrt{\frac{4,24}{0,14}}$ $= \sqrt{30,4} = 5\tfrac{1}{2}$. Also mufs das Rad $5\tfrac{1}{2}$ Fufs im Durchmesser haben.

Den äufsern Durchmesser kann man um den vierten Theil gröfser, also 6 F. $10\tfrac{1}{2}$ Zoll grofs machen.

Die Höhe des Schützes betrage 14 pro cent von dem Durchmesser des Rades, also $0,14.5\tfrac{1}{2}$ F. $= 9\tfrac{1}{4}$ Zoll.

Da die Geschwindigkeit des Rades sich verändern darf, ohne dafs das Maximum der Wirkung Statt zu finden aufhörte, so kann man, wenn man den Winkel α nach der Formel $\sin\alpha = \frac{V}{2u}$ einrichtet, wo u die Geschwindigkeit des innern Umkreises des Rades bedeutet, diese Geschwindigkeit so annehmen, wie der weitere Mechanismus der Maschine sie verlangt. Indessen darf u nicht kleiner als $\frac{1}{2}V$ sein, weil $\sin\alpha$ dann schon $= 1$ ist und überhaupt nicht gröfser sein kann als 1. Der Winkel α müfste ein rechter sein; was aber nicht angeht, wenn das Wasser durch den innern Umring einströmen soll. Damit α so grofs sei als möglich, der Einflufs des Wassers aber nicht gehemmt werde, mufs die Geschwindigkeit des innern Umringes wenigstens 58 pro cent von der des Wassers betragen.

In dem obigen Falle war die Geschwindigkeit des Wassers 20 F. in der Secunde. Die Geschwindigkeit des Rades mufs also $20.0{,}58 = 11{,}6$ F. in der Secunde sein. Der Umfang des Rades ist $3{,}14.5\frac{1}{2} = 17{,}3$ F. Also mufs das Rad $\frac{60.11{,}6}{17{,}3} = 40$ mal in der Minute umlaufen. Besser wird es sein, es 50 mal umlaufen zu lassen. Seine Geschwindigkeit ist alsdann $58.\frac{50}{40} = 72$ pro cent von der des Wassers. Für den Winkel α ergiebt sich unter diesen Umständen $\sin\alpha = \frac{1}{2.0{,}72} = 0{,}695$, also $\alpha = 44$ Grad.

Nun ziehe man in Fig. 16. aus dem Puncte a den Halbmesser ao und mache den Winkel $hao = 44$ Grad. Aus o ziehe man die gerade Linie od so, dafs $aod = dao$ ist. Aus dem Puncte e, in welchem od den Umfang des Kerns oder der Röhre des festen Bodens schneidet, der die Leit-Curven trägt, ziehe man eb parallel mit ao, und aus dem Durchschnitte b von be und ha, bc auf ah senkrecht; sodann aus d, dem Scheitel des Dreiecks ado, ein Perpendikel auf ao: so wird der Punct, in welchem dasselbe, verlängert, die bc schneidet, der Mittelpunct eines Kreisbogens sein, dessen Form die Schaufeln bekommen müssen, von welchen dann blofs der Theil bg gerade ist.

Um die Richtung des Anfanges der beweglichen Schaufeln zu finden, ziehe man die Tangente ap an den innern Umkreis des Rades. Auf ha, die Richtungslinie des Wassers, trage man 10 Theile des Maafsstabes, und da die Geschwindigkeit des Rades 72 Hunderttheile von der Geschwindigkeit des Rades sein soll, 7,2 jener Theile auf ap. Darauf ziehe man durch h und p, hq mit ap und pq mit ah parallel: so entsteht das Parallelogramm $ahpq$, dessen Diagonal qa die verlangte Richtung ist.

Diese Richtung verlängere man nach G und ziehe auf aG das unbestimmt verlängerte Perpendikel aL, welches den äufsern Umfang des Rades in K schneiden mag. gI mache man $= \frac{2}{3}gK$.

Die Krümmung der Schaufeln findet sich wie folgt. Aus K, als Mittelpunct, beschreibe man mit dem Halbmesser KI den Kreisbogen Ii und verlängere IK. Man dividire ai durch $1 - \cos MKL$. Der Quotient ist KM. Aus M ziehe man ML auf KL senkrecht; ferner durch K beliebige gerade Linien mK, mK, ... und trage auf alle diese Linien aus m, m, ... die Länge MI: so geben ihre anderen Endpuncte die Krümmung der Schaufel. In der Praxis kann man in LM ein festes Lineal legen und ein anderes Lineal, von der Länge MI, welches immerfort an K anstreicht, mit dem einen Ende an ML entlang führen. Alsdann beschreibt dessen anderes Ende die Curve der Schaufel.

So lassen sich die wesentlichen Theile der Maschine anordnen. Der hölzerne Wulst D wird zur Verminderung der Contraction des Wassers oben und unten nach einem Viertel-Kreise abgerundet.

Die Zahl der *beweglichen* Schaufeln aI findet sich, wenn man den innern Umfang des Rades (hier oben 17,3 F.) durch die Höhe des Schützes ($9\frac{1}{4}$ Zoll) dividirt, und würde daher hier 22 sein. Die Zahl der auf dem Boden *festen* Schaufeln kann man halb so grofs, also ihrer 11 annehmen.

[Hier mögen nun weiter die Ergebnisse der *Morin*schen Versuche folgen. D. H.]

Versuche mit der Turbine der Weberei von *Moussay* bei *Senones* im Departement der Voghesen.

5.

Allgemeine Beschreibung. Im Jahre 1836 ist in dem Dorfe *Moussay* bei *Senones* im Departement der Voghesen eine dem Herrn *Ed. Laurent* und Comp. gehörige Maschinen-Weberei erbauet und im Frühling des Jahres 1837 in Thätigkeit gesetzt worden. Bei Gelegenheit einer Dienstreise in dieser Gegend ersuchte ich die Besitzer um die Erlaubnifs, mit der dortigen Turbine zur Ermittelung der Leistungen derselben Versuche anstellen zu dürfen. Diese Erlaubnifs wurde bereitwillig gegeben und man übernahm selbst alle Vorrichtungen zur Anbringung des Dynamometers, welchen ich gesendet hatte. Die Werkstatt und die Arbeiter wurden zu meiner Verfügung gestellt. Herr *Fourneyron* wurde zu den Versuchen eingeladen und wirkte bei denselben mit. Aus der Umgegend fanden sich Maschinisten und Ingenieurs zu den Versuchen ein; so dafs dieselben unter den Augen und mit der Hülfe mehrerer Sachverständigen angestellt werden konnten.

Der Beweger (*moteur*) dieser Werkstatt ist eine Turbine von 32½ Zoll äufserm Durchmesser. Die stehende Welle derselben theilt unmittelbar mittelst eines conischen Getriebes der liegenden Welle der Weberei ihre Bewegung mit. Das Wasser fliefst durch einen etwa 9½ F. langen Canal von regelmäfsiger Form herbei und in einen prismatischen Behälter von etwa 16 F. breit, aus welchem es durch eine weite verticale und darauf durch eine sehr kurze horizontale Röhre in den Cylinder gelangt, welcher das Schütz der Turbine enthält. Dieser Cylinder, in welchem sich das Schütz bewegt, ist mit einem Deckel verschlossen, durch welchen die stehende Welle geht, die so hoch hinauf reicht, dafs die liegende Welle der Werkstatt ein wenig unter den Fufsboden des untern Stockwerks gelegt werden konnte. So wird also, obgleich das Gefälle nicht mehr als 25½ F. beträgt, die Bewegung sogleich und ohne Zwischengeschirr nach dem Orte ihrer Bestimmung übertragen.

6.

Anordnungen zu dem Versuche. Der aus einem gufseisernen Halsbande von 30½ Zoll im Durchmesser bestehende und aufsen abgedrehte Zügel des Dynamometers wurde unmittelbar an die stehende Welle der Turbine gelegt. Der horizontal liegende Hebel wurde an seinem Ende von einem 19 bis 22 Fufs langen, an das Gebälk des Hauses festgeknüpften Seile getragen, damit er sich nicht senkte. Ueber eine Rolle, die rechtwinklig auf die Richtung, welche der Hebel behalten sollte, gestellt war, lief ein Riemen, an welchem die Wagschale zur Belastung des Zügels hing. Um sich zu vergewissern, dafs der Hebel und der Riemen während der Versuche die perpendiculäre Richtung gegen einander behielten, hing man an einen festen Punct ein Loth auf, unter welchem stets die Mittellinie des Hebels bleiben mufste. Die Perpendiculare aus der Achse des Rades auf die Richtung des Riemens, also der Hebels-Arm der Last, war 95,78 Zoll lang.

Damit die Reibung regelmäfsig bliebe, benetzte man fortwährend das Lager des Zügels mit Wasser, und erhielt die Flächen immer gleich feucht. So blieb auch der Hebel fast beständig unter der Verticale des Loths, und die Schwankungen betrugen nicht über $1\frac{1}{2}$ bis 2 Zoll; es kamen keine plötzliche Rückungen vor; wie es gewöhnlich geschieht, wenn die Feuchtigkeit oder Schlüpfrigkeit der Flächen veränderlich ist. Durch das fortwährende Benetzen erreichte man, daſs bei dem Versuche kein Schmier nöthig war und daſs die einander berührenden Flächen, selbst bei den gröſsten Geschwindigkeiten, nicht allzu heiſs wurden. Es war hinreichend, sie auch während der Zwischenzeiten von einer Reihe Versuche zur andern fortwährend zu benetzen.

[Das Werkzeug, mit welchem hier, dem oben mitgetheilten Berichte an die Akademie zufolge, die Kraft der Maschine gemessen worden ist: nemlich der *Pronysche Dynamometer,* besteht bekanntlich im Wesentlichen in einer *Klemme,* die um die sich drehende Welle gelegt wird und die durch Schrauben zusammengezogen und wieder gelöset werden kann. An der Klemme befindet sich ein Hebel, an dessen Ende, entweder unmittelbar, wenn die sich drehende Welle *horizontal* liegt, oder, wenn sie vertical steht, vermittelst eines Seils, welches über eine Rolle geht, Gewichte gehängt werden können. Die sich drehende Welle wird von den Rädern der Maschine, welche sie sonst zu treiben hat, während des Versuchs losgemacht. Zieht man nun die Klemme oder den Zügel so scharf an, daſs er sich gar nicht mehr um die Welle, oder vielmehr, daſs die Welle in ihm sich gar nicht mehr drehen kann, so wird man an den Hebel so viel Gewichte hängen müssen, als nöthig ist, die Welle *ganz* zum Stillstande zu bringen; denn der Hebel soll immer ganz in Ruhe bleiben. Diese Gewichte werden also die Kraft anzeigen, welche die Welle für die Geschwindigkeit *Null* hat. Löset man dagegen die Klemme in so weit, daſs, während immer der Hebel durch die Gewichte, die jetzt gegen vorhin werden vermindert werden können, in Ruhe erhalten wird, die Welle noch mit einer gewissen Geschwindigkeit sich dreht, und zwar an oder in der Klemme sich reibend, so werden nunmehr die verminderten Gewichte die Kraft anzeigen, welche die Welle noch mit ihrer *jetzigen* Umdrehungs-Geschwindigkeit hat. Diese Geschwindigkeit kann man nun durch stärkeres oder schwächeres Anziehen der Klemme entweder mäſsigen, oder zunehmen lassen; wobei jedesmal die Gewichte zu verstärken oder zu vermindern sein werden. Und so läſst sich durch die Gewichte die Kraft der Maschine für jede beliebige Umdrehungs-Geschwindigkeit der Welle finden. Man mufs natürlich bei den Versuchen immer erst abwarten, bis die Umdrehungs-Geschwindigkeit *gleichförmig* geworden ist, und es kommt dann darauf an, dafs der Hebel mit den Gewichten ganz in Ruhe bleibe. D. H.]

7.

Ausmessung des Wasser-Ergusses. Es war nothwendig, den Ergufs des Wassers durch die Oeffnungen der Turbine möglichst genau auszumessen. Der Abzugs-Canal, welcher gewölbt ist und sehr tief liegt, liefs sich nicht füglich zu dem Ende sperren. * Aber in dem Zuleitungs-Gerinne liefs sich, zunächst vor der Maschine, eine Ausgufs-Wehr von 8 F. 6½ Z. breit anbringen, dessen verticale Ränder, 9½ Zoll von denen des Canals entfernt, scharf abgeschnitten waren: eben so wie die Schwelle, die wenigstens 23 Zoll von dem Boden des Canals abstand. Das Wasser gelangte also in den Behälter oberhalb des Rades nur nachdem es das Wehr passirt hatte, dessen Schwelle während der Versuche niemals untergetaucht war.** So ging ein Theil des Gefälles verloren und es betrug dasselbe während der Versuche nur 24 F., was aber für die Versuche im Allgemeinen kein Uebelstand war. Um indessen für einige Versuche das ganze disponible Gefälle zu haben, nahm man späterhin das Wehr weg und berechnete den Wasser-Ergufs mit Hülfe der vorher gemachten Versuche, indem man auf dieselbe Weise verfuhr. [Es wäre wohl eine *Zeichnung* dieser Vorrichtung zu wünschen gewesen: denn nach der vorstehenden Beschreibung, scheint es, läfst sich keine ganz deutliche Vorstellung davon fassen. Die Worte des Originals an der Stelle * bis ** lauten wie folgt: .... *on éleva à son extremité la plus rapprochée de l'usine, un barrage en déversoir de 2,682 m. de largeur, dont les bords verticaux eloignés de 0,25 m. de ceux du canal, étoient à vive arête, ainsi que le seuil, qui se trouvoit a 0,6 m. au moins du fond du canal. L'eau n'arrivait ainsi dans le reservoir ou la huche qui précède la roue, qu'après avoir passé sur se deversoir dont le seuil n'étoit jamais noyé pendant les experiences.* D. H.]

8.

Berechnung des Wasser-Ergusses aus den Maafsen der Durchflufs-Oeffnungen. Da die Summe der kleinsten Abstände zwischen dem Rande einer Leit-Curve und dem Rücken der nächsten Curve 26 Zoll betrug und auch der Hub des Schützes bei jedem Versuch bekannt war, so fand sich daraus die gesammte Fläche der Ausflufs-Oeffnungen und folglich der theoretische Ergufs, weil auch die Druckhöhe bekannt war. Die Vergleichung dieses theoretischen Ergusses mit den Beobachtungen am Wehr gab für jeden Schützhub der Turbine den Ergufs-Coefficienten für die Mündungen.

Zur Berechnung des Wasser-Ergusses durch das Wehr hat man sich der Formel $Q = 0{,}405 LH\sqrt{(2gH)}$ bedient, welche einerlei ist mit $Q = 1{,}79 LH^{\frac{3}{2}}$, und zwar, indem die Ränder des Wehres wenigstens $9\frac{1}{2}$ Z. von denen des Canals entfernt waren, die Zusammenziehung der Wasserstrahlen fast an drei Seiten der Mündung Statt fand und die Futterung des Schützes ein wenig Wasser entweichen liefs, was nicht auf die Turbine gelangte. Der Coefficient 0,405 dürfte daher eher etwas zu viel als zu wenig geben.

Die folgende Tafel zeigt die Vergleichung der theoretischen, aus den Ausflufs-Oeffnungen der Turbine berechneten Resultate mit dem wirklichen, nach der obigen Formel gefundenen Ergufs.

Nummer der Versuche.	Gröfse der Ausflufsöffnungen. Quadr.-Zoll.	Gefälle. Fufs.	Ergufs in einer Secunde. Theoretisch. Cub.-Fufs.	Wirklich. Cub.-Fufs.	Verhältnifs beider, oder Ergufs-Coefficient.
1.	49,76	22,59	12,94	11,65	0,892
2.	48,34	22,48	12,62	11,65	0,914
3.	46,78	22,81	11,97	11,65	0,954
4.	49,76	23,12	13,26	11,97	0,904
5.	49,76	23,03	12,94	11,65	0,890
6.	49,76	22,72	12,94	11,65	0,892
7.	49,76	22,07	12,94	11,00	0,869
8.	46,84	22,71	12,29	11,97	0,975
9.	48,24	23,30	12,62	11,00	0,884
10.	48,24	23,06	12,62	11,64	0,915
11.	48,24	23,24	12,62	11,32	0,890
12.	48,24	22,73	12,61	11,32	0,900
13.	48,24	22,41	12,29	11,00	0,889
14.	48,24	21,84	12,29	11,00	0,910
15.	46,84	23,56	12,61	11,97	0,970
16.	51,18	23,50	13,59	12,29	0,915
17.	51,18	22,58	13,26	11,97	0,909
18.	49,76	22,02	12,94	11,65	0,910
				Im Durchschnitt	0,910

Nummer der Versuche.	Gröfse der Ausflufsöffnungen. Quadr.-Zoll.	Gefälle. Fufs.	Erguss in einer Secunde. Theoretisch. Cub.-Fufs.	Wirklich. Cub.-Fufs.	Verhältnifs beider, oder Erguss-Coefficient.
19.	74,66	23,19	19,73	16,82	0,848
20.	71,60	23,36	19,08	17,14	0,889
21.	79,00	22.64	20,70	17,47	0,842
22.	73,14	23,21	19,41	17,47	0,896
23.	73,14	22,78	19,09	16,50	0,864
24.	70,30	22,15	18,44	16,82	0,918
25.	70,30	22,26	18,44	16,82	0,910
26.	70,30	22,26	18,44	16,82	0,909
27.	70,30	22,36	18,44	16,50	0,891
28.	70,30	22,31	18,44	14,56	0,799
29.	70,30	22,28	18,44	16,50	0,894
30.	70,30	22,45	18,44	16,50	0,895
				Im Durchschnitt	0,880.

9.

Folgerungen aus den Resultaten dieser Tafel. Man sieht aus dieser Tafel, dafs der Erguſs-Coefficient, welcher für ein Schützhub von 23 Linien im Durchschnitt 0,91 ist, bis auf 0,88 abnimmt, wenn der Schützhub bis auf $32\frac{1}{2}$ und $33\frac{1}{2}$ Linien steigt. Diese Verminderung ist eine Folge der Anordnung der Ausfluſs-Oeffnungen, bei welchen weder am Boden, noch an den verticalen Seitenwänden eine Zusammenziehung der Wasserstrahlen Statt findet und deren obere Grenze ein abgerundeter hölzerner Wulst ist, der die Strahlen leitet, ehe sie die Oeffnungen erreichen. Wird nun das Schütz nur sehr wenig gehoben, und um viel weniger als die Höhe des Wulstes, so entströmen die Strahlen horizontal und erfahren an den Seiten keine andere Zusammenziehung als die, welche von der Convergenz der Leit-Curven herrührt; wodurch denn die Ausfluſs-Oeffnungen fast ganz in den Fall conischer oder pyramidalischer Mündungen kommen und so der Coefficient bis auf 0,91 zunehmen kann. So wie dagegen das Schütz höher gehoben wird, hat der Wulst nicht mehr so viel Wirkung auf die Leitung der Wasserstrahlen und die Zusammenziehung derselben am obern Rande wird nicht mehr ganz durch ihn verhindert: der Erguſs-Coefficient muſs also abnehmen, und dieses Abnehmen muſs mit dem Schützhube immerfort wachsen, bis das Schütz seine volle Höhe erreicht hat. Man wird weiter unten aus den Versuchen mit der Turbine zu *Müllbach* sehen, dafs diese Induction sich bestätigt.

Diese Bemerkungen, welche schon, wie es scheint, recht gut die Veränderungen des Ergufs-Coefficienten erklären, haben uns in den Stand gesetzt, durch Interpolation den Coefficienten für Schütz-Erhebungen von 39½ bis 49 Linien zu *berechnen;* bei welchem Hube wir *ohne* den Ergufswerth experimentirten. Wir haben bei der Berechnung angenommen, dafs innerhalb jener engen Grenzen die Abnahme des Coefficienten sich wie die Unterschiede der Schütz-Erhebungen verhalte; was wahrscheinlich der Wahrheit nahe kommt. Demzufolge haben wir für einen Schützhub von 39½ Linien den Coefficienten 0,86 und für den Schützhub von 49 Linien den Coefficienten 0,83 gesetzt.

10.

Beobachtung der Daten bei den Versuchen. Da sich wegen der grofsen Umdrehungs-Geschwindigkeit des Rades die Zahl der Umdrehungen mit den Augen nicht wohl unterscheiden liefs, so wurde nahe an der Verkeilung des Zügels eine kleine Feder angebracht, die bei jeder Umdrehung anstiefs. Die Zahl der Schläge der Feder während einer Minute wurde von zwei Beobachtern gezählt.

Das Gefälle wurde bei jedem Versuche durch gleichzeitige Beobachtung zweier Schwimmer, eines oberhalb in dem Behälter und eines in dem Abzugs-Gerinne, gefunden. Die Schwimmer hatten auf feste Puncte bezogene Scalen und wurden in kleine Kasten an passende Stellen gesetzt, wo sie nicht den Schwankungen der Wasserfläche ausgesetzt waren. Der Schwimmer aufserhalb diente auch, die Tiefe zu finden, bis auf welche die untere Krone der Turbine untertauchte.

Nachdem alle diese Vorkehrungen gemacht waren, schritt man zu den Versuchen, deren Resultate die folgende Tafel enthält. [Wir geben davon die nothwendigsten Columnen.]

Tafel der Resultate der im Mai 1837 mit der Turbine der Maschinen-Weberei zu *Moussay* angestellten Versuche.

No. der Versuche.	Erhebung des Turbinen-Schützes. Linien.	Wasser-Erguſs in einer Secunde. Pfunde.	Ganzes Gefälle. Fuſs.	Wirkende Kraft in Centnern 1 Fuſs hoch in der Secunde gehoben.	Belastung des Zügels. Pfd.	Zahl der Umläufe in einer Secunde.	Nutz-Effect in Pfunden 1 Fuſs hoch in der Secunde gehoben.	Verhältniſs der Nutz-Effecte zur wirkenden Kraft.	Eintauchung der Turbine über ihrer untern Krone. Zolle.
1.	22,94	768,77	22,59	155,73	16,01	255	30,34	0,195	11,47
2.	22,48	768,77	22,48	154,94	22,41	240	39,49	0,258	11,47
3.	21,11	768,77	22,81	157,25	26,68	222	43,72	0,280	11,47
4.	22,94	790,12	23,12	163,62	26,68	243	47,96	0,295	11,47
5.	22,94	769,20	23,03	159,18	33,08	228	55,84	0,352	11,47
6.	22,94	768,99	22,72	157,00	37,35	221	61,45	0,353	11,47
7.	22,94	727,58	22,07	146,75	43,75	210	68,43	0,466	11,47
8.	21,56	790,33	22,71	161,31	48,02	190	67,95	0,420	11,09
9.	22,02	727,58	23,30	154,75	54,42	190	76,86	0,497	11,09
10.	22,02	768,35	23,06	158,10	58,69	178	77,71	0,496	11,09
11.	22,02	747,22	23,24	154,88	65,10	168	81,41	0,525	11,09
12.	22,02	747,22	22,73	151,91	69,36	163	84,14	0,553	11,09
13.	22,02	726,73	22,41	147,24	75,77	153	86,33	0,586	11,09
14.	22,02	727,37	21,84	144,62	80,04	152	90,51	0,626	11,09
15.	21,56	791,40	23,56	169,56	86,44	146	93,85	0,553	11,09
16.	23,40	812,53	23,50	173,14	90,71	152	102,59	0,593	11,09
17.	23,40	790,76	22,58	161,18	101,38	135	101,13	0,627	11,09
18.	22,94	769,63	22,02	153,42	102,05	108	90,09	0,587	10,71
19.	34,41	1110,48	23,19	230,96	69,36	240	124,00	0,537	14,91
20.	33,03	1132,03	23,36	237,44	80,04	228	135,77	0,572	13,76
21.	36,25	1152,52	22,64	232,78	90,71	227	153,36	0,659	13,38
22.	33,49	1152,52	23,21	238,66	101,38	207	156,15	0,654	13,38
23.	33,49	1089,56	22,78	223,37	112,05	173	144,26	0,643	13,00
24.	32,58	1110,48	22,15	220,52	122,72	150	137,11	0,622	13,00
25.	32,58	1109,84	22,26	220,40	133,39	138	136,92	0,621	13,00
26.	32,58	1110,26	22,36	222,22	144,07	120	128,55	0,578	13,00
27.	32,58	1088,92	22,36	218,03	154,74	106	122,24	0,561	13,00
28.	32,58	1067,58	22,31	213,24	165,41	98	120,36	0,563	13,00
29.	32,58	1088,92	22,28	217,12	176,08	84	110,17	0,506	13,00
30.	32,58	1089,56	22,45	220,15	186,75	76	105,68	0,480	13,00

No. der Ver-suche.	Erhebung des Turbinen-Schützes. Linien.	Wasser-Erguſs in einer Secunde. Pfunde.	Ganzes Gefälle. Fuſs.	Wirkende Kraft in Centnern 1 Fuſs hoch in der Secunde gehoben.	Belastung des Zügels. Pfd.	Zahl der Umläufe in einer Secunde.	Nutz-Effect in Pfunden 1 Fuſs hoch in der Secunde gehoben.	Verhältniſs des Nutz-Effects zur wirkenden Kraft.	Eintauchung der Turbine über ihrer untern Krone. Zolle.
31.	32,58	1110,90	23,97	239,51	90,71	222	149,97	0,626	9,56
32.	32,58	1111,33	24,09	241,69	112,05	201	167,74	0,696	9,56
33.	32,58	1111,33	24,10	241,75	133,39	158	156,94	0,651	9,56
34.	32,58	1111,33	24,07	241,39	154,74	130	149,60	0,623	9,94
35.	32,58	1090,41	24,07	237,81	176,08	102	133,71	0,561	9,94
36.	32,58	1111,33	24,08	241,39	197,42	80	117,63	0,486	10,71
37.	39,46	1303,20	23,64	277,30	90,71	250	168,89	0,609	13,38
38.	39,46	1303,20	23,82	280,40	112,05	220	183,45	0,655	13,00
39.	39,46	1323,26	23,85	281,37	133,39	184	182,79	0,650	12,61
40.	39,46	1323,26	23,89	282,04	154,74	155	178,60	0,634	12,24
41.	39,46	1323,26	23,91	282,52	176,08	128	165,86	0,586	11,47
42.	39,46	1323,26	23,93	282,95	197,42	108	158,76	0,562	10,71
43.	49,09	1538,62	21,60	299,78	90,71	250	168,89	0,562	37,09
44.	49,09	1558,04	21,85	303,82	112,05	240	200,32	0,657	35,56
45.	49,09	1558,47	22,02	306,85	133,39	208	206,63	0,675	33,65
46.	49,09	1559,32	22,15	310,31	154,74	169	194,86	0,662	32,50
47.	49,09	1559,32	22,14	310,31	176,08	144	188,67	0,640	32,12
48.	49,09	1559,75	22,19	311,64	197,42	122	179,39	0,560	31,74

Bei den Versuchen No. 31. bis 36. und den folgenden war das Wehr oben weggenommen worden, um das ganze gewöhnliche Gefälle zu benutzen.

Bei den Versuchen No. 37. bis 42. hat man, um den Wasser-Erguſs zu berechnen, den Coefficienten 0,86 angenommen.

Bei den Versuchen No. 43. bis 48. hat man den Coefficienten 0,83 angenommen und die Eintauchung der Turbine durch eine Absperrung des Abfluſs-Canals vergröſsert.

11.

Betrachtung und graphische Darstellung der Resultate der vorstehenden Tafel. Die Abscissen der Curven Fig. 17. bis 19. sind die Zahlen der Umläufe der Turbine in 1 Minute; die Ordinaten die Verhältniſszahlen des durch den Dynamometer gemessenen Nutz-Effectes zu der wirkenden Kraft. Nach den auf diese Weise entstandenen Curven wollen wir die aus den Versuchen zu ziehenden Folgerungen betrachten.

Die Curve Fig. 17., welche sich auf ein Schützhub im Durchschnitt von 23 Linien bezieht, zeigt, daſs das Maximum des Nutz-Effectes bei 135 Umläufen in der Minute Statt findet und daſs alsdann der Nutz-Effect etwa 61 pro cent von der wirkenden Kraft beträgt, obgleich die unmittelbare Berechung nach dem correspondirenden Versuche 62½ pr. c. giebt. Man sieht aber auch, daſs von 100 bis 170 Umläufen in der Minute das Verhältniſs immer zwischen 56½ und 61 pro cent bleibt und also selbst in diesem ansehnlichen Umfange der Veränderung nicht mehr als etwa um den 13ten Theil von dem mittleren Werthe von 58,7 pro cent abweicht.

Die Curve Fig. 18., für 32½ Linien Schützhub, zeigt, daſs das Maximum der Wirkung bei 190 Umdrehungen in der Minute Statt findet und daſs dann der Nutz-Effect 68 pro cent von der wirkenden Kraft beträgt, während die unmittelbare Berechnung 69,6 pro cent giebt. Für 130 bis 230 Umläufe in der Minute liegt das Verhältniſs immer zwischen 62½ und 68 pro cent und weicht nicht über den 12ten Theil von seiner mittleren Gröſse 65,2 pro cent ab.

Die Curve Fig. 19., für Schützhebungen von 39½ bis 49 Linien, welche man zusammengenommen hat, um eine genauere Zeichnung zu erhalten, während jedoch die verschiedenen Puncte besonders angezeigt sind, zeigt, daſs das Maximum der Wirkung für 180 bis 190 Umläufe in der Minute Statt findet. Der Nutz-Effect ist dann 69 pro cent von der wirkenden Kraft. Für 140 bis zu 230 Umläufen liegt das Verhältniſs zwischen 65 und 69 pro cent und weicht von seiner mittleren Gröſse, 67½ pro cent, nicht über den 17ten Theil ab.

Hieraus folgt, daſs die Turbinen die merkwürdige und ungemein nützliche Eigenschaft haben, mit *sehr* verschiedenen Geschwindigkeiten sich bewegen zu können, ohne daſs der Nutz-Effect merklich abnähme. Diese Eigenschaft wird noch näher zu erörtern sein, besonders, da auch die Turbinen noch eben so gut wirken, wenn sie im Wasser baden.

12.

Bemerkungen über die Eigenschaft der Turbinen, mit sehr verschiedenen Geschwindigkeiten sich bewegen zu können. Für verschiedene Arten der Fabrication muſs die Geschwindigkeit der Bewegung zunehmen, so wie die Arbeit fortrückt. Da nun die Wirkung der Turbinen, auch wenn sie allmählig schneller sich bewegen, immer dem Maximo nahe bleiben, so ist diese ihre Eigenschaft für dergleichen Arten von Fabrication offenbar ungemein vortheilhaft.

Aber nicht minder vortheilhaft ist diese Eigenschaft auch dann, wenn die Geschwindigkeit *gleichförmig* bleiben mufs, während das disponible Gefälle durch das Steigen des Oberwassers oder Sinken des Unterwassers bedeutend sich verändert. Hätte hier die Turbine jene Eigenschaft nicht, so würde man die Geschwindigksit mit dem Gefälle zu- oder abnehmen lassen müssen. Dies ist hier nicht nöthig; vielmehr kann man, da die Turbinen auch mit Geschwindigkeiten, welche ansehnlich von der verschieden sind, die dem Maximo des Nutz-Effectes entspricht, noch immer erst wenig an Wirkung verlieren, auch bei vermindertem Gefälle die Geschwindigkeit der Bewegung die nemliche bleiben lassen, ohne viel von der Wirkung einzubüfsen. Wir werden aus den Versuchen weiter unten sehen, dafs die Unveränderlichkeit des Nutz-Effectes bei der Turbine von *Moussay* für *sehr* verschieden hohe Gefälle wirklich Statt findet.

13.

Bemerkungen über die Versuche, bei welchen die Turbine unter Wasser sich bewegte. Man wird in der obigen Tafel bemerken, dafs, obgleich das Unterwasser anfangs 14½ Zoll und zuletzt gar über 3 F. hoch über die Turbine reichte, dennoch der Nutz-Effect nicht abgenommen sondern sogar zugenommen hatte. Dieses bestätigt, was schon bei der Turbine von *Inval* beobachtet worden war, und beweiset aufs Neue, dafs diese Art von Rädern unverändert unter und über Wasser wirken.

14.

Bemerkungen über die Zunahme des Nutz-Effects mit dem Schützhube. Die Tafel zeigt, dafs der Nutz-Effect, wenn das Schütz ganz gezogen wird, merklich gröfser ist, als wenn man es nur wenig hebt. Da sich dieser Umstand noch deutlicher bei den Versuchen zu *Müllbach* zeigte, so werden wir erst dort ihn zu erklären suchen. Hier beträgt für 23 Linien Schützhub, welches ungefähr die Hälfte des vollen Hubes ist, der Nutz-Effect schon 61 pro cent; was von dem Maximo von 69 pro cent, für 49 Linien Hub, nicht sehr verschieden ist.

15.

Uebersicht der Folgerungen aus den obigen Versuchen.

Erstlich. Die zu *Moussay* eine Maschinen-Weberei treibende Turbine, von nur 32½ Zoll äufsern Durchmesser und 50½ Linie Schaufelhöhe, hat, mit einem Verbrauch von 23,9 Cub.-F. Wasser und darüber in der Secunde, unter einer Druckhöhe von 23,9 Fufs einen Nutz-Effect von mehr als 45 Pferden Kraft, jedes zu 612 Pfd. 1 F. hoch gehoben.

Zweitens. Mit 180 bis 190 Umläufen in der Minute liefert sie einen Nutz-Effect von 69 pro cent der wirkenden Kraft.

Drittens. Die Geschwindigkeit des Rades kann *sehr* verschieden stark sein, ohne dafs seine Wirkung sich um mehr als den 12ten oder 15ten Theil von ihrem Maximo entfernte.

Viertens. Das Verhältnifs des Nutz-Effectes zur wirkenden Kraft nimmt nicht ab, wenn die Turbine in das Unterwasser eingetaucht ist.

Versuche mit der Turbine der mechanischen Weberei zu *Müllbach* im Departement Unter-Rhein.

16.

Allgemeine Beschreibung dieser Maschine. Die im Jahre 1837 erbaute mechanische Weberei zu *Müllbach* wird von einer Turbine von etwa 76½ Zoll im Durchmesser in Bewegung gesetzt, welche die Kraft von etwa 45 Pferden hat, zu 612 Pfd. 1 F. hoch gehoben. Die Besitzer der Weberei, die Herrn *Sellière, Heevoot et Comp.* gestatteten mir mit Vergnügen, Versuche mit dieser Turbine anzustellen. Ihr Associé, Herr *Schedecker,* Dirigent der Seidenspinnerei zu *Lützelhausen* und der Weberei zu *Müllbach,* liefs alle nöthigen Vorbereitungen zu den Versuchen machen und es fanden dieselben auch am 28., 29. und 30. Juli d. J. unter dem Beistande der Herren *Schedecker* und *Fourneyron* und in Gegenwart mehrerer Fabricanten und Civil-Ingenieurs Statt.

Die Turbine befindet sich an der Mündung des obern Gerinnes in einer Kammer von 21 F. lang und 18 F. breit, auf deren Boden der das Schütz enthaltende Cylinder steht. Eine verticale hohle Röhre trägt mit ihrem untern Ende den Boden, auf welchem sich die festen Leit-Curven befinden, und verbindet sich oben mit der Vorrichtung zum Heben des Schützes und mit der Unterstützung des Endes der liegenden Welle.

Die stehende Welle der Turbine geht durch den Cylinder hindurch und hat oben ein conisches Rad, welches die Bewegung auf die liegende Welle der Werkstatt überträgt, die ein wenig unter Decke des untern Stockwerks hinläuft. Die Turbine steht unter dem Boden der Wasserkammer so, dafs man, wenn diese voll ist, weder das Schütz noch das Rad sieht. Der Abflufs-Canal, welcher perpendiculär auf den Zuflufs-Canal liegt, ist 20½ F. breit und bis auf etliche und 60 F. lang jenseits des Maschinen-Gebäudes, durch welches er hindurch geht, überwölbt. Das Werk erhält sein Wasser aus dem *Brusche*-Flufs und das Gefälle wird künftig gewöhnlich 14,35 Fufs betragen. Zur Zeit indessen, wo wir unsere Versuche anstellten, war das Wehr, welches künftig das Wasser des Flusses nach der Maschine leiten wird, noch nicht gebaut, und das gröfste Gefälle, welches wir benutzen konnten, betrug nur 11,8 F. Bei hohem Wasser kam die Turbine unter das Unterwasser. Bei allen unsern Versuchen befand sie sich 20 bis 34 Zoll unter dem Wasser.

17.

Ausmessung des Wasser-Verbrauchs. Um den Wasser-Ergufs bequem und genau zu ermitteln, hatte man an dem Ende des Gewölbes des Abflufsgrabens ein Ausgufswehr von 16 F. breit errichtet, dessen Schwelle aus einem dünnen, nur 1 Zoll dicken Brett bestand und 19 bis 23 Zoll über dem Boden hoch lag. Die verticalen Seiten desselben waren 26¾ Zoll von dem Boden des Canals entfernt. An festen horizontalen Linien liefs sich bei jedem Versuche leicht die Höhe des Wasserstandes im Behälter, 23 Zoll aufwärts und in den Winkeln des Canals über der Schwelle messen. Der Oertlichkeit hier und den neuerlichen Versuchen gemäfs, die zu Toulouse angestellt worden sind, und von welchen Herr *d'Aubuisson* einen Theil bekannt gemacht hat, ist hier der Wasser-Ergufs in der Secunde, nach der Formel $Q = 0{,}41 LH\sqrt{(2gH)}$ berechnet worden, deren Bedeutung oben in §. 7. angezeigt ist. (Ich glaube hier im Vorbeigehen bemerken zu müssen, dafs ich, als ich bei dem Versuche mit dem Rade an der Steinschleiferei zu *Baccarat,* die ich früher bekannt gemacht habe, die Formel $Q = 0{,}395 LH\sqrt{(2gH)}$ annahm, die Versuche zu *Toulouse* nicht kannte und dafs also der Wasser-Ergufs dort etwa um den 26sten Theil zu grofs berechnet worden ist. Anm. d. Verf.)

Da die Wasserkammer im Boden und an der einen Wand von

Holz und, in der Hitze eingetrocknet, noch nicht ganz wieder verquollen war, so verlor sie durch ihre Fugen viel Wasser; welches in Rechnung gebracht werden mufste. Dieses ist vor dem Beginn jeder Versuchsreihe geschehen, indem man die Druckhöhe über dem Ausgufswehr beobachtete, wenn das Schütz der Turbine geschlossen war. Die Resultate davon sind in der Tafel über die Beobachtungen bemerkt und das verloren gegangene Wasser ist von dem der beobachteten Druckhöhe entsprechenden Ergufs abgezogen worden.

[Auch hier wieder, scheint es, läfst sich nach dieser Beschreibung keine recht deutliche Vorstellung von den bei dem Ausmessung des Wasser-Ergusses beobachteten Verfahren fassen. D. H.]

18.

Ausmessung der vorzüglichsten Daten. Um das gesammte Gefälle zu finden, wurde eine Horizontallinie in eine bestimmte Höhe über dem Plateau der Schützen gelegt und danach gleichzeitig die Höhe des Oberwassers in der Kammer der Turbine und des Unterwassers im Abgufs-Canal gemessen. Der Unterschied gab bei jedem Versuche die disponible Druckhöhe und der Ueberschufs des Abstandes der festen Linie von dem Plateau der Schützen über demjenigen der festen Linie vom Unterwasser gab die Tiefe der Eintauchung der untern Krone der Turbine.

19.

Von dem gebrauchten Dynamometer. Der Zügel desselben war aus einer 4 F. im Durchmesser haltenden und 9½ Zoll in der Kehle breiten Rolle gemacht, welche sammt ihren Rändern sorgfältig abgedreht und genau concentrisch auf das obere Ende der stehenden Welle der Turbine, an welcher sich das dorthin bestimmte Räderwerk noch nicht befand, festgekeilt war. Die beiden Kinnbacken des Zügels waren von Holz. Der Hebel, perpendiculär auf die Richtung des Seils gemessen, an welchem die Gewichte hingen, war 9 F. 6,7 Zoll lang. Ein an dem 23 bis 27 F. hohen Zimmerwerk befestigtes Seil trug das Ende des Hebels, und ein Loth gab die Lage an, in welcher er bleiben mufste, um auf die Richtung des über eine Rolle gehenden Seils, welches die Gewichte trug, senkrecht zu sein.

20.

Vorkehrungen, um die Gleichförmigkeit der Bewegung zu erlangen. Um die Flächen beständig in gleichem Grade feucht zu erhalten, brachte man die Feuerspritze der Weberei in die Nähe des Rades und hing eine Gießkanne über dem Knaggen des Zügels auf, in welchen ein Einschnitt gemacht war, in den man das Wasser goſs. Die Spritze wurde von Menschen in Bewegung gesetzt und so ein ununterbrochener und regelmässiger Wasserstrahl auf die sich reibenden Flächen geleitet, die dann dadurch beständig abgekühlt und in unvermindertem Grade der Schlüpfrigkeit erhalten wurden. Man erlangte auf diese Weise eine solche Gleichförmigkeit der Wirkung des Zügels, daſs er unter der gleichen Belastung oft mehr als eine halbe Stunde lang unbeweglich und ohne alle Schwankung blieb, so daſs der dabei angestellte Arbeiter gar nicht nachzuschrauben nöthig hatte. Bei einem der aufgezeichneten Versuche betrugen die Schwankungen des Hebels nicht über 9 bis 14 Linien hin und zurück, und die zur Vorsicht angebrachten Widerhalte kamen nur während der Unterbrechungen der Versuche zur Wirkung.

Man hat bei allen Versuchen noch nicht 2 Pfund Schmier verbraucht, und obgleich ich schon oft diese Art von Dynamometer mit Erfolg angewendet habe, so habe ich doch nie eine so groſse Gleichförmigkeit dabei bemerkt, als hier. Wendet man die beschriebenen leichten und wenig kostbaren Mittel an, so glaube ich, daſs alle, von verschiedenen Ingenieurs vorgeschlagenen und angeordneten Veränderungen des ursprünglich einfachen *Prony*schen Dynamometers überflüssig sind.

21.

Beobachtungen der Geschwindigkeit des Rades. Sie geschahen fast immer von zwei Personen zugleich, und mehrmals wiederholt. Die Umläufe in 1 Minute wurden nach Secunden gezählt.

Nachstehende Tafel enthält die Resultate der Versuche. [Wir geben wieder die nothwendigsten Columnen davon.]

No. der Versuche.	Erhebung des Turbinen-Schützes. Linien.	Wasser-Erguſs in einer Secunde. Pfunde.	Ganzes Gefälle. Fuſs.	Wirkende Kraft in Pfunden 1 Fuſs hoch in der Secunde gehoben.	Belastung des Zügels. Pfd.	Zahl der Umläufe in einer Secunde.	Nutz-Effect in Pfunden 1 Fuſs hoch in der Secunde gehoben.	Verhältniſs des Nutz-Effects zur wirkenden Kraft.	Eintauchung der Turbine über ihrer untern Krone. Zolle.
1.	22,94	1323,80	11,32	133,95	17,35	72,0	10,93	0,083	19,88
2.	22,94	1323,80	11,30	134,01	28,02	67,9	16,43	0,126	19,88
3.	22,94	1323,80	11,34	134,25	38,69	64,8	22,45	0,167	19,88
4.	22,94	1323,80	11,41	135,04	49,36	63,1	27,34	0,225	19,88
5.	22,94	1323,80	11,41	135,04	60,04	60,0	31,60	0,238	19,88
6.	22,92	1323,80	11,36	134,31	70,71	57,6	35,84	0,252	19,88
7.	22,94	1302,14	11,33	131,65	87,38	55,3	40,05	0,306	19,88
8.	22,94	1302,14	11,36	132,49	92,05	53,3	43,69	0,331	19,88
9.	22,94	1302,14	11,41	132,68	102,72	50,7	46,14	0,350	19,88
10.	22.94	1301,92	11,42	132,98	113,39	47,6	47,94	0,357	19,88
11.	22,94	1301,92	11,54	133,95	124,07	43,9	48,53	0,373	19,88
12.	22,94	1301,92	11,54	133,95	134,74	40,9	48,58	0,367	19,88
13.	22,94	1301,92	11,63	134,86	145,41	37,5	47,97	0,360	19,88
14.	22,94	1301,92	11,73	136,32	156,08	34,2	47,35	0,350	19,88
15.	22,94	1323,80	11,80	139,59	166,75	31,0	45,55	0,332	19,88
16.	22,94	1323,80	11,87	140,44	177,42	28,1	44,30	0,315	19,88
17.	22,94	1323,80	11,88	140,87	188,80	26,8	44,30	0,316	19,88
18.	22,94	1323,80	11,95	134,62	209,44	21,7	40,08	0,296	19,88
19.	41,29	2467,25	10,26	226,10	74,70	75,0	49,16	0,218	35,18
20.	41,29	2319,98	10,19	211,06	106,72	69,0	65,52	0,311	35,18
21.	41,29	2349,86	10,22	214,27	128,06	65,0	74,07	0,346	33,27
22.	41,29	2285,83	10,22	208,57	149,40	61,6	81,96	0,392	33,27
23.	41,29	2245,83	10,18	207,48	170,74	59,2	90,03	0,432	33,27
24.	41,29	2285,83	10,12	207,30	192,09	56,0	95,67	0,462	33,27
25.	41,29	2211,13	10,16	200,50	213,43	52,0	98,82	0,492	33,27
26.	41,29	2168,44	10,16	196,62	234,77	49,2	102,89	0,523	31,88
27.	41,29	2168,44	10,21	197,16	256,12	45,2	103,31	0,524	33,26
28.	41,29	2168,44	10,21	197,65	276,46	41,0	101,13	0,512	33,26
29.	41,29	2151,37	10,24	196,32	298,80	37,2	98,89	0,504	33,27
30.	41,29	2151,37	10,28	196,80	320,15	35,0	99,67	0,506	33,27
31.	41,29	2072,40	10,40	191,83	341,49	32,5	99,61	0,520	32,88
32.	41,29	2072,40	10,53	194,68	362,83	29,5	95,43	0,490	32,88
33.	41,29	2083,08	10,50	193,52	384,17	27,5	94,03	0,485	32,88

No. der Versuche.	Erhebung des Turbinen-Schützes. Linien.	Wasser-Ergufs in einer Secunde. Pfunde.	Ganzes Gefälle. Fufs.	Wirkende Kraft in Pfunden 1 Fufs hoch in der Secunde gehoben.	Belastung des Zügels. Pfd.	Zahl der Umläufe in einer Secunde.	Nutz-Effect in Pfunden 1 Fufs hoch in der Secunde gehoben.	Verhältnifs des Nutz-Effects zur wirkenden Kraft.	Eintauchung der Turbine über ihrer untern Krone. Zolle.
34.	68,82	4014,61	10,08	361,08	42,69	99,5	37,63	0,105	36,71
35.	68,82	3811,85	10,08	342,64	85,37	92,0	70,62	0,205	36,71
36.	68,82	3801,18	10,03	336,27	128,06	90,0	102,47	0,305	36,71
37.	68,82	3737,15	10,04	334,45	170,74	83,5	126,67	0,378	35,94
38.	68,82	3728,62	9,91	329,60	213,43	78,5	148,94	0,453	36,32
39.	68,82	3769,17	9,78	329,05	256,12	73,0	204,20	0,621	36,71
40.	68,82	3555,74	9,78	310,85	298,80	69,0	183,45	0,591	36,71
41.	68,82	3502,38	9,79	306,12	341,49	63,0	191,22	0,624	36,71
42.	68,82	3384,99	9,67	287,01	384,17	58,2	199,29	0,096	36,71
43.	68,82	3363,65	9,82	295,02	426,86	52,0	197,65	0,671	36,32
44.	68,82	3331,64	9,82	292,17	469,55	48,0	200,36	0,685	36.32
45.	68,82	3256,94	9,82	285,31	512,23	44,0	192,43	0,675	32,50
46.	68,82	3525,86	10,77	338,77	554,92	45,3	223,98	0,662	32,88
47.	68,82	3261,21	10,42	303,33	597,60	38,0	201,96	0,666	32,50
48.	68,82	3261,21	10,83	314,67	597,60	38,5	204,69	0,651	36,32
49.	68,82	3261,21	10,85	314,98	640,29	34,4	196,38	0.626	31,35
50.	91,76	4381,71	9,62	355,32	21,34	104,0	19,45	0,055	34,03
51.	91,76	4339,03	9,70	375,28	42,69	103,0	38,86	0,104	34,03
52.	91,76	4321,95	9,81	378,37	85,69	101,5	77,05	0.203	34,03
53.	91,76	4275,00	9,94	379,53	128,06	95,0	108,11	0,280	34,03
54.	91,76	4253,65	10,10	384,14	170,74	90,4	137,11	0,357	34,03
55.	91,76	4253,65	10,16	385,65	213,43	87,1	164,71	0,426	33,65
56.	91,76	4164,01	10,21	379,10	256,12	82,8	188,55	0,496	33,65
57.	91,76	4082,91	10,32	376,01	298,80	80,0	212,33	0,565	33,65
58.	91,76	4082,91	10,37	377,77	341,49	75,0	227,92	0,604	33,65
59.	91,76	4082,91	10,42	379,47	384,17	70,0	239,15	0,632	33,65
60.	91,76	4082,91	10,53	382,98	426,86	67,6	256,74	0,671	33,65
61.	91,76	4082,91	10,55	384.08	426,86	67,1	254,80	0,664	33,26
62.	91,76	3995,40	10,55	375,04	469,55	63,0	262.93	0,702	33,26
63.	91,76	3995,40	10,63	377,83	512,23	58,0	264,26	0,700	33,26
64.	91,76	3867,35	10,53	363,45	554,92	50,6	249,82	0,686	33,65
65.	91,76	3867,35	10,47	361,57	597,60	48,5	257,53	0,712	33,65
66.	91,76	3867,35	10,58	365,03	640,29	44.0	250,98	0,690	33,65

No. der Versuche.	Erhebung des Turbinen-Schützes. Linien.	Wasser-Ergufs in einer Secunde. Pfunde.	Ganzes Gefälle. Fufs.	Wirkende Kraft in Pfunden 1 Fufs hoch in der Secunde gehoben.	Belastung des Zügels. Pfd.	Zahl der Umläufe in einer Secunde.	Nutz-Effect in Pfunden 1 Fufs hoch in der Secunde gehoben.	Verhältnifs des Nutz-Effects zur wirkenden Kraft.	Eintauchung der Turbine über ihrer untern Krone. Zolle.
67.	91,76	4637,83	11,50	476,83	192,09	100,0	170,65	0,357	24,47
68.	91,76	4443,61	11,63	461,97	234,77	97,0	202,56	0,440	24,47
69.	91,76	4573,80	11,34	463,67	277,46	91,0	224,77	0,485	24,47
70.	91,76	4445,74	11,07	440,01	320,15	87,0	247,52	0,562	26,00
71.	91,76	4398,39	10,51	413,44	362,83	80,0	258,13	0,626	26,00
72.	91,76	4232,31	10,36	391,78	405,52	72,0	261,59	0,670	26,00
73.	91,76	4146,94	10,29	381,53	448,20	67,0	266,26	0,700	26,00
74.	91,76	4125,60	10,70	394.63	490,89	62,1	265,66	0,676	21,03
75.	91,76	4072,24	10,65	387,78	512,23	57,5	272,99	0,703	21,03
76.	91,76	3976,20	10,81	383,23	576,26	54,0	276,82	0,721	21,03
77.	91,76	3976,29	10,83	384,44	618,95	49,4	271,97	0,785	21,03
78.	123,87	5384,83	7,20	458,76	362,83	90,6	278,58	0,609	28,68
79.	123,87	5384,83	9,78	470,65	405,52	87,0	313,52	0,670	28,68
80.	123,87	5211,96	10,10	470,77	448,20	84,6	337,61	0,721	28,68
81.	123,87	5211,96	10,13	470,16	533,58	77,2	367,03	0,785	28,68
82.	123,87	5211,96	10,55	491,21	618,95	69,0	380,01	0,760	27,53
83.	123,87	5384,83	11,07	532,40	704,32	66,1	414,41	0,707	27,53
84.	123,87	5218,36	10,80	503,64	725,66	61,5	397,06	0,793	27,53

Bei den Versuchen No. 1. bis 18. stand das Wasser 1 Zoll hoch über der Schwelle des Ausgufswehres; was von dem Verluste an Wasser herrührte und einen Wasserverlust von etwa $1\frac{1}{4}$ Cub.-F. in der Secunde giebt; die von dem Ergufs des Wassers abgezogen sind. Die dritte Spalte giebt den Rest an.

Bei den Versuchen No. 19. bis 45. stand das Wasser über der Schwelle 17 Linien hoch; was etwa 2 Cub.-F. in der Secunde Verlust giebt; die in der Tafel abgezogen sind.

Bei den Versuchen No. 47. bis 84. stand das Wasser über der Schwelle $17\frac{1}{2}$ Linien hoch; was $2\frac{1}{6}$ Cub.-F. Verlust in der Secunde giebt. Bei dem Versuche No. 46. ging aufserdem noch $\frac{1}{3}$ Cub.-F. Wasser in der Secunde verloren; was alles oben abgezogen ist.

22.

Graphische Darstellung und Untersuchung der Resultate der Tafel.

Die Figuren 20. bis 24. stellen wieder die Resultate der Versuche bildlich vor. Die Abscissen der Curven sind die Zahlen der Umläufe der Turbine während einer Minute und die Ordinaten die Verhältnifs-Zahlen des Nutz-Effects zur wirkenden Kraft.

Die Curve Fig. 20. bezieht sich auf die Reihe der Versuche, bei welchen das Schütz 23 Linien gehoben war. Sie zeigt, dafs bei dieser schwachen Schütz-Erhebung der Nutz-Effect nur 37 pro cent der wirkenden Kraft betrug und dafs er für 33 bis 51 Umläufe in der Minute nur zwischen 35 und 37 pro cent schwankte, so dafs er innerhalb dieser ziemlich ausgedehnten Grenzen nur um den 36sten Theil von seiner mittlern Gröfse abwich.

Die Curve Fig. 21. bezieht sich auf die Reihe der Versuche mit 41¼ Linien Schütz-Erhebung, und hier steigt der Nutz-Effect bis auf 72½ pro cent von der wirkenden Kraft. Für 26 und 55 Umläufe in der Minute bleibt er immer zwischen 68 und 72½ pro cent, entfernt sich also innerhalb dieser entfernten Grenzen um nicht mehr als den 32sten Theil von seiner mittleren Gröfse, die 70⅓ pro cent ist.

Die Curve Fig. 22. bezieht sich auf 5,73 Zoll Schütz-Erhebung. Der Nutz-Effect beträgt hier 69 pro cent der wirkenden Kraft. Er bleibt für 35 bis 65 Umläufe in der Minute zwischen 63 und 69 pro cent und weicht also von dem Durchschnitt von 66 pro cent um nicht mehr als den 22sten Theil ab.

Von den beiden Curven Fig. 23., für welche die Schütz-Erhebung 7,65 Zoll ist, bezieht sich die untere auf die Versuchsreihe, bei welchen die Turbine 33,65 Zoll, die obere auf die Versuche, bei welchen sie nur 24,47 Zoll eingetaucht war. Die Figur zeigt, dafs der Nutz-Effect bis zu 60 Umläufen in der Minute in beiden Fällen derselbe war und dafs sein Maximum bis auf 71 pro cent steigt. Bei der Eintauchung auf 33,65 Zoll tief beträgt der Nutz-Effect für 40 bis 66 Umläufe in der Minute zwischen 67½ und 71 pro cent und weicht von dem Durchschnitt von 69,2 pro cent um nicht mehr als den 39sten Theil ab. Bei der Eintauchung auf 24,47 Zoll tief nimmt das Verhältnifs des Nutz-Effects zur wirkenden Kraft weniger schnell ab, als die Geschwindigkeit zunimmt, und bleibt zwischen 67½ und 71 pro cent für 40 bis 72½ Umläufe in der Minute.

Die Curve Fig. 24. bezieht sich auf eine Schütz-Erhebung von 10,32 Zoll und zeigt, dafs das Maximum des Nutz-Effectes 79 pro cent beträgt und für 55 bis 79 Umläufe in der Minute zwischen $77\frac{1}{2}$ und 79 pro cent schwankt, so dafs er in diesem bedeutenden Umfange von seiner mittleren Gröfse von 78 pro cent nur um den 97sten Theil abweicht.

Um den auffallenden Umstand zu erklären, dafs das Maximum des Nutz-Effects bei der ersten Versuchs-Reihe nur 37 pro cent der wirkenden Kraft, also *viel* weniger als bei den andern Versuchen beträgt, wird es gut sein, dafs ich eine Bemerkung mittheile, die ich über die Bewegung eines Wasserstrahls längs einer krummen Schaufel, ähnlich denen der Turbinen, zu machen Gelegenheit hatte.

Gelangt nemlich ein Wasserstrahl mit einer gewissen Geschwindigkeit in eine um eine stehende Welle sich bewegende krumme Schaufel, durch ihren äufsern Rand, so wird seine Geschwindigkeit verändert, sobald er die Fläche der Schaufel erreicht: theils durch die Schwungkraft, die ihn von der Achse zu entfernen strebt: theils durch das Anhängen an die Schaufel. Der Wasserstrahl wird also dünner und steigt deshalb an die Schaufel höher hinauf, als seiner anfänglichen Geschwindigkeit gemäfs ist. Die relative Geschwindigkeit der Wassertheile wird also aus zwei verschiedenen Ursachen verändert und ein namhafter Theil ihrer lebendigen Kraft geht durch das Anhängen an die Wände verloren. Aufserdem kann ein Theil des Wassers, wenn die Schaufeln, wie bei den Turbinen, kurz und niedrig sind, auch noch wieder einen bedeutenden Theil seiner Geschwindigkeit gegen die obere Krone der Turbine verlieren, während der andere Theil des Wassers nach oben steigt, und so nach aufsen entweicht; was nicht geschehen würde, wenn die Schaufel nur eben so hoch wäre, als der Wasserstrahl.

Die Verminderung des Nutz-Effects durch geringe Schütz-Erhebungen hat offenbar in diesen Erscheinungen ihren Grund. So wie der Unterschied zwischen der Schütz-Erhebung und der Höhe der Turbine abnimmt, wächst der Nutz-Effect. So wie das Schütz bis auf $41\frac{1}{4}$ Linien hoch gezogen wird, steigt der Nutz-Effect bis zu 71 pro cent, und wenn man das Schütz beinahe so hoch zieht, als das Rad ist, sogar auf 79 pro cent der wirkenden Kraft. Uebrigens zeigen die Versuche, dafs das Verhältnifs des Nutz-Effectes zur wirkenden Kraft, für einen Verbrauch von 48 bis 64 Cub.-F. Wasser in der Secunde, fast unverändert das nemliche bleibt.

23.

Bemerkung über die Erfolge, wenn das Rad im Wasser badet. Wir bemerken, dafs sich für 7,65 Zoll Schützhub vortheilhaftere Resultate ergaben, wenn das Rad nur $24\frac{1}{2}$ oder $21\frac{1}{2}$ Zoll tief eintauchte, als wenn es $33\frac{2}{3}$ Zoll unter Wasser sich befand: sobald die Geschwindigkeit mehr als 60 bis 65 Umläufe in der Minute betrug. Dieses rührte offenbar daher, dafs in dem zweiten Fall eine gröfsere Masse Wasser in eine kreisende Bewegung gesetzt werden mufste und dafs die sich reibenden Flächen der Schaufeln stärker geprefst wurden. Da aber die dem Maximo des Nutz-Effectes entsprechende Geschwindigkeit zwischen 45 und 65 Umläufen in der Minute liegt, so folgt, dafs innerhalb der gewöhnlichen Grenzen der Geschwindigkeit der Unterschied der Tiefe der Eintauchung keinen merklichen Einflufs auf den Nutz-Effect hat.

Die letzte Versuchsreihe, mit einem Schützhube von 10,32 Zoll, gab ein Maximum des Nutz-Effects von 91 Pferden Kraft, obgleich das Rad nur auf 45 bis 50 Pferde Kraft gebaut ist. Es war Schade, dafs wir nicht noch weiter gehen konnten. Aber es war zu fürchten, dafs die gufseiserne Welle der Turbine, die nur für 45 bis 50 Pfund Kraft und für eine Geschwindigkeit von 50 bis 60 Umläufe in der Minute eingerichtet war, falls man ihr eine doppelte Kraft zugemuthet hätte, leiden würde.

24.

Schlüsse aus den Versuchen. Man sieht

Erstlich, dafs die Turbine von *Müllbach,* von etwa $76\frac{1}{2}$ Z. Durchmesser und 12,7 Zoll Höhe, unter einem Gefälle von 11,15 bis 12 F. bis 80,8 Cub.-F. Wasser in der Minute verbrauchen kann und dann einen disponiblen Nutz-Effect von 91 Pferden Kraft hat, zu 612 Pfd, in der Secunde 1 Fufs hoch gehoben.

Zweitens, dafs der Nutz-Effect bei 50 bis 60 Umläufen in der Minute und starker Schütz-Erhebung bis auf 78 pro cent der wirkenden Kraft steigt.

Drittens, dafs die Geschwindigkeit sehr bedeutend gröfser oder kleiner sein kann, ohne dafs der Nutz-Effect des Rades um mehr als den 25sten oder 50sten Theil von seinem Maximo sich entfernt.

Viertens, dafs das Verhältnifs des Nutz-Effectes zur wirkenden Kraft noch nicht abnimmt, wenn auch das Rad über 3 F. unter Wasser sich bewegt und mit einer nicht viel stärkern Geschwindigkeit als derjenigen sich bewegt, die dem Maximo für den Fall entspricht, wo das Rad über Wasser sich befindet.

Fünftens, dafs wenn der Wasserverbrauch auch von 48 bis auf 64 Cub.-Fufs in der Secunde, also von 3 bis auf 5 zunimmt, das Verhältnifs des Nutz-Effectes zur wirkenden Kraft doch noch fast unverändert dasselbe bleibt.

25.

Bemerkungen über den Ausflufs des Wassers durch die Mündungen der Turbine. Es bleiben uns noch einige besondere Bemerkungen zu machen über den Ausflufs des Wassers durch die Oeffnungen der Turbine, wie sie sich bei der Ausmessung des Wasserverbrauchs der Müllbacher Turbine ergeben haben.

Unser Zweck war, zu sehen, ob es möglich sei, für jeden Schützhub den Ergufs-Coefficienten für die Mündungen der Turbine zu bestimmen, um danach den Wasserverbrauch, da wo er sich nicht direct messen läfst, berechnen zu können. Die darauf Bezug habenden Versuche liefsen sich aber nicht genau genug anstellen, als dafs wir behaupten könnten, die Resultate wären eben so scharf, als es die zu *Metz* oder *Toulouse* waren. Wir müssen uns auf näherungsweise Resultate zur Beurtheilung des Einflusses der Geschwindigkeit des Rades und der Gröfse der Oeffnungen auf den Ergufs beschränken.

Nachdem bei jedem Versuch der Wasser-Ergufs, der Schützhub und die Summe der horizontalen Breite der Oeffnungen der Turbine oder der kürzesten Abstände der Leit-Curven vom Schütz gefunden war, wurde der Ergufs, welcher unter der Druckhöhe zwischen Ober- und Unterwasser theoretisch hätte Statt finden müssen, mit dem wirklich gemessenen Ergufs verglichen und daraus der Ergufs-Coefficient berechnet.

Die Resultate dieser Vergleichung sind in der folgenden Tafel enthalten. Es zeigt sich, dafs der Ergufs-Coefficient anfangs mit der Geschwindigkeit des Rades zunimmt; was daher kommt, dafs die Wirkung der Schwungkraft den Druck des Unterwassers auf die Oeffnungen vermindert und also den Ausflufs befördert. Da die unmittelbar gefundenen Resultate nicht die gewünschte Gleichförmigkeit haben konnten, so hat man sie unter eine Art von Regel zu bringen gesucht und die Scalen Fig. 25. bis 29. gezeichnet, in welchen die Abscissen die Zahlen der Umläufe des Rades in 1 Minute, die Ordinaten die durch Rechnung gefundenen Ergufs-Coefficienten sind.

Beobachtungen über den Ergufs des Wassers durch die Schütz-Oeffnungen der Turbine.

Nummer der Versuche.	Gesammte Fläche der Oeffnungen.	Schutzhub.	Höhe vom Unterwasser bis zum Oberwasser.	Zahl der Umläufe des Rades in 1 Minute.	Wasser-Ergufs in einer Secunde. Theoretisch.	Wasser-Ergufs in einer Secunde. Wirklich.	Ergufs-Coefficient.
	Quadr.-Zoll.	Linien.	Fufs.		Cub.-Fufs.	Cub.-Fufs.	
1.	114,03	22,94	11,32	72,0	21,02	20,06	0,957
2.	114,03	22,94	11,30	67,9	21,02	20,06	0,957
3.	114,03	22,94	11,34	64,8	21,02	20,06	0,956
4.	114,03	22,94	11,41	63,1	21,03	20,06	0,953
5.	114,03	22,94	11,41	60,0	21,03	20,06	9,953
6.	114,03	22,94	11,36	57,6	21,02	20,06	0,956
7.	114,03	22,94	11,33	55,3	21,02	19,73	0,940
8.	114,03	22,94	11,36	53,3	21,02	19,73	0,938
9.	114,03	22,94	11,41	50,7	21,03	19,73	0,935
10.	114,03	22,94	11,42	47,6	21,03	19,73	0,933
11.	114,03	22,94	11,54	43,9	21,03	19,73	0,930
12.	114,03	22,94	11,54	40,9	21,03	19,73	0,930
13.	114,03	22,04	11,63	37,5	21,34	19,73	0,925
14.	114,03	22,94	11,73	34,2	21,34	19,73	0,923
15.	114,03	22,94	11,80	31,0	21,35	20,06	0,935
16.	114,03	22,04	11,87	28,1	21,35	20,06	0,933
17.	114,03	22,94	11,88	26,8	21,35	20,06	0,931
18.	114,03	22,94	11,95	21,7	21,35	20,06	0,935
19.	205,25	41,29	10,27	75,0	35,97	37,39	1,039
20.	205,25	41,29	10,19	69,0	35,87	35,16	0,990
21.	205,25	41,29	10,21	65,0	35,90	35,61	0,993
22.	205,25	41,29	10,13	61,6	35,90	34,64	0,996
23.	205,25	41,29	10,18	59,2	35,87	34,64	0,965
24.	205,25	41,29	10,12	56,0	35,74	34,64	0,972
25.	205,25	41,29	10,16	52,0	35,87	33,51	0,936
26.	205,25	41,29	10,16	49,2	35,87	32,86	0,917
27.	205,25	41,29	10,21	45,2	36,19	32,86	0,916
28.	205,25	41,29	10,21	41,0	35,90	32,86	0,916
29.	205,25	41,29	10,24	37,2	35,90	32,60	0,908
30.	205,25	41,29	10,27	35,0	35,97	32,60	0,906
31.	205,25	41,29	10,40	32,5	36,23	31,40	0,869
32.	205,25	41,29	10,53	29,5	38,07	31,40	0,827
33.	205,25	41,29	10,50	27,5	38,00	31,57	0,831

Nummer der Versuche.	Gesammte Fläche der Oeffnungen.	Schutzhub.	Höhe vom Unterwasser bis zum Oberwasser.	Zahl der Umläufe des Rades in 1 Minute.	Wasser-Ergufs in einer Secunde. Theoretisch.	Wirklich.	Ergufs-Coefficient.
	Quadr.-Zoll.	Linien.	Fufs.		Cub.-Fufs.	Cub.-Fufs.	
34.	342,08	68,82	10,08	99,5	59,52	60,84	1,022
35.	342,08	68,82	10,08	92,0	59,52	57,77	0,972
36.	342,08	68,83	10,04	90,0	59,48	57,61	0,960
37.	342,08	68,82	10,05	83,5	59,48	56,64	0,954
38.	342,08	68,82	9,91	78,5	59,03	53,51	0,957
39.	342,08	68,82	9,78	73,0	58,70	57,12	0,974
40.	342,08	68,82	9,78	69,0	58,70	53,89	0,917
41.	342,08	68,82	9,79	63,0	58,70	53,08	0,905
42.	342,08	68,82	9,67	58,2	58,22	51,30	0,883
43.	342,08	68,82	9,83	52,0	58,87	50,98	0,867
44.	342,08	68,82	9,83	48,0	58,87	50,49	0,859
45.	342,08	68,82	9,83	44,0	58,87	49,36	0,840
46.	342,08	68,82	10,77	45,3	61,46	53,44	0,872
47.	342,08	68,82	10,43	38,0	60,58	49,42	0,817
48.	342,08	68,82	10,83	38,5	61,75	49,42	0,801
49.	342,08	68,82	10,84	34,4	61,75	49,42	0,798
50.	456,10	91,76	9,62	104,0	77,69	66,41	0,854
51.	456,10	91,76	9,70	103,0	77,76	65,76	0,860
52.	456,10	91,76	9,81	101,5	78,34	65,50	0,847
53.	456,10	91,76	9,94	95,0	79,02	64,79	0,822
54.	456,10	91,76	10,10	90,4	79,70	64,47	0,809
55.	456,10	91,76	10,16	87,1	79,89	64,47	0,807
56.	456,10	91,76	10,20	82,8	79,95	63,11	0,766
57.	456,10	91,76	10,32	80,0	80,54	61,88	0,768
58.	456,10	91,76	10,37	75,0	80,54	61,88	0,768
59.	456,10	91,76	10,42	70,0	80,86	61,88	0,767
60.	456,10	91,76	10,53	67,6	81,16	61,88	0,765
61.	456,10	91,76	10,55	67,1	81,25	61,88	0,759
62.	456,10	91,76	10,55	63,0	81,25	60,55	0,747
63.	456,10	91,76	10,63	58,0	81,58	60,55	0,742
64.	456,10	91,76	10,53	50,6	81,16	58,61	0,722
65.	456,10	91,76	10,47	48,5	80,93	58,61	0,724
66.	456,10	91,76	10,58	44,0	81,51	58,61	0,720

Nummer der Versuche.	Gesammte Fläche der Oeffnungen.	Schutzhub.	Höhe vom Unterwasser bis zum Oberwasser.	Zahl der Umläufe des Rades in 1 Minute.	Wasser-Erguſs in einer Secunde. Theoretisch.	Wirklich.	Erguſs-Coefficient.
	Quadr.-Zoll.	Linien.	Fuſs.		Cub.-Fuſs.	Cub.-Fuſs.	
67.	456,10	91,76	11,50	100,0	84,81	70,29	0,829
68.	456,10	91,76	11,63	97,0	85,46	67,34	0,790
69.	456,10	91,76	11,34	91,0	84,33	69,32	0,805
70.	456,10	91,76	11,07	87,0	83,13	67,34	0,815
71.	456,10	91,76	10,51	80,0	84,75	66,66	0,788
72.	456,10	91,76	10,36	72,0	80,64	64,14	0,796
73.	456,10	91,76	10,29	67,0	80,38	62,85	0,782
74.	456,10	91,76	10,70	62,1	87,82	62,52	0,710
75.	456,10	91,76	10,65	57,1	87,66	61,72	0,702
76.	456,10	91,76	10,81	54,0	82,42	60,26	0,733
77.	456,10	91,76	10,83	49,4	82,22	60,26	0,733
78.	615,74	123,87	9,53	90,6	104,48	81,61	0,782
79.	615,74	123,87	9,78	87,0	103,73	81,61	0,773
80.	615,74	123,87	10,10	84,6	107,39	78,99	0,737
81.	615,74	123,87	10,13	77,2	104,80	78,99	0,757
82.	615,74	123,87	10,55	69,0	114,50	78,99	0,691
83.	615,74	123,87	11,07	66,1	112,24	81,61	0,730
84.	615,74	123,87	10,80	61,5	110,95	79,09	0,712

26.

Folgerungen aus den Resultaten der vorstehenden Tafel. Man sieht aus dieser Tafel, oder besser noch aus den Figuren 25. bis 29., daſs

Erstlich für die geringe Schütz-Erhebung von 23 Linien der Erguſs-Coefficient, oder, was dasselbe ist, der Erguſs des Wassers durch die Oeffnungen der Turbine ein wenig, aber nur langsam, mit der Geschwindigkeit des Rades zunimmt. Im Durchschnitt ist der Coefficient für 20 bis 55 Umläufe in der Minute etwa 0,93, erhebt sich aber allmälig bis zu 65 Umläufen auf 0,96.

Zweitens. Für einen Schutzhub von 41¼ Linien steigt der Coefficient, welcher für 25 Umläufe in 1 Minute etwa 0,93 ist, mit der Geschwindigkeit des Rades schneller und erreicht für 75 Umläufe die Zahl 1,039; so daſs also der wirkliche Ausfluſs sogar noch gröſser sein würde, als er theoretisch sein sollte.

Drittens. Bei 68,82 Linien Schützhub steigt der Coefficient von 0,8, für 34 Umläufe in der Minute bis zu 99½ Umläufen, ebenfalls bis über die Einheit hinaus.

Viertens. Bei 91,76 Linien Schützhub steigt der Coefficient von 0,72, für 45 Umläufe in der Minute, bis auf 0,85, für 102 Umläufe.

Fünftens endlich steigt der Coefficient, für 123,88 Linien Schützhub, von 0,71, für 75 Umläufe in der Minute, bis auf 0,76, für 106 Umläufe.

Daraus folgt, dafs der Wasser-Ergufs der Turbine mit der Umdrehungs-Geschwindigkeit zunimmt. Da aber die Schwungkraft, von welcher diese Zunahme herrührt, von den Maafsen des Rades abhängt, so müssen diese auch für jeden besondern Fall in Betracht gezogen werden.

27.

Einflufs des Schützhubes auf den Wasser-Ergufs. Die Figuren zeigen auch, dafs die Ergufs-Coefficienten für gleiche Geschwindigkeiten des Rades stets abnehmen, wenn der Schützhub wächst. Folgendes ist die Zusammenstellung der Coefficienten für verschiedene Geschwindigkeiten und Schütz-Erhebungen.

Zahl der Umläufe in 1 Minute.	Ergufs-Coefficienten für Schütz-Erhebungen von 41,29 Linien.	68,82 Linien.	91,76 Linien.	123,88 Linien.
40	0,905	0,820	—	—
50	0,945	0,862	0,728	—
60	0,975	0,900	0,743	—
70	0,995	0,930	0,762	0,706
80	—	0,953	0,784	0,720
90	—	0,968	0,812	0,746
100	—	0,980	0,840	0,767

Die Schütz-Erhebung von 22,94 Linien ist in diese Tafel nicht aufgenommen, weil die Verminderung des Coefficienten für dieselbe nicht erkennbar ist.

Dieses Abnehmen des Ergufs-Coefficienten beim Zunehmen des Schützhubes rührt offenbar von den Mündungen der Turbine her und scheint uns aus dem, was über den Ausflufs des Wassers durch Oeffnungen von dieser oder jener Gestalt bekannt ist, leicht erklärbar.

In der That haben hier die Mündungen zwischen den beiden verticalen auf einander folgenden Schaufeln, der untern Verlängerung des Bodens und der untern Fläche des mit dem Schütz sich erhebenden hölzernen Wulstes, eine den convergirenden Mündungs-Ansätzen ähnliche Gestalt. Bei geringen Schütz-Erhebungen fliefst also das Wasser durch eine oben und unten wirklich conische Oeffnung mit verticalen parallelen Seitenwänden aus, und für dergleichen Mündungen ist die Zusammenziehung des Strahls fast Null. Es ist also erklärlich, dafs der Ergufs-Coefficient bis zu 0,9 und darüber steigen mufs; wie es nach *„Traité d'Hydraulique par Mr. d'Aubuisson"* S. 54 für sich verengende conische Oeffnungen, je nach der Convergenz der Seite des Kegels, wirklich der Fall ist.

So wie der Schützhub gröfser wird, nimmt der Einflufs des Wulstes auf die Verminderung der Zusammenziehung des Strahls bei seinem Eintritt in die Mündung ab, indem nun die Abrundung des untern Randes nicht mehr genau die Form des zusammengezogenen Strahls hat, die Geschwindigkeit in der innern Röhre aber, da der Ergufs gröfser wird, eben so wie die Zusammenziehung der Wasserstrahlen gegen die Mündung hin, allmälig immer mehr zunimmt. Der Wulst ist im Durchschnitt, nach der Länge der Mündung gemessen, nur 6½ Zoll lang, und wenn nun das Schütz um mehr als 5¾ Zoll gehoben ist, so nähert sich die Form der Mündung schon mehr derjenigen, bei welcher eine Zusammenziehung des Strahls beim Eintritt Statt findet, oder der Form der Mündungen blofs mit Contraction oberhalb. Die Ablenkung der Richtung des in der verticalen Röhre senkrecht herab steigenden Wassers nach dem horizontalen Lauf am Boden hin, verursacht ebenfalls einen Verlust an lebendiger Kraft, welcher mit dem Schützhube nothwendig zunehmen mufs.

Diese Umstände zusammen, glaube ich, erklären das allmälige Abnehmen des Coefficienten beim Zunehmen des Schützhubes. Da aber, wie wir sahen, der Coefficient wieder gegenseitig mit der Geschwindigkeit der Umdrehung zunimmt und diese beiden entgegengesetzten Erfolge von den Maafsen des Rades abhängen: so folgt, dafs es bei allen Beobachtungen oder Versuchen mit den Turbinen ganz nothwendig ist, oberhalb, oder noch besser unterhalb des Rades, eine Vorrichtung zur directen Ausmessung des Wasserverbrauchs anzubringen. Unterhalb ist die Vorrichtung deshalb besser, weil einerseits die Veränderungen des Wasserstandes dort viel weniger Irrthümer und Zeitverlust bei Regulirung der Wasserhöhe veranlassen werden, und weil sich da, wie es auch zu *Müllbach* möglich war, die Wasserverluste aus dem Behälter und den Schützen besser schätzen lassen.

Auch bei der Turbine von *Moussay* zeigte sich, dafs der Ergufs-Coefficient abnimmt, so wie man das Schütz höher zieht. Die Zunahme der Schwungkraft bei grofsen Geschwindigkeiten dagegen war nicht merklich; wahrscheinlich weil das Rad nur sehr klein war.

Versuche mit der Turbine an der Mühle von *Lépine* im Canton *Arpajon*.

28.

Der Bericht an die Akademie vom 5. Februar 1838 enthält eine Reihe durch Herrn *Dieu*, Escadron-Chef bei der Artillerie und Inspector der Pulver-Fabriken von *Bouchet*, angestellter Versuche. Wir wollen die Resultate derselben hierhersetzen.

Die Ausmessung des Wasser-Ergusses geschah durch eine Absperrung oberhalb des Rades im Zuleitungsgerinne, welche einen Ausgufs bildete, und wurde nach der Formel $Q = 0{,}406\, LH \sqrt{(2gH)}$ berechnet. Die Druckhöhe und das gesammte Gefälle wurden vermittelst Schwimme oberhalb des Wassermessers und ober- und unterhalb der Turbine gemessen.

Der Dynamometer war aus Gufs-Eisen und mit zwei Holzstücken gefuttert. Er wurde an die Radwelle angebracht und fortwährend durch einen Wasserstrahl benetzt; welches die Erhitzung der sich reibenden Flächen verhinderte und sie stets feucht erhielt. Die übrigen Anordnungen waren den oben beschriebenen ganz ähnlich. Der Arm des Dynamometers war $12\frac{3}{4}$ F. lang und die unveränderliche Belastung desselben betrug $1\frac{1}{3}$ Pfund.

Folgende Tafel enthält die Resultate der Versuche.

No. der Versuche.	Wasser-Ergufs in einer Secunde. Cub.-F.	Ganzes Gefälle. Fufs.	Wirkende Kraft in Pfunden 1 Fufs hoch in der Secunde gehoben.	Ganze Belastung des Zügels. Pfd.	Zahl der Umläufe des Rades in einer Minute.	Nutz-Effect in Pfunden 1 Fufs hoch in der Secunde gehoben.	Verhältnifs des Nutz-Effects zur wirkenden Kraft.
1.	13,93	6,60	54,62	48,29	73,77	41,91	0,773
2.	14,23	6,52	54,60	39,75	88,20	41,30	0,763
3.	14,23	6,57	54,65	44,02	80,35	41,88	0,763
4.	14,23	6,57	54,65	48,29	72,58	41,30	0,757
5.	14,23	6,52	54,60	52,56	67,16	41,88	0,768
6.	14,23	6,50	54,05	56,83	64,10	43,10	0,795
7.	13,93	6,52	54,01	61,09	58,44	42,47	0,784
8.	13,93	6,35	52,23	37,62	90,90	40,65	0,772
						Im Durchschnitt	0,772

Diese Tafel zeigt, dafs der Nutz-Effect dieser Turbine, von etwa 6⅓ F. Gefälle, im Durchschnitt 77,2 pro cent von der wirkenden Kraft beträgt.

29.

Gesammt-Uebersicht der Resultate der Versuche über den Nutz-Effect der Turbinen.

Aus der Gesammtheit der in diesem Aufsatze beschriebenen, so wie der frühern Versuche mit Turbinen, und zwar

Mit der Turbine von *Moussay*, die während der Versuche etwa 24 Fufs Gefälle hatte und deren Rad etwa 37¼ Zoll tief eintauchte;

Mit der Turbine von *Müllbach*, welche während der Versuche etwa 11⅙ F. Gefälle hatte, und deren Rad 28⅔ Zoll tief eintauchte;

Mit der Turbine von *Lepine*, welche 6⅓ F. Gefälle hatte;

Mit der Turbine von *Inval*, (man sehe *Comptes rendus des séances de l'acad. des sc. Nro. IX. 27 Févr. 1837*), deren Gefälle allmälig von 45 Zoll bis auf 11 Zoll vermindert wurde, während man die Eintauchung des Rades von 44 Zoll bis auf 66 Zoll zunehmen liefs; endlich

Aus den Resultaten der Versuche des Hrn. *von Eichthal* zu *St. Blasius* im Schwarzwalde, wo man ein Gefälle von 344 Fufs für eine Turbine von 21 Zoll im Durchmesser benutzte, welche 2300 Umläufe in der Minute machte und die Kraft von 40 Pferden hatte,

folgt Nachstehendes.

Erstlich. Für Turbinen passen gleich gut starke und geringe Gefälle.

Zweitens. Ihr Nutz-Effect beträgt 70 bis 78 pro cent der wirkenden Kraft.

Drittens. Sie können sich mit Geschwindigkeiten bewegen, die *sehr* weit von derjenigen abweichen, welche dem Maximo der Wirkung entspricht, ohne dafs der Nutz-Effect merklich gegen sein Maximum abnähme.

Viertens. Sie können 3 bis 6 F. tief unter Wasser sich bewegen, ohne dafs das Verhältnifs ihres Nutz-Effects zur wirkenden Kraft sich merklich veränderte.

Fünftens. Vermöge dieser Eigenschaft kann also für sie das gesammte Gefälle benutzt werden, indem man das Rad unter das Unterwasser bringen kann.

Sechstens. Das Aufschlagewasser kann *sehr* veränderlich sein, ohne dafs sich das Verhältnifs des Nutz-Effects zur wirkenden Kraft sehr veränderte.

Fügt man zu diesen, schon sehr guten Eigenschaften, noch den Umstand, dafs die Turbinen sehr wenig Raum einnehmen und ohne grofse Kosten, Schwierigkeiten und Unbequemlichkeiten an jedem beliebigen Orte einer Werkstatt aufgestellt werden können; desgleichen, dafs ihnen eine bei weitem gröfsere Geschwindigkeit als andern Rädern gegeben werden kann, wodurch künstliche Zwischengeschirre erspart werden: so wird man mit uns darüber einverstanden sein, dafs die Turbinen eine der vorzüglichsten Arten von Wasserrädern sind.

Bemerkung des Herausgebers dieses Journals. In Berlin befindet sich an der Commendanten-Strafse, zwischen der Spandauer- und der Hercules-Brücke, in einem von einem alten Stadtgraben gebildeten Spree-Arme eine Turbine, die schon seit einiger Zeit im Gange ist und 6 Gänge einer Getraide-Mahlmühle treibt. Sie hat nur ein schwaches Wassergefälle von 2, 3 bis 4 F. und badet fast immer im Wasser: öfters 3 bis 4 F. tief; hat auch viel Räderwerk zur Leitung der Kraft nöthig gehabt, da sich das Rad nicht innerhalb des vorhanden gewesenen, mehrere Etagen hohen Hauses, sondern nur aufserhalb desselben anbringen liefs. Sie befindet sich also in sehr ungünstigen Verhältnissen; thut jedoch ihre Dienste. Sie ist von Eisen und im Ganzen nach der *Fourneyron*schen Art gebaut.

Eine zweite Turbine wird so eben jetzt von dem Herrn Mechanicus *Hummel* zu Berlin gebaut. Sie ist für ein Maschinenwerk bei *Glatz* in Schlesien bestimmt und wird ein 20 F. hohes Wassergefälle bekommen. Das Rad hat 4 F. äufsern Durchmesser und ist nebst der Welle und Wasserzuleitung von Eisen. Es werden dabei mancherlei Veränderungen gegen die *Fourneyron*sche Art der Einrichtung angebracht; von welchen eine der bedeutendsten die ist, dafs das Wasser statt von oben, von unten in das Rad gelangen wird. Dadurch wird erzielt, dafs die Welle kürzer sein kann und dafs das Zapfenlager immer ganz zugänglich bleibt.

Sollten dem Herausgeber mehrere und nähere Nachrichten von Turbinen und deren weiterer Vervollkommnung zugehen, so wird er sie, so wie vielleicht auch Einiges über die *Theorie* dieser Art von Wasserrädern, in diesem Journale mittheilen. Der Gegenstand ist jedenfalls sehr interessant; und zu wünschen und zu hoffen ist, daſs es den Turbinen, anders wie so manchem andern nützlichen Neueren, *bald* gelingen möge, an die Stelle des Alten, weniger Guten zu treten. Wenn Turbinen auch wirklich nicht mehr *Effect* hätten als die alten Räder, so ist es doch immer noch jedenfalls in unzähligen Fällen höchst nützlich, daſs sie weniger *Raum* bedürfen als die öfters ungeheuer groſsen ober- mittel- oder unterschlächtigen Räder und daſs sie ohne Nachtheil ziemlich tief unter Wasser sich bewegen können, also weniger durch die Wandelbarkeit des Wasserstandes ober- und unterhalb leiden, und fast überall die Pansterwerke ersparen.

Berlin im Juni 1839.

12.

Kurze Uebersicht der physiographisch-hydrographischen Beschaffenheit von Ostfriesland,

in Hinsicht auf Entwässerungs-Anlagen, Gröfse der abzuwässernden Fläche, Zahl, Weite, Bau- und Unterhaltungskosten der Syhle und deren Effect.

Als practisches, aus der Erfahrung entnommenes Beispiel von der Entwässerung einer See- und Stromgegend.

(Von dem Herrn Wasser-Bau-Inspector etc. Dr. *Reinhold* zu Leer in Ostfriesland.)

(Fortsetzung der Abhandlung Nr. 10. im vorigen Hefte.)

---

§. 2.

Hydrographische Beschreibung der Ströme und Flüsse Ostfrieslands.

Die Ströme welche Ostfriesland, theils durchschneiden, theils begrenzen, sind die *Ems* und die *Aa*. Sie ergiefsen sich in einen Meerbusen, den Dollart, und unmittelbar in die Nordsee; sie haben tägliche Ebbe und Fluth, und gehören also zu den Strömen.

Die Flüsse, welche Ostfriesland durchschneiden und sich nicht unmittelbar in die See, sondern vereinigt in die Ems ergiefsen, sind: die *Jümme* oder *Aper-Ems*, und die *Soste* oder *Sagter-Ems*, welche aus dem Grofsherzogthum Oldenburg kommen, sich bei Wilshausen in Ostfriesland vereinigen und so vereinigt unter dem Namen der *Leda* unterhalb der Stadt Leer bei der ehemaligen Festung Leerort in den Emsstrom einmünden.

Die *Ems* ist der Hauptstrom Ostfrieslands. Sie entspringt im ehemaligen Bisthum Paderborn, am Stepellacher Berge, beim Hövelhofe, 2 Meilen von Paderborn und $1\frac{1}{2}$ Meile von den Quellen der Lippe, welche beim Dorfe Lippspringe im Paderbornschen entspringt. Sie fliefst von ihrer Quelle an anfangs und bis zur Stadt Rheine in nordwestlicher und dann mehr in nördlicher Richtung durch die Senne, eine theils wüste, theils angebauete Sand- und Haidgegend, worin sie mehrere kleine Bäche aufnimmt, und dann an Rittberg, Wiedenbrück, Rheda und Marienfelde vorbei, nach Warendorf geht; bei welchen Orten sie zwar schon bedeutende Wassermühlen treibt, aber doch noch nicht schiffbar ist. Erst bei der Hüttingsmühle in der Herrschaft Rheda wird sie flöſsbar und es wird von daher, so wie aus dem Münsterschen, viel eichenes Schiffbauholz nach Ostfriesland und Holland geflöſst.

Von Warendorf abwärts flieſst die Ems nach Telgte im Münsterschen, Westbevern und Greven, und nimmt auf dieser Strecke zwei kleine Flüsse oder Bäche, die Bever und Werse auf. Greven ist der Punct, wo die Ems für die sogenannten Münsterschen oder Haarenschen Pünten bei günstigem Wasserstande, von 2 bis 3 Fuſs Tiefe, schiffbar wird. Die plattbodigen Münsterschen Pünten, die gröſstentheils im Dorfe Haaren, 2 Stunden unterhalb Meppen, zu Hause gehören, und deren daselbst etwa 30 groſse und kleine sein mögen, theilt man in zwei Arten: nemlich in Pünten, welche die gröſseren, und in Püntschiffe, welche die kleineren sind. Die Trächtigkeit der Pünten ist etwa 15 bis 16 Lasten, zu 4000 Pfund. Sie gehen beladen 3 Fuſs und ledig 1½ Fuſs tief, sind 16 F. breit, 55 F. lang, 4 F. im Rumpfe tief, werden bei der Bergfahrt von 2 Pferden gezogen, die ein Knabe regiert, und sind mit 2 bis 3 Mann besetzt. Diese Pünten haben auch ein Segel. Die kleineren Fahrzeuge, oder Püntschiffe, welche die gröſsere Zahl ausmachen, da es im Sommer oft an hinreichendem Fahrwasser für volle Ladungen fehlt, führen etwa 8 Lasten zu 4000 Pfd., gehen beladen 2½ Fuſs, ledig 1½ Fuſs tief im Wasser, sind 13 Fuſs breit, 45 Fuſs lang, 4 Fuſs tief im Rumpfe, werden von einem Pferde bergauf gezogen, welches ein Knabe reitet, segeln aber auch, eben wie die Pünten, und sind mit 1 bis 2 Mann besetzt. Beiderlei Fahrzeuge haben kein Deck, so daſs die Waaren mit Segeln, Matten und andern Decken gegen die Witterung geschützt werden müssen. Diese Fahrzeuge unterhalten ausschlieſslich bis jetzt den Waarentransport zwischen Ostfriesland und den Westphälischen- und Rhein-Provinzen Preuſsens etc., von Leer, Weener, Halte und Papenburg bis zur Stadt Rheine, oder bis Greven, wenn es der Wasserstand erlaubt.

Bei Halte, Papenburg, Weener und Leer fängt die Seeschiffahrt in Ostfriesland an, und die Püntenschiffahrt hört daselbst auf.

Vom Dorfe Greven im Münsterschen flieſst die Ems fortwährend auf Preuſsischem Gebiete bis zur Stadt Rheine; woselbst ein Wehr nebst Schleuse und eine stehende Brücke auf der Ems befindlich sind. Nicht fern oberhalb der Stadt Rheine liegt am rechten Ufer der Ems das Dorf Mesum, wo der frühern Absicht gemäfs der Canal in die Ems münden sollte, welcher die schiffbare Ems mit der Lippe und dadurch mit dem Rheine bei Wesel, etwa 10 Meilen lang, verbinden und von Mesum nach Clemenshafen, Münster und von dort nach Lünen oder Hamm nach der Lippe gehen sollte, welche seit einigen Jahren bis Lippstadt heraufwärts schiffbar geworden ist. Bis jetzt ist aus diesem Canalprojecte nichts geworden. Statt des Verbindungscanals hat man neuerdings eine Eisenbahn vorgeschlagen. Ob eine und welche von beiden Anlagen den Vorzug verdiene und werde ausgeführt werden, wird die Zukunft entscheiden. Die Erfahrung, als die beste Lehrmeisterin, wird den Erfolg lehren. In meiner Schrift: „Der Rhein, die Lippe und Ems und deren künftige Verbindung etc." (Hamm, bei *Schütz* und *Wundermann,* 1822) ist das Nähere hierüber zu finden.

Unterhalb der Stadt Rheine nimmt die Ems ihren Lauf, beim ehemaligen Kloster Bentlage vorbei, nach dem Dorfe Salzbergen; zwischen welchen beiden Orten der Strom die Hannöverisch-Preufsische Grenze durchschneidet.

Von der Quelle bis zur Stadt Rheine hat die Ems ein sandiges Flufsbette und sandige Ufer. Bei der Stadt Rheine streicht ein Kalksteingebirge durch das Strombette, welches sich bis unterhalb Salzbergen erstreckt, und bis wohin denn das Strombett gröfstentheils aus Felsenboden besteht, welcher, besonders bei niedrigem Wasser, der Schiffahrt sehr hinderlich ist und bei völliger Schiffbarmachung obiger Strecke durch die Kunst fahrbar gemacht werden mufs. An der Landesgrenze oberhalb Salzbergen ist die Ems etwa 10 Rheinländische Ruthen im Wasserspiegel breit. Von Salzbergen abwärts fliefst der Strom beim Dorfe Möhringen vorbei, wo bei der Schiffbarmachung der Ems vor etwa 12 Jahren ein Wehr nebst Schleuse erbaut worden ist. Hierauf berührt sie das Dorf Ellbergen, am linken Ufer, wo die sogenannte Hopster-Aa am rechten Ufer in sie einmündet.

Die Aa ist ein kleiner Flufs, der nicht fern oberhalb seiner Vereinigung mit der Ems eine Wassermühle nebst Stauwehr hat.

Vom Dorfe Ellbergen setzt die Ems ihren Lauf weiter nach Haneken-Fähre fort, am rechten Ufer, etwa 1 Stunde oberhalb Lingen. Bei Haneken-Fähre, einem Bauerhofe, ist bei der Schiffbarmachung der Ems ein Wehr angelegt worden, um den daselbst einmündenden Emscanal, der über Lingen nach Meppen in die Haase führt, mit Wasser zu speisen. Die Ein- und Ausmündungen dieses Canals sind zu diesem Zwecke mit Schleusen versehen, so wie aufserdem auch noch zwei massive Schleusen auf dem Canale erbaut worden sind.

Von Haneken-Fähre setzt die Ems ihren Lauf nach Lingen fort, wo sie etwa 12 Ruthen breit und 3 Fufs tief und wo statt der ehemaligen Fähre bei der Schiffbarmachung der Ems eine neue hölzerne Brücke angelegt worden ist, über welche die Poststrafse von Hannover etc. nach Holland führt.

Von Lingen abwärts fliefst die Ems, in vielen verwilderten Serpentinen, durch Sandboden, bei den Dörfern Wachendorf, Dalem, Rühle u. s. w. vorbei, nach Meppen; wo sich die aus dem Osnabrückschen von Dissen über Osnabrück, Bramsche, Quackenbrück, Löningen, Herzlake und Haselünne kommende Haase mit der Ems vereinigt, die bei Meppen etwa 15 Ruthen breit und 3 Fufs tief und mit einer hölzernen Klappbrücke überbaut ist; so wie eine ähnliche Brücke über die Ausmündung der Haase liegt; nicht weit oberhalb welcher der etwa 7000 Ruthen oder $3\frac{1}{2}$ Meilen lange neue Emscanal in die Haase einmündet.

Die Haase ist bei gutem Fahrwasser bis Herzlake für die Münsterschen Püntschiffe fahrbar; bis Quackenbrück und Osnabrück aber nicht. Die Hase oder Haase, ist ein Gebirgswasser, welches im Osnabrückschen, in der Gegend von Dissen, in den dortigen Gebirgen entspringt. Sie hiefs in alten Zeiten Osa; wovon diese Stadt zuerst Osaburg, oder Osabrügge, und nachher Osnabrück genannt wurde. Vor der Stadt liegt eine steinerne Brücke am sogenannten Haselthore über die Haase.

Von Meppen abwärts zieht sich die Ems bei den Dörfern Haren (bekannt wegen der Pünten), Lathen, Steinbild, Hede, Rhede, Aschemdorf, Brual, Tungsdorf, Diele, Vellage u. s. w. vorbei bis Halte, Papenburg gegenüber, nach Ostfriesland. Bei Halte und Papenburg hört die Seeschiffahrt der Unter-Ems auf und die Püntenschiffahrt für die Ober-Ems nimmt ihren Anfang. Bis Halte und Papenburg können Seeschiffe, mit 60 bis 70 Last beladen, bei der Fluth auf und ab fahren; und auch noch weit gröfsere Schiffe, von 120 Lasten und mehrerer Trächtigkeit, wenn sie leer oder nicht ganz beladen sind und nur so tief gehen, als der augenblickliche Stand des Fahrwassers an den seichtesten Stellen, von etwa 6 bis 8 Fuſs, zuläſst. Zu Papenburg und Halte sind bedeutende Schiffbauereien für Seeschiffe. Halte gegenüber mündet der Papenburger Canal mittelst des Drostensyhles in die Ems. Die tägliche Fluth steigt hier im Durchschnitt etwa 5 Fuſs über die Ebbe. Die Fluth geht zwar noch etwa 2 Stunden weiter stromaufwärts, bis Rhede, wo eine hölzerne Jochbrücke von 158 Fuſs lang über die Ems führt, wo die mittlere Wassertiefe 4½ Fuſs ist und wo die Fluth etwa 1½ bis 2 Fuſs im Durchschnitt über die ordinäre Ebbe steigt, sich dann aber weiter hinauf, unterhalb Aschendorf, zwischen den Dörfern Borsum und Herbrum unmerklich verliert, wenn nicht etwa Sturmfluthen das Wasser aus der Unter-Ems weiter nach Oben treiben und hohes Oberwasser den Wasserstand dabei erhöhet. Bei Halte ist die obere Breite der Ems im Ebbespiegel 201 Fuſs, die gröſste Tiefe 20 bis 30 Fuſs. Bei der Fluth, und bei der Ebbe beträgt die mittlere Tiefe im Durchschnitt 15 Fuſs, da wo die Fähre übergeht. 50 Ruthen oberhalb der Fähre ist der Ebbespiegel 365 Fuſs breit, bei einer mittleren Tiefe von 4½ Fuſs; woselbst denn eine gute Stelle für eine Brücke sein würde,

Die Bedeichung an beiden Ufern der Ems fängt oberhalb Halte, bei den Dörfern Brual und Tungsdorf an, und geht stromab durch Ostfriesland bis an die Nordsee fort. Bei Halte ist eine Fähre für Menschen, Pferde und Wagen, über welche die Poststraſse von Hannover über Osnabrück, so wie von Münster und Zwolle über Lingen, Meppen, Papenburg, Halte, Weener und Leer nach ganz Ostfriesland führt.

Die Länge der Ems, von der Hannöverisch-Preuſsischen Landesgrenze oberhalb Salzbergen bis Halte beträgt 44000 Ruthen Rheinl. oder 22 Meilen zu 2000 Ruthen Rheinl. Die Tiefe beim Sommerwasserstande ist nach Maaſsgabe desselben sehr verschieden und wechselt zwischen 2 bis 30 und mehreren Fuſsen. Das Strombette und die Ufer sind von Meppen bis Halte gröſstentheils sandhaltig; zuweilen mit Lehm oder Klai gemischt. Felsen findet man in dieser Strecke nicht mehr.

Bei hohen Winterwasserständen werden die Ufergegenden in der Regel überschwemmt; was zu ihrer Fruchtbarkeit vieles beiträgt.

Das Totalgefälle des niedrigen Sommerwasserspiegels der Ems, von der Grenze bei Salzbergen bis Halte, beträgt auf 44000 Ruthen Rheinl. Länge 79 Fuſs. Das Uferterrain fällt auf diese Länge 76 Fuſs und der höchste Inundationsspiegel fällt 83 Fuſs Rheinl.

Die Wasserconsumtion beträgt beim niedrigen Sommerwasser an der Grenze bei Salzbergen 365 Cubikfuſs und nach Aufnahme der Hopster-Aa, Hase, Radde u. s. w., unterhalb Meppen bis Halte, 766 Cubikfuſs Rheinl. in der Secunde.

Die Geschwindigkeiten des Stromes beim Sommerwasser nehmen, bei Verminderung des Gefälles von oben nach unten, in folgenden Verhältnissen, für 100 Ruthen berechnet, ab: $2\frac{4}{10}$ Zoll, $2\frac{7}{10}$, $1\frac{4}{10}$, $1\frac{3}{10}$, $\frac{2}{10}$ u. s. w., und zwar letzteres in der Strecke zwischen Rheda und Halte, wo schon Ebbe und Fluth ist: ein Beweis, daſs das Gefälle und die Geschwindigkeit der Ströme seewärts ab- und nicht zunimmt, wie es ältere Hydrauliker nach dem Gesetze der Schwere behauptet haben: z. B. *Kästner* in seiner Hydrodynamik, die 1769 und 1797 erschien. Wenn die Geschwindigkeit des Wassers in Strömen seewärts nicht ab-, sondern zunähme, so würden die Flüsse und Ströme, je näher sie der See kommen, so reiſsend sein, daſs sie Niemand befahren und weder Ufer, Deiche noch Strombetten stehen bleiben; auch Niemand stromaufwärts fahren könnte. Auf ähnliche Widersprüche führen die *du Buat*schen Versuche, die er in kleinen hölzernen Rinnen über die Beweglichkeit und Wegführung der Sinkstoffe, Abnagung der Ufer und des Strombettes bei gewissen Geschwindigkeiten des Wassers angestellt hat. Es sollen nach denselben, bis zur Mobilwerdung, brauner Töpferthon einer Geschwindigkeit von 3 Zoll in der Secunde, feiner Sand 6 Zoll, grober Sand 8 Zoll, feiner und grober Kies 4 bis 12 Zoll, abgerundete Kiesel von 1 Cubikzoll einer Geschwindigkeit des Wassers von 24 Zoll widerstehen. (S. *Woltmanns* Beiträge zur hydraulischen Architektur, 1ster Bd. S. 175.) Diese Geschwindigkeiten, die *du Buat* angiebt, wobei die Sinkstoffe, die ablösbaren Erdtheile des Strombettes und der Ufer in Bewegung kommen und vom Wasser fortgeführt werden sollen, sind aber viel zu geringe und zu unwirksam, um einen Strom dadurch zu reinigen und aufzuräumen.

In *Funks* „Beiträgen zur allgemeinen Wasserbaukunst" S. 155 findet man dagegen folgende, von ihm selbst in der Weser angestellte Beobachtungen, bei welchen ich, damals Conducteur, im Jahre 1803 assistirte. Bei $2\frac{4}{10}$ Fuſs Geschwindigkeit des Wassers in der Secunde blieb Triebsand noch ohne Bewegung. Bei $4\frac{3}{10}$ und $6\frac{1}{10}$ Fuſs Geschwindigkeit bewegte sich Grand von der Gröſse einer Bohne, eines Eies und einer Faust noch gar nicht. Bei $6\frac{3}{10}$ und $6\frac{6}{10}$ Fuſs vertiefte sich das Fluſsbette aus Grand, wie Bohnen und Eier grofs; bei $6\frac{4}{10}$ Fufs Geschwindigkeit vertiefte sich das Flufsbette aus faustgrofsen Steinen; bei 7, 9 bis 10 Fufs bewegte sich grofser Grand und Steine, bis zu 12 Pfund Gewicht, auf 400 Fufs mit fort u. s. w.

Der Herr Baudirector *Woltmann* bemerkt in seinen „Beiträgen zur Schiffbarmachung der Flüsse etc." S. 128 etc. „dafs in der Elbe die schwimmende Bewegung der Sandkörner bei einer Geschwindigkeit von 2 bis 3 Fufs in der Secunde Statt finde u. s. w.; wobei das Strombette gereinigt und vertieft werde."

Die Erfahrungen, welche ich hierüber bei der nivellitisch-hydrometrischen Untersuchung der Ems in den Jahren 1817 und 1818 gemacht habe, bestätigen, was der Baudirector *Woltmann* und der Geh. Oberbaurath *Funk* in ihren Schriften hierüber aus Erfahrung sagen.

Von Halte abwärts nimmt die Ems ihren Lauf zwischen Stromdeichen, zunächst bei Mittling und Mark am rechten oder östlichen Ufer vorbei, nach dem Flecken Weener, der am linken oder westlichen Ufer liegt. Gegenüber, am linken Ufer, liegt Hilkeborg, wo eine Fähre für Wagen, Pferde und Menschen ist. Der Flecken Weener steht mittelst einer Syhlmude oder eines sogenannten Aufsentiefes mit der Ems in Verbindung. Der obere Theil der Muhde bildet einen kleinen Hafen für Binnenfahrer und kleine Seeschiffe, bis zu 50 Lasten. Gröfsere Seeschiffe müssen bei Weener auf der Ems geladen und gelöscht werden, weil der Hafen kein hinreichend tiefes Wasser dazu hat.

Von Weener stromabwärts verfolgt die Ems ihren Lauf bis zur ehemaligen Festung Leerort, wo die Leda am rechten Ufer in die Ems einmündet.

Bei Leerort ist die gröfste Fähre in Ostfriesland, für Wagen, Pferde und Menschen, indem hier die Haupt-Poststrafse von Hannover, Preufsen und Holland nach Ostfriesland hergeht. Die Breite der Ems ist bei Leerort etwa 180 Faden oder 90 Ruthen Rheinl. im Fluthspiegel; die Tiefe 10 bis 20 Fufs. Das Intervall zwischen Ebbe und Fluth ist hier gewöhnlich 6 bis 7 Fufs. Beim Neu- und Vollmond erscheint gewöhnlich um 9 Uhr Fluth und um 2 Uhr Hochwasser: beim ersten und letzten Viertel um 2 Uhr die Fluth und um 9 Uhr das Hochwasser. Dagegen bei Halte, Stickhausen und Potshausen erscheint etwa 2 Stunden später die Fluth und das Hochwasser; so wie bei Emden und Ditzum beim Neu- und Vollmond die

Fluth um 7 und das Hochwasser um 12½ Uhr gewöhnlich eintritt. An der der Ostfriesischen Küste tritt beim Neu- und Vollmond Hochwasser

a) an der Mündung der Ost-Ems um 10 Uhr 30 Minuten, also der Anfang der Fluth etwa um 5 Uhr 30 Minuten ein;

b) In der West-Ems um 9 Uhr 45 Minuten, also der Anfang der Fluth etwa um 4 Uhr 45 Minuten; bei der Insel Borkum das Hochwasser um 9 Uhr, der Anfang der Fluth etwa um 4 Uhr.

c) Beim Nestmer Syhle an der Nordseeküste ist Hochwasser um 11 Uhr, Fluth um 6 Uhr.

d) Am Norddeiche bei Norden ist Hochwasser um 11 Uhr.

e) Bei der Friedrichsschleuse unterhalb Carolinensyhl, der Oldenburgschen Insel Wangerogen gegenüber, ist Hochwasser um 11 Uhr 30 Minuten, der Fluth-Anfang um 6½ Uhr; u. s. w.

(M. s. den allgemeinen Ostfriesischen Kalender von *H. C. Begemann,* Capitain und Lehrer an der Königl. Navigations-Anstalt in Emden etc.)

Daſs die Fluth und das Hochwasser nebst der Ebbe täglich um etwa ¾ Stunden später als am Tage vorher eintreten, ist bekannt. Die Dauer der Fluth kann man bei nicht ungünstigem Wetter und Winden in der Ems im Durchschnitt zu 5 Stunden annehmen. Man braucht also nur den Anfang der Fluth an einem bestimmten Orte beim Neu- und Vollmonde zu wissen, was man aus den hiesigen Kalendern ersehen kann, um für einen beliebigen Tag Ebbe und Fluth danach, wenigstens ungefähr, berechnen zu können. Wind und Wetter und andere Natur-Ereignisse bringen indeſs oft eine Abänderung für einige Tage hervor; was aber Ausnahmen von der Regel sind.

Unterhalb Leerort flieſst die Ems, in einigen Serpentinen, zuerst in nördlicher, dann in nordwestlicher Richtung den am linken oder westlichen Ufer befindlichen Oertern, Bingum, Soltborg, Jemgum, Midlum, Critzum, Hatzum, Nenndorf, Ditzum und Pogum vorbei, und vereinigt sich an der Spitze von Pogum mit dem im Jahre 1277 entstandenen Meerbusen, dem sogenannten Dollart.

Am rechten oder östlichen Ufer der Ems, von Leerort stromabwärts, befinden sich, auſser einzelnen Ziegelfabriken, der Jemgumer Fähre, wo nur Fuſsgänger übergesetzt werden, und dem Vorwerke des ehemaligen Klosters Thedinga, die Dörfer Terborg, Oldersum, Rorichum, Gandersum, Pettkum (wo eine Fähre für Fuſsgänger von und nach Ditzum ist), Jarstum, Borstum, die ausgedeichte Insel Nesserland, und endlich die Stadt Emden, die mittelst eines 1 Meile langen Fahrwassers mit der Ems vereinigt ist. Zwischen Pettkum und Ditzum hat die Ems bereits die bedeutende Breite von etwa 450 Ruthen Rheinl. Die Stadt Emden, nebst der Halbinsel Nesserland, liegt unmittelbar dem Dollart gegenüber. Unterhalb der Stadt Emden liegt in dem dortigen Inbusen, durch welchen früherhin der Lauf der Ems ging, das Dorf Larrell; dann das Logumer Vorwerk, Wiebelsum und die Knocke, an einer hervorspringenden Landspitze. Von der Knocke stromabwärts wendet sich das Ufer in nördlicher und zuletzt in nordöstlicher Richtung. Die Ems-Mündung zwischen der Ostfriesichen und Holländischen Küste, an welcher letzteren die Festung und der Hafen von Delfzyl liegen, erweitert sich nun immer mehr und mehr, so dafs das Ostfriesische Ufer von der Knocke an bis Greetsyhl und von dort bis Carolinensyhl oder der davorliegenden Friedrichsschleuse, an der Oldenburgischen Grenze, der Insel Wangeroge gegenüber, als Seeufer zu betrachten ist. Die in den Aemtern Greetsyhl, Norden, Berum, Esens und Wittmund, bis zur Oldenburgischen Grenze, in der am Ende beigefügten Tabelle I. verzeichneten Syhle liegen also direct an der Nordseeküste, oder an Buchten derselben.

Von Leerort bis Emden u. s. w. hat die Ems ein für beladene Seeschiffe von etwa 120 Lasten hinreichendes Fahrwasser von 10 bis 12 Fufs Tiefe, und zwar einige Stunden vor und einige Stunden nach der Fluth, und besonders während der beim Neu- und Vollmond jedesmal 3 Tage Statt habenden Springfluthen, die in der Regel einige Fufs höher als die ordinaire tägliche Fluth auflaufen. Weiter herabwärts, bis zur Ausmündung der Ems in die See bei der Insel Borkum, nimmt die fahrbare Tiefe zu; wie es die vom Capitain *Harnac* in Emden herausgegebene Karte von den Mündungen der Ems, auf welcher die Tiefen, Seetonnen, Baaken und Kaapen u. s. w. deutlich angegeben sind, näher nachweiset. Eine sehr gute Rhede ist in der Bucht von Wiebelsum für kleine und grofse Seeschiffe vorhanden, so dafs die Seeschiffahrt Ostfrieslands nach allen überseeischen Welttheilen von der Ems aus ungehindert getrieben werden kann und jährlich getrieben wird, wie es die Anzeigen darüber in der zu Emden erscheinenden Ostfriesischen Zeitung wöchentlich näher nachweisen.

Ostfriesland bietet überhaupt den schönsten und gelegensten Handels- und Stapelplatz zwischen dem nordwestlichen Deutschland zwischen,

Weser und Rhein und allen überseeischen Staaten dar, weshalb es auch mit Recht in der Wiener Congreſs-Acte zum Stapelplatze für den Handel zwischen Ems, Weser und Rhein bestimmt worden ist. Um diese Bestimmung zu verwirklichen, ist weiter nichts nöthig, als einen Canal oder eine Eisenbahn aus der Ems, bei der Stadt Rheina, über Münster nach Hamm und der Lippe, etwa 10 Meilen lang für etwa 3 Millionen Rthlr. anzulegen; wozu wahrscheinlich eine Actiengesellschaft sich finden und hoffentlich auch gut dabei stehen würde. Von der Nordsee umgeben, von der Ems und mehreren Flüssen und Canälen durchschnitten, mit Häfen und Syhlen, den nöthigen nautischen Anstalten, Schiffsbauereien, Rhedereien, einem thätigen und vermögenden Handelsstande, Ueberfluſs an Naturproducten und Handelsverbindungen mit überseeischen Staaten versehen, hat Ostfriesland viele Vorzüge vor benachbarten Staaten und verdient daher auch besonders geschützt und begünstigt zu werden.

Die tägliche Erfahrung lehrt, daſs sich in der Ems, von Halte bis Leerort und von Leerort bis zum Dollart, viele Ufer-Anwüchse, Sandplaten, Inseln und Erhöhungen im Strombette bilden, die nicht allein der Schifffahrt, sondern auch der Entwässerung des Binnenlandes höchst nachtheilig sind, oder es werden. Die stromabwärts sowohl als stromauf mit Ebbe und Fluth täglich in die Ems eingeführten Sinkstoffe, Sand, Moor, Klai u. s. w. bilden nach und nach jene Anwüchse, Inseln und Sandplaten, und erhöhen überhaupt nach und nach den Stromboden und damit den Ebbespiegel der Ems, so daſs die Syhlthüren bei der Ebbe nicht mehr so früh aufgehen und nicht so lange offen bleiben, als es in früheren Zeiten, vor Erhöhung des Strombodens und Einengung des Stromes, der Fall war. Dabei hat sich seit einer Reihe von Jahren durch die zunehmende Bevölkerung und dadurch nothwendig vermehrte Cultur der Moore, Haiden und Weiden im ganzen Stromgebiete der Ems und deren Nebenflüsse, im Münsterschen, Paderbornschen und Oldenburgschen, wie in Ostfriesland, der Wasserzufluſs zur Ems vermehrt, und durch die Anlage von vielen Gräben und Canälen in den neu cultivirten Gegenden ist der Zufluſs des Wassers nach der Ems gröſser an Masse und schneller und anhaltender geworden, indem dasjenige Wasser, welches früherhin in den nicht cultivirten Gegenden aus Mangel an Abzugsgräben u. s. w. verdunsten oder in die Erde sinken, oder ohne künstliche Leitung auf unvollkommenen natürlichen Umwegen, auf wüstem Boden, in Bächen und Niederungen in die

Flüsse und Ströme langsam ablaufen mufste, nun in gröfseren Massen schneller und anhaltender dem Strome durch neue Canäle und Gräben zufliefst. Auch hierdurch ist der Wasserstand in der Ems erhöhet und an Masse vermehrt worden. Dabei sinkt das eingedeichte Binnenland in den Seeprovinzen seit Jahrhunderten in Ostfriesland und in andern Nordseeprovinzen durch Vermehrung der Entwässerung und Cultur alter und neuer Grundstücke tiefer; wie ich es durch die aus Erfahrung entnommenen Beispiele von Ostfriesland und Holland nachgewiesen habe.

Die Erfahrung zeigt also: 1) dafs der Wasserstand mit dem Stromboden in der Ems nach und nach gestiegen und 2) dafs das eingedeichte Binnenland dagegen gesunken ist; 3) dafs also zwei natürliche Ursachen Statt finden, weshalb das Binnenland gegen den äufsern Wasserstand der Ströme sich immer mehr und mehr senkt und die Entwässerung des Binnenlandes auf natürlichem Wege in den Seeprovinzen an der Nordseeküste in Holland, Ostfriesland, Oldenburg, Bremen u. s. w., immer schwieriger wird; weshalb man denn auch in Holland sich bereits seit einigen Jahrhunderten, mehr als in andern Nordseeprovinzen, der Schöpfmühlen bedienen mufste. Viele Seeprovinzen, wie Holland, sind zu früh eingedeicht worden und sinken deshalb stärker als andere.

Aus diesen Gründen mufsten seit 50 Jahren nicht allein die Deiche in Ostfriesland von Zeit zu Zeit erhöhet werden, sondern es gingen auch mehrere Syhle ein, weil der stets höher werdende Aufsenwasserstand die Höhe des Binnenwassers bei der Ebbe an Höhe übertraf, durch den überwiegenden hydrostatischen Druck die Fluththüren der Syhle zuhielt und die Syhle an der Auswässerung hinderte. Beispiele hievon in Ostfriesland sind die seit etwa 50 Jahren an der Ober-Ems zwischen Halte und Mark u. s. w. wegen Mangel an Wirkung eingegangenen Syhle von Völben, Mittling, Mark, Hilkeborg und Dorenburg, und die Erhöhung der dortigen Deiche, die während meiner hiesigen Dienstzeit, seit 23 Jahren, 2 bis 3 Fufs beträgt. Ferner die höchst unvollkommene Wirkung des Drosten-, Holthuser, Weener und Coldemüntjer Syhles in derselben Stromstrecke. An der Jümme oder Aper-Ems, wie an der Soste oder Sagter-Ems und Lede kommen ähnliche, wiewohl minder schädliche Erscheinungen der Art, aus gleichen Gründen vor. Der Wasserspiegel der Nordsee hat sich dagegen im Ganzen weder erhöhet noch gesenkt; wie die seit mehreren Jahrhunderten in Holland an festen Puncten gemachten Beobachtungen es ausweisen. Dagegen leiden die Ströme Hollands an demselben Uebel aus gleichen Ursachen wie die Ems; was denn zuletzt die totale Inundation des niedrigsten Theiles dieses Landes nach sich ziehen wird, wenn nicht bald die nöthigen Mittel dagegen angewendet werden. Ueber den Zustand der Ströme Hollands und die Mittel zur Verbesserung desselben habe ich in einer Schrift: „Nachricht von grofsen und merkwürdigen Wasserbauten u. s. w." eine kurze Uebersicht gegeben, die ich aus den schätzbaren Werken der berühmten Niederländischen Sachverständigen, *Blanken, Krayenhof, Goudriaan, Menz, van Rechteren* u. s. w., gesammelt und zusammengestellt habe.

Diese Erfahrungen der Nachbaren über ihre Ströme, die sich in dieselbe Nordsee wie die Ems ergiefsen, mit den eigenen zusammengehalten, lehren hinreichend, *dafs, so wie in Holland, so auch in Ostfriesland, bei gleicher oder ähnlicher Beschaffenheit des Bodens, der Ströme und Naturereignisse, Mittel ergriffen werden müssen, um das Land durch gute Deiche gegen das Aufsenwasser zu schützen und die innere Entwässerung durch Vermehrung und Vervollkommnung der Entwässerungs-Anstalten auf natürlichem und künstlichem Wege möglichst zu verbessern und zu erhalten.* Mehrere Mittel dazu habe ich in der vorliegenden Schrift vorgeschlagen, welche nach und nach zum Zwecke führen dürften und in der Länge der Zeit auch bezahlbar sind; besonders wenn die Kosten dazu im Voraus, in einer Reihe von Jahren, ohne Druck der bezahlenden Interessenten, aufgebracht worden.

Die strompolizeilichen und nautischen Anstalten für die Schiffahrt in der See sind hier in Ostfriesland im Wesentlichen vorhanden; wenn auch manche noch einer Vervollkommnung fähig sein mögten. Sie bestehen in einer regelmäfsigen, jährlichen Betonnung und Bebakung der Emsmündung, von Emden bis in die See bei Borkum: in einem Leuchtthurme auf der Insel Borkum, welcher auf Kosten unseres jetzigen hohen Gouvernements durch ein Lampenfeuer statt des Steinkohlenfeuers für etwa 20 000 Mark vor mehreren Jahren durch den verstorbenen Mechanikus *Repsold* in Hamburg verbessert worden ist: in einer sehr brauchbaren Seekarte von den Mündungen der Ems, welche der Schiffscapitain *Harnac* zu Emden vor einigen Jahren herausgegeben hat: in dem Quarantaine- und Wachtschiffe: in der Navigationsschüte zu Emden, die unter Aufsicht des Navigationslehrers Hrn. Capitain *Begemann* steht, der auch die nautischen

Kalender des verstorbenen Professor *Oltmanns* für die Schiffahrt fortsetzt, und in der Gelegenheit, Lootsen in Emden und auf Borkum für fremde Schiffe zu finden; obgleich bis jetzt noch kein verantwortliches Lootsencorps, nebst Lootsenschiffen, von Staatswegen errichtet worden ist. Bei diesen Mitteln hat die Schiffahrt Ostfrieslands wenigstens keine bedeutenden Mängel und Hindernisse in polizeilicher und nautischer Hinsicht — wiewohl freilich nichts vollkommen auf der Welt ist.

Nach diesen Bemerkungen über die Ems bleiben uns noch die Bemerkungen über die Flüsse Ostfrieslands, welche in diesen Strom einmünden, und über den Aastrom übrig, die wir hier kürzlich nachholen und dann eine kurze Uebersicht aller an diesen Strömen und Flüssen befindlichen Syhle Ostfrieslands folgen lassen wollen.

Die Jümme oder Aper, oder Basseler Ems, besteht aus mehreren Zusammenflüssen von Bächen, Moorcanälen und kleinen Flüssen, die sich im Oldenburgischen vereinigen. Der nördliche Flufs-Arm ist das sogenannte Aper-Tief, welches oberhalb und bei Ape aus mehreren kleinen Zusammenflüssen von Bächen entsteht, und von Ape nach Hengstforde, Bokel und Holtgaste fliefst, hier in Ostfriesland eintritt und sich nahe oberhalb Detern mit der Oldenburgischen Soste verbündet. Diese Soste entsteht ebenfalls aus ähnlichen Zusammenflüssen in der Gegend von Cloppenburg und läuft von da nach Frisoite und Bassel, nimmt hier das Gödensholter Tief auf, welches von Edewey, Oster- und Westerscheeps, bei Gödensholt und Nordloh vorbei, bei Detern in die Oldenburger Soste oder Basseler Ems läuft, und tritt etwa ½ Stunde unterhalb Bassel in Ostfriesland ein. Die tägliche Fluth ist noch bis Bassel bemerkbar. Bis Bassel fahren Muttschiffe und Tjalken, von etwa 10 bis 20 Lasten Ladung, welche gewöhnlich Torf, aber auch Flint- oder Kieselsteine zum Strafsen- und Seedeichbau, Holzwaaren und andere Landesproducte und Kaufmannswaaren nach und von Ostfriesland bringen. Gleich oberhalb Detern fällt, bei dem sogenannten Deterner Schanzhause, das Aper-Tief mit der Oldenburger Soste oder Basseler Ems zusammen. Beim Deterner Schanzhause führt eine hölzerne Klappbrücke über das Aper-Tief, über welche der Weg nach Bassel, Frisoite und Cloppenburg, Quackenbrück und Löningen u. s. w. geht, der in den Moorgegenden jedoch nur im Sommer fahrbar ist. Das Aper-Tief ist bis Hengstforde, 1½ Stunde oberhalb Detern, für kleine Binnenschiffe und Torfmutten von etwa 10 bis 20 Lasten fahrbar, wie die Ems bis Bassel u. s. w. Bei Detern erhält die vereinigte Basseler Ems mit dem Aper-Tiefe den Namen Jümme oder Aper-Ems. Bei Stickhausen ist eine hölzerne Jochbrücke über die Jümme mit 17 Fuſs weiter Klappe, für Schiffe von etwa 30 Lasten, und von 90 Fuſs lichter Weite oder Länge, vor etwa 5 Jahren erbauet worden. Das Intervall zwischen Ebbe und Fluth ist hier etwa 4 Fuſs. Beim Neu- und Vollmonde erscheint um 11 Uhr die Fluth und um 3 bis 4 Uhr das Hochwasser. Die Wassertiefe von hier bis Leer ist hier während 3 Stunden vor und nach dem Hochwasser hinreichend für Schiffe von etwa 20 bis 30 Lasten, welche die etwa 17 Fuſs weite Klappbrücke passiren können. Nicht weit unterhalb Stickhausen mündet der vor einigen Jahren neu angelegte *Georgs-Vehn-Canal* am rechten oder nördlichen Ufer in die Jümme; welcher Canal zur Anlage eines neuen Vehns in der Gegend von Hollen auf herrschaftliche Kosten für etwa 50 000 Rthlr. gegraben worden ist. Die Jümme ist von Detern bis zur Ausmündung in die Leda und Ems bei der Wiltshauser Fähre an beiden Seiten bedeicht und mit Syhlen versehen, so wie auch das Aper-Tief von der Oldenburgischen Grenze bei Holtgaste bis zum Deterner Schanzhause am nördlichen oder rechten Ufer an einer Seite bedeicht ist. Im Winter und bei nassen Jahreszeiten bildet aber diese ganze Gegend durch die aus dem Oldenburgischen herabströmenden groſsen Wassermassen einen unabsehbaren Landsee von mehreren Quadratmeilen, wodurch die Gegend oft viel leidet.

Von Stickhausen flieſst die Jümme neben dem Dorfe Neuburg, welches am linken oder südlichen Ufer liegt, in verschiedenen Krümmungen bis zur Wilthauser Fähre, wo sie sich mit der Sagter-Ems oder Soste vereinigt.

Die Soste, auch Sagter- oder Sater-Ems genannt, entsteht im Oldenburgischen durch den Zusammenfluſs der Bäche und Gräben und kleiner Canäle aus den Mooren u. s. w. und besonders aus der Vereinigung der Marka und Ohe, oberhalb Scharrel, mit dem Sagelter-Tiefe, und flieſst durch das Sagter-Land, in verschiedenen Krümmungen, bei den Dörfern Ellenbrück, Scharrel, Ramsloh, Strücklingen, Utende, Bokelesch, Ostersen, Roggenbargen, Rinzeldorf vorbei, nach Potshausen in Ostfriesland, wo eine hölzerne, mit einer 16 Fuſs weiten Klappe für durchgehende Schiffe versehene Jochbrücke von 87 Fuſs lichter Weite über dem Flusse liegt, über welche die Passage vom Oberledingerlande nach Stickhausen durch den Jümmiger Hammrich führt. Bis Utende etwa ist die tägliche Ebbe und Fluth nach Maaſsgabe von Wind und Wetter noch bemerkbar; bis wohin denn kleine Binnenfahrer, wie auf der Jümme bis Hengsteford und Bassel, von etwa 10 bis 15 u. s. w. Lasten, fahren können. Bis Ellerbrock hinauf fahren jedoch auch Bote von 2 und mehreren Lasten, mit Waaren, von und nach Ostfriesland. Bei der Potshauser Brücke, neben dem Zollhause, ist die Zeit der Ebbe und Fluth, so wie das Intervall zwischen beiden eben so wie bei der Stickhauser Brücke.

Die Soste oder Sagter-Ems ist in Ostfriesland an beiden Seiten bedeicht, wie die Jümme. Beide Flüsse führen in nassen Zeiten große Massen des Oldenburger Binnenwassers, besonders das dem Grünlande so schädliche Moorwasser, von einer unermeßlich großen Landfläche ab, wodurch die Auswässerung der Ostfriesischen Syhle oft sehr leidet und ein großer Theil des Amtes Stickhausen öfters schädlich überschwemmt wird. Die Erhöhung des Strombodens, so wie die Vermehrung und Beschleunigung der Wassermasse und die Erhöhung des Wasserspiegels in der Soste und Jümme haben aus gleichen Gründen in ähnlichem Maaße Statt wie in der Ems, und bringen dieselben Folgen für die hiesige Auswässerung und Deiche hervor.

Von Potshausen bis zur Wiltshauser Fähre berührt die Sagter-Ems die Dörfer Wolde und Amdorf, am rechten oder nördlichen Ufer, und nimmt am linken oder südlichen Ufer den Rhauder Vehn-Canal auf, der 1777 zur Anlage eines Vehnes gegraben ist und etwa 25 000 Rthlr. gekostet haben soll. Das Rhauder Vehn liefert viel guten Torf, treibt Schiffbau und Seeschiffahrt und Rhederei. Bei der Wiltshauser Fähre, durch welche Wagen, Reiter und Pferde nothdürftig in einer kleinen Pünte übergesetzt werden, vereinigt sich die Soste oder Sagter-Ems mit der Jümme; worauf dann beide vereinigt den Namen Leda annehmen. Von Wiltshausen abwärts nach Leer berührt die Leda am rechten Ufer das Dorf Loga, wo eine Wagenfähre ist, so wie am linken Ufer die Dörfer Nettelborg, Heerenborg, und dann die Stadt Leer am rechten Ufer, woselbst ein guter Stromhafen für etwa 50 Seeschiffe von verschiedener Größe, von 10 bis 120 Lasten, ein Schiffszimmerwerft, Schiffsrhederei- und eine Assecuranz-Compagnie vorhanden ist, so daß die Stadt Leer, die unmittelbar nach überseeischen Staaten handelt, als wirkliche Seehandel-Stadt zu betrachten ist. Von Leer fließt die Leda, in mehreren bedeutenden Krümmungen, bei Esclum am linken Ufer vorbei, wo eine Fähre für Wagen und Pferde ist, und der Fluß eine Breite im Fluthspiegel von 120 Faden oder 60 Ruthen Rheinländisch und eine Tiefe beim Hochwasser von 5 bis 15 Fuſs hat, nach der ehemaligen Festung Leerort am rechten Ufer, wo sie in den Emsstrom einmündet.

Auſser obigen beiden Nebenflüssen, die unter dem Namen der Leda in den Hauptstrom Ostfrieslands, die Ems, einmünden, hat Ostfriesland noch einen Strom an seiner westlichen Grenze mit Holland, nemlich die Aa, welche $\frac{1}{2}$ Stunde unterhalb Neuschanz in den im Jahre 1277 entstandenen Meerbusen, den Dollart, mittelst eines, etwa 22 Fuſs weiten hölzernen, oben offenen Syhles, der Staatensyhl genannt, einmündet, durch welchen Seeschiffe von etwa 100 Lasten passiren. Die Niederländische Aa bildet sich nach und nach durch mehrere Zusammenflüsse von Binnenwassern und Vehn-Canälen, in den Provinzen Drenthe und Gröningen; die theils von Coeverden, Ter-Apel, Sellingen, Bourtange, Oestwedda, Friescheloo, Bellingwolde, Oudeschanz bis Neuschanz, aus den Moor- und Haidgegenden zusammen kommen, theils als Vehn-Canäle von den Gröningschen Vehnen Wilderfang, Veendam, Pekel u. s. w. sich mit der Treckfahrt zwischen Neuschanz und Gröningen vereinigen und unter dem Namen der Westerwalder Aa die vorhin beschriebene Aa zwischen Neuschanz und Winschooten aufnehmen und gemeinschaftlich unter dem Namen der Aa in den Dollart sich ergieſsen. Unterhalb Neuschanz schneidet die Hannöverisch-Niederländische Landesgrenze rechtwinklig in den Aastrom am rechten oder östlichen Ufer ein, von wo die Grenze sich nordwestlich wendet und vom Thalwege der Aa bis in den Dollart gebildet wird. Der Aastrom hat bis auſsen vor dem Staatensyhle Ebbe und Fluth, und zwar beim Neu- und Vollmond um 1 Uhr Hochwasser und um 8 Uhr Fluth. Das Intervall zwischen Fluth und Ebbe ist etwa 8 Fuſs. Durch den Staatensyhl gehen Schiffe von etwa 100 Lasten bis Neuschanz, wo dann die Güter in die Treckschuiten oder kleineren Schiffe von etwa 10 bis 12 Lasten verladen und weiter auf der Treckfahrt ins Innere von Holland verfahren werden. Durch die starke Aufschlickung am Dollart und Ablagerung klaihaltiger Sinkstoffe an den Ufern und auf dem Boden der Aa auſserhalb des Syhles, leidet die Schiffahrt und Auswässerung sehr, und muſs durch bedeutende Aufräumungskosten jährlich nothdürftig erhalten werden.

Bis zur oben benannten Landesgrenze ist die Schiffahrt auf der Aa gemeinschaftlich den Hannöverschen und Niederländischen Unterthanen bei gleichen Rechten und Pflichten offen. Die Aa ist abwechselnd 8, 10 bis

12 Ruthen breit, und abwechselnd 8, 10 bis 15 Fufs beim Hochwasser tief, so dafs sie von Seeschiffen mittlerer Gröfse alsdann befahren werden kann.

§. 3.

Aus der vorstehenden kurzen hydrographischen Beschreibung der Ströme und Flüsse Ostfrieslands ist zu ersehen, welches die Sammelbusen oder Recipienten sind, die täglich das während der Ebbe durch die Syhle aus dem Binnenlande in dieselben fliefsende Regen-, Schnee- und Quellwasser, in so weit es nicht in der Luft verdunstet, oder in den Erdboden versinkt, aufnehmen, um es weiter in den Hauptsammelbusen, die Nordsee, abzuführen.

Aus der Tafel No. I., am Schlusse, sind die Namen sämmtlicher Syhle zu ersehen, durch welche die tägliche Entwässerung der Provinz geschieht. Zur Vermeidung weitläuftiger Beschreibungen dieser Syhle und deren Oertlichkeit habe ich sie tabellarisch so verzeichnet, dafs daraus das Baumaterial, das Erbauungsjahr, die Weite im Lichten oder Laufe, die Gröfse der zu ihnen gehörenden zahlungspflichtigen Entwässerungsfläche, und die Entwässerungsfläche, welche durchschnittlich auf *einen* Fufs der lichten Weite des Syhles fällt, zu ersehen ist. Die Bemerkungen enthalten das Nöthigste über die Oertlichkeit, und es sind die Namen der Syhlachten, die Gegenden und Ufer der Ströme und Flüsse u. s. w. angegeben, wo die Syhle liegen. Durch Vergleichung dieses Verzeichnisses mit der *Lecoq*schen, *Campe*schen, *Müller*schen, oder andern neuern geographischen Carten wird man nähere Aufschlüsse über die Lage und Oertlichkeit der Syhle und Syhltiefe oder Canäle, die ihnen das Wasser zuführen, erhalten können. Eine specielle hydrographische Beschreibung aller dieser Syhltiefe und deren Dimensionen würde zwar nicht unmöglich, aber doch sehr umständlich und ermüdend sein. Daher beziehe ich mich auf die vorhandenen Carten. Zur Ersparung der Kosten ist eine besondere hydrographische Carte zu dem vorliegenden Aufsatze nicht verfertigt worden.

Aufser den in der vorbemerkten Tabelle I. genannten zahlungspflichtigen Syhlachtsländereien, werden nun aber auch noch die Vehne oder regelmäfsig betriebenen Torfgräbereien mittelst ihrer besonderen Canäle, so wie die uncultivirten und ausgetorften oder sogenannten Leeg-Moore, ingleichen die Haiden und Holzungen durch die aufgeführten Syhle entwässert, ohne dafs, gröfstentheils, sie verpflichtet wären, zu deren Erbauungs- und Erhaltungskosten beizutragen. Diese sämmtlichen Moor- und Haidgegenden enthalten im Ganzen 17½ Quadr.-Meilen oder 275 000 Diemat zu 400 Quadr.-R. Rheinl.

Die *Vehne*, oder regelmäfsig in den Torfmooren mittelst Haupt- und Nebencanälen (sogenannten Inwieken) angelegten Torfgräbereien, die mit Häusern bebauet und deren abgetorften Untergrund die Bewohner als Gärten, Aecker, Wiesen und Weiden cultivirt haben, werden, wie bemerkt, bis auf einige wenige, durch die vorhin aufgeführten Syhle mittelst besonderer Canäle entwässert. Die Vehne sind ein besonderer Industriezweig der Staatsbewohner, und in Seeprovinzen, wo es an Brennholz und Steinkohlen fehlt, für die Bewohner unentbehrlich. Die meisten Hochmoore und Vehne gehören zu den Regalien oder Domainengrundstücken, sie mögen cultivirt sein oder nicht, indem sie in beiden Fällen, wenn sie als Vehne benutzt werden, Erbpacht, und wenn sie zum Buchwaizenbau zeitweilig gebraucht werden, eine Abgabe an die Domainen-Casse bezahlen, die jedoch in beiden Fällen sehr erträglich und billig ist. Aufserdem sind aber bei der sehr zunehmenden Bevölkerung, mithin auch des Verbrauchs von Brennstoffen, die Vehne in den Seeprovinzen für die Bewohner, die keine Grundstücke und sonstige Nahrungsquellen und Betriebe besitzen, das beste Mittel für arbeitsfähige und thätige Menschen, sich Grundstücke, Arbeit, Brod und einen bleibenden Aufenthalt im Vaterlande für wenige Auslagen und billige jährliche Abgaben zu erwerben; was für die minder begüterte Volksclasse eine grofse Wohlthat ist. Von unsrer humanen und landesväterlich sorgenden Staatsregierung wird deshalb auch die Anlegung von Vehnen und Colonieen und der Buchwaizenbau in den Hochmooren durch Anlegung neuer Vehnen auf Kosten des Staats, durch Vererbpachtung grofser Flächen von Hochmooren an bereits vorhandene Vehn-Colonieen, durch ganz billige Abgaben für zeitliche Benutzung kleiner Flächen zum Kornbau für minder bemittelte Einwohner und durch Verbesserung der Entwässerungen auf eine weise und sorgfältige Art befördert. Die Erfahrung zeigt auch, dafs in hiesigen und andern, ähnlichen benachbarten Provinzen die Auswanderungssucht nach Nord-Amerika nicht so stark eingerissen ist, wie in andern Ländern. Denn wer hier arbeiten kann und will, der kann auf vaterländischem Boden sich mit wenig Ausgaben ansiedeln und Arbeit und Brod finden, ohne eine weite, mühsame und gefährliche Seereise zu machen und den Rest seines Vermögens dazu und zum Anbau unter fremden Himmelsstrichen und fremden Menschen anzuwenden, ohne vorher zu wissen, ob dort nicht noch gröfsere Aufopferungen, Mühen und Gefahren und endlich doch kein sicheres lebenslängliches Auskommen zu erwarten sei. Die Erfahrung hat es zu häufig gelehrt, dafs die goldnen Träume, die sich viele Auswanderer gemacht haben, Viele getäuscht und ins gröfste Elend gestürzt haben, und dafs es besser sei, im Lande zu bleiben und sich redlich zu nähren; wie das Sprichwort sagt.

Zur Uebersicht der in Ostfriesland befindlichen Vehne will ich in aller Kürze das Nöthigste, was ihre Entstehung und ihr Bestehen historisch betrifft, aus zwei vaterländischen Schriftstellern ausheben.

Man findet von den Ostfriesischen Vehnen die besten Beschreibungen in der Schrift: „*Ueber die Vehne oder Torfgräbereien, von Johann Conrad Freese; mit 1 Karte und 1 Kupfer. Aurich 1789.*" so wie in der Schrift: „*Ostfriesland und Jever, 3ter Band, 11te Abtheilung; von Friedrich Arends,*" und in dessen „*Erdbeschreibung des Fürstenthums Ostfrieslands und des Harrlingerlandes. Emden 1824.*"

Obgleich schon seit vielen Jahrhunderten, und besonders seitdem die Waldungen Ostfrieslands durch die Cymbrische und durch spätere hohe Wasserfluthen vor der Bedeichung der Provinz nach und nach gröfstentheils zerstört worden waren, so dafs man davon jetzt nur noch einzelne Baumstämme und Lager oder Nester von Eicheln und Haselnüssen unter der Decke des Hochmoors findet, der Torf als Brennmaterial zur Erwärmung der Bewohner und zum sonstigen häuslichen Gebrauch diente, wie unter andern auch die Backsteine beweisen, welche man noch an sehr alten Kirchen und sonstigen, mehrere Jahrhunderte stehenden Gebäuden findet, die ungeachtet ihrer bedeutenden Dicke dennoch sehr gahr und hart gebrannt sind; so sind doch die regelmäfsig mit Canälen durchzogenen Vehnen erst in den letzten Jahrhunderten angefangen worden.

Hr. *Freese* sagt in seiner obengenannten Schrift S. 13, dafs das Bookseteler Vehn im Amte Aurich das erste dieser Art sei, welches mit Canälen und Wohnungen angelegt, regelmäfsig abgegraben, der Untergrund cultivirt und mit einer Colonie besetzt wurde; wie solches Alles in Holland üblich ist.

Das Amt Aurich enthält folgende, neben einander liegende Vehne dieser Art.

1. Das *Bookzeteler Vehn* wurde im Jahre 1647 zuerst 150 Diemat groſs angelegt; im Jahre 1741 um 50 Diemat vermehrt und 1773 wieder um 100 Diemat, so daſs es 300 Diemat enthielt.

Der Hauptcanal war 1789 1512 Ruthen und die Binnencanäle waren 1050 Ruthen Rheinl. lang. Das Vehn hatte 1789 81 Feuerstellen und 408 Bewohner, worunter damals 27 Torf- und 12 Seeschiffer und im Jahre 1824 22 Torf- und 20 Seeschiffer waren; wie es Herr *Arends* in seiner Erdbeschreibung bemerkt.

2. Neben vorigem das *Timmeler* oder *groſse Vehn*, beim Dorfe Timmel, eines der gröſsten Vehne Ostfrieslands, wurde 1634 zuerst zu 400 Diemat von der Regierung in Erbpacht ausgeben, im Jahre 1781 um 300 Diemat und dann noch um 72 Diemat vergröſsert, so daſs es 771 Diemat enthielt. Der Haupt-Canal besteht aus zwei Armen, zusammen von 2088 Ruthen im Jahr 1789 lang. Es hatte damals 148 Wohnungen, mit 724 Seelen, die sich 1824 auf 1228 beliefen, worunter im letztern Jahre 18 See- und 63 Torfschiffer waren.

3. Das *Lübbers Vehn* bei dem vorigem wurde 1637 angelegt, zuerst 24 Diemat groſs, wozu 1639 noch 200 Diemat kamen. Das Vehn ist ganz abgetorft und der Untergrund cultivirt. 1824 wurde es von 200 Einwohnern bewohnt; im Jahre 1789 von 157 E., worunter 8 Torf- und 3 Seeschiffer waren.

4. Das *Hüllmer Vehn* daselbst, wurde 1639 angelegt und 1641 bis auf 200 Diemat vergröſsert. Es ist abgetorft und Korn- und Weideland. Der Hauptcanal von 1789 ist 400 Ruthen lang, und die Inwieken, oder Seitencanäle sind eben so lang. Es hatte damals 20 Häuser mit 104 (jetzt 141) Einwohnern, in 25 Feuerstellen, und 8 Torfschiffer.

5. Das *neue Vehn* wurde 1673 angelegt und war zuerst 400 Diemat groſs. Der Hauptcanal ist 2205 Ruthen lang und die Binnencanäle 1467 Ruthen. Es waren 1789 in 64 Wohnungen 294 Seelen vorhanden, worunter 12 Torf- und 23 Seeschiffer. Das Vehn ist gröſstentheils abgetorft und cultivirt.

6. Das *Iherings Vehn* wurde 1660 zu 100 Diemat zuerst angefangen und 1772 auch 500 Diemat vergröſsert. Der Hauptcanal war 1789

699 Ruthen und die Binnencanäle zusammen 539 Ruthen lang. Es befanden sich damals in 24 Häusern 133 Seelen, worunter 10 Torf- und 5 Seeschiffer. Das Vehn ist aber jetzt bei weitem stärker bebauet und bewohnt.

7. Das *Spetzer Vehn* ist 1746 unter Friedrich dem Groſsen auf Königliche Kosten angelegt und 1751 in Erbpacht ausgegeben. Im Jahre 1781 wurde es bis auf 316 Diemat vergröſsert. Der Haupt-Canal war 2058 Ruthen lang. Binnencanäle sind hier nicht gegraben. Im Jahre 1789 wohnten daselbst in 25 Häusern 151 Seelen, jetzt 349, worunter damals 8, jetzt 2 Torfschiffer, und damals 1 Seeschiffer, jetzt 14.

8. Das *Ihlower Vehn* wurde 1781 angelegt, und enthielt 435½ Diemat. Der Hauptcanal war 1789 422 Ruthen lang, und auſserdem war ein alter Canal von 1018 Ruthen vorhanden, welcher in den gemeinsamen Vehncanal einmündet, der unter dem Namen der *Grove* und des *Vehnker Tiefes* nach Emden, Oldersum und Peltkum das Wasser von allen diesen genannten Vehnen ableitet und für die Vehn- und kleinen Seeschiffe fahrbar ist.

9. Das *Warsings Vehn* liegt theils im Amte Aurich, theils im Amte Leer. Es wurde 1736 bei Rohrichmoor angelegt und bis 1769 auf 921 Diemat vergröſsert, auſser 375½ Diemat Grünland. Der Hauptcanal ist bis zum allgemeinen Vehncanal 430½ Ruthen lang. Im Jahre 1789 bewohnten es in 92 Häusern 497 Seelen, 1824 505 Seelen, worunter damals 18, jetzt 31 Torf- und damals 18, jetzt 12 Seeschiffer waren.

10. Oestlich über dem neuen Vehn (Nro. 5.) liegt im Amte Stickhausen das 1660 angelegte *Stickelkamper* oder *Beninga-Vehn* neben dem Gute Stickelkamp, welches jetzt dem Oberförster Lanzius-Beninga gehört. Die Gröſse des ganzen Vehns ist nicht bekannt. Es hatte 1789 78 Häuser, damals 397, 1824 400 Einwohner, worunter 12 Torf- und 16 Seeschiffer. Der Hauptcanal hat 167 Ruthen Länge und mündet in den Canal des neuen Vehnes ein.

Die hier genannten Vehne vereinigen ihre Entwässerungs- oder Hauptcanäle nach und mit einander, bis sie in der Gegend von Ayenwolde einen einzigen Hauptcanal bilden, der unter dem Namen des Vehnker Tiefes, und weiter unterwärts, in der Gegend von Mönkeborgen und Emden, unter dem Namen der Grove, die Wassermasse aller dieser Vehne gröſstentheils nach und durch Emden mittels der Stadtcanäle in das Fahrwasser und dasselbe in die Ems führen. Ein Theil dieser Wassermasse geht auch durch Seitencanäle nach dem Oldersumer und Pettkumer Syhle und durch diese in die Ems; wie es die Campesche Carte zeigt.

Da aber dieser Haupt-Vehncanal, so wenig wie die einzelnen Vehncanäle und die Ableitungen nach Oldersum und Pettkum, an beiden Seiten bedeicht ist, so werden im Herbst und Winter, so wie auch bei nassen Sommern nicht allein die Oldersumer und Pettkumer Syhlachten, sondern auch ein bedeutender Theil der Aemter Leer, Emden und Aurich, von mehreren Quadratmeilen grofs, durch diese grofse Masse des sauren, bituminösen und für den Gras- und Kornwuchs unfruchtbaren Moorwassers oft schädlich überströmt, in dem Maafse, dafs das Wasser über die Ufer der 5 bis 7 Fufs unter dem Maifelde tiefen Canäle tritt, wodurch denn die Production und der Ertrag jener Grundstücke bedeutend leidet. Wiewohl nun die Vehne unentbehrliche und höchst nützliche Cultur-Anlagen für die Provinz und den Staat sind, und deshalb beibehalten werden müssen, so wäre es doch von grofsem Nutzen und nothwendig gewesen, wenn man in alten Zeiten bei Anlage derselben und Verbindung von 10 Vehncanälen in einen einzigen, dieselben zu beiden Seiten mit Deichen oder Kai-Dämmen eingefafst und das Vehnwasser in einen solchen, beiderseits bedeichten Hauptcanal, entweder durch einen besonderen Syhl, oder durch die Stadt Emden geleitet hätte, ohne dafs das Wasser auf allen Seiten über die Ufer treten, eine bedeutende Oberfläche cultivirter Ländereien jährlich verschlimmern und dadurch einen so grofsen, fortwährenden Schaden anrichten könnte. Durch die Bedeichung des Hauptvehncanals bis zur Stadt Emden wäre auch noch aufserdem der grofse Vortheil entstanden, dafs der Wasserspiegel in diesem bedeichten Canale höher als jetzt gehalten und eine noch gröfsere und anhaltender abfliefsende Wassermasse durch die Stadtcanäle in das Emdener Fahrwasser bis zur Ems geleitet, das letztere täglich besser dadurch ausgespühlt und gegen die jetzt jährlich zunehmende Verschlammung besser bewahrt und dadurch die Schiffahrt der Stadt und die Abwässerung des Binnenlandes verbessert werden konnte. Allein daran hat man in ältern Zeiten nicht gedacht. Die damals bei der Anlage der Vehnen vorhandenen Syhle genügten mehr als jetzt zur Entwässerung der cultivirten Syhlachtsländereien; die Vehne und deren Entwässerungs-Anstalten wurden mit der zunehmenden Bevölkerung stets vermehrt; der Abflufs des Wassers von den Vehnen nahm an Masse und Geschwindigkeit durch die

Haupt- und Neben-Vehncanäle, durch zahllose Gräben und Ackerfurchen zu; die Auswässerungs-Schleusen oder Syhle in Oldersum, Pettkum und Emden behielten ihre alte Ausflußweite, mithin dasselbe Entwässerungsvermögen bei, ohne es zu vermehren, und so war es eine natürliche Folge, daſs durch die zunehmenden Vehnen die alten cultivirten Binnenlande immer mehr und mehr bei nassen Zeiten inundirt wurden und dadurch an Ertrag auſserordentlich litten.

Die jetzige Generation ist an diesem Uebel nicht Schuld; die Vehnbesitzer behaupten den Statum-quo des Locals und schützen sich durch verjährte Possession; so wie durch ein natürliches und gesetzliches Vorfluthsrecht und durch die Unentbehrlichkeit und Nützlichkeit der Vehne, als der einzigen Quelle des Brennmaterials in einer Seeprovinz, wo kein anderer preiswürdiger und für die Bewohner bezahlbarer Brennstoff zu haben ist. So wichtig aber auch diese Gründe sind, so ist doch dadurch das Vorfluthsgesetz im Preuſsischen allgemeinen Landrechte Th. I. Tit. 8. §. 102. bis 108. u. s. w. weder aufgehoben, noch in der Ausführung überall befolgt worden, wie es hätte geschehen müssen; auch ist das Uebel, so wie es jetzt ist, von den Eigenthümern der cultivirten Syhlachtslande nach wie vor geduldig getragen worden. Der stetigen Zunahme des Uebels für die Zukunft ist aber nicht abgeholfen, und es wird dasselbe, nach allen bereits vorhin angedeuteten Erfahrungen, mit der Zeit und in den nächsten Generationen so zunehmen, daſs unsre Nachkommen ernstlich abhelfende Mittel werden anwenden müssen, wenn sie nicht zu Schiffe auf dem früherhin mit dem Spaten und Pfluge cultivirten Boden ihrer Groſs- und Urältern fahren und sich nicht statt vom Ackerlande und der Viehzucht vom Fischfange ernähren wollen, was dann nahe genug den Zustand wieder herbeiführen würde, in welchem sich die Urbewohner der Provinz, die alten Chauken zur Zeit des Einfalls der Römer kurz vor Christo befanden, einen Zustand, den Tacitus von dem damaligen Germanien durch das: „*Germania silvis paludisque horrida*" (Deutschland ist abschreckend wegen seiner Wälder und Sümpfe) ausspricht. Die *silvae* würden uns zwar nicht mehr hindern, aber der *paludes* oder Sümpfe und Landseen haben wir hier an der Nordseeküste genug und mehr als nöthig ist, so daſs man sie wenigstens nicht dadurch zu vermehren braucht, daſs man alles gut cultivirte Land darin untergehen läſst, um uncultivirtes Land ertragsfähig zu machen; was dann dem alten Boden bei weiten im Werthe nachsteht. Da die Zeit und Nothwendigkeit die Mittel von selbst herbeiführen wird, so wollen wir sie auch der Zeit einstweilen überlassen. Die in neuern Zeiten gemachten Anlagen haben wenigstens nicht die Fehler der frühern, und manche dieser Fehler sind schon vermindert; was bei allen Anlagen, die aus älterer Zeit herrühren, der grofsen Kosten wegen, nicht gleich möglich sein würde. Möge die vorgehende, aus der Erfahrung entnommene Bemerkung für die Zukunft nützliche Folgen haben.

Im Amte *Stickhausen* befinden sich, aufser dem in No. 10. genannten, noch zwei regelmäfsig angelegte Vehne, nemlich:

11. Das *Rhauder Vehn,* zwischen den Dörfern Rhaude und Langholt. Es wurde im Jahre 1778 gröfstentheils auf Kosten der Oberlediger-Deichacht angelegt, um sich durch die an der linken oder westlichen Seite des Vehncanals angelegte Deichlinie gegen die fortwährenden Inundationen zu schützen, die die cultivirten, deichachtspflichtigen Ländereien oder Marschgegenden am linken oder östlichen Ufer der Leda seit einigen Jahrhunderten bis dahin jährlich erlitten hatten. Die damalige Actiengesellschaft oder Vehncompagnie, welche einen Theil des dortigen Hochmoors, von 2000 Diemat Fläche, Behufs der Vehn-Anlagen in Erbpacht nahm, hatte durch dieses Bedürfnifs und den Beistand der Oberledinger Deichacht die schönste Gelegenheit, auf diesem Wege das Vehn von der Domainen-Behörde mit bedeutender Ersparung an den Kosten des Canals, die etwa 25000 Rthlr. betrugen, in Erbpacht zu erhalten. Ein bedeutender Strich guten Marsch- oder sogenannten Hamrichs-Landes, von etwa einer Quadr.-M. oder 10000 Diemat grofs, der sich von der Grenze der Herrlichkeit Papenburg am rechten oder östlichen Ufer der Ems, von Völlen über Mittling, Mark, Hilkenborg, Grotegoste, Driver, Esculum, und von da über Nettelburg bis Potshausen erstreckt, bildete jährlich, im Herbst und Frühjahr, so wie auch im Sommer, bei nassen Jahreszeiten, einen Landsee, durch das aus der Herrlichkeit Papenburg und insbesondere vom sogenannten Hämling und den übrigen Münsterchen Gegenden, so wie aus dem Oldenburgischen, aus höher liegenden Moorgegenden nach Ostfriesland herabströmende Wasser, durch welches nicht allein die Saaten, Wiesen und Weiden der Ostfriesischen Grundbesitzer dieser Gegenden öfters zerstört oder verdorben, sondern auch die Deiche an der Ems und Leda, nicht von dem Aufsenwasser, sondern von weit höherm Binnenwasser durchbrochen und nach Aufsen

hin in den Strom gestürzt worden sind; wie mir noch jetzt lebende alte Leute es oft erzählt haben.

Es wurde also nicht allein in den Jahren 1778 bis 1780 der Rhauder Vehncanal, nebst dessen westlicher Deichlinie, für etwa 25 000 Rthlr. auf Kosten der Oberledinger Deichacht, Stickhauser Amts, gegraben, um von dieser Seite gegen das Oldenburger Wasser geschützt zu sein; sondern die Deichpflichtigen derselben Deichachte, Amts Leer, schütteten auch an der Grenze zwischen Ostfriesland und der Herrlichkeit Papenburg einen Wehrdeich, welcher im Hochmoore oberhalb Papenburg anfing und sich, Halte gegenüber, an die Deichlinie des linken Ems-Ufers anschlofs. Dieser sogenannte Völlener Wehrdeich wurde im Jahre 1778 durch den damaligen Deich-Commissair *Magott* ausgeführt und kostete der Deichacht 23 000 Rthlr., so dafs damals das Oberledingerland, von etwa 9 bis 10 000 Diemat oder 1 Quadr.-Meile deichachtspflichtigen cultivirten Landes, eine Summe von 48 000 Rthlr. für zwei Bedeichungen ihrer Grenzen anwenden mufste, um nicht beständig von fremdem Wasser überströmt zu werden. Wiewohl aber jene Anlagen eine bedeutende Verbesserung waren, so haben sie doch dem Uebel nicht für immer abgeholfen.

Nachdem auf diese Weise sämmtliche zur Oberledinger Deichtacht pflichtigen Grundstücke gegen die bis dahin statt gehabten jährlichen Ueberschwemmungen von ausländischem Wasser, zur Verbesserung ihrer Landescultur und des Einkommens, nach der Beschaffenheit des Locals möglichst gesichert waren, schritt die Rhauder Vehncompagnie zur Anlage der übrigen Binnencanäle und zweier Schiffahrt-Schleusen, oder Verlaate, in dem Haupt-Canale; welche nach und nach ausgeführt wurden. Das Vehn selbst ward in zwei Theile, nemlich in das Wester-Vehn, als den gröfsten, und in das Oster-Vehn als den kleinsten Theil, durch zwei auseinanderlaufende Canäle eingetheilt, mit Häusern und Colonisten durch die Ober-Erbpächter besetzt und an jene vererbpachtet. Nach Herrn etc. *Freese's* Angabe hatte das Vehn bereits im Jahre 1789, also nach 10 Jahren, in 47 Häusern 179 Bewohner, worunter 34 See- und Torfschiffer waren. Bis zum Jahre 1837 hat die Volksmenge sich bedeutend vermehrt; so wie die Anzahl der Schiffer; indem in diesem Jahre allein das Westervehn über 500 Einwohner hatte, worunter 60 bis 80 Seeschiffer, mit Schiffen von 12 bis 30 Lasten, und 150 Torfschiffer, mit Fahrzeugen von 2 bis zu 12 Lasten oder sogenannten Torf-Mutten waren.

Der vom Rhauder Westervehn, oder der Schleuse auf demselben, bis in die Leda unterhalb Potshausen gehende Haupt-Vehncanal ist 12, 15 bis 18 Fuſs im Boden und abwechselnd 27 bis 40 Fuſs oben weit, 1895 Ruthen lang, und hat bei der Ebbe 2 bis 2½ und bei der Fluth 4 bis 5½ Fuſs Fahrwasser. Die Länge der Binnencanäle ist von Jahr zu Jahr mit der Zunahme der Bevölkerung und der Cultur des Moores gewachsen. Er ist so eben jetzt nicht bekannt. Auſser den Grundstücken, die bereits cultivirt sind, und dem Reste des noch uncultivirten Hochmoors, welche zusammen 2 bis 2½ Tausend Diemat enthalten mögen, wird durch den Haupt-Vehncanal auch noch eine bedeutende Streke Landes, die sich von Potshausen, an der Leda, über das Holter Moor, Rhauder Ostervehn, Langholt, Burlage, bis Jammerthal, an der Oldenburger Landesgrenze entlang von Norden nach Süden hinauf erstreckt und etwa 1 Quadr.-Meile betragen mag, mit entwässert. Das Wasser aus dieser Gegend und dem Rhauder Vehne flieſst in einem zu beiden Seiten bedeichten Canale in die Leda oder Sagelter Ems bei jeder Ebbe ab, und kann das Binnenland, oder die Oberledinger Deichacht, nicht überströmen und verderben; wie es vorhin bereits bemerkt worden ist.

Hier finden wir also, als erstes Beispiel aus älterer Zeit, daſs schon im Jahre 1778, also vor 60 Jahren, *bedeichte* Vehncanäle angelegt worden sind, um das cultivirte und zu Deichen und Syhlen zahlungspflichtige Binnenland gegen die häufigen jährlichen Ueberschwemmungen des schädlichen, unfruchtbaren Moorwassers zu schützen. Allein durch die so bedeutende Zunahme der Bevölkerung seit 60 Jahren sind die hohen Sand- oder Geest- und Moorgegenden, welche ihrer Lage nach nicht durch den Rhauder Vehncanal entwässert werden, und deren Gewässer durch den in den 1770ger Jahren angelegten Vollener Wehrdeich nicht geschützt werden können, so bedeutend wieder cultivirt worden, daſs das Oberledingerland fast eben so, wie damals, wieder von neuem schädlich überschwemmt wird, ungeachtet die innern Entwässerungen seit 20 Jahren sehr bedeutend verbessert worden sind.

In den obigen Beispielen No. 1. bis 10. von Vehn-Anlagen in den Aemtern Aurich und Leer war es nicht so. Die Ursachen davon sind unbekannt.

In der neuesten Zeit ist man dem guten Beispiele des Rhauder Vehncanals hinsichtlich seiner bedeichten Ufer im Amte Stickhausen gefolgt.

12. In den Jahren 1825 bis 1830 wurde nemlich in diesem Amte auf herrschaftliche Kosten das Georgs-Vehn, zwischen Stickhausen und Hollen, für eine Ausgabe von 60000 Rthlr. angelegt, dessen Hauptcanal vom rechten Ufer der Jümme oder Basseler Ems nach Hollen herauf, von Süden nach Osten sich erstreckt und sich in zwei Theile theilt. Die Länge des Canals beträgt etwa 1 Meile. Seine Ufer sind an beiden Seiten bedeicht, und zwar so sicher, dafs die niedrig liegende Marschgegend, welche ohnehin durch ihr eigenes Wasser jetzt noch jährlich genug leidet, von dem Wasser des neuen Vehns niemals überströmt werden kann. Der Canal ist gleichwohl ein Erleichterungsmittel für die Entwässerung sämmtlicher Deich- und Syhlachten am rechten oder nördlichen Ufer der Jümme, von Stickhausen bis Loga abwärts. Dieses Vehn bietet, aufser der Verbesserung der innern Entwässerung, für die Zukunft auch wieder eine Nahrungsquelle für arbeitsfähige und bedürftige Menschen dar, die sich ansiedeln und als Colonisten lieber im Vaterlande ihr Brod verdienen, als in Amerika ein unsicheres Brod suchen wollen. Es giebt der arbeitenden Volksclasse eine neue, durch die Fürsorge der Landesregierung eröffnete Gelegenheit, gegen höchst geringe Steuern auf immer Grundstücke in Erbpacht zu bekommen, deren Bearbeitung und richtige Benutzung sie ernähren kann; wie es Tausende von Beispielen in Ostfriesland vor Augen legen. Dieses neue Vehn würde sich insbesondere dazu eignen, eine Arbeits- und Armen-Colonie für hülfsbedürftige, aber arbeitsfähige Menschen hiesiger Provinz anzulegen; wie es z. B. Frederiks-Oort in Holland ist; was eine nachahmungswürdige Einrichtung hat.

Die Ausführung dieses regel- und kunstmäfsig angelegten Vehns ist unter Aufsicht Sachverständiger geschehen, und die Anlage wird fortwährend vervollkommnet, so dafs, wenn mit der Zeit erst eine hinreichende Anzahl Colonisten vorhanden sein wird, hier eine blühende Vehn-Anlage entstehen kann.

13. Eine regelmäfsige Vehn-Anlage befindet sich ferner im Amte Berum und Norden, an der Nordseeküste; nemlich das Berumer Vehn. Dieses Vehn wurde durch eine Actiengesellschaft im Jahre 1794 angelegt; die Ausgaben beliefen sich auf 66348 Rthlr. Der Haupt-Vehncanal, welcher in der Nähe des Arler Meers anfängt und aus demselben Wasser erhält, ist bis zur Stadt Norden etwa $1\frac{1}{2}$ Meile lang und seine Ufer sind auf beiden Seiten bedeicht. Da der Canal aber bis zum Jahre 1820 in

das Norder Syhltief, binnen des Syhles, in der Syhlacht selbst ausmündete, dieser dadurch oft eine große Masse Wassers zuführte und die Ueberströmung des Binnenlandes beförderte, so wurde die Ausmündung damals abgeändert und nach einem nahegelegenen Syhle unterhalb des Norder Syhles verlegt, so daſs von der Zeit an das Berumer Vehnwasser, ohne die Syhlachtslande zu überschwemmen, unmittelbar in das Norder Auſsentief oder Fahrwasser abfloſs, also zur Ausspühlung dieses sehr verschlammten Auſsentiefes und Fahrwassers immer noch verwendet werden kann; was aber zu der völligen, zur Erhaltung und Verbesserung der Entwässerung und zur Schiffahrt höchst nöthigen Correction bei weitem nicht hinreichend ist. Ich habe bereits im Jahre 1822 eine Untersuchung deshalb angestellt und gutachtliche Vorschläge gemacht, von deren Ausführung mir aber bis jetzt nichts bekannt geworden ist. Das Vehn enthielt 1816 schon 119 Bewohner; die Arealgröſse desselben ist mir nicht bekannt.

14. Im Amte Esens wurde im Jahre 1774 das sogenannte *Wageners-Vehn*, 167 Diemat groſs, unweit des Klosters Schoo, an der Nordseeküste angelegt; auch ein Canal angefangen, der nach dem Benser Syhl gehen sollte, der aber wieder verschlammt ist, so daſs jetzt der Transport des Torfes durch Wagen geschieht. Eine Entwässerungsmühle ist ebenfalls eingegangen und das Ganze ist ins Stocken gerathen.

Es giebt noch in mehreren Aemtern Torfgräbereien, die zum Theil auch den Namen der Vehne führen, aber gewöhnlich von Privatbesitzern oder Colonisten, unregelmäſsig und ohne Anlegung eines Canales u. s. w. betrieben werden; weshalb ich sie der Kürze wegen als unwichtig übergehe.

Auf den hier genannten Vehnen lebten im Jahre 1789 bereits 3239 Menschen, in 585 Wohnungen, und es waren darunter nur 17 Arme. Die Vehne hatten damals 300 Schiffe und darunter 100 See- und 200 Torfschiffe; wie es Hr. *Freese* in seiner Schrift angiebt. Seit jener Zeit, und bis zum Jahre 1816, hat sich nach Hrn. *Fr. Arends* Angabe die Anzahl der Vehnbewohner bedeutend vermehrt, indem im letztgenannten Jahre 5236 Menschen (also etwa 2000 mehr als 1789) in 1058 Wohnungen lebten, welche 2408 Diemat cultivirten Landes hatten, ohne den Moorgrund zum Torfgewinne. Die Vehne brachten damals 1768 Rthlr. jährlicher Erbpacht an die herrschaftliche Casse ein. Schon im Jahre 1789 wurde angenommen, daſs jährlich auf den hiesigen Vehnen etwa 16 000

Last guter Torf gewonnen würden, welche im Durchschnitt damals die Last 8 Rthlr., also im Ganzen 128 000 Rthlr. werth waren; wobei jedoch noch wohl 7000 Last Torf aus dem Oldenburgischen, aus Holland u. s. w. nach Ostfriesland hereingebracht wurden, die einen Werth von 5600 Rthlr. hatten. Die Einfuhr des Torfs aus Holland ist seit mehreren Jahren durch erhöhete Abgaben zum Besten der hiesigen Vehne erschwert; die aus dem Oldenburgischen aber nicht. Man kann jetzt ohne grofsen Fehler annehmen, dafs seit dem Jahre 1789, bis jetzt, die Torfconsumtion in Ostfriesland, nach Zunahme der Bevölkerung und Zurückbleiben des Holländischen Torfs, sich um die Hälfte vermehrt hat und dafs aus den Ostfriesischen Vehnen allein jährlich etwa 24 000 Lasten Torf erfolgen, die jetzt einen Durchschnittswerth von etwa 10 Rthlr. die Last haben; woraus sich also ein jährlicher Ertrag von 240 000 Rthlr. ergiebt, welchen die Cultur der Vehne liefert und in Umlauf setzt. In dieser Beziehung sind also die Vehne für den Lebensunterhalt vieler Bewohner, für die Industrie der Gewerbe und Fabriken, namentlich für die vielen Ziegeleien, Genever-Brennereien, Bierbrauereien u. s. w., so wie für die Staats-Einnahmen selbst, ein wichtiger Zweig der staatswirthschaftlichen Verwaltung. Aber auch hinsichtlich ihrer Entwässerungs-Anstalten und deren Erfolg für die Vehne sowohl, als für die übrigen cultivirten Lande, welche sie entwässern, verdienen sie grofse Aufmerksamkeit und die Verbesserung, dafs die Entwässerungs-Anstalten fortan so angelegt und die alten fehlerhaften mit der Zeit nach und nach so verbessert werden, dafs der Zweck und der Betrieb der Vehne so wenig wie der der Landwirthschaft und Schiffahrt, die eine nur auf Kosten der andern, befördert werde.

Die hydrotechnischen Mittel dazu werden ohne viele Schwierigkeit, die pecuniären aber wohl wahrscheinlich nur nach und nach aufzufinden und zu erhalten sein; was der Zeit überlassen bleiben mufs. Bei diesen Bemerkungen, die, wenn sie auch nicht rein technischer Natur sind, doch dem Hydrotekten wie dem Cameralisten nützlich sein können, so dafs sie hier eine angemesse Stelle verdienen, möge es sein Bewenden haben.

Aufser den bisher genannten Syhltiefen und Vehncanälen giebt es in Ostfriesland nur einen öffentlichen, zur Schiffahrt eingerichteten Canal, der hier eine besondere Erwähnung verdient, nemlich den Canal von Aurich nach Emden. Dieser Canal wurde in den Jahren 1798 und 1799 auf Kosten einer Actiengesellschaft gegraben, um einen Verkehr für die kleine Schiffahrt und namentlich auch für Reisende anzulegen, weil in nassen Jahreszeiten die Wege von Aurich nach Emden wegen des Klaibodens kaum zu passiren sind und durch eine Wasserstraſse diesem Uebel abgeholfen werden müſste. Hauptsächlich hatte man damals aber auch die Absicht, diesen Canal von Aurich heraufwärts in das Amt Wittmund und Friedeburg zu verlängern und dadurch Vehne in den dortigen bedeutenden Mooren anzulegen und groſse Wüsten ostseits Aurich zu cultiviren; dann aber den neuen Canal mit dem von Wittmund nach Carolinensyhl gehenden Syhltiefe zu verbinden, so daſs nicht allein Aurich, Wittmund, Friedeburg und die umliegenden Gegenden mit weniger Mühe und Transportkosten bedeutende Massen Torf von dorther hätten beziehen können, was jetzt gröſstentheils zu Wagen geschehen muſs, sondern daſs auch zwischen Emden, Aurich, Wittmund u. s. w. für die kleine Binnenschifffahrt eine neue Nahrungsquelle eröffnet werden möchte; durch welches Alles der Provinz ein groſser Nutzen zugewendet werden sollte. Dieser letzte Theil des Canals zwischen Aurich und Wittmund ist aber wegen der Zeit-Ereignisse seit 1806, und wegen andrer Umstände, nicht ausgeführt, jedoch in den Jahren 1804 und 1820 und 1821 wieder untersucht worden.

Die zwischen Aurich und Emden in den Jahren 1798, 1799 u. s. w. gegrabene Canalstrecke ist 6375 Rheinl. Ruthen oder $3\frac{1}{8}$ Postmeilen von 2000 Ruthen lang, im Durchschnitt 20 Fuſs im Boden und 40 Fuſs oben, zwischen den Ufern breit, hat im Durchschnitt 3 Fuſs Wassertiefe bei günstigem Wetter, in ganz dürren Sommerzeiten aber weniger. Von Aurich bis Emden befinden sich, für ein Totalgefälle von etwa 13 Fuſs, drei von Backsteinen erbaute Schleusen, oder, wie man sie hier und in Holland nennt, Verlaate, von 15 Fuſs Thorweite, 54 Fuſs Länge und 4 bis 5 Fuſs Fallhöhe, deren jede damals etwa 6000 Rthlr. gekostet haben soll. Auch giebt es auf diesem Canale einige Klappbrücken, durch welche die täglich fahrenden Post- oder Treckschuiten und Frachtschiffe passiren, welche von Pferden und Menschen gezogen werden, die aber die Masten auch niederlegen können, um unter einigen festen Brücken durchpassiren zu können. In der Stadt Aurich selbst ist neben dem Schlosse ein Bassin oder sogenannter Hafen zum Aufenthalte der Treckschuiten gebaut. Die Kosten dieses Canals nebst Zubehör sollen damals sich auf etwa 130 000 Rthlr. belaufen haben. Es kostet also im Durchschnitt die Meile 40 $666\frac{2}{3}$ Rthlr. und die laufende Ruthe von 12 Fuſs Rheinl. $20\frac{1}{3}$ Rthlr. Die tägliche

Speisung oder Versorgung des Canals mit Wasser geschieht hauptsächlich aus dem nördlich von Aurich an der Grenze des Amtes Esens befindlichen ewigen- oder Ewers-Meere mittels eines Zuleitungsgrabens, der von diesem und dem Wester-Meere, bei Tannendorf und Sandhorst vorbei, nach Aurich in den Stadtgraben einmündet, welcher weiter in unmittelbarem Zusammenhange mit dem Hafen und Treckfahrts-Canale ist. In dürren Sommertagen hat es in frühern Jahren sehr an hinreichendem Fahrwasser gemangelt, weil einige in dortiger Gegend im Hochmoore befindlichen Meere oder Landseen zum Theil oder ganz austrocknen; wie z. B. das große Brockzeteler Meer, durch welches ich an einem warmen Sommertage zu Fuße auf festem, trocknen Sandboden gegangen bin. Eine Verbindung des jetzigen Canals mit dem Wittmunder Canal und die Durchschneidung großer Hochmoore zu den Vehn-Anlagen würde diesem Uebel vielleicht gänzlich abhelfen.

Die politischen Ereignisse seit 1806, durch welche Handel, Schifffahrt und andere Erwerbsquellen gehemmt oder erschöpft wurden, machten die Fortsetzung des Canals von Aurich nach Wittmund unmöglich, und die Actiengesellschaft war, bei den vielen Bau-, Unterhaltungs- und Administrationskosten, nebst Zinsenverlust von einem Capitale von 130 000 Rthlr., außer Stande, den Canal fortzusetzen. Sie war im Gegentheil genöthigt, es dahin zu bringen, daſs die Landesbehörde den Canal zwischen Aurich und Emden auf ihre Kosten übernahm; welches vor einigen Jahren geschehen ist. Die Behörde hat darauf den Canal unter sachverständige Aufsicht gestellt und in möglichst guten Stand gesetzt; worin er auch nun erhalten werden wird.

Zu der Fortsetzung dieses Canals von Aurich nach Wittmund wurde im Jahre 1804 durch den damaligen Baudirector *Bley* ein Plan und Kosten-Anschlag entworfen, indem man damals den ernstlichen Vorsatz hatte, diese Fortsetzung auszuführen; die Provinzialstände von Ostfriesland wollten dazu 60 000 Rthlr. hergeben. Die Baukosten waren damals folgende:

1)	660 Rheinl. Ruthen, von 20 Fuſs lang, Moor abzutreiben, zu 10 Rthlr., ...	6 600 Rthlr.
2)	1440 Ruthen im Moor aufzuschneiden, nach Abzug des Werthes des Torfs, zu 8 Rthlr., ...	11 520 -
3)	3900 Ruthen Canal zu graben, zu 20 Rthlr., ...	78 000 -
4)	Für Gräben oder Ringschlöte und Wege	5 000 -

5) Für 7 Verlaate oder Schleusen, zu 5000 Rthlr., .	35 000	Rthlr.
6) Für 7 Häuser, zu 1500 Rthlr., ...	10 500	-
7) Für 10 Brücken, zu 750 Rthlr., ...	7 500	-
8) Für Speise-Anstalten oder Wasserbehälter . . .	5 000	-
9) An Grund-Entschädigung für Privatland	10 000	-
Thut	169 120	Rthlr.
10) 10 Procent hiervon für unvorhergesehene Ausgaben	16 912	-
Zusammen	186 032	Rthlr.

(In meiner Schrift: „*Der Deutsche Handels-Canal, oder die schiff-„bare Verbindung der Deutschen Flüsse, Meere und Handelsstaaten etc. „Leer, bei E. Mäcken, 1817. S. 217*" habe ich die Berechnung des muthmaafslichen Ertrages dieser Anlage angegeben; worauf ich mich der Kürze wegen beziehe.)

Die ganze Canalstrecke, von 6000 zwanzigfüfsigen oder 10 000 zwölffüfsigen Rheinl. Ruthen oder 5 Postmeilen, würde also, mit Zubehör, auf die Meile 37 611, oder die laufende 12füfsige Rheinl. Ruthe etwa $18\frac{1}{2}$ Rthlr., also etwa eben soviel als eine neue Kunststrafse kosten. Durch den Canal würden etwa 3200 Diemat Moorgrund zur Vehncultur gebracht werden, und durch Verlängerung und Vermehrung mittelst neuer Canäl-Aeste eine noch weit gröfsere Fläche, von mehreren Quadratmeilen, im Amte Aurich und Friedeburg; wodurch der Königl. Domainen-Casse ein neues Einkommen verschafft und die Bevölkerung durch Colonisten und die Production und Consumtion vermehrt werden würde; so dafs die Anlage für die Provinz sehr nützlich sein dürfte.

Eine ähnliche Canal-Anlage, wie die zwischen Aurich und Emden, ist schon seit alter Zeit zwischen Weener und Neuschanz von der Ems nach der Aa beabsichtigt und periodenweise vom Publico des Rhiederlandes, und namentlich des Fleckens Weener, zur Sprache und in Vorschlag gebracht worden. Schon 1696 beabsichtigte der Fürst von Ostfriesland, Christian Eberhard, gemeinschaftlich mit der Stadt Gröningen, diese Wasserstrafse zwischen Ostfriesland und Holland anzulegen; was aber unterblieb. In den Jahren 1805 und 1806 bildete sich eine Actiengesellschaft, die bereits 576 Actien, zu 100 Rthlr. Gold, untergebracht hatte, um das damals zu 100 000 Rthlr. Gold veranschlagte Baucapital für diesen etwa drei Meilen langen Canal aufzubringen. Der Mangel an weiterer und hinreichender

Theilnahme, so wie der 1807 ausgebrochene Krieg, brachten aber diese Anlage wieder in Stillstand. Vor 4 Jahren wurde sie wieder von der Kaufmannschaft in Weener vorgeschlagen und auf Befehl der Staatsregierung untersucht; wovon das Ergebnifs noch zu erwarten ist.

Nach jetzigen Preisen würde dieser 3 Meilen lange Canal, mit Schleusen und Brücken, wenigstens 130 000 Rthlr., also die Meile etwa 43 333⅓ Rthlr., eine Kunststrafse dagegen etwa 25 000 Rthlr., mithin letztere nur etwas mehr als die Hälfte davon kosten, und letztere daher in dieser Hinsicht einem Canale vorzuziehen sein.

Da in Ostfriesland die Ems, die Leda, die Jümme und Sooste, nebst der Aa, der Schiffahrt und dem Handel viele und hinreichende Transportmittel für den See- und Binnenhandel darbieten, und zum Transport der Landesproducte mit kleinen Binnenschiffen und Booten die vielen Syhltiefen und Vehncanäle dem Landmanne und Vehnbewohner in den mehrsten Fällen genügen, und da endlich in den letzten 6 Jahren der Bau der Haupt-, Post- und Handelsstrafsen auf Kosten des Staates angefangen und in stetem Gange ist: so tritt der Bau schiffbarer Binnencanäle dadurch immer mehr zurück, wenn nicht andere grofse nützliche Zwecke, wie z. B. die Vermehrung der Vehncultur u. s. w. damit verbunden werden können. An Eisenbahnen, welche in der Regel die 3 bis 4fachen Kosten eines Canals und die 6 bis 8fachen Baukosten einer gewöhnlichen Kunststrafse erfordern, ist hier, aus dieser Ursache, hauptsächlich aber aus Mangel an Bedürfnifs nicht zu denken, besonders da die Modesucht nach Eisenbahnen, die in manchen Gegenden in eine wahre Manie ausgeartet ist, und die schon manche Actiengesellschaft getäuscht und wieder aufgelöst hat, wie z. B. die Rhein- und Weser-Eisenbahn-Gesellschaft in Preufsisch Minden u. s. w., abnimmt.

Zum Schlusse der hydrographischen Uebersicht Ostfrieslands will ich noch derjenigen Wasserbehälter erwähnen, welche, als kleine Binnen- oder Landseen oder Meere, auch Meerte hier genannt, in den Hochmooren, Haiden und zum Theil auch in den Marschgegenden theils noch vorhanden, theils verschlammt, zugelandet, oder durch Entwässerungsmühlen trocken gemahlen und darauf cultivirt, oder endlich in Vehncanäle und Syhltiefe, zu deren Speisung mit Wasser, geleitet werden, theils also noch vorhanden, theils aber nur noch auf den Carten sichtbar, oder in der Geschichte bekannt sind.

Es giebt einige und 30 solcher Meere oder kleiner Binnenseen, deren meiste nicht gröſser sind als gewöhnliche groſse Fischteiche. Mit Ausnahme einiger ist die Fischerei darin unbedeutend. Sie sind vielmehr Wasserbehälter, die, wenn sie keinen besondern Ausfluſs in die Marschländer oder in einen Canal haben, dazu dienen, das den letztern unnöthige und schädliche Wasser verdunsten und in den Boden verschwinden zu lassen; wodurch die Ueberschwemmungen sich um etwas vermindern, so daſs diese Meerte, wenn sie sonst auch nicht benutzt werden, doch noch *diesen* Nutzen haben. Die mehrsten derselben sind auf der *Campe*schen Carte von Ostfriesland angegeben und benannt; und da weiter nichts besonders Merkwürdiges von ihnen zu sagen ist, so übergehe ich das Weitere davon

(Der Schluſs folgt im nächsten Bande.)

13.

Eine leichte und wenig kostbare Vervollkommnung der gewöhnlichen Stubenfenster.

(Vom Herausgeber.)

Ein Fenster erfüllt seinen Zweck, vermittelst seiner durchsichtigen Glasfläche Licht durch die äufsere Wand eines Hauses in das Innere desselben gelangen zu lassen, nur dann möglichst vollständig, wenn die Glasfläche des Fensters möglichst grofs, also möglichst eben so grofs, oder doch nur wenig kleiner ist, als die Fenster-Oeffnung in der Wand. Von dieser Eigenschaft sind aber die gewöhnlichen Fenster weiter entfernt, als es beim ersten Anblick scheinen möchte. Die Figuren 1., 2. und 3. Taf. XI. sind die Abzeichnung eines gewöhnlichen Fensters. Die Oeffnung dieses Fensters in der Mauer ist 3 Fufs $5\frac{1}{2}$ Zoll breit und 5 Fufs 7 Zoll hoch und enthält also $41\frac{1}{2}$ mal 67, thut $2780\frac{1}{2}$ Quadratzoll Fläche. Dagegen die 8 Glasscheiben, welche das Licht durchlassen, sind nur jede $16\frac{3}{4}$ Zoll breit und $13\frac{3}{4}$ Zoll hoch und enthalten also 8 mal $16\frac{3}{4}$ mal $13\frac{3}{4}$, thut $1842\frac{1}{2}$ Quadratzoll Fläche. Es werden also $2780\frac{1}{2}$ weniger $1842\frac{1}{2}$, thut 938 Quadratzoll Fläche, oder *mehr als ein Drittheil* der Oeffnung in der Mauer und *mehr als die Hälfte* der Glasfläche selbst, durch Holz bedeckt und gehen, da dieser Theil der Oeffnung in der Mauer kein Licht durchläfst, für den Zweck des Fensters verloren. Es ist also entweder die Oeffnung in der Mauer, ohne eigentlichen Nutzen, um den dritten Theil zu grofs, und die Mauer daher um so viel unnütz verschwächt und durchlöchert: oder die Glasfläche ist um ihre halbe Gröfse zu klein. Das hier zum Beispiele genommene Fenster ist keinesweges ein ungewöhnliches, etwa älteres, weniger gut als die neuern eingerichtetes Fenster, sondern ganz so beschaffen, wie die Fenster noch jetzt vielfältig gemacht werden. Es wäre also wohl zu wünschen, dafs man jenen Uebelstand zu vermeiden suchte. Wäre die Holzfläche nicht bedeutend, so möchte sie als unvermeidlich betrachtet und geduldet werden: allein dafs *der dritte Theil* der für den Zutritt des Lichts bestimmten Oeffnung durch undurchsichtiges Holz wieder verbauet wird, ist doch ein wenig zu viel.

Dem Verfasser ist dieser Uebelstand oft aufgefallen, und gewiſs eben so vielen Anderen, die auf Mängel des Gewohnten achten und das Bessere wünschen. Da aber das bloſse Bemerklichmachen eines Mangels, mit Vorschlägen zu Vervollkommnungen, gewöhnlich gar zu wenig nützen, indem des Zweifels wegen, ob das Vorgeschlagene auch wohl *practisch* ausführbar sein möchte, meistens sogar der Versuch mit den Vorschlägen unterbleibt: so hat er nicht eher darüber etwas sagen mögen, als bis sich eine Gelegenheit fände, die zu wünschende Vervollkommnung des Gegenstandes *practisch* auszuführen, oder ausgeführt zu sehen.

Die Gelegenheit zu letzterm ist ihm kürzlich zufällig geworden, und diejenige zu Ersterem steht ihm so eben, bei dem Aufbau eines kleinen Hauses zu seinem eigenen Gebrauch, bevor. Ausführen lassen hat z. B., so eben, in diesem Sommer, Fenster mit *möglichst groſser Glasfläche* Herr *Tiede* zu Berlin, Akademischer Künstler und Uhrmacher an der Sternwarte daselbst, in seinem Hause Jägerstraſse No. 20. Auch in noch andern Häusern sollen dergleichen Fenster neuerdings gemacht worden sein. Der Verfasser hat sie aber nicht gesehen. Die Fenster des Herrn *Tiede* sind auf das beste gelungen, erfüllen sehr gut ihren Zweck und halten sich vortrefflich. Freilich sind *diese* Fenster, als eine der *ersten* Proben, theuerer zu stehen gekommen, als gewöhnliche Fenster: allein die Vertheurung dürfte nicht *unvermeidlich* sein; vielmehr dürfte sich der Zweck bloſs durch eine geringe Veränderung der Construction der gewöhnlichen Fenster und, wenn nicht ganz, so doch fast ganz ohne Erhöhung der Kosten erreichen lassen. Wie dies angehen dürfte und wie der Verfasser die Fenster machen zu lassen im Begriff steht, will er hier vorläufig beschreiben und wird später, wenn sie ausgeführt sein werden, über den Erfolg berichten.

Das Mittel zu der zu wünschenden Verbesserung ergiebt sich sehr einfach aus der Erwägung, daſs ein ansehnlicher Theil der Fenster-Oeffnung insbesondere dadurch mit Holz verbaut wird, daſs man die Rahmen der Fenster*flügel*, in welche das Glas eingesetzt wird, gewöhnlich auf die *flache* Seite legt. Das Holz zu diesen Rahmen ist nemlich gewöhnlich 2 Zoll breit und $1\frac{1}{2}$ Zoll dick, und die *breite,* nicht die *schmale* Seite legt man vor die Oeffnung. Dieses nun vermindert schon an sich selbst die Glasfläche; aber die Verminderung wird noch beträchtlicher dadurch, daſs nunmehr die Flügelrahmen weit nach der innern Seite vor das Fensterfutter vortreten müssen; wie es sich in Fig. 1. bei *a* zeigt; ferner, dafs, da die Rahmen nun zu dünn sind, um *über* einander schlagen zu können, ein sehr breiter beweglicher, oder unbeweglicher Mittelpfosten *b* nöthig ist; desgleichen dadurch, dafs Aehnliches bei dem mittleren horizontalen Querstück *c* Fig. 2. Statt findet. Die hölzernen Wasserschenkel *d* Fig. 2. u. 3. thun das Uebrige.

Nun ist es, auch für die Festigkeit, gar nicht einmal gut, dafs das Rahmenholz flach liegt, indem ein Rahmen aus flach gelegtem Holze sich eher *wirft*, als wenn das Holz hochkantig steht. Also besteht im wesentlichen, da sich, wie sich zeigen wird, insbesondere durch das Hochkantig-Stellen des Rahmen-Holzes die vorhin bemerkten Uebelstände der Verkleinerung der Glasfläche möglichst heben lassen, die nöthige Veränderung zunächst insbesondere blofs darin, dafs man das Holz in den Flügelrahmen *hochkantig statt flach* legt.

Wie sich hieraus die gewünschte Vervollkommnung ergiebt, zeigen die Figuren 4., 5. und 6. Tafel XI.

Die Rahmenstücke an den Seiten bei *a* (Fig. 4.) können jetzt bequem so weit zurücktreten, dafs sie nur eben noch so viel von der Fenster-Oeffnung bedecken, als zu dem Falz für die Glasscheibe nöthig ist. Die Rahmenstücke in der Mitte bei *b* können *über* einander schlagen und nehmen so nur 2½ Zoll von der Breite der Fensteröffnung ein, statt, wie gewöhnlich (nach Fig. 1.), 5½ Zoll. Auch an dem horizontalen Querstück bei *c* (Fig. 5.) brauchen die Rahmenstücke jetzt nur weniger in die Fenster-Oeffnungen hineinzutreten, in dem Maafse, dafs die horizontale Scheidung von der Oeffnung nur noch 3½ Zoll Breite einnimmt, statt, wie gewöhnlich (nach Fig. 2.), 5½ Zoll. Bei den Wasserschenkeln *d*, *d* (Fig. 2. u. 3.), wegen deren die Rahmen sonst ebenfalls die Fenster-Oeffnung verkleinern, ist bei Herrn *Tiede* die wesentliche Verbesserung angebracht, dafs man sie, statt aus Holz, aus etwa ½ Linie dickem, geschmiedeten *Eisen* gemacht hat. Da diese Veränderung nur sehr wenig kostbar ist, so wird sie auch hier vorgeschlagen. Es wird dadurch ebenfalls an Glasfläche gewonnen.

So kommt es denn, dafs das Fenster (Fig. 4., 5. und 6.) einen namhaft geringeren Theil der Fenster-Oeffnung mit Holz bedeckt, als das Fenster (Fig. 1., 2. und 3.). Die Flügelrahmen bedecken nemlich jetzt von der 41½ Zoll *Breite* der Fenster-Oeffnung, an den Seiten nur ¾ und in der Mitte nur 2½ Zoll, zusammen 3¼ Zoll, so dafs 38¼ Zoll Breite für die *Glas*fläche übrig bleiben. Von den 67 Zoll *Höhe* der Fenster-Oeffnung werden hier durch Holz unten nur 1½, in der Mitte 3½, oben ½ und durch zwei Sprossen 1 Zoll, zusammen 6½ Zoll bedeckt, und es bleiben also 60½ Zoll Höhe für die *Glas*fläche übrig. Die Glasfläche in diesem Fenster ist also 60½ mal 38¼, thut 2314⅛ Quadratzoll grofs, und es werden daher von den 67 mal 41½, oder 2780½ Quadratzoll Fenster-Oeffnung, hier nur 466⅜ Quadratzoll durch Holz bedeckt, statt 938 Quadratzoll, wie bei der gewöhnlichen Einrichtung, folglich nur etwa *halb so viel* als dort, und statt *eines Drittheils* der Fenster-Oeffnung, wie dort, hier nur der *sechste Theil:* statt der *Hälfte* der *Glas*fläche, wie dort, hier nur der *fünfte Theil* der Gröfse dieser Fläche. Man gewinnt also bedeutend, entweder an Lichtfläche, oder an Verminderung der Gröfse der Oeffnung durch die Mauer.

An *Holz* zu den Fenster*rahmen* ist hier offenbar nicht mehr, sondern eher weniger nöthig; auch wegen der Wasserschenkel aus Eisen. Blofs die Fenster*futter F* müssen nach Fig. 4. und 6. um einen Zoll dicker sein, als in Fig. 1. und 3.; was ihnen aber auch mehr Festigkeit giebt. Die Sprossen hat Herr *Tiede* ebenfalls aus Eisen machen lassen; doch können sie auch füglich, wie gewöhnlich, aus Holz sein, da die Vergröfserung der Glasfläche durch die etwas geringere Breite der eisernen Sprossen nicht eben bedeutend ist.

Der *Beschlag* des veränderten Fensters bleibt, was die Winkel- und Eckbänder und Knöpfe betrifft, ganz der gewöhnliche; der Verschlufs in der Mitte kann aber, statt durch die gewöhnlichen Riegel an den beweglichen Mittelpfosten, und durch die Vorreiber, hier sehr einfach, und noch fester, auf ähnliche Weise, im Kleinen, so wie man es an Thorwegen zu machen pflegt, durch einen Stofsriegel unten und einen Zugriegel oben geschehen, durch welche Riegel sich, wenn man sie *keilförmig* macht, das Fenster *sehr* fest andrücken lassen wird. An dem äufseren Mittelpfosten b_1 sind sogar besondere Riegel nicht einmal unumgänglich nöthig, da der innere Pfosten b den Pfosten b_1 schon andrückt und festhält. Man kann auch Espagnolettstangen anbringen; was Herr *Tiede* gethan hat: doch ist dieser theuerere Beschlag hier nicht etwa mehr nöthig als an den gewöhnlichen Fenstern, sondern vielmehr eher vermeidbar.

Die *obern* zwei Flügel wird man hier am besten ganz eben so einrichten können, wie die untern, nemlich den Mittelpfosten ebenfalls mit aufgehen lassen können. Das horizontale Querstück *c* Fig. 5. ist stark genug dazu.

Doppelfenster, Fensterladen, Jalousieen u. s. w. lassen sich, unverändert, ganz eben so anbringen, wie gewöhnlich. Den Doppelfenstern kann man durch das ähnliche Mittel, wie hier, ebenfalls mehr Glasfläche verschaffen.

Der *Verschlufs* dieser Fenster wird offenbar *dichter* und vollkommner sein als gewöhnlich; besonders durch den Falz *p* an der Seite (Fig. 4.), der sich in dem gewöhnlichen dünnern *Futter* nicht so gut machen läfst als hier; so wie durch die Falzen *q*, *q* in dem Mittelpfosten, die sich bei der gewöhnlichen Einrichtung gar nicht machen lassen. Auch die eisernen Wasserschenkel werden das Wasser besser ableiten als die hölzernen.

Die *Kosten* dieser Fenster können nur unbedeutend höher sein, als die der gewöhnlichen; denn, was die dickeren Futter, die Falzen *p* und *q* und die eisernen Wasserschenkel mehr kosten, wird zum Theil wieder durch das wenigere Holz zu den Mittelpfosten und bei dem Beschlage erspart. Die ersten Proben werden freilich mehr kosten; aber wenn den Werkleuten die Verfertigung erst gewohnt geworden sein wird, so werden die Kosten wohl beinahe ganz wieder auf die gewöhnlichen herabkommen.

Die Vortheile dieser Fenster gegen die gewöhnlichen würden, zusammengestellt, folgende sein.

Erstlich würden sie gegen den sechsten Theil der Gröfse der Oeffnung in der Wand mehr Lichtfläche geben als die gewöhnlichen Fenster, also z. B. bei einem Fenster von 3½ Fufs breiter und 7 Fufs hoher Oeffnung, nicht weniger als gegen *vier Quadratfufs mehr.*

Zweitens. In dem Fall, wo man nicht mehr Lichtfläche *verlangt,* könnte die Oeffnung um 1 bis 1½ Fufs niedriger, oder auch verhältnifsmäfsig schmaler und niedriger zugleich gemacht werden; was für die Verstärkung der Mauern, so wie für die Verminderung des Eindringens der Hitze im Sommer und der Kälte im Winter nicht unbedeutend ist.

Drittens würde der Verschlufs dieser Fenster, aus den oben bemerkten Gründen, dichter und vollkommer sein, als gewöhnlich.

Noch möge hier *bei dieser Gelegenheit* erinnert werden, dafs man gewöhnlich an den Beschlägen der Fenster einen recht wesentlichen Theil fehlen läfst; wodurch aber warlich nichts erspart wird, sondern eher mehr Ausgaben entstehen. Dieser Theil des Beschlages ist irgend eine Vorrichtung, um die Flügel, wenigstens die untern, wenn sie *geöffnet* sind, *festzustellen.* Erst hie und da fängt man an, diese Vorrichtung zu beachten; aber keinesweges geschieht es schon allgemein. Wer frische Luft im Zimmer liebt und deshalb die Fenster häufig und, bei warmem Wetter, vielleicht den ganzen Tag offen hält, wird nur zu oft erfahren, daſs die Fensterflügel, bei plötzlich entstehenden Stürmen, oder durch Zugwind, wenn die Thüren den Fenstern gegenüber aufgehen, häufig zugeworfen werden und dann die Scheiben zerspringen. Die Scheiben zu erneuern, kostet aber schon beim ersten Male mehr als die ganze Vorrichtung, durch welche sich der Schaden abwenden läſst. Sie ist daher jedenfalls rathsam und nothwendig. Sie kann entweder in zwei kleinen Vorreibern bestehen (für jeden untern Fensterflügel einen), die vorn an das Brustbret angeschraubt und vor die Flügel gedreht werden, wenn dieselben offen stehen: oder, besser, in zwei leichten Sturmhaken, die mittelst Oesen unten auf das Fenster*futter,* etwa 8 Zoll von den Seitenstücken des Futters entfernt, befestigt werden, und die, wenn die Flügel geschlossen sind, drauſsen auf der Brüstungsmauer liegen bleiben, wenn aber die Flügel geöffnet sind, in Oesen eingehakt werden, die sich an den Wasserschenkeln der Flügel, etwa 5 Zoll von den nach den Seitenstücken des Fensterfutters hin gekehrten Enden derselben entfernt, befinden. Die eine oder die andere dieser Vorrichtungen zum Feststellen der geöffneten Fensterflügeln kostet nur wenige Groschen.

Berlin im August 1839.

Inhaltsverzeichnifs des vierten Hefts dreizehnten Bandes.

Berlin, gedruckt bei G. Reimer.

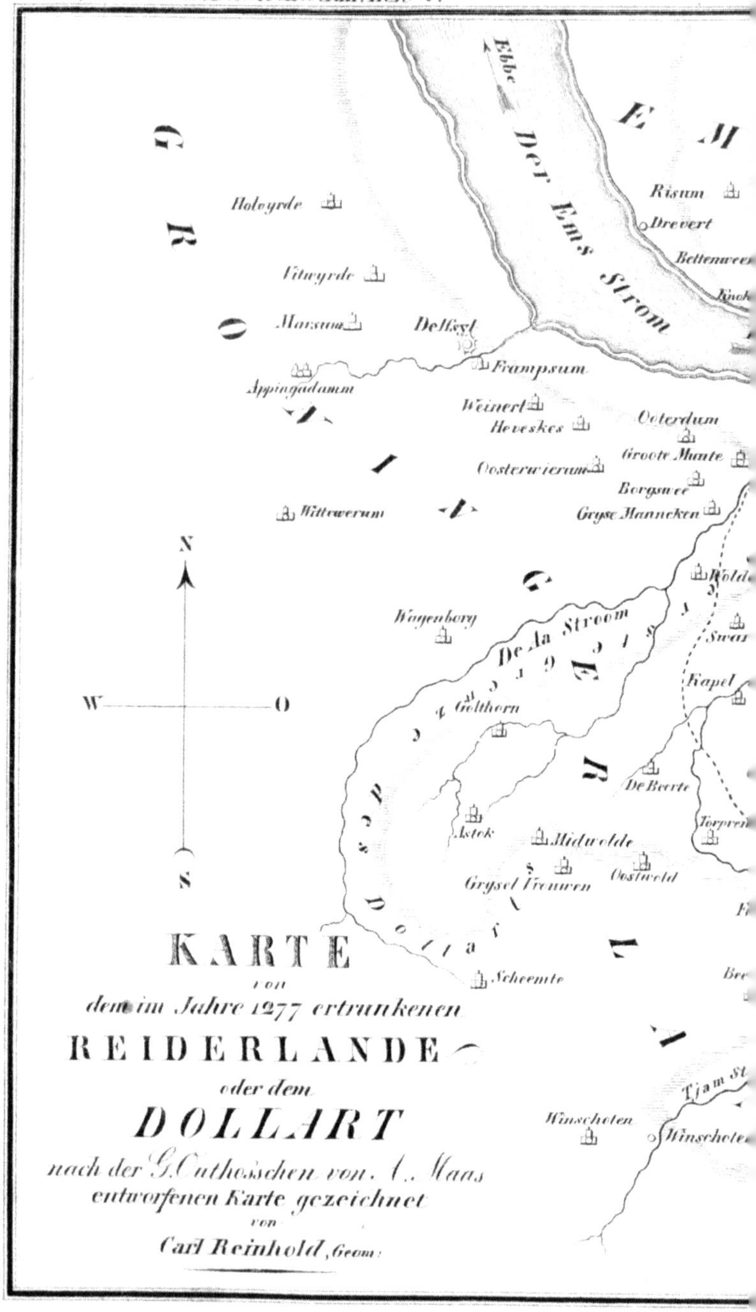
KARTE
von
dem im Jahre 1277 ertrunkenen
DOLLART
nach der G. Cuthossschen von A. Maas
entworfenen Karte gezeichnet
von
Carl Reinhold
Ebbe
Der Ems Strom
Risum
Drevert
Holoyrde
Vitwyrde
Marsum
Delfzyl
Appingadamm
Frampsum
Weinert
Heveskes
Oeterdum
Groote Maate
Oosterwierum
Borgswee
Wittewerum
Gryse Manneken
Wogenborg
De Aa Stroom
Golthorn
Kapel
De Beerte
Astek
Midwolde
Oostwold
Grysel Vrouwen
Scheemte
Winscheten
N
W
O
S

TAF. I.

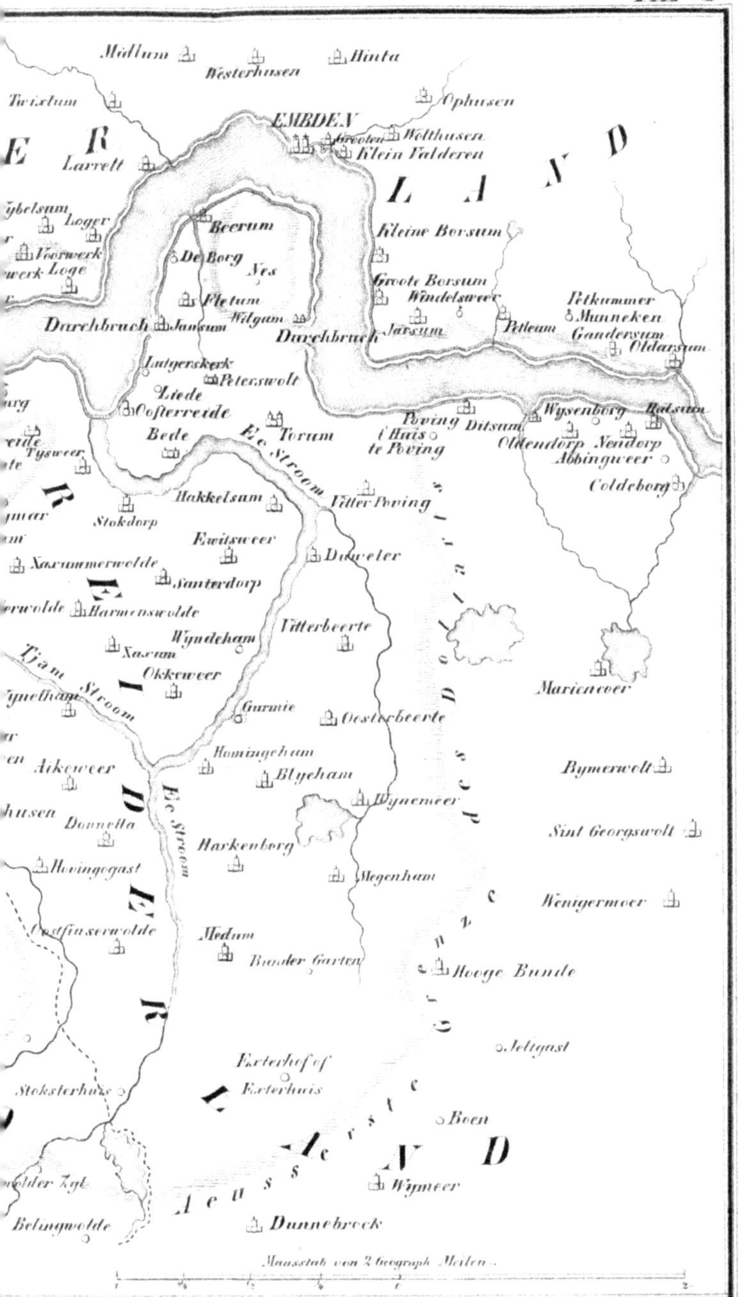

Herweg, lith.

2.

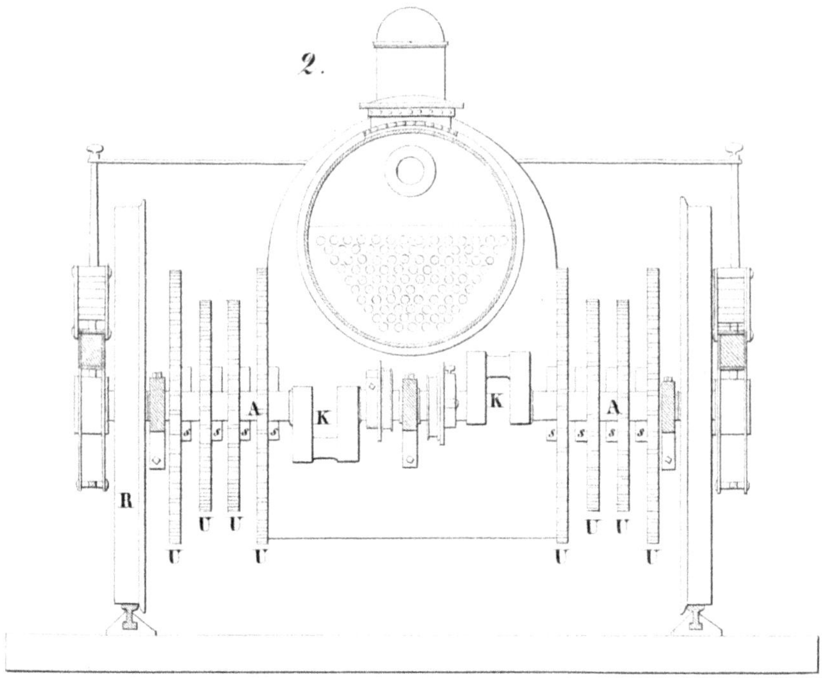

1.

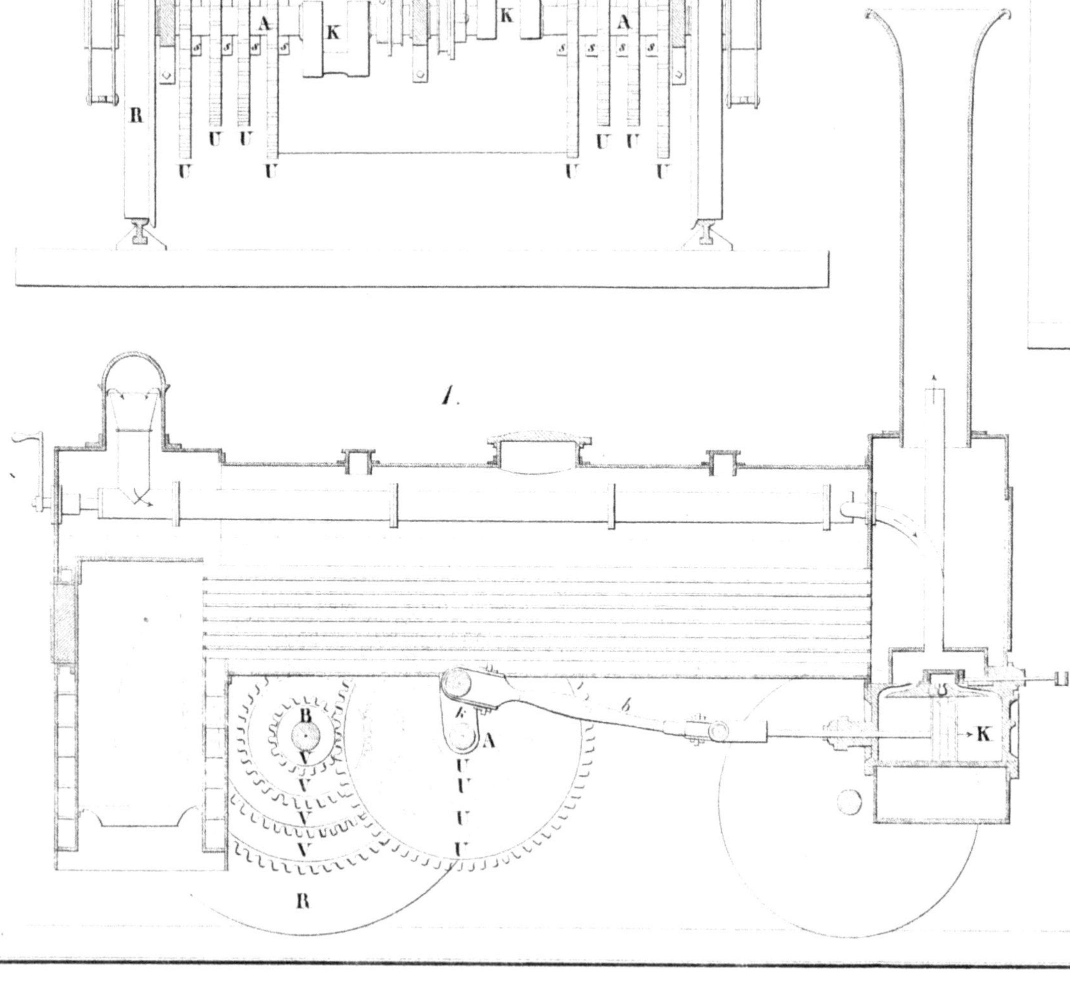

3.

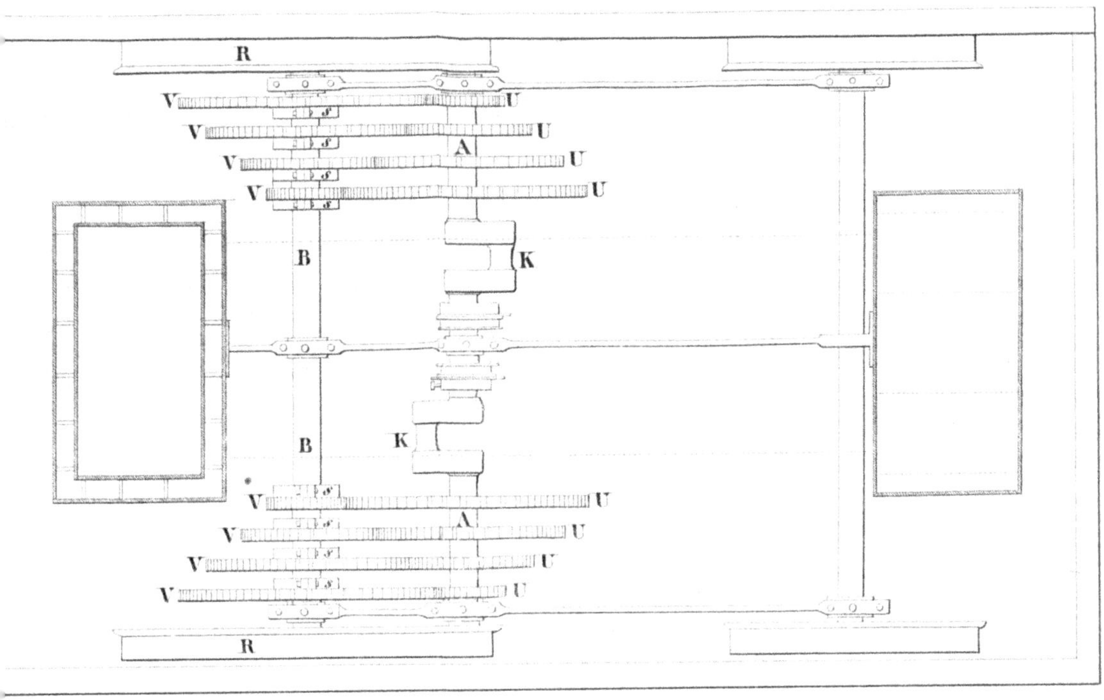

4.

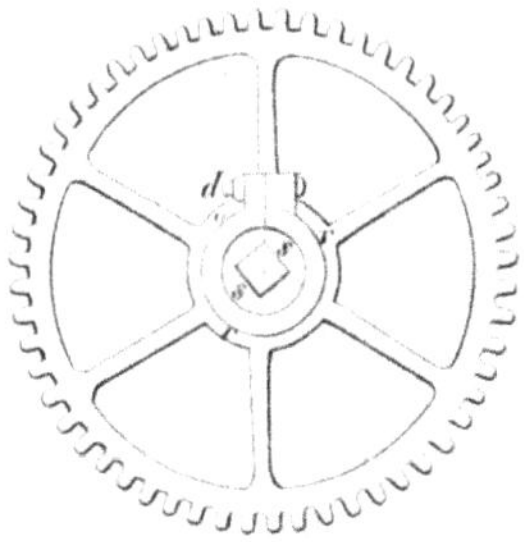

5.

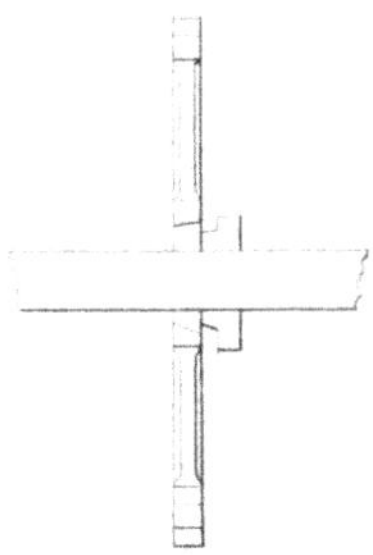

6.

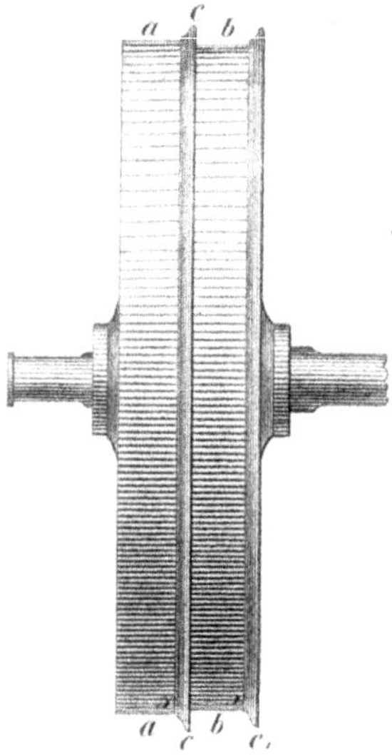

7

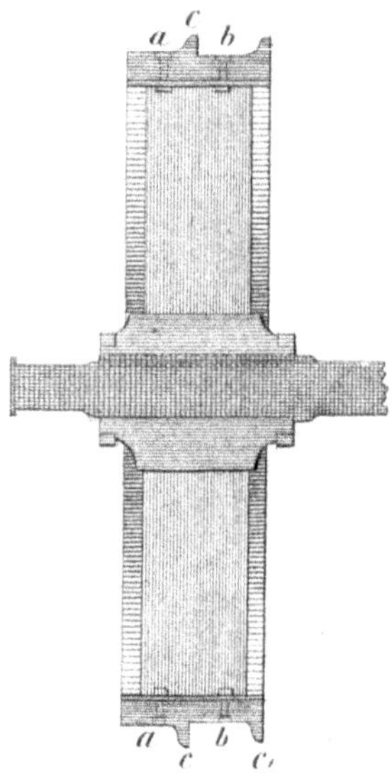

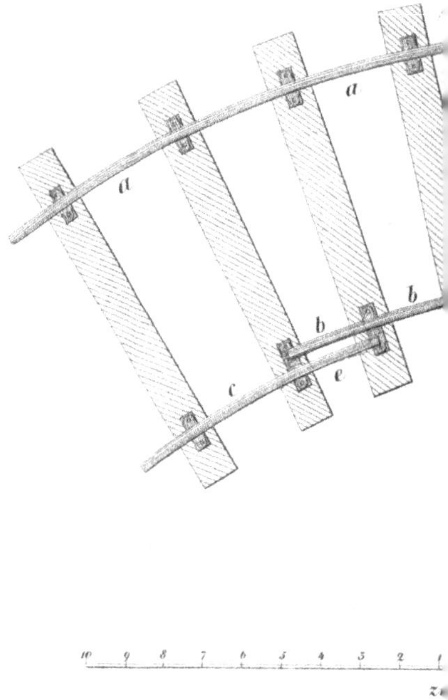

10.

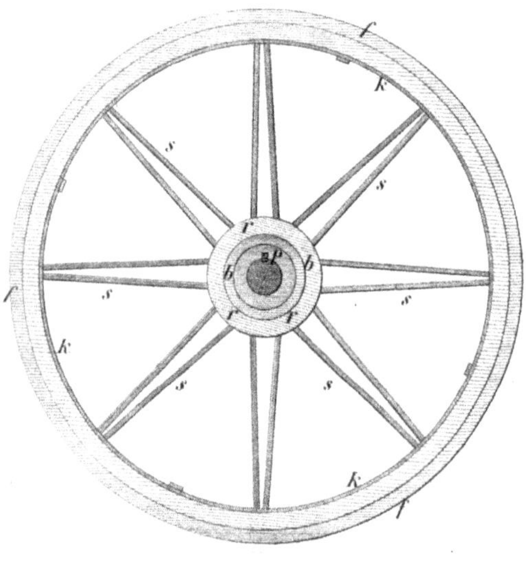

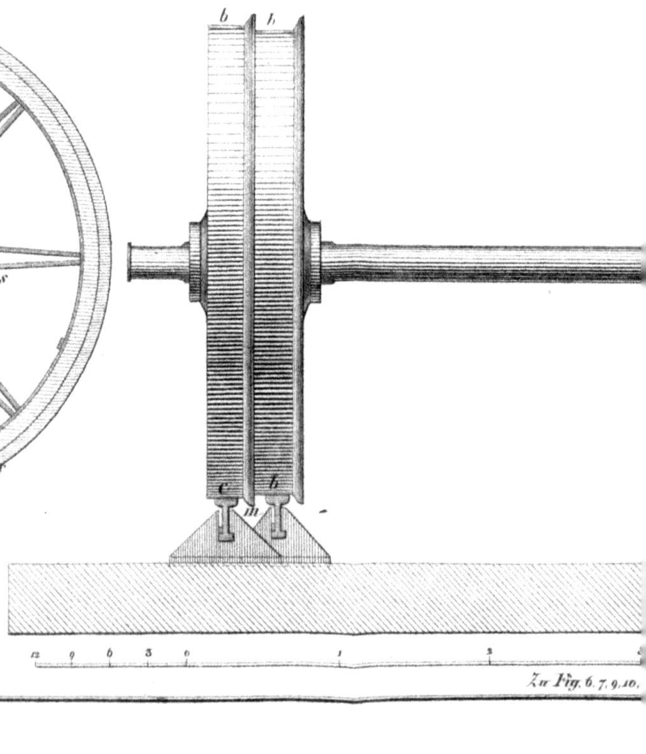

Zu Fig. 6, 7, 9, 10.

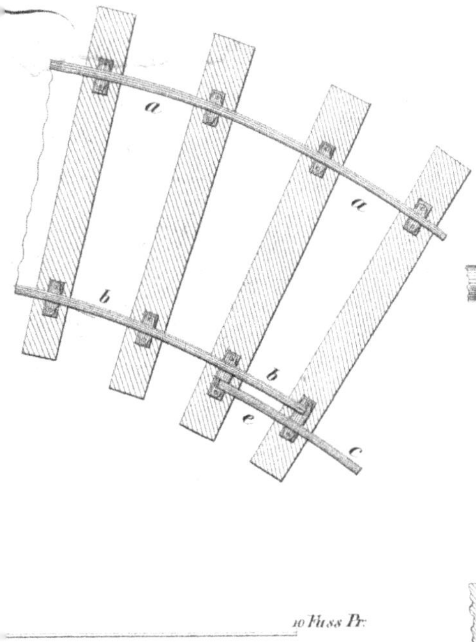
a
a
b
b
e
c
10 Fuss Pr.

11.

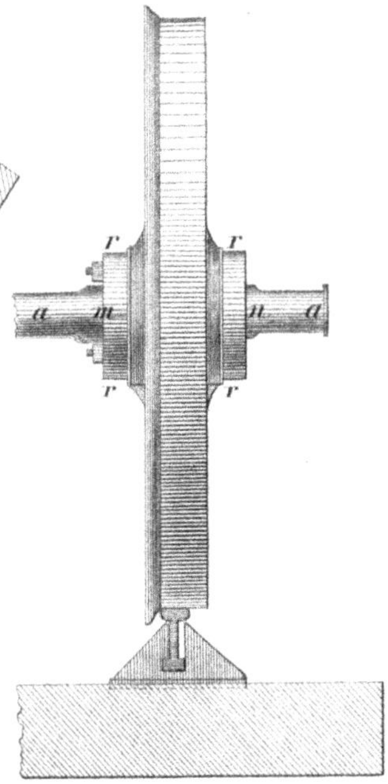
r
r
a
m
n
a
r
r

12.

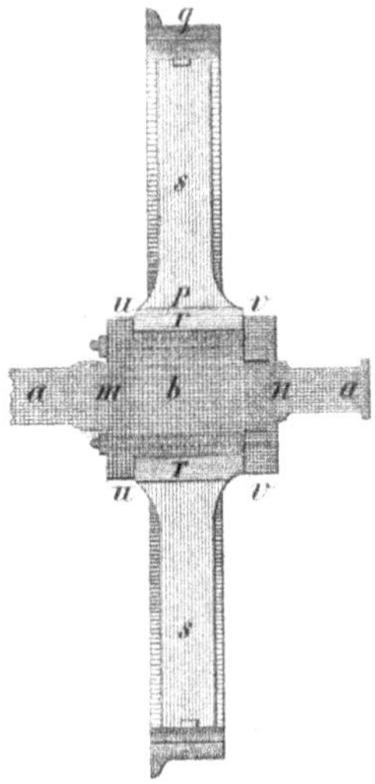
q
s
u
p
v
r
a
m
b
n
a
r
u
v
s

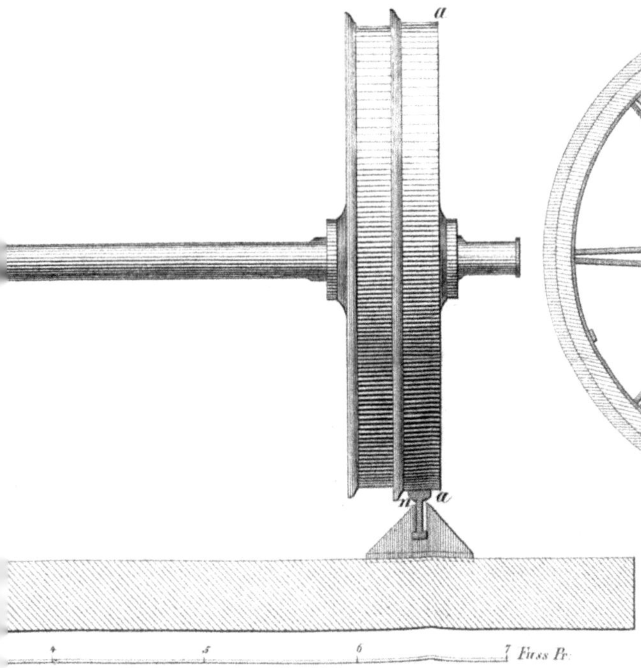
a
n
a
4
5
6
7 Fuss Pr.

13.

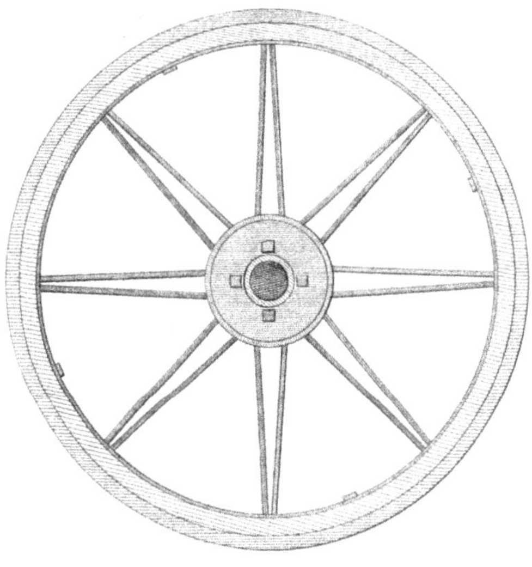

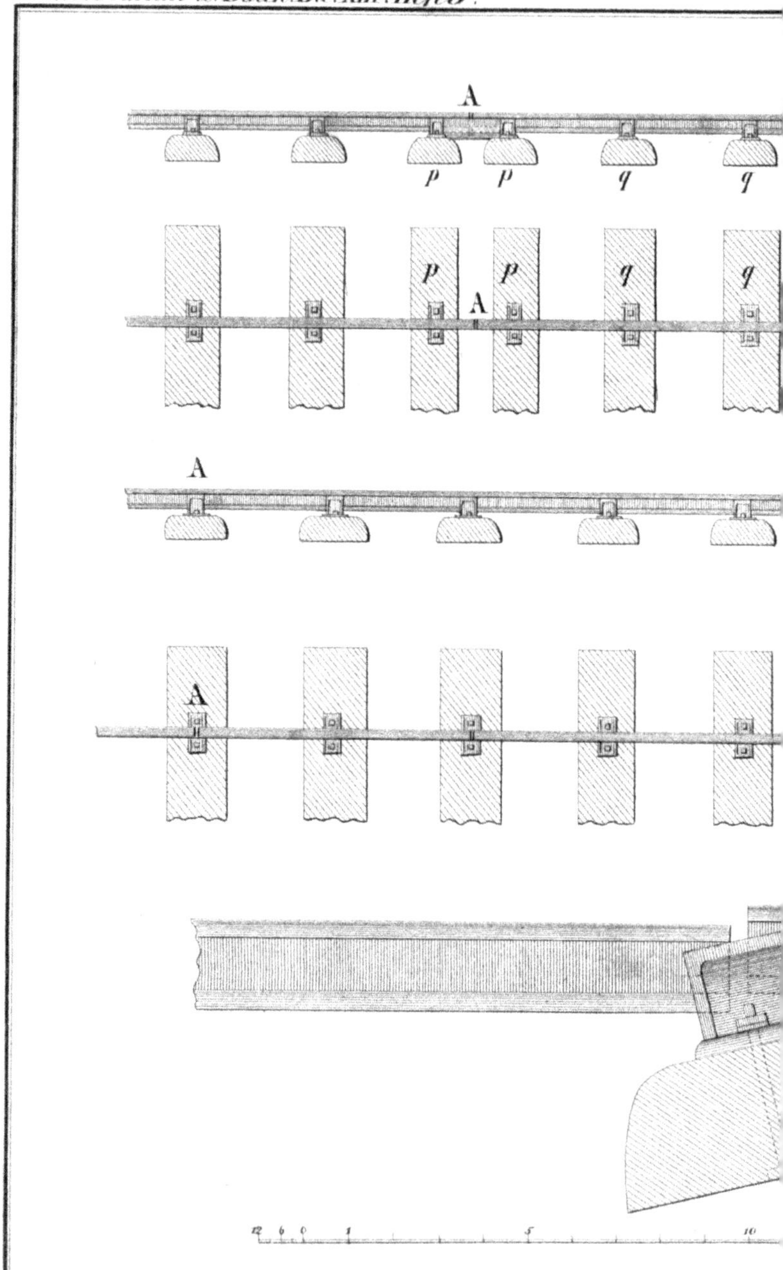
A
p
p
q
q
p
p
q
q
A
A
A
12 6 0 1 5 10

TAF. IV.

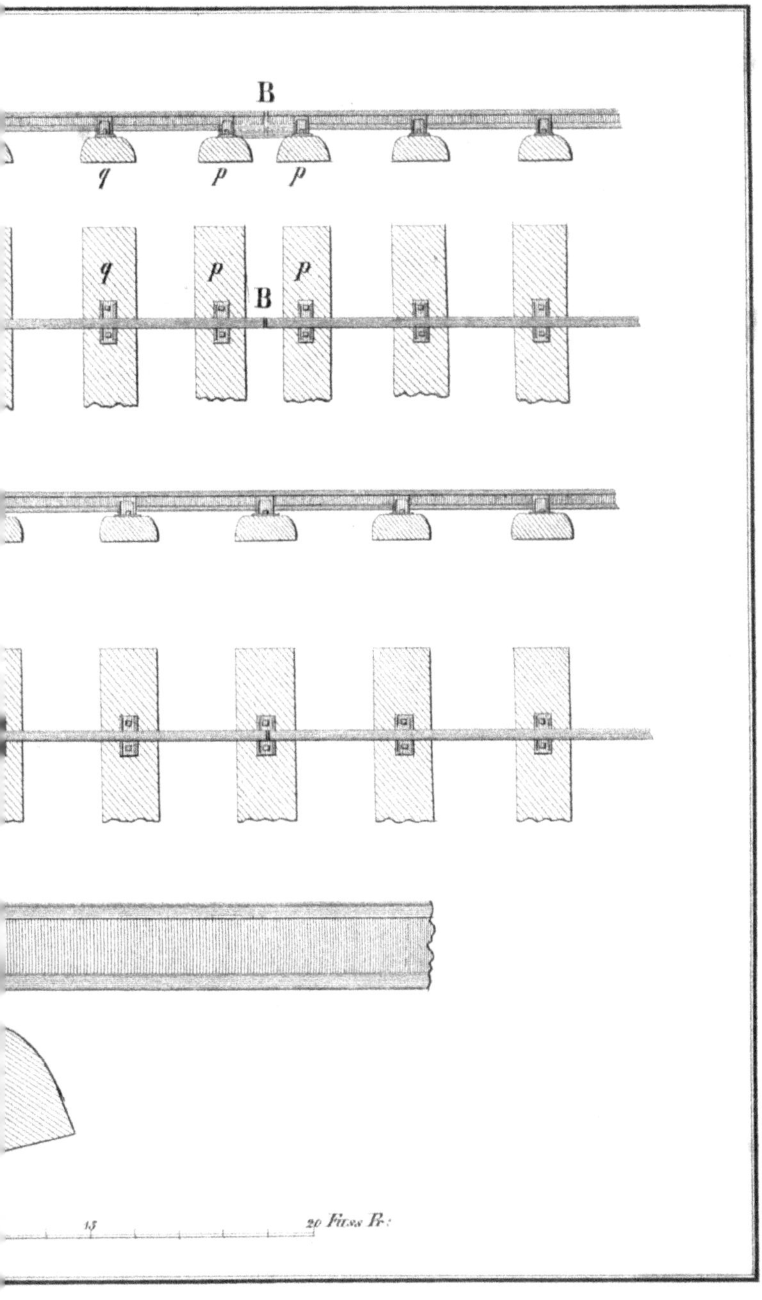

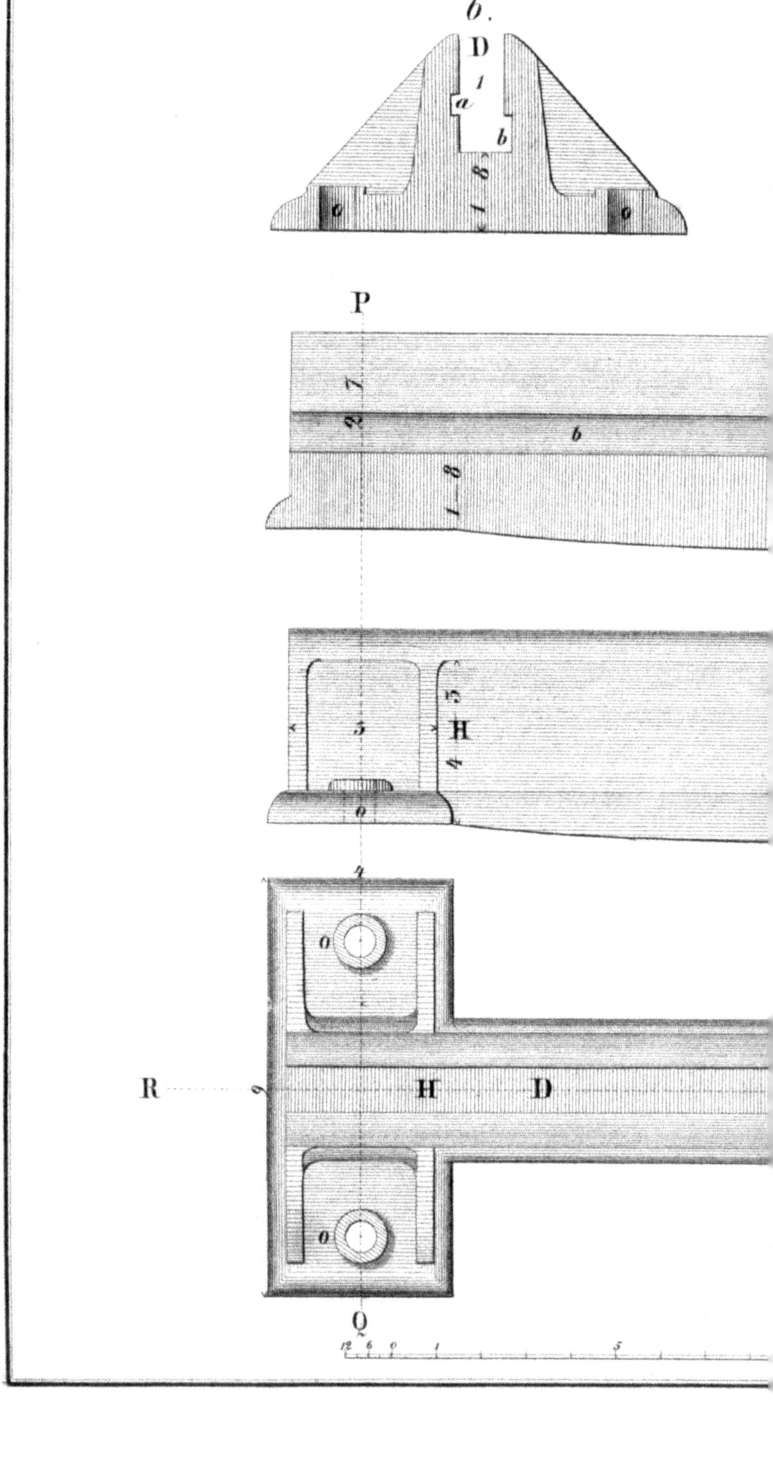
6.
D
a
b
o
P
b
H
R
H
D
o
Q

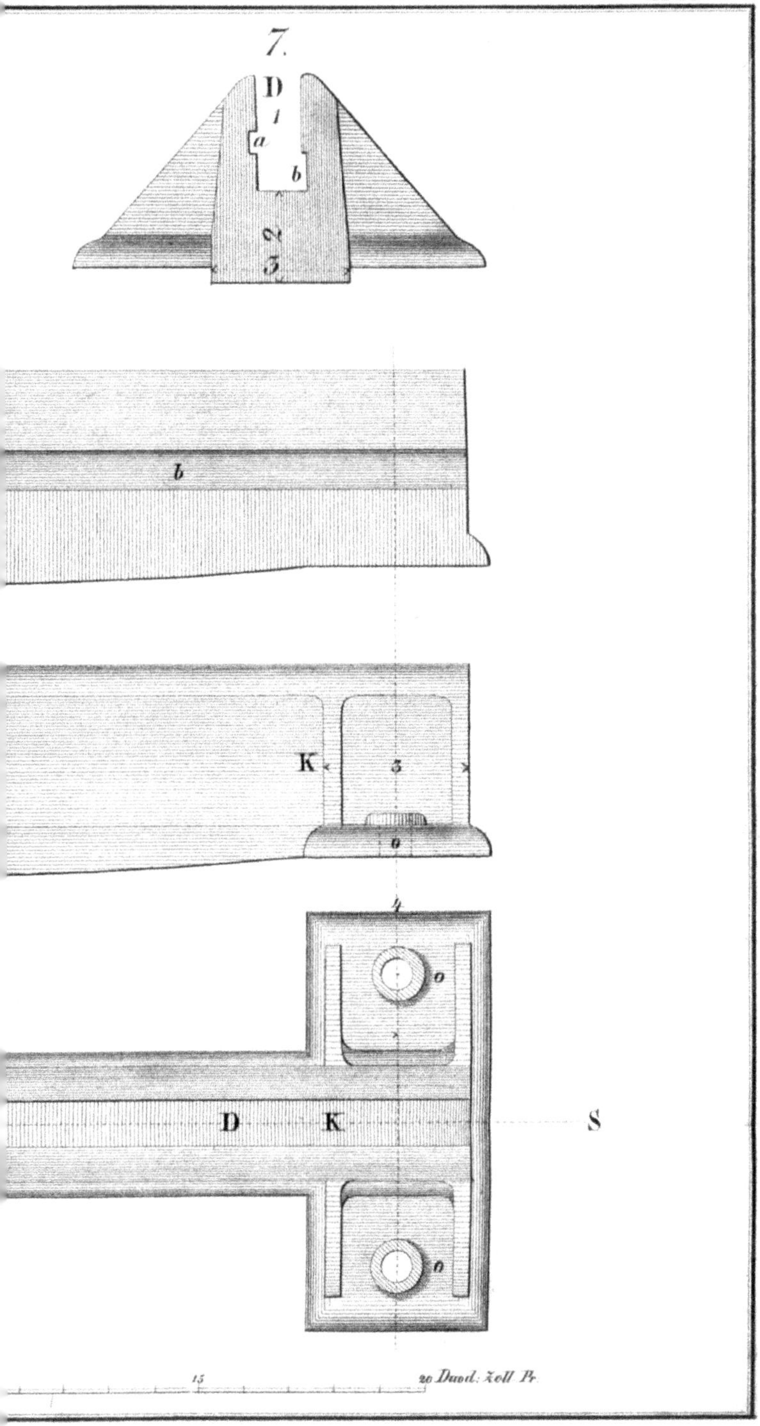
7.
D
1
a
b
2
3
b
K
3
o
4
o
D
K
S
o
15
20
David: Zell Pr

2.

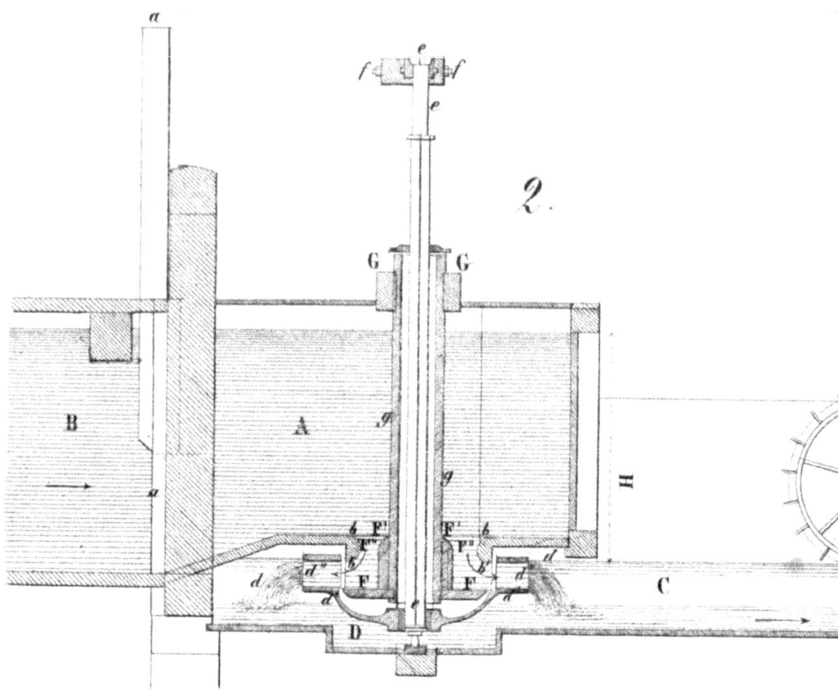

1.

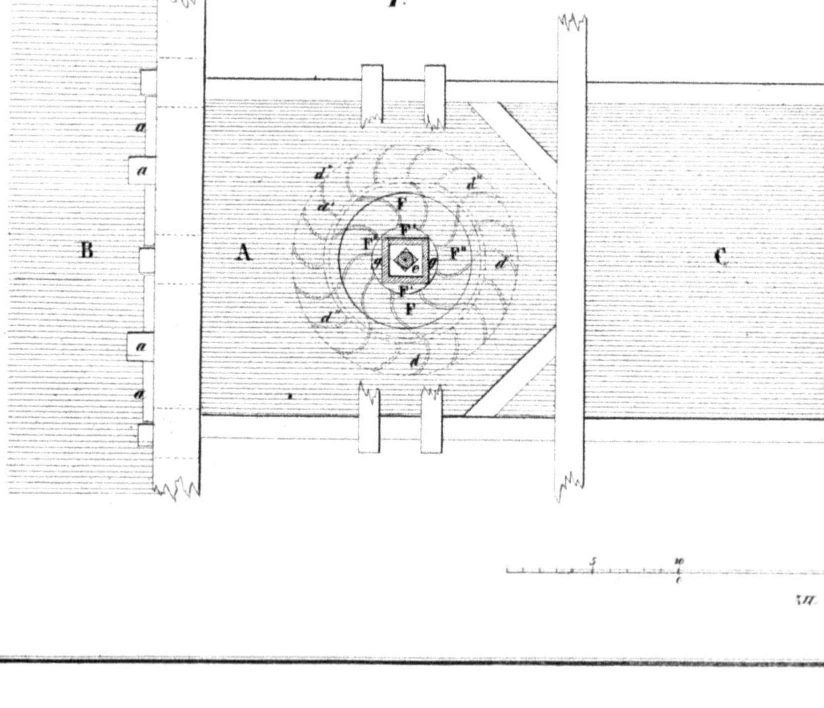

3.

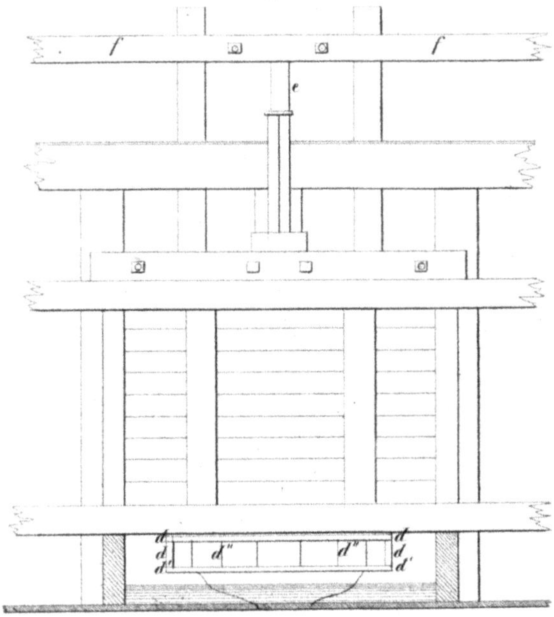

4.

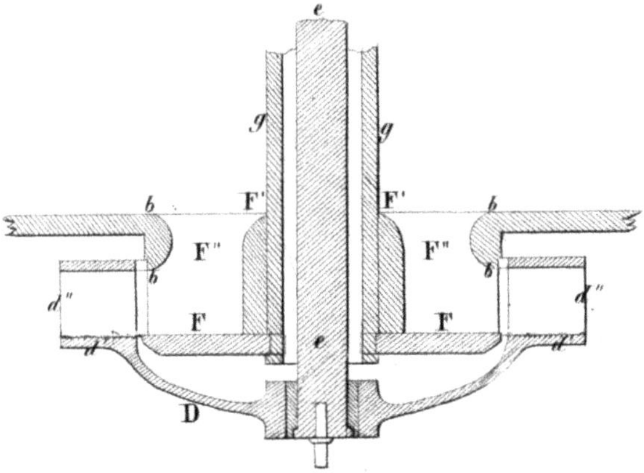

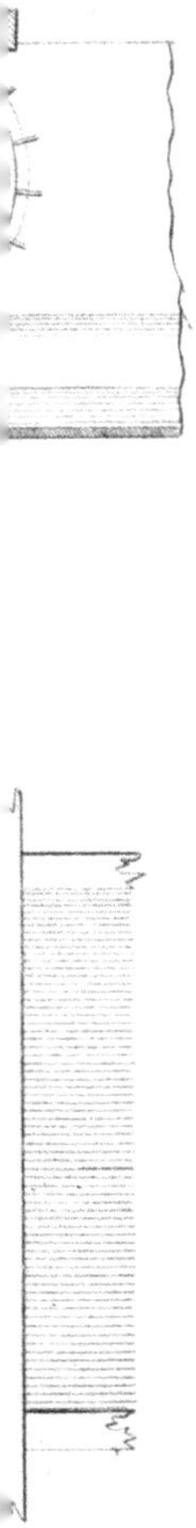

2 3 Metres

5.

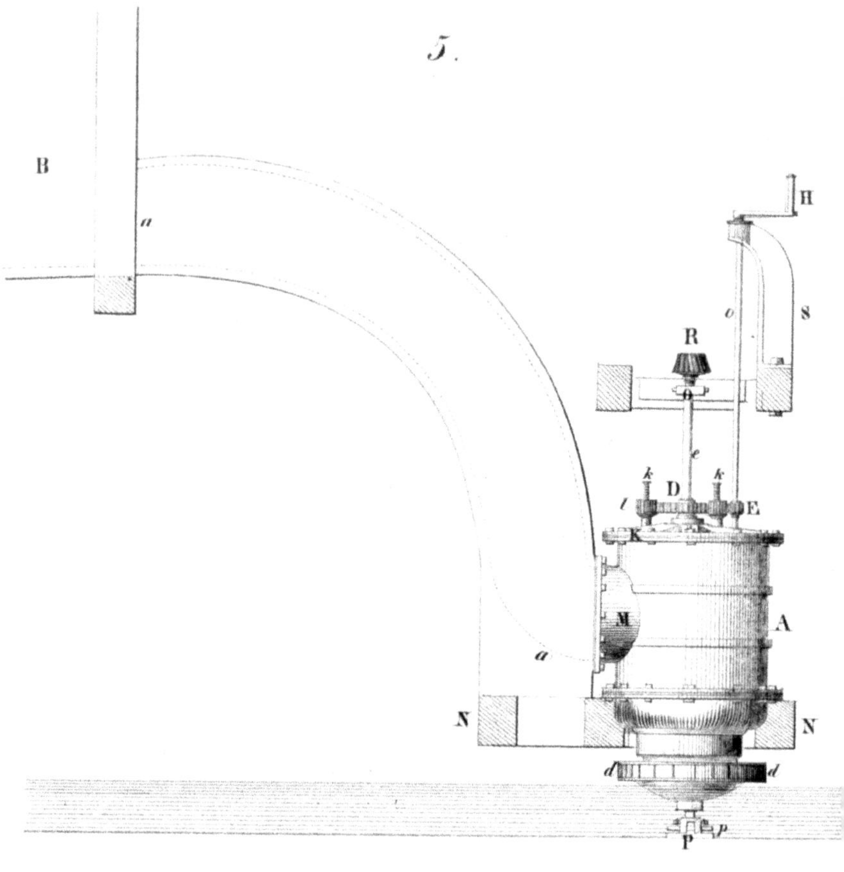

6.

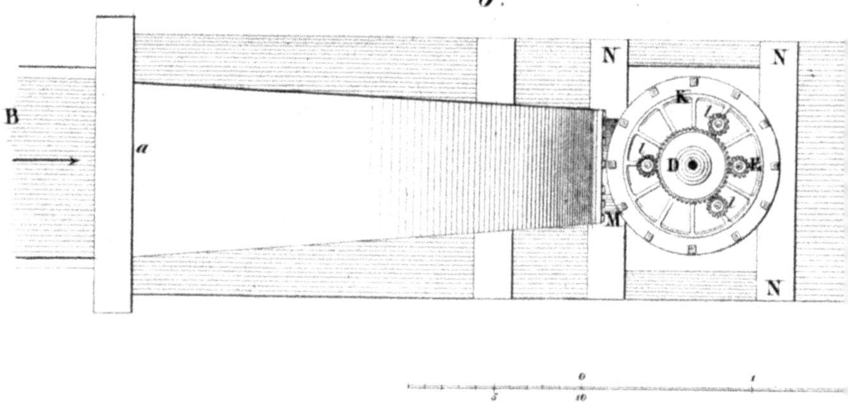

7.

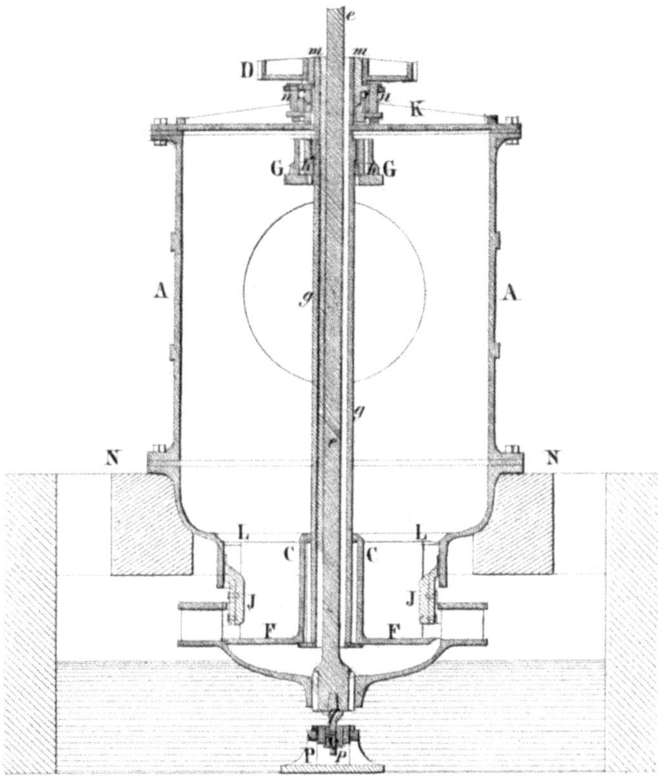

8.

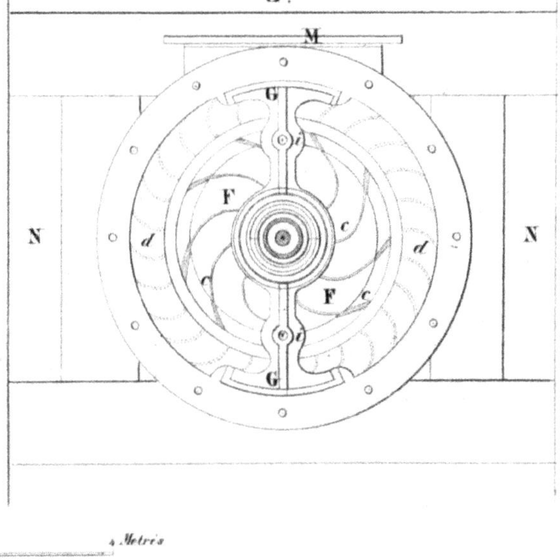

3 4 Metres

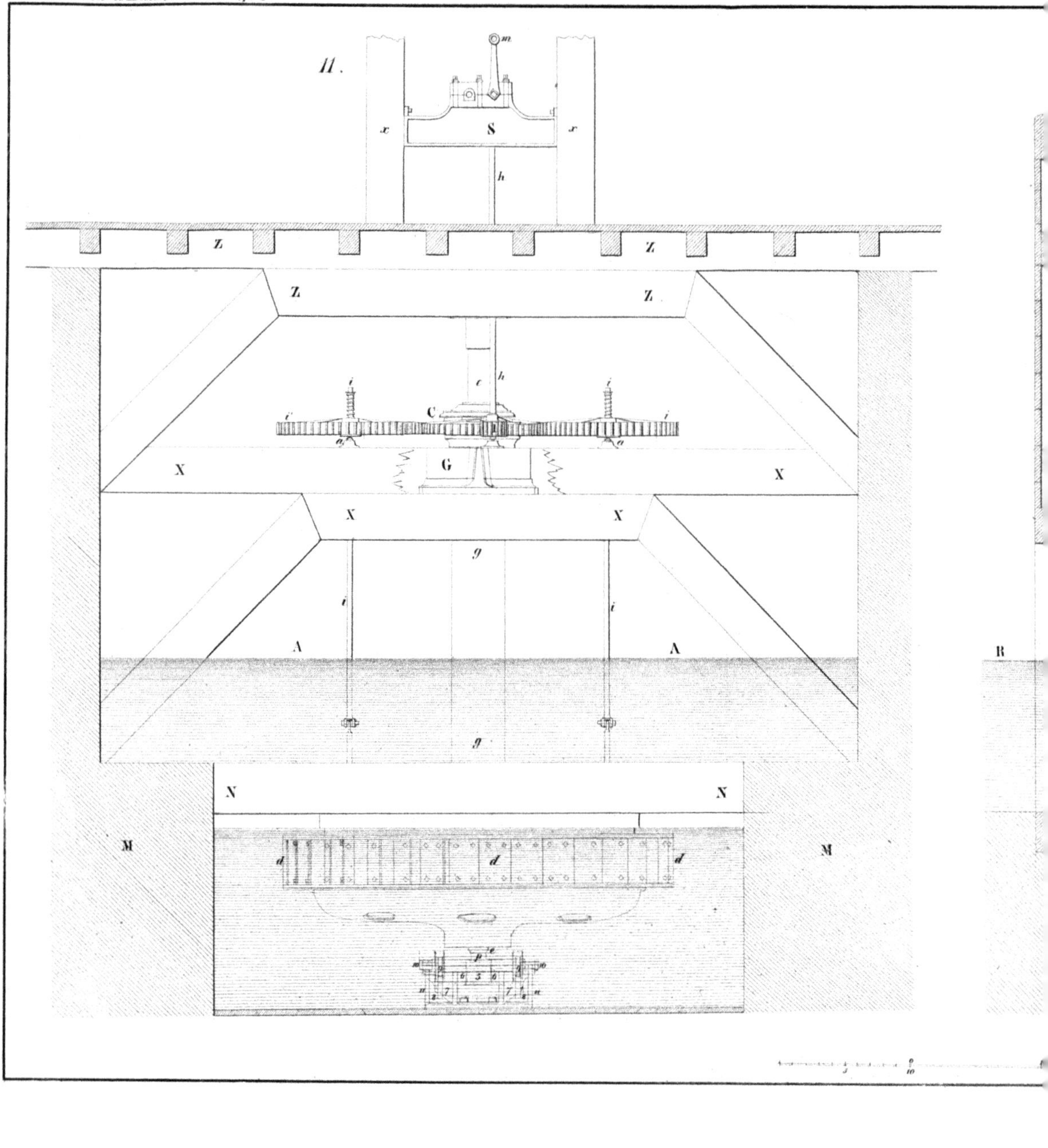
11.
m
x
S
x
h
Z
Z
Z
Z
c
h
i
i
i
C
i
a
a
X
G
X
X
X
g
i
i
A
A
R
g
N
N
M
d
d
d
M
3
10

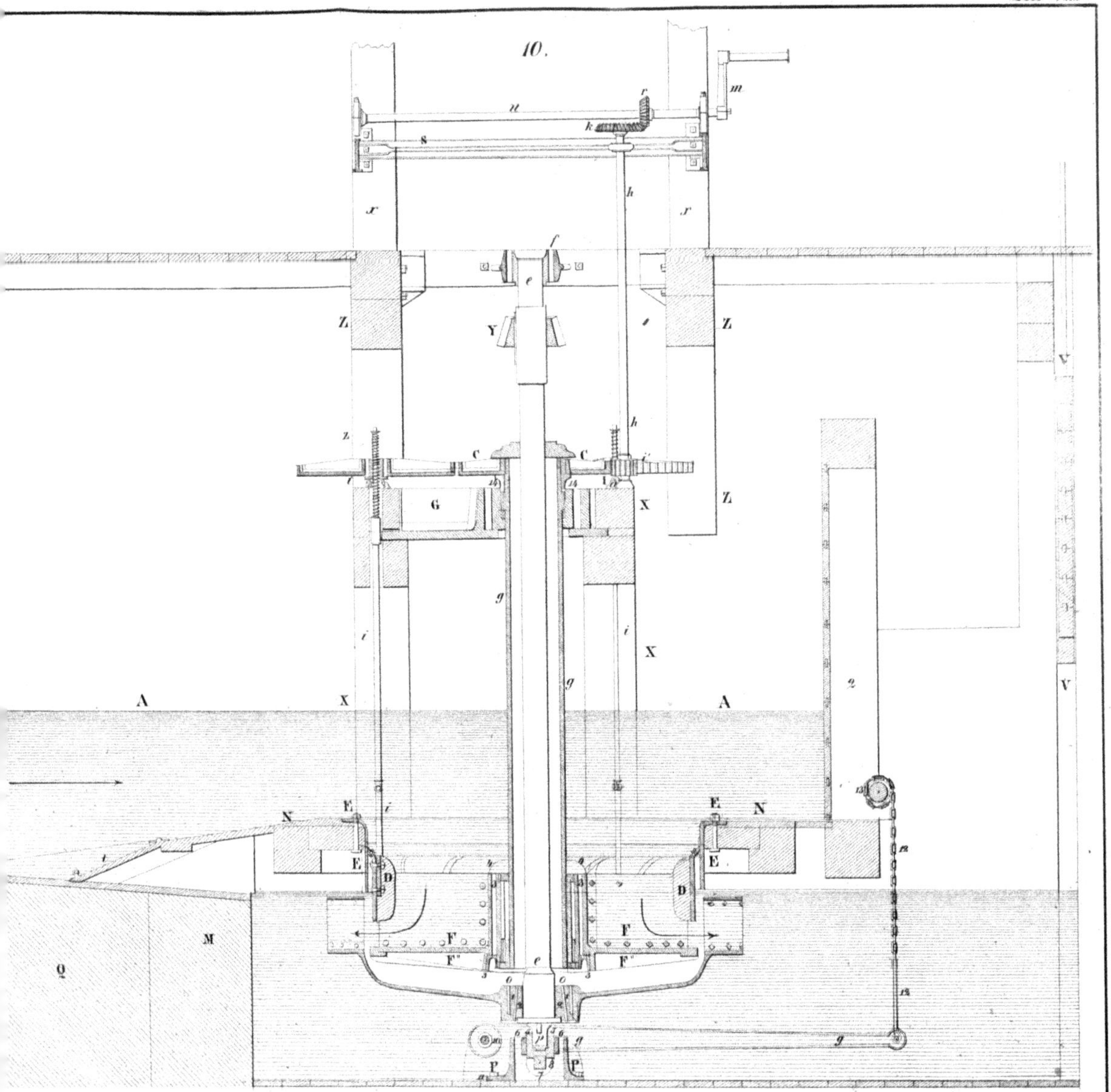
10.
2 4 Metres

12.

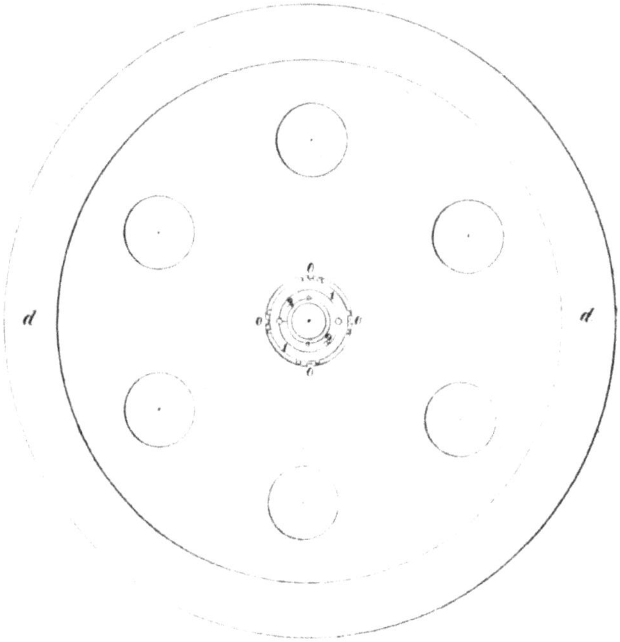

13.

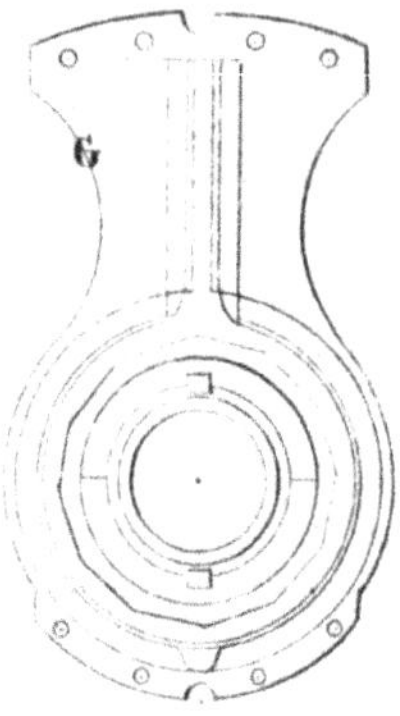

15.

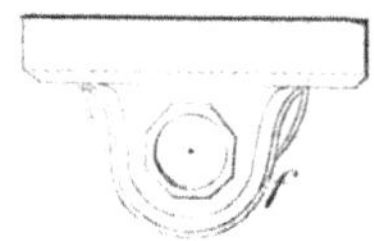

9.

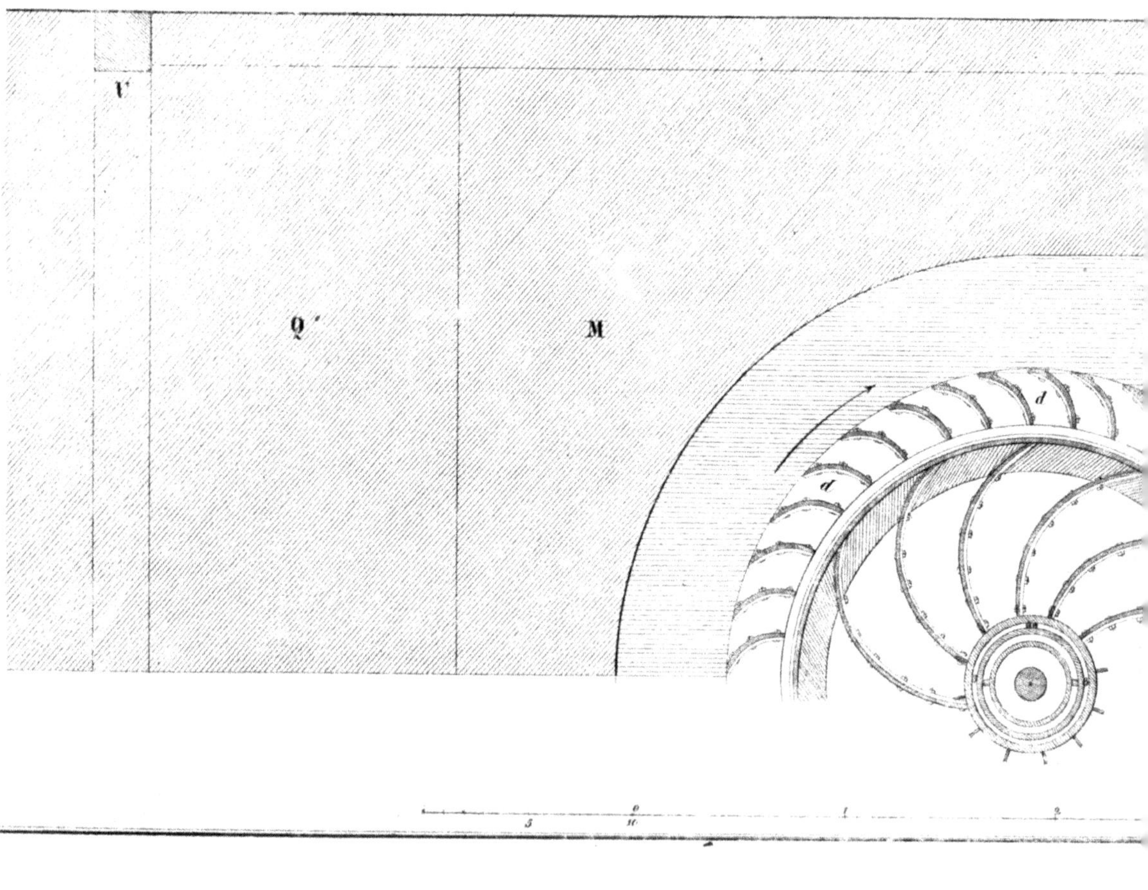

14.

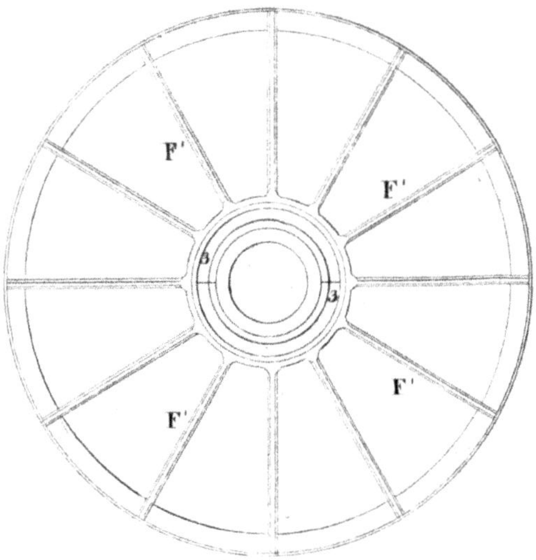

16.

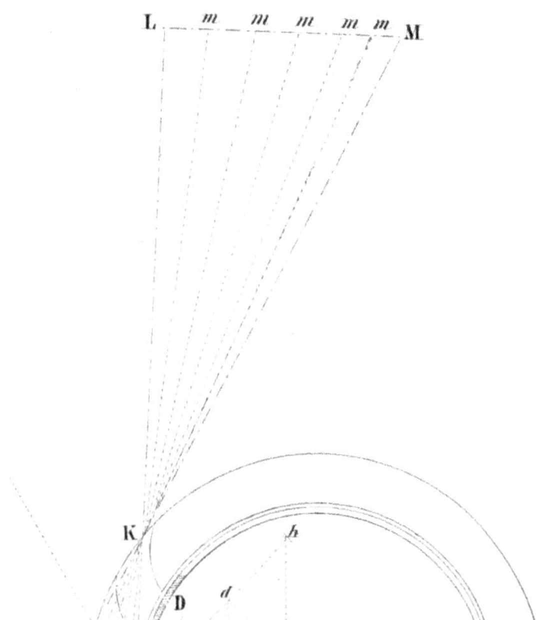

3 Metres

17.

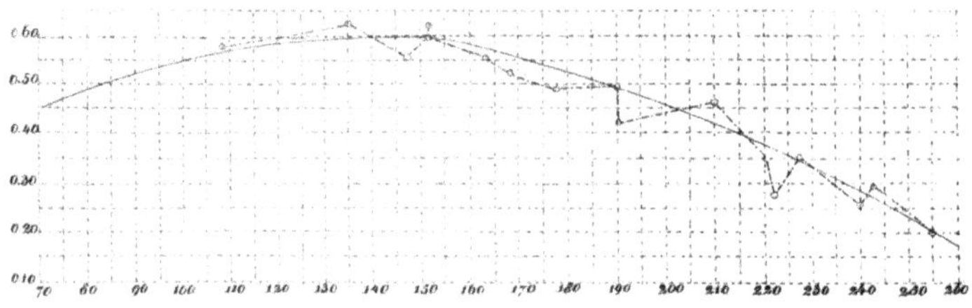

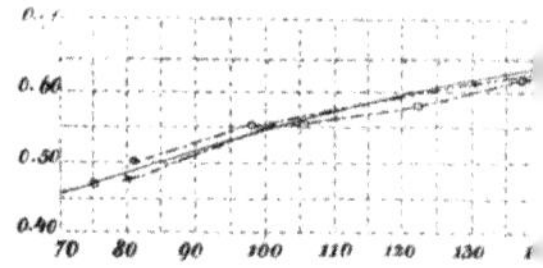

20.

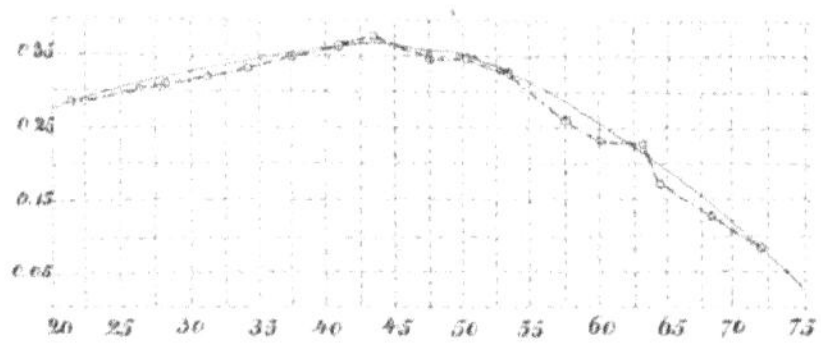

21.

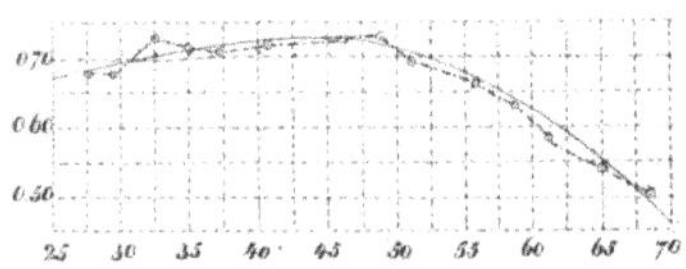

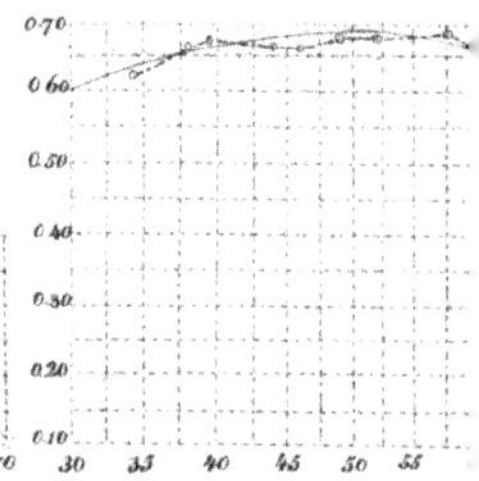

25.

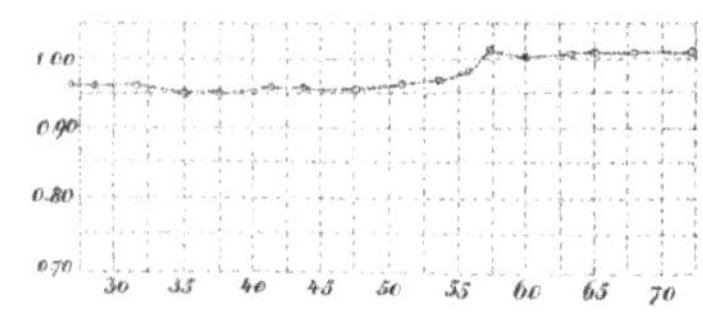

26.

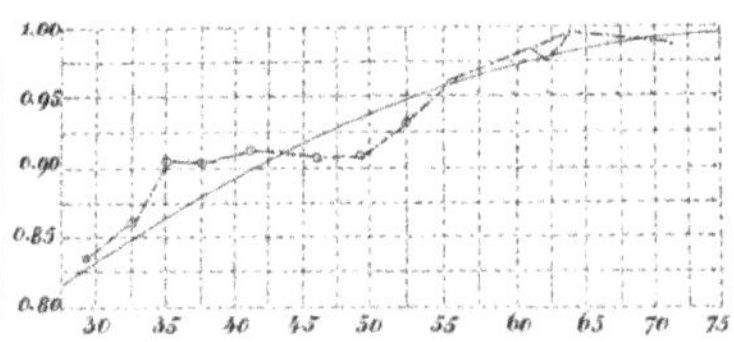

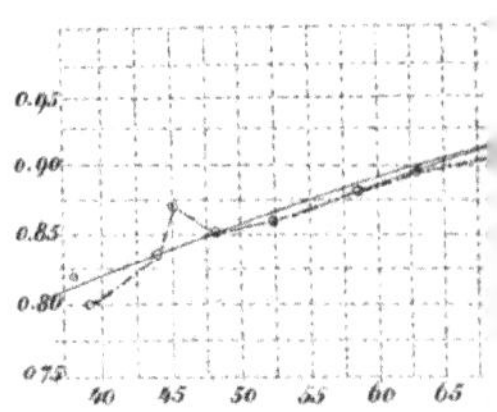